한|권|으|로|끝|내|는
공조냉동

최신 출제 경향에 맞춘 최고의 수험서

2021 개정 11판

공조냉동기계기사

핵심요약 + 기출문제
[과년도]

공학박사 / 공조냉동기계기술사
이정근 · 이주석 공저

공조냉동기계기사 시험 완벽대비

- 다년간 실무 및 강의 경험이 풍부한 최상급 저자
- 기사 시험에 자주 출제되는 내용을 요약정리
- 이론 및 계산 문제도 이해하기 쉽도록 자세히 설명
- 풀이의 이해를 돕기 위하여 참고적인 해설을 많이 수록
- 다년간 실무 및 강의 경험이 풍부한 최상급 저자
- 정확한 답과 명쾌한 해설 수록
- 최근 5개년 기출문제 완벽 분석

질의응답 사이트 운영 http://www.kkwbooks.com(도서출판 건기원)
본서로 공부하면서 내용에 의문점이나 이해가 되지 않는 부분에 관하여 질의응답을
원하는 분은 위 사이트로 문의하시면 감사하는 마음으로 정성껏 답하여 드리겠습니다.

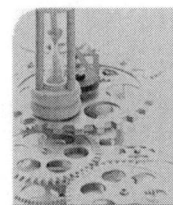

| 공조냉동기계기사 |

PREFACE

우리나라는 지속적인 경제발전과 더불어 산업시설에 사용되는 냉동설비 및 클린룸설비 등 청정설비와 가정과 사무실에서 광범위하게 사용하는 냉난방설비를 비롯하여 공조설비의 수요는 지속적으로 증가될 것이 당연한 일이다. 오늘날의 시설물에 있어 실내의 쾌적한 환경을 유지하기 위해서 반드시 필요한 설비가 공기조화 설비이며 모든 식품 및 제품을 장기간 동안 신선하게 유지하기 위해서도 필요한 것이 냉동, 냉장설비이다. 이렇게 우리 주변에 없어서는 안 될 공기조화설비나 저온냉동설비 및 건축물에 있어서 건축설비 등 이를 설계하고 시공, 유지, 관리하기 위해서는 광범위한 지식과 기술이 요구된다. 더욱이 최근 실내 환경에 대한 관심도 더욱 높아져 이 분야의 전문기술자가 지속적으로 필요하다고 확신한다.

이에 저자는 공조냉동기계기사 필기를 짧은 기간에 본 교재 한 권으로도 합격할 수 있도록 현장에서의 실무경력과 대학 등의 강의경력을 바탕으로 각 과목별로 요약정리와 최근의 과년도 문제를 수록, 해설한 본 교재를 집필하게 되었다.

[본 교재의 특징]으로는
1. 기사 시험에 자주 출제되는 내용을 요약 정리하였으며
2. 이론 문제도 이해하기 쉽도록 자세히 설명하였으며
3. 계산 문제는 공식부터 풀이과정을 상세하게 정리하였으며
4. 풀이의 이해를 돕기 위하여 참고적인 해설을 많이 하였다.

본 교재를 집필하는 있어 교육을 마친 후 늦은 새벽까지 긴 시간동안 교재연구를 통해 잘못된 부분이 없도록 최대한의 노력을 기울였으나 본의 아니게 잘못된 부분이 있으면 지속적으로 수정할 것이다.

끝으로 공조냉동기계기사를 공부하는 수험생 여러분의 필기시험 합격을 기원하며 본 교재가 필기합격에 보탬이 되리라 확신하며, 본 교재가 출판되도록 도와주신 건기원 관계자분들께 깊은 감사드립니다.

저자 드림

공조냉동기계기사

출제기준

적용기간 : 2020. 1. 1 ~ 2021. 12. 31

1. 검정방법 : 필기

필기 과목명	출제 문제수	주요항목	세부항목	세세항목
냉동공학	20	1. 냉동이론	1. 냉동의 기초 및 원리	1. 단위 및 용어 2. 냉동의 원리 3. 냉매 4. 신냉매 및 천연냉매 5. 브라인 및 냉동유 6. 전열과 방열
			2. 냉매선도와 냉동 사이클	1. 모리엘선도와 상변화 2. 역 카르노 및 실제 사이클 3. 증기압축 냉동사이클 4. 흡수식 냉동사이클
		2. 냉동장치의 구조	1. 냉동장치 구성 기기	1. 압축기 2. 응축기 3. 증발기 4. 팽창밸브 5. 장치 부속기기 6. 제어기기
		3. 냉동장치의 응용과 안전관리	1. 냉동장치의 응용	1. 제빙 및 동결장치 2. 열펌프 및 축열장치 3. 흡수식 냉동장치 4. 신·재생에너지 5. 에너지절약 및 효율개선 6. 기타 냉동의 응용
			2. 안전관리	1. 안전관리 2. 고압가스안전관리법
기계열역학	20	1. 열역학의 기본사항	1. 기본개념	1. 열역학시스템과 검사체적 2. 물질의 상태와 상태량 3. 과정과 사이클 등
			2. 용어와 단위계	1. 질량, 길이, 시간 및 힘의 단위계 등
		2. 순수물질의 성질	1. 물질의 성질과 상태	1. 순수물질 2. 순수물질의 상평형 3. 순수물질의 독립상태량
			2. 이상기체	1. 이상기체와 실제기체 2. 이상기체의 상태방정식 3. 이상기체의 성질 및 상태변화 등
		3. 일과 열	1. 일과 동력	1. 일과 열의 정의 및 단위 2. 일이 있는 몇 가지 시스템 3. 일과 열의 비교
			2. 열전달	1. 전도, 대류, 복사의 기초
		4 열역학의 법칙	1. 열역학 제 1법칙	1. 열역학 제 0법칙 2. 밀폐계 3. 개방계
			2. 열역학 제2법칙	1. 비가역과정 2. 엔트로피
		5. 각종 사이클	1. 동력 사이클	1. 동력시스템 개요 2. 랭킨사이클 3. 공기표준 동력 사이클 4. 오토, 디젤, 사바테 사이클 5. 기타 동력 사이클
			2. 냉동 사이클	1. 냉동시스템 개요 2. 증기압축 냉동사이클 3. 암모니아 흡수식 냉동사이클 4. 공기표준 냉동사이클 5. 열펌프 및 기타 냉동사이클
		6. 열역학의 응용	1. 열역학의 적용사례	1. 압축기 2. 엔진 3. 냉동기 4. 보일러 5. 증기 터빈 등
공기조화	20	1. 공기조화의 이론	1. 공기조화의 기초	1. 공기조화의 개요 2. 보건공조 및 산업공조 3. 환경 및 설계조건
			2. 공기의 성질	1. 공기의 성질 2. 습공기 선도 및 상태변화
		2. 공기조화 계획	1. 공기조화 방식	1. 공기조화방식의 개요 2. 공기조화방식 3. 열원방식
			2. 공기조화 부하	1. 부하의 개요 2. 난방부하 3. 냉방부하
			3. 난방	1. 중앙난방 2. 개별난방
			4.클린룸	1. 클린룸 방식 2. 클린룸 구성 3. 클린룸 장치
		3. 공조기기 및 덕트	1. 공조기기	1. 공기조화기 장치 2. 송풍기 및 공기정화장치 3. 공기냉각 및 가열코일 4. 가습·감습장치 5. 열교환기
			2. 열원기기	1. 온열원기기 2. 냉열원기기
			3. 덕트 및 부속설비	1. 덕트 2. 급·환기설비 3. 부속설비

필기 과목명	출제 문제수	주요항목	세부항목	세세항목
배관일반	20	1. 배관재료 및 공작	1. 배관재료	1. 관의 종류와 용도 2. 관이음 부속 및 재료 등 3. 관지지장치 4. 보온·보냉 재료 및 기타 배관용 재료
			2. 배관공작	1. 배관용 공구 및 시공 2. 관 이음방법
			3. 배관제도	1. 제도개요 2. 제도일반
		2. 배관관련설비	1. 급수설비	1. 급수설비의 개요 2. 급수설비 배관
			2. 급탕설비	1. 급탕설비의 개요 2. 급탕설비 배관
			3. 배수통기설비	1. 배수통기설비의 개요 2. 배수통기설비 배관
			4. 난방설비	1. 난방설비의 개요 2. 난방설비 배관
			5. 공기조화설비	1. 공기조화설비의 개요 2. 공기조화설비 배관
			6. 가스설비	1. 가스설비의 개요 2. 가스설비 배관
			7. 냉동 및 냉각설비	1. 냉동설비의 배관 및 개요 2. 냉각설비의 배관 및 개요
			8. 압축공기 설비	1. 압축공기설비 및 유틸리티 개요
전기제어공학	20	1. 직류회로	1. 전압과 전류	1. 전하 2. 전류 3. 전위 4. 직류전류 5. 직류전압 6. 옴의 법칙 7. 키르히호프의 법칙 8. 직류회로
			2. 전력과 열량	1. 직류전력 2. 전력량 3. 열손실
			3. 전기저항	1. 저항소자 2. 저항의 연결 3. 전선의 저항
			4. 전류의 화학작용과 전지	1. 전기분해 2. 전지와 금속의 부식 3. 전해화학 공업 및 전열화학 공업
		2. 정전용량과 자기회로	1. 콘덴서와 정전용량	1. 정전용량의 계산 2. 용량계수 및 유도계수 3. 콘덴서 4. 콘덴서의 접속 5. 교류기전력에 의한 충전전류 6. 콘덴서에 축적되는 에너지 7. 등가용량
			2. 전계와 자계	1. 전계의 세기 2. 벡터와 스칼라 3. 점전하에 의한 전계 4. 자석 및 자기유도 5. 자계 및 자위 6. 자기쌍극자 7. 자계와 전류사이의 힘
			3. 자기회로	1. 기자력 2. 투자율 3. 자기저항 4. 누설자속 5. 공극 및 포화특성 철심의 자기회로
			4. 전자력과 전자유도	1. 전자유도법칙 2. 패러데이의 법칙 3. 자속변화에 의한 기전력 발생 4. 와전류 5. 표피효과
		3. 교류회로	1. 교류회로의 기초	1. 정현과 및 비정현과 교류의 전압, 전류, 전력 2. 각속도 3. 위상의 시간표현 4. 교류회로(저항, 유도, 용량)
			2. R, L, C 회로	1. R, L, C 직렬회로의 임피던스, 위상각, 실효전류, 위상, 공진회로 2. R, L, C 병렬회로의 어드미턴스, 위상각, 실효전류, 위상, 공진회로 3. 상호유도회로 및 브릿지 회로 4. 과도현상
			3. 3상 교류회로	1. 성형결선, 환상결선 및 V결선 2. 전력, 전류, 기전력 3. 대칭좌표법 및 Y-Δ 변환
		4. 전기기기	1. 직류기	1. 직류전동기 및 발전기의 구조 및 원리 2. 전기자 권선법과 유도기전력 3. 전기자반작용과 정류 및 전압변동 4. 직류발전기의 병렬운전 및 효율 5. 직류전동기의 특성 및 속도제어
			2. 변압기	1. 변압기의 구조 및 원리 2. 백분율전압강하와 전압변동율 3. 손실, 효율, 결선 및 상수변환 4. 변압기병렬운전 및 시험
			3. 유도기	1. 구조 및 원리 2. 전력과 역율, 토크 및 원선도 3. 기동법과 속도제어 및 제동
			4. 정류기	1. 회전변류기 2. 반도체 정류기 3. 수은 정류기 4. 교류 정류 자기

필기 과목명	출제 문제수	주요항목	세부항목	세세항목
전기제어공학		5. 전기계측	1. 전류, 전압, 저항의 측정	1. 직류 및 교류전압측정 2. 저전압 및 고전압측정 3. 충격전압 및 전류 측정 4. 미소전류 및 대전류 측정 5. 고주파 전류측정 6. 저저항, 중저항, 고저항, 특수저항 측정
			2. 전력 및 전력량측정	1. 전력과 기기의 정격 2. 직류 및 교류 전력 측정 3. 역율 측정
			3. 절연저항 측정	1. 전기기기의 절연저항 측정 2. 배선의 절연저항 측정 3. 스위치 및 콘센트 등의 절연저항측정
		6. 제어의 기초	1. 제어의 개념	1. 제어계의 기초 2. 자동제어계의 기본적인 용어
			2. 목표치, 제어량에 의한 자동제어	1. 제어량의 종류 2. 목표값의 시간적 성질에 의한 자동제어 3. 제어장치의 에너지에 의한 자동제어
			3. 제어동작과 자동동작	1. 비례제어 2. 비례미분제어 3. 비례적분제어 4. 비례적분미분제어 5. 온오프제어 6. 정치제어 7. 프로그램제어 8. 추종제어 9. 비율제어 10. 피드백제어계의 특징
			4. 서보메카니즘과 프로세서제어계 및 조절계 등	1. 입력용변환기 2. 귀환용변환기 3. 서보기구 4. 프로세스제어 5. 온-오프형조절기 6. 연속형조절기 7. 단일루프형조절계 8. 설정기와 연산기
		7. 제어계의 요소 및 구성	1. 제어계의 종류	1. 개루프제어 2. 폐루프제어
			2. 제어계의 구성과 자동제어	1. 제어량의 성질에 의한 분류 2. 제어목적에 의한 분류 3. 조절부의 동작에 의한 분류
		8. 블록선도	1. 블록선도의 개요	1. 블록선도의 개요
			2. 궤환 제어의 표준	1. 전달함수 2. 블록다이어그램 3. 라플라스변환
			3. 블록선도의 변환 및 신호 흐름선도	1. 직렬접속의 등가변환 2. 병렬접속의 등가변환 3. 궤환접속의 등가변환 4. 신호흐름선도의 정의 및 계산
		9. 시퀀스제어	1. 제어요소의 동작과 표현	1. 입력기구 2. 출력기구 3. 보조기구
			2. 부울 대수의 기본정리	1. 부울 대수의 기본 2. 드모르간의 법칙
			3. 논리회로	1. AND회로 2. OR회로(EX-OR) 3. NOT회로 4. NOR회로 5. NAND회로 6. 논리연산
			4. 무접점회로	1. 로직시퀀스 2. PLC
			5. 유접점회로	1. 접점 2. 수동스위치 3. 검출스위치 4. 전자계전기
		10. 피드백제어	1. 피드백제어	1. 피드백제어계의 개요 2. 제어계의 전달함수와 블록선도 3. 전달함수 및 블록선도 4. 제어계의 해석
			2. 피드백제어의 방법	1. 제어동작의 시간 연속성에 의한 제어 2. 제어대상 또는 제어량 성질에 의한 제어 3. 목표값 성질에 의한 제어 4. 제어장치의 전력원(에너지원)에 의한 제어
			3. 피드백의 구성	1. 제어대상 및 제어장치 2. 직능별 구성의 용어 정의
		11. 제어의 응용	1. 속도제어	1. 사이리스터를 이용한 속도제어 2. 인버터 등을 이용한 속도제어
			2. 컴퓨터제어	1. PC에 의한 계측제어 2. 직렬디지털회로 3. 궤환회로 4. 직렬귀환디지털회로 5. 디지털프로그래밍
			3. 프로그램제어	1. PLC 제어 2. PLC 구성 3. 프로그램명령어
			4. 군관리시스템제어	1. 군관리시스템제어
			5. 최적제어	1. 최적제어 이론
			6. 수치제어	1. 수치정보 2. 서보기구 3. 공작기계 4. 컴퓨터 수치제어

필기 과목명	출제문제수	주요항목	세부항목	세 세 항 목		
전기제어공학		12. 제어기기 및 회로	1. 조작용 기기	1. 전자밸브 4. 직류서보전동기 7. 다이어프렘	2. 전동밸브 5. 펄스전동기 8. 밸브 포지셔너	3. 2상 서보전동기 6. 클러치 9. 유압식조작기
			2. 검출용기기	1. 전압검출기 4. 차동변압기 7. 유량계 10. 습도계	2. 속도검출기 5. 싱크로 8. 액면계 11. 액체성분계	3. 전위차계 6. 압력계 9. 온도계 12. 가스성분계
			3. 제어용 기기	1. 컨버터 2. 센서용 검출변환기 3. 조절계 및 조절계의 기본 동작 4. 비례 동작 기구 5. 비례 미분 동작 기구 6. 비례 적분 미분 동작 기구		

2. 검정방법 : 실기

실기과목명	주요항목	세부항목	세 세 항 목
냉동 및 냉난방설계	1. 기본계획수립	1. 현장조사하기	1. 시스템이 설치될 현장의 대지, 기후 등의 환경조건을 검토할 수 있다. 2. 현장의 전기, 가스, 급수 등 기반시설의 인입 가능여부를 조사할 수 있다.
		2. 법규검토하기	1. 건축법, 소방법, 고압가스안전관리법 등 적용되어야 할 법규를 검토할 수 있다. 2. 검토한 법규를 설계에 반영할 수 있다.
		3. 인증제도검토하기	1. 인증제도를 검토하여 정리할 수 있다. 2. 정리된 인증제도에 따른 인증 절차 및 인증서류를 작성할 수 있다. 3. 인증으로 인한 인센티브 사항을 검토하여 고객에게 제시할 수 있다.
	2. 장비용량계산	1. 열원장비 계산하기	1. 냉난방부하의 특성을 분석하여 열원장비의 특성과 용량을 결정할 수 있다. 2. 경제적 시설투자와 운전을 위하여 열원장비의 수량과 형식을 선정할 수 있다. 3. 열원장비의 유지관리 편의성을 고려하여 효과적으로 배치할 수 있다.
		2. 공조장비 계산하기	1. 실별 온습도조건과 방위별 특성을 고려하여 조닝(구역)별 공조방식을 결정할 수 있다. 2. 경제적 시설투자와 운전을 위하여 공조장비의 수량과 형식을 선정할 수 있다. 3. 공조장비의 유지관리 편의성을 고려하여 효과적으로 배치할 수 있다.
		3. 반송기기 용량 계산하기	1. 열원기기와 공조기기의 열매체를 전달하기 위한 펌프, 송풍기의 용량을 계산할 수 있다. 2. 시스템의 안정성과 경제적인 운전을 위하여 동력기기의 형식, 수량, 효율, 운전방식을 적용할 수 있다. 3. 반송기기의 카탈로그 및 성적서를 검토하여 장비의 적합여부를 판단할 수 있다.
		4. 부속기기 선정하기	1. 냉동공조시스템을 구성하는 열원장비, 공조장비, 반송기기의 안전장치, 부속장치 등을 선정할 수 있다. 2. 부속기기의 카탈로그 및 성적서를 검토하여 장비의 적합여부를 판단할 수 있다.
	3. 원가산출	1. 재료비산출하기	1. 설계도서를 바탕으로 공사에 필요한 장비 및 재료를 산출할 수 있다. 2. 산출된 물량을 바탕으로 단가를 조사하여 재료비를 계산할 수 있다. 3. 재료비를 집계하여 내역서를 작성할 수 있다.
		2. 노무비산출하기	1. 표준품셈과 정부노임단가에 근거하여 노무비를 산출할 수 있다. 2. 표준품셈 이외의 공정에 관한 노무비를 산출하여 반영할 수 있다. 3. 노무비를 집계하여 내역서를 작성할 수 있다.
	4. 부하계산	1. 냉방부하계산하기	1. 실내냉방부하에 영향을 주는 인자들을 파악하고 계산할 수 있다. 2. 외기부하에 영향을 주는 인자들을 파악하고 계산할 수 있다. 3. 장치부하, 재열부하에 영향을 주는 인자들을 파악하고 계산할 수 있다.
		2. 난방부하계산하기	1. 실내난방부하에 영향을 주는 인자들을 파악하고 계산할 수 있다. 2. 외기부하에 영향을 주는 인자들을 파악하고 계산할 수 있다. 3. 가습부하에 영향을 주는 인자들을 파악하고 계산할 수 있다.
		3. 냉동부하계산하기	1. 동결부하에 영향을 주는 인자들을 파악하고 계산할 수 있다. 2. 냉장부하에 영향을 주는 인자들을 파악하고 계산할 수 있다. 3. 제빙 및 저빙 부하에 영향을 주는 인자들을 파악하고 계산할 수 있다.
		4. 공조프로세스 분석하기	1. 공기선도상에 실내재순환 냉각 프로세스를 도시하여 열부하를 분석할 수 있다. 2. 공기선도상에 공기혼합, 가열 및 냉각, 가습 및 감습 과정을 도시하여 열부하를 분석할 수 있다. 3. 분석한 자료를 바탕으로 부하용량을 계산할 수 있다.

실기과목명	주요항목	세부항목	세세항목
냉동 및 냉난방설계	4. 부하계산	5. 냉동사이클 분석하기	1. 표준 냉동사이클을 해석하여 냉동능력을 계산할 수 있다. 2. 다단냉동사이클, 다원냉동사이클을 해석하여 냉동능력을 계산할 수 있다. 3. 흡수식 냉동 사이클을 해석하여 냉동능력을 계산할 수 있다.
	5. 설계도서작성	1. 설계도면작성하기	1. 냉동공조 계통도, 장비도면, 배관도면, 덕트도면, 자동제어도면 등을 작성할 수 있다. 2. 설계된 내용을 산업표준 규정에 따라 도면을 정확하게 작성할 수 있다. 3. 이해가 곤란한 부분은 도면해석이 가능하도록 시공상세도 등을 작성할 수 있다. 4. 건축 및 일반 설비도면을 검토하여 중복 배치에 의한 간섭을 방지할 수 있다.
		2. 자동제어설계하기	1. 제어 대상물의 주요 기능을 파악하여 제어 사양서를 작성할 수 있다. 2. 시스템의 특성을 고려하여 제어방식을 결정할 수 있다. 3. 외부기기와의 인터페이스를 검토하여 적합한 제어기기를 선정할 수 있다.
	6. 에너지관리	1. 단열성능관리하기	1. 무기질 보온재, 유기질 보온재의 특징을 확인하고 고온유체, 저온유체 열이동과 보온, 보냉, 방로 시공 등을 분류할 수 있다. 2. 단열재 용도별, 재료별 성능(KS)을 파악하여 확인하고, 유체 특성에 맞게 재료를 구분할 수 있다. 3. 단열재 종류별 취급, 보관할 수 있다.
		2. 에너지사용량 분석하기	1. 계측기 보전사항을 파악하고, 정기 및 일상검사를 통하여 에너지사용량을 확인할 수 있다. 2. 시간대별, 일일, 월별, 계절별, 년간, 년도별로 에너지 사용량을 검침하여 집계 분석할 수 있다. 3. 유사 건물과 유사 장비별로 비교 검증하여 에너지별 단위를 통합 TOE로 환산 분석할 수 있다. 4. 에너지 다소비 사업장일 경우 주기적으로 전문기관에 에너지 진단을 의뢰할 수 있다.
		3. 냉각수, 냉수, 증기 사용량분석하기	1. 냉동 싸이클, 냉수, 냉각수 라인 및 전체 배관계통을 파악하고 배관구경을 산출할 수 있다. 2. 냉수 온도의 상승과 하강에 따라 일어나는 냉동부하의 변화를 파악할 수 있다. 3. 증기압력의 상승과 하강에 일어나는 사용처 부하의 변화를 파악할 수 있다. 4. 냉각수, 냉수, 증기량을 측정, 산출하여 유량의 과부족이 확인될 경우 개선방안을 도출할 수 있다. 5. 냉각수, 냉수 펌프의 성능곡선을 파악하여, 펌프 유량, 양정, 동력의 과부족이 확인될 경우 개선방안을 도출할 수 있다.
		4. 에너지절약 및 효율개선 이해하기	1. 신·재생에너지 계통도를 이해할 수 있어야 한다. 2. 신·재생에너지 및 폐열회수 장치를 이해하고 선정할 수 있어야 한다.

CONTENTS

핵·심·요·약

제1과목 기계 열역학　15

1. 열역학의 기초 ·· 15
2. 열역학 0법칙, 1법칙 ······························· 18
3. 이상기체에 관한 법칙 ····························· 19
4. 열역학 제2법칙 ······································· 27
5. 열역학 제3법칙 ······································· 29
6. 순수물질과 물과 증기 ····························· 29
7. 증기 동력 사이클 ···································· 32
8. 가스 동력 사이클 ···································· 34
9. 가스 터빈 사이클 ···································· 36
10. 가스와 증기의 유동 ······························· 38
11. 연소 ·· 39
12. 전열 ·· 41

제2과목 냉동공학　42

1. 기초 열역학 ··· 42
2. 냉동의 기본사항 ······································ 46
3. 냉 매 ··· 51
4. 압 축 기 ·· 55
5. 응 축 기 ·· 63
6. 팽창밸브 ··· 66
7. 증 발 기 ·· 68

8. 부속기기 ··· 71
9. 안전장치, 자동제어장치 ·· 73
10. 저온장치 ··· 76

제3과목 | 공기조화 ... 78

1. 공기의 상태 ··· 78
2. 공기조화 방식 ··· 82
3. 공기조화 부하 ··· 86
4. 공기조화 기기 ··· 90
5. 덕 트 ·· 97
6. 열원기기 ·· 102

제4과목 | 전기제어공학 ... 109

1. 직류회로 ·· 109
2. 정 전 계 ·· 114
3. 정 자 계 ·· 117
4. 교류회로 ·· 121
5. 제어 공학 ·· 127
6. 전기기기 및 계측 ·· 138

제5과목 | 배관일반 ... 148

1. 배관재료 ·· 148
2. 배관공작 ·· 155
3. 배관도시 ·· 157
4. 급수설비 ·· 159
5. 급탕설비 ·· 163
6. 난방설비 ·· 165
7. 오배수설비 ·· 169
8. 가스설비 ·· 172

기·출·문·제

2016년도 시행
- 제1회 2016년 3월 6일 시행
- 제2회 2016년 5월 8일 시행
- 제3회 2016년 8월 21일 시행

2017년도 시행
- 제1회 2017년 3월 5일 시행
- 제2회 2017년 5월 7일 시행
- 제3회 2017년 8월 26일 시행

2018년도 시행
- 제1회 2018년 3월 4일 시행
- 제2회 2018년 4월 28일 시행
- 제3회 2018년 8월 19일 시행

2019년도 시행
- 제1회 2019년 3월 3일 시행
- 제2회 2019년 4월 27일 시행
- 제3회 2019년 8월 4일 시행

2020년도 시행
- 제1·2회 2020년 6월 21일 시행
- 제3회 2020년 8월 22일 시행
- 제4회 2020년 9월 26일 시행

핵심요약

제1과목 기계 열역학
제2과목 냉동공학
제3과목 공기조화
제4과목 전기제어공학
제5과목 배관일반

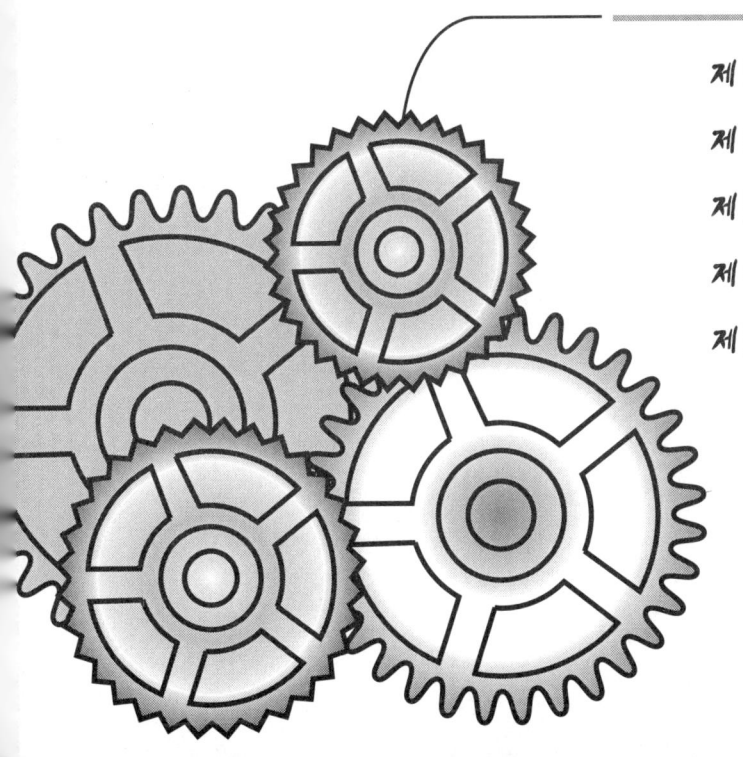

[제1과목] 기계 열역학

1. 열역학의 기초

(1) 열역학 용어

① 동작물질 : 동작유체라고도 하며 에너지를 저장하거나 운반하는 물질
② 계, 주위, 경계
  ㉠ 계 : 어떤 물질의 모임 또는 공간적으로 한정된 구획
  ㉡ 주위 : 계가 아닌 모든 것
  ㉢ 경계 : 계와 주위를 구분 짓는 한계
③ 계의 구분
  ㉠ 밀폐계(비유동계) : 동작물질이 계의 경계를 통하여 주위로 이동할 수는 없으나 열이나 일 등의 에너지 이동은 존재하는 계(피스톤-실린더 내의 공간)
  ㉡ 개방계(유동계) : 동작물질이 계의 경계를 통하여 주위로 이동하고, 열이나 일등 에너지의 이동이 있는 계(펌프, 터빈 등)
  ㉢ 고립계(절연계) : 계의 경계를 통해서 물질이나 에너지의 이동이 전혀 없는 계
  ㉣ 단열계 : 경계를 통해서 열과 일의 출입이 없는 계

(2) 물질의 과정과 사이클

① 과정(process) : 계의 상태가 변하는 것으로 초기상태인 1에서 나중상태인 2로 변화되었음을 나타내나 경로는 상태 1에서 상태 2로 진행하는 어느 특정한 과정을 의미하며 과정은 수많은 경로가 있을 수 있다.
② 사이클(cycle) : 계가 어느 과정을 통해 다시 원래의 상태로 되돌아 가기까지의 과정

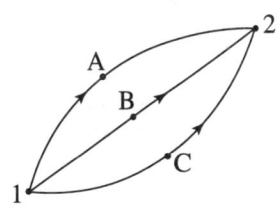

(3) 상태량

관측이 가능한 값으로서 물질의 상태를 규정하는 량으로 상태량은 성질이라고도 하며 계의 상태만으로 정하여지는 것으로서 그 상태로 되는데까지의 과정이나 경로에는 무관하다. 그러므로 상태량은 점함수이다. 그러나 열과 일 등의 에너지는 상태량이 아니며 과정이나 경로에 따라 값이 결정되는 경로 또는 도정함수라 한다.

① 강도성(강성적) 상태량 : 질량에 관계없는 상태량
   (압력, 온도, 비체적, 비중량, 밀도, 비엔탈피 등)
② 용량성(종량성) 상태량 : 질량에 따라서 변하는 상태량
   (질량, 체적, 내부에너지, 엔탈피, 엔트로피, 전기저항 등)
③ 비상태량 : 물질의 종량성 상태량을 질량으로 나눈 값
   (비체적, 비엔탈피, 비엔트로피 등)
④ 경로함수(도정함수) : 경로에 따라 변화하는 상태량(일, 열)

(4) 기본 단위

구분	길이	질량	시간	전류	온도	광도	물질량
단위	m	kg	sec	A	T	cd	mol

> 참고
> ※ 1kgf = 9.8Newton

(5) 열역학의 기초 상태량

① 밀도(ρ) : 질량을 체적으로 나눈 것으로 단위 체적당 질량으로 비체적의 역수

$$\rho = \frac{질량(m)}{체적(V)} = \frac{1}{v}(\text{kg/m}^3)$$

② 비중량(γ) : 중량(W)을 체적(V)으로 나눈 것으로 단위 체적당 중량

$$\gamma = \frac{중량(W)}{체적(V)} = \frac{mg}{V} = \rho g\,(\text{N/m}^3)$$

> 참고
> ※ 4℃ 물의 비중량, $\gamma_W = 1,000\text{kgf/m}^3 = 9,800\text{N/m}^3$

③ 비체적(v) : 비상태량으로서 체적(V)을 질량(m)으로 나눈 값으로 단위 질량당 그 물질이 차지하는 체적

$$v = \frac{V}{m} = \frac{1}{\rho}\,(\text{m}^3/\text{kg})$$

(6) 압력

단위 면적당 작용하는 힘($P = \frac{F}{A}$)

① 표준 대기압
1atm = 760mmHg = 30inHg = 10.33mH$_2$O(mAq) = 1.013bar = 1.033kgf/cm^2 = 14.7Lb/in^2(PSI) = 101,325Pa(N/m^2) = 101kPa = 0.1MPa

② 공학기압 : 압력의 단위로서 사용하는 1kgf/cm^2을 1공학기압이라 하며 1at로 표시하며 공학기압은 현장에서 많이 사용한다.
$1\text{at}=1\text{kgf/cm}^2=735.6\text{mmHg}=10\text{mAq}=98\text{kPa}$
③ 게이지(계기)압력과 절대압력
  ㉠ 절대압력＝게이지압력＋대기압＝대기압－진공압
  ㉡ 진공도＝진공압력/대기압×100(%)

(7) 온도와 열량, 비열

1) 온도
  ① 섭씨온도 : 물의 빙점을 0℃, 비등점을 100℃로 하여 이 구간을 100등분한 것
  ② 화씨온도 : 물의 빙점을 32°F, 비등점을 212°F로 하여 이 구간을 180등분한 것

$$°C = \frac{5}{9}(°F - 32), \quad °F = \frac{9}{5}°C + 32$$

  ③ 캘빈온도 : -273.15℃를 절대온도 0K으로 기준한 온도
  ④ 랭킨온도 : -460°F를 절대온도 0R로 기준한 온도

$$T(K)=℃+273, \quad T(R)=°F+460, \quad 1K=1.8R$$

2) 열량
  물체가 보유하는 에너지의 량으로 단위는 SI단위로 J(주울)이며 공학단위로는 cal(칼로리) 등이 있다.

$$1\text{kcal}=3.968\text{BTU}=2.205\text{CHU}=4.19\text{kJ}$$
$$1\text{J}=0.24\text{cal}, \quad 1\text{kcal}=427\text{kgf}\cdot\text{m}≒4.2\text{kJ}$$

3) 비열(kJ/kgK)
  단위 질량의 물체를 단위 온도차 만큼 변화시키는 데 필요한 열량으로 온도의 함수

$$C=\frac{\delta Q}{m\cdot \Delta T}=\frac{\delta q}{\Delta T}\ [\text{kJ/kgK, kcal/kg℃}]$$

  ① 정압비열(C_p) : 기체의 압력을 일정하게 유지하고, 가열할 경우의 비열
  ② 정적비열(C_v) : 기체의 체적을 일정하게 유지하고, 가열할 경우의 비열

4) 물질의 비열비
  ① 비열비(k) : 정압비열(C_p)과 정적비열(C_v)과의 비로 항상 1보다 크다.
  ② 단원자 분자 : 5/3＝1.67(예 : He, Ar 등)
  ③ 2원자 분자 : 7/5＝1.4(예 : O_2, H_2, N_2, CO, Air 등)
  ④ 3원자 분자 : 4/3＝1.33(예 : H_2O, CO_2, SO_2 등)

(8) 동력(power)

동력(動力)은 공률(工率)이라고도 하며 단위 시간당의 일량을 나타낸다.
1kW=1,000W=1kJ/s=3,600kJ/h=860kcal/h
(1W=1J/s=1N·m/s)

2. 열역학 0법칙, 1법칙

(1) 열역학 제0법칙(열평형의 법칙)

① 온도가 다른 두 물체를 접촉시키면 열평형을 이룬다는 법칙(온도측정의 기초식)
② 서로 다른 물질 혼합 시 평균(혼합)온도

$$T_m = \frac{m_1 C_1 T_1 + m_2 C_2 T_2 + \cdots}{m_1 C_1 + m_2 C_2 + \cdots}$$

(2) 열역학 제1법칙(에너지보존의 법칙)

"열과 일은 동일한 에너지의 형태이고, 열은 일로 일은 열로 상호 전환될 수 있다." 에너지보존의 법칙은 어떤 기계적 일을 행하는 기계를 계속하여 작동시키려면 그에 상응하는 다른 에너지를 지속적으로 보충해서 공급해야함을 나타내는 원리로 에너지의 공급 없이도 영구히 운동을 계속하는 기관인 제1종 영구 기관은 열역학 제1법칙에 위배되므로 실현 불가능하다.

1) 가역 과정
① 상태변화 시 그 반대 방향으로도 아무런 변화를 남기지 않고, 원래 상태로 되돌아 갈 수 있는 즉, 손실이 없는 과정으로 이상적인 과정
② 노즐에서 단열팽창 시 비가역과정에서 보다 출구속도는 빠르다.

2) 비가역 과정
① 상태변화 시 평형이 깨져 가역변화를 하지 못하고 반드시 에너지 손실(변형, 마찰 등)이 발생하는 실제과정
② 자연계에서 일어나는 모든 과정은 모두 비가역 과정이다.
③ 비가역 사이클에서의 내부에너지 변화량 : 0
④ 비가역 변화에서의 엔트로피 : 항상 증가

3) 제1종 영구기관
에너지를 소비하지 않고, 연속해서 일을 발생할 수 있는 기관으로 실제 존재하지 않는다.

4) 절대일과 공업일
  ① 밀폐계(절대일, 팽창일)
  $$W_a = P \cdot dV = P \cdot (V_2 - V_1)$$
  ② 개방계(공업일, 압축일, 유동일)
  $$W_t = -V \cdot dP = -V \cdot (P_2 - P_1)$$

5) 내부에너지와 엔탈피 변화량
  ① 내부에너지 변화
  $$du = C_v \cdot dT$$
  ② 엔탈피 변화
  $$dh = C_p \cdot dT$$
  ③ 내부 에너지
  $$Q = dU + W, \quad dU = Q - W$$
  ④ 에너지식
  $$dq = du + \delta w = du + pdv, \quad \delta q = dh - vdp$$
  ⑤ 일과 열의 부호 약속

부호	일	열
+	계가 주위로 행한 일량	계가 주위로부터 받은 열량
−	계가 주위로부터 받는 일량	계가 주위로 방출한 열량

참고
※ 내부에너지 : 물질 내 열로 축적되어 있는 에너지로 분자운동, 화학, 핵 에너지 등이 있다.

3. 이상기체에 관한 법칙

(1) 이상기체

1) 실제기체가 이상기체에 근접하려면
  ① 저압일수록   ② 고온일수록
  ③ 밀도(비중)가 작을수록   ④ 비체적이 클수록
  ⑤ 분자량이 작을수록

2) 보일-샬의 법칙
   ① 보일의 법칙
   $$P_1 v_1 = P_2 v_2 \ (T=일정)$$
   ② 샬의 법칙
   $$\frac{v_1}{T_1} = \frac{v_2}{T_2} \ (P=일정)$$
   ③ 보일-샬의 법칙 : 기체의 압력은 절대온도에 비례하고, 체적에 반비례한다.
   $$\frac{P_1 v_1}{T_1} = \frac{P_2 v_2}{T_2} = 일정$$

   여기서, P : 압력(Pa)
   V : 체적(m^3)
   $m, \ G$: 질량(kg)
   $\overline{R}$: 일반기체상수(kJ/kmol·K)
   R : 가스의 기체상수(kJ/kg·K)
   T : 절대온도(K)

3) 이상기체 상태방정식
   $$PV = mRT$$
   ① 임의 가스의 기체상수(R)
   $$R = \frac{\overline{R}}{M} = \frac{8.314}{M} \text{(kJ/kg·K)}$$
   ② 혼합가스의 기체상수(R)
   $$R = \frac{m_1 R_1 + m_2 R_2}{m_1 + m_2}$$

4) 이상기체의 내부에너지
   이상기체의 내부에너지는 온도만의 함수로서 압력과 체적에는 무관하다.

5) 이상기체의 비열과 기체상수와의 관계
   이상기체의 비열은 온도만의 함수이다.
   ① 정압비열
   $$C_p = C_v + R$$
   ② 정적비열
   $$C_v = C_p - R$$
   ③ 폴리트로픽 비열
   $$C_n = c_v \frac{n-k}{n-1}$$
   ④ 비열비
   $$k = C_p / C_v$$
   ⑤ 비열비와 기체상수
   $$C_p = \frac{k}{k-1} R, \ C_v = \frac{1}{k-1} R$$
   ⑥ 기체상수
   $$R = C_p - C_v$$

(2) 이상기체의 상태변화에 대한 기초식

1) 이상기체 상태방정식 $pv = RT$

2) 열역학 제1법칙 $\delta q = du + pdv = dh - vdp$

3) 엔탈피 정의식 $h = u + pv,\ \delta q = dh - vdp$

(3) 이상기체의 상태변화

- 정압(등압)변화
  압력이 일정한 상태로 변화($n=0$)
- 정적(등적)변화
  체적이 일정한 상태로 변화($n=\infty$)
- 등온변화
  온도가 일정한 상태에서의 변화($n=1$)
- 단열(등엔트로피)변화
  계에 열출입이 전혀 없는 상태변화($n=k=\dfrac{C_p}{C_v}$)
- 폴리트로픽 변화
  가스의 실질적인 상태변화(n)

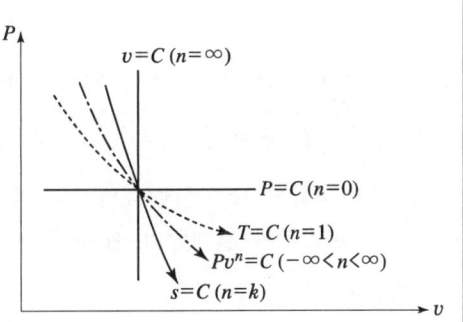

1) 정압변화($dP=0$)

외부에서 가열하면 실린더 내의 압력은 일정하게 유지되면서 변화하는 과정

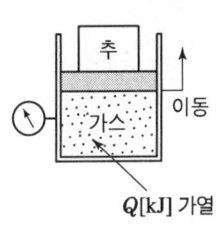 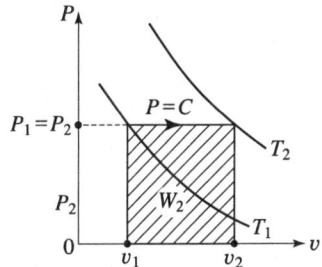 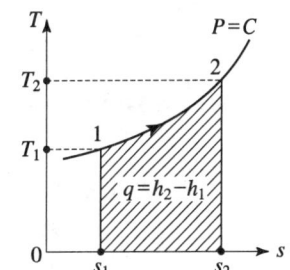

① $P,\ v,\ T$의 관계

$$\dfrac{v_2}{v_1} = \dfrac{T_2}{T_1},\quad \dfrac{T_1}{v_1} = \dfrac{T_2}{v_2},\quad \dfrac{v_1}{T_1} = \dfrac{v_2}{T_2}$$

② 절대일(팽창일, 밀폐일)

$$\delta w_a = Pdv \text{에서 } w_{a12} = \int_1^2 Pdv = P(v_2 - v_1) = R(T_2 - T_1)$$

절대일은 $p-v$ 선도상에 빗금친 부분의 면적과 같다.

③ 공업일(압축일, 개방일)

$$w_{t12} = -\int_1^2 vdP = 0\ (\because\ dP=0)\quad \text{정압변화에서 공업일은 0이다.}$$

④ 내부에너지 변화

$du = C_v dT$에서

$$\Delta u = u_2 - u_1 = \int_1^2 du = \int_1^2 C_v\, dT = C_v(T_2 - T_1)$$

⑤ 엔탈피 변화

$dh = C_p dT$에서

$$\Delta h = h_2 - h_1 = \int_1^2 dh = \int_1^2 C_p\, dT = C_p(T_2 - T_1)$$

⑥ 열량(q_{12})

$\delta q = dh - vdP$ 에서 $dP = 0$이므로 $\delta q = dh$

$$q_{12} = \int_1^2 dh = \int_1^2 C_p\, dT = C_p(T_2 - T_1) = h_2 - h_1$$

정압변화에서는 계에 출입하는 열량과 엔탈피 변화량과 같고, 이 열량은 내부에너지 변화량과 절대일의 합과 같다.

2) 정적변화($dv = 0$)

일정한 체적 내에서 열을 가할 때 가열과 함께 압력이 상승하는 상태변화

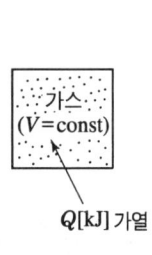
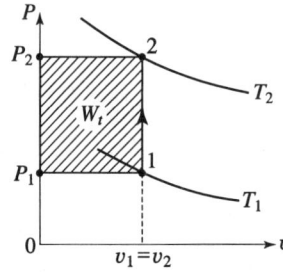
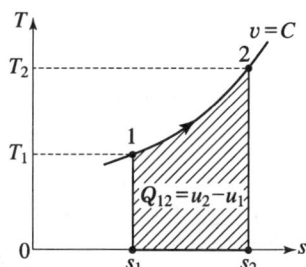

① P, v, T의 관계

$$\frac{P_2}{P_1} = \frac{T_2}{T_1}, \quad \frac{P_1}{T_1} = \frac{P_2}{T_2}$$

② 절대일(팽창일, 밀폐일)

$$w_{a12} = \int_1^2 Pdv = 0 \;(\because dv = 0)$$

정적과정에서는 절대일의 변화가 없다.

③ 공업일(압축일, 개방일)

$$w_{t12} = -v\int_1^2 dP = -v(P_2 - P_1) = v(P_1 - P_2) = R(T_1 - T_2)$$

④ 내부에너지 변화

$$\Delta u = u_2 - u_1 = \int_1^2 du = \int_1^2 C_v\, dT = C_v(T_2 - T_1) = \frac{R}{k-1}(T_2 - T_1)$$

내부에너지 변화량은 가열량과 같으며 비체적과 압력의 함수이므로 온도만의 함수이다.

⑤ 엔탈피 변화

$$\Delta h = h_2 - h_1 = \int_1^2 dh = \int_1^2 C_P dT = C_P(T_2 - T_1) = k\frac{R}{k-1}(T_2 - T_1)$$

⑥ 열량(q_{12})

$\delta q = du + Pdv$ 에서 $du = 0$ 이므로

$$q_{12} = \int_1^2 du = u_2 - u_1 = C_v(T_2 - T_1) = \frac{R}{k-1}(T_2 - T_1)$$

정적과정의 열량변화는 내부 에너지 변화량과 같음을 알 수 있다.

3) 등온변화($dT=0$)

어떤 계에 열을 가하여 온도를 일정하게 유지하는 과정으로 등온을 유지하려면 외부로부터 일을 받으면 열을 방출해야 하며 팽창할 때에는 외부로부터 가열을 해야 한다.

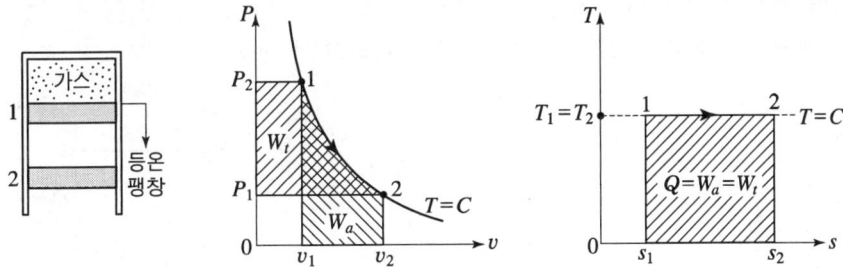

① P, v, T의 관계

$$P_1 v_1 = P_2 v_2, \quad \frac{P_2}{P_1} = \frac{v_1}{v_2}$$

② 절대일(팽창일, 밀폐일)

$$w_{a12} = \int_1^2 Pdv = RT\int_1^2 \frac{dv}{v}$$
$$= RT\ln\left(\frac{v_2}{v_1}\right) = RT\ln\left(\frac{P_1}{P_2}\right) = P_1 v_1 \ln\left(\frac{v_2}{v_1}\right) = P_1 v_1 \ln\left(\frac{P_1}{P_2}\right)$$

절대일은 압력과 비체적의 함수이며 온도와 비체적, 온도와 압력의 함수이다.

③ 공업일(압축일, 개방일)

$$w_{t12} = -\int_1^2 vdP = -RT\int_1^2 \frac{dP}{P} = RT\ln\left(\frac{P_1}{P_2}\right) = RT\ln\left(\frac{v_2}{v_1}\right)$$

등온변화에서는 절대일의 변화량과 공업일의 변화량은 같다.

④ 내부에너지 변화

$dT = 0$ 이므로 $du = C_v dT$

$\Delta u = u_2 - u_1 = \int_1^2 du = \int_1^2 C_v dT = 0$

⑤ 엔탈피 변화

$dT = 0$ 이므로 $dh = C_p dT$

$\Delta h = h_2 - h_1 = \int_1^2 dh = \int_1^2 C_p dT = 0$

등온과정에서는 내부에너지의 변화량과 엔탈피의 변화량은 0이다.

⑥ 열량(q_{12})

$\delta q = du + \delta w = C_v dT + p dv$ 에서 $dT = 0$ 이므로 내부에너지는 없고, 가열한 열량은 전부 외부일에 쓰이게 된다. 즉 $q_{12} = w_{12} = w_{t12}$

등온과정에서는 절대일과 공업일이 같다.

4) 단열변화($dQ = 0$, $dS = 0$)

어떤 계에서 상태변화 하는 동안 열의 출입이 전혀 없고, 마찰 등에 의한 내부 열이 발생하지 않은 변화로 등엔트로피 변화라고도 한다.

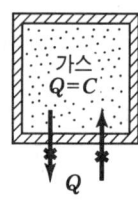
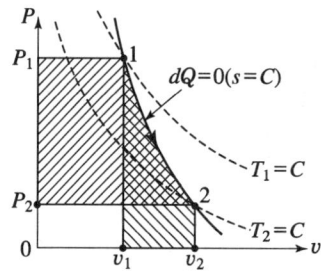
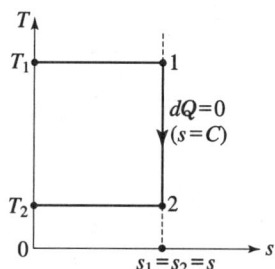

① P, v, T의 관계

$$\frac{P_2}{P_1} = \left(\frac{v_1}{v_2}\right)^k, \quad \frac{T_2}{T_1} = \left(\frac{v_1}{v_2}\right)^{k-1} = \left(\frac{P_2}{P_1}\right)^{\frac{k-1}{k}}$$

② 절대일(팽창일, 밀폐일)

$$w_{a12} = \int_1^2 p dv = -\int_1^2 du = -\int_1^2 C_v dT = -C_v(T_2 - T_1)$$

$$= C_v(T_1 - T_2) = \frac{R}{k-1}(T_1 - T_2) = \frac{RT_1}{k-1}\left(1 - \frac{T_2}{T_1}\right) = \frac{1}{k-1}(p_1 v_1 - p_2 v_2)$$

$$= \frac{RT_1}{k-1}\left\{1 - \left(\frac{v_1}{v_2}\right)^{k-1}\right\} = \frac{RT_1}{k-1}\left\{1 - \left(\frac{p_2}{p_1}\right)^{\frac{k-1}{k}}\right\}$$

③ 공업일(압축일, 개방일)

$w_{t12} = C_p(T_1 - T_2) = kC_v(T_1 - T_2) = kw_{12}$

단열변화에서 공업일은 절대일에 비열비를 곱한 값과 같다.

④ 내부에너지 변화

$$\Delta u = u_2 - u_1 = \int_1^2 du = C_v(T_2 - T_1) = -w_{12}$$

내부에너지 변화량과 절대일은 같다.

⑤ 엔탈피 변화

$$\Delta h = h_2 - h_1 = \int_1^2 dh = \int_1^2 C_p dT = C_p(T_2 - T_1) = -w_{t12} = -kw_{12} = k(u_2 - u_1)$$

⑥ 열량(q_{12})

$$q_{12} = \int_1^2 \delta q = 0$$

5) 폴리트로픽 변화

실제가스의 상태변화를 고려하여 여러 변화를 포함하는 일반적인 변화

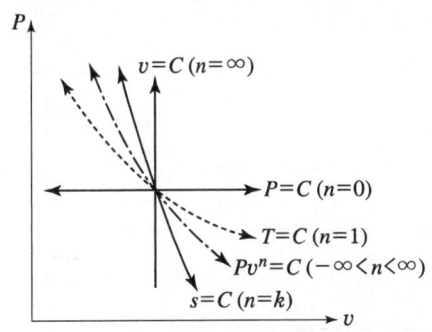 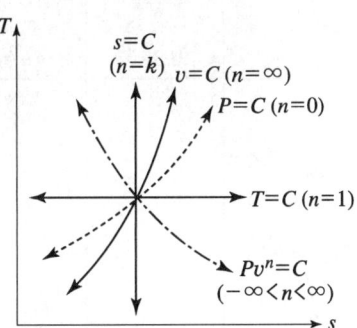

$n=0$: 정압변화(p=const),　$n=1$: 등온변화($pv = RT$=const)
$n=\infty$: 정적변화(v=const),　$n=k$: 단열변화(pv^k=const)

① P, v, T의 관계

$$\frac{T_2}{T_1} = \left(\frac{p_2}{p_1}\right)^{\frac{n-1}{n}} = \left(\frac{v_1}{v_2}\right)^{n-1}$$

② 절대일(팽창일, 밀폐일)

$$w_{a12} = \int_1^2 p dv = \frac{R}{1-n}(T_2 - T_1) = \frac{1}{n-1}(p_1 v_1 - p_2 v_2)$$

$$= \frac{RT_1}{n-1}\left\{1 - \left(\frac{v_1}{v_2}\right)^{n-1}\right\} = \frac{RT}{n-1}\left\{1 - \left(\frac{p_2}{p_1}\right)^{\frac{n-1}{n}}\right\}$$

③ 공업일(압축일, 개방일)

$$W_{t12} = nW_{12}$$

공업일은 절대일에 폴리트로픽 지수 n을 곱한 것과 같다.

④ 내부에너지 변화

$$\Delta u = u_2 - u_1 = \int_1^2 C_v dT = C_v(T_2 - T_1)$$

⑤ 엔탈피 변화

$$\Delta h = h_2 - h_1 = \int_1^2 dh = \int_1^2 C_p dT = \frac{nR}{n-1}(T_2 - T_1)$$

⑥ 열량(q_{12})

$$q_{12} = C_v(T_2 - T_1) - \frac{R}{n-1}(T_2 - T_1) = \frac{R(n-k)}{(k-1)(n-1)}(T_2 - T_1)$$

$$= C_v \frac{(n-k)}{(n-1)}(T_2 - T_1) = C_n(T_2 - T_1)$$

여기서, $C_n = C_v \frac{(n-k)}{(n-1)}$ (폴리트로픽 비열)

구 분	정적과정 $v=C$ ($dv=0$)	정압과정 $P=C$ ($dP=0$)	등온과정 $T=C$ ($dT=0$)	단열과정 $Pv^k=C$	폴리트로픽과정 $Pv^n=C$
P, v, T 관계	$\frac{P_1}{T_1}=\frac{P_2}{T_2}$	$\frac{T_2}{T_1}=\frac{v_2}{v_1}$	$P_1v_1=P_2v_2$	$\frac{T_2}{T_1}=\left(\frac{v_1}{v_2}\right)^{\kappa-1}=\left(\frac{P_2}{P_1}\right)^{\frac{\kappa-1}{\kappa}}$	$\frac{T_2}{T_1}=\left(\frac{v_1}{v_2}\right)^{n-1}=\left(\frac{P_2}{P_1}\right)^{\frac{n-1}{n}}$
절대일(팽창일) $w=\int_1^2 Pdv$	0	$P(v_2-v_1)$	$RT\ln\left(\frac{v_2}{v_1}\right)$	$\frac{R}{\kappa-1}(T_1-T_2)$	$\frac{R}{n-1}(T_1-T_2)$
공업일(공업일) $w_t=-\int_1^2 vdP$	$v(P_1-P_2)$	0	$RT\ln\left(\frac{P_1}{P_2}\right)$	$\frac{\kappa R}{\kappa-1}(T_1-T_2)$	$\frac{nR}{n-1}(T_1-T_2)$
내부에너지 변화량 (Δu)	$c_v(T_2-T_1)$	$c_v(T_2-T_1)$	$c_v(T_2-T_1)=0$	$c_v(T_2-T_1)$	$c_v(T_2-T_1)$
엔탈피 변화량 (Δh)	$c_p(T_2-T_1)$	$c_p(T_2-T_1)$	$c_p(T_2-T_1)=0$	$c_p(T_2-T_1)$	$c_p(T_2-T_1)$
엔트로피 변화량 (Δs)	$c_v\ln\left(\frac{T_2}{T_1}\right)$	$c_p\ln\left(\frac{T_2}{T_1}\right)$	$R\ln\left(\frac{P_1}{P_2}\right)$	0	$c_n\ln\left(\frac{T_2}{T_1}\right)$
가 열 량 $q=c_n(T_2-T_1)$	Δu	Δh	$RT\ln\left(\frac{v_2}{v_1}\right)$	0	$c_n(T_2-T_1)$
폴리트로픽 지수 (n)	∞	0	1	κ	$-\infty \leq n \leq \infty$
폴리트로픽 비열 (c_n)	c_v	c_p	∞	0	$c_v\left(\frac{n-\kappa}{n-1}\right)$

4. 열역학 제2법칙

(1) 열역학 제2법칙

① 열은 그 자체로는 다른 물체에 아무 변화도 주지 않고, 저온의 물체로부터 고온의 물체로 이동할 수는 없다.

② 어떤 열원으로부터 받은 열량이 전부 일로 변환될 때 주위에 어떠한 변화도 남기지 않고, 사이클을 이루는 기관(100%의 효율을 가진 기관) 즉 제2종 영구기관은 실현될 수 없다.

③ 자연계에 아무 변화도 남기지 않고, 어느 열원의 열을 계속해서 일로 바꾸는 제2종 영구기관은 존재하지 않는다.

④ 열역학 제1법칙은 가역적인 것을 허용 하였으나 열역학 제2법칙은 비가역적 현상을 말하고 있다. 한 과정중에 비가역이 되는 주요 원인은 마찰, 온도차에 의한 열전달, 압축 및 팽창, 혼합 등이 있다.

(2) 열효율과 성적계수

1) 열기관의 열효율

$$\eta = \frac{W}{Q_1} = \frac{Q_1 - Q_2}{Q_1} = 1 - \frac{Q_2}{Q_1} = \frac{T_1 - T_2}{T_1} = 1 - \frac{T_2}{T_1}$$

2) 성적계수(COP)

① 냉동기의 성적계수

$$COP_R = \frac{Q_2}{W} = \frac{Q_2}{Q_1 - Q_2} = \frac{T_2}{T_1 - T_2}$$

② 열펌프(Heat pump)의 성적계수

$$COP_H = \frac{Q_1}{W} = \frac{Q_1}{Q_1 - Q_2} = \frac{T_1}{T_1 - T_2} = 1 + COP_R, \quad COP_H - COP_R = 1$$

(3) 카르노 사이클(Carnot cycle)

열기관의 이상 사이클로서 2개의 등온변화와 2개의 단열변화로 구성된 가역사이클

1) 카르노 사이클의 변화
   ㉠ 1→2 과정(등온팽창)
   ㉡ 2→3 과정(단열팽창)
   ㉢ 3→4 과정(등온압축)
   ㉣ 4→1 과정(단열압축)

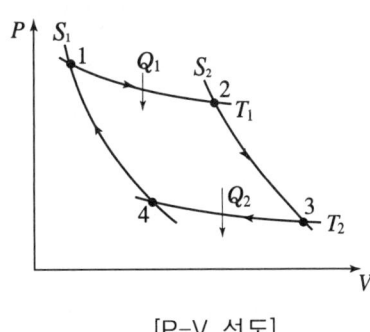

[P-V 선도]

2) 카르노 사이클의 열효율

$$\eta = \frac{W}{Q_1} = \frac{Q_1 - Q_2}{Q_1} = 1 - \frac{Q_2}{Q_1} = \frac{T_1 - T_2}{T_1} = 1 - \frac{T_2}{T_1}$$

(4) 엔트로피(Entropy)

1) 엔트로피 변화량

$$\Delta S = \frac{\delta Q}{T} \text{ 또는 } \delta Q = T \cdot \Delta S$$

2) 클라우지우스의(Clausius)의 부등식
   ① 가역 과정

   $$\oint \frac{dQ}{T} = 0$$

   ② 비가역 과정

   $$\oint \frac{dQ}{T} < 0$$

   ③ 가역, 비가역과정의 표현

   $$\oint \frac{dQ}{T} \leq 0$$

3) 엔트로피 변화량
   ① 가역변화에 따른 엔트로피 변화량 : 일정
   ② 비가역변화에 따른 엔트로피 변화량 : 증가
   ③ 자연계에서 실제 변화과정은 비가역 변화과정이므로 항상 엔트로피는 증가한다.
      (엔트로피 증가의 원리)

   > **참고** 자연계에서 일어나는 물리적 현상에서는 그 체계의 에너지 총합은 일정 불변이지만 제1법칙), 엔트로피는 항상 증가의 방향을 가진다.(제2법칙)

4) 완전가스의 엔트로피
   ① 정적변화

   $$\Delta S = GC_v \ln\left(\frac{T_2}{T_1}\right) = GC_v \ln\left(\frac{P_2}{P_1}\right)$$

   ② 정압변화

   $$\Delta S = GC_p \ln\left(\frac{T_2}{T_1}\right) = GC_p \ln\left(\frac{v_2}{v_1}\right)$$

   ③ 등온변화

   $$\Delta S = GR \ln\left(\frac{V_2}{V_1}\right) = GR \ln\left(\frac{P_1}{P_2}\right)$$

   ④ 단열변화

   $$\Delta S = 0$$

(5) 유효에너지와 무효에너지

1) 유효에너지
   고온의 열원으로부터 열량(Q_1)을 공급받아 저온의 열원으로 열량(Q_2)을 방출하면서 유효하게 일을 생산하는 에너지($Q_a = Q_1 - Q_2$)

2) 무효에너지
   이용할 수 없는 에너지

3) 유효에너지와 무효에너지 계산식
   ① 유효에너지
   $$Q_a = Q_1 \cdot \eta_c = Q_1\left(1 - \frac{T_2}{T_1}\right) = Q_1 - T_2 \Delta S$$
   ② 무효에너지
   $$Q_2 = Q_1 \cdot (1 - \eta_c) = Q_1 \frac{T_2}{T_1} = T_2 - \Delta S$$

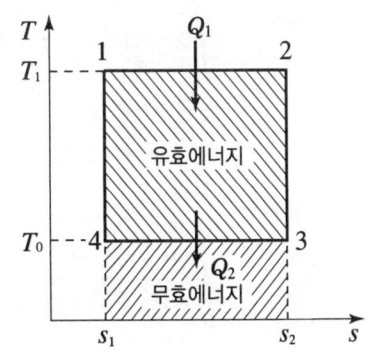

5. 열역학 제3법칙

(1) Nernst의 열정리
어떠한 이상적인 방법으로도 어떤 계의 온도를 절대0도까지 내릴 수 없다. (모든 순수 물질의 엔트로피는 절대0도에 접근함에 따라 0에 가까워 진다.)

(2) M. Plank의 열정리
모든 순수물질의 완전 결정체의 엔트로피는 절대 0도 부근에서는 T^3에 비례하여 0에 접근한다.

6. 순수물질과 물과 증기

(1) 순수물질
화학적 조성이 균일하고, 일정한 물질로 공기는 여러 기체의 혼합물이지만 상의 변화가 없이 기체 상태로 존재하고, 균일한 화학조성을 가지고 있는 경우 순수물질로 취급하나 액체공기와 기체공기의 혼합물은 조성이 다르기 때문에 순수물질이 아니다.

(2) 증기의 성질

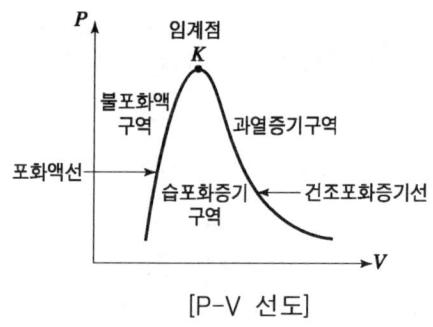
[P-V 선도]

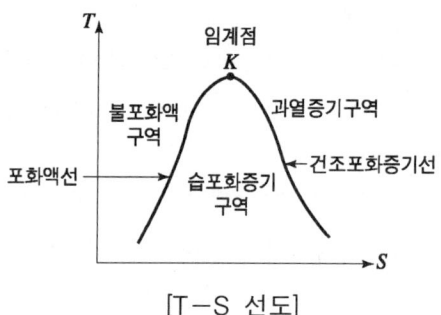
[T-S 선도]

1) 포화수

   포화상태(끓는점)에 도달한 물

   $$\text{액체열},\ q_L = C_p \cdot dT$$

2) 습포화증기

   포화수와 포화증기가 섞여 있는 상태

   ① 습증기의 상태점

   $$h_x = h' + (h'' - h')x = h' + r \cdot x \qquad s_x = s' + (s'' - s')x$$
   $$v_x = v' + (v'' - v')x \qquad u_x = u' + (u'' - u')x$$

   ② 건조도

   $$x = \frac{\text{포화증기}}{\text{습포화증기}} = \frac{h_x - h'}{h'' - h'}$$

3) 건조포화증기

   포화온도 상태에서 증발잠열에 의해 수증기가 전혀 포함되어 있지 않은 상태의 포화증기

   $$h'' = h' + (h'' - h') = h' + r$$

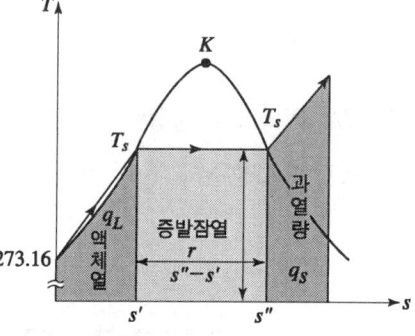

4) 과열증기

   포화온도보다 온도가 높아진 상태의 증기

   $$h_s = h'' + q_s = h'' + C_p dT$$

   > **참고**
   > 과열도 = 과열증기 온도 - 포화온도

5) 임계점(critical point)

   압력이 높아지면 잠열이 작아지면서 결국에는 0이 되는 데 이때 액체와 기체와의 사이에 엔탈피의 변화가 없어지고, 비체적의 변화도 없어지며 포화액과 포화증기의 구

분이 없어지는 점으로 이러한 한계상태를 임계점이라고 하며 임계점에서의 압력을 임계압력, 온도를 임계온도라 한다. 증기표에서는 3중점의 물의 상태 즉 0.01℃, 0.001m³/kg인 포화수의 상태를 기준으로 그 상태량을 표시한다.

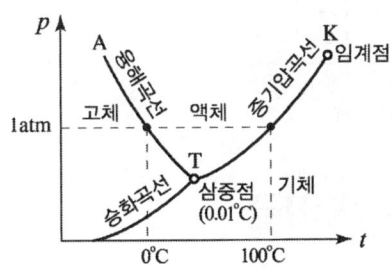

(3) 증기선도

액체와 증기의 상태량의 변화과정을 간단한 선도로 표시한 것으로 증기선도로서는 $P-V$ 선도, $T-s$ 선도 및 $h-s$ 선도(몰리에르 선도) 등이 사용되고 있다.

① $P-V$ 선도 : 사이클의 일량을 면적으로 표시하는 일선도
② $T-s$ 선도 : 증기가 상태 변화하는 동안 주고받은 열량을 면적으로 표시하는 선도
③ $h-s$ 선도 : 증기의 몰리에르 선도

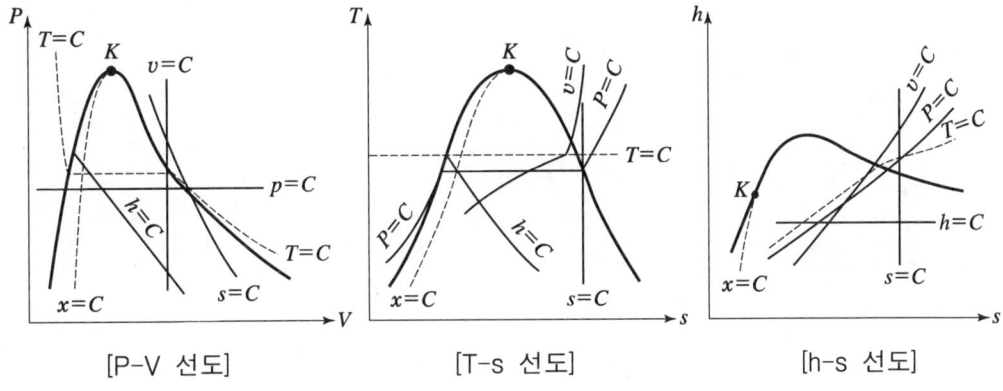

[P-V 선도]   [T-s 선도]   [h-s 선도]

(4) 교축변화

증기가 밸브나 오리피스 등의 작은 단면을 통과할 때는 외부에 대해서 일은 하지 않고, 다만 압력강하가 일어나게 되는 현상으로 교축 시 압력 및 온도는 강하되고, 엔탈피가 일정하며 엔트로피는 증가한다. 또한 습증기를 교축시키면 건조도가 증가하며 계속 교축시키면 과열증기가 된다.

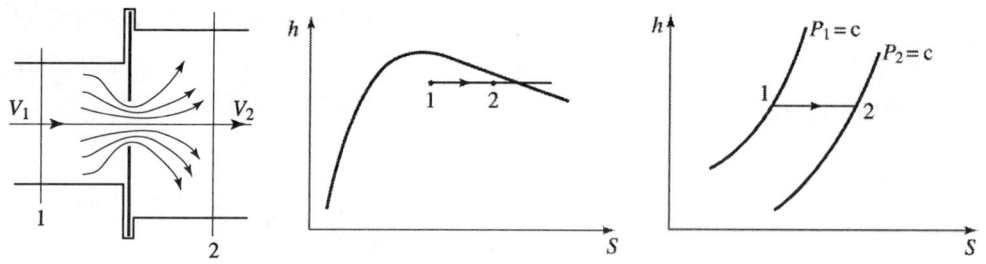

7. 증기 동력 사이클

(1) 랭킨 사이클

증기 원동소의 기본 사이클로써, 2개의 단열변화와 2개의 정압변화로 구성
(가역단열압축 → 정압가열 → 가역단열팽창 → 정압냉각)

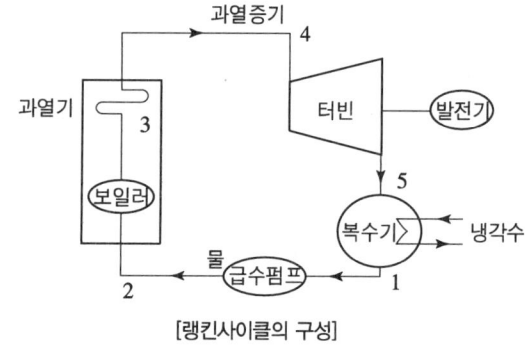

[랭킨사이클의 구성]

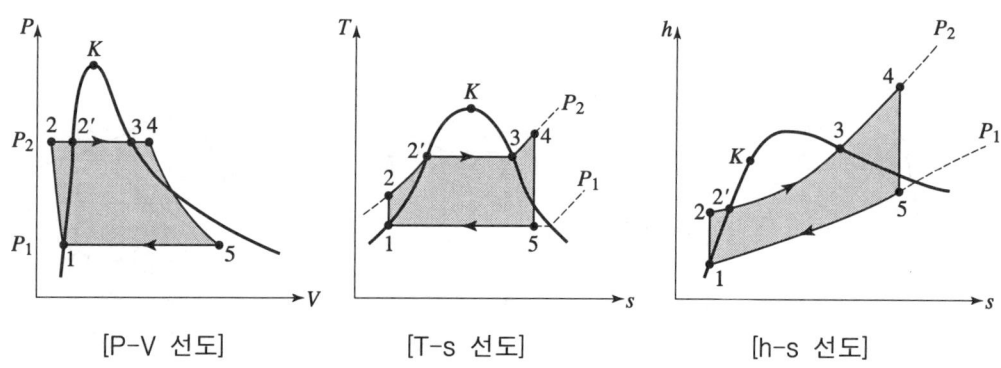

[P-V 선도]   [T-s 선도]   [h-s 선도]

① 열효율

$$\eta_R = \frac{유효일}{공급열} = \frac{w_T}{q_1} = \frac{w_T - w_P}{q_B + q_S} = \frac{(h_4 - h_5) - (h_2 - h_1)}{h_4 - h_2} \text{(펌프일 고려)}$$

② 랭킨 사이클의 열효율 향상 대책
 ㉠ 초온(터빈 입구온도)이 높을수록
 ㉡ 초압(터빈 입구압력)이 높을수록
 ㉢ 배압(터빈 출구압력, 복수기 입구압력)이 낮을수록

(2) 재열 사이클(Reheat Cycle)

재열기를 설치하여 고압터빈에서 팽창한 증기의 건도를 높여 터빈 수명과 열효율 개선을 위한 사이클

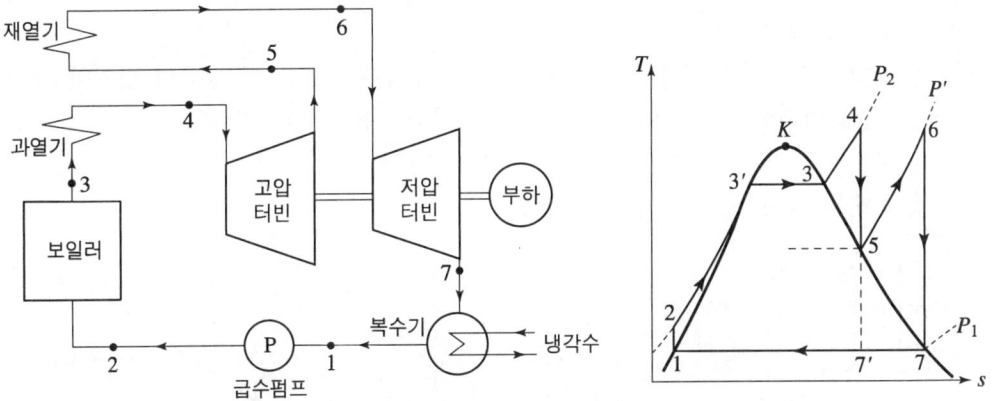

[재열사이클의 구성 및 T-S선도]

$$\eta_R = \frac{\text{유효일}}{\text{공급열}} = \frac{w_{T1} + w_{T2} - w_P}{q_1} = \frac{(h_4 - h_5) + (h_6 - h_7) - (h_2 - h_1)}{(h_4 - h_2)(h_6 - h_5)} \text{(펌프일 고려)}$$

(3) 재생 사이클

증기터빈에서 팽창하는 증기를 모두 복수기에서 응축시키지 않고 증기터빈 팽창 도중 증기의 일부를 추기)하여 보일러에 공급되는 급수를 예열하여 재생시켜 열효율을 개선한 사이클이다. 보통 추기 단수는 많을수록 재생효과는 좋으나 부속장치의 증가로 1~4단으로 한다.

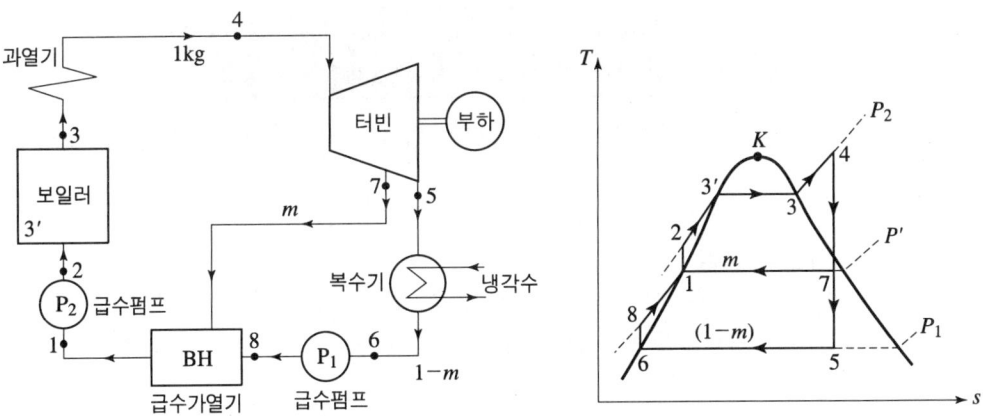

[재생사이클의 구성 및 h-s, T-s선도]

8. 가스 동력 사이클

(1) 오토 사이클

① 오토 사이클의 특징
  ㉠ 전기점화기관의 이상적 사이클로서 동작유체의 열공급 및 방열이 일정한 체적하에서 이루어지므로 정적 사이클 또는 정적연소사이클이라 한다.
  ㉡ 2개의 단열과정과 2개의 정적과정으로 이루어진 사이클

② 오토 사이클의 $P-v$, $T-s$ 선도

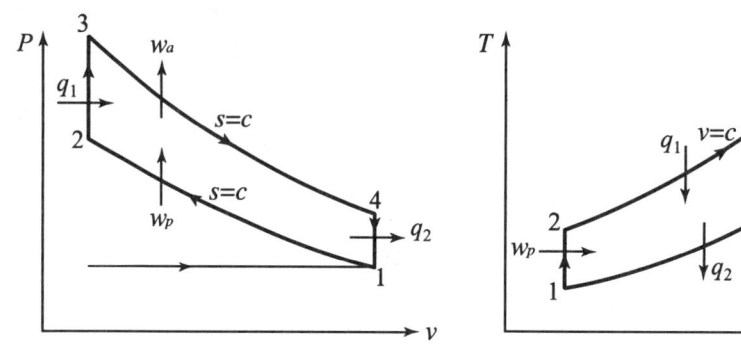

③ 오토 사이클의 상태변화
  ㉠ 1 → 2 : 가역·단열압축(등엔트로피 과정)
  ㉡ 2 → 3 : 등적과정(폭발, 열입력)
  ㉢ 3 → 4 : 가역·단열팽창(등엔트로피 과정)
  ㉣ 4 → 1 : 등적과정(배기, 열방출)
  ㉤ 열효율

$$\eta_o = 1 - \frac{q_2}{q_1} = 1 - \frac{(T_4 - T_1)}{(T_3 - T_2)} = 1 - \left(\frac{v_2}{v_4}\right)^{k-1} = 1 - \left(\frac{v_2}{v_1}\right)^{k-1} = 1 - \left(\frac{1}{\epsilon}\right)^{k-1}$$

  ※ 오토 사이클의 열효율은 압축비(ϵ)와 비열비(k)가 클수록 열효율은 높아진다.

(2) 디젤 사이클

① 디젤 사이클의 특징
  ㉠ 2개의 단열과정(등엔트로피과정)과 1개의 등적과정, 1개의 등압과정으로 구성
  ㉡ 저속 디젤기관의 기본사이클로 정압과정에서 연소가 일어나므로 정압사이클 또는 정압연소 사이클이라 함
  ㉢ 압축비를 높게 하면 효율은 증가하나 압축비가 너무 높아지면 강도에 제한

② 디젤 사이클의 $P-v$, $T-s$ 선도

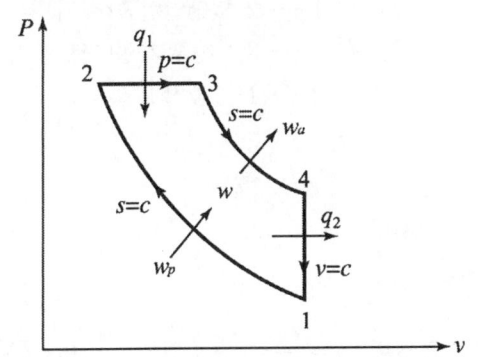
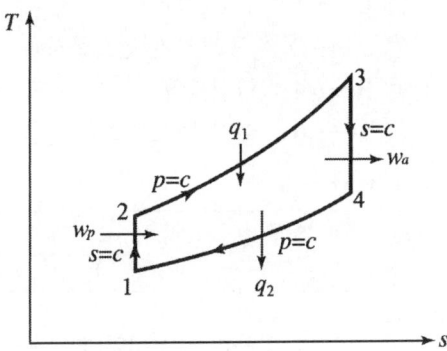

③ 디젤 사이클의 상태변화
  ㉠ 0 → 1 : 흡입(공기)
  ㉡ 1 → 2 : 단열압축(공기)
  ㉢ 2 → 3 : 등압가열(연료분사, 연소)
  ㉣ 3 → 4 : 단열팽창(연소가스)
  ㉤ 4 → 1 : 등적방열(연소가스)
  ㉥ 1 → 0 : 배기(연소가스)

④ 열효율

$$\eta_d = 1 - \left(\frac{1}{\epsilon}\right)^{k-1} \cdot \frac{\sigma^k - 1}{k(\sigma - 1)}$$

(여기서, ϵ : 압축비, k : 비열비, $\sigma = \dfrac{v_3}{v_2}$: 체절비, 단절비)

(3) 샤바테 사이클

① 샤바테(복합) 사이클의 특징
  ㉠ 2개의 단열과정과 2개의 정적과정, 1개의 정압과정으로 이루어진 사이클
  ㉡ 디젤기관의 기본사이클로 등적-등압 사이클, 이중연소사이클이라고도 함

② 샤바테 사이클의 $P-v$, $T-s$ 선도

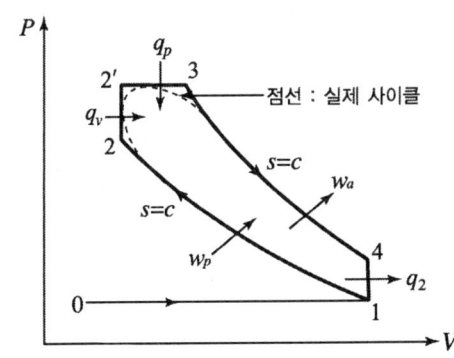
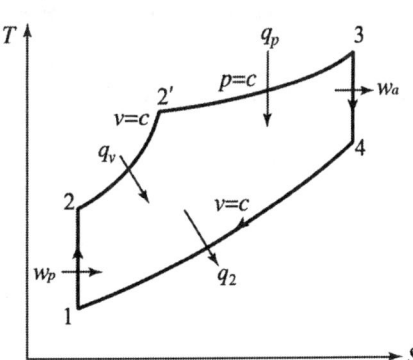

③ 샤바테 사이클의 상태변화
  ㉠ 0 → 1 : 흡입(공기)
  ㉡ 2 → 2′ : 등적가열(연료분사)
  ㉢ 3 → 4 : 단열팽창
  ㉣ 1 → 0 : 배기(연소가스)
  ㉤ 1 → 2 : 단열압축(공기)
  ㉥ 2 → 3 : 등압가열(연료분사)
  ㉦ 4 → 1 : 등적방열

④ 열효율

$$\eta_s = 1 - \left(\frac{1}{\epsilon}\right)^{k-1} \cdot \frac{(\alpha \cdot \sigma^k - 1)}{(\alpha - 1) + k \cdot \alpha(\sigma - 1)}$$

(여기서, ϵ : 압축비, k : 비열비, $\sigma = \dfrac{v_3}{v_2}$: 체절비, $\alpha = \dfrac{P_3}{P_2} = \dfrac{T_3}{T_2}$: 압력 상승비, 폭발비)

(4) 내연기관 기본 사이클의 열효율 크기 비교

① 압력초기 상태, 가열량과 압축비가 일정할 때
   오토 > 샤바테 > 디젤 사이클

② 압력초기 상태, 가열량과 최고압력이 일정할 때
   디젤 > 샤바테 > 오토 사이클

③ 가열량과 기관수명 및 최고 압력 억제를 고려
   디젤 > 샤바테 > 오토 사이클

9. 가스 터빈 사이클

(1) 브레이턴 사이클

① 브레이턴 사이클의 특징
  ㉠ 2개의 단열과정과 2개의 정압과정으로 이루어진 가스터빈의 이상적인 사이클
  ㉡ 압축기, 연소기, 터빈, 재생기로 구성
  ㉢ 열효율은 압축압력비($\phi = \dfrac{P_2}{P_1}$)가 증가하면 열효율은 증가
  ㉣ 압축기, 연소기, 터빈, 재생기로 구성되어 있으며 재생기는 배기열의 일부로 연소실로 들어가는 공기를 예열하여 열효율을 상승

② 브레이턴 사이클의 $P-v$, $T-s$ 선도

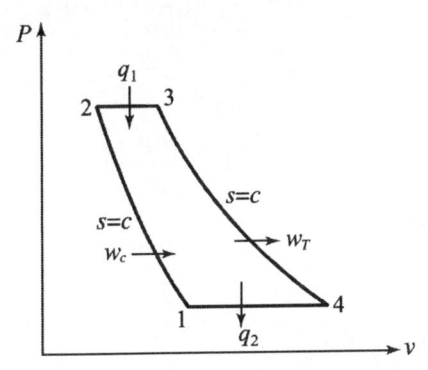 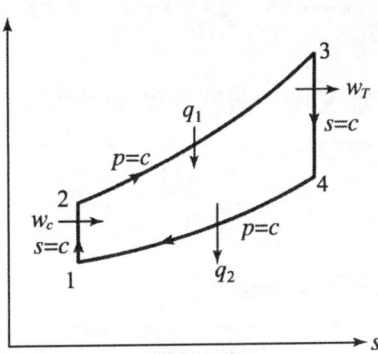

③ 브레이턴 사이클의 상태변화 [밀폐형의 과정]
  ① 1 → 2 : 공기압축기의 압축과정
  ② 2 → 3 : 연소기내에서 정압연소과정
  ③ 3 → 4 : 터빈의 단열팽창
  ④ 4 → 1 : 터빈 출구로부터 압축기입구까지의 정압방열과정

④ 열효율

$$\eta_B = 1 - \frac{q_2}{q_1} = 1 - \frac{(T_4 - T_1)}{(T_3 - T_2)} = 1 - \left(\frac{P_1}{P_2}\right)^{\frac{k-1}{k}} = 1 - \left(\frac{1}{\phi}\right)^{\frac{k-1}{k}}$$

(2) 에릭슨 사이클

① 2개의 등온과정과 2개의 등압과정으로 구성
② 가스터빈의 이상적인 사이클
③ 온도만의 함수인 카르노사이클과 열효율이 같아지는 이상적인 사이클

(3) 스털링 사이클

① 2개의 등온과정과 2개의 등적과정으로 구성
② 외연기관의 이론 사이클
③ 이론 열효율이 100%로 카르노사이클의 열효율과 같은 고효율 미래 열기관 사이클

(4) 아트킨슨 사이클

① 2개의 단열과정과 1개의 정적과정과 1개의 정압과정으로 구성
② 가스터빈의 이상적인 사이클

(5) 르노아 사이클

① 1개의 단열과정, 1개의 정적과정, 1개의 정압과정으로 구성
② 외연기관의 이론 사이클

10. 가스와 증기의 유동

(1) 정상 단열 분류에 의한 단열 낙하차(열강하)

$$h_d = h_1 - h_2 = \frac{(V_2^2 - V_1^2)}{2}$$

(2) 노즐 출구에서 분출속도

$$V_2 = 91.5\sqrt{(h_1 - h_2)} \; (\text{m/s})$$

여기서, h_2 : 출구엔탈피
h_1 : 입구엔탈피(kJ/kg)

(3) 노즐에서의 임계압력

$$P_c = P_1 \left(\frac{2}{k+1}\right)^{\frac{k}{k-1}}$$

여기서, P_c/P_1 : 임계 압력비
k : 비열비

(4) 단면 축소노즐과 확대노즐

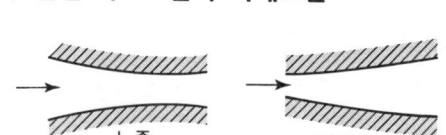
(a) 아음속 ($M<1$)

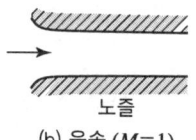
(b) 음속 ($M=1$)

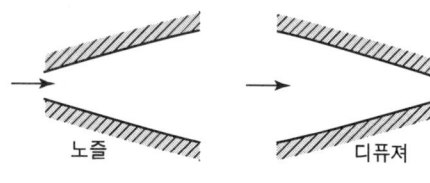
(c) 초음속 ($M>1$)

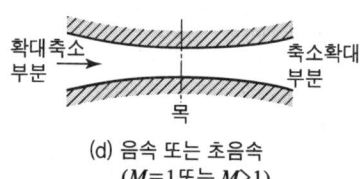
(d) 음속 또는 초음속
($M=1$ 또는 $M>1$)

① 단면 축소-확대노즐 : dA가 증가하므로 $M>1$: 초음속 가능
② 단면 확대-축소노즐 : dA가 감소하므로 $M<1$: 아음속 가능

(5) 마하수

$$M = \frac{\text{속도}(V)}{\text{음속}(C)} = \frac{V}{\sqrt{k \cdot R \cdot T}}$$

여기서, V : 유속(m/s)
k : 비열비
R : 기체상수(J/kg·K)
T : 절대온도(K)

11. 연소

1) 연소
가연성 물질이 공기중의 산소와 반응하여 열과 빛을 내면서 타는 현상

2) 연소 반응식

① 탄소의 완전 연소 반응식

반 응 식	C	+	O_2	→	CO_2 + 33,900 kJ/kg	
구 분	반 응 물				생 성 물	
몰 비	1 kmol		1 kmol		1 kmol	
질 량 비	12 kg		32 kg		44 kg	
체 적 비	22.4 Nm^3		22.4 Nm^3		22.4 Nm^3	
탄소 1kg당 질량	1 kg		2.667 kg		3.667 kg	
탄소 1kg당 체적	1 kg		$\dfrac{22.4}{12} = 1.867 m^3$		$\dfrac{22.4}{12} = 1.867 m^3$	

② 수소의 완전 연소 반응식

반 응 식	H_2	+	$\dfrac{1}{2} O_2$	→	H_2O + 142,000 kJ/kg	
구 분	반 응 물				생 성 물	
몰 비	1 kmol		1/2 kmol		1 kmol	
질 량 비	2 kg		16 kg		18 kg	
체 적 비	22.4 Nm^3		11.2 Nm^3		22.4 Nm^3	
수소 1kg당 질량	1 kg		8 kg		9 kg	
수소 1kg당 체적	1 kg		$\dfrac{11.2}{2} = 5.6 Nm^3$		$\dfrac{22.4}{2} = 11.2 Nm^3$	

③ 황의 완전 연소 반응식

반 응 식	S	+	O_2	→	SO_2 + 10,500 kJ/kg	
구 분	반 응 물				생 성 물	
몰 비	1 kmol		1 kmol		1 kmol	
질 량 비	32 kg		32 kg		64 kg	
체 적 비	22.4 Nm^3		22.4 Nm^3		22.4 Nm^3	
황 1kg당 질량	1 kg		1 kg		2 kg	
황 1kg당 체적	1 kg		$\dfrac{22.4}{32} = 0.7 Nm^3$		$\dfrac{22.4}{32} = 0.7 Nm^3$	

3) 탄화수소가스의 화학(연소)반응식

① 메탄(CH_4)　　$CH_4 + 2O_2 \rightarrow CO_2 + 2H_2O + 55,800\,kJ/kg$

② 프로판(C_3H_8)　　$C_3H_8 + 5O_2 \rightarrow 3CO_2 + 4H_2O + 50,400\,kJ/kg$

③ 벤젠(C_6H_6)　　$C_6H_6 + 7\dfrac{1}{2}O_2 \rightarrow 6CO_2 + 3H_2O + 40,300\,kJ/kg$

④ 옥탄(C_8H_{18})　　$C_8H_{18} + 12.5O_2 \rightarrow 8CO_2 + 9H_2O$

4) 연료의 발열량

① 고위 발열량

$$H_h = 33,900C + 142,000\left(H - \dfrac{O}{8}\right) + 10,500S\,(kJ/kg)$$

② 저위 발열량 : 고위 발열량에서 물의 증발잠열(수소와 수분)을 제외한 발열량

$$H_l = H_h - 2,500(9H + W)$$
$$= 33,900C + 142,000\left(H - \dfrac{O}{8}\right) + 10,500S - 2,500(9H + W)\,(kJ/kg)$$

5) 이론산소량 및 이론공기량

① 이론산소량(O_o)

　㉠ 질량으로 표시

$$O_o = 2.667C + 8\left(H - \dfrac{O}{8}\right) + S\,(kg/kg)$$

　㉡ 체적으로 표시

$$O_o = 1.867C + 5.6\left(H - \dfrac{O}{8}\right) + 0.7S\,(Nm^3/kg)$$

② 이론공기량(A_o)

　㉠ 질량으로 표시

$$A_o = \dfrac{O_o}{0.232} = 11.49C + 34.48\left(H - \dfrac{O}{8}\right) + 4.3S\,(kg/kg)$$

　㉡ 체적으로 표시

$$A_o = \dfrac{O_o}{0.21} = 8.89C + 26.67\left(H - \dfrac{O}{8}\right) + 3.33S\,(Nm^3/kg)$$

③ 공기비(m), 실제공기량(A)과 과잉공기율

$$m = \dfrac{A}{A_o},\ A = m \cdot A_o,\ 과잉공기율 = (m-1) \times 100\,(\%)$$

12. 전열

1) 전도 열전달
온도가 높은 곳에서 낮은 곳으로 열이 이동할 때 물체 자체내에서 분자의 이동이 없이 일어나는 열전달 현상(푸리에의 법칙)

$$Q = \frac{\lambda \cdot A \cdot \Delta T}{l} = \frac{A \cdot (T_1 - T_2)}{R} [W]$$

2) 대류 열전달
온도가 다른 고체와 유체가 접촉하고 있을 때 유체의 유동이 생기면서 열이 이동하는 현상(뉴톤의 냉각법칙)

$$Q = \alpha \cdot A \cdot \Delta T [W]$$

3) 열관류(열통과)
열이 한 유체에서 고체를 통과하여 다른 유체로 전달되는 현상으로 열통과라고도 한다.

$$Q = K \cdot A \cdot (T_1 - T_2) [W]$$

열통과율, $K = \dfrac{1}{R} = \dfrac{1}{\dfrac{1}{\alpha_1} + \dfrac{l_n}{\lambda_n} + \dfrac{1}{\alpha_2}} [W/m^2 K]$

여기서, λ : 열전도율(W/mK), α : 열전달율(W/m²K)
K : 열통과율(W/m²K), A : 전열면적(m²)
ΔT : 온도차(℃, K)

4) 열복사
열에너지가 전자파의 형태로 물체로부터 방출되며 열 이동에 있어 중간 매질을 필요하지 않는다.

$$Q = \epsilon \cdot \sigma \cdot A \cdot (T_1^4 - T_2^4)$$

여기서, ϵ : 복사율
σ : 스테판-볼츠만 정수(5.669×10^{-8} W/m²K⁴)
A : 표면적(m²)
T : 물체의 절대온도(K)

[제2과목]

냉동공학

1. 기초 열역학

(1) 열량의 표시

1) 1kcal : 물 1kg을 1℃ 높이는 데 필요한 열량
2) 1BTU : 물 1Lb를 1°F 높이는 데 필요한 열량

> **참고**
> ※ 1kcal=3.968BTU=4.19kJ, 1BTU=0.252kcal

(2) 비열 및 비열비

1) 비열(C) : 단위 질량당 물질의 온도를 1℃ 변화시키는 데 필요한 열량
   (물의 비열=1kcal/kg・℃=4.19kJ/kg・K)
2) 비열비(k) : 정압비열(C_p)과 정적비열(C_v)과의 비로 항상 1보다 크다.

$$k = \frac{C_p}{C_v} > 1$$

3) 가스의 비열비가 클수록 압축기 토출가스온도가 높아 워터자켓을 설치하여 수냉각한다.

기체명	공기	암모니아	CH₃Cl	R-22	R-12
비열비	1.4	1.313	1.2	1.184	1.136

(3) 현열과 잠열

1) 현열(감열) : 물질의 상태변화 없이 온도변화에만 필요한 열

$$Q_s = G \cdot C \cdot \Delta t$$

2) 잠열(숨은열) : 물질의 온도변화 없이 상태변화에만 필요한 열

$$Q_L = G \cdot r$$

> **참고**
> ※ 0℃ 물의 응고잠열(얼음의 융해잠열), r ≒ 79.68 kcal/kg ≒ 334kJ/kg
> ※ 100℃ 물의 증발잠열(수증기의 응축잠열), r ≒ 539 kcal/kg ≒ 2,257kJ/kg

(4) 물질의 상태변화

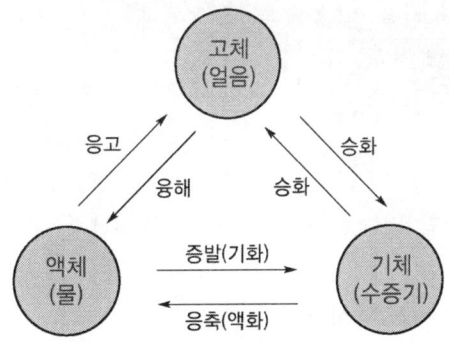

(5) 열역학 법칙

1) 열역학 제0법칙(열평형의 법칙)

온도가 서로 다른 물질이 열평형을 이루려는 성질로 온도측정의 원리가 된다.

$$혼합온도, \ t_m = \frac{G_1 C_1 t_1 + G_2 C_2 t_2 + \cdots}{G_1 C_1 + G_2 C_2 + \cdots}$$

2) 열역학 제1법칙(에너지 보존의 법칙)

① 열과 일의 환산관계

$$Q = A \cdot W$$
$$W = J \cdot Q$$

여기서, Q : 열량(kcal, kJ)
W : 일량(kg·m, kJ)
J : 열의 일당량(427kg·m/kcal)
A : 일의 열당량($\frac{1}{427}$ kcal/kg·m)

② 엔탈피(h, i : kcal/kg, kJ/kg)

어떤 물질 1kg이 가지고 있는 에너지의 총합

$$i = 내부 \ 에너지 + 외부 \ 에너지 = u + APV = u + AW$$

> **참고**
> ※ 내부 에너지(u)
> ① 계 내의 총에너지에서 기계적 에너지를 제외한 에너지
> ② 물질 내에 열량으로 축적되어 있는 열에너지(계 내에 저장되어 있는 에너지)
> ③ 물질의 현재 상태에만 의해서 결정되는 상태량
> ④ 과정의 변화 경로에 무관하고, 변화 전후의 절대값에만 의존(상태함수, 점함수)

3) 열역학 제2법칙(열 이동의 법칙)

① 열은 저온에서 고온로 스스로 흐르지 못한다.(고온 → 저온)
② 어떤 과정이 일어날 수 있는가를 제시(가역, 비가역)
③ 열기관에서 동작물질에 일을 하게 하려면 그보다 낮은 열 저장소가 필요하다.
④ 열을 일로 100% 변환시키는 제2종 영구기관은 열손실이 발생되므로 존재하지 않는다.

⑤ 엔트로피(S) : 어떤 물질이 가지고 있는 열량(엔탈피)을 그 때의 절대온도로 나눈 것(kcal/kg·K, kJ/kg·K)

$$ds = \frac{dQ}{T}$$

(6) 동 력

1) 정의 : 단위 시간당 한 일(kg·m/sec, J/sec, Watt)

2) 동력의 표시

　1PS = 75kg·m/sec = 632kcal/h
　1HP = 76kg·m/sec = 641kcal/h
　1kW = 102kg·m/sec = 860kcal/h = 3,600kJ/h

3) 동력의 환산관계

PS	HP	kW	kg·m	kcal/h
1	0.986	0.735	75	632
1.014	1	0.745	76	641
1.36	1.34	1	102	860

(7) 압력의 환산

1) $h\,[\mathrm{cmHgV}]$ 을
　　㉠ kg/cm²a로 환산 　　$P = 1.033 \times \left(1 - \dfrac{h}{76}\right)$
　　㉡ Lb/in²a로 환산 　　$P = 14.7 \times \left(1 - \dfrac{h}{76}\right)$

2) $x\,[\mathrm{kgf/cm^2}]$ 을
　　㉠ bar로 환산 　　$P = 1.013 \times \left(1 - \dfrac{x}{1.033}\right)$
　　㉡ kPa로 환산 　　$P = 101 \times \left(1 - \dfrac{x}{1.033}\right)$

> **참고**
> ※ 표준대기압(1atm) = 76cmHg = 10.33mH₂O = 1013mbar = 1.033kg/cm²
> 　　　　　　　　　= 14.7Lb/in²(PSI) = 10,332kg/m² = 101,325N/m²(Pa) = 101kPa

(8) 보일-샬의 법칙 : 기체의 압력(P)은 절대온도(T)에 비례하고, 부피(v)에 반비례한다.

$$\frac{P_1 v_1}{T_1} = \frac{P_2 v_2}{T_2}$$

(9) 이상기체 상태방정식

1) $\boxed{PV = nRT = \dfrac{W}{M}RT}$

  ※ 일반기체상수$(R) = 848\,\text{kg}\cdot\text{m/kmol}\cdot\text{K} = 8.314\,\text{kJ/kmol}\cdot\text{K}$

2) $\boxed{PV = GR'T}$

  ※ 해당 가스정수$(R') = \dfrac{848}{M}(\text{kg}\cdot\text{m/kg}\cdot\text{K}) = \dfrac{8.314}{M}(\text{kJ/kg}\cdot\text{K})$

여기서,
- P : 압력(kg/m^2, N/m^2)
- V : 체적(m^3)
- T : 절대온도(K)
- n : 몰수(kmol)
- M : 분자량(kg)
- R : 기체상수
- G, W : 무게(kg)

 ※ 실제기체가 이상기체에 근사적으로 만족하는 경우
  ① 분자량이 작을수록   ② 저압일수록   ③ 고온일수록
  ④ 밀도(비중)가 작을수록   ⑤ 비체적이 클수록

3) 이상기체의 변화

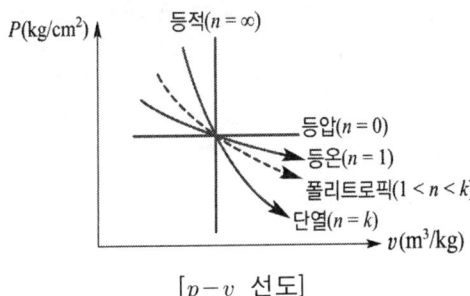

[$p-v$ 선도]

 ※ 가스압축 시 압축에 소요되는 동력 및 가스온도 상승
  단열압축 > 폴리트로픽 압축 > 등온압축 ($k > n > 1$)

(10) 열의 이동(전열)

1) **전도** : 고체와 고체 사이의 내부에서 온도차에 의한 물질 분자간의 열의 이동
  열전도 열량(푸리에의 법칙)

  $\boxed{Q = \dfrac{\lambda \cdot A \cdot \Delta t}{l}}$

 ※ 열전도율(λ : kcal/mh℃, W/mK) : 고체 내부에서의 열의 이동속도

2) 대류 : 고체 표면에 접한 유체의 이동에 의한 열의 이동

열전달 열량(뉴톤의 냉각법칙)

$$Q = \alpha \cdot A \cdot \Delta t$$

① 열전달률(α : kcal/m²h℃, W/m²K)
② 열통과율, 열관류율(K : kcal/m²h℃, W/m²K)

$$K = \frac{1}{R} = \frac{1}{\frac{1}{\alpha_1} + \frac{l_n}{\lambda_n} + \frac{1}{\alpha_2}}$$

여기서, Q : 열전달 열량
λ : 열전도율
α : 열전달률
K : 열통과율
$A(F)$: 전열면적(m²)
l : 두께(m)
Δt : 온도차(℃, K)
R : 열저항 계수

참고
※ 열저항, 오염계수(R : m²h℃/kcal, m²K/W)

3) 복사(방사) : 전자파 형태로 전달 매체 없는 열의 이동(스테판 볼쯔만의 법칙)

2. 냉동의 기본사항

(1) 자연적인 냉동법

① 고체의 융해잠열(얼음)
② 액체의 증발잠열(프레온, 암모니아, 액화질소 등)
③ 고체의 승화잠열(드라이 아이스 : -78.5℃, 137kcal/kg)
④ 기한제(얼음+식염) 이용

(2) 기계적인 냉동법

1) 증기 압축식 냉동법
① 냉매가스를 압축 후 냉매액의 증발잠열을 이용하여 냉동
② 증기 압축식 냉동기의 4대 사이클
압축기(등엔트로피 과정) → 응축기 → 팽창밸브(등엔탈피 과정) → 증발기
③ 배관의 구분
㉠ 토출관 : 압축기에서 응축기까지의 배관
㉡ 고압 액관 : 응축기-수액기-팽창밸브까지의 배관

2) 증기 분사식
한 개의 증기 이젝터(steam ejector)로 증발기 내의 압력을 진공으로 하여 물의 일부를 증발시키는 동시에 나머지 물은 냉각이 되는 데 이 냉각된 물은 냉동목적에 이용

3) 전자 냉동법
① 열전 반도체를 이용한 냉동기
② 펠티어효과 응용(두 금속에 전류가 흐르면 온도차가 발생)

4) 흡수식 냉동법
① 기계적인 일을 사용하지 않고, 수증기나 온수, 연소열, 태양열 등의 열원을 이용하여 냉방하는 기기
② 흡수식 냉동기의 4대 사이클
  흡수기 → 발생기(재생기) → 응축기 → 증발기(압축기 대신 : 흡수기와 발생기 사용)
③ 냉매에 따른 흡수제

냉 매	흡 수 제
암모니아	물, 로단 암모니아
물	리튬브로마이드, 가성소다, 황산, 염화리튬 등
염화에틸	사염화 에탄
메탄올	취화리튬, 메탄올 용액
톨루엔	파라핀유

④ 2중 효용 흡수식 냉동기
  1중 효용식에 비해 재생기를 1개 더 설치하여 발생기에서의 열에너지를 보다 효과적으로 활동하여 가열열량을 감소시켜 운전비를 절감한다.(2개의 재생기와 2개의 열교환기를 가진 흡수식 냉동기)
⑤ 흡수식 냉동기의 종류
  1중(단중)효용 흡수식 냉동기, 2중 효용 흡수식 냉동기, 직화식 냉온수기
⑥ 흡수식 냉동기에서 흡수제의 구비조건
  ㉠ 용액의 증발압력이 낮을 것
  ㉡ 농도변화에 의한 증기압의 변화가 적을 것
  ㉢ 증발온도가 냉매의 증발온도와 차이가 있을 것(동일 압력에서)
  ㉣ 재생에 많은 열량을 필요로 하지 않을 것
  ㉤ 점도가 높지 않을 것
  ㉥ 부식성이 없을 것

(3) 카르노 및 역카르노 사이클

1) 카르노 사이클에서의 과정 : 이상적인 열기관 사이클

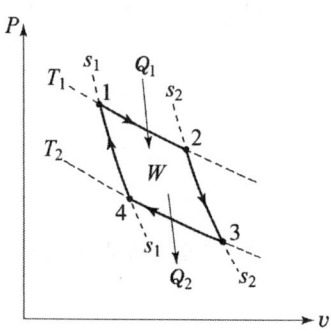 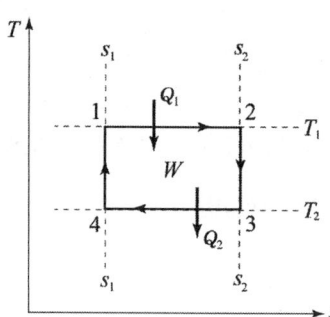

① 1→2과정 : 등온팽창 ② 2→3과정 : 단열팽창
③ 3→4과정 : 등온압축 ④ 4→1과정 : 단열압축

※ 카르노 사이클에서의 열효율(η)

$$\eta = \frac{AW}{Q_1} = \frac{Q_1 - Q_2}{Q_1} = 1 - \frac{Q_2}{Q_1} = \frac{T_1 - T_2}{T_1} = 1 - \frac{T_2}{T_1}$$

여기서, Q_1 : 입열
Q_2 : 방출열
AW : 유효일(열)
T_1 : 고온 절대온도
T_2 : 저온 절대온도

2) 역카르노 사이클 : 이상적인 냉동 사이클

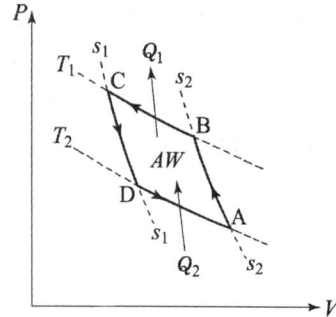 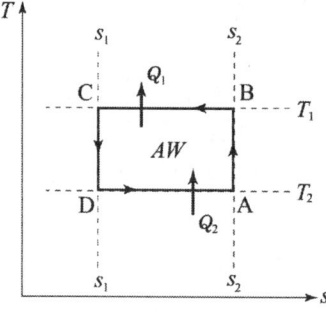

① A→B과정 : 단열압축(압축기) ② B→C과정 : 등온압축(응축기)
③ C→D과정 : 단열팽창(팽창밸브) ④ D→A과정 : 등온팽창(증발기)

※ 냉동기의 성적계수

$$COP_R = \frac{Q_2}{AW} = \frac{Q_2}{Q_1 - Q_2} = \frac{T_2}{T_1 - T_2}$$

여기서, Q_1 : 응축열량
Q_2 : 증발열량(냉동능력)
AW : 압축일량(압축열량)
T_1 : 고온 절대온도
T_2 : 저온 절대온도

※ 히트펌프의 성적계수

$$COP_H = \frac{Q_1}{AW} = \frac{Q_1}{Q_1 - Q_2} = \frac{T_1}{T_1 - T_2} = COP_R + 1$$

(4) 몰리엘($p-i$) 선도의 구성

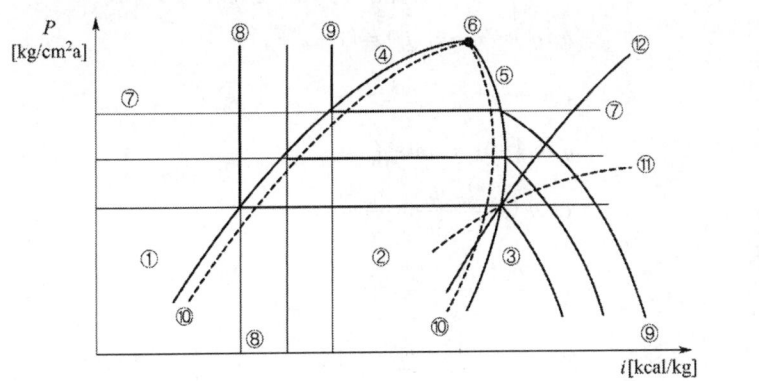

[몰리엘 선도]

① 과냉각구역
② 습증기구역
③ 과열증기구역
④ 포화액선
⑤ 건조포화증기선
⑥ 임계점
⑦ 등압력선
⑧ 등엔탈피선
⑨ 등온선
⑩ 등건조도
⑪ 등비체적선
⑫ 등엔트로피선

① 몰리엘 선도에는 압력, 온도, 엔탈피, 비체적, 건조도, 엔트로피선이 있다.
② 습포화증기구역에서 등온선과 등압선은 수평으로 평행하다.
③ 과열증기구역에서 등엔탈피선은 수직, 등온선은 우측으로 하향곡선을 그린다.
④ 건조도는 습포화증기 구역 내에서만 존재한다.(포화액 $x=0$, 포화증기 $x=1$)
⑤ 건조도는 습포화증기 중 포화증기가 차지하는 비이다.($x=0.14$, 증기 14%)

> **참고**
> ※ **임계점** : 포화액선과 건조포화증기선이 만나는 점으로 증발잠열이 0이다.

(5) $P-i$ 선도에서의 계산

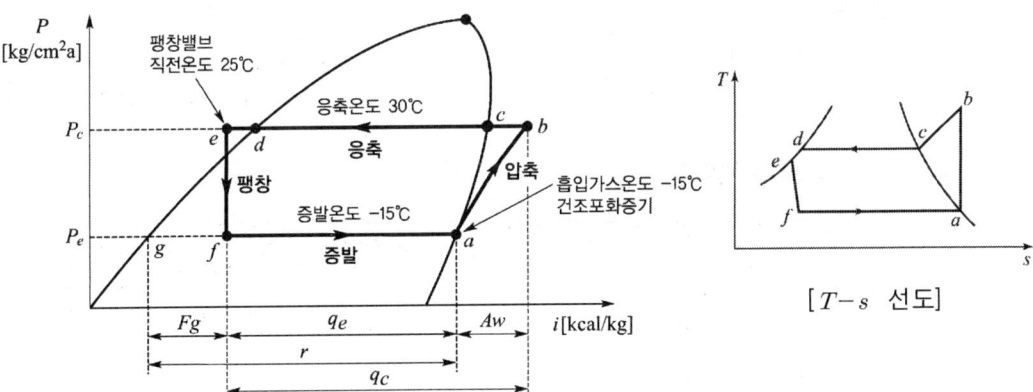

① q_e : 냉동효과 ② Aw : 압축열량 ③ q_c : 응축열량 ④ Fg : 플래쉬 가스량 ⑤ r : 증발잠열

[$P-i$ 선도]

① 압축비 $P_r = \dfrac{\text{고압측 절대압력(응축 절대압력, } P_c)}{\text{저압측 절대압력(증발 절대압력, } P_e)}$

② 냉동효과 $q_e(q_2) = i_a - i_f(i_e) = (1-x)r$

③ 압축열량 $Aw = i_b - i_a$

④ 응축열량 $q_c(q_1) = q_e + Aw = i_b - i_e$

⑤ 성적계수 $COP(\varepsilon) = \dfrac{q_e}{Aw} = \dfrac{i_a - i_e}{i_b - i_a}$

⑥ 건조도 $x = \dfrac{F_g}{r} = \dfrac{i_f - i_g}{i_a - i_g}$

⑦ 냉매 순환량(kg/h) $G = \dfrac{Q_e}{q_e} = \dfrac{V_a \times \eta_v}{v}$

⑧ 냉동능력(RT) $RT = \dfrac{V_a \cdot q_e}{3{,}320 \cdot v} \times \eta_v$

(6) 냉동톤 및 제빙톤

1) **1냉동톤(1RT)** : 0℃의 물 1ton을 24시간 동안에 0℃ 얼음으로 만드는 데 제거해야 할 열량

     1RT=3,320kcal/h=13,900kJ/h=3.86kW

2) **1제빙톤** : 25℃의 물 1ton을 24시간 동안에 −9℃ 얼음으로 만드는 데 제거해야 할 열량(열손실 20% 고려)

     1제빙톤=1.65RT

> **참고**
>
> ※ 결빙시간 $(H) = \dfrac{0.56 t^2}{-t_b}$ 여기서, $\begin{cases} t : \text{얼음의 두께(cm)} \\ t_b : \text{브라인의 온도(℃)} \end{cases}$

(7) 냉동과정에 따른 상태변화

구 분	압력	온도	엔탈피	비체적	엔트로피
압축과정(a-b)	상승	상승	증가	감소	일정
응축과정(b-c-d-e)	일정	저하	감소	감소	감소
팽창과정(e-f)	감소	저하	일정	증가	증가
증발과정(f-a)	일정	일정	증가	증가	증가

> **참고**
>
> ※ 압축과정 : 등엔트로피 변화   ※ 팽창과정 : 등엔탈피 변화

(8) 응축온도(압력) 및 증발온도 변화 시 냉동장치에 미치는 영향

구 분	응축온도 상승	응축온도 저하	증발온도 상승	증발온도 저하
압축비	증가	감소	감소	증가
냉동효과	감소	증가	증가	감소
소요동력	증가	감소	감소	증가
토출가스온도	상승	저하	저하	상승
성적계수	감소	증가	증가	감소

3. 냉 매

(1) 냉매의 구비조건

① 대기압 이상의 압력에서 쉽게 증발할 것
② 임계 온도가 높아 상온에서 쉽게 액화할 것
③ 응고점은 낮고, 증발잠열은 클 것
④ 액비열과 증기의 비열비가 작을 것
⑤ 점도와 표면장력이 적고, 전열이 우수할 것
⑥ 절연내력이 크고, 윤활유 작용하지 않을 것
⑦ 인화성, 악취, 독성이 없고, 누설 발견이 용이할 것
⑧ 윤활유와 잘 작용하지 않을 것

(2) 암모니아(NH_3) 냉매

대기압하에서 증발온도가 $-33.3℃$로 초저온용으로는 부적합하다.
① 동 및 동을 62% 이상 함유한 동합금을 부식시킨다.
② 대규모 냉동장치에 널리 사용되고 있다.
③ 물과 잘 용해되고, 윤활유와는 용해도가 떨어진다.
④ 독성이 강하고, 강한 자극성을 가지고 있다.

(3) 프레온 냉매

1) 윤활유와 용해도가 큰 냉매 : R-11, R-12, R-21, R-113
2) 윤활유와 용해도가 적고, 저온에서 분리되는 냉매 : R-13, R-14, R-22, R-114
3) 프레온은 열에 대하여 안정하지만 800℃ 이상의 화염과 접촉하면 맹독성 가스인 포스겐($COCl_2$)이 발생한다.
4) R-12의 성질
   ① 증기의 밀도가 크기 때문에 증발기관의 길이는 짧아야 한다.

② 물을 함유하면 Al 및 Mg 합금을 침식하고, 전기저항이 크다.
③ 천연고무는 침식되지만 합성고무는 침식되지 않는다.
④ 응고점(약 −158℃)이 극히 낮다.

5) R-134a(HFC-134a)

비등점, 임계온도 등 열역학 성질이 R-12와 비슷하고, 염소를 포함하지 않으므로 오존파괴지수(ODP)가 0이며 지구온난화계수(GWP)는 CO_2를 1로 기준하여 1,300으로 R-12의 대체냉매로 개발되었다.(비등점 26.5℃, 응고점 −108℃, 임계온도 102℃)

(4) 냉매의 비교

1) 냉매의 비등점이 낮은 순서

   R-12(−29.8℃) > NH_3(−33.3℃) > R-22(−40.8℃) > R-13(−81.5℃)

2) −15℃에서의 증발잠열(kcal/kg)이 큰 순서

   NH_3(313.5) > R-22(52) > R-12(39) > R-114(34.4)

3) 독성이 큰 순서

   SO_2 > NH_3 > CO_2 > CCl_2F_2(R-22)

4) 액비중의 순서

   프레온 > 물 > 오일 > 암모니아

(5) 수분의 영향

응축온도 상승	응축온도 저하
① 유탁액현상 유발	① 동부착현상 방생
② 증발온도 상승(1% → 0.5℃)	② 팽창밸브 동결 폐쇄
③ 장치부식	③ 장치부식

> **참고**
> ※ 유탁액(에멀죤) 현상
> 암모니아 냉동장치에 다량의 수분 함유 시 윤활유가 우유빛으로 변하는 현상

> **참고**
> ※ 오일포밍 현상
> 프레온 냉동장치의 압축기 기동 시 크랭크 케이스 내에 오일 중에 섞여 있던 냉매가 분리되면서 유면이 약동하고 거품이 일어나는 현상으로 크랭크 케이스 내 오일히터를 설치하여 압축기 가동 전 30~60분전에 히터를 켜 오일을 분리하여 방지

(6) 프레온 냉매의 번호

1) 메탄계 냉매
십단위 냉매는 CH_4(메탄)계 냉매로서 H_4대신 할로겐원소(Cl, F 등)로 치환된다.
① 구성 : C의 수는 항상 1개, 나머지(H, Cl, F)는 항상 4개이어야 함
② 읽는 법 ┌ 십의 자리 : H수에 +1(예 : H_0+1=일십, H_1+1=이십)
　　　　　 └ 일의 자리 : F의 수(예 : F_2=2, F_3=3)

[예] R-11 : CCl_3F, R-12 : CCl_2F_2, R-13 : $CClF_3$, R-22 : $CHClF_2$, R-40 : CH_3Cl

2) 에탄계 냉매
백단위 냉매는 C_2H_6(에탄)계 냉매로서 H_6 대신 할로겐원소(Cl, F 등)로 치환된다.
① 구성 : C의 수는 항상 2개, 나머지(H, Cl, F)는 항상 6개이어야 함
② 읽는 법 ┌ 십의 자리 : H수에 +1(예 : H_0+1=일십, H_1+1=이십)
　　　　　 └ 일의 자리 : F의 수(예 : F_2=2, F_3=3)

[예] R-113 : $C_2Cl_3F_3$, R-114 : $C_2Cl_2F_4$, R-123 : $C_2HCl_2F_3$, R-134 : $C_2H_2F_4$

3) 공비혼합냉매

종 류	조 합	증발온도
R-500	R-12(73.8%) + R-152(26.2%)	-33.3℃
R-501	R-12(25%) + R-22(75%)	-41℃
R-502	R-22(48.8%) + R-115(51.2%)	-45.5℃
R-503	R-13(59.9%) + R-23(40.1%)	-89.1℃
R-504	R-32(48.3%) + R-115(51.7%)	-57.2℃

4) 비공비 혼합냉매

명 칭	조 성	명 칭	조 성
R-404A	125+143A+134A	R-408A	22+125+143A
R-407C	32+125+143A	R-410A	32+125

(7) 냉매의 누설검사법

1) 암모니아 냉매
① 불쾌한 냄새(악취)
② 적색 리트머스 시험지 → 청색
③ 페놀프탈레인 시험지 → 적색(홍색)
④ 유황초(황산, 염산) → 백색연기 발생
⑤ 네슬러시약 → 소량 누설 : 황색, 다량 누설 : 자색

2) 프레온(Freon) 냉매
① 비눗물 검사

② 헬라이드토치 사용 → 불꽃의 변화
　　청색(누설 없음) → 녹색(소량) → 자주색(다량) → 꺼짐(과량)
③ 할로겐 전자누설 검지기 사용(누설 시 경보가 울린다)

(8) 냉매 부족 시 현상

① 흡입압력 및 토출압력이 낮아진다.
② 냉동능력이 감소한다.
③ 흡입가스가 과열된다.
④ 압축기가 과열되고, 토출가스 온도는 상승한다.
⑤ 증발기 출구의 과열도가 커 팽창밸브(TEV)가 열린다.

(9) 브라인(2차 냉매)의 구비조건

① 열용량 및 비열이 크고, 전열(열통과율)이 양호할 것
② 공정점과 점도가 낮을 것
③ 부식성이 없을 것
④ 비등점은 높고, 응고점은 낮을 것
⑤ 냉장물품에 누설 시 손상이 없을 것
⑥ pH가 적당할 것(7.5~8.2 정도)
⑦ 가격이 싸고, 구입이 용이할 것

(10) 브라인의 종류

1) 유기질 브라인
　① 에틸알콜 : 마취성이 있으며 −100℃ 정도의 식품 초저온 동결에 사용
　② 에틸렌글리콜 : 응고점 −12.6℃, 점성이 크고, 제상용 브라인용
　③ 프로필렌글리콜 : 물보다 약간 무거우며 점성이 크고, 무색이며 독성과 부식성이 거의 없어 냉동식품의 동결용 브라인으로 많이 사용된다.

2) 무기질 브라인 종류와 공정점 및 부식성의 크기
　　NaCl(염화나트륨) > $MgCl_2$(염화마그네슘) > $CaCl_2$(염화칼슘)
　　　−21.2℃　　　　　　−33.6℃　　　　　　−55℃

> **참고** ※ 염화칼슘($CaCl_2$) 브라인
> 　무기질 브라인으로 공정점이 −55℃이고 저온용 브라인으로 가장 많이 사용된다.

(11) 브라인의 금속 부식 방지법

① 브라인은 공기와 접촉을 피한다.
② 브라인의 pH는 약알카리성(pH 7.5~8.2 정도)이 좋다.
③ 브라인의 방청약품
  ㉠ $CaCl_2$ 수용액 : 브라인 1L
    └─ 중크롬산 소다 1.6g씩 첨가
       └─ 100g마다 가성소다 27g씩 첨가
  ㉡ $MgCl_2$ 수용액 : 브라인 1L
    └─ 중크롬산 소다 3.2g씩 첨가
       └─ 100g마다 가성소다 27g씩 첨가

4. 압축기

(1) 압축기의 분류

1) 체적(용적)식 압축기 : 왕복동식, 회전식, 스크류식, 스크롤식
2) 터보식(원심식) 압축기

(2) 왕복동식 압축기

실린더 내에 있는 피스톤의 왕복운동에 의해 냉매가스를 압축하는 형식

1) 밀폐구조에 따른 분류
  ① 밀폐형 : 전동기와 압축기가 한 하우징 속에 내장되어 수리가 어렵다.
  ② 반밀폐형 : 볼트로 조립되어 있어 분해하여 수리가 가능하다
  ③ 개방형 : 직결 구동식과 벨트 구동식이 있다.

2) 고속다기통 압축기
  언로더기구에 의한 무부하기동 및 용량제어가 용이하나 체적효율은 낮다.

3) 왕복동식 압축기 피스톤 압출량(배제량)[m³/h]

$$V_a = \frac{\pi}{4} D^2 \cdot l \cdot N \cdot R \times 60$$

4) 극간체적효율

$$\eta_v = 1 - \varepsilon \left\{ \left(\frac{P_2}{P_1} \right)^{\frac{1}{n}} - 1 \right\}$$

여기서, $\frac{P_2}{P_1}$: 압축비
n : 폴리트로픽 지수
ε : 극간비

(3) 압축기 흡입 및 토출밸브의 구비조건
① 밸브의 작동이 경쾌하고, 동작이 확실할 것
② 냉매가스 통과 시 마찰저항이 적을 것
③ 밸브가 닫혔을 때 누설이 없을 것
④ 내구성이 크고, 변형이 적을 것

(4) 압축기에 사용하는 밸브 및 부속품
1) **포펫밸브** : 중량이 무겁고, 구조가 튼튼하여 파손이 적어 NH_3 입형 저속에 사용
2) **링플레이트 밸브** : 중량이 가벼워 고속 다기통 압축기에 사용
3) **리드 밸브** : 중량이 가벼워 신속·경쾌하게 작동하며 자체탄성에 의해 개폐
4) **연결봉(Conneting rod)**
   ① 피스톤과 크랭크 축을 연결
   ② 크랭크 축의 회전운동을 피스톤의 왕복운동으로 바꾸어 준다.
      (대단부 : 크랭크 핀과 연결, 소단부 : 피스톤 핀과 연결)
5) **축봉장치(Shaft seal)** : 크랭크 케이스에 축이 관통하는 부분에서 냉매나 오일이 누설 등을 방지하기 위하여 축봉부의 기밀을 유지하는 장치

(5) 회전식(로터리) 압축기
왕복운동 대신 회전하는 로터가 실린더 내를 회전하면서 냉매가스를 연속적으로 압축하는 형식으로 소형 에어컨, 쇼 케이스 등에 주로 사용된다.

1) 회전식 압축기의 구분
   ① 고정 베인형(고정 날개형) : 스프링의 힘에 의해 실린더에 부착
   ② 회전 베인형(회전 날개형) : 원심력에 의해 실린더에 부착
2) 회전식 압축기의 내부 압력 : 고압
3) 특징
   ① 왕복동식에 비해 부품수가 적어 구조가 간단하여 소형, 경령화가 가능하다.
   ② 진동과 소음이 적고 흡입밸브는 없으나 토출밸브는 체크밸브로 역류를 방지한다.
   ③ 잔류가스의 재팽창에 의한 체적효율의 감소가 적다.
   ④ 압축이 연속적이므로 고진공을 얻을 수 있어 진공펌프로 많이 사용한다.
   ⑤ 회전식 압축기는 분해조립 및 정비에 특수한 기술이 필요하다.
4) 회전식 압축기 피스톤 압출량(m^3/h)

$$V_a = \frac{\pi}{4}(D^2-d^2) \cdot t \cdot R \times 60$$

여기서, D : 실린더 지름(m)
d : 로터의 지름(m)
t : 로터의 두께(m)
R : 분당 회전수(rpm)

(6) 나사식(스크류) 압축기

2개의 암나사와 숫나사로 된 로터(헬리컬 기어식)의 맞물림에 의해 냉매가스를 흡입 → 압축 → 토출시키는 3행정 방식으로 소형으로 큰 냉동능력을 발휘하며 토출가스의 역류방지를 위해 흡입측과 토출측에 체크밸브를 설치한다.

1) 장점
   ① 소형 경량으로 설치면적이 작다.
   ② 진동이 없고, 강고한 기초가 필요없다.
   ③ 10~100%의 무단계 용량제어가 가능하며 연속적으로 압축을 행할 수 있다.
   ④ 액격 및 유격(액햄머 및 오일햄머)이 적다.
   ⑤ 밸브와 피스톤이 없어 장시간 연속운전이 가능하다.
   ⑥ 흡입 및 토출밸브 등 부품수가 적어 마모가 적고 수명이 길다.
   ⑦ 냉매의 압력손실이 적어 체적효율이 향상된다.

2) 단점
   ① 오일회수기 및 오일냉각기가 크다.
   ② 오일펌프를 별도로 설치하여야 한다.
   ③ 경부하 시 동력소비가 크다.
   ④ 로터(스크류)의 맞물림으로 소음이 크다.
   ⑤ 분해조립 및 정비에 특수한 기술이 필요하다.

(7) 스크롤 압축기

고정 스크롤과 선회 스크롤사이에 형성된 압축공간이 점차 감소되어 스크롤 중심에 있는 토출구로 토출된다.
① 흡입과 토출동작이 원활하여 토크 변동과 진동이나 소음이 작다.
② 토출가스의 압력변동과 진동 및 소음이 적다.
③ 흡입밸브나 토출밸브가 없으며 부품수가 적어 고속회전에 적합하다.
④ 정지 시 고저압차로 역회전하므로 토출측이나 흡입측에 체크밸브를 설치한다.
⑤ 부품수가 적고 고효율, 저소음, 저진공, 고신뢰성을 갖는다.
⑥ 비교적 액압축에 강하고 체적효율, 기계효율이 높다.

(8) 원심식(터보) 압축기

고속으로 회전하는 임펠러에 의해 흡입가스를 임펠러로 가속하여 얻어진 속도에너지를 압력에너지로 변환시켜 가스를 압축하는 방식으로 대량의 가스를 흡입, 압축이 가능하며 토출밸브를 잠그고 작동시켜도 일정한 압력 이상으로는 더 이상 상승하지 않는 특징이 있다.
① 10~100%까지 광범위하게 무단계 용량제어가 가능하다.

② 회전수가 매우 빠르며 동적 밸런스를 잡기 쉽고, 진동이 작다.
③ 1단의 압축으로는 압축비를 크게 할 수 없어 저온장치에서는 압축 단수가 커진다.
④ 부하 감소(흡입가스량 감소) 시 서징(맥동) 현상이 발생할 수 있다.
⑤ R-11, R-113, R-123 등으로 가스의 비중이 큰 냉매를 사용한다.
⑥ 저압냉매를 사용하므로 취급이 용이하다.
⑦ 소용량에는 한계가 있어 일반적으로 100RT 이상의 대용량에 적합하다.

> **참고**
> ※ 터보 냉동기의 추기회수장치의 기능
> ① 불응축가스 퍼지　　② 진공작업
> ③ 냉매충전　　　　　④ 불응축가스 중 냉매재생

(9) 스크롤 압축기의 특징

선회 스크롤과 고정 스크롤에 의해 압축되며 흡입밸브 및 토출밸브가 없다.
① 토크 변동과 진동이나 소음이 작다.
② 압축요소의 미끄럼 속도가 빠르다.
③ 흡입밸브나 토출밸브가 없으며 부품수가 적다.
④ 정지 시 역회전 방지를 위해 역지밸브를 설치하는 경우가 많다.
⑤ 부품수가 적고 고효율, 저소음, 저진공, 고신뢰성을 갖는다.

(10) 흡수식 냉동기

압축기를 이용하지 않고 수증기나 온수 등의 열원을 이용하며 증발기 내부 진공압력 7mmHg일 때 증발온도는 5℃ 정도이다.

1) **사이클** : 흡수기(냉각수) → 발생기(가열) → 응축기(냉각수) → 증발기(냉수)

2) **2중 효용 흡수식 냉동기**
   1중 효용식에 재생기를 1개 더 추가 설치한 것으로 2개의 재생기가 있으며 효율이 좋고 열교환기가 추가로 필요하다.

3) **흡수식 냉동기에서 냉매와 흡수제의 흐름**
   ① 냉매만의 순환과정 : 증발기 – 흡수기 – 재생기 – 응축기
   ② 흡수제 순환과정 : 흡수기 – 발생기(재생기)

4) **특징**
   ① 압축기 대신 증기, 온수 등의 열을 이용하여 소음, 진동이 작다.
   ② 전력 사용량이 적고, 용량제어 범위가 넓다.
   ③ 부분 부하에 대한 대응성이 좋다.
   ④ 압축식에 비해 효율이 나쁘며 중량 및 높이가 크므로 설치면적이 크다.
   ⑤ 냉각수소비량이 커 냉각탑의 용량의 커지며 설비비가 많이 든다.

⑥ 용액의 부식성이 크고, 온도저하에 따른 용액의 결정(結晶)사고가 발생한다.
⑦ 예냉시간이 길어 냉수가 나올때까지 시간이 걸린다.
⑧ 냉매로 물을 사용할 경우 일반적으로 5℃ 이하의 냉수를 얻기 어렵다.

5) 흡수식 냉동기의 냉매에 따른 흡수제

냉 매	흡 수 제
암모니아	물
물	리튬 브로마이드(취화 리튬)

6) 흡수제의 구비조건
① 용액의 증기압이 낮을 것
② 농도변화에 따른 증기압의 변화가 적을 것
③ 냉매와의 증발온도와 차가 클 것(동일 압력에서)
④ 재생기와 흡수기에서의 용해도차가 클 것
⑤ 재생에 많은 열량을 필요로 하지 않을 것
⑥ 점성이 작고, 결정이 잘 되지 않을 것
⑦ 부식성이 없을 것

(11) 압축기 용량제어

1) 용량제어의 목적
① 부하변동에 따른 용량제어로 경제적인 운전을 도모한다.
② 무부하 및 경부하 기동으로 기동 시 소비전력이 적고, 기동이 쉽다.
③ 압축기를 보호하여 기계의 수명을 연장시킬 수 있다.
④ 일정한 고내온도(증발온도)를 유지할 수 있다.

2) 왕복동식 압축기
① 회전수 조절법   ② 흡입밸브 조절법
③ 바이패스 법   ④ 클리어런스 증대법
⑤ 무부하(언로더)장치에 의한 방법 ⑥ 타임드 벨브에 의한 방법

3) 원심식 냉동기 용량 제어법
① 회전수 조절법   ② 흡입 및 토출댐퍼 조절법
③ 흡입 가이드베인 조절법 ④ 응축기 냉각수량 조절법

4) 스크류 압축기
① 슬라이드밸브에 의한 바이패스법 ② 전자밸브에 의한 방법

5) 흡수식 냉동기 용량 제어법
① 발생기 공급 용액량 조절법 ② 응축수량 조절법
③ 발생기(재생기)의 공급 증기 및 온수량 조절법 등

(12) 압축기에서의 윤활유(냉동기유)

1) 윤활유의 역할
   ① 윤활작용   ② 냉각작용   ③ 기밀작용
   ④ 마찰감소   ⑤ 패킹보호   ⑥ 방청 및 청정작용

2) 윤활유의 구비조건
   ① 응고점 및 유동점이 낮을 것
   ② 열에 대해 안정하고, 인화점이 높을 것
   ③ 점도가 적당하고, 항유화성이 있을 것
   ④ 냉매와 화학반응을 일으키지 않을 것
   ⑤ 불순물이 적고, 전기절연 저항이 클 것
   ⑥ 왁스(wax) 성분이 적고, 저온에서 왁스 성분이 분리되지 않을 것

   > **참고**
   > ※ ① 유동점 : 윤활유의 유동이 가능한 최저의 온도
   >   ② 유동점=응고점+약 2.5℃ 정도

3) 냉동기유의 사용
   ① 입형 저속압축기 : 300번
   ② 고속 다기통 압축기 : 150번
   ③ 초저온 냉동기 : 90번

4) 압축기에서의 적정 유압
   ① 소형=정상저압+0.5kg/cm²
   ② 입형 저속=정상저압+0.5~1.5kg/cm²
   ③ 고속다기통=정상저압+1.5~3kg/cm²
   ④ 터보=정상저압+6kg/cm²
   ⑤ 스크류=토출압력(고압)+2~3kg/cm²

5) 유압의 상승 원인
   ① 유압조정밸브 개도 과소
   ② 유온이 너무 낮을 때(점도 과대)
   ③ 오일의 과충전
   ④ 유순환 계통(여과기)의 막힘

(13) 압축기 소요동력의 계산

1) 이론 소요동력

$$kW = \frac{G \cdot Aw[\text{kcal/h}]}{860} = \frac{Q_e \cdot Aw}{q_e \cdot 860} = \frac{V_a \cdot Aw}{v \cdot 860} \times \eta^v, \quad kW = \frac{G \cdot Aw[\text{kJ/h}]}{3,600}$$

2) 실제 소요동력

$$kW = \frac{G \cdot Aw [\text{kcal/h}]}{860 \cdot \eta^c \cdot \eta^m}, \quad kW = \frac{G \cdot Aw [\text{kJ/h}]}{3,600 \cdot \eta^c \cdot \eta^m}$$

(14) 압축기에서의 안전관리

1) 압축기 틈새(clearance)가 크게 되면
   ① 압축기 소요동력 증가
   ② 실린더 과열 및 마모
   ③ 토출가스온도 상승
   ④ 윤활유 열화 및 탄화
   ⑤ 체적효율 감소
   ⑥ 냉매 순환량 감소
   ⑦ 냉동능력 감소 등

2) 피스톤링 마모 시 장치에 미치는 영향
   ① 크랭크케이스 내 압력이 상승(저압 상승)
   ② 실린더 내 윤활유가 쳐 올려져 압축기에서 오일 부족
   ③ 유막형성에 따른 응축기 및 증발기에서 전열 불량
   ④ 체적효율 및 냉동능력이 감소
   ⑤ 냉동능력 당 압축기 소비동력 증가
   ⑥ 압축기가 과열운전

3) 체적효율이 감소하는 원인
   ① 압축비가 클수록
   ② 클리어런스(틈새)가 클수록
   ③ 흡입가스가 과열 될수록(비체적이 클수록)
   ④ 압축기가 작을수록(실린더 체적이 작을수록)
   ⑤ 압축기의 회전수가 빨라 변의 개폐가 확실치 못하고 저항이 커질수록

4) 압축비가 클 때 장치에 미치는 영향
   ① 토출가스 온도 상승
   ② 실린더 과열
   ③ 윤활유 열화 및 탄화
   ④ 피스톤 마모 증가
   ⑤ 각종 효율 감소
   ⑥ 축수하중 증가
   ⑦ 냉동능력 감소
   ⑧ 압축기 소요동력 증가

5) 압축기 과열 원인(토출가스 온도 상승 원인)
   [원인] ① 고압이 상승하였을 때
          ② 흡입가스 과열 시(냉매부족, 팽창밸브 개도 과소)
          ③ 윤활 불량
          ④ 워터쟈켓 기능 불량(NH_3)
          ⑤ 토출 흡입밸브, 피스톤링, 유분리기, 제상용 전자밸브 등의 누설 시
   [영향] ① 체적효율 감소로 냉동능력 감소
          ② 윤활유의 열화 및 탄화로 압축기 파손
          ③ 냉동능력당 소요동력 증가
          ④ 패킹 및 가스켓의 노화촉진

6) 토출밸브의 누설 시 장치에 미치는 영향
   ① 실린더 과열 및 토출가스온도 상승
   ② 윤활유의 열화 및 탄화
   ③ 체적효율 감소 및 흡입압력 상승
   ④ 냉매 순환량 감소로 인한 냉동능력 감소
   ⑤ 냉동능력당 소요동력 증가
   ⑥ 축수하중 증가

7) 액압축(Liquid Back)
   ① 원인
      ㉠ 팽창밸브의 개도가 너무 클 때
      ㉡ 증발기 냉각관의 유막 및 적상 과대
      ㉢ 급격한 부하의 변동(부하 감소)
      ㉣ 냉매 과충전
      ㉤ 흡입관에 트랩 등과 같은 액이 고이는 장소가 있을 때
      ㉥ 액분리기의 기능 불량
      ㉦ 기동 시 흡입 밸브를 갑자기 급개 했을 때
      ㉧ 압축기 용량 과대 및 증발기 용량 부족
   ② 영향
      ㉠ 압축기 흡입관에 적상이 생긴다.
      ㉡ 실린더가 냉각되어 이슬이 맺히거나 적상이 생긴다.
      ㉢ 토출가스 온도가 저하되며 심하면 토출관이 차가워진다.
      ㉣ 심할 경우 크랭크케이스에 적상과 액해머링 발생한다.
      ㉤ 축수하중 및 소요동력이 증가한다.
      ㉥ 압력계 및 전류계의 지침이 떨리고 압축기가 파손될 수 있다.

5. 응축기

(1) 냉각방법에 따른 응축기의 분류

1) **공냉식** : 대기의 공기로 응축
2) **수냉식** : 상온 이하의 물로 응축
3) **증발식** : 물의 증발잠열을 이용하여 응축

(2) 각 응축기의 특징

종 류	장 점	단 점
입형 쉘 앤 튜브식	① 옥외설치 가능 ② 설치면적이 작다. ③ 운전 중 청소용이 ④ 과부하에 잘 견딘다.	① 냉각수 소비량이 많다. ② 냉각관의 부식이 쉽다. ③ 냉매의 과냉각이 어렵다.
횡형 쉘 앤 튜브식	① 전열이 양호하여 냉각수 소비량이 적다. ② 소형, 경량으로 제작 ③ 수액기를 겸할 수 있다.	① 과부하에 견디지 못한다. ② 냉각관 부식이 쉽다. ③ 청소가 어렵다.
7통로식	① 열통과율이 가장 좋다. ② 조립사용이 가능 ③ 벽면 설치가 가능	① 1대로 대용량 제작이 어렵다. ② 구조가 복잡하다. ③ 냉각관 청소가 어렵다.
2중관식	① 고압에 잘 견딘다 ② 과냉각이 양호하다. ③ 냉각수량이 적게든다.	① 냉각관 청소가 어렵다. ② 대형에는 부적합하다. ③ 냉각관 부식발견이 어렵다.
쉘 앤 코일식 (지수식)	① 소형, 경량화가 가능 ② 냉각수량이 적게 든다. ③ 가격이 싸다.	① 냉각관 청소가 어렵다. ② 냉각관 교환이 어렵다.
증발식 응축기 (Eva-con)	① 냉각수 소비가 가장적다. ② 옥외설치가 가능하다. ③ 냉각탑이 필요없고, 공랭식으로도 사용 가능	① 전열이 불량하다. ② 압력강하가 크다. ③ 펌프, 팬의 동력 필요 ④ 청소 및 보수가 어렵다.
공랭식 응축기	① 냉각수, 배수설비 불필요 ② 옥외설치 가능	① 응축온도가 높다. ② 형상이 커진다.

(3) 열통과율이 좋은 응축기의 순서

7통로식 > 횡형 쉘 앤 튜브식(2중관식) > 입형 쉘 앤 튜브식 > 증발식 > 공랭식

(4) 냉각탑(쿨링타워)

1) **원 리**

수냉식 응축기에서 사용한 냉각수를 재사용하기 위한 장치로서 냉각수 절약을 위해 공기가 잘 통하는 곳에 설치하여 사용한다.

2) 특 징
   ① 수원이 풍부하지 못한 곳에서 냉각수를 절약한다.
   ② 증발식 응축기의 원리와 비슷하다.
   ③ 냉각수의 온도는 외기 습구온도의 영향을 받는다.
   ④ 냉각탑 출구 수온은 외기의 습구온도보다 높다.

3) 냉각탑의 능력산정

   $$Q_{CT}(\text{kcal/h}) = \text{냉각수량}(l/\min) \times \text{쿨링렌지} \times 60$$

4) 쿨링 렌지와 쿨링 어프로치
   ① 쿨링 렌지 = 냉각수 입구수온 − 냉각수 출구수온
   ② 쿨링 어프로치 = 냉각수 출구수온 − 입구공기의 습구온도
   ③ 쿨링렌지는 클수록, 어프로치는 작을수록 좋다.

5) 냉각탑 및 증발식 응축기에서의 손실수량(보급수량)
   ① 냉각할 때 소비되는 증발수량
   ② 산포되는 물의 송풍기에 의해 외부로 비산되는 수량(Carry over)
   ③ 냉각수 중 불순물에 의해 농도를 증가시키지 않기 위한 보급수량(Blow down)

6) 1냉각톤 = 3,900kcal/h = 16,340kJ/h
   [조건] ① 냉각수량 : 13L/min, 냉각수 입구온도 : 37℃
          ② 냉각수 출구온도 : 32℃, 입구공기 습구온도 : 27℃

   > **참고**
   > ※ 엘리미네이터 : 냉각탑 출구에서 물방울이 기류에 함께 비산되는 것을 방지

7) 냉각탑의 종류

구 분	직교류형	대항류형
효율	낮다	좋다
살수장치의 보수점검	쉽다	어렵고 노즐 막힘 우려
살수압력	낮음	높음
높이	낮음	높음
소음	적다	크다

(5) 응축열량 계산

1) 냉동장치에서의 계산

$$Q_c = Q_e + AW$$

여기서, Q_c : 응축열량(kcal/h, kJ/h)
Q_e : 냉동능력(kcal/h, kJ/h)
AW : 압축일의 열량(kcal/h, kJ/h)
C : 방열계수
(공조, 냉장 시 1.2, 냉동, 제빙 시 1.3)

2) 방열계수에 의한 방법

$$Q_c = Q_e \times C$$

3) 냉각수량에 의한 방법(수냉식 응축기인 경우)

$$Q_c = w \cdot c \cdot \Delta t = w \cdot c \cdot (tw_2 - tw_1)$$

여기서, w : 냉각수량(kg/h)
c : 냉각수의 비열(kcal/kg·℃, kJ/kg·K)
Δt : 냉각수 출입구 온도차(℃, K)

4) 열통과율에 의한 방법

$$Q_c = K \cdot F \cdot \Delta tm$$

여기서, K : 열통과율(kcal/m²h℃, W/m²·K)
F : 냉각관 전열면적(m²)
Δt_m : 산출평균온도차(℃, K)
(응축온도-냉각수 평균온도)

> **참고**
> ※ 산술 평균 온도차
> $$\Delta tm = 응축온도 - 냉각수 \ 평균온도 = t_c - \left(\frac{tw_1 + tw_2}{2}\right)$$
> 여기서, t_c : 응축 온도
> tw_1 : 냉각수 입구온도
> tw_2 : 냉각수 출구온도

(6) 응축기에서의 안전관리

1) 응축압력(고압)의 상승 원인
　① 수냉식일 경우 냉각수량 부족 및 냉각수온 상승 시
　② 공냉식일 경우 송풍량 부족 및 외기온도 상승 시
　③ 응축기 냉각관에 스케일(물때 및 유막) 등의 부착 시
　④ 냉매의 과충전이나 응축부하 과대 시
　⑤ 불응축가스 존재 시

2) 응축압력(고압) 상승 시 영향
　① 압축비 증가
　② 압축기 소요동력 증가
　③ 피스톤 마모 및 토출가스온도 상승
　④ 실린더 과열로 윤활유 열화 및 탄화
　⑤ 성적계수 및 냉동능력 감소

3) 불응축가스가 냉동장치에 미치는 영향
① 응축능력 감소(열교환능력 저하)
② 응축압력(고압) 상승으로 압축비 증가
③ 압축기 과열로 토출가스 온도 상승
④ 압축기 소요동력 증가 등

6. 팽창밸브

(1) 역할

① 응축기에서 나온 냉매액을 교축팽창시켜 압력과 온도가 떨어진다. 비체적은 증가하고, 엔탈피는 일정하며 플래시 가스가 발생된다.
② 냉동부하에 따라 증발기로 공급되는 냉매액량을 조절한다.

(2) 팽창밸브의 용량 및 특성

1) 용량 : 밸브 시트(침 변좌)의 오리피스 지름
2) 열역학적 특성 : 주울-톰슨 효과, 단열팽창(교축팽창), 등엔탈피 과정
3) 팽창밸브 선정 시 고려사항
① 냉동능력
② 냉매 종류
③ 고·저압의 압력차
④ 증발기의 형식 및 크기

(3) 각 팽창밸브의 특징

종류	원리	특징
모세관	가늘고, 긴 관으로서 전후 압력차에 의해 냉매량이 조절되며 모세관의 압력강하는 지름이 가늘고 길수록 크다.	① 정지 시 고저압이 밸런스 된다. ② 냉매 충전량이 정확해야 한다. ③ 소형 냉장고에 사용한다.
온도식 (감온식) (TEV)	증발기 출구에서 냉매가스의 과열도를 감지하여 냉매량을 조절한다.	※ 감온통의 설치 ① 7/8″(20mm) 이하 : 수직 상단 ② 7/8″(20mm) 이상 : 수평 45° 하단
정압식 (AEV)	증발기의 압력에 의해 작동하며 증발압력을 항상 일정하게 유지한다.	① 냉수나 브라인의 동결을 방지 ② 냉동부하에 따른 냉매량 조절 불가
고압측 플로우트	응축기나 수액기 액면에 의해 냉매량을 조절한다.	고압측 액면을 일정하게 유지
저압측 플로우트	증발기 액면에 의해 냉매를 공급한다.	저압측 액면을 일정하게 유지

(4) 온도식 자동 팽창밸브(TEV)의 작동

1) TEV 작동압력 : 증발 압력, 스프링 압력, 감온통 압력
2) $P_1 > P_2 + P_3$: 밸브가 열려 냉매량 증가
3) $P_1 < P_2 + P_3$: 밸브가 닫혀 냉매량 감소

여기서, P_1 : 감온통의 과열도 스프링
P_2 : 증발압력
P_3 : 조절나사 스프링 압력

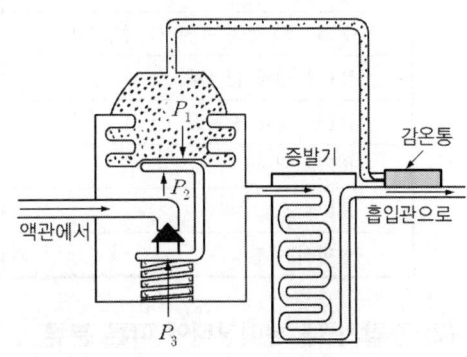

(5) 팽창밸브에서의 안전관리

1) 팽창밸브의 개도 과소 시
   ① 증발압력(저압) 및 증발온도 저하
   ② 압축비 증가
   ③ 압축기 소요동력 증가
   ④ 압축기 과열 및 토출가스온도 상승
   ⑤ 윤활유 열화 및 탄화
   ⑥ 냉매 순환량 및 냉동능력 감소

2) 팽창밸브의 개도 과대 시
   ① 마찰저항 감소로 증발압력 상승
   ② 증발온도 상승
   ③ 냉매 공급량 증가
   ④ 액압축 발생

(6) 플래시가스(Flash gas)

냉매 조절 오리피스(팽창밸브)를 통과할 때 즉시 증발하여 기화하는 냉매가스

1) 발생 원인
   ① 액관이 현저하게 입상되었거나 길 때
   ② 스트레이너, 드라이어 등이 막힌 경우
   ③ 액관 구경이 현저하게 가늘 경우
   ④ 전자밸브, 스톱밸브, 드라이어, 스트레이너 등의 구경이 적은 경우
   ⑤ 수액기나 액관이 직사광선에 노출된 경우
   ⑥ 액관이 보온없이 고온의 장소에 통과되는 경우
   ⑦ 과도하게 응축온도가 낮아진 경우

2) 영향
   ① 저압 저하 및 냉동능력 감소
   ② 압축비 상승, 소요동력 증가
   ③ 흡입가스 과열, 토출가스 온도상승
   ④ 실린더 과열, 윤활유 열화 및 탄화
   ⑤ 냉장실 온도 상승

7. 증발기

(1) 증발기의 팽창방식에 의한 분류

구 분	직접 팽창식	간접 팽창식
열운반 특성	잠열	현열
동일 냉장실온 유지 시 증발온도	고	저
RT당 냉매 순환량	소	대
RT당 냉매 충전량	대	소
RT당 냉동능력	소	대
RT당 소요동력	소	대
설비의 복잡성	간단	복잡

(2) 증발기 내 냉매상태에 따른 분류

구 분	냉매량	특 징
건식	액25%	① 냉매공급 : 상부에서 하부로 ② 냉매액이 적어 전열이 불량 ③ 공기냉각용에 사용
반만액식	액50%	① 냉매공급 : 하부에서 상부로 ② 건식보다 전열이 양호 ③ 증발기에 오일이 체류하므로 유회수장치 필요
만액식	액75%	① 액압축 방지를 위해 액분리기 설치 ② 냉매액이 많아 전열이 우수 양호하고, 액체냉각에 사용 ③ 증발기에 오일이 체류하므로 유회수장치 필요
액순환식 (액펌프식)	액80%	① 액분리기 및 펌프설치로 설비비가 많이 소요 ② 전열이 타 증발기보다 20% 양호 ③ 증발기가 여러대라도 팽창밸브는 1개면 된다. ④ 제상의 자동화가 용이 ※ 액펌프를 저압수액기보다 약 1.2[m] 정도 낮게 설치하여 공동(캐비테이션)현상을 방지

(3) 만액식 증발기에서 냉매측의 전열을 좋게 하는 방법

① 관이 냉매액과 접촉하거나 잠겨 있을 것
② 관경이 작고, 관 간격이 좁을 것
③ 관면이 거칠거나 핀(Fin)을 부착할 것
④ 평균 온도차가 크고, 유속이 적당히 클 것
⑤ 오일이 체류하지 않을 것

(4) 증발기의 용도에 의한 분류

1) 공기 냉각용
   ① 관 코일식 증발기
   ② 멀티피드 멀티셕션 증발기
   ③ 카스케이트 증발기 : 벽코일 공기 동결용 선반으로 사용
   ④ 판형 증발기
   ⑤ 핀 코일식 증발기

2) 액체 냉각용
   ① 쉘 엔 튜브식 증발기
   ② 보데로 증발기 : 물 및 우유 등의 냉각
   ③ 쉘 엔 코일식 증발기
   ④ 헤링본식(탱크형)증발기 : 제빙장치에 주로 사용되며 상부에는 가스헤더가 있고, 하부에는 액헤더가 있으며 상하의 헤더사이에는 다수의 구부러진 증발관이 부착되어져 있는 형태의 증발기

> **참고**
> ※ CA 냉장고(Controlled Atmosphere storage room) : 청과물 저장 시보다 좋은 저장성을 확보하기 위해 냉장고 내의 산소를 3~5% 감소시키고, 탄산가스를 3~5% 증가시켜 청과물의 호흡을 억제하여 냉장하는 냉장고

(5) 제상방법

① 압축기 정지 제상
② 온공기 제상
③ 전열제상 : 가장 많이 사용
④ 브라인 및 온수살수 제상
⑤ 고압가스(핫)가스 제상 : 압축기에서 토출되는 고온·고압의 가스를 직접 증발기로 유입시켜 제상하는 방법으로 제상시간이 짧다.

(6) 증발기에서의 계산

① 냉동장치에서의 계산 $Q_e = Q_c - AW$

② 방열계수에 의한 방법 $Q_e = \dfrac{Q_c}{C}$

③ 브라인에 의한 방법 $Q_e = G_b \cdot C_b \cdot \Delta t$

④ 열통과율에 의한 방법 $Q_e = K \cdot F \cdot \Delta t_m$
$= K \cdot F \cdot \left\{ \left(\dfrac{t_{b1} + t_{b2}}{2} \right) - t_e \right\}$

⑤ 냉매 순환량에 의한 방법 $Q_e = G \times q_e = G \times (i_a - i_e) = \dfrac{V_a}{v} \times \eta_v \times (i_a - i_e)$

여기서, Q_c : 응축열량(kJ/h)
Q_e : 냉동능력(kJ/h)
AW : 압축열량(kJ/h)
C : 방열계수
G_b : 브라인유량(kg/h)
C_b : 브라인의 비열(kJ/kg·K)
Δt : 브라인 입출구 온도차(℃, K)
K : 열통과율(W/m²K)
F : 전열면적(m²)
Δt_m : 산출평균온도차(℃, K)
(응축온도 - 냉각수 평균온도)

> **참고**
> ※ 냉동톤(RT)
> $$RT = \frac{G \times q_e}{3,320} = \frac{V_a \cdot (i_a - i_e)}{3,320 \cdot v} \times \eta_v$$

여기서, G : 냉매 순환량
q_e : 냉동효과
V_a : 압축기 피스톤 압출량
i_a : 증발기 출구 엔탈피
i_e : 증발기 입구 엔탈피
v : 흡입가스 비체적
η_v : 체적효율

(7) 증발기 안전관리

1) 증발압력(저압)이 낮아지는 원인
    ① 증발관 내 적상 및 유막 과대 시
    ② 팽창밸브의 개도 과소 시
    ③ 팽창밸브 및 여과기 등이 막혔을 때
    ④ 냉매 충전량 부족 시
    ⑤ 액관 중의 플래시가스 발생 시
    ⑥ 증발부하 감소 시

2) 증발압력(저압)이 저하에 따른 장치에 미치는 영향
    ① 증발온도 저하
    ② 압축비 증가
    ③ 압축기 소요동력 증가
    ④ 윤활유 열화 및 탄화
    ⑤ 실린더 과열 및 토출가스온도 상승
    ⑥ 냉동능력 감소

구 분	증발압력(온도) 저하	증발압력(온도) 상승
압축비	증가	감소
냉동능력	감소	증가
소요동력	증가	감소
토출가스온도	상승	저하
성적계수	감소	증가

3) 적상의 영향
    ① 전열불량으로 냉장실 내 온도 상승 및 액압축 초래
    ② 증발압력 저하로 압축비 상승
    ③ 증발온도 저하
    ④ 실린더 과열로 토출가스온도 상승
    ⑤ 윤활유의 열화 및 탄화 우려
    ⑥ 체적효율 저하 및 압축기 소요동력 증가
    ⑦ 성적계수 및 냉동능력 감소

8. 부속기기

(1) 수액기

1) 역할 : 응축기에서 응축된 고압의 액냉매를 일시 저장하는 고압용기
2) 설치 : 응축기와 팽창밸브 사이 고압관(응축기 다음)
3) 수액기의 크기 : 순환 냉매량의 1/2 이상을 저장(용기의 3/4 이하로 저장)
4) 수액기 취급
　① 직사광선을 받지 않도록 한다.
　② 안전밸브를 설치하여 수액기의 폭발을 방지한다.
　③ 응축기와 수액기 상부간의 균압관의 지름은 충분한 것으로 하여야 한다.
　④ 수액기의 냉매 액 저장량은 3/4(75%) 이상 하지 말아야 한다.
　⑤ 지름이 다른 두 개의 수액기는 상단을 일치시켜 액봉현상을 방지한다.
5) 수액기의 액면계(Gage glass) 파손원인
　① 외부로 부터의 타격
　② 냉매의 과충전 시
　③ 수액기 내부압력의 변화(압력 급상승)
　④ 액면계 금속 커버의 볼트 조임 시 힘의 불균형
6) 고압 수액기에 부착된 기기
　① 안전밸브
　② 균압관
　③ 냉매 입·출구관
　④ 액면계
　⑤ 기름빼기밸브

(2) 불응축 가스퍼져

1) 불응축가스 인출위치
　① 응축기와 수액기 상부나 균압관
　② 증발식 응축기의 : 액헤더 상부

2) 불응축가스가 장치 내에 존재하는 원인
　① 장치의 신설, 수리 시 진공 건조작업 불충분 시 잔류공기
　② 냉매, 오일 충전 시 부주의로 인하여 침입한 공기
　③ 순도가 낮은 냉매 및 오일 충전 시
　④ 저압의 진공운전에 따른 축봉부에서의 누입된 공기

3) 불응축가스의 영향
   ① 응축압력(고압) 상승으로 압축비 증가
   ② 열교환 능력 및 응축능력 감소
   ③ 압축기 과열 및 토출가스 온도 상승
   ④ 압축기 소요동력 증가
   ⑤ 냉동능력 및 성적계수 감소

(3) 유분리기

1) 역할 : 압축기에서 토출된 냉매가스 중의 오일을 분리

2) 설치 위치 : 압축기와 응축기 사이

3) 설치 경우
   ① 만액식 증발기를 사용하는 경우
   ② 증발온도가 낮은 저온장치인 경우
   ③ 토출가스 배관이 길어지는 경우
   ④ 토출가스에 다량의 오일이 섞여 나가는 경우

4) 유분리기의 종류
   원심분리형, 가스충돌형, 유속 감소형(배플형, 원심분리형, 철망형, 사이클론형)

(4) 액분리기

1) 역할
   ① 압축기로 액유입을 방지하여 액압축을 방지
   ② 기동 시 증발기 내의 액이 교란되는 것을 방지

2) 설치 위치 : 압축기 흡입 측에 설치(증발기와 압축기 사이)

3) 액분리기에서 분리된 냉매의 처리방법
   ① 증발기로 재순환시킨다.
   ② 열교환기에 의해 증발시켜 압축기로 회수시킨다.
   ③ 액회수 장치를 이용하여 고압측 수액기로 회수한다.

(5) 열교환기(액-가스)

응축기 출구의 냉매액과 압축기 흡입가스를 열교환시키는 액-가스용 열교환기
① 플래시 가스량을 감소시켜 냉동효과 증가
② 압축기에서의 액압축 방지
③ 냉동효과 및 성적계수 향상과 냉동능력이 증가
④ 프레온 만액식 증발기에서 유회수 용이

(6) 건조기(제습기)

1) 역할 : 프레온 냉동장치에서 수분침입에 의한 팽창밸브 동결 폐쇄를 방지

2) 건조제의 종류 : 실리카겔, 활성 알루미나겔, 소바비드, 몰리큘리시이브스 등

(7) 투시경(사이트 글라스)

1) 역할 : 냉매 중의 수분혼입 여부와 냉매 충전량의 적정여부 확인

2) 응축기와 팽창밸브 사이(고압액관) 설치
   응축기 → 수액기 → 드라이어 → 사이트글라스(투시경) → 전자밸브 → 팽창밸브

(8) 여과기

1) 역할 : 냉동장치의 배관 내 이물질 제거

2) 여과망의 크기
   ① 액관인 경우 : 80~100mesh ② 가스관인 경우 : 40mesh

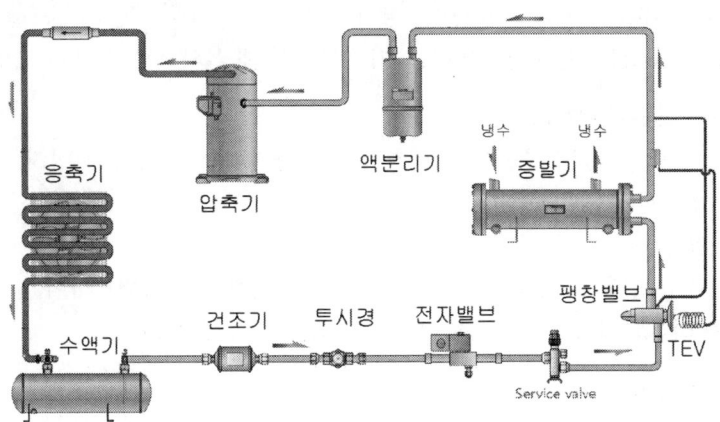

9. 안전장치, 자동제어장치

(1) 안전장치

1) 안전두(Safety head)
   ① 압축기 내로 액이나 이물질 유입 시 이상 압력 상승에 따라 헤드가 들어 올려져 액압축 및 오일햄머 등에 의한 압축기의 파손을 방지
   ② 작동압력 = 정상고압 + $3kg/cm^2$ 정도

2) 안전밸브(Safety valve)
   ① 압축기나 압력용기 내의 압력이 이상 상승 시 가스를 방출하여 장치의 파손을 방지

② 작동압력 = 정상고압 + 5kg/cm^2 정도

3) 파열판(Rupture disk)
   ① 압력용기 등에 설치하여 내부압력의 이상 상승 시 박판이 파열되어 가스를 분출하며 터보냉동기 저압측에 설치한다.
   ② 특징
      ㉠ 스프링식 안전밸브보다 가스분출량이 많다.
      ㉡ 구조가 간단하고, 취급이 용이하다.

4) 가용전(Fusible plug)
   ① 역할 : 화재 등으로 냉매의 온도 상승 시 가용합금이 용융되어 가스를 방출한다.
   ② 설치 : 프레온용 수액기나 응축기, 냉매용기의 증기부에 설치하며 압축기 토출가스의 영향을 받지 않는 곳에 설치한다.
   ③ 용융온도 : 68~75℃ 정도
   ④ 합금성분 : 납(Pb), 주석(Sn), 안티몬(Sb), 카드뮴(Cd), 비스무스(Bi) 등
   ⑤ 가용전의 구경 : 최소 안전밸브구경의 1/2 이상
   ⑥ 암모니아(NH_3) 냉동장치에서는 가용합금이 침식되므로 사용하지 않는다.

5) 고압 차단 스위치(HPS)
   ① 고압이 일정 이상 상승하면 전기접점이 차단되어 압축기를 정지
   ② 작동압력 = 정상고압 + 4kg/cm^2 정도
   ③ 설치위치
      ㉠ 1대의 압축기 사용 : 압축기와 토출스톱밸브(토출지변) 사이
      ㉡ 여러 대 압축기 사용 시 : 압축기 토출가스 공동헷더

6) 저압 차단 스위치(LPS)
   ① 원리 : 저압이 일정 이하로 저하하면 전기접점이 차단되어 압축기를 정지
   ② 설치 : 압축기 흡입관

7) 고·저압차단 스위치(DPS)
   ① 역할 : 고압이 일정 이상 상승하거나 저압이 일정 이하로 저하하면 압축기를 정지
   ② 특징 : HPS + LPS 조합

8) 유압 보호 스위치(OPS)
   ① 역할 : 압축기 운전 시 유압이 형성되지 않거나 유압이 일정 이하로 떨어질 경우 압축기를 정지하여 윤활불량에 따른 압축기 파손을 방지
   ② 작동 : 흡입압력과 유압의 차압

> **참고** ※ 압축기 보호장치 : 안전두, 고압차단스위치, 안전밸브, 유압보호스위치 등

(2) 자동제어장치

1) 전자 밸브(솔레노이드 밸브)
① 전류에 의한 자기 작용(전자석)에 의해 코일에 전류가 흐르면 밸브가 열린다.
② 밸브의 전자코일을 상부로 하고 수직으로 설치한다.
③ 일반적으로 소용량에는 직동식, 대용량에는 파일롯트 전자밸브를 사용한다.
④ 전압과 용량에 맞게 설치한다.
⑤ 전자밸브의 사용목적
　㉠ 액압축(liquied back) 방지
　㉡ 냉매 브라인의 흐름제어
　㉢ 온도 제어

2) 증발 압력 조정밸브(EPR)
① 원리 : 증발 압력이 일정 이하가 되지 않도록 제어
② 역할 : 압축비 상승 및 냉수나 브라인 등의 동결을 방지
③ 설치 : 증발기 출구

3) 흡입 압력 조정밸브(SPR)
① 원리 : 흡입 압력이 일정 이상 되지 않도록 제어
② 역할 : 압축기 과부하에 따른 전동기 소손 방지
③ 설치 : 압축기 흡입관

4) 절수밸브(자동급수밸브)
수냉식 응축기의 부하변동에 따른 냉각수량을 제어하여 냉각수를 절약하고, 응축압력을 일정하게 유지

5) 단수 릴레이
① 역할 : 브라인 및 수냉각기에서 유량의 감소에 따른 배관의 동파를 방지하고 압축기를 정지시킴
② 종류 : 단압식, 차압식, 수류식(플로우 스위치)
③ 브라인의 동파 방지대책
　㉠ 증발압력조정밸브(EPR)를 설치한다.
　㉡ 동결 방지용 TC를 설치한다.
　㉢ 단수릴레이를 설치한다.
　㉣ 브라인에 부동액을 첨가한다.
　㉤ 냉수순환펌프와 압축기 모터를 인터록 시킨다.

6) 온도 조절기(T.C)
온도변화를 검출하여 전기적인 접점을 on-off시키는 온도제어 스위치

10. 저온장치

(1) 2단 압축

1) 목적
   ① 토출가스 온도를 낮추기 위하여
   ② 압축기의 효율 향상을 막기 위하여
   ③ 윤활유의 온도를 상승시키기 위하여
   ④ 성적계수를 낮추기 위하여

2) 채용
   ① 압축비가 6 이상인 경우
   ② −35℃ 이하의 증발온도를 얻고자 할 때

3) 중간압력

$$P_m = \sqrt{고압\ 절대압력 \times 저압\ 절대압력} = (P_c \times P_e)^{1/2}$$

4) 중간 냉각기
   ① 저단 압축기의 과열을 제거, 고단측 압축기에서의 과열방지
   ② 냉매액을 과냉각시켜 냉동효과 및 성적계수 증대
   ③ 고단측 압축기 흡입가스 중의 액을 분리시켜 액압축을 방지
   ④ 중각 냉각의 종류
      ㉠ 플래시형 : 2단압축 2단팽창에 이용
      ㉡ 액냉각형 : 2단압축 1단팽창에 이용
      ㉢ 직접 팽창형 : 2단압축 1단팽창에 이용

> **참고**
> ※ **부스터** : 저온을 얻기 위한 2단 압축 냉동장치에서 증발압력에서 응축압력까지 압축하기 위하여 증발압력에서 중간압력까지 압축하는 보조 압축기(저단측 압축기)

(2) 2단 압축 계산

1) 저단측 냉매 순환량

$$G_L = \frac{Q_e}{i_1 - i_7}$$

2) 중간 냉각기 냉매 순환량

$$G_m = \frac{G_L\{(i_2 - i_3) + (i_5 - i_7)\}}{i_3 - i_6}$$

3) 고단측 냉매 순환량

$$G_H = G_L \times G_m = G_L \times \frac{i_2 - i_7}{i_3 - i_5}$$

4) 성적계수

$$COP = \frac{Q_e}{AW_H + AW_L} = \frac{G_L(i_1 - i_8)}{G_L(i_2 - i_1) + G_H(i_4 - i_3)}$$

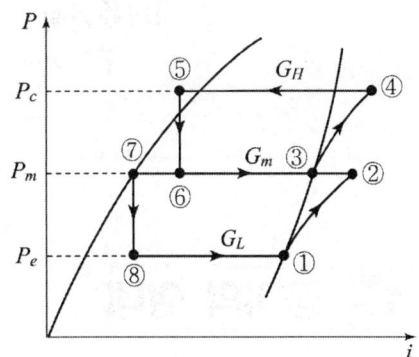

[2단 압축 2단 팽창 사이클]

(3) 2원 냉동

1) **목적** : 비등점이 각각 다른 2개의 냉동사이클을 병렬로 형성시켜 −70℃ 이하의 초저온을 얻기 위하여 독립적으로 작동하는 고·저온측 냉동사이클로 구성되며 저온측 응축열량을 고온측의 증발기에 의해 제거하는 초저온 냉동 사이클

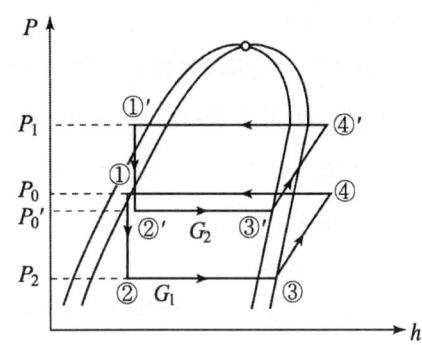

2) 사용냉매
   ① 저온측 냉매 : R-13, R-14, 메탄, 에탄, 에틸렌(비등점과 임계점이 낮은 냉매)
   ② 고온측 냉매 : R-12, R-22 등(비등점과 임계점이 높은 냉매)

3) **팽창탱크** : 저온측 냉동기의 저압측(증발기)에 설치

4) **카스케이드 응축기(카스케이드 콘덴서)** : 고온측 증발기와 저온측 응축기의 조합

[제3과목] 공기조화

1. 공기의 상태

(1) 공기조화의 4요소
온도, 습도, 기류속도, 청정도

(2) 공기조화의 분류
1) 쾌감(보건)용 공조 : 사람을 대상으로 하는 공기조화
   (학교, 사무실, 빌딩 등)
2) 산업용 공조 : 물품, 기계 등을 대상으로 하는 공기조화
   (공장, 전화국, 창고, 전자계산실, 컴퓨터실 등)

(3) 공기의 성질
1) 습공기의 성분비(용적률) : 질소 78%, 산소 21%, 기타(Ar, CO_2, He) 1%
2) 건공기의 평균 분자량 : 29 g/mol(29 kg/kmol)
3) 20℃일 때 건공기의 비중량, 밀도 : $\gamma = \rho = 1.2$ kg/m³(0℃일 때=1.293 kg/m³)
4) 0℃ 물의 증발잠열 : $r = 597.5$ kcal/kg$= 2,501$kJ/kg(1kcal$= 4.19$kJ)
5) 공기의 종류
   ① 불포화공기 : 상대습도가 100% 미만인 공기
   ② 포화공기 : 상대습도가 100%인 공기(수증기로 충만 된 공기)
   ③ 무입공기 : 습공기 중에 미세한 물방울이 안개상태로 떠돌아다니는 공기

(4) 실내 환경기준

구 분	기 준	구 분	기 준
온도	17~28℃ 이하	부유 분진량	1m³당 0.15mg 이하
상대습도(RH)	40~70% 이하	일산화탄소(CO)함유량	10ppm 이하(0.001% 이하)
기류속도	0.5m/s 이하	이산화탄소(CO_2)함유량	1,000ppm 이하(0.1% 이하)

(5) 실내 적정온도

1) 냉방 시 : 건구온도 26~28℃, 상대습도 50~60% 정도
2) 난방 시 : 건구온도 18~22℃, 상대습도 35~40% 정도

(6) 공기조화 용어

1) 노점온도(DP) : 공기를 냉각하면 습공기 중에 함유된 수증기가 공기로부터 분리되어 이슬이 맺히는 온도
2) 유효온도(ET) : 인체가 느끼는 쾌적온도로 온도, 습도, 기류속도에 의한 체감온도
              (기류속도 0m/s, 상대습도 100% 기준)
3) 수정유효온도(CET) : 유효온도(온도, 습도, 기류)에 복사열을 고려한 체감온도
4) 평균복사온도(MRT) : 복사난방의 쾌감 기준으로 하는 온도
5) 불쾌지수(DI) : 온도와 습도만으로 쾌적도를 나타내는 지표

$$DI = 0.72(건구온도 + 습구온도) + 40.6$$

6) 인체 대사량(met) : 열적으로 쾌적한 상태에서의 인체 대사열량
7) 의복의 열저항(clo) : 피부표면에서 착의표면까지의 열저항 값(1clo=0.155℃m²/W)

(7) 습공기의 상태량

1) 공기의 비체적(20℃ 기준, $v = 0.83 m^3/kg$)

$$v = (29.27 + 47.06x) \times \frac{T}{P \times 10^4}$$

2) 습공기의 엔탈피

h = 건공기 엔탈피(현열) + 수증기 엔탈피(현열 + 잠열)

$$h = C_{pa}t + x(C_{pv}t + r)$$
$$= 0.24t + x(0.441t + 597.5) \text{ [kcal/kg]}$$
$$= 1.01t + x(1.85t + 2,501) \text{ [kJ/kg]}$$

여기서, x : 절대습도(kg/kg')
T : 절대온도(K), P : 압력(kg/m²)
r : 0℃ 증발잠열
    (597.5kcal/kg=2,501kJ/kg)
C_{pa} : 건공기 정압비열
C_{pv} : 수증기 정압비열

3) 절대습도(x, kg/kg')
건공기 1kg' 중에 포함되어 있는 수증기량(kg)

$$x = 0.622 \frac{P_v}{P - P_v} = 0.622 \frac{P_s \varphi}{P - P_s \varphi}$$

여기서, P : 대기압
P_a : 건공기 분압
P_v : 수증기 분압
P_s : 포화 수증기압
γ_v : 수증기 비중량(kgf/m³)
γ_s : 포화 수증기 비중량(kgf/m³)

4) 상대습도(φ, %)

습공기의 수증기 분압(P_v)과 그 온도에 있어서의 동일 온도의 포화공기의 수증기 분압(P_s)과의 비율

$$\varphi = \frac{\gamma_v}{\gamma_s} \times 100 = \frac{P_v}{P_s} \times 100 = \frac{\varphi P_s}{P_s} \times 100 [\%]$$

5) 노점온도(DP, ℃)

공기를 냉각하면 습공기 중에 함유된 수증기가 결로(응결)되어 이슬이 맺히기 시작되는 온도

6) 현열비

$$SHF = \frac{\text{현열}}{\text{전열}} = \frac{\text{현열}}{\text{현열} + \text{잠열}} = \frac{q_s}{q_s + q_L}$$

7) 열수분비(u, kJ/kg)

절대습도의 증가량에 대한 엔탈피의 증가량으로 가습 시 중요한 요소

$$u = \frac{\Delta h}{\Delta x} = \frac{h_2 - h_1}{x_2 - x_1}$$

(8) 현열과 잠열

1) 현열 : 온도변화에만 필요한 열

$$\begin{aligned}q_s &= G \cdot C \cdot \Delta t \\ &= G \cdot 0.24 \cdot \Delta t \\ &= \gamma Q \cdot 0.24 \cdot \Delta t \\ &= 1.2 \cdot Q \cdot 0.24 \cdot \Delta t \\ &\fallingdotseq 0.288 \cdot Q \cdot \Delta t \, [\text{kcal/h}] \\ &\fallingdotseq 1.21 \cdot Q \cdot \Delta t \, [\text{kJ/h}] \\ &\fallingdotseq 0.34 \cdot Q \cdot \Delta t \, [\text{Watt}]\end{aligned}$$

여기서,
- q : 열량(kcal/h, kJ/h, Watt)
- G : 송풍량(kg/h)
- Q : 송풍량(m³/h)
- γ, ρ : 공기 비중량, 밀도 (1.2kg/m³)
- C : 비열(0.24kcal/kg·℃=1.01kJ/kg·K)
- r : 0℃ 물의 증발잠열 (597.5kcal/kg=2,501kJ/kg)
- Δt : 온도차(℃)
- Δx : 절대습도차(kg/kg′)

2) 잠열 : 상태변화에만 필요한 열

$$\begin{aligned}q_L &= G \cdot r \cdot \Delta x = G \cdot 597.5 \cdot \Delta x \\ &= 1.2Q \cdot 597.5 \cdot \Delta x \\ &= 717 \cdot Q \cdot \Delta x \, [\text{kcal/h}] \\ &= 3{,}001 \cdot Q \cdot \Delta x \, [\text{kJ/h}] \\ &= 834 \cdot Q \cdot \Delta x \, [\text{Watt}]\end{aligned}$$

※ 1kcal=4.19kJ, 1kW=860kcal/h=3,600kJ/h

(9) 습공기선도($h-x$)의 구성요소

① 건구온도(DB : ℃)
② 습구온도(WB : ℃)
③ 노점온도(DP : ℃)
④ 절대습도(x : kg/kg′)
⑤ 상대습도(φ : %)
⑥ 수증기 분압(P_v : mmHg, Pa)
⑦ 엔탈피(h : kcal/kg, kJ/kg)
⑧ 비체적(v : m³/kg)
⑨ 열수분비(u)
⑩ 현열비선(SHF)

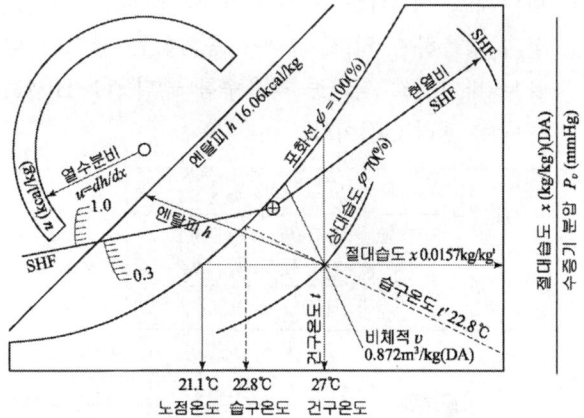

(10) 습공기 선도에서의 상태변화

0-1 : 가열
0-2 : 냉각
0-3 : 가습(등온)
0-4 : 감습, 제습(등온)
0-5 : 가열가습
0-6 : 냉각가습(단열가습)
0-7 : 냉각감습(냉각제습)
0-8 : 가열감습

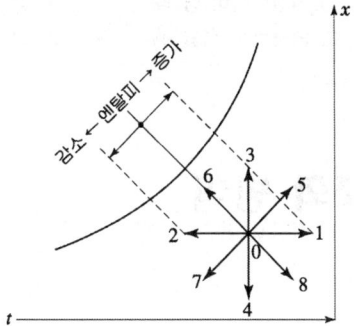

참고

※ 혼합공기의 상태변화

상 태	건구온도	절대습도	상대습도	엔탈피
가열 (0→1)	상승	일정	감소	증가
냉각 (0→2)	감소	일정	증가	감소
가습 (0→3)	일정	증가	증가	증가
감습 (0→4)	일정	감소	감소	감소

(11) 외기와 실내공기(환기)와의 혼합 시 상태값

$$t_3 = \frac{Q_1 t_1 + Q_2 t_2}{Q_1 + Q_2}, \quad h_3 = \frac{Q_1 h_1 + Q_2 h_2}{Q_1 + Q_2}, \quad x_3 = \frac{Q_1 x_1 + Q_2 x_2}{Q_1 + Q_2}$$

(12) 바이패스 팩터(BF) 및 콘텍트 팩터(CF)

바이패스 팩터(BF)는 공기가 냉각 또는 가열코일과 접촉하지 않고, 그대로 통과하는 공기의 비율로 바이패스 팩터는 작을수록 좋다. (1-BF)는 콘텍트 팩터(CF)이다.

$$BF = \frac{t_3 - t_2}{t_1 - t_2} = \frac{h_3 - h_2}{h_1 - h_2} = \frac{x_3 - x_2}{x_1 - x_2}$$

$$CF = 1 - BF = \frac{t_2 - t_3}{t_1 - t_2} = \frac{h_1 - h_3}{h_1 - h_2}$$

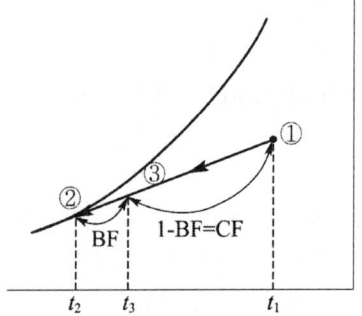

> 참고
> ※ 바이패스 팩터(BF)가 작아지는 경우
> ① 코일이 열수가 많을 때   ② 코일 간격이 작을 때
> ③ 전열면적이 클 때   ④ 장치노점온도(ADP)가 높을 때
> ⑤ 송풍량이 적을 때   ⑥ 냉수량이 적을수록(간접냉매 방식)

2. 공기조화 방식

(1) 조 닝

1) 조닝(Zonning)
   공조설비의 효율적인 제어 및 관리를 위하여 실내의 부하특성에 따라 몇 개의 구역으로 나누어 공조시스템을 구성하는 것

2) 조닝 시 고려사항
   ① 용도별(실의 사용목적)
   ② 사용 시간별
   ③ 부하 특성별
   ④ 실의 방위별
   ⑤ 실내 온습도 조건 등

> 참고
> ※ 오전에는 건물 동쪽의 일사량이 최대가 되므로 냉방부하도 최대가 된다.

(2) 공조방식의 분류

구 분	열매체에 의한 분류	방식
중 앙 식	전공기 방식	단일덕트 방식(정풍량, 변풍량)
		2중덕트 방식(멀티존 방식)
		각층유닛 방식
	수-공기 방식 (공기-수방식)	팬코일유닛 방식(덕트 병용)
		유인(인덕션) 유닛 방식
		복사 냉난방 방식
	수 방 식	팬코일유닛 방식
개 별 식	냉매방식	룸쿨러(룸 에어콘) 방식
		패키지유닛 방식
		멀티유닛 방식 등

(3) 열매체에 따른 각 공조방식의 특징

1) 전공기 방식

공조기에서 공급된 냉·온풍을 덕트를 통해 실내로 취출하여 공기에 의해 실내부하를 처리하는 방식

장 점	단 점
① 송풍량이 많아서 실내공기의 오염이 적다. ② 중간기(봄, 가을)에 외기냉방이 가능하다. ③ 바닥의 이용도가 좋다. ④ 수배관이 없어 누수가 없다.	① 덕트 스페이스가 크다. ② 냉·온풍의 운반에 소요되는 동력이 크다. ③ 공조실의 면적이 크다. ④ 개별제어가 어렵다.

2) 전수방식

중앙기계실에서 냉온수를 공급하여 실내부하를 물에 의해 처리하는 방식

장 점	단 점
① 덕트 스페이스가 필요없다. ② 열운반 동력이 작다. ③ 각 실 제어가 용이하다. ④ 증설이 용이하다.	① 신선한 외기도입이 어렵고, 고성능 필터를 사용할 수 없다. ② 실내 쾌감도가 떨어진다. ③ 수배관에 의한 누수 우려가 있다. ④ 유닛의 소음발생 및 바닥이용도가 떨어진다.

3) 공기-수 방식

중앙기계실에서 공급되는 공기와 물에 실내부하를 처리하는 방식

장 점	단 점
① 덕트 설치공간이 감소된다. ② 송풍동력이 감소된다. ③ 개별제어가 가능하다. ④ 존의 구성이 용이하다.	① 실내공기의 오염우려가 있다. ② 보수 및 유지관리가 어렵다. ③ 유닛에서 소음발생 및 바닥의 이용도가 떨어진다. ④ 수배관에서의 누수 우려가 있다.

4) 냉매 방식

    냉동기를 내장한 패키지 유닛에 의해 냉방부하를 처리하는 방식으로 개별제어 및 증설이 용이하다.

(4) 각 공조방식의 특징

1) 단일 덕트 방식(정풍량)

    중앙 공조기에서 조화된 냉·온풍의 공기를 1개의 덕트를 통해 실내로 공급하는 방식으로 실내 취출구를 통하여 일정한 풍량으로 송풍온도 및 습도를 변화시켜 부하에 대응하는 방식을 특징은 다음과 같다.
    ① 급기량이 일정하여 실내가 쾌적하다.
    ② 변풍량에 비하여 에너지 소비가 크다.
    ③ 각 실의 개별제어가 어렵다.
    ④ 존의 수가 적은 규모에서는 타 방식에 비해 설비비가 싸다.

2) 변풍량(VAV) 방식

    각실 또는 존마다 부하변동에 따른 송풍온도는 일정하게 유지하고, 부하변동에 따른 취출풍량을 조절하는 변풍량 유닛을 설치하여 공조하는 방식
    ① 개별 제어가 용이하다.
    ② 타방식에 비해 에너지가 절약된다.
    ③ 동시 사용률을 고려하면 공조기 및 덕트가 적어도 된다.
    ④ 부하감소에 따른 송풍량 감소로 실내공기의 청정도가 떨어진다.
    ⑤ 운전 및 유지관리가 어렵다.
    ⑥ 설비비가 많이 든다.

    > **참고**
    > ※ **변풍량 유닛** : 바이패스형, 슬롯형, 유인형
    > ※ **유인형 유닛** : 교축형을 응용한 것으로 공조기에서 저온의 1차 공기를 공급하고, 실내 유닛에서 실내공기인 2차 공기를 유인하여 서로 혼합하여 실내에 취출

3) 이중 덕트 방식

    냉풍과 온풍을 각각의 덕트를 통해 공급한 후 각 실에 설치된 혼합상자에서 실내부하에 알맞게 혼합하여 각 실에 송풍하는 방식으로 개별제어가 가능하나 설비비가 비싸고, 및 에너지 손실이 가장 크다.

4) 멀티존 유닛 방식

    공조기 출구의 냉온풍을 혼합댐퍼에 의해 일정한 비율로 혼합한 후 각 존 또는 각 실로 보내는 공조방식

5) 각층 유닛 방식

다층의 건물에서 단일덕트를 변형한 것으로 층마다 공조기를 분산 배치하여 관리가 불편하나 부분운전이 가능하여 임대사무소에 적합하다.

6) 팬코일 유닛 방식

필터, 냉온수코일, 송풍기가 내장된 팬코일 유닛(FCU)에 중앙기계실로부터 냉온수를 공급하여 실내부하를 처리하는 방식으로 개별제어가 가능하다.

장 점	단 점
① 덕트를 설치하지 않아 덕트 샤프트나 스페이스가 필요없고, 설비비가 싸다. ② 각 실의 개별제어가 용이하다. ③ 증설이 간단하고, 동력소비가 적다. ④ 유닛의 위치변경이 쉽다.	① 외기도입이 어려워 실내공기의 오염우려가 있다. ② 수배관으로 누수 우려 및 유지관리가 어렵다. ③ 송풍량이 적어 고성능필터를 사용할 수 없다. ④ 팬코일 유닛 내에 팬의 소음이 있다.

① 2관식 : 냉온수 공급관 1개, 환수관 1개로 냉온수 겸용방식
② 3관식 : 냉수, 온수공급관이 2개이고, 겸용환수관이 1개이므로 환수관에서 냉수와 온수의 혼합 열손실이 발생한다.
③ 4관식 : 냉수, 온수공급관 2개, 환수관 2개의 전용배관으로 설비비가 증가한다.

7) 유인(인덕션) 유닛 방식

중앙에 설치된 공조기에서 1차 공기를 고속으로 유인유닛에 보내 유닛의 노즐에서 불어내고, 그 압력으로 실내의 2차 공기를 유인하여 송풍하는 방식으로 개별제어가 가능하고, 덕트 스페이스가 적으나 유닛에서 소음이 발생한다.

$$\text{유인비} = \frac{\text{전공기}}{1\text{차 공기}} = \frac{1\text{차 공기} + 2\text{차 공기}}{1\text{차 공기}} = 3 \sim 4$$

8) 복사 냉난방 방식

중앙 기계실에서 냉·온수를 바닥이나 벽 패널의 파이프로 통과시키고, 천장을 통해 공기를 동시에 송풍하여 냉난방하는 방식으로 시설비가 비싸고, 냉방 시에는 바닥에 결로 우려가 있다.

 ※ 동력비가 가장 큰 방식 : 2중덕트 방식, 멀티존 방식

9) 덕트 병용 패키지 방식

실내에 설치되어 있는 패키지 공조기로 냉·온풍을 만들어 덕트를 통해 실내로 송풍하는 방식으로 실내 설치 시 급기를 위한 덕트 샤프트가 필요없다.

10) 패키지 유닛 방식

취급이 간단하고, 각 층을 독립적으로 운전할 수 있어 에너지 절감효과가 크며 공사기간 및 공사비용이 적게 드는 방식이다.

11) 히트펌프(Heat pump) 방식
① 4방밸브를 이용하여 냉·난방을 동시에 행할 수 있는 냉난방 방식
② 히트펌프 방식의 열원 : 수열원(지하수, 해수, 하수(河水)), 공기열원, 전기, 태양열원, 지열 등

3. 공기조화 부하

(1) 냉방부하 요소

구 분		부하의 발생요인	열의 구분
실내취득부하	외부침입열량	① 벽체를 통한 취득열량(외벽, 지붕, 내벽, 바닥, 문)	현열
		② 유리창을 통한 취득열량(복사열, 전도열)	현열
		③ 극간풍(틈새바람)에 의한 취득열량	현열, 잠열
	실내발생부하	④ 인체의 발생열량	현열, 잠열
		⑤ 조명의 발생열량	현열
		⑥ 실내기구의 발생열량	현열, 잠열
기기취득부하		⑦ 송풍기에 의한 취득열량	현열
		⑧ 덕트로부터의 취득열량	현열
재열부하		⑨ 재열에 따른 취득열량	현열
외기부하		⑩ 외기의 도입에 의한 취득열량	현열, 잠열

> **참고**
> ※ 현열 및 잠열부하를 고려해야 하는 부하
> 극간풍부하, 인체부하, 실내 기구부하, 외기부하

(2) 냉방부하와 기기용량

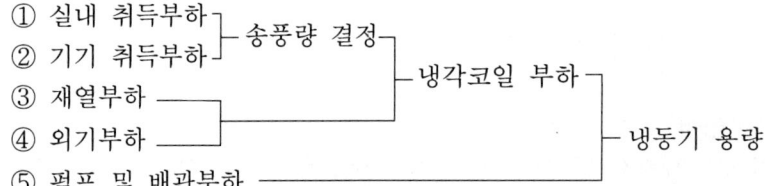

(3) 냉방부하의 계산

1) 벽체부하
① 외벽, 지붕(상당외기온도차 이용, Δte = 상당외기온도 − 실내온도)

$$q = K \cdot A \cdot \Delta te$$

> **참고**
> ※ **상당외기온도** : 태양의 일사를 받는 외벽, 지붕에 기온의 상승에 환산하여 실제의 기온과 합한 것, 즉 외기온도나 태양의 일사량을 고려하여 정한 온도

② 내벽, 천장, 바닥, 문(실내·외 온도차 이용, Δt = 실외온도 − 실내온도)

$$q = K \cdot A \cdot \Delta t$$

> **참고**
> ※ **열통과율**(열관류율, kcal/m²h℃, W/m²K)
> $$K = \cfrac{1}{\cfrac{1}{\alpha_o} + \cfrac{l_n}{\lambda_n} + \cfrac{1}{\alpha_i}}$$

여기서,
- q : 열통과(열관류)열량(kcal/h, W)
- K : 유리창의 열통과율(kcal/m²h℃, W/m²K)
- A : 전열면적(m²)
- α : 실내외 열전달률(kcal/m²h℃, W/m²K)
- λ : 벽체 열전도율(kcal/mh℃, W/mK)
- l : 벽체 두께(m)

2) 유리창 취득부하
① 유리창의 일사열량

$$q_{GR} = I_{GR} \cdot A_g \times k_s$$

여기서,
- q_{GR} : 태양복사에 의한 취득열량(kcal/h, W)
- I_{GR} : 표준 일사열량(kcal/m²h, W/m²)
- A_g : 유리창 면적(m²)
- k_s : 차폐계수(3mm 보통유리 = 1)

② 유리창의 통과열량

$$q_{GC} = K \cdot A_g \cdot \Delta t$$

여기서,
- q_{GC} : 유리창의 취득열량(kcal/h, W)
- K : 유리창의 열통과율(kcal/m²h℃, W/m²K)
- A_g : 유리창의 면적(m²)
- Δt : 실내·외 온도차(℃, K)

3) 틈새바람(극간풍) 부하
① 현열부하

$$q_s = 0.29 \cdot Q \cdot \Delta t \,[\text{kcal/h}] = 1.21 \cdot Q \cdot \Delta t \,[\text{kJ/h}] = 0.34 \cdot Q \cdot \Delta t \,[\text{W}]$$

② 잠열부하

$$q_L = 717 \cdot Q \cdot \Delta x \,[\text{kcal/h}] = 3001 \cdot Q \cdot \Delta x \,[\text{kJ/h}] = 834 \cdot Q \cdot \Delta x \,[\text{W}]$$

> **참고**
> ※ 극간풍량(Q : m³/h)의 산출방법
> ① 환기횟수법(환기량=환기횟수×실내 체적, Q=n·V)
> ② 창문 면적법
> ③ 크랙법(틈새길이법)
> ④ 이용 빈도수에 의한 방법

> **참고**
> ※ 틈새바람(극간풍)을 줄이기 위한 방법
> ① 출입구에 회전문을 설치
> ② 2중문을 설치(내측문은 수동식)
> ③ 2중문의 중간에 컨벡터(대류형 방열기)를 설치
> ④ 에어커텐 설치

4) 인체부하
 ① 현열부하 q=1인당 현열량×재실 인원수
 ② 잠열부하 q=1인당 잠열량×재실 인원수

5) 조명부하
 ① 백열등의 발열량, 1kW=860kcal/h, 1W=0.86kcal/h
 ② 형광등의 발열량, 1kW=860×1.2(안정기 발열)=1,000kcal/h, 1W=1kcal/h

6) 기기(장치)취득부하
 ① 기계만 실내에 있는 경우 취득열량

  q=정격출력×대수×가동율×부하율

 ② 전동기와 기계가 모두 실내에 있는 경우 취득열량

  q=정격출력×대수×가동율×부하율×$\left(\dfrac{1}{전동기\ 효율}\right)$

 ③ 전동기만 실내에 있는 경우 취득열량

  q=정격출력×대수×가동율×부하율×$\left(\dfrac{1-전동기\ 효율}{전동기\ 효율}\right)$

7) 외기부하
 ① 현열부하

  $$q_s = 0.29 \cdot Q_o \cdot \Delta t\ [\text{kcal/h}] = 1.21 \cdot Q_o \cdot \Delta t\ [\text{kJ/h}] = 0.34 \cdot Q_o \cdot \Delta t\ [\text{W}]$$

 ② 잠열부하

  $$q_L = 717 \cdot Q_o \cdot \Delta x\ [\text{kcal/h}] = 3,001 \cdot Q_o \cdot \Delta x\ [\text{kJ/h}] = 834 \cdot Q_o \cdot \Delta x\ [\text{W}]$$

(4) 난방부하 요소

구	분	부하의 발생요인	열의 종류
실내손실부하	외부손실열량	① 벽체를 통한 손실열량 (외벽, 지붕, 내벽, 바닥, 유리창, 문)	현열
		② 틈새바람(극간풍)에 의한 손실열량	현열, 잠열
기기손실부하		③ 덕트에서의 손실열량	현열
외기부하		④ 외기의 도입에 의한 손실열량	현열, 잠열

> **참고**
> ※ 난방부하를 경감시키는 요소
> 태양열의 일사부하, 인체부하, 조명부하, 기기 발생 부하

(5) 난방부하의 계산

1) 벽체부하

① 외벽, 지붕, 유리창(방위계수 고려)

$$q = K \cdot A \cdot \Delta t \times k$$

> **참고**
> ※ 방위계수(k)
>
> | 방위 | 동·서 | 남 | 북 | 남동·남서 | 북동·북서 | 지붕 |
> |---|---|---|---|---|---|---|
> | 방위계수 | 1.1 | 1.0 | 1.2 | 1.05 | 1.15 | 1.2 |

② 내벽, 천장, 바닥, 문

$$q = K \times A \times \Delta t$$

2) 유리창 손실부하

$$q_{GC} = K \cdot A_g \cdot \Delta t$$

여기서, q_{GC} : 유리창의 취득열량(kcal/h, W)
K : 유리창의 열통과율(kcal/m²h℃, W/m²K)
A_g : 유리창의 면적(m²)
Δt : 온도차(℃, K)

3) 틈새바람(극간풍)부하

① 현열부하

$$q_s = 0.29 \cdot Q \cdot \Delta t \,[\text{kcal/h}] = 1.21 \cdot Q \cdot \Delta t \,[\text{kJ/h}] = 0.34 \cdot Q \cdot \Delta t \,[\text{W}]$$

② 잠열부하

$$q_L = 717 \cdot Q \cdot \Delta x \,[\text{kcal/h}] = 3,001 \cdot Q \cdot \Delta x \,[\text{kJ/h}] = 834 \cdot Q \cdot \Delta x \,[\text{W}]$$

4) 외기부하

① 현열부하

$$q_s = 0.29 \cdot Q_o \cdot \Delta t \,[\text{kcal/h}] = 1.21 \cdot Q_o \cdot \Delta t \,[\text{kJ/h}] = 0.34 \cdot Q_o \cdot \Delta t \,[\text{W}]$$

② 잠열부하

$$q_L = 717 \cdot Q_o \cdot \Delta x \,[\text{kcal/h}] = 3,001 \cdot Q_o \cdot \Delta x \,[\text{kJ/h}] = 834 \cdot Q_o \cdot \Delta x \,[\text{W}]$$

(6) 송풍량의 계산

실내취득현열부하 + 기기(팬, 덕트)취득부하에 의해 계산

$$G(\text{kg/h}) = \frac{q_s}{C \cdot \Delta t (\text{취출 온도차})} = \frac{q_s[\text{kcal/h}]}{0.24 \times \Delta t} = \frac{q_s[\text{kJ/h}]}{1.01 \times \Delta t}$$

$$Q(\text{m}^3/\text{h}) = \frac{q_s}{\gamma \cdot C \cdot \Delta t} = \frac{q_s(\text{kcal/h})}{0.29 \times \Delta t} = \frac{q_s(\text{kJ/h})}{1.21 \times \Delta t} = \frac{q_s(\text{Watt})}{0.34 \times \Delta t}$$

4. 공기조화 기기

(1) 공기조화 설비의 구성

1) **열원장치** : 보일러, 냉동기, 흡수식 냉온수기, 빙축열 장치, 히트펌프, 냉각탑 등
2) **공기조화기** : 공기여과기, 공기냉각기(제습기), 공기가열기, 공기세정기(가습기)
3) **열운반장치** : 송풍기, 덕트, 펌프, 배관 등
4) **자동제어장치** : 온도, 습도, CO_2, 풍량 등 제어장치

(2) 공기조화기

1) 공조기 형태에 따른 분류
   ① 수평형 : 공조기를 수평으로 배치, 공조실의 면적이 충분하나 층고가 낮은 경우 사용
   ② 수직형 : 공조기를 수직으로 배치, 공조실의 면적은 좁고, 층고는 높은 경우 사용
   ③ 복합형 : 수평형과 수직형을 복합

2) 공기조화기의 구성(배치)순서
   공기 여과기 → 냉수코일 → 온수코일 → 가습기

(3) 공기 여과기

1) **공기 여과기(에어필터)의 성능 표시**
   여과효율(제진, 제거효율, 포집률), 집진용량(포집용량), 압력손실 등

2) **여과효율**

$$\eta = \frac{C_1 - C_2}{C_1} \times 100(\%) = 1 - \frac{C_2}{C_1} \times 100(\%)$$

   여기서, C_1 : 필터 입구의 분진농도, C_2 : 필터 출구의 분진농도

3) **여과효율 측정법**
   ① 중량법 : 필터 사용 전후의 중량에 의해 효율을 측정
   ② 비색법(변색도법, NBS법) : 비교적 작은 입자를 대상으로 하며 공기를 여과지를 통과시켜 그 오염도를 광전관으로 측정하는 것
   ③ DOP법(계수법) : 고성능(HEPA) 필터의 여과효율을 측정하는 방법으로 일정한 크기의 시험입자를 사용하여 먼지의 수를 계측하여 측정하는 방법

4) **여과필터의 종류**
   ① 여과작용에 의해 : 충돌 점착식, 여과식, 전기식, 활성탄 흡착식
   ② 보수관리상 : 자동 청소형, 자동 재생형, 정기 청소형, 여과재 교환형, 유닛 교환형
   ③ 정화원리에 따른 종류
      ㉠ 여과식 : 여과매체(무기질 섬유 등)에 의해 분진을 여과 제거
      ㉡ 충돌 점착식 : 철망, 스크린, 섬유류 순으로 구성되어 있으며 이 여과재에 기름이나 그리스 등을 입혀 오염물질을 점착시킴
      ㉢ 정전식 : 정전기에 의해 분진을 포집
      ㉣ 활성탄 필터 : 흡착작용에 의하여 공기 중의 냄새나 아황산가스 등 유해가스 제거

> **참고**
> ※ **고성능(HEPA) 필터**
> $0.3\mu m$ 입자를 99.97% 이상의 효율로 제진하는 것으로 값이 비싸기 때문에 사용시간을 연장할 수 있도록 이보다 효율이 떨어지는 필터(프리필터)를 전단에 설치하며 송풍기 출구에 설치

5) **바이오 클린룸(BCR)**
   병원 수술실, 식품, 제약공장 등 세균, 바이러스 등의 오염을 방지하기 위한 무균실

> **참고**
> ※ **1클래스(Class)**
> $1ft^3$의 공기 중에 함유되는 $0.5\mu m$ 이상의 입자 수로 표시

(4) 냉온수 코일

1) 냉수 코일의 설계
① 코일 내 유속은 1m/s 전후로 한다.
② 코일의 통과풍속을 2~3m/s 정도로 한다.
③ 공기와 물의 흐름을 대향류로 한다.
④ 냉수의 입출구 온도차를 5℃ 전후로 한다.
⑤ 물과 공기의 대수평균온도차(MTD)를 크게 한다.
⑥ 코일의 설치는 수평으로 한다.

2) 코일의 배열 방식에서 종류
풀 서킷(full circuit), 더블 서킷(dublel circuit), 하프 서킷(half circuit)
① 더블 서킷(더블 플로우) 코일 : 유량이 많아서 코일 내 유속이 너무 클 때
② 풀 서킷(싱글 플로우), 하프 서킷 코일 : 유량이 적어 코일 내 유속이 작을 때

3) 코일의 열수

$$N = \frac{q_t}{A \times K \times C_{ws} \times MTD}$$

여기서, q_t : 냉각코일부하
$A(F)$: 코일의 전면적
K : 열관류율
C_{ws} : 습면보정계수
MTD : 대수평균온도차

4) 대수평균온도차(MTD)

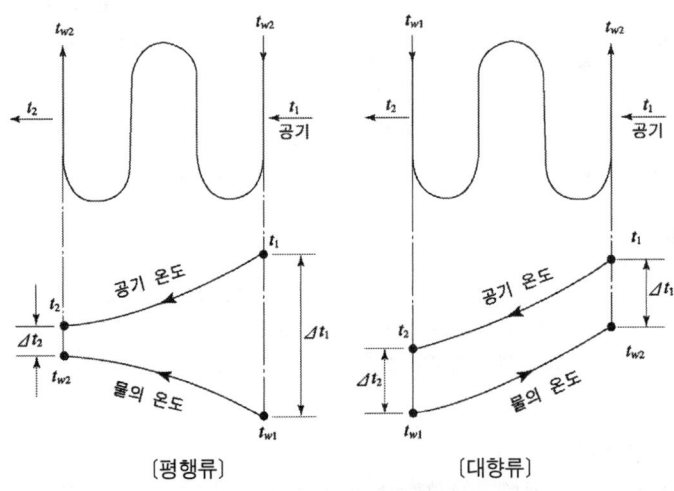

〔평행류〕 〔대향류〕

$$MTD = \frac{\Delta t_1 - \Delta t_2}{2.3 \log \frac{\Delta t_1}{\Delta t_2}} = \frac{\Delta t_1 - \Delta t_2}{\ln \frac{\Delta t_1}{\Delta t_2}}$$

(5) 가열코일의 종류

1) 가열코일의 종류
온수코일, 증기코일, 전열코일, 냉매코일(응축기)

2) 가열코일의 설계기준
① 온수코일의 통과풍속은 2~3.5m/s로 한다.
② 유량 및 온도제어는 2방(2-way)밸브나 3방(3-way)밸브로 한다.

3) 증기코일의 설계기준
① 증기코일은 열수가 적으므로 코일 통과풍속은 3~5m/s로 한다.
② 사용 증기압력은 $0.1~2kg/cm^2$ 정도이다.
③ 증기트랩의 용량은 피크 시 응축수량의 3배 이상으로 한다.
④ 응축수 배출을 위한 배관은 1/50~1/100의 순구배로 한다.

4) 가열코일의 동파방지(동절기)
① 온수코일은 야간 운전정지 중 순환펌프를 운전한다.
② 운전 중에는 전열교환기를 사용하여 외기를 예열하여 도입한다.
③ 외기와 환기가 충분히 혼합되도록 한다.
④ 증기코일의 경우 $0.5kg/cm^2$ 이상의 증기를 사용하고, 코일 내에 응축수가 고이지 않도록 한다.

(6) 가습장치

1) 가습방식의 종류
① 수분무식 : 원심식, 초음파식, 분무식
② 증발식 : 회전식, 모세관식, 적하식
③ 증기식 : 증기 발생식, 증기 공급식

2) 가습기의 종류
① 증기 취출방식은 응답성이 빠르고, 제어성이 좋아 정밀한 습도제어가 가능하다.
② 전열식(가습팬형) : 수조(가습 pan)에 물을 넣고, 증기코일 또는 전열기를 이용하여 수면에서 발생하는 증기를 이용하여 가습하며 효율이 나쁘고, 응답속도가 느려 패키지 등의 소형장치에 사용한다.
③ 원심식 : 모터로 원반을 고속 회전시켜 물을 빨아올려 원심력으로 미세화 된 수막을 직결된 송풍기에 의해 공기 중에 비산된 후 공기를 가습한다.

> **참고**
> ※ 증기분무 가습 : 가습효율이 가장 좋다.

3) 공기 세정기(에어와셔)
　① 세정실을 통과하면서 흐르는 물과 접촉하여 공기를 정화하거나 분무수에 의해 가습이 이루어지는 것으로 주로 가습을 목적으로 한다.
　② 다공판 또는 루버는 기류를 정류해서 세정실로 통과시킨다.
　③ 분무노즐(Spray nozzle)은 스탠드파이프에 부착되어 스프레이 헤더에 연결된다.
　④ 공기 세정기의 분무수압은 $1.4 \sim 2.5 \, kg/cm^2$($140 \sim 250 kPa$) 정도이다.
　⑤ 플러딩 노즐 : 엘리미네이터에 부착된 먼지를 세정하기 위해 상부에 설치하여 물을 분무하여 청소하는 노즐
　⑥ 엘리미네이터는 에어와셔에서 발생되는 물방울이 기류에 함께 비산되는 것을 방지하며 공기세정기의 주요부는 세정실과 엘리미네이터로 구분된다.
　⑦ 세정실 뒤에는 분무된 물이 공기와 함께 비산되는 것을 방지하는 엘리미네이터를 설치한다.

(7) 감습장치(제습장치)

종 류	설　명
냉각식	일반적인 방법으로 냉각코일을 이용, 습공기를 노점이하로 냉각하여 제습
압축식	공기를 압축하여 감습시키므로 설비비가 많이듦
흡수식	① 액체 제습장치 : 염화리튬, 트리에틸렌글리콜 등 ② 고체(흡착식) 제습장치 : 실리카겔, 활성알루미나, 아드소울. 제올라이트 등의 다공성 물질 표면에 흡착시켜 극저습도를 요구하는 곳에 사용

> **참고**
> ※ 흡수식 감습장치가 냉각식 감습장치 보다 유리할 경우
> 　: 공조되어 있는 실내의 현열비가 60% 이하일 때

(8) 기타 열교환기

1) 전열 교환기
　① 실내의 배기와 환기용 외기를 열교환하는 장치로 공대공 열교환기이다.
　② 고정형과 회전형 전열교환기가 있다.
　③ 배기와 환기의 열교환으로 온도 및 습도(현열, 잠열)을 교환한다.
　④ 열교환기 설치로 설비비와 기계실 스페이스가 많이 든다.
　⑤ 외기부하를 감소시켜 기기의 용량이 작게 설계되어 운전경비가 절약된다.

[고정형]　　　　　　　　　　[회전형]

> **참고**
> ※ **회전형** : 흡습성물질이 도포된 엘리멘트를 적층시켜 원판형태로 만든 로터와 구동장치, 케이싱으로 구성되어 있는 전열 교환기

2) 판형(Plate type) 열교환기

다수의 전열판 여러 장을 겹쳐 나열하여 볼트로 연결시킨 것으로 원통다관식에 비하여 열관류율이 3~5배 정도이므로 크기에 비해 열교환 능력이 매우 좋아 초고층 건물 등에서 많이 사용된다.

3) 스파이럴형 열교환기

스테인리스 강판을 스파이럴상으로 감아서 그 끝을 용접함으로써 가스켓을 사용하지 않고도 수밀이 되는 구조로 형상 및 중량이 플레이트식보다 크다.

4) 케틀형 열교환기(Kettle type)

동체의 상부 측은 증발이 잘 되도록 빈공간의 증기실이 있고, 액면의 높이는 최상부 관보다 적어도 50mm 높게 하는 것이 보통이며 원통 다관식(Shell & Tube type) 열교환기의 종류에 해당한다.

5) 히트 파이프(Heat pipe)

밀봉된 용기와 위크 구조체 및 증기 공간에 의하여 구성되며 길이 방향으로는 증발부, 응축부, 단열부로 구분된다. 한쪽을 가열하면 작동유체는 증발하면서 잠열을 흡수하고, 증발된 증기는 저온으로 이동하여 응축되면서 열교환하는 기기

(9) 송 풍 기

1) 송풍기의 종류
① 원심식 : 다익형(시로코형), 터보형, 리밋로드형, 익형 등
② 축류식 : 프로펠러형, 베인형, 튜브형 등

2) 송풍기의 특징
① 다익형 송풍기 : 시로코 팬(Sirocco fan)이라고도 하며 다수의 짧은 전향날개를 갖는 것으로 정압이 100mmAq 이하의 설비에 사용한다.

② 터보형 송풍기 : 풍량에 비해 요구 정압이 대단히 높을 때 사용한다.
③ 축류형 송풍기 : 기류의 방향이 회전축과 같은 방향의 것으로 냉각탑, 환기용 등에 사용되는 프로펠러 팬으로 풍량이 많고, 압력이 낮은 경우에 적합하다.

3) 송풍기 번호(No)

$$\text{다익형} = \frac{\text{임펠러 지름(mm)}}{150}, \quad \text{축류형} = \frac{\text{임펠러 지름(mm)}}{100}$$

4) 송풍기 동력

$$\text{공기동력, kW} = \frac{Q \cdot P(\text{mmAq})}{102 \times 60}$$

여기서, Q : 송풍량(m^3/min)
P : 송풍기 정압(mmAq, Pa)
η : 정압효율

$$\text{축동력, kW} = \frac{\text{공기동력}}{\text{효율}} = \frac{Q \cdot P(\text{mmAq})}{102 \times 60 \times \eta}, \quad W = \frac{Q \cdot P(\text{Pa})}{60 \times \eta}$$

5) 송풍기의 상사법칙

구 분	공 식	설 명
풍 량	$Q_2 = Q_1 \left(\frac{N_2}{N_1}\right)\left(\frac{D_2}{D_1}\right)^3$	풍량은 회전수에 비례, 임펠러 지름의 3승에 비례
풍 압	$P_2 = P_1 \left(\frac{N_2}{N_1}\right)^2\left(\frac{D_2}{D_1}\right)^2$	풍압은 회전수의 2승에 비례, 임펠러 지름의 2승에 비례
동 력	$kW_2 = kW_1 \left(\frac{N_2}{N_1}\right)^3\left(\frac{D_2}{D_1}\right)^5$	동력은 회전수의 3승에 비례, 임펠러 지름의 5승에 비례

6) 송풍기의 특성곡선
송풍기의 고유특성을 나타내는 것으로 풍량, 풍압, 동력, 효율의 관계를 나타냄

7) 송풍기 운전점
압력곡선(P)과 저항곡선(R)의 교차점

8) 송풍기의 제어방법
① 모터 회전수 제어
② 가변 피치 제어(날개각도 변화)
③ 흡입 베인 조절
④ 스크롤 댐퍼 제어
⑤ 흡입, 토출댐퍼 개도조절

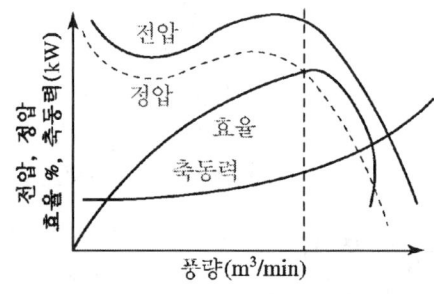

> **참고** ※ 송풍기 풍량제어에 따른 동력의 소요 순서
> 회전수제어 < 가편피치제어 < 베인제어 < 스크롤댐퍼 < 흡입댐퍼제어 < 토출댐퍼제어

(10) 펌 프

1) 원심펌프
   ① 볼류트 펌프 : 가이드 베인(안내날개)이 없고, 저양정용에 사용
   ② 터빈 펌프 : 가이드 베인이 설치되어 고양정용에 사용

   > **참고**
   > ※ **기어펌프** : 기름(oil) 이송용

2) 펌프의 축동력

   $$kW = \frac{\gamma \cdot Q \cdot H}{102 \times 60 \times \eta_p}$$

   여기서, γ : 비중량(kgf/m³)
   Q : 유량(m³/min)
   H : 양정(m)
   η_p : 펌프효율

3) 펌프의 상사법칙
   펌프는 회전수(속도)비에 따라 유량은 정비례하고, 양정은 2제곱에 비례하고, 축동력은 3제곱에 비례한다.

4) 공동(캐비테이션) 현상
   ① 원인 : 펌프 입구의 마찰저항 증가 및 수온 상승 시
   ② 방지대책 ─ 흡입측의 손실수두를 작게 한다.
   　　　　　　 펌프의 설치위치를 낮춘다.
   　　　　　　 펌프의 회전수를 낮춘다.
   　　　　　　 양흡입 펌프를 사용한다.
   　　　　　　 흡입관경을 크게 하거나 배관을 짧게 한다.

5. 덕 트

(1) 덕트의 재료

1) 덕트의 일반재료 : 아연도금철판(강판)
2) 고온의 가스나 공기가 통과하는 연도 : 열연 강판
3) 화학 실험실의 재료 : 경질염화비닐

(2) 풍속에 따른 덕트의 구분

1) 저속덕트 : 주덕트의 풍속이 15m/s 이하
2) 고속덕트 : 주덕트의 풍속이 15m/s 이상

(3) 덕트 설계법

1) 등마찰손실법(정압법)

덕트의 단위 길이당 마찰손실을 일정하게 하는 방법으로 말단으로 갈수록 풍량과 풍속이 감소되어 소음의 문제가 적음

> **참고**
> ※ **등마찰손실법(정압법)** : 덕트 1m당 단위 마찰저항을 저속덕트에서는 0.08~0.2mmAq(약 1mmAq/m, 1Pa/m) 정도, 고속덕트에서는 1mmAq 정도로 선정하며 덕트의 치수를 결정

2) 등속법

덕트의 각 부분에서의 풍속을 일정하게 하여 분체수송이나 공장의 환기 등에 사용

3) 정압재취득법

각 취출구 또는 분기부 직전의 정압이 일정하게 되도록 하는 방법

(4) 덕트에서의 각종 계산

1) 전압과 정압, 동압

$$전압(P_T) = 정압(P_s) + 동압(P_v)$$

> **참고**
> ※ **마노미터** : 덕트 내 정압측정

2) 원형덕트에서의 풍량

$$Q = A \cdot V = \frac{\pi}{4} D^2 \cdot V$$

$$V = \frac{4Q}{\pi D^2}, \quad d = \sqrt{\frac{4Q}{\pi V}}$$

여기서, Q : 풍량(m³/sec)
A : 덕트 단면적(m²)
d : 덕트의 지름(m)
V : 풍속(m/sec)

3) 덕트의 마찰손실수두(압력강하)

직관부에서의 마찰손실(압력손실)수두는 덕트마찰 저항계수(λ), 덕트 길이(l), 풍속(V)의 2승에 비례하고, 덕트의 지름(d)과 중력 가속도(g)에 반비례한다.

$$H_L = \lambda \cdot \frac{l}{d} \cdot \frac{V^2}{2g} \, [\text{mH}_2\text{O}]$$

$$\Delta P = \lambda \cdot \frac{l}{d} \cdot \frac{V^2}{2g} \times \gamma \, [\text{mmH}_2\text{O}]$$

$$\Delta P = \lambda \cdot \frac{l}{d} \cdot \frac{V^2}{2} \times \rho \, [\text{Pa}]$$

여기서, λ : 마찰손실계수
l : 덕트 길이(m)
d : 덕트 지름(m)
V : 풍속(m/s)
g : 중력 가속도(m/s²)
γ : 공기의 비중량(kgf/m³)
ρ : 공기의 밀도(kg/m³)

4) 원형덕트로의 상당직경 환산

$$d = 1.3 \left\{ \frac{(a \times b)^5}{(a+b)^2} \right\}^{\frac{1}{8}}$$

[장방형 덕트 환산]

$$D_e = \frac{1.55 A^{0.625}}{P^{0.25}}$$

[타원형 덕트 환산]

> 참고
> ※ **덕트마찰 손실선도의 구성** : 마찰손실, 풍량, 덕트지름, 속도

(5) 덕트의 설계 및 시공 시 주의사항

1) 덕트의 아스펙트비(종횡비) : 4 이내
2) 덕트의 곡률반경비(R/a) : 1.5~2배 이상
3) 덕트의 확대 : 15~20°(고속덕트 8°) 이하, 축소 : 30~40°(고속덕트 15°) 이내
4) 가이드(터닝)베인 설치 : 굴곡부 내측에 설치하여 덕트 내 기류 안정
   ① 곡률 반경비(R/a) 1.5 이하 시
   ② 덕트 확대 15° 이상 및 축소 30° 이상 시
5) 덕트 내 코일 설치 시
   ① 입구측 최대 30°, 출구측 최대 45° 이하
   ② 상기 이상이 되는 경우 코일 입구측에 분류판을 설치하여 기류를 골고루 분포
6) 엘보 다음에 취출구 접속 시 취출구 위치
   ① 베인없는 엘보 사용 시 : A≧8W
   ② 베인부속 엘보 사용 시 : A≧(4~8)W
   ③ 베인부속 직각 엘보 사용 시 : A≧4W

(6) 캔버스 이음

송풍기에서 발생한 진동이 덕트에 전달되지 않도록 한 이음

(7) 댐퍼의 종류

덕트 도중에 설치하여 통과하는 풍량을 조절 또는 폐쇄하는 기구

1) 풍량 조절댐퍼(볼륨댐퍼)
   ① 단익(버터플라이) 댐퍼 : 소형덕트에 사용
   ② 다익(루버)댐퍼 : 2개 이상의 날개를 가진 것으로 대형덕트에 사용
   ③ 스플릿(분기) 댐퍼 : 덕트의 분기점에 설치하여 풍량을 분배, 조절하는 댐퍼
2) 기타 댐퍼
   ① 방화댐퍼 : 화재 발생 시 화염이 다른 실로 전달되지 않도록 한 댐퍼

② 방연댐퍼 : 실내의 화재 시 발생한 연기가 다른 구역으로 이동하는 것을 방지

(8) 측정구

① 덕트 내의 풍량, 풍속, 온도, 압력, 먼지량 등을 측정하기 위한 것
② 엘보와 같은 곡관부에서는 덕트 폭의 7.5배 이상 떨어진 장소에 설치

(9) 콜드 드레프트의 원인

① 인체 주위의 공기온도가 너무 낮을 때
② 기류 속도가 너무 빠를 때
③ 습도가 낮을 때
④ 벽면의 온도가 너무 낮을 때
⑤ 극간풍이 많을 때

(10) 취출구(Diffuser)

공기조화기에서 조화된 공기를 실내로 취출하여 주는 기기

1) 부착위치에 따른 구분
① 천장형 : 아네모스탯형, 팬형, 펑커루버형, 라인형
② 벽부형 : 그릴, 레지스터, 유니버셜형, 노즐형

2) 기류의 방향에 따른 구분

구 분	설 명	종 류
축류형	기류가 축 방향으로 토출	노즐형, 펑커루버형, 베인격자형 등
복류형	기류가 축 방향이 아닌 수평, 방사형으로 토출	아네모스탯형, 팬형 등

3) 각 취출구와 흡입구의 특징

① 아네모스탯형 취출구 : 몇 개의 콘(cone)이 있어 1차 공기에 의한 2차 공기의 내부 유인성능이 좋은 취출구로서 확산반경이 크고, 도달거리가 짧아 천장형 취출구로 많이 사용한다.
② 팬형 취출구 : 원형 또는 원추형 팬을 매달아 여기에 토출기류를 부딪치게 하여 천장면을 따라서 수평판 사이로 공기를 내보내는 구조로서 천장형이며 복류형이다.
③ 펑커 루버형 : 취출기류의 방향조정이 가능하고, 댐퍼가 있어 풍량조절이 가능하나 공기저항이 크며 공장, 주방 등의 국소(spot) 냉방에 적합한 취출구
④ 노즐형 : 구조가 간단하며 도달거리가 길어 대공간의 높은 천장에 사용한다.
⑤ 라인형 : 선의 개념을 통하여 미적인 감각이 있으며 에어커튼용으로 적합하다.
⑥ 라이트 트로퍼형 : 조명 부하를 쉽게 처리할 수 있는 취출구
⑦ 그릴 : 격자형으로 셔터가 없는 것

⑧ 루버 : 격자형으로 눈, 비의 침입을 방지하기 위해 물막이가 붙어 있는 것
⑨ 레지스터 : 격자형으로 셔터가 붙어 있는 것
⑩ 머쉬룸형 흡입구 : 흡입구 중 바닥 설치하는 흡입구

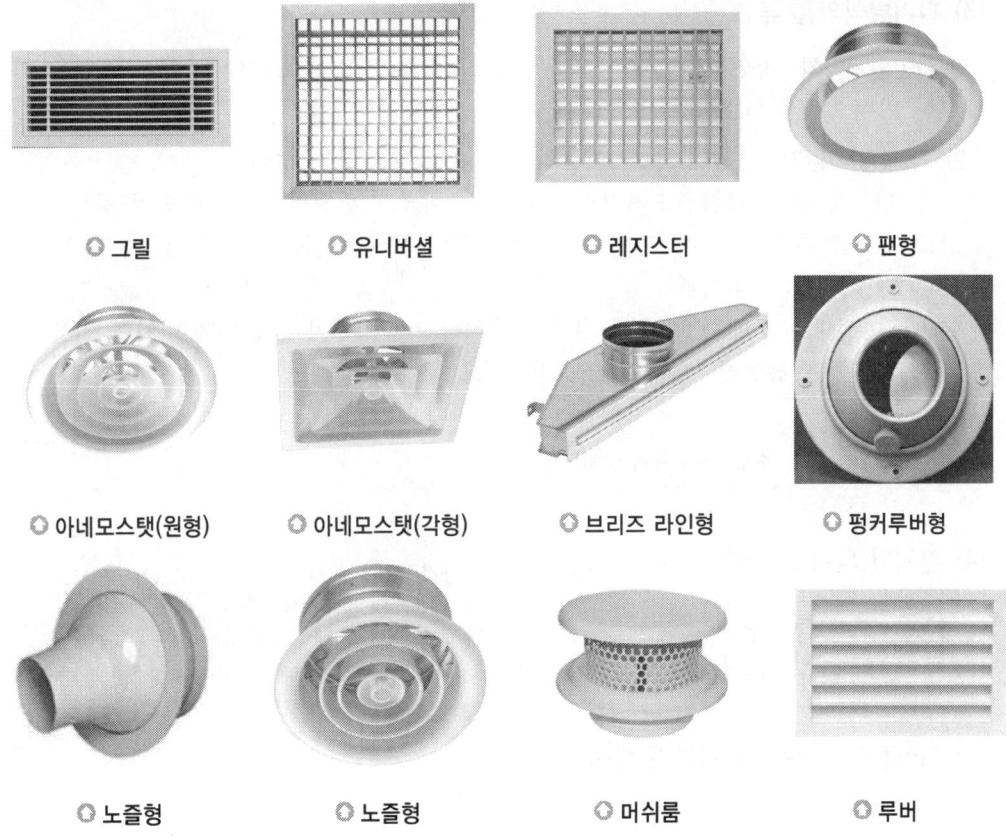

○ 그릴   ○ 유니버셜   ○ 레지스터   ○ 팬형
○ 아네모스탯(원형)   ○ 아네모스탯(각형)   ○ 브리즈 라인형   ○ 펑커루버형
○ 노즐형   ○ 노즐형   ○ 머쉬룸   ○ 루버

(11) 환기의 목적

실내공기의 열, 증기, 취기, 분진, 유해물질에 의한 오염과 산소농도 감소 등에 의한 재실자의 불쾌감이나 위생적 위험성 증가의 방지 등과 주변 환경의 악화로부터의 보호
① 실내공기 정화
② 열 및 수증기(습기) 제거
③ 냄새 및 유독가스 제거
④ 연소용 공기 공급(보일러 실)

(12) 환기의 분류

1) 국소환기 : 후드 등을 사용

2) **전반환기(희석환기)** : 실내의 거의 모든 부분에서 오염가스가 발생하는 경우에 실 전체의 기류분포를 계획하여 실내에서 발생하는 오염물질을 완전히 희석하고, 확산시킨 다음에 배기를 행하는 것

(13) 환기방식의 분류

1) **자연환기방식** : 자연환기는 실내외 공기의 압력차 또는 온도차에 의한 자연력을 이용한 방식으로 동력소비는 없으나 환기량이 일정하지 않다.
2) **기계(강제)환기** : 송풍기 등을 이용하여 강제로 환기하는 방식
   ① 제1종 환기 : 급기팬+배기팬(보일러실, 대규모 변전실, 병원 수술실 등)
   ② 제2종 환기 : 급기팬, 정압(+)상태(반도체 무균실, 소규모 변전실, 창고 등)
   ③ 제3종 환기 : 배기팬
      ㉠ 실내를 부압(−)으로 유지하여 악취나 유독가스가 인접실로 번지는 것을 방지
      ㉡ 주방, 흡연실, 화장실, 조리장, 차고 등에 적용

> **참고**
> ※ 후드 : 국소환기 장치

(14) 환기량(외기 도입량)

$$Q \geq \frac{M}{C-C_o} \times 10^6$$

여기서, Q : 환기량(m³/h)
M : 오염가스 발생량(m³/h)
C : 실내 허용농도, 오염물질의 서한도(ppm)
C_O : 외기의 CO_2 함유량(ppm)

(15) 지하철에 적용할 기계환기 방식의 기능

① 피스톤 효과로 유발된 열차풍으로 환기효과를 높인다.
② 터널 내 고온의 공기를 외부로 배출한다.
③ 터널 내 잔류열을 배출하고, 신선외기를 도입하여 토양의 흡열효과를 상승시킨다.
④ 화재 시 배연성능을 달성한다.
⑤ 화재 외의 교통장애로 열차 정지 시에 외기 급기운전을 하여 열차 내 승객들에게 신선외기를 공급한다.

6. 열원기기

(1) 열원장치 및 공기조화기

1) **열원장치** : 보일러, 냉동기, 흡수식 냉온수기, 빙축열설비, 히트펌프, 냉각탑 등
2) **공기조화기** : 에어필터, 공기냉각기, 공기가열기, 가습기

(2) 보일러의 구성

1) 보일러의 3대요소 : 보일러 본체+연소장치+부속장치
2) 보일러의 부속장치 : 급수, 급유, 송기, 통풍, 안전, 분출, 폐열회수장치 등

(3) 보일러의 특징

1) 노통 보일러
　본체 내부에 노통(연소실)을 설치하여 물을 가열하는 보일러로서 노통이 1개인 코르니쉬보일러와 노통이 2개인 랭커셔보일러가 있다.

2) 연관 보일러
　본체 내부에 연관을 통해 연소가스가 통과하여 물을 가열하는 보일러이다.

3) 노통 연관 보일러
　노통 보일러와 연관 보일러의 장점을 취한 것으로 노통이 길이 방향으로 있고, 노통 상하좌우에 연관군들을 갖춘 보일러로써 중대형 건물에 많이 사용한다.

4) 수관 보일러
　상하부의 드럼에 고압에 잘 견디는 다수의 수관을 연결한 것으로 고압 대용량으로 자연 순환식, 강제 순환식 등이 있다.
　① 보유수량에 비해 전열면적이 커 증기 발생이 빠르다.
　② 고온·고압의 증기를 발생시킨다.
　③ 효율이 가장 우수하며 대용량이다.
　④ 부하변동에 따른 추종성이 높다.
　⑤ 예열시간이 짧고, 효율이 좋다.
　⑥ 초기투자비가 크며 증발이 매우 빨라 급수처리를 철저히 하여야 한다.
　⑦ 수관식 보일러는 구조가 복잡하여 내부청소가 어렵다.

5) 관류 보일러
　초임계 압력하에서 증기를 얻을 수 있는 보일러로 하나의 긴 관으로 구성되며 드럼이 없고, 보유수량이 적어 증기발생이 매우 빠른 보일러이나 급수처리가 까다롭고, 수명이 짧으며 값이 비싸다.

6) 주철제 보일러
　최고 사용압력이 $1\,kg/cm^2$(0.1MPa) 이하로 저압용으로 내식성이 우수하고, 섹션의 증감으로 용량조절이 용이하며 보유수량이 적으므로 파열 시 재해가 가장 적다.

(4) 보일러 부속장치

1) 인젝터 : 보일러에서 발생한 증기를 이용하여 급수하는 보조 급수장치

2) 축열기(스팀 어큐뮬레이터) : 보일러에서 발생하는 잉여증기를 저장하였다가 보일러 과부하 시 공급하여 사용하는 장치
3) 환원기 : 응축수를 보일러로 자연 회수하는 장치
4) 절탄기(이코노마이저) : 배기가스의 폐열을 이용하여 보일러의 급수를 예열하는 장치
5) 폐열회수장치 : 연소실 – 과열기 – 재열기 – 절탄기 – 공기예열기 – 연돌(굴뚝)
6) 방출(릴리프)밸브 : 물의 팽창에 따른 온수 보일러의 압력상승으로 보일러가 파손되는 것을 방지하기 위한 밸브이며 120℃ 이상의 온수보일러에는 안전밸브를 설치한다.
7) 증기트랩 : 증기 중에서 발생한 응축수를 배출하여 수격작용 및 배관의 부식을 방지

(5) 보일러에서의 각종 계산

1) 상당(환산, 기준) 증발량(G_e)

$$G_e = \frac{G_a(h_2-h_1)[\text{kcal/h}]}{539} = \frac{G_a(h_2-h_1)[\text{kJ/h}]}{2,257}$$

여기서, G_e : 상당 증발량(kg/h)
G_a : 실제 증발량(kg/h)
h_2 : 발생증기의 엔탈피(kcal/kg, kJ/kg)
h_1 : 급수의 엔탈피(kcal/kg, kJ/kg)
G_f : 연료 사용량(kg/h)
H_l : 저위 발열량(kcal/kg, kJ/kg)

2) 보일러 마력($B-HP$)

$$B-HP = \frac{G_e}{15.65} = \frac{G_a(h_2-h_1)}{539 \times 15.65}$$
$$= \frac{G_a(h_2-h_1)\ [\text{kcal/h}]}{8,435} = \frac{G_a(h_2-h_1)\ [\text{kJ/h}]}{8,435 \times 4.19}$$

① 표준대기압에서 100℃의 포화수 15.65kg을 1시간에 100℃의 건조포화증기로 바꿀 수 있는 능력
② 상당 증발량=15.65kg/h
③ 정격출력=8,435kcal/h=35,343kJ/h
④ 전열면적=0.929m²
⑤ 상당 방열면적(EDR)=13m²

3) 보일러 열효율(η)

$$\eta = \frac{\text{정격출력}}{\text{연료소비량} \times \text{저위발열량}} = \frac{Q}{G_f \times H_l} = \frac{G_a(h_2-h_1)}{G_f \cdot H_l}$$

4) 보일러 출력

· 정격출력=난방부하+급탕부하+배관부하+예열(시동)부하
· 상용출력=난방부하+급탕부하+배관부하(정미출력×1.05~1.1)
· 정미출력=난방부하+급탕부하

① 난방부하 = EDR×방열기 방열량
          = 쪽수×쪽당 면적×방열기 방열량
② 급탕부하 = $w \cdot C \cdot \Delta t$ (급탕량×비열×온도차)

5) 상당방열면적(EDR)

$$EDR = \frac{난방부하(방열기\ 전방열량)}{방열기\ 방열량}$$

6) 방열기 쪽수(절수, 섹션수)

$$쪽수 = \frac{난방부하}{쪽당\ 면적 \times 방열기\ 방열량}$$

> **참고**
>
> ※ 방열기 표준 방열량
>
> | 열매 | 표준 방열량 (kcal/m²h, W/m²) | 방열계수 | 표준상태에서의 온도(℃) | | 온도차(℃) |
> |---|---|---|---|---|---|
> | | | | 열매온도 | 실내온도 | |
> | 증기 | 650(756) | 8 | 102 | 18.5 | 83.5 |
> | 온수 | 450(523) | 7.2 | 80 | 18.5 | 61.5 |

7) 증기난방에서의 응축수량(kg/h)

$$w = \frac{Q}{r} = \frac{방열기\ 방열량}{수증기\ 응축잠열} = 1.21 kg/m^2h\ (1EDR당)$$

(6) 난방설비의 구분

1) 중앙난방
   ① 직접난방 : 증기난방, 온수난방, 복사난방
   ② 간접난방 : 온풍난방, 공기조화
   ③ 지역난방 : 대규모 아파트 단지에 적합

2) 개별난방 : 각 실마다 전기 스토브나 난로, 히터 등을 설치하여 난방하는 방식

(7) 증기난방

1) 증기난방의 특징(증기의 잠열을 이용)

장 점	단 점
① 보유열량이 커 열운반 능력이 좋다. ② 예열시간이 짧고, 신속한 난방이 가능하다. ③ 방열기 면적을 작게 할 수 있고, 관경이 작아도 된다.	① 실내 상하온도차가 커 쾌감도가 떨어진다. ② 방열량 조절이 어렵다. ③ 한랭 시 동결의 우려가 있다. ④ 시공성 및 제어성이 떨어진다.

2) 증기난방의 구분

구 분	방 식	설 명
증기압력	고압식	증기의 압력 1.0 kgf/cm² 이상
	저압식	증기의 압력 1.0 kgf/cm² 미만
배관방식	단관식	증기관과 응축수관이 동일하게 하나로 구성
	복관식	증기관과 응축수관이 별개로 구성
공급방식	상향식	최하층의 증기주관으로부터 입상관에 의해 증기 공급
	하향식	최상층의 증기주관으로부터 입하관에 의해 증기 공급
환수배관방식	건식	응축수 환수주관이 보일러 수면보다 위에 위치
	습식	응축수 환수주관이 보일러 수면보다 아래에 위치
응축수 환수방식	중력 환수식	응축수 자체의 중력에 의하여 환수
	기계 환수식	중력에 의해 환수 후 펌프에 의하여 응축수를 보일러에 급수
	진공 환수식	진공펌프로 응축수를 환수하고, 펌프에 의해 보일러에 급수

(8) 온수난방

1) 온수난방의 특징(온수의 현열을 이용)

장 점	단 점
① 방열량(온도)조절이 용이하다. ② 쾌감도가 좋다. ③ 열용량이 커 동결우려가 적다. ④ 취급이 용이하며 안전하다.	① 열용량이 커 예열시간이 길다. ② 수두(높이)에 제한을 받는다. ③ 방열면적과 관지름이 크다. ④ 설비비가 비싸다.

2) 온수난방의 구분

구 분	방 식	설 명
순환방식	자연순환식(중력식)	온수를 비중차를 이용하여 순환
	강제순환식(펌프식)	순환펌프를 사용하여 강제로 온수를 순환
온수온도	고온수식	온수온도가 100℃ 이상(보통 100~150℃ 정도, 밀폐식)
	보통온수식	온수온도가 100℃ 미만(보통 80~95℃ 정도)
	저온수식	온수온도가 100℃ 미만(보통 45~80℃ 정도)
배관방식	단관식	온수공급관과 환수관이 동일하게 하나로 구성
	복관식	온수공급관과 환수관이 별개로 구성
	역환수관식(리버스리턴)	각 방열기로 공급되는 공급배관과 환수배관의 길이(마찰저항)를 같게하여 온수가 균등하게 공급
공급방식	상향식	온수 공급관을 최하층으로 배관하여 상향으로 공급
	하향식	온수 공급관을 최상층으로 배관하여 하향으로 공급

3) 고온수 난방의 분류
　① 2차측 접속방식 : 직결방식, 브리드인 방식, 열교환기 방식
　② 가압방식 : 정수두가압방식, 증기가압방식, 가스가압방식, 펌프가압방식

(9) 복사난방

실내의 천장, 바닥, 벽 등에 가열 코일(패널)을 묻어 코일 내에 온수를 공급하여 복사열에 의해 난방하는 방식

장 점	단 점
① 상하 온도차가 적고, 온도분포가 균등하다. ② 인체에 대한 쾌감도가 좋다. ③ 천장이 높은 실의 난방효과가 있다. ④ 바닥의 이용도가 좋다. ⑤ 실내온도가 낮아도 난방효과가 있으며 손실열량이 적다.	① 외기온도 변화에 따른 방열량 조절이 어렵다. ② 매립배관으로 보수, 점검이 어렵다. ③ 방수층 및 단열층 시공으로 시설비가 비싸다.

(10) 온풍난방

가열한 온풍을 덕트를 통해 실내에 공급하여 난방

장 점	단 점
① 열용량이 적어 예열시간이 짧다. ② 즉시 난방이 가능하다. ③ 신선한 외기도입으로 환기가 가능하다. ④ 설치가 간단하다.	① 실내 상하 온도차가 커 쾌적성이 떨어진다. ② 소음이 발생한다.

(11) 지역난방

일정 지역의 특정한 곳에 열원을 두고, 열수송 분배방을 통해 공급하여 난방하는 방식으로 열효율이 높아 연료비가 절감되고, 관리가 용이하다.
① 대규모 열원기기를 이용하므로 열효율이 높아 연료비는 절감되고, 관리가 용이하다.
② 설비의 고도화로 대기 오염물질이 감소한다.
③ 개별의 보일러실 등 불필요하여 건물 이용의 효용이 높다.
④ 사용자에게는 화재에 대한 우려가 적다.

(12) 방열기기

1) 방열기기의 표시

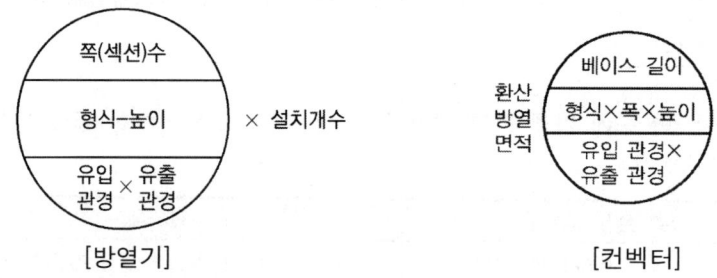

2) 주철제 방열기 도시기호

종 별	기 호
2주형	II
3주형	III
3세주형	3, 3c
5세주형	5, 5c
벽걸이형(횡형)	W-H
벽걸이형(종형)	W-V

3) 방열기 설치

벽에서 50~60mm, 바닥에서 150mm의 거리를 유지하며 창 밑에 설치

4) 기타 방열기기

① 컨벡터(Convector) : 강판제 케이싱 속에 열전도성이 우수한 핀(fin)을 붙여 대류작용만으로 열을 이동시켜 난방하는 대류형 방열기
② 유니트 히터(Unit heater) : 팬과 코일 등이 내장된 강제대류형 방열기

[제4과목]
전기제어공학

1. 직류회로

(1) 전자와 양성자 질량

1) 전자의 질량 : 9.10955×10^{-31}kg
2) 양성자의 질량 : 1.6721×10^{-27}kg

> **참고** ※ 양자의 질량은 전자의 질량의 1,840배이다.

(2) 전하 및 전기량

1) 전하 : 대전된 전기
2) 전기량 : 전하가 가지고 있는 전기량(C, Coulomb)
3) 전자 1개가 가지는 전기량 : $e = 1.602 \times 10^{-19}$C

> **참고** ※ 1C의 전기량 속에 포함되어 있는 전자의 수
> $$\frac{1}{1.602 \times 10^{-19}} = 6.24 \times 10^{18} 개$$

(3) 전류(I : Ampere)

1) 전자의 흐름
2) 전하는 전원의 음극에서 양극으로 향하여 흐르나 전류는 관습적으로 양극에서 음극으로 흐르는 것으로 간주
3) 전류의 크기 : 도체의 단면을 단위 시간에 통과하는 전하의 양으로 나타냄
   ① 전하가 일정하게 흐르는 경우 1A : 1sec 동안에 1C의 전하를 이동시키는 전류의 크기(단위 전류)

$$I = \frac{Q}{t}[\text{C/sec}] = \frac{Q}{t}[\text{A}]$$

여기서, I : 전류(A)
Q : 전기량(C)
t : 시간(sec)

② 전하가 시간의 함수인 경우 : 전하의 시간미분이 전류가 됨

$$I(t) = \frac{dQ(t)}{dt}$$

$$Q(t) = \int_0^{t_1} I(t)\,dt$$

4) 직류와 교류
① 직류 : 시간에 관계없이 크기와 방향이 일정
② 교류 : 시간에 따라 주기적으로 크기와 방향이 변화

(4) 전압(E, V : Voltage)

전기 회로에 있어서 임의의 한 점의 전기적인 높이를 그 점의 전위라고 함
① 두 점 사이의 전위의 차
② 전류는 높은 전위에서 낮은 전위로 흐른다. 즉 전위차에 의하여 흐름
③ 기전력 : 계속하여 전위차를 만들어 줄 수 있는 힘
④ 1V : 1C의 전기량이 이동하여 1J의 일을 할 수 있는 전위 차(단위 전압)

$$V = \frac{W}{Q}\,[\text{J/C, V}]$$

$$W = V \cdot Q\,[\text{J}]$$

여기서, V : 전류(V)
Q : 전기량(C)
W : 시간(J)

(5) 전기 저항(R : Resistance)

전류의 흐름을 방해하는 정도를 나타내는 상수

1) 1Ω : 1V의 전압을 가할 때 1A의 전류가 흐를 수 있는 저항

2) 단위 : Ω(옴 : Ohm)

3) 도선에서의 저항

$$R = \rho \frac{l}{A}\,[\text{ohm}]$$

여기서, ρ : 고유저항(Ωm)
l : 도선의 길이(m)
A : 단면적(m²)

4) 고유 저항(ρ)
① 길이 1m, 단면적 1m²의 물질이 갖는 저항
② 전류의 흐름을 방해하는 물질의 고유한 성질

$$\rho = \frac{RA}{l}\,[\Omega \cdot \text{m}]$$

③ 단위 : Ωm, Ωcm, Ωmm²/m

5) 물질의 저항은 온도에 따라 달라진다. 이때 온도에 의해 변화하는 계수를 저항의 온도계수라 한다.

$$R' = R(1 + \alpha \cdot \Delta t)$$

여기서, α : t℃일 때의 저항 온도 계수
Δt : 온도차(℃)
R' : t℃일 때의 저항(Ω)
R : 처음의 저항(Ω)

(6) 컨덕턴스(G : Coductance)

1) 전류가 흐르기 쉬운 정도를 나타내는 상수(저항의 역수)
   - 단위 : ℧ : 모우(mho), S : 지멘스

   $$R = \frac{1}{G}[\Omega] \quad G = \frac{1}{R}[\mho]$$

2) 도전율(σ) : 물질 내에 전류가 흐르기 쉬운 정도로 고유 저항의 역수로 표시
   - 길이 1m, 단면적 $1m^2$인 도체의 컨덕턴스(℧/m=S/m=Ω^{-1}/m)

   $$\sigma = \frac{1}{\rho} = \frac{l}{RA}[\mho/m]$$

(7) 옴의 법칙(Ohm's law)

도체에 흐르는 전류는 도체의 양단의 전위차(전압)에 비례하고, 도체의 저항에 반비례한다.

$$I = \frac{V}{R}[A] \; , \; V = IR[V] \; , \; R = \frac{V}{I}[\Omega]$$

$$I = GV[A], \; V = \frac{I}{G}[V] \; , \; G = \frac{I}{V}[\mho]$$

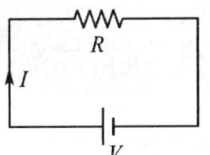

(8) 저항의 접속

1) 직렬 접속(전류 일정)

   ① 각각의 저항 R_1, R_2에 걸리는 전압강하를 V_1, V_2라 하면 합성저항은

   $$R_0 = R_1 + R_2[\Omega]$$

   ② n 개의 저항을 직렬 연결 시

   $$R_0 = R_1 + R_2 + \cdots + R_n[\Omega]$$

   ③ 전압의 분배

   $$V_1 = \frac{R_1}{R_1 + R_2} \cdot V$$

   $$V_2 = \frac{R_2}{R_1 + R_2} \cdot V$$

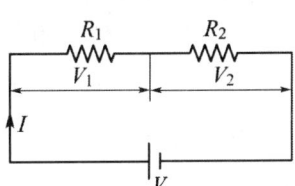

2) 병렬 접속(전압 일정)

   ① 각각의 저항 R_1, R_2을 병렬 접속 후 각 저항에 흐르는 전류를 I_1, I_2라 하면 합성저항은

   $$R_0 = \frac{1}{\frac{1}{R_1} + \frac{1}{R_2}}$$

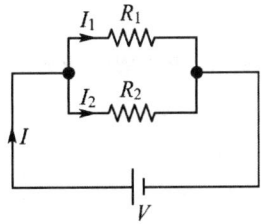

② n개의 저항을 병렬 연결 시

$$R_0 = \cfrac{1}{\cfrac{1}{R_1}+\cfrac{1}{R_2}+\cdots\cdots+\cfrac{1}{R_n}}$$

③ 전류의 분배

$$I_1 = \frac{R_2}{R_1+R_2} \cdot I \qquad I_2 = \frac{R_1}{R_1+R_2} \cdot I$$

④ 저항 2개 병렬일 경우의 합성저항 R_0

$$R_0 = \frac{R_1 \cdot R_2}{R_1+R_2}$$

⑤ 저항 3개 병렬일 경우의 합성저항 R_0

$$R_0 = \frac{R_1 \cdot R_2 \cdot R_3}{R_1R_2 + R_2R_3 + R_3R_1}$$

(9) 키르히호프의 법칙

1) 제1법칙(전류의 법칙)

회로망 중의 임의의 접속점에 유입하는 전류의 합과 유출하는 전류의 합은 같다.

$\sum I = 0$

2) 제2법칙(전압의 법칙)

회로망 중의 임의의 한 폐회로의 각부를 흐르는 전류와 저항과의 곱(전압 강하)의 대수합은 그 폐회로 내에 있는 모든 기전력(전원)의 대수합과 같다.

$\sum E = \sum IR$

(10) 전력(P : Watt)

1초 동안에 전기가 하는 일의 양

$$P = \frac{W}{t} = I^2R = \frac{V^2}{R} = VI\,[\text{W}]$$

(11) 전력량(W : Wh, kWh, J)

일정 시간 동안에 전기가 하는 일의 양(전력×시간)

$$W = I^2Rt = VIt = \frac{V^2}{R}t = Pt\,[\text{J}]$$

(12) 줄의 법칙(Joul's law)

전류에 의해 도선에 발생하는 열량은 전류의 제곱에 비례하고, 도선의 저항 및 전류가 흐르는 시간에 비례한다.

$$H = I^2 Rt \, [\text{J}]$$
$$H = 0.24 I^2 Rt = mc\Delta t \, [\text{cal}]$$

여기서, m : 질량(g)
c : 비열(cal/g·deg)
Δt : 온도차(℃)

① 1cal=4.186J, 1J=0.24cal(1W=1J/s)
② 1kWh=860kcal=3,600kJ

(13) 효율(η)

입력에 따른 출력의 비

$$\eta = \frac{출력}{입력} = \frac{입력-손실}{입력} = \frac{출력}{출력+손실}$$

(14) 제어벡 효과

① 서로 다른 종류의 금속을 접합하여 두 접점간의 온도차를 주면 전압이 발생하는 현상
② 열전대 온도계, 열전형 계기, 열전쌍의 원리

(15) 펠티어 효과

① 두 종류의 금속의 접합부에 전류를 흘리면 전류의 방향에 따라 흡열, 발열현상이 나타난다.
② 전자(열전) 냉동기의 원리가 된다.

(16) 전지의 접속

1) 전지의 직렬 접속

$$I = \frac{nV}{nr+R} \, [\text{A}]$$

(기전력 n배, 내부저항 n배, 용량 불변)

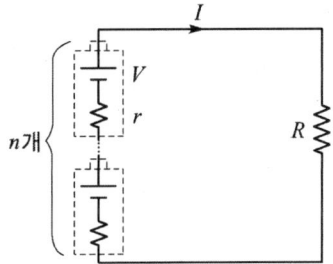

2) 전지의 병렬 접속

$$I = \frac{V}{\frac{r}{m}+R} \, [\text{A}]$$

(기전력 불변, 내부저항 $\frac{1}{m}$배, 용량 m배)

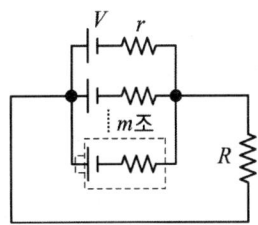

3) 직·병렬 접속

$$I = \dfrac{nV}{\dfrac{nr}{m}+R} \text{ [A]}$$

여기서, n : 전지의 개수
m : 병렬 회로수
r : 전지 내부저항

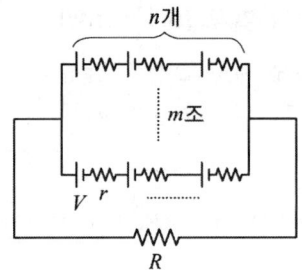

(17) 납축전지

$$PbO_2 + 2H_2SO_4 + Pb \underset{\text{충전}}{\overset{\text{방전}}{\rightleftharpoons}} PbSO_4 + 2H_2O + PbSO_4$$

1) 양극재료 : PbO_2, 음극재료 : Pb, 전해액 : H_2SO_4

> **참고**
> ※ 비중 : 1.23~1.26　　　　　　※ 농도 : 30~34%

2) 기전력 : 2V
　① 방전 종기 전압 : 1.8~1.9V
　② 충전 종기 전압 : 2.7~2.8V

3) 전지의 용량(Ah) : 방전 전류 × 방전 시간
　① 전지의 직렬 접속 : 기전력의 증가, 전류는 불변
　② 전지의 병렬 접속 : 기전력은 불변, 전류의 증가(용량의 증가)

2. 정전계

(1) 쿨롱의 법칙

두 전하 사이에 작용하는 힘은 두 전하의 전기량의 곱에 비례하고, 두 전하 사이의 거리의 제곱에 반비례한다.

$$F = K\dfrac{Q_1 Q_2}{r^2} \text{ [N]}$$
$$= \dfrac{1}{4\pi\varepsilon} \cdot \dfrac{Q_1 Q_2}{r^2}$$
$$= 9 \times 10^9 \cdot \dfrac{Q_1 Q_2}{\varepsilon_s r^2}$$

여기서, ε : 유전율($\varepsilon_0 \times \varepsilon_s$)(F/m)
ε_o : 8.855×10^{-12}(F/m)
ε_s : 비유전율(공기나 진공 시 1F/m)
Q_1, Q_2 : 전하(C)
r : 두 전하 사이의 거리(m)

(2) 전장(계)의 세기

① 전계 내의 한 점에 단위 전하 +1C을 놓았을 때 이에 작용하는 힘

$$E = 9 \times 10^9 \cdot \frac{Q}{\varepsilon_s r^2} \, [\text{V/m}]$$

② 전계 내의 전하 Q에 작용하는 힘(F)

$$F = Q \cdot E \, [\text{N}]$$

여기서, F : 두 전하 사이에 작용하는 힘(N)
Q : 전하량(C)
E : 전장(계)의 세기(V/m)

(3) 전 위

전계 내에서 무한히 먼 점, 즉 전장의 세기가 0인 점에서 +1C의 단위 양전하를 임의의 점까지 가지고 오는 데 필요한 일의 양

$$V = 9 \times 10^9 \cdot \frac{Q}{\varepsilon_s r} \, [\text{V}]$$

$$V = E \cdot r \, [\text{V}]$$

(4) 전 속

① 유전체 중에 존재하는 전하에 의하여 발생하는 전기력선의 묶음을 나타내는 가상적인 선
② 1C의 전하에서는 1C의 전속이 나온다.
　㉠ 전속은 양(+)에서 시작하여 음(-)에서 끝난다.
　㉡ Q(C)의 전하로부터 Q(C)의 전속이 나온다.
　㉢ 전속은 도체의 표면에 수직으로 출입한다.

(5) 전속 밀도

유전체 중의 한 점에서 단위 면적당 통과하는 전속

① 전속 밀도 $D = \frac{Q}{S} \, [\text{C/m}^2]$

② 균일하게 대전된 구의 전속밀도

$$D = \frac{Q}{S} = \frac{Q}{4\pi r^2} \, [\text{C/m}^2]$$

$$E = \frac{1}{4\pi \varepsilon} \cdot \frac{Q}{r^2} \, [\text{N/C}]$$

$$D = \varepsilon E = \varepsilon_o \cdot \varepsilon_s E \, [\text{C/m}^2]$$

(6) 콘덴서의 정전용량

1) 기호 : C (캐패시턴스)
2) 단위 : F (패럿)

3) 1F : 전위를 1V 상승시키는 데 1C의 전하를 필요로 하는 용량

$$C = \frac{Q}{V}[\text{F}], \quad Q = CV [\text{C}], \quad V = \frac{Q}{C}[\text{V}]$$

여기서, C : 정전용량(F)
Q : 충전 전기량(C)
V : 충전 전압(V)

(7) 평행판 콘덴서의 정전 용량

$$C = \varepsilon \frac{A}{d} [\text{F}]$$

여기서, ε : 극판 사이의 유전율(F/m)
A : 극판의 면적(m²)
d : 극판 사이의 거리(m)

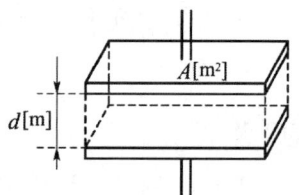

(8) 콘덴서의 접속

1) 병렬 접속(전압은 일치, 축적 전하량은 불일치)

① n개의 콘덴서를 병렬 연결 시

$$C_o = C_1 + C_2 + C_3 + \cdots + C_n [\text{F}]$$

② 전기량의 분배

$$Q_1 = \frac{C_1}{C_o} \cdot Q = \frac{C_1}{C_1 + C_2} \cdot Q$$

$$Q_2 = \frac{C_2}{C_o} \cdot Q = \frac{C_2}{C_1 + C_2} \cdot Q$$

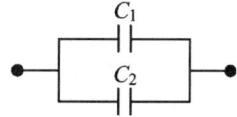

2) 직렬 접속(전압은 불일치, 축적 전하량은 일치)

① $C_o = \dfrac{1}{\dfrac{1}{C_1} + \dfrac{1}{C_2}} [\text{F}]$

② n개의 콘덴서를 직렬 연결 시

$$C_o = \frac{1}{\dfrac{1}{C_1} + \dfrac{1}{C_2} + \dfrac{1}{C_3} + \cdots + \dfrac{1}{C_n}}$$

③ 전압의 분배

$$V_1 = \frac{C_2}{C_1 + C_2} \cdot V, \quad V_2 = \frac{C_1}{C_1 + C_2} \cdot V$$

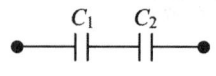

④ 콘덴서 2개 직렬일 경우의 합성 정전용량

$$C_o = \frac{C_1 \cdot C_2}{C_1 + C_2}$$

⑤ 콘덴서 3개 직렬일 경우의 합성 정전용량

$$C_o = \frac{C_1 \cdot C_2 \cdot C_3}{C_1 C_2 + C_2 C_3 + C_3 C_1}$$

(9) 콘덴서의 축적되는 에너지

$$W = \frac{1}{2} QV = \frac{1}{2} CV^2 = \frac{Q^2}{2C} [\text{J}]$$

3. 정자계

(1) 자기의 쿨롱의 법칙

두 자극 사이에 작용하는 힘은 두 자극의 세기의 곱에 비례하고, 두 자극 사이의 거리의 제곱에 반비례한다.

$$F = \frac{1}{4\pi\mu} \times \frac{m_1 m_2}{r^2} \text{[N]} = 6.33 \times 10^4 \times \frac{m_1 m_2}{\mu_s r^2} \text{[N]}$$

여기서,
- μ : 투자율($\mu_0 \times \mu_s$)(H/m)
- $\mu_o = 4\pi \times 10^{-7}$(H/m)
- μ_s : 비투자율(공기나 진공 시 1)(H/m)
- m_1, m_2 : 자하, 자극의 세기(Wb)
- r : 두 전하 사이의 거리(m)

(2) 자기장의 세기

임의의 자장 내에 +1(Wb)의 단위 점자극를 놓았을 때 이 단위 점자극에 작용하는 자기력(AT/m)

$$H = 6.33 \times 10^4 \cdot \frac{m}{\mu_s r^2} \text{[AT/m]}$$

여기서,
- F : 자극 사이의 작용하는 힘(N)
- m : 자극의 세기(Wb)
- H : 자기장의 세기(AT/m)

$F = mH$ [N] : 자장 내의 자극에 작용되는 힘

(3) 자속(ϕ)

① 투자율이 μ인 매질 중에 존재하는 자극에 의하여 발생하는 자기력선을 가상적으로 묶은 선
② 1Wb의 자극에서는 1Wb의 자속이 나온다.

(4) 자속 밀도

① 투자율 μ인 매질 중의 한 점에서 단위 면적당 통과하는 자속

$$B = \frac{\phi}{S} \text{[Wb/m}^2\text{]}$$

② m[Wb]에 의한 반지름 r[m]인 구면 위의 자속밀도

$$B = \frac{\phi}{S} = \frac{m}{4\pi r^2} \text{[Wb/m}^2\text{]}$$

$$H = \frac{1}{4\pi\mu} \cdot \frac{m \cdot 1}{r^2} \text{[AT/m]}$$

$$B = \mu H = \mu_0 \mu_s H \text{[Wb/m}^2\text{]}$$

여기서,
- m : 자극의 세기(자하량)(Wb)
- H : 자계의 세기(AT/m)

(5) 암페어의 오른나사의 법칙

① 전류에 의한 자장의 방향 결정
② 전류가 흐르는 방향으로 오른나사를 진행시키면 나사가 회전하는 방향이 자장의 방향이 됨
③ 전류의 방향이 나사의 회전 방향이면 나사의 진행 방향이 자장의 방향이 됨

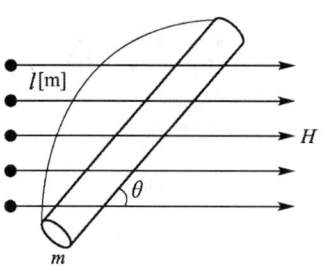

(6) 직선 전류에 의한 자장

① 자계의 세기

$$H = \frac{I}{2\pi r} \text{[AT/m]}$$

여기서, r : 도체로부터 거리(m)

② 평행도체에 같은 방향의 전류가 흐를 경우 : 흡인력
③ 평행도체에 반대 방향의 전류가 흐를 경우 : 반발력

$$F = \frac{2\mu I_1 I_2 l}{2\pi r} \text{[N]}, \quad 자유공간(F) = \frac{2 I_1 I_2 l}{r} \times 10^{-7} \text{[N]}$$

(7) 원형 코일 중심의 자장

$$H = \frac{NI}{2r} \text{[AT/m]}$$

여기서, r : 원형 코일의 반지름(m)

(8) 솔레노이드에 의한 자장

$$H = \frac{NI}{2\pi r} = \frac{NI}{l} \text{[AT/m]}$$

여기서, r : 코일 중심까지의 반지름(m)

(9) 무한장 솔레노이드에 의한 자장

$$H = N_0 I \text{[AT/m]}$$

여기서, N_0 : 1m당 감긴 권수

(10) 플레밍의 왼손 법칙

① 전동기의 회전 방향을 결정
② 자계 내에 직각으로 전류가 흐르고 있는 도선을 두면, 이 도선에는 전자력에 의해 위쪽으로 향하는 힘이 발생한다. 즉 도선이 위쪽으로 움직이고자 하게 된다.
 ㉠ 엄지 : 힘의 방향(F)
 ㉡ 검지 : 자장의 방향(B)
 ㉢ 중지 : 전류의 방향(I)

$$F = BIl \cos\theta \text{[N]}$$

여기서, B : 자속밀도(Wb/m^2)
 l : 도체의 길이(m)
 I : 전류(A)
 θ : 자속과 도체의 각도

(11) 전자 유도

1) **전자 유도** : 코일과 자속이 쇄교하고 있을 때 자속이 변하거나 코일이 운동하면 코일에 기전력이 생기는 현상
2) **페러데이 법칙(유도 기전력의 크기 결정)** : 전자 유도에 의해 코일에 생기는 기전력 e의 크기는 쇄교하는 자속 ϕ의 시간적인 변화율에 비례한다.

$$e = \frac{\Delta \phi}{\Delta t}$$

여기서, $\Delta \phi$: 자속의 변화율
Δt : 시간의 변화율

(12) 플레밍의 오른손 법칙

자장 내에 도체를 놓고 운동시키면 유도 기전력이 발생하는 데 이때 자장 내에 운동하는 도체에 유기되는 방향을 알 수 있는 법칙(발전기의 원리)

1) **엄지의 방향** : 운동의 방향(v)
2) **검지의 방향** : 자장의 방향(B)
3) **중지의 방향** : 기전력의 방향(e)

$$e = BlV\cos\theta \,[\text{V}]$$

여기서, B : 자속밀도(Wb/m²)
l : 도체의 길이(m)
V : 속도(m/s)
θ : 자속과 도체의 각도

(13) 렌츠의 법칙(유도 기전력의 방향을 결정)

전자 유도 현상에 의하여 코일에 발생하는 유도 기전력의 방향은 자속 ϕ의 증가 또는 감소를 방해하는 방향으로 발생한다.

1) 발생 기전력의 크기

$$e = \frac{\Delta \phi}{\Delta t}\,[\text{V}]$$
$$e = \frac{d\phi}{dt}\,[\text{V}]$$

여기서, $\Delta \phi$: 자속 변화량(Wb)
Δt : 시간 변화량(s)

(14) 자체 유도

코일에 흐르는 전류가 변화하면 코일을 지나는 자속도 변화하므로 전자 유도에 의해서 코일 자신에 이 자속의 변화를 방해하려는 방향으로 기전력이 유도되는 현상

(15) 인덕턴스

1) 자기인덕턴스(L)
   ① 코일의 자체 유도 능력을 나타내는 값
   ② 자속 ϕ에 의해 유도되는 기전력의 크기를 결정하는 상수
   ③ 코일의 권수, 형태, 주위 매질의 투자율 등에 의하여 결정

④ 단위 : H(헨리)

⑤ 코일에 발생되는 유도 기전력 : 유도 기전력 v는 전류의 변화율($\Delta I/\Delta t$)에 비례한다.

$$e = -N \cdot \frac{d\phi}{dt} = -N \cdot \frac{d\phi}{di} \cdot \frac{di}{dt}$$

$N\frac{d\phi}{di} = L$이라 하면 $e = -L \cdot \frac{di}{dt}$ [V]

2) 상호인덕턴스(M)

옆의 코일에 의해 발생한 자속의 변화에 의해 유기되는 기전력의 크기를 결정하는 상수

$$e = -N \cdot \frac{d\phi}{dt} = -N \cdot \frac{d\phi}{di} \cdot \frac{di}{dt}$$

$N \cdot \frac{d\phi}{di} = M$이라 하면, $e = -M \cdot \frac{di}{dt}$ [V]

(16) 결합 계수

실제 코일의 접속 회로에 존재하는 누설 자속으로 인하여 두 코일 사이에 존재하는 상호 인덕턴스 값이 작아지는 정도를 나타내는 상수

$$M = k\sqrt{L_1 \cdot L_2} \text{ [H]}, \quad k = \frac{M}{\sqrt{L_1 \cdot L_2}} \quad (0 \leq k \leq 1)$$

※ $k = 1$인 경우는 누설자속이 0

(17) 코일의 접속

1) 가동 접속

2개에 코일에 흐르는 전류에 의하여 발생한 자속이 서로 합쳐지도록 접속된 경우 자속의 방향이 서로 같다.

$$L_0 = L_1 + L_2 + 2M \text{[H]}$$

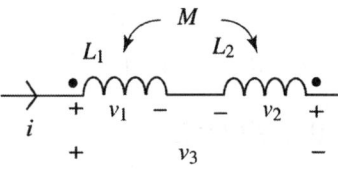

2) 차동 접속

2개의 코일에 흐르는 전류에 의하여 발생한 자속이 서로 상쇄되도록 접속된 경우 자속의 방향이 반대

$$L_0 = L_1 + L_2 - 2M \text{[H]}$$

(18) 코일에 축적되는 에너지

$$W = \frac{1}{2} L I^2 \text{ [J]}$$

4. 교류회로

(1) 교류 회로에 사용되는 주요 기호의 명칭 및 단위

명 칭	기 호	단 위
저 항(Resistance)	R	Ω
콘덕턴스(Conductance)	G	$\mho$, S
인덕턴스(Inductance)	L	H
정전용량(Capacitance)	C	F
유도 리액턴스	X_L	Ω
용량 리액턴스	X_C	Ω
임피던스(Impedance)	Z	Ω
어드미턴스(Admittance)	Y	$\mho$, S
주파수(Frequncy)	f	Hz
주기(Time)	T	sec
각속도	w	rad/sec

(2) 주기와 주파수

1) 주파수 : 초당 사이클의 수(1초당의 반복 횟수)

$$f = \frac{1}{T} [\text{Hz}]$$

여기서, T : 주기

2) 주기 : 1주파(cycle)에 필요한 시간

$$T = \frac{1}{f} [\text{sec}]$$

3) 각속도 : 각 변위의 시간에 대한 변화율

$$w = \frac{2\pi}{T} = 2\pi f [\text{rad/sec}]$$

$$1\text{rad} = \frac{360}{2\pi} = \frac{180}{\pi} = 57.3°$$

(3) 교류의 크기 표시

1) 순시값(e, i)
   ① 시시각각 변하는 교류의 임의의 순간의 값
   ② 교류의 4가지 기본 성질(크기, 파형, 변화속도, 위상)을 하나의 식 안에 모두 포함

$$e = \sqrt{2} E \sin wt = E_m \sin wt$$
$$i = \sqrt{2} I \sin wt = I_m \sin wt$$

2) **최대값**(E_m, I_m) : 교류의 순시값 중에서 가장 큰 값

$$E_m = \sqrt{2}\, E$$
$$I_m = \sqrt{2}\, I$$

3) **실효값**(E, I) : 교류의 크기를 이와 동일한 일을 하는 직류의 크기로 환산하는 값으로 순시값의 제곱의 합의 평균으로 나타낸다.(전류계, 전압계의 지시값)

$$E = \frac{E_m}{\sqrt{2}},\ I = \frac{I_m}{\sqrt{2}}$$

4) **평균값**(E_a, I_a) : 순시값에 대한 반주기간의 평균적인 값이다.

 ① 전파 정류일 때 : $E_a = \dfrac{2}{\pi} E_m \qquad I_a = \dfrac{2}{\pi} I_m$

 ② 반파 정류일 때 : $E_a = \dfrac{1}{\pi} E_m \qquad I_a = \dfrac{1}{\pi} I_m$

5) **교류의 크기 표시**

$$e \;=\; E_m \;\sin(\;wt\;+\;\phi\;)$$

        ↓   ↓   ↓   ↓

    크기 파형 변화속도 위상

6) **파고율** : 교류의 최대값과 실효값과의 비로 파형의 날카로운 정도를 표시

$$\text{파고율} = \frac{\text{최대값}}{\text{실효값}} = \frac{E_m}{E} = \frac{E_m}{E_m/\sqrt{2}} = \sqrt{2} = 1.414$$

7) **파형률** : 실효값과 평균값의 비로 파형의 평활도를 보여줌

$$\text{파형률} = \frac{\text{실효값}}{\text{평균값}} = \frac{E}{E_a} = \frac{E_m/\sqrt{2}}{2E_m/\pi} = \frac{\pi}{2\sqrt{2}} = 1.111$$

(4) 교류 전류에 대한 RLC 작용

1) R만의 회로 : 전압과 전류는 동위상

$$I = \frac{V}{R}\,[\text{A}]$$

2) L만의 회로 : 전류가 전압보다 $\dfrac{\pi}{2}$[rad] 만큼 늦다.

$$I = \frac{V}{X_L} = \frac{V}{\omega L}\,[\text{A}],\ \ X_L = \omega L = 2\pi f L\,[\Omega]$$

3) C만의 회로 : 전류가 전압보다 $\dfrac{\pi}{2}$[rad] 만큼 앞선다.

$$I = \frac{V}{X_C} = \omega CV\,[\text{A}],\ \ X_C = \frac{1}{\omega C} = \frac{1}{2\pi f C}\,[\Omega]$$

(5) R-L-C 직병렬 회로

1) $R-L$ 직렬 회로

① 유도 리액턴스 $X_L = \omega L = 2\pi f L \, [\Omega]$

② 임피던스 $Z = \sqrt{R^2 + X_L^2} \, [\Omega]$

③ 전류 $I = \dfrac{E}{Z} = \dfrac{E}{\sqrt{R^2 + X_L^2}} \, [A]$

④ 역률 $\cos\theta = \dfrac{R}{Z} = \dfrac{R}{\sqrt{R^2 + X_L^2}}$

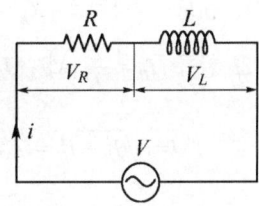

2) $R-C$ 직렬 회로

① 용량 리액턴스 $X_C = \dfrac{1}{\omega C} = \dfrac{1}{2\pi f C} \, [\Omega]$

② 임피던스 $Z = \sqrt{R^2 + X_C^2} \, [\Omega]$

③ 전류 $I = \dfrac{E}{Z} = \dfrac{E}{\sqrt{R^2 + X_C^2}} \, [A]$

④ 역률 $\cos\theta = \dfrac{R}{Z} = \dfrac{R}{\sqrt{R^2 + X_C^2}}$

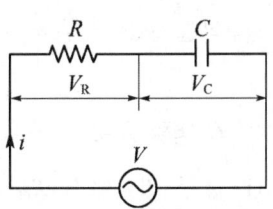

3) $R-L-C$ 직렬 회로

① 임피던스 $Z = \sqrt{R^2 + (X_L - X_C)^2} \, [\Omega]$

② 전류 $I = \dfrac{E}{Z} = \dfrac{E}{\sqrt{R^2 + (X_L - X_C)^2}} \, [A]$

③ 역률 $\cos\theta = \dfrac{R}{Z} = \dfrac{R}{\sqrt{R^2 + (X_L - X_C)^2}}$

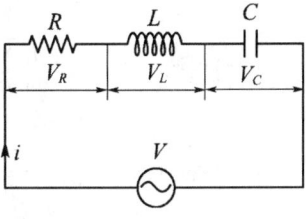

④ E_R, E_L, E_C

$$E_R = IR = \dfrac{ER}{\sqrt{R^2 + (X_L - X_C)^2}} \, [V]$$

$$E_L = IX_L = \dfrac{EX_L}{\sqrt{R^2 + (X_L - X_C)^2}} \, [V]$$

$$E_C = IX_C = \dfrac{EX_C}{\sqrt{R^2 + (X_L - X_C)^2}} \, [V]$$

4) $R-L-C$ 직렬 공진회로

$X_L = X_C$인 경우, 즉 허수부가 0인 경우 공진상태라고 한다. 직렬 공진의 경우 $Z = R$ (임피던스가 최소)이므로 전류와 전압의 위상은 동상이고, 전류는 최대가 된다.

$\omega L = \dfrac{1}{\omega C}$ 이므로 $\therefore \omega^2 LC = 1$

공진주파수는 $\therefore fvc = \dfrac{1}{2\pi\sqrt{LC}} \, [\text{Hz}]$

5) $R-L$ 병렬 회로

① 유도 리액턴스 $X_L = \omega L = 2\pi f L\,[\Omega]$

② 전류 $I_R = \dfrac{E}{R}\,[A]$, $I_L = \dfrac{E}{X_L}\,[A]$ 이므로

$$I = \sqrt{I_R^2 + I_L^2} = E\sqrt{\left(\dfrac{1}{R}\right)^2 + \left(\dfrac{1}{X_L}\right)^2}\,[A]$$

③ 어드미턴스 $Y = \sqrt{\left(\dfrac{1}{R}\right)^2 + \left(\dfrac{1}{X_L}\right)^2}\,[\mho]$

④ 역률 $\cos\theta = \dfrac{\frac{1}{R}}{Y} = \dfrac{\frac{1}{R}}{\sqrt{\left(\frac{1}{R}\right)^2 + \left(\frac{1}{X_L}\right)^2}} = \dfrac{X_L}{\sqrt{R^2 + X_L^2}}$

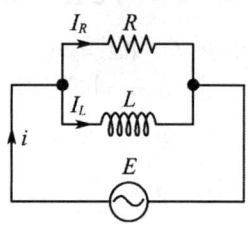

6) $R-C$ 병렬 회로

① 용량 리액턴스 $X_C = \dfrac{1}{\omega C} = \dfrac{1}{2\pi f C}\,[\Omega]$

② 전류 $I_R = \dfrac{E}{R}\,[A]$, $I_c = \dfrac{E}{X_c}\,[A]$ 이므로

$$I = \sqrt{I_L^2 + I_C^2} = E\sqrt{\left(\dfrac{1}{R}\right)^2 + \left(\dfrac{1}{X_C}\right)^2}\,[A]$$

③ 어드미턴스 $Y = \sqrt{\left(\dfrac{1}{R}\right)^2 + \left(\dfrac{1}{X_C}\right)^2}\,[\mho]$

④ 역률 $\cos\theta = \dfrac{\frac{1}{R}}{Y} = \dfrac{\frac{1}{R}}{\sqrt{\left(\frac{1}{R}\right)^2 + \left(\frac{1}{X_C}\right)^2}} = \dfrac{X_C}{\sqrt{R^2 + X_C^2}}$

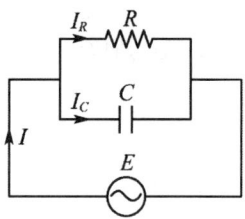

7) $R-L-C$ 병렬 회로

① 전류(I)

$$I_R = \dfrac{E}{R}\,[A]$$

$$I_L = \dfrac{E}{X_L}\,[A]$$

$$I_C = \dfrac{E}{X_C}\,[A]$$

$$I = \sqrt{I_R^2 + (I_C - I_L)^2} = E\sqrt{\left(\dfrac{1}{R}\right)^2 + \left(\dfrac{1}{X_C} - \dfrac{1}{X_L}\right)^2}\,[A]$$

② 어드미턴스(Y) $Y = \sqrt{\left(\dfrac{1}{R}\right)^2 + \left(\dfrac{1}{X_C} - \dfrac{1}{X_L}\right)^2}\,[\mho]$

③ 역률 $\cos\theta = \dfrac{\frac{1}{R}}{Y} = \dfrac{\frac{1}{R}}{\sqrt{\left(\frac{1}{R}\right)^2 + \left(\frac{1}{X_C} - \frac{1}{X_L}\right)^2}}$

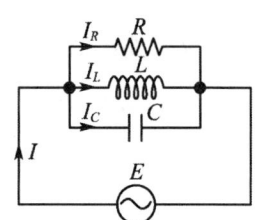

8) $R-L-C$ 병렬 공진회로

$X_L = X_C$인 경우, 즉 허수부가 0인 경우 공진상태라고 한다. 병렬 공진의 경우 $Y = \frac{1}{R}$(어드미턴스가 최소, 임피던스가 최대)이므로 전류와 전압의 위상은 동상이고, 전류는 최소가 된다.

$\omega L = \frac{1}{\omega C}$ 이므로 $\qquad \therefore \omega^2 LC = 1$

공진주파수는 $\qquad \therefore f = \frac{1}{2\pi \sqrt{LC}}$ [Hz]

$Y = \sqrt{\left(\frac{1}{R}\right)^2 + \left(\frac{1}{X_C} - \frac{1}{X_L}\right)^2}$ 이므로 $\qquad \therefore Y = \frac{1}{R}$

(6) 교류회로의 임피던스와 위상관계

소자연결 구분		합성 임피던스 또는 합성 어드미턴스 크기	위상	전압과 전류의 위상관계	
직렬	R, L	$\|Z\| = \sqrt{R^2 + (\omega L)^2}$	$\theta = \tan^{-1}\frac{\omega L}{R}$	전압의 위상이 전류의 위상보다 빠르다.	
	R, C	$\|Z\| = \sqrt{R^2 + \left(\frac{1}{\omega C}\right)^2}$	$\theta = \tan^{-1}(-R\omega C)$	전압의 위상이 전류의 위상보다 느리다.	
	R, L, C	$\|Z\| = \sqrt{R^2 + \left(\omega L - \frac{1}{\omega C}\right)^2}$	$\theta = \tan^{-1}\frac{\omega L - \frac{1}{\omega C}}{R}$	$\omega L > \frac{1}{\omega C}$	전압의 위상이 전류의 위상보다 빠르다.
				$\omega L < \frac{1}{\omega C}$	전압의 위상이 전류의 위상보다 느리다.
			$\theta = 0°$	$\omega L = \frac{1}{\omega C}$	직렬 공진상태로 임피던스가 최소가 되어 최대의 전류가 흐름
병렬	R, L	$\|Y\| = \sqrt{\left(\frac{1}{R}\right)^2 + \left(\frac{1}{\omega L}\right)^2}$	$\theta = \tan^{-1}\left(-\frac{R}{\omega L}\right)$	전압의 위상이 전류의 위상보다 느리다.	
	R, C	$\|Y\| = \sqrt{\left(\frac{1}{R}\right)^2 + (\omega C)^2}$	$\theta = \tan^{-1} R\omega C$	전압의 위상이 전류의 위상보다 빠르다.	
	R, L, C	$\|Y\| = \sqrt{\left(\frac{1}{R}\right)^2 + \left(\frac{1}{\omega L} - \omega C\right)^2}$	$\theta = \tan^{-1}\frac{\frac{1}{\omega L} - \omega C}{R}$	$\frac{1}{\omega L} < \omega C$	전압의 위상이 전류의 위상보다 느리다.
				$\frac{1}{\omega L} > \omega C$	전압의 위상이 전류의 위상보다 빠르다.
			$\theta = 0°$	$\frac{1}{\omega L} = \omega C$	병렬 공진상태로 임피던스가 최대가 되어 최소의 전류가 흐름

(7) 교류 전력

교류전력에는 피상전력 P_a, 유효전력 P, 무효전력 P_r이 있는 데 피상전력은 실효치 전압과 실효치 전류를 단순이 곱한 값이 되며 유효전력은 피상전력에 전류와 전압의 위상차인 각도에 cos(위상차)인 역률을 곱한 값이며 무효전력은 위상차에 sin(위상차)을 곱한 값이 된다. 이때 위상차에 sin을 취한 값을 무효율이라고 한다. 역률과 무효율은 전력을 얼마나 효율적으로 사용 하는가를 보여주는 지표로 역률이 클수록 무효율이 작을수록 효율적으로 사용한다고 말할 수 있다.

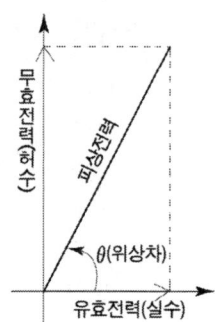

① Z와 P_a $\quad Z = R \pm jX = \sqrt{R^2 + X^2}\ [\Omega]$

$\quad\quad\quad\quad\quad\quad P_a = P \pm jP_r = \sqrt{P^2 + P_r^2}\ [\text{VA}]$

② 역률($\cos\theta$) $\quad \cos\theta = \dfrac{R}{Z} = \dfrac{P}{P_a}$

③ 무효율($\sin\theta$) $\quad \sin\theta = \dfrac{X}{Z} = \dfrac{P_r}{P_a}$

④ 피상전력 $\quad P_a = VI = I^2 Z = \dfrac{V^2}{Z} = \sqrt{P^2 + P_r^2}\ [\text{VA}]$

⑤ 유효전력 $\quad P = P_a\cos\theta = VI\cos\theta = I^2 R = \dfrac{V^2}{R} = \sqrt{P_a^2 - P_r^2}\ [\text{W}]$

⑥ 무효전력 $\quad P_r = P_a\sin\theta = VI\sin\theta = I^2 X = \dfrac{V^2}{X} = \sqrt{P_a^2 - P^2}\ [\text{VAR}]$

(8) 최대 전력전송 조건

내부저항 r, 부하저항 R인 경우 부하 전력 P라 하면 $P = I^2 R = \dfrac{V^2 R}{(r+R)^2}[\text{W}]$이다. $\dfrac{dP}{dR}=0$인 조건을 만족할 때 부하 전력이 최대가 되며 이 조건식은 $R = r$이 된다. 이때의 최대 전력 P_m이라 하면 $P_m = \dfrac{V^2}{4R}$[W] 이다.

(9) 3상 교류

1) 대칭 3상 교류 : 전압의 크기와 주파수가 같고, 서로 $\dfrac{2\pi}{3}$[rad]의 위상차를 갖는 3상 교류

2) 성형 결선(Y결선) : $V_l = \sqrt{3}\,V_p$, $I_l = I_p$(선간전압 V_l이 상전압 V_p보다 $\dfrac{\pi}{6}$[rad] 앞선다.)

3) 삼각 결선(△결선) : $V_l = V_p$, $I_l = \sqrt{3}\,I_p$(선전류가 상전류보다 $\dfrac{\pi}{6}$[rad] 늦다.)

4) V결선 ┌ 출력 : $P_V = \sqrt{3}\,P$[W]

$\quad\quad\quad$├ 출력비 : $\dfrac{P_V}{P_\triangle} = \dfrac{\sqrt{3}\,P}{3P} = \dfrac{1}{\sqrt{3}} = 0.577$

$\quad\quad\quad$└ 변압기 이용률 : $U = \dfrac{\sqrt{3}\,P}{2P} = \dfrac{\sqrt{3}}{2} = 0.866$

(10) Y ↔ △ 변환

1) △부하를 Y부하로 변환

① $Z_a = \dfrac{Z_{ab} \cdot Z_{ca}}{Z_{ab}+Z_{bc}+Z_{ca}}\,[\Omega]$

② $Z_b = \dfrac{Z_{ab} \cdot Z_{bc}}{Z_{ab}+Z_{bc}+Z_{ca}}\,[\Omega]$

③ $Z_c = \dfrac{Z_{bc} \cdot Z_{ca}}{Z_{ab}+Z_{bc}+Z_{ca}}\,[\Omega]$

④ 평형 부하일 경우 : $Z_Y = \dfrac{Z_\triangle}{3}$

2) Y부하를 △부하로 변환

① $Z_{ab} = \dfrac{Z_a Z_b + Z_b Z_c + Z_c Z_a}{Z_c}\,[\Omega]$

② $Z_{bc} = \dfrac{Z_a Z_b + Z_b Z_c + Z_c Z_a}{Z_a}\,[\Omega]$

③ $Z_{ca} = \dfrac{Z_a Z_b + Z_b Z_c + Z_c Z_a}{Z_b}\,[\Omega]$

④ 평형 부하일 경우 : $Z_\triangle = 3Z_Y$

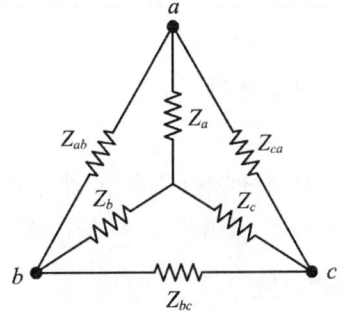

5. 제어 공학

(1) 라플라스 변환

함 수 명	$f(t)$	$F(s)$
단위 임펄스 함수	$\delta(t)$	1
단위 계단 함수	$u(t)=1$	$\dfrac{1}{s}$
단위 램프 함수	t	$\dfrac{1}{s^2}$
포물선 함수	t^2	$\dfrac{2}{s^3}$
지수 감쇠 함수	e^{-at}	$\dfrac{1}{s+a}$
지수 감쇠 램프 함수	te^{-at}	$\dfrac{1}{(s+a)^2}$
정현파 함수	$\sin\omega t$	$\dfrac{\omega}{s^2+\omega^2}$

함 수 명	$f(t)$	$F(s)$
여현파 함수	$\cos\omega t$	$\dfrac{s}{s^2+\omega^2}$
지수 감쇠 정현파 함수	$e^{-at}\sin\omega t$	$\dfrac{\omega}{(s+\omega)^2+\omega^2}$
지수 감쇠 여현파 함수	$e^{-at}\cos\omega t$	$\dfrac{s+a}{(s+a)^2+\omega^2}$

(2) 제어 시스템의 용어

1) **목표값**
   제어시스템에서 제어량이 그 값을 갖도록 목표로 하여 외부에서 주어지는 값을 설정하는 데 궤환 제어계에 속하지 않는 신호

2) **기준 입력 신호**
   목표값에 비례하는 신호를 발생하는 요소

3) **기준 입력**
   제어계를 동작시키는 기준으로서 목표값에 비례하는 신호 입력

4) **주궤환 신호(피드백 신호)**
   동작 신호를 얻기 위하여 기준 입력과 비교되는 신호로서 제어량의 함수 관계

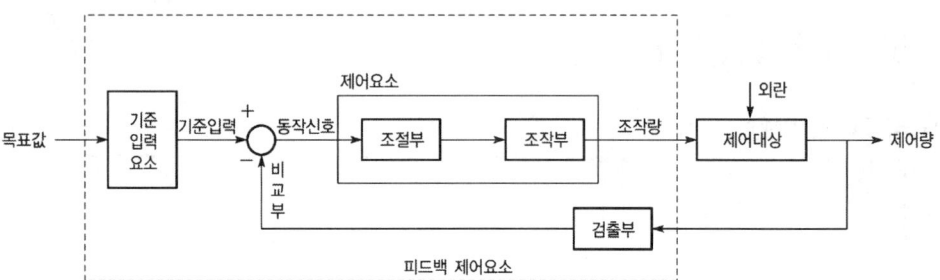

5) **동작 신호**
   제어 동작을 일으키는 신호로 기준 입력과 주궤환 신호와의 편차신호를 의미하는 데 오차라고도 한다.

6) **제어 요소**
   제어 동작 신호를 인가하면 조작량을 변화시키는 것으로서 조절부와 조작부로 구성

7) **조절부**
   기준 입력 신호와 검출부의 출력신호를 제어 시스템에 필요한 신호로 만들어 조작부에 보내는 것

8) 조작부
   조절부로부터 받은 신호를 조작량으로 변환하여 제어 대상에게 보내는 부분

9) 조작량
   제어 요소에서 제어 대상에 인가되는 양

10) 외란
    제어량의 값을 변화시키려는 외부로부터의 바람직하지 않은 신호

11) 제어량
    제어대상의 출력신호로 제어의 직접적인 목표가 되는 신호

12) 검출부
    주로 제어 대상으로부터 제어량을 검출하고, 기준 입력 신호와 비교시키는 부분

13) 제어 대상
    제어 시스템에서 직접 제어를 받는 장치로서 장치의 전체 또는 그 일부분을 받는다.

14) 제어 편차
    목표값으로부터 제어량을 뺀 값으로 정의되며 이 신호가 동작 신호와 일치되기도 한다.

15) 간접 제어 대상
    간접 제어 대상을 통하여 제어량과 관계되는 양

(3) 제어방식에 의한 분류

1) 개회로(시퀀스, 오픈루프) 제어계
   미리 정해진 순서에 따라 제어의 각 단계를 차례로 진행시키는 제어를 행하므로 제어대상의 출력과 입력을 비교 판단하는 장치가 존재하지 않는다. 따라서, 출력이 목표치와 관계가 없으므로 오차가 존재해도 수정이 어렵다. 시스템이 간단하고, 비용이 싸다.

2) 피드백(폐루프, 되먹임) 제어
   제어 대상의 출력값를 입력 측으로 되돌려(feed back) 현재의 목표값과 비교하는 특징이 있으므로 개회로 제어에 비하여 오차가 감소, 이득의 증가, 안정성의 증가, 대역폭의 증가 등을 얻을 수 있다. 단 검출기 등을 필요로 하므로 시스템이 복잡하고, 비용이 많이 든다.

(4) 자동 제어장치의 분류

1) 제어량에 의한 분류
   ① 프로세스 제어(공정 제어)
      ㉠ 제어량의 온도, 유량, 액위, 농도, 밀도 등의 플랜트나 생산 공정 중의 상태량

을 제어량으로 하는 제어
ⓒ 온도, 압력, 점도 제어 장치
ⓒ 프로세스에 가해지는 외란의 억제 목적
② 서보 제어(추종 제어)
㉠ 물체의 위치, 방위, 자세 등의 기계적 변위를 제어량으로 하여 목표값의 임의의 변화에 추종하도록 구성된 제어계
ⓒ 비행기 및 선박의 방향 제어계
ⓒ 미사일 발사대의 자동 위치 제어계
② 추적용 레이더, 자동 평형 기록계
③ 자동조정 제어(정치 제어)
㉠ 전압, 전류, 주파수, 회전속도, 힘 등 전기적, 기계적 양을 주로 제어
ⓒ 응답속도가 대단히 빨라야 하는 것이 특징
ⓒ 정전압 장치, 발전기의 조속기 제어

2) 제어 목표에 대한 분류
① 정치 제어
㉠ 제어량을 일정한 목표값으로 유지하는 것을 목적
ⓒ 목표값이 시간적으로 일정한 제어법
ⓒ 주파수, 전압, 장력, 속도 제어, 전기로
② 프로그램 제어
㉠ 미리 정해진 프로그램에 따라 제어량을 변화시키는 것을 목적
ⓒ CAM, 엘리베이터, 무인차량
③ 추종 제어
㉠ 미지의 임의 시간적 변화를 하는 목표값에 제어량을 추종시키는 것을 목적
ⓒ 레이더, 인공위성, 미사일
④ 비율 제어
㉠ 목표값이 다른 것과 일정한 비율 관계를 가지고 변화하는 경우의 추종 제어
ⓒ 암모니아 합성, 보일러의 연료와 공기량의 제어

(5) 조절부의 동작에 의한 분류

1) 온오프 제어(2위치 제어)
① 불연속 동작(off set을 자주 일으킴.)
② 제어량이 목표값에서 어떤 양만큼 벗어나면 미리 정해진 일정한 조작량이 대상에 가해지는 단속적 제어 동작
③ 사이클링이 생길 수 있다.
④ 가정용 냉장고의 온도 조절

2) 비례 제어(P 동작)
   ① 조절부의 입력 $e(t)$에서부터 조작량 $y(t)$까지의 피드백 경로 전달 특성이 비례적 특성을 가진 계
   ② 동작식 : $y(t) = K_P e(t)$, $Y(s) = K_P E(s)$

   여기서, K_P : 비례감도, $\dfrac{1}{K_P}$: 비례대(비례동작의 정도)

   ③ 구조 간단, 잔류 편차(off set)가 생기는 결점

3) 미분 제어(D 동작)
   ① 제어계 오차가 검출될 때 오차의 변화량에 비례하여 조작량을 가·감산 하도록 하는 동작
   ② 오차의 변화량은 오차변화의 경향을 알 수 있으므로 미연에 오차가 커지는 것을 방지
   ③ 미분은 진상요소이다.
   ④ 동작식 : $y(t) = K_P T_D \dfrac{de(t)}{dt}$, $Y(s) = K_P T_D s E(s)$ 여기서, T_D : 미분 시간, 미분 동작

4) 적분 제어(I 동작)
   ① 오차의 크기와 오차가 발생하고 있는 시간에 대해 둘러싸고 있는 면적을 말함
   ② 오차의 적분값의 크기에 비례하여 조작부를 제어하는 것
   ③ 잔류 오차가 없도록 제어할 수 있는 장점을 지님
   ④ 적분은 지연(지상)요소
   ⑤ 동작식 : $y(t) = K_P \dfrac{1}{T_I} \int e(t) dt$, $Y(s) = K_P \dfrac{1}{T_I s} E(s)$

   여기서, T_I : 적분 시간 $\dfrac{1}{T_I}$: 리셋률

5) 비례적분 제어(PI 동작)
   ① 동작식 : $y(t) = K_P \left[e(t) + \dfrac{1}{T_I} \int e(t) dt \right]$, $Y(s) = K_P \left(1 + \dfrac{1}{T_I s} \right) E(s)$

   여기서, T_I : 적분 시간

   ② 계단변화에 대하여 잔류오차(정상상태오차)가 없는 것이 장점

6) 비례미분 제어(PD 동작)
   ① 제어 동작에 빨리 도달하도록 미분 동작을 부가
   ② 응답 속응성의 개선
   ③ 정상상태오차의 개선은 불가
   ④ 동작식 : $y(t) = K_P \left[e(t) + T_D \dfrac{de(t)}{dt} \right]$, $Y(s) = K_P (1 + T_D s) E(s)$

   여기서, T_D : 미분 시간

7) 비례적분미분 제어(PID 동작)

① 동작식 : $y(t) = K_P\left[e(t) + \dfrac{1}{T_I}\int e(t)dt + T_D \dfrac{de(t)}{dt}\right]$, $K_P\left(1 + \dfrac{1}{T_I s} + T_D s\right)E(s)$

② 미분 동작에 의한 오버 슈트를 감소시킴
③ 정정 시간을 적게 하는 효과
④ 적분 동작에 의한 잔류 편차를 없애는 작용
⑤ 연속 선형 제어로서 가장 고급의 제어 동작
⑥ 정상특성과 응답 속응성을 동시에 개선

8) 단위계단함수의 입력 시의 각 제어기의 출력파형

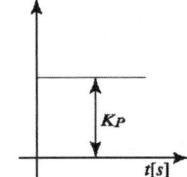 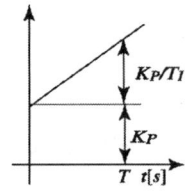 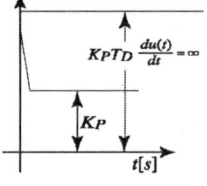 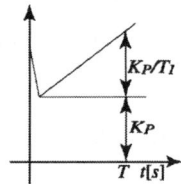

(6) 전달함수(제어요소별 전달함수)

1) 비례요소

   전달함수 $G(s)$는 $G(s) = \dfrac{Y(s)}{X(s)} = K$ (K : 이득 정수)

2) 미분 요소

   전달함수는 $G(s) = \dfrac{Y(s)}{X(s)} = Ks$

3) 적분 요소

   전달함수는 $G(s) = \dfrac{Y(s)}{X(s)} = \dfrac{K}{s}$

4) 1차 지연 요소

   전달함수는 $G(s) = \dfrac{Y(s)}{X(s)} = \dfrac{K}{Ts+1}$

5) 2차 지연 요소

   전달함수는 $G(s) = \dfrac{Y(s)}{X(s)} = \dfrac{K\omega_n^2}{s^2 + 2\delta\omega_n s + \omega_n^2}$

   (단, $\delta = \zeta$은 감쇠 계수 또는 제동비, ω_n은 고유 주파수)

6) 부동작 시간 요소

   전달함수는 $G(s) = \dfrac{Y(s)}{X(s)} = Ke^{-Ls}$ (단, L : 부동작 시간)

(7) 전달함수

1) 전달함수(transfer function)는 초기값이 0인 시스템에 대하여 입력의 라플라스 변환에 대한 출력의 라플라스 변환의 비로 입력의 라플라스 변환을 $X(s)$, 출력의 라플라스 변환을 $Y(s)$라 하면 전달함수 $G(s)$는 다음과 같다.

$$G(s) = \frac{Y(s)}{X(s)}, \quad Y(s) = 0 \text{일 때의 근을 영점이라고 함}$$
$$X(s) = 0 \text{의 식을 특성방정식이라고 하고, 근을 극점이라고 함}$$

$$G(s) = \frac{(s+c)(s+d)}{(s+a)(s+b)} \quad \text{영점} : -c, -d$$
$$\text{극점} : -a, -b$$

2) 블록선도(신호흐름선도) 전달함수의 계산
   ① 블록 내부(화살표 위)의 식 또는 값은 입력된 신호해 곱해져 출력된다.
   ② 선은 신호의 흐름을 나타내므로 선의 어느 부분이나 통과하는 신호는 동일하다.
   ③ 원은 가감산(가감산과 분기)을 의미하며 원에 입력되는 선의 측면에 있는 기호를 고려하여 연산을 행함

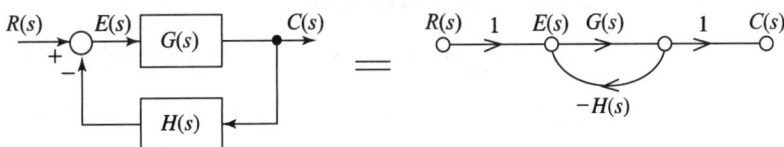

④ $R(s) - C(s)H(s) = E(s)$, $E(s)G(s) = C(s)$
   $C(s) = E(s)G(s) = (R(s) - H(s)C(s))G(s)$, $C(s) = \dfrac{G(s)}{1+G(s)H(s)}R(s)$

⑤ $M(s) = \dfrac{\sum 경로}{1-폐로}$

   ㉠ 경로 : 입력에서 출력으로 가는 경로의 게인의 곱
   ㉡ 폐로 : 독립된 폐루프를 만드는 게인의 곱

$$M(s) = \frac{\sum 경로}{1-폐로} = \frac{G(s)}{1+G(s)H(s)} \quad \text{여기서,} \begin{bmatrix} 경로 : G(s) \\ 폐로 : -G(s)H(s) \end{bmatrix}$$

3) 전기회로의 전달함수의 계산
   ① RLC 직렬회로 : 입력은 전압 $e(t)$, 출력은 전류 $i(t)$

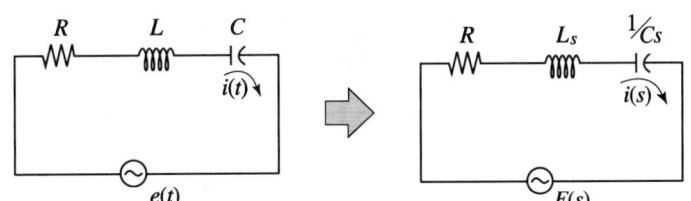

$$e(t) = Ri(t) + L\frac{di(t)}{dt} + \frac{1}{C}\int i(t)dt \Rightarrow E(s) = RI(s) + LsI(s) + \frac{1}{C}\frac{I(s)}{s}$$

$$E(s) = I(s)\left(R + Ls + \frac{1}{Cs}\right), \quad I(s) = \frac{1}{R + Ls + \frac{1}{Cs}}E(s) = \frac{Cs}{LCs^2 + RCs + 1}E(s)$$

② RLC 병렬회로 : 입력은 전류 $i(t)$, 출력은 전압 $e(t)$

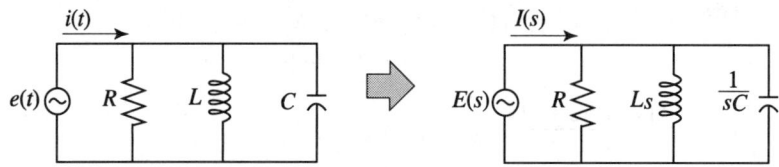

$$i(t) = \frac{e(t)}{R} + \frac{1}{L}\int e(t)dt + C\frac{de(t)}{dt}, \quad I(s) = \frac{E(s)}{R} + \frac{E(s)}{Ls} + CsE(s)$$

$$I(s) = E(s)\left(\frac{1}{R} + \frac{1}{Ls} + Cs\right), \quad E(s) = \frac{1}{\frac{1}{R} + \frac{1}{Ls} + Cs}I(s) = \frac{RLs}{RLCs^2 + Ls + R}I(s)$$

4) 최종치 및 초기치의 정리

시간 함수식인 $f(t)$와는 다르게 $F(s)$란 라플라스의 함수식을 의미하는 것으로 두 개의 함수간에는 다음과 같은 공식이 있다.

① 최종치 정리 $\lim_{t \to \infty} f(t) = \lim_{s \to 0} sF(s) = f(\infty)$ - 최종치를 계산할 경우 사용

② 초기치 정리 $\lim_{t \to 0} f(t) = \lim_{s \to \infty} sF(s) = f(0)$ - 초기치를 계산할 경우 사용

(8) 운동계, 열계, 유체계와 전기계의 상대적 관계

전기계	운동계		열 계	유체계
	병진계	회전계		
전하(C)	위치(변위)(m)	각도(rad)	열량(kcal)	액량(m^3)
전압(V)	힘(N)	토크(N·m)	온도(℃)	액위·압력 (m)·(N/m^3)
전류(A)	속도(m/s)	각속도(rad/s)	열유량(kcal/s)	유량(m^3/s)
저항(Ω)	점성저항 (점성마찰) (N/m/s)	회전점성저항 (회전마찰) (N·m/rad/s)	열저항 (℃/kcal/s)	유동저항 (관로저항) (m/m^3/s)
정전용량(F)	탄성(N/m)	비틀림강도 (N·m/rad)	열용량(kcal/℃)	액면적(m^2)
인덕턴스(H)	질량(kg)	관성모멘트 (관성능률) (kg·m^2)		액질량(kg)

(9) 보드 선도

벡터 궤적은 주파수응답 $G(j\omega)$를 복소 평면 위에서 1개의 곡선으로 표시한 것에 대하여 보드 선도는 이것을 이득 $|G(j\omega)|$와 위상각 $\angle G(j\omega)$로 나누어 각각 주파수 ω의 함수로 표시한 것이다. 즉, 보드 선도는 횡축에 주파수 ω를 대수(log) 눈금으로 취하고, 종축에 이득 $|G(j\omega)|$의 데시벨 값, 그리고 위상각을 취하여 표시한 이득 곡선과 위상 곡선으로 구성된다. 보드선도를 이용하여 안정도를 측정하는 요소로는 위상여유와 이득여유가 있다. 위상여유는 이득곡선이 주파수인 ω축과 만나는 지점과 위상곡선까지의 위상을 의미하며 일반적으로 안정범위는 30~60°로 이득여유는 위상곡선이 주파수인 ω축과 만나는 지점으로부터 이득곡선까지의 게인으로 이득선도의 이득여유의 안정범위는 10~20dB이다.

(10) 안 정 도

1) 특성방정식의 근의 위치에 의한 판별

전달함수의 분모식을 특성방정식이라고 하며 분모식의 모든 근이 음수일 경우만 제어계는 안정하다.

2) 루드의 안정 판별법

특성방정식에 대하여 다음과 같은 방법의 연산을 행한 후 가장 좌측 라인의 값들의 부호가 일치하지 않으면 불안정한 시스템이 된다.

$$\begin{array}{c|cccc}
s^6 & a_0 & a_2 & a_4 & a_6 \\
s^5 & a_1 & a_3 & a_5 & 0 \\
s^4 & \dfrac{a_1 a_2 - a_0 a_3}{a_1} = A & \dfrac{a_1 a_4 - a_0 a_5}{a_1} = B & \dfrac{a_1 a_6 - a_0 \times 0}{a_1} = a_6 & 0 \\
s^3 & \dfrac{Aa_3 - a_1 B}{A} = C & \dfrac{Aa_5 - a_1 a_6}{A} = D & \dfrac{A \times 0 - a_1 \times 0}{A} = 0 & 0 \\
s^2 & \dfrac{BC - AD}{C} = E & \dfrac{Ca_6 - A \times 0}{C} = a_6 & \dfrac{C \times 0 - A \times 0}{C} = 0 & 0 \\
s^1 & \dfrac{ED - Ca_6}{E} = F & 0 & 0 & 0 \\
s^0 & \dfrac{Fa_6 - E \times 0}{E} = a_6 & 0 & 0 & 0
\end{array}$$

3) 나이퀴스트의 안정 판별법

① 나이퀴스트 선도는 전달함수의 s에 $j\omega$를 대입하여 ω를 0으로부터 ∞까지 변화시키면서 벡터선의 궤적을 그린 것이다.

② 제어계는 위상여유와 이득여유가 클수록 보다 안정한데, 나이퀴스트 선도를 이용하면 위상여유와 이득여유를 알 수가 있어 상대적인 안정도를 비교할 수 있다.

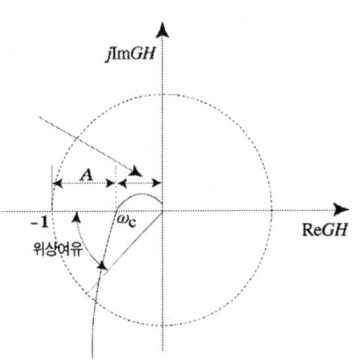

제어계가 안정되기 위해서는 나이퀴스트 선도와 실수축과의 교점(ω_c, 0)이 (-1, 0) 점의 우측에 존재하여야 한다. 상대적인 안정도는 나이퀴스트 선도가 반지름이 1인 원과 만나는 지점과 실수축과의 각도가 위상여유이고, 게인여유는 식으로는 $20\log_{10}(1/|G(j\omega_c)H(j\omega_c)|)$이지만 간접적으로는 그림의 A가 클수록 보다 안정하다.

(11) 시퀀스 제어

1) 미리 정해놓은 순서 또는 일정한 논리에 의하여 정해진 순서에 따라 제어의 각 단계를 순서적으로 진행하는 제어

2) **유접점 회로** : MC나 릴레이 등의 계전기를 사용한 제어회로
   ① 개폐부하용량이 크며 과부하에 견디는 힘이 크다.
   ② 전기적 잡음에 강하며 온도특성이 좋다
   ③ 동작상태의 확인이 용이하다.
   ④ 접점이 마모되므로 수명에 한계가 있다.
   ⑤ 동작속도가 느리고, 소비전력이 비교적 크다.

3) **무접점 회로** : 반도체 회로를 이용하여 논리회로를 구성한 제어회로
   ① 동작속도가 빠르고, 수명이 길다.
   ② 장치가 소형화가 가능하며 소비전력이 작다.
   ③ 전기적 노이즈에 약하며 개폐부하용량이 작다.
   ④ 온도변화가 약하며 동작상태확인이 어렵다.

4) **실제의 유접점 회로**
   ① 인터록 회로 : 2개 이상의 회로에서 한 쪽이 동작하고 있는 경우에 다른 쪽의 회로에 입력이 있어도 동작하지 않도록 하는 회로를 인터록회로라고 한다. MC1이 작동하는 경우 MC2의 연결지점의 MC1의 b접점에 의하여 MC2는 동시에 작동할 수 없다. 역시 MC2가 작동하는 경우 MC1은 절대 동작할 수 없다. 이

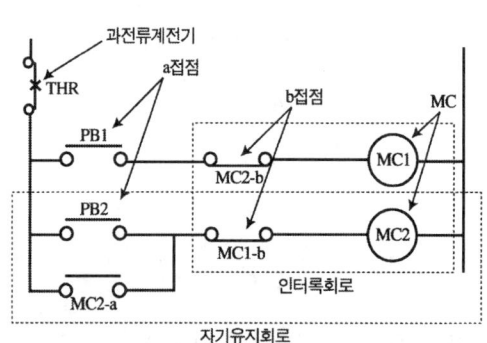

런 회로는 전동기의 정전·역전 등의 회로에 응용되고 있다.
   ② 자기유지회로 : 일종의 기억회로로 MC나 릴레이가 자신의 접점을 이용하여 계속해서 ON을 하는 회로로 푸시버튼을 사용하는 경우 푸시버튼으로부터 손을 떼어도 그 상태를 유지하고자 할 경우 사용한다.
   ③ THR : 과전류계전기로 바이메탈을 이용하여 평소에는 ON상태를 유지하다가 과전류가 흐를 경우 스위치가 OFF되는 장치로 자동조작, 수동복귀 회로이다.

④ a접점 : 초기상태는 OFF이나 외력의 작용하면 ON상태로 변환(회로에서는 PB1, PB2와 같이 그린다.)
⑤ b접점 : 초기상태는 ON이나 외력의 작용하면 OFF상태로 변환(회로에서는 MC1-b, MC2-b와 같이 그린다.)
⑥ MC : 마그네틱 커넥터로 전자석의 힘으로 스위치를 개폐하는 장치로 대 전류를 흘리는 주접점 3개와 제어에 사용되는 a, b접점을 가지고 있다.
⑦ PLC : PLC(programmable logic controller)는 제어장치의 일종으로 프로그램 제어에 가장 많이 이용되고 있는 장비이다. 디지털 또는 아날로그 입출력 모듈과 릴레이, 타이머, 카운터, 연산 등의 수행기능을 이용하여 제어 내용을 작성하고, 기억시킬 수 있는 메모리를 사용하는 디지털 조작형 전자 장치로 프로그램에 의하여 각종 기계와 공정을 제어하도록 되어 있는 제어장치이다. 메모리에 있는 프로그램의 처음과 끝(scan)을 무한 반복적으로 실행한다.

(12) 논리시퀀스 회로

① AND gate($X = A \cdot B$)
　두 개의 접점 A, B가 모두 동작해야 출력되는 회로
② OR gate($X = A + B$)
　두 개의 접점 중 하나만 동작해도 출력되는 회로
③ NAND gate $X = \overline{A \cdot B}$ AND gate에 NOT를 취한 것으로 AND의 부정
④ NOR gate $X = \overline{A + B}$ OR gate에 NOT를 취한 것으로 OR의 부정

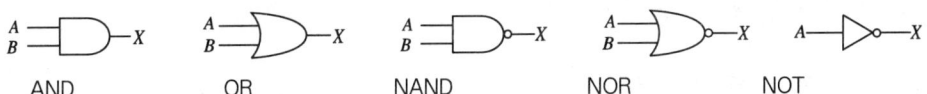

　　AND　　　　OR　　　　NAND　　　　NOR　　　　NOT

(13) De Morgan의 정리(부울식의 간단화에 많이 사용되는 법칙)

① $\overline{A \cdot B \cdot C \cdots N} = \overline{A} + \overline{B} + \overline{C} + \cdots + \overline{N}$
② $\overline{A + B + C + \cdots + N} = \overline{A} \cdot \overline{B} \cdot \overline{C} \cdots \overline{N}$

(14) 부울대수

A, B, C가 논리 변수일 때 다음 식이 성립한다.

① 교환법칙 : $A + B = B + A$, $A \cdot B = B \cdot A$
② 결합법칙 : $(A + B) + C = A + (B + C)$, $B \cdot C = A \cdot (B \cdot C)$
③ 분배법칙 : $A + (B \cdot C) = (A + B) \cdot (A + C)$, $A \cdot (B + C) = A \cdot B + A \cdot C$
④ $A + 0 = A$, $A \cdot 1 = A$
⑤ $A + A = A$, $A \cdot A = A$
⑥ $A + 1 = 1$, $A + \overline{A} = 1$

⑦ $A \cdot 0 = 0$, $A \cdot \overline{A} = 0$

⑧ 부정의 법칙 : $\overline{\overline{A}} = A$, $\overline{\overline{A \cdot B}} = A \cdot B$

$\overline{\overline{A + B}} = A + B$, $\overline{\overline{A \cdot B}} = \overline{A} \cdot \overline{B}$

6. 전기기기 및 계측

(1) 직 류 기

1) 직류기의 3요소 : 계자, 전기자, 정류자
   ① 계자 : 자속을 발생
   ② 전기자 : 자속을 끊어 기전력을 유기한다.
   ③ 정류자 : AC를 DC로 변환

2) 직류기의 유도 기전력
   ① $E = \dfrac{PZ\Phi N}{60a}$ [V]
   ② 총 도체수, $Z = 2wN_a = 2 \times$ 권수 $\times$ 코일수
   ③ 직렬 도체수 : $\dfrac{Z}{a}$

3) 전압 변동률, $\varepsilon = \dfrac{V_0 - V_n}{V_n} \times 100$ [%]

4) 직류기의 병렬운전 조건
   ① 정격전압과 극성이 같을 것
   ② 외부 특성곡선이 어느 정도 수하특성 일 것
   ③ 용량이 다른 경우 % 부하 전류로 나타낸 외부 특성곡선이 일치할 것
   ④ 용량이 같은 경우 외부 특성곡선이 일치할 것

   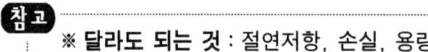 ※ 달라도 되는 것 : 절연저항, 손실, 용량

5) 직류전동기의 토크(Torque)

   $T = \dfrac{P}{w} = \dfrac{PZ\phi I_a}{2\pi a} = K\Phi I_a$ [N·m]

   여기서, I_a : 전기자 전류
   P : 출력
   ϕ : 자속
   Z : 총도체 수

① 직권은 전기자 전류의 제곱에 비례한다.(자기포화 무시)
② 분권은 전기자 전류에 비례한다.

$$T = 0.975 \frac{P}{N} [\text{kg} \cdot \text{m}]$$

여기서, P : 출력
N : 각속도

6) 속도제어

$$N = K'a \frac{E_C}{\Phi} = K'a \frac{V - I_a R_a}{\phi} [\text{rps}]$$

여기서, R_a : 전기자 저항
ϕ : 자속
V : 전기자 전압
I_a : 전기자 전류

	전기자에 가해지는 전압을 변화시키는 방법	
전압 제어	① 워드레오너드 방식 : 가변전압을 공급하기 위하여 직류발전기를 설치하고, 이를 구동하기 위한 직류전동기를 이용하여 공급하는 방식으로 전동기와 발전기 대신에 반도체 스위치를 사용하는 방식을 정지 워드레오너드방식이라 함 ② 일그너 방식 : 워드레오너드방식과 비슷하나 구동용 전동기로 유도전동기와 플라이휠을 사용하는 방식으로 부하변동에 대하여도 안정하게 제어를 할 수 있음	• 광범위한 속도제어 • 일그너방식(부하가 급변하는 곳) • 워드레오너드 방식 • 정토크 제어 • 효율이 좋음 • 비용 증가
계자 제어	계자자속은 계자전류에 비례하므로 계자권선에 가변저항을 연결하여 계자전류를 변화시키는 방법	• 세밀하고, 안정된 속도제어 • 속도조정범위가 좁음 • 정출력 구동방식 • 효율이 좋음 • 조작이 간편
저항 제어	전기자에 직렬로 가변저항을 연결하여 전기자회로의 저항 값을 변화시키는 법으로 단시간에 속도를 매우 감속할 때 사용한다.	• 속도조정범위가 좁음 • 효율이 나쁨

(2) 동 기 기

1) 동기속도

$$N_s = \frac{120f}{P} [\text{rpm}]$$

여기서, N_s : 회전수
f : 고정자 입력주파수
P : 극수

2) %동기 임피던스

$$\%Z = \frac{I_n Z_s}{V_n} \times 100 = \frac{PZ}{10 V^2} [\%]$$

여기서, Z_s : 1상의 동기임피던스
I_n : 정격전류
V_n : 정격전압
I_N, V_N : 정격전류전압
P_C : 1차 입력
P_N : 정격용량

3) 단락비

$$K_S = \frac{100}{\%Z} = \frac{1}{Z_s[\text{pu}]}$$

4) 단락현상

3상 동기 발전기를 운전 중 갑자기 단락하면 전류는 처음은 크나 점차 감소한다.

① 돌발 단락전류의 제한 ⇨ 누설 리액턴스

② 영구 단락전류의 제한 ⇨ 동기 리액턴스

③ 단락전류 : $I_S = \dfrac{E}{Z_S} = \dfrac{100}{\%Z} I_N [A]$

5) 병렬 운전조건

조 건	조건과 불일치
기전력의 크기 같을 것	무효 순환 전류 흐름
기전력의 위상 같을 것	동기화 전류 흐름 수수전력, 동기화력
기전력의 파형 같을 것	동기화 전류 흐름
기전력의 주파수 같을 것	고주파 무효 횡류 흐름

(3) 변 압 기

1) 50Hz용 변압기를 60Hz에 사용하면

여자전류	자속	자속밀도	철손	리액턴스
반비례 5/6	반비례 5/6	반비례 5/6	반비례 5/6	비례 6/5

2) 권수비

$$a = \dfrac{E_1}{E_2} = \dfrac{I_2}{I_1} = \dfrac{N_1}{N_2} = \sqrt{\dfrac{Z_1}{Z_2}}$$

여기서, E_1, I_1, N_1, Z_1 : 1차측 전압, 전류, 권수, 임피던스
E_2, I_2, N_2, Z_2 : 2차측 전압, 전류, 권수, 임피던스

3) 백분율 전압강하

① %저항 강하 $\%R = \dfrac{I_N R}{V_N} \times 100 = \dfrac{PR}{10V^2} = \dfrac{P_C}{P_N} \times 100 [\%]$

② %리액턴스 강하 $\%X = \dfrac{I_N X}{V_N} \times 100 = \dfrac{PX}{10V^2} [\%]$

③ %임피던스 강하 $\%Z = \dfrac{I_N Z}{V_N} \times 100 = \dfrac{PZ}{10V^2} = \dfrac{100}{K_S} = \dfrac{I_N}{I_S} \times 100 [\%]$

$\%Z = \sqrt{p^2 + q^2} = \dfrac{I_N Z_{21}}{V_{1N}} \times 100 = \dfrac{V_S}{V_{1N}} \times 100 [\%]$

4) 변압기의 3상결선

① △-△결선
  ㉠ V-V결선의 변경
  ㉡ 고조파 전류가 생기지 않는다.
  ㉢ 중성점 접지를 할 수 없다.
  ㉣ 상전압 = 선간전압

② Y-Y결선
   ㉠ 중성점을 접지할 수 있다.
   ㉡ 상전압 = 선간전압/$\sqrt{3}$
   ㉢ 제3고조파가 발생하여 통신선 유도장해가 발생한다.
③ △-Y결선, Y-△결선
   ㉠ Y결선으로 중성점을 접지할 수 있다.
   ㉡ △결선으로 제3고조파가 생기지 않는다.
   ㉢ △-Y는 송전단에 Y-△는 수전단에 설치한다.
   ㉣ 1차와 2차의 전압사이에 30°의 변위가 발생한다.
④ V-V결선
   ㉠ △결선된 전원 중 1상을 제거하여 결선한 방식이다.
   ㉡ V결선은 변압기 사고 시 응급조치 등의 용도로 사용된다.
   ㉢ 용량의 증가가 예상될 때 예비적으로 쓸 수 있다.
   ㉣ △결선과 비교한 용량비 = $\dfrac{\sqrt{3}\,V_P I_P}{3 V_P I_P}$ = 0.577   여기서, $\begin{bmatrix} V_P : 상전압 \\ I_P : 상전류 \end{bmatrix}$

   변압기 이용률 = $\dfrac{\sqrt{3}\,V_P I_P}{2 V_P I_P}$ = 0.866

5) 전압 변동률
   ① $\varepsilon = p\cos\theta + q\sin\theta$ (지상)   여기서, $\begin{bmatrix} p : \%저항\ 강하 \\ q : \%리액턴스\ 강하 \end{bmatrix}$
   ② $\varepsilon = p\cos\theta - q\sin\theta$ (진상)

6) 변압기 병렬 운전조건

① 정격전압	순환전류가 흘러 권선이 가열
② 극성	큰 순환전류가 흘러 권선이 소손
③ 저항과 누설리액턴스비	위상차가 생겨 동손이 증가
④ %저항강하	부하분담의 균형을 이룰 수 없다.

7) 부하 분담비

$\dfrac{P_A}{P_B} = \dfrac{\%Z_B \cdot P_A{'}}{\%Z_A \cdot P_B{'}}$ 여기서, $\begin{bmatrix} P_A{'} : A변압기의\ 정격용량 \\ P_B{'} : B변압기의\ 정격용량 \end{bmatrix}$

부하분담은 누설임피던스에 역비례한다.

8) 계기용 변성기
   ① 고전압 대전류의 변성 ⇨ 전력량의 측정
   ② CT와 PT를 한 탱크 내에 수용한 것
   ③ CT(변류기) ⇨ 2차측 개방 불가 ⇨ 2차측 절연보호
   ④ PT(계기용 변압기)

(4) 유도 전동기

1) 3상 유도 전동기
   ① 농형 유도 전동기
      ㉠ 회전자는 구리나 알루미늄 환봉을 도체 철심 속에 넣어서 양쪽 끝을 원형측란에 의해서 단락시킨 모양이다.
      ㉡ 회전자의 구조가 간단하고, 견고하며 운전 방식이 쉬워 많이 사용한다.
      ㉢ 기동전류가 크기 때문에 소손의 우려가 있는 것이 단점이다.
      ㉣ 기동 토크는 전부하 토크의 100~150% 정도이다.
      ㉤ 권선형 유도전동기에 비하여 정확한 속도제어는 어려우나 효율은 양호하다.
   ② 권선형 유도 전동기
      ㉠ 상대적으로 적은 전원 용량에서 큰 기동 토크를 얻을 수 있다.
      ㉡ 기동이 빈번하여 농형으로는 열적으로 부적합한 경우나 대용량에 많이 사용한다.
      ㉢ 저항기를 사용하므로 2차 저항으로 임의의 최대, 최소 토크를 선택할 수 있다.
      ㉣ 속도 변동률이 작고 2차 저항을 조정하는 것에 의하여 넓은 범위의 속도제어를 간단히 달성한다.
      ㉤ 운전 시 손실이 크고, 효율이 나쁘다. 특히, 감속 시 효율이 매우 떨어지며 외부 2차 저항에서 큰 손실이 발생한다.
      ㉥ 슬립링, 브러시 등에서 고장이 잦으므로 유지관리에 유의하고, 사용환경을 고려해야 한다.

2) 슬립(S)
$$S = \frac{N_S - N}{N_S}$$

여기서, N_s : 동기속도(전원에 의한 합성자속의 회전속도)
N : 회전자속도

   ① $S=0$ 동기속도와 회전속도가 일치하므로 회전자가 동기속도로 회전
   ② $S=1$ 전동기의 정지상태

3) 회전속도(N) 및 제어법
   ① 동기속도
$$N = \frac{120f}{P}(1-s) \, [\text{rpm}]$$

여기서, f : 전원 주파수
P : 극수(합성자속에 의한 자극의 수)
s : 슬립

   ② 속도 제어법
      ㉠ 고정자 전원 주파수를 가변 : 인버터
      ㉡ 고정자 전압의 가변 : 인버터, 저항
      ㉢ 극수의 가변
      ㉣ 회전자 저항의 가변(권선형 유도 전동기)
         권선형 유도 전동기에서 2차 권선에 직렬로 저항을 접속하여 전류를 제어하여 속도를 제어하는 방법(비례추이)

4) 비례추이의 특징
   ① 최대 토크는 불변, 최대 토크의 발생 슬립은 변화한다.
   ② 효율과 속도가 떨어진다.
   ③ 슬립이 증가한다.
   ④ 기동전류는 감소하고 기동 토크는 증가한다.
   ⑤ 비례추이 할 수 없는 것
      ㉠ 출력
      ㉡ 2차 효율
      ㉢ 2차 동손

5) 유도 전동기의 기동법

농형 유도 전동기 기동법	권선형 유도 전동기 기동법
• 전전압기동 : 5HP 이하(3.7kW) • Y—△기동 : 토크 1/3배 　　　　　　 전류 1/3배 　　　　　　 전압 $1/\sqrt{3}$ 배 　　　　　　 15kW급 • 기동보상기법 : 단권변압기 사용 　　　　　　　 : 50, 65, 80% 　　　　　　　　 30kW급 • 변연장 △ • 콘도르 파법 • 리액터 기동법	• 2차 저항 기동법 ⇨ 비례추이 이용

6) 서보 모터
   ① 기동 토크가 크다.
   ② 회전자 관성 모멘트가 작아서 급가감속과 정역운전이 가능하다.
   ③ 제어 권선전압이 0에서는 기동해서는 안되고 곧 정지해야 한다.
   ④ 직류 서보모터의 기동 토크가 교류 서보모터보다 크다.
   ⑤ 고정자의 기준 권선에는 정전압을 인가하며 90도의 위상차가 있는 제어용 전압을 제어권선에 인가한다.
   ⑥ 속도 회전력 특성을 선형화하고, 제어전압을 입력으로 회전자의 회전각을 출력으로 보았을 때 이 전동기의 전달함수는 적분요소와 1차요소의 직렬 결합으로 볼 수 있다.

7) 단상 유도 전동기
   ① 종류(기동 토크가 큰 순서)
      반발 기동형 → 반발 유도형 → 콘덴서 기동형 → 콘덴서 운전형 → 분상 기동형 → 세이딩 코일형 → 모노 사이클릭형

② 단상 유도 전동기의 특징
2차 저항의 크기가 변화하면 최대 토크를 발생하는 슬립뿐만 아니라 최대 토크까지도 변화한다.

(5) 정류기기

1) 반도체 정류기

구 분	반파정류	전파정류
다이오드	$E_d = \dfrac{\sqrt{2}\,V}{\pi} = 0.45\,V$	$E_d = \dfrac{2\sqrt{2}\,V}{\pi} = 0.9\,V$
SCR	$E_d = \dfrac{\sqrt{2}\,V}{2\pi}(1+\cos\alpha)$	$E_d = \dfrac{\sqrt{2}\,V}{\pi}(1+\cos\alpha)$
PIV	\multicolumn{2}{c}{$PIV = E_d \times \pi$}

2) 맥동률
   ① 맥동률 : 정류된 직류에 포함된 교류성분을 평가하는 값으로 작을수록 좋음
   ② 맥동률 $= \sqrt{\dfrac{실효값^2 - 평균값^2}{평균값^2}} \times 100 = \dfrac{출력전류(전압)의 교류의 실효값}{출력전류(전압)의 직류평균값} \times 100[\%]$
   ③ 맥동률의 크기는 반파정류 > 전파정류와 3상 < 단상의 순서이다.
      ㉠ 단상 전파 : 48%
      ㉡ 3상 반파 : 17%

3) SCR의 특징
   ① 실리콘 제어 정류 소자로서 반도체이므로 단방향 대전류 스위칭 3단자 소자이다.
   ② P형과 N형 반도체가 PNPN으로 4층 결합된 것으로 PNP와 NPN형 트랜지스터 2개를 조합한 것과 등가이다.
   ③ 순전압(아노드-캐소드 간의 전압)과 게이트신호에 의하여 원하는 시간에 ON이 가능하다.
   ④ 순방향전류가 0이 되면 자동으로 off된다.
   ⑤ 가벼우며 고속 동작이 가능하며 제어가 쉽다.
   ⑥ 각종 스위칭 교류 출력 제어 등에 사용하나 직류도 사용이 가능하다.

(6) 전압, 전류, 저항의 측정

- 직류 : 가동 코일형 계기
- 교류 저주파용 : 가동 철편형 계기, 정류형 계기
- 교류 직류 양용 : 전류력계형 계기, 정전형 계기

1) 전압의 측정
   ① 전압계 : 전압계의 내부저항을 크게 하여 회로에 병렬로 연결한다.
       (이상적인 전압계의 내부저항은 ∞)
   ② 배율기 : 전압계의 측정범위를 넓히기 위해 연결하는 저항(전압계에 직렬로 연결)

   $$m = \frac{V_0}{V} = \frac{r+R_m}{r} = 1 + \frac{R_m}{r}$$ (m : 배율기 배율)

2) 전류의 측정
   ① 전류계 : 전류계의 내부저항을 작게 하여 회로에 직렬로 연결한다.
       (이상적인 전류계의 내부저항은 0)
   ② 분류기 : 전류계의 측정범위를 넓히기 위해 전류계에 연결하는 저항
       (전류계에 병렬로 연결)

   $$m = \frac{I_0}{I} = \frac{r+R_s}{R_s} = 1 + \frac{r}{R_s}$$ (m : 분류기 배율)

3) 저항의 측정

저저항	캘빈 더블 브리지
	전위차계법
중저항	전압 전류계법(전압 강하법)
	휘스톤 브리지(Wheatstone bridge)법
	회로시험법(테스터 사용)
고저항	절연저항계
	메거(절연저항 측정)
특수저항	코울라시 브리지

   ① 접지저항 : 인체 감전사고 예방 및 감전에 따른 기기 보호 등의 목적으로 땅에 매설한 접지 전극과 땅 사이의 저항이므로 작을수록 전류가 잘 흘러 감전을 예방할 수 있다.
   ② 접촉저항 : 두 도체나 반도체의 접촉면에 생기는 전기 저항으로 값이 크면 발열이나 신호의 감쇠 등이 발생하므로 값이 작을수록 좋다.
   ③ 절연저항 : 전압에 관계한 절연재료의 특성으로 허용되는 범위 안에 있는 것을 통하여 흐르는 누설전류의 값과 같은 저항치를 의미하는 데 절연저항값은 높을수록 절연이 파괴되지 않으므로 좋다.

4) 전력 및 전력량의 측정
   ① 단상 전력의 측정
       ㉠ 단상 전력계 사용

ⓒ 단상 전력계는 전류력계형 전력계를 접속시킨 것으로 고정 코일에는 부하 전류가 흐르고 가동코일에는 전압에 비례하는 전류가 흐른다. 구동 토크는 두 코일이 전류와 부하 역률의 곱에 비례하며 지침은 부하전력 $P = VI\cos\theta$ 만큼 지시한다.

② 3상 전력의 측정
　㉠ 단상 전력계 2개를 사용하는 방법 : 전력계의 접속 시 단자 극성이 틀리지 않도록 주의
　ⓒ 3상 전력계를 사용하는 방법

③ 전력량의 측정
　㉠ 전력량계로 측정
　ⓒ 부하전류가 흐르는 전류 코일의 철심과 전압을 가하는 전압 코일의 철심 사이에 알루미늄 회전 원판을 넣은 것으로 원판의 회전 속도는 전력에 비례한다는 원리를 이용한 것

5) 구조에 따른 계기의 분류
① 가동 코일형
　㉠ 아날로그식 직류 전류계, 전압계에 가장 광범위하게 사용된다.
　ⓒ 축에 지지된 가동 코일의 전자력과 스프링의 힘의 균형을 이룬 위치에서 지침은 정지한다. 따라서 지침이 움직인 양이 측정 전류이다.
　ⓒ 기계적으로 간단하고, 정밀도나 감도가 우수하다.
　㉣ 구동 토크 : 전류에 의해 지침에 생기는 힘
　㉤ 제어 토크 : 스프링의 힘

② 가동 철편형(실효치 지시형 계기)
　㉠ 교류 전류 및 전압의 측정
　ⓒ 계기의 고정코일에 측정전류가 흐르면 코일 내의 철편이 자화하여 생기는 반발력으로 지침을 가동 시킨다.
　ⓒ 구조가 간단하고, 과전류에 견딜 수 있다.
　㉣ 계기에 생기는 토크는 전류의 실효치에 비례한다.

③ 정류형(평균치 지시형) : 교류전류 및 전압 측정
　㉠ 정류기와 가동코일형 계기를 조합한 계기
　ⓒ 계기의 지시치는 교류 파형의 평균치에 비례하는 토크가 가해진다.

④ 전류력계형 : 직류, 교류전력 측정
　고정 코일 중에 설치된 가동 코일에 각각 전류를 흘리면 두 코일 사이에서 발생하는 전자력을 이용한다.

⑤ 유도형 : 전력량 측정
　알루미늄 회전원판에 전력에 비례하는 회전력을 발생시켜 그 전력의 사용 시간을 회전수로 적산한다.

참고
※ 접점의 도시 기호

번호	명 칭	심벌 a접점	심벌 b접점	비 고
1	일반접점 or 수동접점			토클스위치
2	수동조작 자동복귀접점			푸시버튼 스위치
3	기계적접점 (리밋 스위치)			
4	계전기접점 or 보조스위치접점			
5	한시동작 접점			타이머
6	한시복귀 접점			
7	열동형 계전기 수동복귀접점			
8	전자접촉기 접점			

제4과목 전기제어공학 · 147

[제5과목] 배관일반

1. 배관재료

(1) 강관의 종류와 용도

KS명칭 및 규격	사용온도 및 압력	용도
(일반)배관용 탄소강관 (SPP)	350℃ 이하 10kg/cm² 이하	① 일명 가스관이라 함 ② 압력이 낮은 증기, 물, 기름, 가스 및 공기 등의 배관용 ③ 아연(Zn)도금에 따라 흑강관과 백강관($400 g/m^2$)로 구분 ④ $25 kg/cm^2$의 수압시험, 인장강도는 $30 kg/mm^2$ 이상 ⑤ 1본(本)길이 6m이며 호칭지름 6~500A까지 24종
압력배관용 탄소강관 (SPPS)	350℃ 이하 10~100kg/cm² 이하	증기관, 유압관, 수압관 등의 압력배관에 사용, 호칭은 관두께(스케줄번호)에 의하며 호칭지름 6~500A(25종)
고압배관용 탄소강관 (SPPH)	350℃ 이하 100kg/cm² 이상	화학공업 등의 고압배관용으로 사용, 호칭은 관두께(스케줄번호)에 의하며 호칭지름 6~500A(25종)
고온배관용 탄소강관 (SPHT)	350℃ 이상	과열증기를 사용하는 고온배관용으로 호칭은 호칭지름과 관두께(스케줄번호)에 의함
저온배관용 탄소강관 (SPLT)	0℃ 이하	물의 빙점이하의 석유화학공업 및 LPG, LNG 저장탱크배관 등 저온배관용으로 두께는 스케줄번호에 의함
배관용 아크용접 탄소강관 (SPW)	350℃ 이하 10kg/cm² 이하	SPP와 같이 사용압력이 비교적 낮은 증기, 물, 기름, 가스 및 공기 등의 대구경 배관용으로 호칭지름 350~2,400A(22종)
배관용 스테인리스 강관 (STS×T)		내식성, 내열성 및 고온배관용, 저온배관용에 사용하며 두께는 스케줄번호에 의하며 호칭지름 6~650A(25종)
배관용 합금강관 (SPA)	350℃ 이상	탄소강관에 비해 고온에서 강도가 크며 크롬 함유량이 많아짐에 따라 내산화성, 내식성이 우수하여 고온고압에서 사용되는 고압보일러 증기관, 석유정제용 배관 등에 사용

> **참고**
> ※ 보일러 열교환기용 합금강관(STHA) : 관 내외에서 열교환을 목적으로 보일러 수관, 과열관, 공기 예열관, 화학 공업용이나 석유공업 등에 사용

(2) 스케줄 번호(Schedule No)

관의 두께를 표시

$$Sch - No = \frac{P}{S} \times 10$$

여기서, P : 사용압력(kg/cm^2)
S : 허용응력(kg/mm^2) = 인장강도(kg/mm^2)/안전율(4)

(3) 배관의 선택 시 고려사항

① 유체의 화학적 성질
② 유체의 사용압력 및 온도
③ 재료의 부식성
④ 관의 이음방법 등

(4) 강관의 특징

① 연관, 주철관에 비해 가볍고, 인장강도가 크다.
② 관의 접합방법이 용이하다.
③ 내충격성 및 굴요성이 크다.
④ 주철관에 비해 내압성이 양호하다.

(5) 강관의 표시방법

배관용 탄소 강관

☐ ㉿ - SPP - B - 80A - 2005 - 6
상표 한국산업규격 관 제조 호칭 제조년 길이
     표시기호   종류 방법 방법

수도용 아연 도금 강관   적색으로 표시

☐ ㉿ - SPPW - E - 50A - 2005 - 6
상표 한국산업규격 관 제조 호칭 제조년 길이
     표시기호   종류 방법 방법

압력 배관용 탄소 강관

☐ ㉿ - SPPS - S - H - 2005.11 - 100A×SCH40×6
상표 한국산업규격 관 제조 제조년월 호칭 스케줄 길이
     표시기호   종류 방법   방법 번호

(6) 스테인리스 강관의 특징

① 내식성이 우수하고, 위생적이다.
② 강관에 비해 기계적 성질이 우수하다.
③ 두께가 얇아 가벼워서 운반 및 시공이 용이하다.

④ 저온에 대한 충격성이 크고, 한랭지 배관이 가능하다.
⑤ 나사식, 용접식, 몰코식, 플랜지이음 등 시공이 간단하다.

(7) 주철관의 특징

① 내압성 및 내마모성이 우수하다.
② 내식성이 커 지하 매설배관에 적합하다.
③ 내구성은 크나 충격에 약하다.
④ 다른 배관에 비해 압축강도가 크나 인장에 약하다.
⑤ 상수도본관, 배수, 오수관 등에 사용한다.

(8) 동관의 특징

① 전기 및 열전도율이 좋다.
② 전·연성 풍부하여 가공이 용이하다.
③ 내식성 및 알칼리에 강하고, 산성에는 약하다.
④ 가볍고, 마찰저항은 적으나 충격에 약하다.
⑤ 연수나 증류수, 증기에 적합하지 않다.

(9) 경질 염화 비닐관(PVC관)

① 전기 절연성이 크고, 내면이 매끈하여 마찰저항이 적다.
② 열 및 저온에 약하고, 열팽창이 크다.
③ 내식성이 크고, 산·알카리, 해수(염류)에 강하다.
④ 가볍고, 운반 및 취급이 용이하다.
⑤ 가격이 싸고, 가공 및 시공이 용이하다.

(10) 폴리 에틸렌관(PE관)

화학적, 전기 절연성이 우수하고, 내충격성이 크고, 내한성이 좋으며 저압 가스배관 등에 사용한다.

(11) 원심력 철근 콘크리트관(흄관)

철근형틀에 콘크리트를 주입하여 고속으로 회전시켜 성형시킨 것으로 상하수도, 배수관에 사용한다.

(12) 강관 부속

① 배관의 방향을 바꿀 때 : 엘보, 밴드
② 배관을 도중에 분기할 때 : 티, 와이, 크로스
③ 동일 지름의 관을 직선 연결할 때 : 소켓, 니플, 유니온, 플랜지

④ 지름이 다른 관을 연결할 때 : 이경엘보, 이경티, 레듀셔(이경소켓), 부싱
⑤ 배관의 끝을 막을 때 : 캡, 플러그, 막힘(맹)플랜지
⑥ 관을 분해, 수리, 교체하고자 할 때 : 유니온(소구경), 플랜지(대구경)

> **참고**
> ※ 강관의 이음방법
>   ① 나사이음 ② 용접이음 ③ 플랜지이음

(13) 이음쇠의 크기 표시

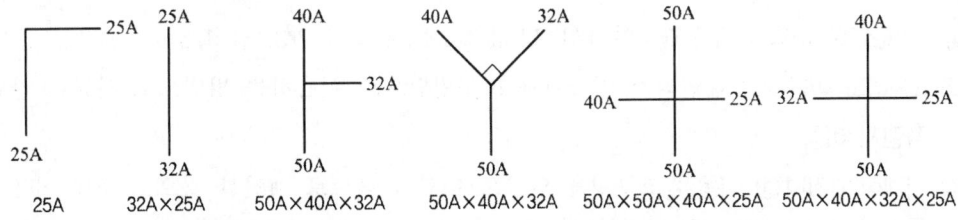

(14) 나사배관의 길이 산출

1) 직선배관에서의 실제 절단길이 산출

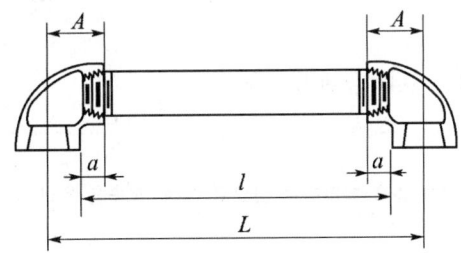

여기서, L : 파이프의 전체 길이
l : 파이프의 실제 길이
A : 부속의 중심 길이
a : 나사 삽입 길이

※ 파이프의 실제(절단) 길이
① 부속이 동일한 경우
② 부속이 다를 경우

$$l = L - 2(A-a)$$
$$l = L - \{(A-a) + (B-b)\}$$

2) 곡관(벤딩)부의 실제 길이 산출

$$l = 2\pi r \frac{\theta}{360} = \pi D \frac{\theta}{360}$$

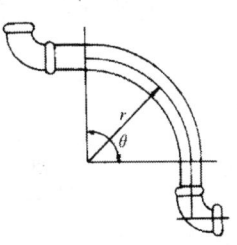

여기서, r : 곡률 반지름
θ : 벤딩 각도
D : 곡률 지름

(15) 용접이음의 특징

① 강도가 크며 누수의 우려가 적다.
② 부속이 적게 들어 재료비가 절약된다.
③ 보온(피복)작업이 쉽다.

④ 가공이 쉬어 공정이 단축된다.
⑤ 관 내 돌출부가 적어 마찰저항이 적다.

(16) 플랜지이음

배관의 보수 및 점검을 위해 분해, 결합 시나 기기 설치 시 배관 연결부에 사용

> **참고**
> ※ **홈꼴형 시트** : 위험성 있는 배관 및 매우 기밀을 요하는 플랜지에 사용

(17) 주철관이음

1) 허브(소켓) 이음 : 급수관 : 얀 1/3, 납 2/3, 배수관 : 얀 2/3, 납 1/3
2) 노-허브 이음 : 스테인리스 커플링과 고무링만으로 이음하는 방법으로 시공이 간편
3) 플랜지 이음
4) 기계식(메커니컬) 이음 : 고무링을 압륜으로 죄어 볼트로 체결한 것으로 소켓 이음과 플랜지 이음의 장점을 채택한 것으로 다소의 굴곡에도 누수되지 않음
5) 타이톤 이음 : 고무링 하나만으로 이음하며, 고무링은 단면은 원형임
6) 빅토릭 이음 : 고무링과 가단주철제의 칼라를 죄어 이음하는 방법

(18) 동관이음

① 납땜이음 ② 용접이음 ③ 플레어이음 ④ 플랜지이음

> **참고**
> 1) 플레어(압축)이음
>   20mm 이하의 동관의 끝을 넓혀 압축 접합하는 것으로 점검, 보수를 위한 곳에 사용
> 2) C×M 어댑터
>   한쪽은 동관이 들어갈 수 있도록 되어 용접하고, 다른 한쪽은 수나사가 되어 암나사인 밸브 등을 연결하는 동관용 이음쇠

(19) 신축이음(Expansion joint)

열에 따른 배관의 신축을 흡수하는 장치로 강관은 30m당, 동관은 20m마다 1개 정도 설치한다.

1) 선팽창길이

$$\Delta l = \alpha \cdot l \cdot \Delta t \text{ (선팽창 계수×배관길이×온도차)}$$

2) 신축이음의 종류
   ① 루프형(만곡관형) : 신축곡관이라고도 하며 강관 또는 동관 등을 루프 모양으로 구부려서 그 휨에 의하여 신축을 흡수하는 것으로 설치장소가 크고, 고온고압의 옥

외용에 주로 사용하며 곡률반경은 관 지름의 6배 이상으로 한다.
② 슬리브형(미끄럼형) : 설치장소가 적고, 장시간 사용 시 패킹의 마모로 누수
③ 벨로즈형 : 단식과 복식이 있으며 가장 많이 사용
④ 스위블형 : 2개 이상의 나사 엘보를 사용하여 그 나사의 회전에 의하여 배관의 신축을 흡수하는 것으로 온수나 저압 증기난방 등의 방열기 주위 배관에 사용

> **참고**
> ※ 신축허용길이가 큰 순서
> 루프형 > 슬리브형 > 벨로즈형 > 스위블형

(20) 플렉시블 조인트(플렉시블 이음)
장치의 진동이 배관에 전달되지 않도록 방진, 방음역할을 하며 배관의 파손을 방지

(21) 밸브의 역할 및 종류
- 역할 : 개폐, 유량조절, 흐름방향의 전환

1) 슬루스(게이트)밸브 : 유체의 흐름을 차단(on-off)하는 밸브
2) 글로브(스톱)밸브 : 유체가 아래에서 위로 유체의 흐름 방향으로 개폐하는 것으로 유량조절용으로 사용하고, 마찰저항은 크다.
3) 앵글밸브 : 유체의 흐름 방향이 90°로 되어 있어 유량조절 및 방향을 전환시켜 주며 주로 방열기 밸브로 사용
4) 볼밸브(콕) : 90° 회전으로 개폐조작이 용이
5) 체크밸브(역지변) : 유체의 역류를 방지
   ① 스윙형 : 수직, 수평 배관에 사용
   ② 리프트형 : 수평 배관에만 사용
   ③ 풋형 : 펌프 흡입관선단에 설치하는 여과기와 체크밸브를 조합한 밸브
   ④ 헤머리스형 : 완폐형 체크밸브로 수격작용 완화
6) 공기빼기밸브 : 공기가 체류할 수 있는 수직관 상부나 산형 배관에 설치하여 공기를 배출시키는 밸브

(22) 여과기(스트레이너)
① 증기트랩, 감압밸브, 온도조절밸브, 펌프 등의 앞에 설치하여 이물질 등에 의한 기기의 손상을 방지한다.
② 종류 : Y형, U형, V형 등

(23) 바이패스장치
기기의 고장과 일시적인 응급상황에 대비하여 각 장치의 유체의 공급을 중단시키지 않고, 분해, 점검할 수 있는 회로

(24) 배관의 지지

1) **행거** : 배관의 하중을 위에서 잡아 지지(콘스탄트 행거, 스프링 행거, 리지드 행거)
2) **서포트** : 배관의 하중을 밑에서 떠받쳐 지지(파이프 슈, 리지드, 스프링, 롤러 서포트)
3) **리스트레인트** : 열팽창에 의한 배관의 이동을 구속 또는 제한(앵커, 스토퍼, 가이드)
4) **브레이스** : 펌프, 압축기에서 발생하는 진동, 충격, 서징 등을 완화하는 완충기

> **참고**
> ※ **앵커(Anchor)** : 배관의 이동 및 회전을 방지하기 위해 지지점에서 완전히 고정

(25) 패 킹

틈새에서 유체의 누설방지

1) **나사용 패킹** : 페인트, 일산화연(납), 액상 합성수지, 실링 테이프
2) **플랜지 패킹** : 고무패킹, 석면패킹, 금속패킹 등

> **참고**
> ※ **고무패킹** : 탄성이 크고, 산알카리에 강하나 열이나 기름에 약하며 급수, 배수, 공기 등의 배관에 쓰이는 패킹

(26) 단열재(보온재)

1) 용어의 설명
   ① 보온 : 증기관이나 온수관 등에 대한 단열로서 불필요한 방열을 방지하고, 인체에 화상을 입히는 위험 방지나 실내 공기의 이상 온도 상승을 방지한다.
   ② 보냉 : 냉수관, 냉매 배관 등에 대한 단열로서 불필요한 열 취득을 방지하고, 표면의 결로를 방지한다.
   ③ 방로 : 급수관, 배수관 등에 대한 단열로서 주로 관의 표면에 일어나는 결로방지가 목적이다.

2) 보온재의 구비조건
   ① 열전도율이 작을 것
   ② 내열성 및 내구성이 있을 것
   ③ 비중이 작을 것
   ④ 불연성이고, 내흡습성이 클 것
   ⑤ 다공질이며 기공이 균일할 것

3) 보온재의 구분
   ① 유기질 보온재 : 펠트, 코르크, 텍스류, 기포성 수지(폼류)
   ② 무기질 보온재
      ㉠ 펄라이트 : 안전사용온도 650℃

ⓛ 석면 : 안전사용온도 300~550℃
ⓒ 유리섬유 : 안전사용온도 300℃
ⓔ 탄산마그네슘 : 안전사용온도 250℃
ⓜ 규조토 : 진동이 있는 곳에 사용이 어려움
ⓗ 암면, 규산칼슘, 폼그라스(발포초자), 실리카 화이버, 세라믹 화이버 등
③ 금속질 보온재 : 알루미늄박

(27) 방청용 도료

1) **광명단 도료** : 연단과 아마인유를 혼합한 것으로 밀착력 및 풍화에 강하고, 방청도료로서 밑칠용으로 사용
2) **산화철 도료** : 산화 제2철에 보일유나 아마인유를 섞어 만든 도료로 도막이 부드럽고, 가격은 저렴하나 방청효과는 적다.
3) **알루미늄 도료(은분)** : 열을 잘 반사하므로 주철제방열기 표면 등의 도장용으로 사용
4) **타르 및 아스팔트 도료** : 물과의 접촉을 막아 부식을 방지
5) **합성수지 도료**

2. 배관공작

(1) 강관배관용 공구

1) **파이프 바이스** : 관 절단, 나사 결합 작업 시 관을 고정
   (크기 : 고정 가능한 파이프 지름의 치수)
2) **수평(탁상)바이스** : 관조립 및 벤딩 시 관을 고정(크기 : 조우의 폭)
3) **파이프 커터** : 강관의 절단용 공구
4) **파이프 렌치** : 관의 결합 및 해체 시 사용(크기 : 입을 최대로 벌려 놓은 전장)
5) **파이프 리머** : 거스러미(burr) 제거
6) **수동 나사절삭기** : 오스타형, 리드형, 베이비 리드형
7) **동력용 나사절삭기** : 파이프 절단, 리머작업, 나사절삭
8) **오스타** : 강관의 수동나사 절삭 시 사용하는 공구

> **참고**
> ※ 관용나사의 테이퍼 : 1/16(나사산 각도 55°)로 절삭

9) **고속 숫돌 절단기** : 0.5~3mm 정도의 얇은 연삭원판을 고속으로 회전시켜 관을 절단

10) 가스 절단기(산소 절단기) : 산소-아세틸렌 또는 산소-프로판가스의 불꽃을 이용하여 산화시켜 절단

11) 관 벤딩용 기계
① 램식(유압식) : 유압을 이용하여 관을 구부리는 것으로 현장용
② 로터리식 : 관에 심봉을 넣어 구부리는 것으로 대량생산 등의 공장용

> **참고**
> ※ 열간 벤딩 시 가열온도
> ① 강관 벤딩 시 : 800~900℃ 정도
> ② 동관 벤딩 시 : 600~700℃ 정도

(2) 동관용 공구

1) 토치램프 : 납땜, 동관접합 등을 위한 가열용 공구
2) 튜브벤더 : 동관 굽힘용 공구
3) 플레어링 툴 : 동관의 끝을 나팔모양으로 만들어 압축 접합 시 사용하는 공구
4) 사이징 툴 : 동관 끝을 원형으로 정형하는 공구
5) 익스팬더(확관기) : 동관 끝의 확관용 공구
6) 튜브커터 : 동관 절단용 공구
7) 리머 : 커터로 절단 후 관 내면의 거스러미(burr)를 제거
8) 티뽑기(Extractors) : 동관에서 분기관 성형 시 사용

(3) 주철관용 공구(소켓이음용)

1) 납용해용 공구셋
2) 클립 : 소켓 접합 시 납물의 비산을 방지
3) 코킹 정 : 얀이나 납을 다지거나 코킹하는 정
4) 링크형 파이프 커터 : 주철관 전용 절단공구

(4) 연관용 공구

1) 연관톱 : 연관 절단용 공구
2) 봄보올 : 주관에 구멍을 뚫을 때 사용
3) 드레서 : 연관표면의 산화피막 제거
4) 벤드벤 : 연관의 굽힘작업에 이용
5) 마아레트 : 나무해머
6) 턴핀 : 관 끝을 접합하기 쉽게 관 끝을 확대
7) 토치 램프 : 가열용 공구

3. 배관도시

(1) 강관의 호칭지름

※ A : mm, B : inch, 1inch=25.4mm

호칭지름		호칭지름		호칭지름	
A(mm)	B(inch)	A(mm)	B(inch)	A(mm)	B(inch)
6A	1/8″	32A	1 1/4″	125A	5″
8A	1/4″	40A	1 1/2″	150A	6″
10A	3/8″	50A	2″	200A	8″
15A	1/2″	65A	2 1/2″	250A	10″
20A	3/4″	80A	3″	300A	12″
25A	1″	100A	4″	350A	14″

(2) 높이 표시

1) GL : 지면의 높이를 기준
2) FL : 층의 바닥면을 기준
3) EL : 관의 중심을 기준
4) TOP : 관의 윗면까지의 높이를 표시
5) BOP : 관의 아랫면까지의 높이를 표시

(3) 유체 표시기호

유체의 종류	도 색	도시기호
물	청 색	W
공 기	백 색	A
가 스	황 색	G
수증기	적 색	S
유 류	어두운 주황	O

(4) 관의 접속 및 입체적 상태

접속상태	실제모양	도시기호	굽은상태	실제모양	도시기호
접속하지 않을 때		┼ ┼	파이프 A가 앞쪽 수직으로 구부러 질 때	A	A ⊙
접속하고 있을 때		┿	파이프B가 뒤쪽 수직으로 구부러 질 때	B	B ○ B ○
분기하고 있을 때		┴	파이프가 C가 뒤쪽으로 구부러져서 D에 접속될 때	C D	C ○ D C ○ D

(5) 배관의 이음 표시

이음종류	연결방법	도시기호	예	이음종류	연결방식	도시기호
관이음	나사이음			신축이음	루우프형	
	용접이음(땜이음)				슬리브형	
	플랜지이음				벨로우즈형	
	턱걸이이음				스위블형	

(6) 밸브 및 계기류 표시

종류	기호	종류	기호
스톱(글로브)밸브		일반조작밸브	
게이트(슬루우스)밸브		전자밸브	
앵글밸브		전동밸브	
역지(체크)밸브		도출밸브	
안전밸브(스프링식)		공기빼기밸브	
안전밸브(추식)		닫혀 있는 일반밸브	
일반 콕크		닫혀 있는 일반콕크	
볼밸브		온도계·압력계	
버터플라이밸브		다이어프램밸브	
봉함밸브		감압밸브	

(7) 배관의 말단 표시

| 막힘 플랜지 | ─┤├─ | 나사캡 | ─⊐ | 용접캡 | ─⟩ | 플러그 | ─◁ |

(8) 기타 및 관지지 기호

펌 프		관지지 기호		
		종 류	관 지 지	기 호
냉 각 탑		앵 커		⊗
팽창밸브 (증기트랩)	⊗	가 이 드		══ G
볼 밸 브	▷◁	슈 우		●───
팽창이음 (슬리브형)	─[ ]─	행 거		● H
오리피스	─┤├─	스프링 행거		● SH
가열코일	∽∽∽	바닥지지		■ S
여 과 기	─┼╲┼─	스프링지지		■ SS

4. 급수설비

(1) 배관 기초 계산 및 마찰저항

1) 관 내 유량, 유속, 관경

유량, $Q = AV = \dfrac{\pi}{4}d^2 \cdot V$

유속, $V = \dfrac{4Q}{\pi d^2}$

관경, $d = \sqrt{\dfrac{4Q}{\pi V}}$

여기서, Q : 유량(m³/sec)
A : 관의 단면적(m²)
d : 관의 내경(m)
V : 유속(m/sec)

2) 직관부에서의 마찰손실수두(H_L : mAq)

$$H_L = f \cdot \frac{l}{d} \cdot \frac{V^2}{2g}$$

여기서, f : 관 마찰계수
l : 관 길이(m)
d : 관의 내경(m)
V : 유속(m/s)

> **참고**
> ※ 마찰손실(압력손실)수두는 마찰계수, 관 길이, 유속의 2승에 비례하고, 관지름에 반비례한다.

(2) 수도직결방식

상수도 본관의 급수압력을 그대로 이용하는 방식으로 소규모에 적합한 방식

1) 특징
① 설비비가 싸고, 소규모 건물에 적합하다.
② 급수오염이 가장 적다.
③ 급수압이 한정되어 있어 급수높이가 낮다.
④ 정전 시에도 급수가 가능하나 단수 시에는 급수 불가능하다.

2) 수도본관의 최저압력

$$P \geq P_1 + P_2 + P_3$$

여기서, P_1 : 수전까지의 높이 환산압력(h/10)
P_2 : 배관의 압력강하(kg/cm²)
P_3 : 기구 최소 필요압력(kg/cm²)

> **참고**
> ※ 위생기구 최저 필요 압력
>
> | 기 구 명 | 최저 압력(kg/cm²) | 기 구 명 | 최저 압력(kg/cm²) |
> |---|---|---|---|
> | 일반수전 | 0.3 | 세정(플러시)밸브 | 0.7 |
> | 순간온수기(대) | 0.5 | 샤워, 자동밸브 | |

(3) 고가(옥상)탱크 방식

고가수조의 중력에 의해 하향급수

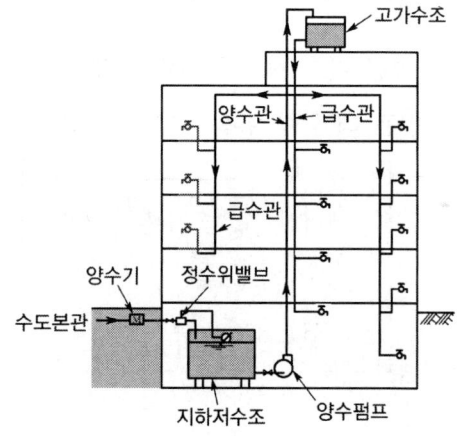

1) 공급방식

상수도본관 → 저수조 → 양수펌프 → 양수관 → 고가수조 → 급수관 → 수전

2) 특 징
① 대규모에 급수 수요에 적합하다.
② 수압이 일정하다.

③ 급수오염의 우려가 있다.
④ 정전, 단수 시에도 일정량 급수가 가능하다.

3) 고가수조의 설치높이

$$H \geq H_1 + H_2 + h$$

여기서, H_1 : 최고층 수전과 탱크저수면 높이(m)
H_2 : 배관마찰 손실수두(m)
h : 수전의 급수압력 환산수두(m)

4) 급수장치
① 급수펌프 용량 = 최대 사용시간 급수량 × 2배
② 옥상탱크의 용량 = 시간 최대 사용량 × 1~3배
③ 넘침방지관(오버 플로우관) : 양수관 크기의 2배

(4) 압력탱크 방식

압력탱크에 물을 압입하면 탱크 내 압축공기에 의해 급수되는 방식

1) 공급방식
   상수 → 저수조 → 양수펌프 → 압력탱크 → 급수관 → 수전

2) 특 징
① 고가수조가 불필요하다.
② 탱크 설치위치에 제한이 없다.
③ 국부적으로 고압이 필요한 경우 적합하다.
④ 최고, 최저차가 커 급수압이 일정하지 않다.
⑤ 많은 저수량을 확보할 수 없어 정전이나 펌프 고장 시 급수가 중단된다.
⑥ 시설비(압력탱크, 압축기 등)가 많이든다.

3) 압력탱크 최저 필요압력

$$P \geq P_1 + P_2 + P_3$$

여기서, P_1 : 최고층 수전까지 높이 환산압력
P_2 : 배관의 압력강하
P_3 : 기구 최소 필요압력

(5) 탱크없는 부스터 방식(펌프 직송 방식)

고가수조 없이 입형 다단(부스터)펌프를 이용하여 급수량의 변화에 따라 펌프의 회전수를 제어하여 급수압을 일정하게 유지하는 방식

(6) 급수량의 산정방법

① 급수 인원에 의한 방법
② 건물의 유효면적에 의한 방법
③ 위생 기구수에 대한 방법

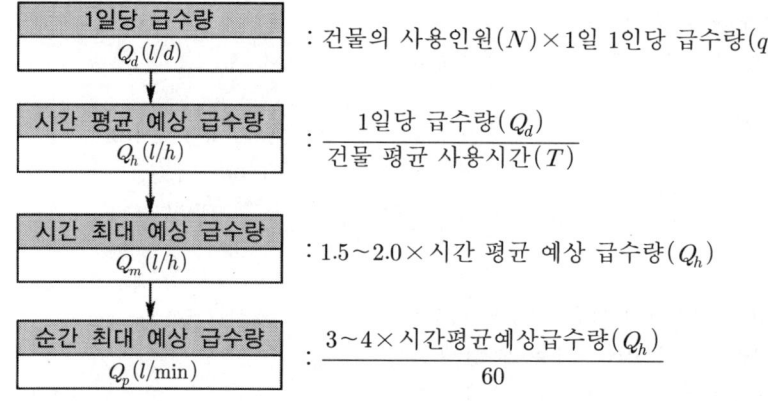

(7) 고층건물의 급수배관 방식(급수의 조닝)

수전에서의 적절한 수압을 유지하기 위하여
① 층별식
② 중계식
③ 압력조정(조압)펌프식
④ 압력탱크식

(8) 급수배관의 시공

① 급수관의 구배 : 1/250
② 각층 수평주관 : 선상향 구배
③ 하향 배관에서 수평주관 : 선하향 구배

(9) 수격작용(water hammer)

유속의 급속한 변화로 배관 내의 압력이 급속히 상승하여 배관을 타격하는 현상

1) 원 인
① 플러시밸브나 수전의 급속한 개폐
② 관경이 작을 때
③ 수압이 과대하거나 유속이 빠를 때
④ 감압밸브 사용 시
⑤ 굴곡부가 많거나 유수의 급정지 시

2) 방지대책
① 공기실(air chamber)이나 수격방지기를 설치한다.
② 관경을 크게 하고, 유속은 낮춘다.
③ 펌프에 플라이 휠(fly wheel)을 설치하여 펌프의 급속한 속도변화를 방지한다.
④ 조압 수조(surge tank)나 워터햄머 흡수기(arresters)를 설치한다.
⑤ 밸브는 송출구 가까이 설치하고, 개폐를 천천히 한다.
⑥ 배관의 굴곡을 억제하고, 가능한 직선으로 시공한다.

> ※ **수격작용 시 압력파** : 유속의 14배에 상당하는 압력 발생

(10) 크로스 커넥션

배관과 음용수 이외의 배관과의 접속 또는 음용수와 일단 배출된 물이 혼합하게 되어 음용수가 오염되는 접속배관을 말한다.

(11) 슬리브(sleeve)

관의 신축에 대비하고, 배관 수리 및 교체를 용이하게 하기 위하여 배관이 바닥이나 벽을 관통하는 경우에 콘크리트 타설 전에 설치한다.

(12) 건물 용도에 따른 최고 사용압력

1) 공동주택, 호텔, 숙박시설 : $3 \sim 4 kg/cm^2 (0.3 \sim 0.4 MPa)$
2) 사무소, 그 외 : $4 \sim 5 kg/cm^2 (0.4 \sim 0.5 MPa)$

5. 급탕설비

(1) 급탕방법의 구분

개 별 식	순간식, 저탕식
중 앙 식	직접가열식, 간접가열식, 기수혼합식

(2) 개별식 급탕법의 특징

① 배관이 짧아 배관 중의 열손실이 적다.
② 쉽게 급탕을 사용할 수 있다.
③ 급탕설비의 증설이 용이하다.
④ 소규모 설비에 적합하다.

(3) 직접 가열식과 간접 가열식의 특징

1) **직접 가열식** : 보일러와 저탕탱크 내의 물을 직접 가열하는 것으로 열효율이 높다.
2) **간접 가열식** : 저탕조 내에 가열코일을 설치하고, 이 코일에 증기 또는 고온수를 공급하여 탱크 내의 물을 간접적으로 가열하는 방식으로 대규모 급탕설비 적합하다.

구 분	직접 가열식	간접 가열식
가열장소	온수보일러	난방용 보일러
보일러	급탕 및 난방용의 고압보일러 필요	급탕가능(저압보일러)
스케일 유무	많이 발생(수명이 짧음)	거의 발생하지 않음
가열코일	무	유
열효율	높음	낮음
적용	중·소규모	대규모

(4) 기수 혼합식 급탕설비

① 저탕조에 직접 증기를 불어 넣어 가열한다.
② 열효율을 100%이지만 소음이 크다.
③ 소음제거를 위해 스팀 사일렌서(F, S형)를 설치한다.
④ 사용 증기압은 $1 \sim 4\,kg/cm^2$ 정도이다.

(5) 급탕온도

- 표준 급탕온도 : 60℃(60 kcal/kg)

> **참고**
> ※ 음료용 : 50~55℃ ※ 접시 세정기 헹구기용 : 70~80℃

(6) 급탕량 산정

① 인원수에 의한 방법
② 기구수에 의한 방법

(7) 배관방식

1) **단관식** : 1개의 배관으로 공급하므로 급탕배관 길이 15m 이내의 소규모 주택에 채택
2) **복관식(순환식)** : 급탕관과 반탕관이 별도로 있어 항상 뜨거운 물을 바로 사용할 수 있다.

(8) 급탕 공급방식

1) **상향식** : 급탕 수직관을 세워 수직 입상관에서 공급
2) **하향식** : 급탕수직관을 최상층까지 올린 다음 최고층의 수평주관으로부터 수직관을 세워 하향으로 공급
3) **상·하향식**
4) **역환수 방식(리버스리턴 방식)** : 각층의 유량을 균등하게 분배하기 위한 방식으로 가장 효율적인 방식이나 설비비가 많이 든다.

(9) 순환방식

1) 중력식 : 급탕과 환탕(복귀탕)과의 온도에 의한 밀도차를 이용하여 자연 순환시킴

2) 자연 순환수두(mmAq)

$$H = (r_2 - r_1)h$$

여기서, r_2 : 환탕의 비중량(kgf/m³)
r_1 : 급탕의 비중량(kgf/m³)
h : 배관높이(m)

3) 강제 순환식 : 순환펌프를 사용하여 강제로 순환시킴

4) 순환펌프 양정(mH₂O)

$$H = 0.01\left(\frac{L}{2} + l\right)$$

여기서, L : 급탕 배관길이(m)
l : 환탕 배관길이(m)

(10) 급탕관경 및 유속

1) 급탕관 : 최소 20mm 이상
2) 반탕관 : 급탕관보다 한치수 작게한다.
3) 급탕배관의 유속 : 1.5m/s 이하

(11) 배관의 구배

1) 상향식 : 급탕관은 선상향, 복귀(환탕)관은 선하향 구배
2) 하향식 : 급탕관, 복귀관 모두 선하향 구배
3) 중력 순환식 : 1/150
4) 강제 순환식 : 1/200

(12) 급탕배관의 수압시험

최고 사용압력의 2배 이상으로 10분간

6. 난방설비

(1) 난방설비의 분류

1) 직접난방 : 증기난방, 온수난방, 복사난방
2) 간접난방 : 공기조화, 온풍 난방, 공기조화

(2) 증기난방

증기의 응축(증발)잠열을 이용하여 난방

1) 증기난방의 분류

구 분	방 식	설　　　　　　　　　　　명
증기 압력	고압식	증기의 압력 $1.0\,kg/cm^2$ 이상($1\sim3\,kg/cm^2$ 정도)
	저압식	증기의 압력 $1.0\,kg/cm^2$ 미만($0.1\sim0.35\,kg/cm^2$ 정도)
배관 방식	단관식	증기관과 응축수관이 동일하게 하나로 구성
	복관식	증기관과 응축수관이 별개로 구성
공급 방식	상향식	증기공급주관을 최하층으로 배관하여 상향으로 공급
	하향식	증기공급주관을 최상층에 배관하여 하향으로 공급
환수배관 방식	건식	응축수환수관이 보일러 수면보다 위에 위치
	습식	응축수환수관이 보일러 수면보다 아래에 위치
응축수 환수방식	중력환수식	응축수 자체의 중력에 의하여 환수
	기계환수식	펌프에 의하여 응축수를 보일러에 급수
	진공환수식	배관 내 응축수를 진공펌프를 이용하여 응축수탱크로 환수하고 이를 펌프에 의해 보일러에 공급하는 방식으로 증기의 순환이 빠르고 환수관의 지름이 작아도 되며 설치위치에 제한이 없다. (진공도 $100\sim250\,mmHg$)

2) **증기속도** : 수격작용 방지를 위해 저압증기는 35m/s, 고압증기는 45m/s로 제한

3) **냉각레그** : 증기주관 끝의 길이를 1.5m 이상으로 하고 보온하지 않은 상태로 증기를 응축시켜 트랩으로 보내는 역할(찌꺼기 고임부는 150mm 정도)

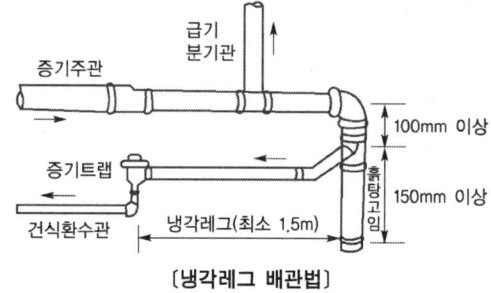

〔냉각레그 배관법〕

4) **하트포드 이음** : 저압 증기난방의 습식 환수방식에 있어 보일러 수위가 환수관의 접속부의 누설로 인해 저수위 사고가 일어날 것을 방지하기 위해 증기관과 환수관 사이의 표준수면에서 50mm 아래에 균형관을 설치한다.

5) **리프트 이음(리프트 피팅)**
   ① 환수주관보다 높은 곳에 진공펌프 설치 시 응축수 환수를 위해 설치
   ② 리프트관은 환수관보다 한 치수 작은관 사용
   ③ 1단의 흡상 높이 : 1.5m 이내

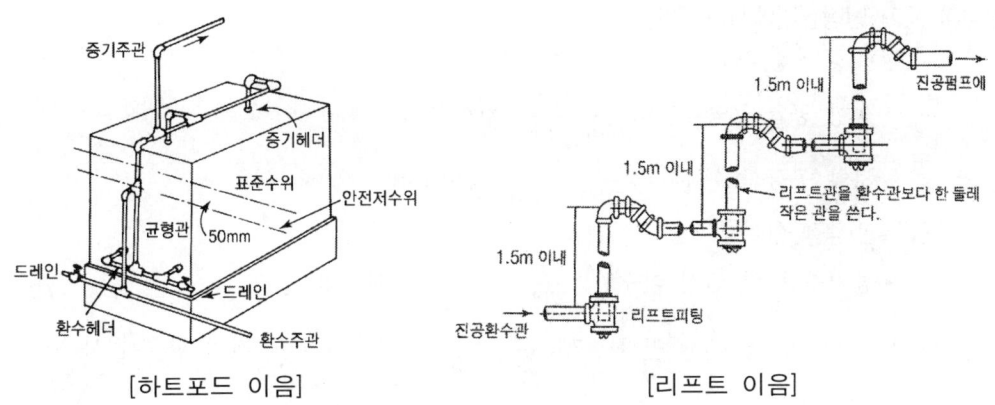

[하트포드 이음]   [리프트 이음]

6) **감압밸브** : 증기의 출구압력을 고압에서 저압으로 유지

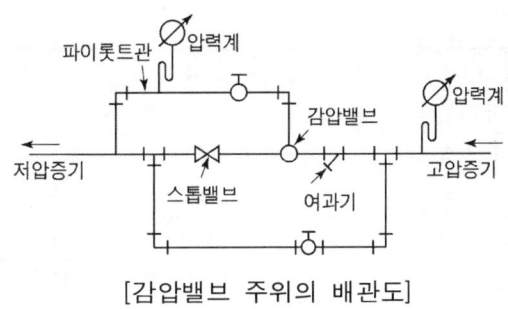

[감압밸브 주위의 배관도]

7) **증기헤더** : 보일러에서 발생한 증기를 일시 저장하거나 각 사용처로 공급하는 장치
8) **인젝터** : 보일러에서 발생한 증기를 이용한 보조 급수장치
9) **증기트랩(Steam trap)** : 증기관 말단이나 증기방열기 출구에 설치하여 증기 중의 응축수를 분리하여 수격작용 방지 및 배관의 부식방지

구 분	원 리	종 류
기계식 트랩	비중차 및 부력 이용	버킷(관말), 플로우트(다량)
온도조절식 트랩	온도차 이용	바이메탈, 벨로우즈
열역학적 트랩	열역학적 성질 이용	오리피스, 디스크

① 버킷트랩 : 부력을 이용한 것으로 증기관과 환수관의 압력차가 있어야 하며 고압, 중압의 증기관에 적합하며, 환수관을 트랩보다 위쪽에 배관할 수 있으며 버킷의 위치에 따라 상향식과 하향식이 있다.
② 열동식(실리폰) 트랩 : 증기와 드레인을 분리하고 공기와 드레인을 함께 처리
③ 오리피스(충격식) 트랩 : 응축수 처리능력에 비해 극히 소형이며 고압, 중압, 저압에 사용되며 작동 시 구조상 증기가 약간 새는 결점이 있다.

10) 증기 난방설비에서의 구배

① 단관 중력 환수식

- 상향 공급식(역류관) : $\frac{1}{50} \sim \frac{1}{100}$ 하향구배
- 하향 공급식(순류관) : $\frac{1}{100} \sim \frac{1}{200}$ 상향구배

② 복관 중력 환수식

- 증기주관 및 건식 환수관 : $\frac{1}{200}$ 끝내림 구배

③ 진공 환수식 증기주관 및 환수관 : $\frac{1}{200} \sim \frac{1}{300}$ 선하향 구배(건식 환수관 사용)

(3) 온수난방

온수의 현열을 이용하여 난방

1) 온수난방의 분류

구분	방식	설명
순환방식	자연순환식(중력식)	온수를 비중차를 이용하여 순환
	강제순환식(펌프식)	순환펌프를 사용하여 강제순환
온수온도	고온수식	온수온도가 100℃ 이상(보통 100~150℃ 정도, 밀폐형 ET)
	보통온수식	온수온도가 100℃ 미만(보통 80~95℃ 정도)
	저온수식	온수온도가 100℃ 미만(보통 45~80℃ 정도)
배관방식	단관식	온수공급관과 환수관이 동일
	복관식	공급관과 환수관이 별개로 구성
	역환수관(리버스리턴)	공급배관과 환수배관의 길이를 같게하여 온수가 균등하게 공급
공급방식	상향식	온수공급관을 최하층에서 상향으로 공급
	하향식	온수공급관을 최상층에서 하향으로 공급

> **참고**
> ※ **역귀환(reverse return) 배관방식** : 각 방열기의 방열량을 균등하게 하기 위하여 각 방열기의 공급관 및 환수관의 마찰저항(배관길이)은 동일하게 하여 유량의 분배를 일정하게 공급하는 방식으로 가장 효율적이다.

2) **팽창탱크** : 배관 내 온수의 팽창에 따른 장치 및 배관의 파손방지

① 온수 팽창량

$$\Delta V = \left(\frac{1}{\gamma_2} - \frac{1}{\gamma_1}\right) V$$

② 팽창탱크의 용량

ET = 온수팽창량 × 2 ~ 2.5배

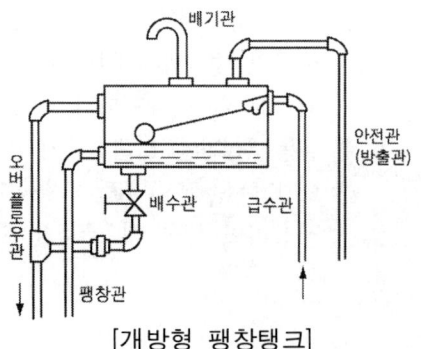

[개방형 팽창탱크]

3) 온수난방 시공 시 구배
　① 팽창탱크를 향해 1/250 이상 구배
　② 단관 중력 환수식의 온수주관은 하향구배
　③ 복관 중력 환수식 ┌ 상향 공급식 : 공급관 – 상향구배, 환수관 – 하향구배
　　　　　　　　　　└ 하향 공급식 : 공급관, 환수관 모두 – 하향구배
　④ 강제 순환식 : 구배를 자유롭게 수평으로 유지하며 공기가 체류하지 않도록 한다.

> **참고**
> ※ **고온수 난방** : 100℃ 이상의 온수를 이용하는 것으로 특수건물이나 공장, 지역난방 등에 사용되며 고온수를 사용처에 공급하기 위해 가압이 필요하며 가압방식으로는 정수두 가압방식, 공기 가압방식, 증기 가압방식, 질소가스 가압방식, 펌프 가압방식이 있으며 밀폐형 팽창탱크를 사용한다.

(4) 복사난방

바닥에 매립된 배관에 온수를 통과시켜 복사열과 대류열을 이용하는 것으로 자연환기가 많이 일어나거나 천장이 높은 건물의 난방에 유리하나 시설비가 많이 든다.

1) **패널의 종류** : 바닥, 벽, 천장패널
2) **관매설 깊이** : 관 상단에서 관경의 1.5~2배 이상
3) **배관 길이** : 1구역(zone)당 50m 정도

(5) 방열기 도시기호

종 별	기 호
2주형	II
3주형	III
3세주형	3, 3C
5세주형	5, 5C
벽걸이형(횡형)	W-H
벽걸이형(종형)	W-V

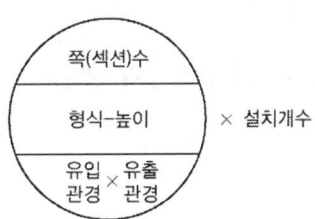

7. 오배수설비

(1) 배수의 종류

1) **일반(잡)배수** : 요리실, 욕조, 세척 싱크와 세면기 등에서 배출되는 물
2) **오수** : 수세식 화장실의 대·소변기 등에서의 나오는 배수
3) **특수배수** : 병원, 연구소, 공장 등과 같이 특수한 물질을 제거해야 하는 배수
4) **우수** : 지붕이나 마당에 떨어지는 빗물의 배수

(2) 배수 방식

1) **분류식** : 오수만을 정화처리 하여 공공하수도에 방류하고 잡배수, 우수는 그대로 배수하는 방식
2) **합류식** : 오수와 잡배수를 모아 동일 배수계통으로 배수하는 방식

> **참고**
> ※ **옥내, 옥외 배수기준** : 외벽에서의 1m 기준

(3) 배수트랩의 종류

1) **관트랩(사이펀 트랩)**
   ① S트랩 : 세면기, 소변기 사용
   ② P트랩 : 봉수가 S트랩보다 안전
   ③ U(가옥, 하우스, 메인)트랩 : 옥내 배수수평주관의 말단 등 가옥 내 배수기구에 부착하여 공공하수관으로부터 해로운 가스가 실내로 유입되는 것을 방지

2) **비사이펀 트랩**
   ① 드럼트랩 : 주방용 싱크
   ② 벨트랩 : 욕실, 샤워실 등 바닥배수용

3) **포집기(저집기)**
   ① 그리스트랩 : 식당, 주방에서 유지분 제거
   ② 가솔린트랩 : 차고, 주차장, 주유소에 사용
   ③ 샌드트랩 : 모래분리

(4) 트랩에서의 봉수파괴 원인

1) **증발작용** : 장시간 미사용 시 봉수의 자연증발에 의한 파괴
2) **흡출작용(흡인작용에 의한 유도사이펀)** : 오배수 수직관 가까이에 위생기구가 설치되어 있을 때 수직관 위로부터 일시에 다량의 물이 흐르게 되면 그 수직관과 수평관의 연결관에 순간적으로 진공이 생기면서 봉수가 파괴되는 현상
3) **모세관 현상** : 머리카락이나 걸레 등에 의한 모세관 현상에 의한 봉수파괴
4) **분출작용(역압작용)**
5) **자기사이펀 작용** : 위생기구에서 배수가 만수상태로 트랩을 통과할 때 봉수가 빨려 나가 파괴되는 작용
6) **관성력에 의한 배출**

> **참고**
> ※ **봉수의 깊이** : 50~100mm 이내

(5) 통기관의 목적
① 트랩 내 봉수파괴 방지
② 배수의 흐름을 원활
③ 배수관 내의 악취제거 및 청결유지

(6) 통기관의 종류

1) 각개 통기관
① 위생기구마다 각각 통기관 설치가 가장 이상적이나 설비비가 비쌈
② 통기관경 : 접속 배수관경 이상(32mm 이상)

2) 루프(회로, 환상) 통기관
① 2개 이상 8개 이내의 트랩을 보호
② 통기관경 : 배수 수평지관과 통기 수직관 중 작은 것의 1/2 이상(40mm 이상)
③ 통기관 길이 : 7.5m 이내

3) 신정 통기관
① 배수 수직관의 끝을 축소하지 않고 그대로 옥상에 개구
② 지붕 또는 옥상에서 0.15m 이상 올려 개구하며 이때 인접 건물의 개구부가 있을 경우 개구부 상단보다 0.6m 올리거나 수평으로 3m 이상 떨어져서 개구

4) 도피 통기관
입상관까지의 거리가 긴 경우 루프 통기관의 효과를 높이기 위해 설치된 통기관

5) 습식, 공용, 결합 통기관 등

> **참고**
> ※ **통기헤더** : 통기 입관을 하나로 묶어 대기로 개방시키는 관

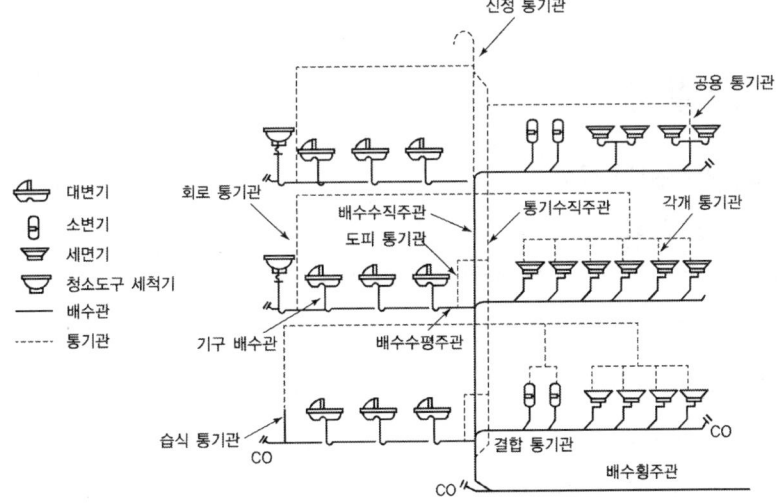

(7) 섹스티어 방식(sextia system)

유수에 선회력을 주어 수직관의 배관 중앙에 공기코어를 형성하여 하나의 관으로 배수, 통기관을 겸하는 방식으로 고층이나 APT 등에 많이 사용하는 이음 방식

(8) 청소구(소제구)의 설치

① 가옥 배수관과 대지 하수관 접속 부분
② 배수 수직 주관의 최하단부
③ 수평지관의 기점부
④ 배관이 45° 이상 구부러지는 곳
⑤ 수평관경이 100mm 이하는 15m마다, 100mm 이상은 30m마다

(9) 배수부하단위(fuD)

세면기 배수량을 1로 기준(28.5 L/min)

(10) 배관시험

1) 수압시험 : 수압 $0.3 \, kg/cm^2 (3mH_2O)$로 15분 이상 유지
2) 기압시험 : 기압 $0.35 \, kg/cm^2$을 가하여 15분 이상 유지
3) 연기시험
4) 박하시험

(11) 중수도 설비

1차로 사용한 상수를 정화하여 음료를 제외한 용도에 다시 사용하는 설비

8. 가스설비

(1) LNG(액화천연가스)의 특성

① 메탄(CH_4)를 주성분으로 하는 천연가스를 액화시킨 것으로 도시가스의 주원료이다.
② 1기압하에서 $-162℃$로 액화하면 체적이 1/600로 감소한다.
③ 공기보다 가볍다.

(2) LPG(액화석유가스)의 특성

① 주성분 : 프로판(C_3H_8), 부탄(C_4H_{10}), 프로필렌(C_3H_6), 부틸렌(C_4H_8) 등
② 액화하면 1/250로 체적이 감소한다.

③ 공기보다 무겁다.
④ 발열량이 크고, 연소 시 다량의 공기가 필요하다.

(3) 도시가스 공급계통에 따른 공급 순서

원료 → 제조 → 압송 → 저장 → 압력조정

(4) 도시가스 공급방식

1) 고압 공급 : 1 MPa(10 kg/cm^2) 이상
2) 중압 공급 : 0.1~1 MPa(1~10 kg/cm^2) 미만
3) 저압 공급 : 0.1 MPa(1 kg/cm^2) 미만

(5) 가스배관의 경로

저압본관 → 차단밸브 → 가스미터 → 가스코크 → 소비기구

(6) 가스배관의 설계

가스기구 배치 → 사용량 예측 → 배관 경로 결정 → 관경 결정

(7) 가스배관의 원칙

① 직선 및 최단거리로 배관으로 할 것
② 옥외, 노출배관으로 할 것
③ 오르내림이 적을 것

(8) 가스배관의 구분

1) **본관** : 도시가스 제조사업소의 부지 경계에서 정압기까지 이르는 배관
2) **공급관** : 정압기에서 가스 사용자가 구분하여 소유하거나 점유하는 건축물의 외벽에 설치하는 계량기의 전단밸브(토지의 경계)까지 이르는 배관
3) **내관** : 가스 사용자가 소유하거나 점유하고 있는 토지의 경계에서 연소기까지 이르는 배관

(8) 가스배관의 설계

1) 저압 가스배관 설계(폴의 공식)

$$Q = K\sqrt{\frac{D^5 H}{SL}}, \quad D^5 = \frac{Q^2 SL}{K^2 H}$$

2) 중·고압 가스배관 설계(콕스의 공식)

$$Q = Z\sqrt{\frac{D^5(P_1^2 - P_2^2)}{SL}}$$

여기서, Q : 가스 유량(m³/h)
D : 관의 내경(cm)
H : 허용마찰손실수두(mmH$_2$O)
$P_1 - P_2$: 초압-종압(kg/cm²a)
L : 관 길이(m)
S : 가스 비중
K(폴의 정수) : 0.707
Z(콕스의 정수) : 52.31

(9) 가스홀더(Gas holder)

1) 설치목적 : 공장에서 제조 정제된 가스를 저장하여 가스 품질을 균일하게 유지하면서 제조량과 수요량을 조절하는 탱크
2) 가스홀더의 종류 : 유수식, 무수식, 고압(구형)홀더

(10) 정압기(Governer)

가스의 압력을 일정한 압력으로 낮추어 주는 기기로서 통풍이 잘되는 옥외에 설치할 것

(11) 가스미터의 종류

1) 직접식(실측식) : 건식(막식, 회전식), 습식
2) 간접식(추측식) : 터빈식, 오리피스, 벤튜리식 등

> 참고
> ※ 막식(다이어프램식) : 가스를 일정 용적의 통 속에 충만시킨 후 배출하여 그 횟수를 용적 단위로 환산 것으로 일반 수용가(가정용, 상업용 등)에 많이 사용

(12) 가스계량기(가스미터) 설치

① 지면으로부터 1.6~2m 이내 설치
② 화기로부터 2m 이상 우회거리

(13) 부취설비

1) 액체 주입식 부취설비
   ① 펌프 주입 방식
   ② 적하 주입 방식
   ③ 미터연결 바이패스 방식

2) 증발식 부취설비
   ① 바이패스 증발식
   ② 위크 증발식

(14) 가스배관의 고정

1) 가스배관의 고정
   ① 13mm 미만 : 1m 마다
   ② 13~33mm 미만 : 2m 마다
   ③ 33mm 이상 : 3m 마다

(15) 가스배관의 도색과 매설

1) 가스배관의 도색
   지상에 설치하는 도시가스 배관은 황색, 지하매설 배관으로 최고 사용압력이 저압인 배관은 황색으로 중압 이상인 배관은 붉은색으로 할 것

2) 가스배관의 매설깊이
   ① 도시가스 배관을 시가지 외의 도로노면 밑에 매설하는 경우에는 노면으로부터 배관의 외면까지 깊이를 1.2m 이상으로 할 것
   ② 도시가스 배관을 철도부지에 매설하는 경우에는 배관의 외면으로부터 궤도 중심까지 4m 이상, 그 철도부지 경계까지는 1m 이상의 거리를 유지하고, 지표면으로부터 배관의 외면까지의 깊이를 1.2m 이상으로 한다.

3) 도시가스 공급시설의 기밀시험 및 내압시험 압력
   ① 기밀시험 : 최고 사용압력의 1.1배
   ② 내압시험 압력 : 최고 사용압력의 1.5배

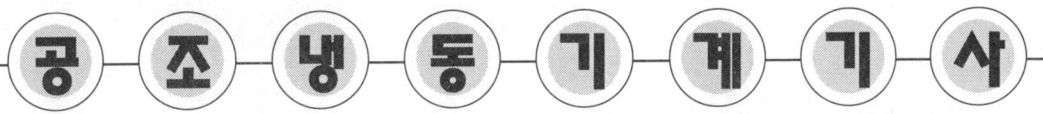

2016

기/출/문/제

- 2016년 3월 6일 시행
- 2016년 5월 8일 시행
- 2016년 8월 21일 시행

2016년 3월 6일 제1회 공조냉동기계기사

제1과목 기계열역학

001 계가 비가역 사이클을 이룰 때 클라우지우스(Clausius)의 적분을 옳게 나타낸 것은? (단, T는 온도, Q는 열량이다.)

① $\oint \dfrac{\delta Q}{T} < 0$ ② $\oint \dfrac{\delta Q}{T} > 0$

③ $\oint \dfrac{\delta Q}{T} \geq 0$ ④ $\oint \dfrac{\delta Q}{T} \leq 0$

해설 Clausius의 적분

① 가역 과정 : $\oint \dfrac{dQ}{T} = 0$

② 비가역 과정 : $\oint \dfrac{dQ}{T} < 0$

002 여름철 외기의 온도가 30℃일 때 김치냉장고의 내부를 5℃로 유지하기 위해 3kW의 열을 제거해야 한다. 필요한 최소 동력은 약 몇 kW인가? (단, 이 냉장고는 카르노 냉동기이다.)

① 0.27 ② 0.54
③ 1.54 ④ 2.73

해설 $\varepsilon = \dfrac{Q_2}{W} = \dfrac{T_2}{T_1 - T_2}$ 에서

$W = \dfrac{Q_2 \times (T_1 - T_2)}{T_2} = \dfrac{3 \times (303 - 278)}{278} = 0.27 \text{kW}$

003 내부에너지가 40kJ, 절대압력이 200kPa, 체적이 0.1m³, 절대 온도가 300K인 계의 엔탈피는 약 몇 kJ인가?

① 42 ② 60
③ 80 ④ 240

해설 $H = U + PV = 40 + (200 \times 0.1) = 60 \text{kJ}$

답 001. ① 002. ① 003. ②

004 2개의 정적과정과 2개의 등온과정으로 구성된 동력 사이클은?

① 브레이턴(brayton) 사이클　② 에릭슨(ericsson) 사이클
③ 스털링(stirling) 사이클　　④ 오토(otto) 사이클

> **해설** 스털링(stirling) 사이클
> ① 2개의 등온과정과 2개의 등적(정적)과정으로 구성
> ② 외연기관의 이론 사이클

005 다음 중 폐쇄계의 정의를 올바르게 설명한 것은?

① 동작물질 및 일과 열이 그 경계를 통과하지 아니하는 특정 공간
② 동작물질은 계의 경계를 통과할 수 없으나 열과 일은 경계를 통과할 수 있는 특정 공간
③ 동작물질은 계의 경계를 통과할 수 있으나 열과 일은 경계를 통과할 수 없는 특정 공간
④ 동작물질 및 일과 열이 모두 그 경계를 통과할 수 있는 특정 공간

> **해설** ① 고립계　② 폐쇄계(밀폐계)　④ 개방계
> **참고** 폐쇄계(밀폐계) : 동작물질이 계의 경계를 통과할 수 없으나 열과 일은 경계를 통과할 수 있는 계

006 증기 압축 냉동기에서 냉매가 순환되는 경로를 올바르게 나타낸 것은?

① 증발기 → 팽창밸브 → 응축기 → 압축기
② 증발기 → 압축기 → 응축기 → 팽창밸브
③ 팽창밸브 → 압축기 → 응축기 → 증발기
④ 응축기 → 증발기 → 압축기 → 팽창밸브

> **해설** 증기압축 냉동기에서의 냉매 순환 경로
> 증발기 → 압축기 → 응축기 → 팽창밸브

007 한 시간에 3600kg의 석탄을 소비하여 6050kW를 발생하는 증기터빈을 사용하는 화력발전소가 있다면, 이 발전소의 열효율은 약 몇 %인가? (단, 석탄의 발열량은 29900kJ/kg이다.)

① 약 20%　② 약 30%
③ 약 40%　④ 약 50%

> **해설** 발전소의 열효율
> $$\eta = \frac{출력}{석탄\ 소비량 \times 발열량} = \frac{W}{G_f \times H_l} = \frac{6050 \times 3600}{3600 \times 29900} \times 100 = 20.23\%$$

답 004. ③　005. ②　006. ②　007. ①

008 4kg의 공기가 들어 있는 용기 A(체적 0.5m³)와 진공 용기 B(체적 0.3m³) 사이를 밸브로 연결하였다. 이 밸브를 열어서 공기가 자유팽창하여 평형에 도달했을 경우 엔트로피 증가량은 약 몇 kJ/K인가? (단, 온도 변화는 없으며 공기의 기체상수는 0.287kJ/kg·K이다.)

① 0.54　　　　　　② 0.49
③ 0.42　　　　　　④ 0.37

해설 기체의 자유팽창 시 엔트로피 증가량

$$dS = mR\frac{dV}{V} = mR\ln\frac{V_2}{V_1} = 4 \times 0.287 \times \ln\frac{0.5+0.3}{0.5} = 0.54 \text{kJ/K}$$

009 랭킨 사이클을 구성하는 요소는 펌프, 보일러, 터빈, 응축기로 구성된다. 각 구성 요소가 수행하는 열역학적 변화 과정으로 틀린 것은?

① 펌프 : 단열 압축　　　　② 보일러 : 정압 가열
③ 터빈 : 단열 팽창　　　　④ 응축기 : 정적 냉각

해설
① 단열 압축(펌프) : 1→2
② 정압 가열(보일러) : 2→4
③ 단열 팽창(터빈) : 4→5
④ 정압 방열(응축기) : 5→1

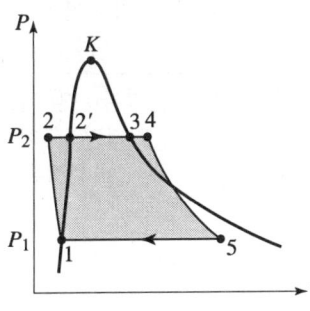
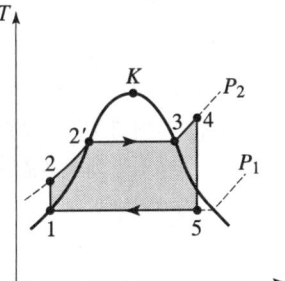

참고 랭킨 사이클의 상태변화 과정
단열 압축(펌프) → 정압 가열(보일러) → 단열 팽창(터빈) → 정압 방열(응축기)

010 실린더 내부에 기체가 채워져 있고 실린더에는 피스톤이 끼워져 있다. 초기 압력 50kPa, 초기체적 0.05m³인 기체를 버너로 $PV^{1.4}$ = constant가 되도록 가열하여 기체 체적이 0.2m³이 되었다면, 이 과정 동안 시스템이 한 일은?

① 1.33kJ　　　　　② 2.66kJ
③ 3.99kJ　　　　　④ 5.32kJ

답 008. ①　009. ④　010. ②

해설 가열 후 시스템이 한 일

① 절대일(팽창일)

$$W_a = \frac{1}{n-1}(P_1 V_1 - P_2 V_2) = \frac{1}{1.4-1}\{(50\times 0.05) - (7.18\times 0.2)\} = 2.66\text{kJ}$$

② 팽창 후 압력

$$P_2 = P_1\left(\frac{V_1}{V_2}\right)^n = 50 \times \left(\frac{0.05}{0.2}\right)^{1.4} = 7.18\text{kPa}$$

참고 폴리트로픽 변화에서의 P, V, T의 관계

$$\frac{T_2}{T_1} = \left(\frac{P_2}{P_1}\right)^{\frac{n-1}{n}} = \left(\frac{V_1}{V_2}\right)^{n-1}$$

011

준평형 정적과정을 거치는 시스템에 대한 열전달량은? (단, 운동에너지와 위치에너지의 변화는 무시한다.)

① 0 이다.
② 이루어진 일량과 같다.
③ 엔탈피 변화량과 같다.
④ 내부에너지 변화량과 같다.

해설 정적변화에서의 열출입(열전달)

$\delta q = du + Pdv$ 에서 $dv = 0$ 이므로 $\delta q = du$

정적과정에서의 열량변화는 내부에너지 변화량과 같다.

012

체적이 0.01m³인 밀폐용기에 대기압의 포화혼합물이 들어있다. 용기 체적의 반은 포화액체, 나머지 반은 포화증기가 차지하고 있다면, 포화수 전체의 질량과 건도는? (단, 대기압에서 포화액체와 포화증기의 비체적은 각각 0.001044m³/kg, 1.6729m³/kg이다.)

① 전체질량 : 0.0119kg, 건도 : 0.50
② 전체질량 : 0.0119kg, 건도 : 0.00062
③ 전체질량 : 4.792 kg, 건도 : 0.50
④ 전체질량 : 4.792 kg, 건도 : 0.00062

해설 ① 포화수 전체질량 $m = \dfrac{\text{포화수의 체적}}{\text{포화수의 비체적}} = \dfrac{0.01 \times 1/2}{0.001044} = 4.7892\text{kg}$

② 포화증기 질량 $m = \dfrac{0.01 \times \frac{1}{2}}{1.6729} = 0.0029888\text{kg}$

③ 건도 $x = \dfrac{v_x - v'}{v'' - v'} = \dfrac{\left(\dfrac{0.01}{4.7892}\right) - 0.001044}{1.6729 - 0.001044} = 0.00062$

또는, $x = \dfrac{4.7892}{4.7892 + 0.0029888} = 0.00062$

답 011. ④ 012. ④

013 질량이 m이고 비체적이 v인 구(sphere)의 반지름이 R이면, 질량이 $4m$이고, 비체적이 $2v$인 구의 반지름은?

① $2R$ ② $\sqrt{2}R$ ③ $\sqrt[3]{2}R$ ④ $\sqrt[3]{4}R$

① m, v일 때 비체적, $v = \dfrac{V}{m} = \dfrac{\frac{4}{3}\pi R^3}{m}$에서 $R^3 = \dfrac{3vm}{4\pi}$이다.

② $4m$, $2v$일 때 비체적, $2v = \dfrac{\frac{4}{3}\pi r^3}{4m}$에서 $r^3 = \dfrac{3 \times 8vm}{4\pi} = 8R^3$이다.

∴ $r^3 = 8R^3$, $r = (8R^3)^{\frac{1}{3}} = 2R$

 014 밀폐 시스템이 압력 P_1=200kPa, 체적 V_1=0.1m³인 상태에서 P_2=100kPa, V_2=0.3m³인 상태까지 가역 팽창되었다. 이 과정이 P-V선도에서 직선으로 표시된다면 이 과정 동안 시스템이 한 일은 약 몇 kJ인가?

① 10 ② 20 ③ 30 ④ 40

$W_1 = P_2(V_2 - V_1) = 100 \times (0.3 - 0.1) = 20$

$W_2 = \dfrac{(P_1 - P_2)(V_2 - V_1)}{2}$

$= \dfrac{(200 - 100) \times (0.3 - 0.1)}{2} = 10$

$W = W_1 + W_2 = 20 + 10 = 30$kJ

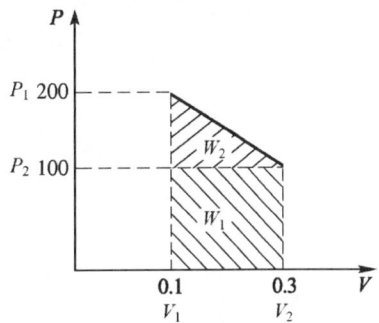

015 온도 600℃의 구리 7kg을 8kg의 물속에 넣어 열적 평형을 이룬 후 구리와 물의 온도가 64.2℃가 되었다면 물의 처음 온도는 약 몇 ℃인가? (단, 이 과정 중 열손실은 없고, 구리의 비열은 0.386kJ/kg·K이며 물의 비열은 4.184kJ/kg·K이다.)

① 6℃ ② 15℃ ③ 21℃ ④ 84℃

열평형식을 이용한 물의 처음 온도
$7 \times 0.386 \times (600 - 64.2) = 8 \times 4.184 \times (64.2 - t_x)$

$t_x = 64.2 - \dfrac{7 \times 0.386 \times (600 - 64.2)}{8 \times 4.184} = 21$℃

016 고온 400℃, 저온 50℃의 온도 범위에서 작동하는 Carnot 사이클 열기관의 열효율을 구하면 몇 %인가?

① 37 ② 42 ③ 47 ④ 52

답 013. ① 014. ③ 015. ③ 016. ④

해설 $\eta = 1 - \dfrac{T_2}{T_1} = 1 - \dfrac{50+273}{400+273} = 0.52 = 52\%$

017
비열비가 1.29, 분자량이 44인 이상 기체의 정압비열은 약 몇 kJ/kg·K인가? (단, 일반기체상수는 8.314 kJ/kmol·K이다.)

① 0.51　　② 0.69　　③ 0.84　　④ 0.91

해설 $C_p = \dfrac{k}{k-1}R = \dfrac{1.29}{1.29-1} \times \dfrac{8.314}{44} = 0.84$

참고 비열비와 기체상수

$C_p = \dfrac{k}{k-1}R,\ C_v = \dfrac{1}{k-1}R$

018
랭킨 사이클의 열효율 증대 방법에 해당하지 않는 것은?

① 복수기(응축기) 압력 저하　　② 보일러 압력 증가
③ 터빈의 질량유량 증가　　④ 보일러에서 증기를 고온으로 과열

해설 랭킨 사이클에서 열효율 증대방법
① 복수기(응축기) 압력을 저하시키면 사이클의 유효일이 증가하여 열효율 증가
② 터빈 입구 과열증기의 온도를 높이면 사이클의 유효일이 증가하여 열효율 증가
③ 보일러의 압력을 상승시키면 터빈 출구의 건도가 저하하나 재열에 의해 보정하여 열효율을 증가시킬 수 있다.

참고 랭킨 사이클의 열효율
① 초온, 초압(터빈 입구온도 및 압력)이 높을수록
② 배압(터빈 출구압력, 복수기 입구압력)이 낮을수록 열효율이 증대된다.

019
물 2kg을 20℃에서 60℃가 될 때까지 가열할 경우 엔트로피 변화량은 약 몇 kJ/K인가? (단, 물의 비열은 4.184 kJ/kg·K이고, 온도 변화과정에서 체적은 거의 변화가 없다고 가정한다.)

① 0.78　　② 1.07　　③ 1.45　　④ 1.96

해설 엔트로피 변화량

$\Delta S = \int \dfrac{\delta Q}{T} = \int_{293}^{333} \dfrac{m \cdot c \cdot dT}{T} = \left(2 \times 4.184 \times \ln \dfrac{333}{293}\right) = 1.07 \text{kJ/K}$

020
기체가 열량 80kJ을 흡수하여 외부에 대하여 20kJ의 일을 하였다면 내부에너지 변화는 몇 kJ인가?

① 20　　② 60　　③ 80　　④ 100

답 017. ③　018. ③　019. ②　020. ②

해설 내부에너지 변화량
$\delta Q = dU + \delta W$, $dU = \delta Q - \delta W = (+80) - (+20) = 60\,kJ$
여기서, 계로 들어가는 열량 : +80, 계에서 나가는 일량 : +20 이다.

참고 계에 출입하는 열과 일의 부호
① 계로 들어가는 열량 : +, 계에서 나가는 일량 : +
② 계에서 나가는 열량 : −, 계로 들어가는 일량 : −

제2과목 냉동공학

021 프레온 냉매(CFC) 화합물은 태양의 무엇에 의해 분해되어 오존층 파괴의 원인이 되는가?

① 자외선   ② 감마선
③ 적외선   ④ 알파선

해설 성층권 내부에 있는 지상 12~350 km에 있는 오존층을 태양의 자외선에 의해 프레온 냉매중의 염소(Cl)원자가 방출되어 오존과 반응하여 산소로 변화시켜 파괴
($Cl + O_3 \rightarrow ClO + O_2$, $ClO + O \rightarrow Cl + O_2$)

022 응축압력이 이상고압으로 나타나는 원인으로 가장 거리가 먼 것은?

① 응축기의 냉각관 오염 시   ② 불응축가스가 혼입 시
③ 응축부하 증대 시   ④ 냉매 부족 시

해설 냉매가 부족하면 압력은 내려간다.

023 물과 리튬브로마이드 용액을 사용하는 흡수식 냉동기의 특징으로 틀린 것은?

① 흡수기의 개수에 따라 단효용 또는 다중효용 흡수식 냉동기로 구분된다.
② 냉매로 물을 사용하고, 흡수제로 리튬브로마이드를 사용한다.
③ 사이클은 압력-엔탈피 선도가 아닌 듀링선도를 사용하여 작동상태를 표현한다.
④ 단효용 흡수식 냉동기에서 냉매는 재생기, 응축기, 냉각기, 흡수기의 순서로 순환한다.

해설 재생기(발생기)의 개수에 따라 단효용 또는 다중효용 흡수식 냉동기로 구분되며 재생기(고온재생기, 저온재생기)가 2대이면 2중 효용 흡수식 냉동기이다.

  021. ①   022. ④   023. ①

024 2단 압축 냉동장치에 관한 설명으로 틀린 것은?
① 동일한 증발온도를 얻을 때 단단압축 냉동장치 대비 압축비를 감소시킬 수 있다.
② 일반적으로 두 개의 냉매를 사용하여 −30℃ 이하의 증발온도를 얻기 위해 사용된다.
③ 중간 냉각기는 증발기에 공급하는 액을 과냉각 시키고 냉동 효과를 증대시킨다.
④ 중간 냉각기는 냉매증기와 냉매액을 분리시켜 고단측압축기 액백현상을 방지한다.

해설 2단 압축은 하나의 냉매를 사용하여 −35℃ 이하의 증발온도를 얻기 위해 사용된다.

025 열전달 현상에 관한 설명으로 가장 거리가 먼 것은?
① 대류는 유체의 흐름에 의해서 일어나는 현상이다.
② 전도는 고체 또는 정지유체에서의 열 이동 방법으로 물체는 움직이지 않고 그 물체의 구성 분자 간에 열이 이동하는 현상이다.
③ 태양과 지구사이의 열전달은 복사현상이다.
④ 실제 열전달 현상에서는 전도, 대류, 복사가 각각 단독으로 일어난다.

해설 실제 열전달 현상에서는 전도, 대류, 복사가 종합적으로 일어난다.

026 냉동능력 1RT로 압축되는 냉동기가 있다. 이 냉동기에서 응축기의 방열량은? (단, 응축기 방열량은 냉동능력의 1.2배로 한다.)
① 3.32kW
② 3.98kW
③ 4.22kW
④ 4.63kW

해설 응축기 방열량
$$Q_c = Q_e \cdot C = \frac{1 \times 3,320 \times 1.2}{860} = 4.63 \text{kW}$$

참고 응축열량(방열계수 C에 의한 방법)
$Q_c = Q_e \times C (1.2 \sim 1.3배)$

027 암모니아 입형 저속 압축기에 많이 사용되는 포펫 밸브(poppet valve)에 관한 설명으로 틀린 것은?
① 중량이 가벼워 밸브 개폐가 불확실하다.
② 구조가 튼튼하고 파손되는 일이 적다.
③ 회전수가 높아지면 밸브의 관성 때문에 개폐가 자유롭지 못하다.
④ 흡입밸브는 피스톤 상부 스프링으로 가볍게 지지되어 있다.

024. ② 025. ④ 026. ④ 027. ①

해설 포펫 밸브(poppet valve) : 중량이 무거워 개폐가 확실하고 구조가 튼튼하여 파손이 적어 NH_3 입형 저속 압축기에 사용

 어떤 냉장고의 증발기가 냉매와 공기의 평균 온도차가 7℃로 운전되고 있다. 이때 증발기의 열통과율이 30kcal/m²·h·℃라고 하면 냉동톤당 증발기의 소요 외표면적은?

① 15.81m²
② 17.53m²
③ 20.70m²
④ 23.14m²

해설 $F = \dfrac{Q_c}{K \cdot \Delta t_m} = \dfrac{1 \times 3{,}320}{30 \times 7} = 15.81 \text{m}^2$

 다음 이론 냉동사이클의 P-h선도에 대한 설명으로 옳은 것은? (단, 냉동장치의 냉매순환량은 540kg/h이다.)

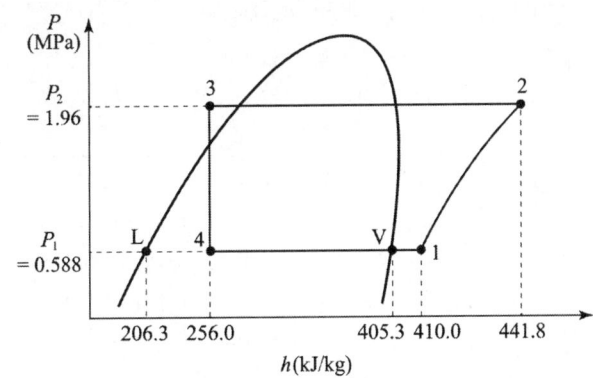

① 냉동능력은 약 23.1 RT이다.
② 응축기의 방열량은 약 9.27 kW이다.
③ 냉동사이클의 성적계수는 약 4.84이다.
④ 증발기 입구에서 냉매의 건도는 약 0.8이다.

해설 ① 냉동능력, $RT = \dfrac{G \cdot q_e}{3{,}320} = \dfrac{540 \times (410-256)/4.2}{3{,}320} = 5.96 RT$

② 응축기 방열량, $Q_c = G \cdot q_c = \dfrac{540 \times (441.8-256)/4.2}{860} = 27.78 \text{kW}$

③ 냉동사이클의 성적계수, $COP = \dfrac{q_e}{Aw} = \dfrac{410-256}{441.8-410} = 4.84$

④ 건도, $x = \dfrac{F_g}{r} = \dfrac{256-206.3}{405.3-206.3} = 0.25$

028. ① 029. ③

030 냉각수량 600L/min, 전열면적 80m², 응축온도 32℃, 냉각수 입구 및 출구 온도가 23℃, 31℃인 수냉응축기의 냉각관 열통과율은?

① 720 kcal/m²·h·℃
② 600 kcal/m²·h·℃
③ 480 kcal/m²·h·℃
④ 360 kcal/m²·h·℃

해설 수냉응축기의 냉각관 열통과율
$w \cdot c \cdot \Delta t = K \cdot F \cdot \Delta t$
$K = \dfrac{w \cdot c \cdot \Delta t}{F \cdot \Delta t_m} = \dfrac{(600 \times 60) \times 1 \times (31-23)}{80 \times \left(32 - \dfrac{23+31}{2}\right)} = 720 \text{kcal/m}^2\text{h}°\text{C}$

031 냉동장치의 고압부에 설치하지 않는 부속기기는?

① 투시경
② 유분리기
③ 냉매액 펌프
④ 불응축 가스 분리기(gas purger)

해설 냉매액 펌프는 증발기 저압부에 설치한다.
참고 고압부에 설치하는 부속기기
유분리기, 응축기, 수액기, 드라이어, 투시경, 불응축 가스 퍼저 등

032 냉각탑에 대한 설명으로 틀린 것은?

① 밀폐식은 개방식 냉각탑에 비해 냉각수가 외기에 의해 오염될 염려가 적다.
② 냉각탑의 성능은 입구공기의 습구온도에 영향을 받는다.
③ 쿨링 레인지(cooling range)는 냉각탑의 냉각수 입·출구 온도의 차이 값이다.
④ 쿨링 어프로치(cooling approach)는 냉각탑의 냉각수 입구온도에서 냉각탑 입구공기의 습구온도를 제한 값이다.

해설 쿨링 레인지와 쿨링 어프로치
① 쿨링 레인지 : 냉각수 입구수온 – 냉각수 출구수온
② 쿨링 어프로치 : 냉각수 출구수온 – 입구공기의 습구온도

033 팽창밸브에 관한 설명으로 틀린 것은?

① 정압식 팽창밸브는 증발압력이 일정하게 유지되도록 냉매의 유량을 조절하기 위한 밸브이다.
② 모세관은 일반적으로 소형냉장고에 적용되고 있다.
③ 온도식 자동팽창밸브는 감온통이 저온을 받으면 냉매의 유량이 증가된다.
④ 자동식 팽창밸브에는 플로트식이 있다.

해설 온도식 자동팽창밸브는 감온통이 고온을 받으면 냉매의 유량이 증가한다.

답 030. ① 031. ③ 032. ④ 033. ③

034 성적계수인 COP에 관한 설명으로 틀린 것은?

① 냉동기의 성능을 표시하는 무차원수로서 압축일량과 냉동효과의 비를 말한다.
② 열펌프의 성적계수는 일반적으로 1보다 작다.
③ 실제 냉동기에서는 압축효율도 COP에 영향을 미친다.
④ 냉동사이클에서는 응축온도가 가능한 한 낮고, 증발온도가 높을수록 성적계수는 크다.

해설 열(heat)펌프의 성적계수는 냉동기 성적계수보다 1이 더 크다.

참고 히트펌프의 성적계수

$$COP_H = \frac{Q_c}{AW} = \frac{Q_c}{Q_c - Q_e} = \frac{T_c}{T_c - T_e} = COP_R + 1$$

035 브라인(2차 냉매)중 무기질 브라인이 아닌 것은?

① 염화마그네슘
② 에틸렌글리콜
③ 염화칼슘
④ 식염수

해설 에틸렌글리콜, 프로필렌글리콜, 에틸알콜 등은 유기질 브라인이다.

참고 무기질 브라인
① 염화나트륨(식염수, NaCl)
② 염화마그네슘($MgCl_2$)
③ 염화칼슘($CaCl_2$)

036 냉방능력이 1냉동톤당 10L/min의 냉각수가 응축기에 사용되었다. 냉각수 입구의 온도가 32℃이면 출구온도는? (단, 응축열량은 냉방능력의 1.2배로 한다.)

① 22.5℃
② 32.6℃
③ 38.6℃
④ 43.5℃

해설 냉각수 출구온도
$Q_e \cdot C = w \cdot c \cdot (tw_2 - tw_1)$

$tw_2 = \dfrac{Q_e \cdot C}{w \cdot c} + tw_1 = \dfrac{1 \times 3,320 \times 1.2}{10 \times 60} + 32 = 38.64℃$

037 압축 냉동사이클에서 응축기 내부 압력이 일정할 때, 증발온도가 낮아지면 나타나는 현상으로 가장 거리가 먼 것은?

① 압축기 단위 흡입 체적당 냉동효과 감소
② 압축기 토출가스 온도 상승
③ 성적계수 감소
④ 과열도 감소

답 034. ② 035. ② 036. ③ 037. ④

해설 증발온도(증발압력)가 낮을수록
① 압축비가 증가
② 압축열량 증가
③ 토출가스온도 상승
④ 냉동효과 및 성적계수 감소
⑤ 냉매량 부족으로 과열도 증가

038 터보 압축기의 특징으로 틀린 것은?

① 회전운동이므로 진동이 적다.
② 냉매의 회수장치가 불필요하다.
③ 부하가 감소하면 서징현상이 일어난다.
④ 응축기에서 가스가 응축되지 않는 경우에도 이상 고압이 되지 않는다.

해설 터보 압축기는 냉매회수 및 충전, 불응축 가스 퍼지 등을 위한 추기회수장치가 필요하다.

039 왕복 압축기에 관한 설명으로 옳은 것은?

① 압축기의 압축비가 증가하면 일반적으로 압축효율은 증가하고 체적효율은 낮아진다.
② 고속다기통 압축기의 용량제어에 언로우더를 사용하여 입형 저속에 비해 압축기의 능력을 무단계로 제어가 가능하다.
③ 고속다기통 압축기의 밸브는 일반적으로 링모양의 플레이트 밸브가 사용되고 있다.
④ 2단 압축 냉동장치에서 저단측과 고단측의 실제 피스톤 토출량은 일반적으로 같다.

해설 고속다기통 압축기의 밸브 : 링플레이트 밸브

040 다음 중 이중 효용 흡수식 냉동기는 단효용 흡수식 냉동기와 비교하여 어떤 장치가 복수로 설치 되는가?

① 흡수기　　　　　　② 증발기
③ 응축기　　　　　　④ 재생기

해설 재생기(발생기)의 개수에 따라 단효용 또는 다중효용 흡수식 냉동기로 구분되며 재생기(고온 재생기, 저온 재생기)가 2대이면 2중 효용 흡수식 냉동기이다.

답 038. ② 039. ③ 040. ④

제3과목 공기조화

041 동일 풍량, 정압을 갖는 송풍기에서 형번이 다르면 축마력, 출구 송풍속도 등이 다르다. 송풍기의 형번이 작은 것을 큰 것으로 바꿔 선정할 때 설명이 틀린 것은?

① 모터 용량은 작아진다.
② 출구 풍속은 작아진다.
③ 회전수는 커진다.
④ 설비비는 증대한다.

해설 동일 풍량을 갖는 송풍기의 형번이 커지면 임펠러 지름이 커지므로 회전수는 작아진다.

042 공기조화 설비의 열원장치 및 반송 시스템에 관한 설명으로 틀린 것은?

① 흡수식 냉동기의 흡수기와 재생기는 증기압축식 냉동기의 압축기와 같은 역할을 수행한다.
② 보일러의 효율은 보일러에 공급한 연료의 발열량에 대한 보일러 출력의 비로 계산한다.
③ 흡수식 냉동기의 냉온수 발생기는 냉방 시에는 냉수, 난방 시에는 온수를 각각 공급할 수 있지만, 냉수 및 온수를 동시에 공급할 수는 없다.
④ 단일덕트 재열방식은 실내의 건구온도뿐 만 아니라 부분 부하시에 상대습도도 유지하는 것을 목적으로 한다.

해설 흡수식 냉동기는 일반적으로 냉수, 온수를 각각 공급하나 고온 재생기나 굴뚝의 배기가스 열을 회수하면 동시에 공급이 가능하다.

043 증기압축식 냉동기의 냉각탑에서 표준냉각능력을 산정하는 일반적 기준으로 틀린 것은?

① 입구수온 37℃
② 출구수온 32℃
③ 순환수량 23L/min
④ 입구 공기 습구온도 27℃

해설 냉각탑의 냉각열량(1냉각톤 = 3,900 kcal/h)
① 순환수량 : 13 L/min
② 냉각수 입구수온 : 37℃, 출구수온 : 32℃, 입구 공기 습구온도 : 27℃

044 대류 및 복사에 의한 열전달률에 의해 기온과 평균복사온도를 가중평균한 값으로 복사난방공간의 열환경을 평가하기 위한 지표로서 가장 적당한 것은?

① 작용온도(operative temperature)
② 건구온도(dry-bulb temperature)
③ 카타냉각력(Kata cooling power)
④ 불쾌지수(discomfort index)

해설 작용온도 : 대류 및 복사에 의한 열전달률에 기온과 평균복사온도를 가중평균한 값으로 복사난방 간의 열환경을 평가하기 위한 지표

답 041. ③ 042. ③ 043. ③ 044. ①

참고 작용온도(OT ; operative temperature)
인체와 환경 사이의 열교환에 기초를 두어 온도, 기류, 복사열의 영향을 이론적으로 종합한 것으로 대류에 의한 열전달률과 복사에 의한 열전달률에 의해 기온과 평균복사온도를 가중평균한 값으로 습도의 영향은 고려하지 않는다.

$$OT = \frac{(건구온도 \times 대류\ 열전달) + (복사\ 열전달 \times 평균복사온도)}{대류\ 열전달 + 복사열전달률}$$

045. 열펌프에 대한 설명으로 틀린 것은?

① 공기-물방식에서 물회로 변환의 경우 외기가 0℃ 이하에서는 브라인을 사용하여 채열한다.
② 공기-공기방식에서 냉매회로 변환의 경우는 장치가 간단하나 축열이 불가능하다.
③ 물-물방식에서 냉매회로 변환의 경우는 축열조를 사용할 수 없으므로 대형에 적합하지 않다.
④ 열펌프의 성적계수(COP)는 냉동기의 성적계수보다는 1만큼 더 크게 얻을 수 있다.

해설 물-물방식은 냉방 시나 난방 시에 모두 냉매회로의 변환에 의해 냉방 시는 냉수로부터 흡열하여 지하수 측으로 방열하고, 난방 시에는 지하수로부터 열을 얻어 온수 측으로 방열하여 냉난방을 행하는 것으로 대형에 적합하다.

046. 열전달 방법이 자연순환에 의하여 이루어지는 자연형 태양열 난방방식에 해당되지 않는 것은?

① 직접 획득 방식
② 부착 온실 방식
③ 태양전지 방식
④ 축열벽 방식

해설 자연형 태양열 난방방식
① 직접 획득 방식
② 축열벽 방식
③ 축열 지붕 방식
④ 부착 온실 방식
⑤ 자연 대류 방식, 혼합형

047. 엔탈피 변화가 없는 경우의 열수분비는?

① 0
② 1
③ -1
④ ∞

해설 열수분비 $U = \frac{\Delta h}{\Delta x}$ 에서 $\Delta h = 0$이면 열수분비도 0이다.

답 045. ③ 046. ③ 047. ①

048 송풍량 600m³/min을 공급하여 다음의 공기 선도와 같이 난방하는 실의 실내부하는? (단, 공기의 비중량은 1.2kg/m³, 비열은 0.24kcal/kg·℃이다.)

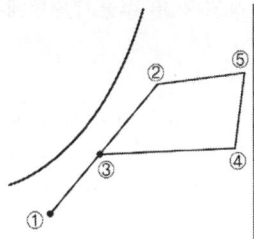

상태점	온도(℃)	엔탈피(kcal/kg)
①	0	0.5
②	20	9.0
③	15	8.0
④	28	10.0
⑤	29	13.0

① 31100 kcal/h ② 94510 kcal/h
③ 129600 kcal/h ④ 172800 kcal/h

해설 실내부하
$q_r = G(h_5 - h_2) = 1.2 \times 600 \times 60 \times (13-9) = 172,800 \text{kcal/h}$

참고 가습열량
$q_H = G(h_5 - h_4) = 1.2 \times 600 \times 60 \times (13-10) = 129,600 \text{kcal/h}$

049 1년 동안의 냉난방에 소요되는 열량 및 연료비용의 산출과 관계되는 것은?
① 상당외기 온도차 ② 풍향 및 풍속
③ 냉난방 도일 ④ 지중온도

해설 냉난방 도일 : 1년 동안의 냉난방에 소요되는 열량과 이에 따른 연료비용을 산출해야 하는 경우 그 비용은 냉난방 기간에 걸쳐서 적산한 기간 냉난방부하에 비례하는데 이 때 필요한 것이 냉난방 도일이다.

참고 공기조화 부하 계산법
① 최대부하 계산법 : 송풍량이나 장치용량을 결정할 때 이용
② 기간부하 계산법 : 연간 에너지 소비량을 산출 시 이용
 ㉠ 동적열부하 계산법 ㉡ 난방 도일(degree day)법
 ㉢ 확장 도일(degree day)법 ㉣ 전산기법
 ㉤ 표준빈법 등

050 주철제 보일러의 특징에 관한 설명으로 틀린 것은?
① 섹션을 분할하여 반입하므로 현장설치의 제한이 적다.
② 강제 보일러보다 내식성이 우수하며 수명이 길다.
③ 강제 보일러보다 급격한 온도변화에 강하여 고온·고압의 대용량으로 사용된다.
④ 섹션을 증가시켜 간단하게 출력을 증가시킬 수 있다.

해설 주철제 보일러는 급격한 온도변화에 약하며, 저압용으로 사용된다.

답 048. ④ 049. ③ 050. ③

051 공장이나 창고 등과 같이 높고 넓은 공간에 주로 사용되는 유닛 히터(unit heater)를 설치할 때 주의할 사항으로 틀린 것은?

① 온풍의 도달거리나 확산직경은 천장고나 흡출공기온도에 따라 달라지므로 설치위치를 충분히 고려해야 한다.
② 토출 공기 온도는 너무 높지 않도록 한다.
③ 송풍량을 증가시켜 고온의 공기가 상층부에 모이지 않도록 한다.
④ 열손실이 가장 적은 곳에 설치한다.

해설 유닛 히터(unit heater)
가열코일과 팬을 내장하여 강제 대류식으로 열을 방출하는 강제 대류형 방열기로 열손실이 많은 곳에 설치한다.

052 일사량에 대한 설명으로 틀린 것은?

① 대기투과율은 계절, 시각에 따라 다르다.
② 지표면에 도달하는 일사량을 전일사량이라고 한다.
③ 전일사량은 직달일사량에서 천공복사량을 뺀 값이다.
④ 일사는 건물의 유리나 외벽, 지붕을 통하여 공조(냉방)부하가 된다.

해설 일사량은 직달일사량과 천공(확산)일사량으로 나뉘며, 양자를 합하여 전일사량이라 한다.

053 단일덕트 정풍량 방식의 장점으로 틀린 것은?

① 각 실의 실온을 개별적으로 제어할 수가 있다.
② 설비비가 다른 방식에 비해 적게 든다.
③ 기계실에 기기류가 집중 설치되므로 운전, 보수가 용이하고, 진동, 소음의 전달 염려가 적다.
④ 외기의 도입이 용이하며 환기팬 등을 이용하면 외기냉방이 가능하고 전열교환기의 설치도 가능하다.

해설 단일덕트 정풍량 방식에서는 개별 제어가 어렵다.

054 다음 중 보온, 보냉, 방로의 목적으로 덕트 전체를 단열해야 하는 것은?

① 급기 덕트   ② 배기 덕트
③ 외기 덕트   ④ 배연 덕트

해설 급기 덕트는 반드시 단열하여야 한다.

답 051. ④ 052. ③ 053. ① 054. ①

055 덕트 설계 시 주의사항으로 틀린 것은?

① 덕트 내 풍속을 허용풍속 이하로 선정하여 소음, 송풍기 동력 등에 문제가 발생하지 않도록 한다.
② 덕트의 단면은 정방향이 좋으나, 그것이 어려울 경우 적정 종횡비로 하여 공기 이동이 원활하게 한다.
③ 덕트의 확대부는 15° 이하로 하고, 축소부는 40° 이상으로 한다.
④ 곡관부는 가능한 크게 구부리며, 내측 곡률 반경이 덕트 폭보다 작을 경우는 가이드 베인을 설치한다.

 덕트의 확대 및 축소
① 덕트의 확대 : 15~20° (고속덕트 8°) 이하
② 덕트의 축소 : 30~40° (고속덕트 15°) 이하

056 어느 실의 냉방장치에서 실내취득 현열부하가 40000kW, 잠열부하가 15000kW인 경우 송풍 공기량은? (단, 실내온도 26℃, 송풍 공기온도 12℃, 외기온도 35℃, 공기밀도 1.2 kg/m³, 공기의 정압비열은 1.005 kJ/kg·K이다.)

① 1658 m³/s
② 2280 m³/s
③ 2369 m³/s
④ 3258 m³/s

 $Q = \dfrac{q_s}{\rho \times c \times \Delta t} = \dfrac{40,000 \times 3,600}{1.2 \times 1.005 \times (26-12) \times 3,600} = 2,369 \text{m}^3/\text{s}$

또는 $Q = \dfrac{q_s}{1.2 \times 0.24 \times \Delta t} = \dfrac{40,000 \times 860}{0.288 \times (26-12) \times 3,600} = 2,369 \text{m}^3/\text{s}$

057 공기조화기에 걸리는 열부하 요소 중 가장 거리가 먼 것은?
① 외기부하
② 재열부하
③ 배관계통에서의 열부하
④ 덕트계통에서의 열부하

배관계통에서의 열부하는 열원기기인 냉동기 부하에 해당된다.

참고 냉동기 부하
① 실내 취득 부하
② 기기(송풍기, 덕트 등) 취득 부하
③ 재열 부하
④ 외기 부하
⑤ 펌프 및 배관 부하

058 공기조화설비에서 처리하는 열부하로 가장 거리가 먼 것은?
① 실내 열취득 부하
② 실내 열손실 부하
③ 실내 배연 부하
④ 환기용 도입 외기부하

실내 배연 부하는 외부로 배출하므로 공기조화기 처리 열부하에 해당하지 않는다.

답 055. ③ 056. ③ 057. ③ 058. ③

참고 공기조화기 냉각코일 부하
① 실내 취득 부하 ② 기기(송풍기, 덕트) 취득 부하
③ 재열 부하   ④ 외기 부하

059 심야전력을 이용하여 냉동기를 가동 후 주간냉방에 이용하는 빙축열시스템의 일반적인 구성장치로 옳은 것은?

① 펌프, 보일러, 냉동기, 증기 축열조
② 축열조, 판형 열교환기, 냉동기, 냉각탑
③ 판형열교환기, 증기트랩, 냉동기, 냉각탑
④ 냉동기, 축열기, 브라인 펌프, 에어프리히터

해설 빙축열시스템의 구성
냉동기, 냉각탑, 냉각수 펌프, 축열조, 열교환기, 냉수 펌프 등

060 건구온도 32℃, 습구온도 26℃의 신선외기 1800m³/h를 실내로 도입하여 실내공기를 27℃(DB), 50%(RH)의 상태로 유지하기 위해 외기에서 제거해야 할 전열량은? (단, 32℃, 27℃에서의 절대습도는 각각 0.0189kg/kg, 0.0112kg/kg이며, 공기의 비중량은 1.2kg/m³, 비열은 0.24kcal/kg·℃이다.)

① 약 9900kcal/h   ② 약 12530kcal/h
③ 약 18300kcal/h   ④ 약 23300kcal/h

해설
① 현열량, $q_s = 1.2 \times 0.24 \times 1{,}800 \times (32-27) = 2{,}592 \text{kcal/h}$
② 잠열량, $q_L = 717 \times 1{,}800 \times (0.0189 - 0.0112) = 9{,}938 \text{kcal/h}$
③ 전열량, $q_T = 2{,}592 + 9{,}938 = 12{,}530 \text{kcal/h}$

제 4 과목 전기제어공학

061 어떤 제어계의 입력으로 단위 임펄스가 가해졌을 때 출력이 te^{-3t}이었다. 이 제어계의 전달함수는?

① $\dfrac{1}{(s+3)^2}$ ② $\dfrac{s}{(s+1)(s+2)}$

③ $s(s+2)$ ④ $(s+1)(s+2)$

해설 임펄스란 매우 짧은 순간만을 ON을 하는 파형으로 이 파형을 제어계에 입력하면 시스템 전체의 전달함수가 얻어지는 데 응답이 te^{-3t}이므로 전달함수는 te^{-3t}의 라플라스 변환식인 $\dfrac{1}{(s+3)^2}$의 라플라스 변환인 $\dfrac{\omega}{s^2+\omega^2}$가 된다. 참고로 cos의 라플라스 변환은 $\dfrac{s}{s^2+\omega^2}$가 된다.

답 059. ② 060. ② 061. ①

> **참고**

시간함수	라플라스변환	비고
$u(t)$	$\dfrac{1}{s}$	
$e^{-at}u(t)$	$\dfrac{1}{s+a}$	$f(t) \Rightarrow F(s)$
$\sin\omega t$	$\dfrac{\omega}{s^2+\omega^2}$	$f(t-a) \Rightarrow e^{-as}F(s)$
$\cos\omega t$	$\dfrac{s}{s^2+\omega^2}$	

062 다음과 같이 저항이 연결된 회로의 a점과 b점의 전위가 일치할 때, 저항 R_1과 R_5의 값(Ω)은?

① $R_1 = 4.5\Omega$, $R_5 = 4\Omega$
② $R_1 = 1.4\Omega$, $R_5 = 4\Omega$
③ $R_1 = 4\Omega$, $R_5 = 1.4\Omega$
④ $R_1 = 4\Omega$, $R_5 = 4.5\Omega$

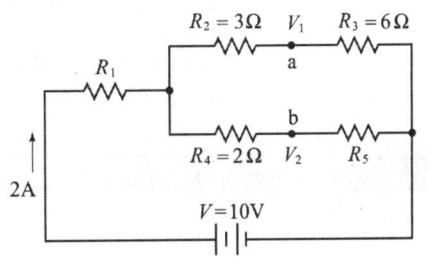

해설 a점과 b점의 전위가 일치 한다는 것은 4개의 저항회로에 대하여 휘스톤브릿지가 되어서 마주보는 저항의 곱이 일치하는 것으로 다음의 식이 성립한다.

$R_2 \times R_5 = R_3 \times R_4 \Rightarrow 3R_5 = 12 \Rightarrow R_5 = 4\Omega$

회로에 흐르는 전류는 2A이고 전압은 10V이므로 전체저항은 다음 식으로 구할 수 있다.

$R_s = \dfrac{V}{I} = \dfrac{10}{2} = 5\Omega$

따라서, 다음과 같이 회로전체의 합성저항을 구하면, R_1을 구할 수 있다.

$R_{s1} = \dfrac{1}{\dfrac{1}{R_2+R_3}+\dfrac{1}{R_4+R_5}} = \dfrac{1}{\dfrac{1}{9}+\dfrac{1}{6}} = \dfrac{18}{5} = 3.6$

$R_s = R_1 + R_{s1} = R_1 + 3.6 = 5 \Rightarrow R_1 = 1.4\Omega$

063 피드백 제어계에서 제어요소에 대한 설명 중 옳은 것은?

① 조작부와 검출부로 구성되어 있다.
② 조절부와 검출부로 구성되어 있다.
③ 목표값에 비례하는 신호를 발생하는 요소이다.
④ 동작신호를 조작량으로 변화시키는 요소이다.

해설 제어요소란 목표치와 현재치를 비교한 오차, 즉 동작신호를 제어기에 입력하여 제어대상에 인가할 조작량으로 변환하는 조절부와 조작부로 구성되어 있다.

답 062. ② 063. ④

참고
① 조절부 : 기준 입력 신호와 검출부의 출력신호를 제어 시스템에 필요한 신호로 만들어 조작부에 보내는 것
② 조작부 : 조절부로부터 받은 신호를 조작량으로 변환하여 제어 대상에 보내는 부분
③ 검출부 : 제어량, 즉 제어결과를 검출하는 부분

064. 제어 동작에 따른 분류 중 불연속제어에 해당되는 것은?
① ON/OFF 동작
② 비례제어 동작
③ 적분제어 동작
④ 미분제어 동작

해설 연속제어계란 입력값에 상응하는 출력값이 연속적으로 나오는 제어계를 의미하므로 비례, 적분, 미분 제어계는 전부 연속제어계가 된다. 그러나 ON-OFF의 2위치제어계라면 입력이 변화하더라도 어느 범위까지는 출력이 ON이나 OFF 중 하나가 출력되어 변화하지 않다가 임계값을 초과하면 나머지 다른 상태가 출력되는데 이와 같은 제어계가 불연속제어계이다.

065. PI 동작의 전달함수는? (단, K_p는 비례감도이다.)
① K_p
② $K_p s T$
③ $K(1+sT)$
④ $K_p \left(1+\dfrac{1}{sT}\right)$

해설 비례적분동작(PI동작) : 제어대상의 목표값와 현재값의 오차와 시간축이 만드는 면적에 비례하는 값에 비례동작의 조작량을 가산해서 출력하는 제어로 OFF-SET 등의 외부적인 요인에 제어계의 교란에 대한 대응이 가능한 장점이 있다. 수식은 다음과 같다.

$$\Delta e \times K_p \left(1+\dfrac{1}{sT}\right) \text{ or } \Delta e \times \left(K_p + \dfrac{K_I}{s}\right)$$

참고
① 비례동작(P동작) : 제어대상의 목표값와 출력값의 오차에 비례하는 조작량을 가하는 제어로 목표값에 근접하면 오차가 작아지므로 점점적으로 목표치를 달성할 수 있다. 그러나 외부적인 요인이 작용할 경우 대응이 불가능한 단점이 있다. 수식은 $\Delta e \times K_p$ 이다.
② 비례미분동작(PD동작) : 제어대상의 목표값와 현재값의 오차의 시간 미분치(변화량)에 비례하여 조작량과 비례동작의 조작량을 가산해서 출력하는 제어로 오차의 변화의 속도에 대응하는 제어가 가능하다. 따라서, 동작오차가 커지는 것을 미연에 방지하고 진동이 제어되어 빨리 안정된다. 수식은 $\Delta e \times K_p(1+sT)$ or $\Delta e \times (K_p + K_D s)$이다.

066. 상용전원을 이용하여 직류전동기를 속도제어 하고자 할 때 필요한 장치가 아닌 것은?
① 초퍼
② 인버터
③ 정류장치
④ 속도센서

답 064. ① 065. ④ 066. ②

해설 직류전동기를 구동하기 위해서는 먼저 직류전압을 원하는 크기로 변환시키는 초퍼라는 장치와 상용전원은 교류이므로 초퍼의 공급전원인 직류로 변환하기 위하여 정류기가 필요하고, 속도제어를 하기 위해서는 속도를 검출하기 위하여 속도센서가 필요하다. 인버터는 교류전동기의 속도제어를 하기 위하여 직류를 원하는 주파수의 교류로 변환하는 장치이다.

067
다음 그림과 같은 회로에서 스위치를 2분 동안 닫은 후 개방하였을 때 A지점에서 통과한 모든 전하량을 측정하였더니 240C이었다. 이 때 저항에서 발생한 열량은 약 몇 cal 인가?

① 80.2
② 160.4
③ 240.5
④ 460.8

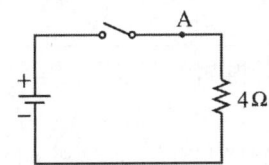

해설 $H[\text{cal}] = 0.24Pt = 0.24I^2Rt = 0.24 \times 2^2 \times 4 \times 60 \times 2 = 460.8\text{cal}$
여기서, $I = \dfrac{Q[C]}{t[s]} = \dfrac{240}{2 \times 60} = 2A$

068
온도 보상용으로 사용되는 소자는?

① 서미스터
② 바리스터
③ 제너다이오드
④ 버랙터다이오드

해설 서미스터 : 온도에 따라 저항이 변하는 반도체소자로 온도가 상승하면 저항은 감소하는 부특성을 가지고 있으며, 이러한 특성을 이용하여 온도를 측정(온도→전압)하여 온도보상을 할 때 사용한다.

참고 바리스터(variable resistor)
인가되는 전압에 의해서 저항값이 변하는 비선형 2단자 반도체소자로 낙뢰 전압 등의 이상전압, 전기접점의 불꽃을 소거하는 등 반도체 정류기, 트랜지스터 등의 회로를 서지전압으로부터 보호를 위해 사용한다.

069
그림과 같은 회로에서 단자 a, b간에 주파수 f(Hz)의 정현파 전압을 가했을 때, 전류값 A1과 A2의 지시가 같았다면 f, L, C간의 관계는?

① $f = \dfrac{1}{\sqrt{LC}}$
② $f = \sqrt{LC}$
③ $f = \dfrac{2\pi}{\sqrt{LC}}$
④ $f = \dfrac{1}{2\pi\sqrt{LC}}$

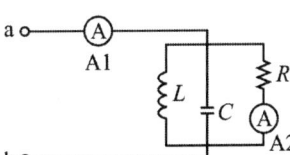

답 067. ④ 068. ① 069. ④

해설 전류계 A1과 A2의 표시값이 같다는 것은 인덕턴스 L과 콘덴서 C가 아무런 역할을 하지 못하는 것을 의미하므로 이 상태는 병렬공진상태이다. 따라서, 그때의 주파수는 공진주파수이므로 다음 식이 된다.

$$f = \frac{1}{2\pi\sqrt{LC}}$$

단, 위식의 주파수는 직렬공진에서도 성립한다. 병렬공진상태에서는 임피던스는 최대이고, 전류는 최소, 전류와 전압은 동상(위상차가 없음)이며, $X_L = X_C$ 이다.

참고 직렬공진 상태는 임피던스가 최소이고 전류는 최대, 전류와 전압은 동상(위상차가 없음)이며 $X_L = X_C$ 이다. 또한, 소비전력이 최대이다.

070 변압기 Y-Y 결선방법의 특성을 설명한 것으로 틀린 것은?

① 중성점을 접지할 수 있다.
② 상전압이 선간전압의 $1/\sqrt{3}$ 이 되므로 절연이 용이하다.
③ 선로에 제3조파를 주로 하는 충전전류가 흘러 통신장해가 생긴다.
④ 단상변압기 3대로 운전하던 중 한 대가 고장이 발생해도 V결선 운전이 가능하다.

해설 Y-Y 결선
① 중성선을 접지시킬 수 있다.
② 상전압이 선간전압의 $1/\sqrt{3}$ 이므로 절연이 쉽다.
③ 중성선에 3고조파를 포함한 충전전류가 흘러 통신장해를 준다.

071 그림과 같이 트랜지스터를 사용하여 논리소자를 구성한 논리회로의 명칭은?

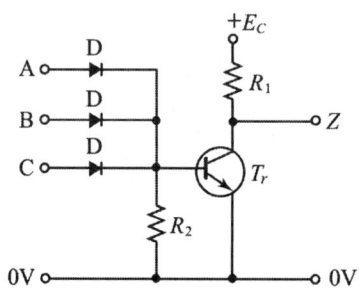

① OR회로
② AND회로
③ NOR회로
④ NAND회로

해설 입력에 하나라도 전압을 인가하면 트랜지스터의 출력 Z는 0V가 되므로 NOR가 된다.

답 070. ④ 071. ③

072 유도전동기에서 슬립이 "0"이란 의미와 같은 것은?
① 유도제동기의 역할을 한다.
② 유도전동기가 정지상태이다.
③ 유도전동기가 전부하 운전상태이다.
④ 유도전동기가 동기속도로 회전한다.

해설 슬립 : 전동기의 회전속도를 나타내는 상수
$$s = \frac{동기속도 - 회전자속도}{동기속도} = \frac{N_s - N}{N_s}$$
① 정지 상태 : $s = 1 (N = 0)$
② 동기속도 회전 : $s = 0 (N = N_s)$

073 자장 안에 놓여 있는 도선에 전류가 흐를 때 도선이 받는 힘 $F = BI\ell\sin\theta$[N]이다. 이것을 설명하는 법칙과 응용기기가 맞게 짝지어진 것은?
① 플레밍의 오른손법칙 – 발전기
② 플레밍의 왼손법칙 – 전동기
③ 플레밍의 왼손법칙 – 발전기
④ 플레밍의 오른손법칙 – 전동기

해설 플레밍의 왼손법칙 : 평등자계 내에 존재하는 도체에 전류가 흐를 때 도체에 작용하는 힘의 방향을 알 수 있는 법칙으로 전동기의 구동 원리를 설명할 수 있음.
$F = BIl$ [N]
여기서, B : 자속밀도[Wb/m²], I : 전류[A], l : 도체의 길이[m]

참고 플레밍의 오른손법칙 : 평등자계 내에 존재하는 도체에 힘이 작용하여 일정 방향으로 움직일 때, 도체에 발생하는 기전력의 방향 및 크기를 알 수 있는 법칙으로 발전기의 원리를 설명할 수 있음.
$e = Blv$ [V]
여기서, B : 자속밀도[Wb/m²], v : 속도[m/s], l : 도체의 길이[m]

074 그림과 같은 회로에서 E를 교류전압 V의 실효값이라 할 때, 저항 양단에 걸리는 전압 e_d의 평균값은 E의 약 몇 배 정도인가?
① 0.6
② 0.9
③ 1.4
④ 1.7

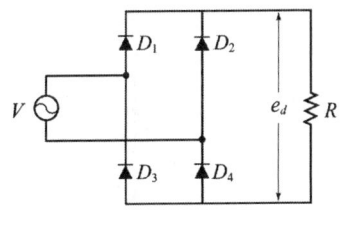

해설 문제의 회로는 단상전파 전류회로로 이때 입력전압의 실효값이 E일 때 출력전압의 평균치 e_d는 다음과 같다.
$$e_d = \frac{2\sqrt{2}E}{\pi} = 0.9E [V]$$

답 072. ④ 073. ② 074. ②

075
그림과 같은 R-L 직렬회로에서 공급전압이 10V일 때 V_R=8V이면 V_L은 몇 V인가?

① 2
② 4
③ 6
④ 8

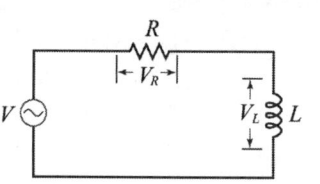

해설 교류전압은 복소평면에 그려보면 실수 측에는 저항에 인가되는 전압이, 허수 측에는 인덕턴스나 콘덴서에 인가되는 전압이 인가되어, 합성전압은 벡터연산과 같아진다. 다음 식으로 계산된다.

$$V = IR + j\omega LI = V_R + jV_L \Rightarrow V = \sqrt{V_R^2 + V_L^2}$$
$$\Rightarrow V_L = \sqrt{V^2 - V_R^2} = \sqrt{10^2 - 8^2} = 6V$$

076
R-L-C 병렬회로에서 회로가 병렬 공진되었을 때 합성 전류는 어떻게 되는가?

① 최소가 된다.
② 최대가 된다.
③ 전류는 흐르지 않는다.
④ 전류는 무한대가 된다.

해설 병렬공진상태에서는 임피던스는 최대이고, 전류는 최소, 전류와 전압은 동상(위상차가 없음)이다.

참고
① 병렬공진 : 임피던스가 최대 → 전류가 최소
② 직렬공진 : 최대 소모전력, 임피던스가 최소 → 전류가 최대
③ 공통점 : $X_L = X_C$, $f = \dfrac{1}{2\pi\sqrt{LC}}$, 전압과 전류는 동상(위상차가 0)이다.

077
단위계단 함수 $u(t)$의 그래프는?

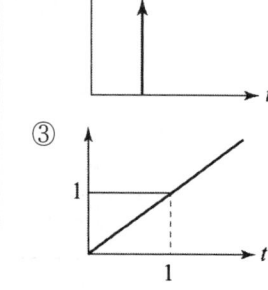

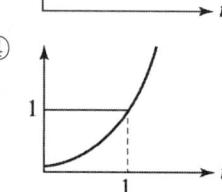

해설 단위 계단 함수는 불연속함수로 특정시간에 함수의 크기가 0에서 1로 변하는 함수이다. 따라서, ②번이 답이 된다.

참고 ① : 임펄스 함수

답 075. ③ 076. ① 077. ②

078 PLC프로그래밍에서 여러 개의 입력 신호 중 하나 또는 그 이상의 신호가 ON되었을 때 출력이 나오는 회로는?

① OR회로
② ABD회로
③ NOT회로
④ 자기유지회로

해설 논리합(OR)은 입력 중에 하나라도 ON(1)이면 출력이 ON(1)이므로 OR에 해당한다.

참고 ① 자기유지회로 : 일종의 기억회로로 MC나 릴레이가 자신의 접점을 이용하여 계속해서 ON을 하는 회로로 푸시버튼을 사용하는 경우 푸시버튼으로부터 손을 떼어도 그 상태를 유지하고자 할 경우 사용한다.
② AND회로 : 입력신호 중 하나라도 OFF이면 출력이 OFF가 되는 회로
③ NOT회로 : 입력신호가 ON이면 출력은 OFF, 입력이 ON이면 출력은 OFF가 되는 회로

079 논리식 $X = \overline{A} \cdot \overline{B} \cdot \overline{C} + \overline{A} \cdot \overline{B} \cdot C + \overline{A} \cdot B \cdot C + \overline{A} \cdot B \cdot \overline{C}$ 를 가장 간단히 정리한 것은?

① $\overline{A}$
② $\overline{B} + \overline{C}$
③ $\overline{B} \cdot \overline{C}$
④ $\overline{A} \cdot \overline{B} \cdot \overline{C}$

해설 $X = \overline{A}\,\overline{B}\,\overline{C} + \overline{A}\,\overline{B}C + \overline{A}BC + \overline{A}B\overline{C} = \overline{A}(\overline{B}\,\overline{C} + \overline{B}C + BC + B\overline{C}) = \overline{A}\{\overline{B}(\overline{C}+C) + B(C+\overline{C})\}$
$= \overline{A}(\overline{B} \cdot 1 + B \cdot 1) = \overline{A}(\overline{B} + B) = \overline{A}$

참고 ① 부울식을 정리할 때 간단히 사용할 수 있는 정리식은 다음과 같다.
$A \cdot A = A$, $A + \overline{A} = 1$, $A \cdot \overline{A} = 0$, $A + 1 = 1$, $A + 0 = A$, $A \cdot 1 = A$, $A \cdot 0 = 0$
② 드모르강의 법칙은 부울대수식의 간단화에 많이 사용되는 식으로 다음과 같다.
$\overline{A \cdot B} = \overline{A} + \overline{B}$, $\overline{(A+B)} = \overline{A} \cdot \overline{B}$

080 피드백 제어계를 시퀀스 제어계와 비교하였을 경우 그 이점으로 틀린 것은?

① 목표값에 정확히 도달할 수 있다.
② 제어계의 특성을 향상시킬 수 있다.
③ 제어계가 간단하고 제어기가 저렴하다.
④ 외부조건의 변화에 대한 영향을 줄일 수 있다.

해설 피드백 제어계
결과를 입력측으로 되돌려(feed back) 현재의 출력과 목표값을 비교하는 특징이 있으므로 개회로 제어에 비하여 오차가 감소, 이득의 증가, 안정성의 증가, 대역폭의 증가 등을 얻을 수 있다. 단 검출기 등을 필요로 하므로 시스템이 복잡하고 비용이 많이 든다.

답 078. ① 079. ① 080. ③

제5과목 배관일반

081 평면상의 변위 및 입체적인 변위까지 안전하게 흡수할 수 있는 이음은?
① 스위블형 이음 ② 벨로즈형 이음
③ 슬리브형 이음 ④ 볼 조인트 신축 이음

> 해설 볼 조인트 신축 이음 : 평면상의 변위 및 입체적인 변위까지 흡수할 수 있는 신축이음

082 폴리에틸렌 배관의 접합방법이 아닌 것은?
① 기볼트 접합 ② 용착 슬리브 접합
③ 인서트 접합 ④ 테이퍼 접합

> 해설 석면 시멘트관(에터니트관) 이음 방식
> ① 기볼트 이음 ② 칼라 이음 ③ 심플렉스 이음

083 증기 트랩장치에서 필요하지 않은 것은?
① 스트레이너 ② 게이트밸브
③ 바이패스관 ④ 안전밸브

> 해설 증기 트랩장치에서는 안전밸브가 설치되지 않는다.

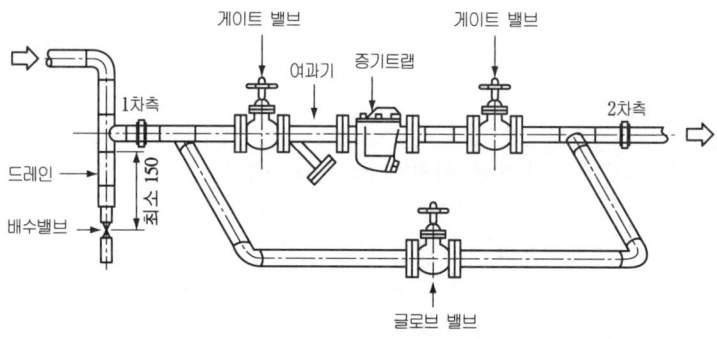

[관말 트랩 주위 배관]

084 배수 트랩의 구비조건으로 틀린 것은?
① 내식성이 클 것
② 구조가 간단할 것
③ 봉수가 유실되지 않는 구조일 것
④ 오물이 트랩에 부착될 수 있는 구조일 것

> 해설 트랩은 구조가 간단하고 오물이 부착하지 않아야 한다.

답 081.④ 082.① 083.④ 084.④

085 급수배관 내 권장 유속은 어느 정도가 적당한가?
① 2m/s 이하   ② 7m/s 이하
③ 10m/s 이하 ④ 13m/s 이하

해설) 급수배관의 권장유속 : 1~2m/s 이하

086 무기질 단열재에 관한 설명으로 틀린 것은?
① 암면은 단열성이 우수하고 아스팔트 가공된 보냉용의 경우 흡수성이 양호하다.
② 유리섬유는 가볍고 유연하여 작업성이 매우 좋으며 칼이나 가위 등으로 쉽게 절단된다.
③ 탄산마그네슘 보온재는 열전도율이 낮으며 300~320℃에서 열분해한다.
④ 규조토 보온재는 비교적 단열효과가 낮으므로 어느 정도 두껍게 시공하는 것이 좋다.

해설) 암면은 아스팔트로 가공된 보냉용의 경우 방습성이 양호하다.

087 열을 잘 반사하고 확산하여 방열기 표면 등의 도장용으로 적합한 도료는?
① 광명단   ② 산화철
③ 합성수지 ④ 알루미늄

해설) 알루미늄 도료(은분) : 방청효과가 좋고 열을 잘 반사하며 수분 및 습기 방지에 양호하여 내열성이 좋고 방열기의 표면 도장용으로 많이 사용

088 냉동기 용량제어의 목적으로 가장 거리가 먼 것은?
① 고내온도를 일정하게 할 수 있다.
② 중부하기동으로 기동이 용이하다.
③ 압축기를 보호하여 수명을 연장한다.
④ 부하변동에 대응한 용량제어로 경제적인 운전을 한다.

해설) 용량제어를 하면 경부하기동으로 기동이 용이하다.

089 온수난방 배관에서 리버스 리턴(reverse return)방식을 채택하는 주된 이유는?
① 온수의 유량 분배를 균일하게 하기 위하여
② 배관의 길이를 짧게 하기 위하여
③ 배관의 신축을 흡수하기 위하여
④ 온수가 식지 않도록 하기 위하여

답) 085. ① 086. ① 087. ④ 088. ② 089. ①

> **해석** 역환수(reverse return) 방식 : 각 방열기로 공급되는 공급관과 환수관의 길이(마찰저항)를 같게 하여 온수가 각 방열기로 균등하게 공급되도록 한 방식

090 펌프 주위의 배관 시 주의해야 할 사항으로 틀린 것은?
① 흡입관의 수평배관은 펌프를 향해 위로 올라가도록 설계한다.
② 토출부에 설치한 체크 밸브는 서징현상 방지를 위해 펌프에서 먼 곳에 설치한다.
③ 흡입구는 수위면에서부터 관경의 2배 이상 물속으로 들어가게 한다.
④ 흡입관의 길이는 되도록 짧게 하는 것이 좋다.

> **해석** 토출부에 설치하는 체크밸브는 서징현상 방지를 위해 펌프에서 가까운 곳에 설치한다.

091 냉매 배관을 시공할 때 주의해야 할 사항으로 가장 거리가 먼 것은?
① 배관은 가능한 한 꺾이는 곳을 적게 하고 꺾이는 곳의 구부림 지름을 작게 한다.
② 관통 부분 이외에는 매설하지 않으며, 부득이한 경우 강관으로 보호한다.
③ 구조물을 관통할 때에는 견고하게 관을 보호해야 하며, 외부로의 누설이 없어야 한다.
④ 응력발생 부분에는 냉매 흐름 방향에 수평이 되게 루프 배관을 한다.

> **해석** 배관은 꺾이는 곳의 굽힘 반지름(곡률 반경)을 크게 하여야 마찰저항이 적다.

092 배수관은 피복두께를 보통 10mm 정도 표준으로 하여 피복한다. 피복의 주된 목적은?
① 충격방지
② 진동방지
③ 방로 및 방음
④ 부식방지

> **해석** 배수관의 피복 : 방로 및 방음을 위해

093 5세주형 700mm의 주철제 방열기를 설치하여 증기온도가 110℃, 실내 공기온도가 20℃이며 난방부하가 25000kcal/h일 때 방열기의 소요 쪽수는? (단, 방열계수 6.9kcal/m²·h·℃, 1쪽당 방열면적 0.28m²이다.)
① 144쪽
② 154쪽
③ 164쪽
④ 174쪽

> **해석** 쪽수 $= \dfrac{Q}{K \cdot A \cdot \Delta t} = \dfrac{25000}{0.28 \times 6.9 \times (110-20)} = 144$쪽

답 090. ② 091. ① 092. ③ 093. ①

094 증기난방의 특징에 관한 설명으로 틀린 것은?
① 이용열량이 증기의 증발잠열로서 매우 크다.
② 실내온도의 상승이 느리고 예열 손실이 많다.
③ 운전을 정지시키면 관에 공기가 유입되므로 관의 부식이 빠르게 진행된다.
④ 취급안전상 주의가 필요하므로 자격을 갖춘 기술자를 필요로 한다.

해설 증기난방은 실내온도의 상승이 빠르고 예열 손실이 적다.

095 간접 가열 급탕법과 가장 거리가 먼 장치는?
① 증기 사일렌서　② 저탕조
③ 보일러　　　　 ④ 고가수조

해설 증기 사일렌서 : 기수 혼합식 급탕설비에서 소음을 줄이기 위한 장치

096 하트 포드(Hart ford) 배관법에 관한 설명으로 가장 거리가 먼 것은?
① 보일러 내의 안전 저수면 보다 높은 위치에 환수관을 접속한다.
② 저압증기 난방에서 보일러 주변의 배관에 사용한다.
③ 하트포드 배관법은 보일러 내의 수면이 안전수위 이하로 유지하기 위해 사용된다.
④ 하트포드 배관 접속 시 환수주관에 침적된 찌꺼기의 보일러 유입을 방지할 수 있다.

해설 하트포드 배관 : 저압증기 난방의 보일러 주변 배관에서 보일러 수면이 안전수위 이하로 내려가지 않도록 하는 배관설비

097 가스관에 관한 설명으로 틀린 것은?
① 특별한 경우를 제외한 옥내배관은 매설배관을 원칙으로 한다.
② 부득이하게 콘크리트 주요 구조부를 통과할 경우에는 슬리브를 사용한다.
③ 가스배관에는 적당한 구배를 두어야 한다.
④ 열에 의한 신축, 진동 등의 영향을 고려하여 적절한 간격으로 지지하여야 한다.

해설 가스 옥내배관은 외부로 노출하여 시공하며, 동관이나 스테인리스관 등 이음매 없는 관은 매몰하여 설치할 수 있다.

답 094. ②　095. ①　096. ③　097. ①

098 팽창탱크 주위 배관에 관한 설명으로 틀린 것은?
① 개방식 팽창탱크는 시스템의 최상부보다 1m 이상 높게 설치한다.
② 팽창탱크의 급수에는 전동밸브 또는 볼밸브를 이용한다.
③ 오버플로우관 및 배수관은 간접배수로 한다.
④ 팽창관에는 팽창량을 조절할 수 있도록 밸브를 설치한다.

> **해설** 팽창관에는 절대로 밸브를 설치하지 않는다.

099 다음 중 밸브의 역할이 아닌 것은?
① 유체의 밀도 조절
② 유체의 방향 전환
③ 유체의 유량 조절
④ 유체의 흐름 단속

> **해설** 밸브의 기능
> ① 흐름 단속 ② 유량 조절 ③ 방향 전환

100 배수 트랩의 형상에 따른 종류가 아닌 것은?
① S 트랩
② P 트랩
③ U 트랩
④ H 트랩

> **해설** 배수 트랩의 종류
> ① 사이펀 트랩(관 트랩) : S 트랩, P 트랩, U 트랩(가옥 트랩) 등
> ② 비사이펀 트랩 : 벨 트랩, 드럼 트랩 등

답 098. ④ 099. ① 100. ④

2016년 5월 8일 — 제2회 공조냉동기계기사

제1과목 기계열역학

001 그림과 같은 Rankine 사이클의 열효율은 약 몇 %인가? (단, $h_1=191.8$ kJ/kg, $h_2=193.8$ kJ/kg, $h_3=2799.5$ kJ/kg, $h_4=2007.5$ kJ/kg이다.)

① 30.3%
② 39.7%
③ 46.9%
④ 54.1%

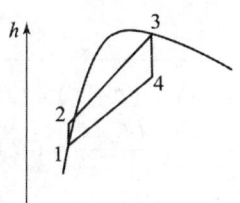

해설 랭킨 사이클의 열효율

$$\eta_R = \frac{w_T - w_P}{q_B + q_S} = \frac{(2,799.5 - 2,007.5) - (193.8 - 191.8)}{2,799.5 - 193.8} \times 100 = 30.3\%$$

002 대기압 100kPa에서 용기에 가득 채운 프로판을 일정한 온도에서 진공펌프를 사용하여 2kPa까지 배기하였다. 용기 내에 남은 프로판의 중량은 처음 중량의 몇 %정도 되는가?

① 20%　　② 2%
③ 50%　　④ 5%

해설 $PV = mRT$ 에서

$$m_1 = \frac{P_1 V}{RT} = \frac{100 \times 1}{\frac{8.314}{44} \times 1} = 529.23\,\text{kg}$$

$$m_2 = \frac{P_2 V}{RT} = \frac{2 \times 1}{\frac{8.314}{44} \times 1} = 10.58\,\text{kg}$$

남은 프로판 중량(%) $= \dfrac{m_2}{m_1} \times 100 = \dfrac{10.58}{529.23} \times 100 = 2\%$

답 001. ①　002. ②

합격 003

이상기체에서 엔탈피 h와 내부에너지 u, 엔트로피 s 사이에 성립하는 식으로 옳은 것은? (단, T는 온도, v는 체적, P는 압력이다.)

① $Tds = dh + vdP$
② $Tds = dh - vdP$
③ $Tds = du - Pdv$
④ $Tds = dh + d(Pv)$

해설 $\delta q = T \cdot ds = du + P \cdot dv = dh - v \cdot dP$

합격 004

온도가 150℃인 공기 3kg이 정압 냉각되어 엔트로피가 1.063kJ/K만큼 감소되었다. 이때 방출된 열량은 약 몇 kJ인가? (단, 공기의 정압비열은 1.01 kJ/kg·K이다.)

① 27
② 379
③ 538
④ 715

해설
① $Q = G \cdot C_p \cdot (T_2 - T_1) = 3 \times 1.01 \times (150 - 24.9) = 379\text{kJ}$
② $\Delta S = \dfrac{\delta Q}{T} = \dfrac{GC_p\, dT}{T} = GC_p \ln \dfrac{T_2}{T_1}$ 에서 $1.063 = 3 \times 1.01 \times \ln \dfrac{(150+273)}{T_1}$

$\ln \dfrac{423}{T_1} = \dfrac{1.063}{3 \times 1.01} = 0.3508$, $\dfrac{423}{T_1} = e^{0.3508}$, $T_1 = 297.9\text{K} = 24.9℃$

합격 005

20℃의 공기 5kg이 정압 과정을 거쳐 체적이 2배가 되었다. 공급한 열량은 약 몇 kJ인가? (단, 정압비열은 1 kJ/kg·K이다.)

① 1465
② 2198
③ 2931
④ 4397

해설 $Q = G \cdot C_p \cdot (T_2 - T_1) = 5 \times 1 \times (586 - 293) = 1,465\text{kJ}$

여기서, $T_2 = T_1 \dfrac{V_2}{V_1} = 293 \times \dfrac{2}{1} = 586\text{K}$

합격 006

공기 1kg을 정적과정으로 40℃에서 120℃까지 가열하고, 다음에 정압과정으로 120℃에서 220℃까지 가열한다면 전체 가열에 필요한 열량은 약 얼마인가? (단, 정압비열은 1.00 kJ/kg·K, 정적비열은 0.71 kJ/kg·K이다.)

① 127.8 kJ/kg
② 141.5 kJ/kg
③ 156.8 kJ/kg
④ 185.2 kJ/kg

해설 $Q = Q_v + Q_p = GC_v\, dT + GC_p\, dT$
$= \{1 \times 0.71 \times (120 - 40)\} + \{1 \times 1 \times (220 - 120)\} = 156.8\text{kJ/kg}$

답 003. ② 004. ② 005. ① 006. ③

007 온도 T_2인 저온체에서 열량 Q_A를 흡수해서 온도가 T_1인 고온체로 열량 Q_R를 방출할 때 냉동기의 성능계수(coefficient of performance)는?

① $\dfrac{Q_R - Q_A}{Q_A}$ ② $\dfrac{Q_R}{Q_A}$

③ $\dfrac{Q_A}{Q_R - Q_A}$ ④ $\dfrac{Q_A}{Q_R}$

해설 냉동기의 성적계수

$$COP = \dfrac{Q_A}{Q_R - Q_A} = \dfrac{T_A}{T_R - T_A}$$

008 수소(H_2)를 이상기체로 생각하였을 때, 절대압력 1MPa, 온도 100℃에서의 비체적은 약 몇 m³/kg인가? (단, 일반기체상수는 8.3145kJ/kmol·K이다.)

① 0.781 ② 1.26
③ 1.55   ④ 3.46

해설 $Pv = RT$

$$v = \dfrac{RT}{P} = \dfrac{1 \times \dfrac{8.3145}{2} \times 373}{1 \times 10^3} = 1.55 \text{m}^3/\text{kg}$$

009 비열비가 k인 이상기체로 이루어진 시스템이 정압과정으로 부피가 2배로 팽창할 때 시스템이 한 일이 W, 시스템에 전달된 열이 Q일 때, $\dfrac{W}{Q}$는 얼마인가? (단, 비열은 일정하다.)

① k ② $\dfrac{1}{k}$ ③ $\dfrac{k}{k-1}$ ④ $\dfrac{k-1}{k}$

해설 $\dfrac{W}{Q} = \dfrac{P(v_2 - v_1)}{\dfrac{k}{k-1}P(v_2 - v_1)} = \dfrac{k-1}{k}$

010 밀폐계의 가역 정적변화에서 다음 중 옳은 것은? (단, U : 내부에너지, Q : 전달된 열, H : 엔탈피, V : 체적, W : 일이다.)

① $dU = dQ$ ② $dH = dQ$
③ $dV = dQ$ ④ $dW = dQ$

해설 $\delta q = du + p \cdot dv$에서 $dv = 0$이므로 $\delta q = du$
정적변화에서의 열량변화는 내부에너지 변화량과 같다.

답 007. ③ 008. ③ 009. ④ 010. ①

011 카르노 열기관 사이클 A는 0℃와 100℃ 사이에서 작동되며 카르노 열기관 사이클 B는 100℃와 200℃ 사이에서 작동된다. 사이클 A의 효율(η_A)과 사이클 B의 효율(η_B)을 각각 구하면?

① $\eta_A = 26.80\%$, $\eta_A = 50.00\%$
② $\eta_A = 26.80\%$, $\eta_A = 21.14\%$
③ $\eta_A = 38.75\%$, $\eta_A = 50.00\%$
④ $\eta_A = 38.75\%$, $\eta_A = 21.14\%$

해설
$\eta_A = 1 - \dfrac{T_2}{T_1} = 1 - \dfrac{273}{373} = 0.2680 = 26.80\%$

$\eta_B = 1 - \dfrac{T_2}{T_1} = 1 - \dfrac{373}{473} = 0.2114 = 21.14\%$

012 밀도 1000 kg/m³인 물이 단면적 0.01m²인 관속을 2m/s의 속도로 흐를 때, 질량유량은?

① 20 kg/s
② 2.0 kg/s
③ 50 kg/s
④ 5.0 kg/s

해설 질량유량
$m = AV \times \rho = 0.01 \times 2 \times 1000 = 20 \text{kg/s}$

013 열역학적 상태량은 일반적으로 강도성 상태량과 용량성 상태량으로 분류할 수 있다. 강도성 상태량에 속하지 않는 것은?

① 압력
② 온도
③ 밀도
④ 체적

해설 ① 강도성(강성적) 상태량 : 질량에 관계없는 상태량
(온도, 압력, 비체적, 비중량, 밀도, 비엔탈피 등)
② 용량성(종량성) 상태량 : 질량에 따라서 변하는 상태량
(질량, 체적, 내부에너지, 엔탈피, 엔트로피, 전기저항 등)

014 질량 1kg의 공기가 밀폐계에서 압력과 체적이 100kPa, 1m³이었는 데 폴리트로픽 과정(PV^n=일정)을 거쳐 체적이 0.5m³이 되었다. 최종 온도(T_2)와 내부 에너지의 변화량(ΔU)은 각각 얼마인가? (단, 공기의 기체상수는 287J/kg·K, 정적비열은 718J/kg·K, 정압비열은 1005J/kg·K, 폴리트로프 지수는 1.3이다.)

① T_2 =459.7K, ΔU=111.3kJ
② T_2 =459.7K, ΔU=79.9kJ
③ T_2 =428.9K, ΔU=80.5kJ
④ T_2 =428.9K, ΔU=57.8kJ

답 011. ② 012. ① 013. ④ 014. ④

해설 ① 최초온도
$$T_1 = \frac{P_1 V_1}{GR} = \frac{100 \times 1}{1 \times 0.287} = 348.43\text{K}$$
② 최종온도(폴리트로픽 변화)
$$\frac{T_2}{T_1} = \left(\frac{v_1}{v_2}\right)^{n-1} \text{에서 } T_2 = T_1\left(\frac{V_1}{V_2}\right)^{n-1} = 348.43 \times \left(\frac{1}{0.5}\right)^{1.3-1} = 428.97\text{K}$$
③ 내부에너지 변화
$$dU = GC_v(T_2 - T_1) = 1 \times 718 \times (428.97 - 348.43) = 57,827\text{J} = 57.8\text{kJ}$$

015 냉동실에서의 흡수 열량이 5냉동톤(RT)인 냉동기의 성능계수(COP)가 2, 냉동기를 구동하는 가솔린 엔진의 열효율이 20%, 가솔린의 발열량이 43000 kJ/kg 일 경우, 냉동기 구동에 소요되는 가솔린의 소비율은 약 몇 kg/h인가? (단, 1 냉동톤(RT)은 약 3.86 kW이다.)

① 1.28 kg/h ② 2.54 kg/h
③ 4.04 kg/h ④ 4.85 kg/h

해설 $COP = \dfrac{Q_2}{W} = \dfrac{RT \times 3.86 \times 3600}{G_f \times H_l \times \eta}$ 에서

$G_f = \dfrac{RT \times 3.86 \times 3600}{COP \times H_l \times \eta} = \dfrac{5 \times 3.86 \times 3600}{2 \times 43000 \times 0.2} = 4.04\text{kg/h}$

016 그림과 같이 중간에 격벽이 설치된 계에서 A에는 이상기체가 충만되어 있고, B는 진공이며 A와 B의 체적은 같다. A와 B사이의 격벽을 제거하면 A의 기체는 단열 비가역 자유팽창을 하여 어느 시간 후에 평형에 도달하였다. 이 경우의 엔트로피 변화 $\triangle s$는? (단, C_v는 정적비열, C_p는 정압비열, R은 기체상수이다.)

① $\triangle s = C_v \times \ln 2$
② $\triangle s = C_p \times \ln 2$
③ $\triangle s = 0$
④ $\triangle s = R \times \ln 2$

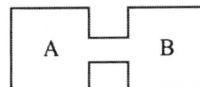

해설 기체의 자유팽창 시 엔트로피 변화
$\triangle s = R\ln\dfrac{V_2}{V_1} = R\ln\dfrac{2V}{V_1} = R\ln 2$

017 과열증기를 냉각시켰더니 포화영역 안으로 들어와서 비체적이 0.2327m³/kg이 되었다. 이때의 포화액과 포화증기의 비체적이 각각 1.079×10⁻³m³/kg, 0.5243m³/kg 이라면 건도는?

① 0.964 ② 0.772
③ 0.653 ④ 0.443

정답 015. ③ 016. ④ 017. ④

해설 건도
$$v_x = v' + (v'' - v')x \text{ 에서}$$
$$x = \frac{v_x - v'}{(v'' - v')} = \frac{0.2327 - (1.079 \times 10^{-3})}{0.5243 - (1.079 \times 10^{-3})} = 0.443$$

018 냉동기 냉매의 일반적인 구비조건으로서 적합하지 않은 사항은?
① 임계온도가 높고, 응고 온도가 낮을 것
② 증발열이 적고, 증기의 비체적이 클 것
③ 증기 및 액체의 점성이 작을 것
④ 부식성이 없고, 안정성이 있을 것

해설 냉매는 증발열이 크고 증기의 비체적은 작아야 한다.

019 30℃, 100 kPa의 물을 800 kPa까지 압축한다. 물의 비체적이 0.001 m³/kg로 일정하다고 할 때, 단위 질량당 소요된 일(공업일)은?
① 167 J/kg   ② 602 J/kg
③ 700 J/kg   ④ 1400 J/kg

해설 공업일
$$w_t = v(P_1 - P_2) = 0.001 \times (800 - 100) = 0.7 \text{kJ/kg} = 700 \text{J/kg}$$

020 오토 사이클의 압축비가 6인 경우 이론 열효율은 약 몇 %인가? (단, 비열비=1.4이다.)
① 51   ② 54
③ 59   ④ 62

해설
$$\eta_o = 1 - \left(\frac{1}{\varepsilon}\right)^{k-1} = 1 - \left(\frac{1}{6}\right)^{1.4-1} = 0.51 = 51\%$$

제2과목 냉동공학

021 온도식 자동팽창밸브의 감온통 설치방법으로 틀린 것은?
① 증발기 출구 측 압축기로 흡입되는 곳에 설치할 것
② 흡입 관경이 20A 이하인 경우에는 관 상부에 설치할 것
③ 외기의 영향을 받을 경우는 보온해 주거나 감온통 포켓을 설치할 것
④ 압축기 흡입관에 트랩이 있는 경우에는 트랩부분에 부착할 것

답 018. ② 019. ③ 020. ① 021. ④

해설 감온통은 흡입관에 트랩이 있는 경우는 트랩에 고여 있는 냉매액의 영향을 받지 않도록 트랩부분에 부착하지 않는다.

022 흡수식 냉동기에서의 냉각원리로 옳은 것은?

① 물이 증발할 때 주위에서 기화열을 빼앗고 열을 빼앗기는 쪽은 냉각되는 현상을 이용한다.
② 물이 응축할 때 주위에서 액화열을 빼앗고 열을 빼앗기는 쪽은 냉각되는 현상을 이용한다.
③ 물이 팽창할 때 주위에서 팽창열을 빼앗고 열을 빼앗기는 쪽은 냉각되는 현상을 이용한다.
④ 물이 압축할 때 주위에서 압축열을 빼앗고 열을 빼앗기는 쪽은 냉각되는 현상을 이용한다.

해설 흡수식 냉동기의 냉각원리
진공된 증발기에서 물이 증발할 때 주위에서 기화열을 빼앗아 증발하고 열을 빼앗기는 쪽은 냉각되는 현상을 이용

023 15℃의 순수한 물로 0℃의 얼음을 매시간 50kg 만드는 데 냉동기의 냉동능력은 약 몇 냉동톤인가? (단, 1냉동톤은 3320kcal/h이며, 물의 응축잠열은 80kcal/kg이고, 비열은 1kcal/kg·℃이다.)

① 0.67　　② 1.43
③ 2.80　　④ 3.21

해설 $RT = \dfrac{Q_e}{3,320} = \dfrac{\{50 \times 1 \times (15-0) + (50 \times 80)\}}{3,320} = 1.43 RT$

024 고속다기통 압축기의 장점으로 틀린 것은?

① 용량제어 장치인 시동부하 경감기(starting unloader)를 이용하여 기동 시 무부하 기동이 가능하고, 대용량에서도 시동에 필요한 동력이 적다.
② 크기에 비하여 큰 냉동능력을 얻을 수 있고, 설치 면적은 입형압축기에 비하여 1/2~1/3 정도이다.
③ 언로더 기구에 의해 자동 제어 및 자동 운전이 용이하다.
④ 압축비의 증가에 따라 체적 효율의 저하가 작다.

해설 고속다기통 압축기는 압축비의 증가에 따른 체적효율의 저하가 크다.

답 022. ①　023. ②　024. ④

025 압축기 실린더의 체적효율이 감소되는 경우가 아닌 것은?

① 클리어런스(clearance)가 작을 경우
② 흡입·토출밸브에서 누설될 경우
③ 실린더 피스톤이 과열될 경우
④ 회전속도가 빨라질 경우

해설 클리어런스(clearance)가 작을수록 체적효율은 크다.

---

026 두께 30cm의 벽돌로 된 벽이 있다. 내면의 온도가 21℃, 외면의 온도가 35℃일 때 이 벽을 통해 흐르는 열량은? (단, 벽돌의 열전도율 K는 0.793W/m·K이다.)

① 32W/m²
② 37W/m²
③ 40W/m²
④ 43W/m²

해설 $Q = \dfrac{\lambda \cdot F \cdot \Delta t}{l} = \dfrac{0.793 \times 1 \times (35-21)}{0.3} = 37 \text{W/m}^2$

---

027 동일한 냉동실 온도조건으로 냉동설비를 할 경우 브라인식과 비교한 직접팽창식에 관한 설명으로 틀린 것은?

① 냉매의 증발온도가 낮다.
② 냉매 소비량(충전량)이 많다.
③ 소요동력이 적다.
④ 설비가 간단하다.

해설 직접팽창식이 냉장실 내 온도를 동일하게 유지하였을 때 냉매의 증발온도가 높다.

---

028 흡수식 냉동기에서 냉매의 과냉 원인이 아닌 것은?

① 냉수 및 냉매량 부족
② 냉각수 부족
③ 증발기 전열면적 오염
④ 냉매에 용액이 혼입

해설 냉매의 과냉 원인
① 냉수량 부족 및 증발기 전열면적 오염
② 냉매량 부족
③ 냉매에 용액 혼입
④ 냉동부하 감소
⑤ 온도 설정온도가 낮을 때

---

025. ①　026. ②　027. ①　028. ②

029 다음 그림은 이상적인 냉동사이클을 나타낸 것이다. 각 과정에 대한 설명으로 틀린 것은?

① Ⓐ 과정은 단열팽창이다.
② Ⓑ 과정은 등온압축이다.
③ Ⓒ 과정은 단열압축이다.
④ Ⓓ 과정은 등온압축이다.

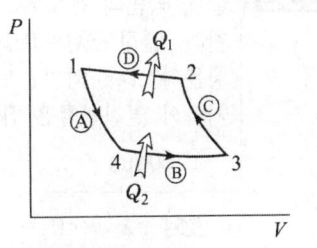

해설 Ⓑ : 등온팽창

030 압축기에 사용되는 냉매의 이상적인 구비조건으로 옳은 것은?

① 임계온도가 낮을 것
② 비열비가 작을 것
③ 증발잠열이 작을 것
④ 비체적이 클 것

해설 냉매의 비열비가 클수록 압축기 토출가스온도가 상승하게 되므로 비열비는 작아야 한다.

031 냉동장치의 제상에 대한 설명으로 옳은 것은?

① 제상은 증발기의 성능 저하를 막기 위해 행해진다.
② 증발기에 착상이 심해지면 냉매 증발압력은 높아진다.
③ 살수식 제상 장치에 사용되는 일반적인 수온은 약 50~80℃로 한다.
④ 핫가스 제상이라 함은 뜨거운 수증기를 이용하는 것이다.

해설 제상은 증발기 표면의 적상(착상)을 제거하여 열전달을 상승시켜 증발기의 성능 저하를 막기위해 실시한다.

032 냉매배관 중 액분리기에서 분리된 냉매의 처리방법으로 틀린 것은?

① 응축기로 순환시키는 방법
② 증발기로 재순환 시키는 방법
③ 고압측 수액기로 회수하는 방법
④ 가열시켜 액을 증발시키고 압축기로 회수하는 방법

해설 액분리기에서 분리된 냉매의 처리방법
① 증발기로 재순환 시키는 방법
② 열교환기에 의해 증발시켜 압축기로 회수하는 방법
③ 액회수 장치를 이용하여 고압측 수액기로 회수하는 방법

답 029. ② 030. ② 031. ① 032. ①

033 실내 벽면의 온도가 −40℃인 냉장고의 벽을 노점 온도를 기준으로 방열하고자 한다. 열전도율이 0.035kcal/m·h·℃인 방열재를 사용한다면 두께는 얼마로 하면 좋은가? (단, 외기온도는 30℃, 상대습도는 85%, 노점온도는 27.2℃, 방열재와 외기와의 열전달률은 7kcal/m²·h·℃로 한다.)

① 50mm ② 75mm ③ 100mm ④ 125mm

해설
$$\frac{\lambda \cdot F \cdot (t_w - t_r)}{l} = \alpha \cdot F \cdot (t_o - t_w) \text{에서}$$
$$l = \frac{\lambda \cdot F \cdot (t_w - t_r)}{\alpha \cdot F \cdot (t_o - t_w)} = \frac{0.035 \times (27.2 + 40)}{7 \times (30 - 27.2)} = 0.012m = 120mm \text{ 이상}$$

034 냉각수 입구온도 25℃, 냉각수량 1000L/min인 응축기의 냉각 면적이 80m², 그 열통과율이 600kcal/m²·h·℃이고, 응축온도와 냉각수온의 평균 온도차가 6.5℃이면 냉각수 출구온도는?

① 28.4℃ ② 32.6℃ ③ 29.6℃ ④ 30.2℃

해설
$$tw_2 = \frac{K \cdot F \cdot \Delta t_m}{w \cdot c} + tw_1 = \frac{600 \times 80 \times 6.5}{1,000 \times 60 \times 1} + 25 = 30.2°C$$

035 역카르노 사이클에서 T−S선도상 성적계수 ε를 구하는 식은? (단, AW : 외부로부터 받은 일, Q_1 : 고온으로 배출하는 열량, Q_2 : 저온으로부터 받은 열량, T_1 : 고온, T_2 : 저온)

① $\varepsilon = \dfrac{AW}{Q_1}$ ② $\varepsilon = \dfrac{Q_1 - Q_2}{Q_2}$

③ $\varepsilon = \dfrac{T_1 - T_2}{T_1}$ ④ $\varepsilon = \dfrac{T_2}{T_1 - T_2}$

해설 역카르노(냉동기) 사이클에서의 성적계수
$$\varepsilon = \frac{Q_2}{AW} = \frac{Q_2}{Q_1 - Q_2} = \frac{T_2}{T_1 - T_2}$$

036 드라이어(dryer)에 관한 설명으로 옳은 것은?
① 주로 프레온 냉동기보다 암모니아 냉동기에 사용된다.
② 냉동장치내에 수분이 존재하는 것은 좋지 않으므로 냉매 종류에 관계없이 소형 냉동장치에 설치한다.
③ 프레온은 수분과 잘 용해하지 않으므로 팽창밸브에서의 동결을 방지하기 위하여 설치한다.
④ 건조제로는 황산, 염화칼슘 등의 물질을 사용한다.

답 033. ④ 034. ④ 035. ④ 036. ③

해설 프레온은 수분과 잘 용해하지 않으므로 팽창밸브 출구에서의 수분의 동결을 방지하기 위하여 반드시 드라이어를 설치하여야 한다.

037 다음 중 아이스크림 등을 제조할 때 혼합원료에 공기를 포함시켜서 얼리는 동결장치는?

① 프리져(freezer)
② 스크류 콘베어
③ 하드닝 터널
④ 동결 건조기(freeze drying)

해설 프리져(freezer) : 아이스크림 등을 제조할 때 혼합원료에 공기를 포함시켜 얼리는 동결장치

038 압력-온도선도(듀링선도)를 이용하여 나타내는 냉동사이클은?

① 증기 압축식 냉동기
② 원심식 냉동기
③ 스크롤식 냉동기
④ 흡수식 냉동기

해설 듀링선도 : 냉매와 흡수제 수용액의 농도, 온도, 압력의 관계를 나타낸 것으로 흡수식 냉동사이클의 계산에 이용되는 선도

039 증발식 응축기에 대한 설명으로 옳은 것은?

① 냉각수의 감열(현열)로 냉매가스를 응축
② 외기의 습구 온도가 높아야 응축능력 증가
③ 응축온도가 낮아야 응축능력 증가
④ 냉각탑과 응축기의 기능을 하나로 합한 것

해설 증발식 응축기 : 수냉식 응축기와 공랭식 응축기의 작용을 혼합한 응축기로서 별도의 냉각탑이 필요하지 않다.

040 어떤 암모니아 냉동기의 이론 성적 계수는 4.75이고, 기계효율은 90%, 압축효율은 75%일 때 1냉동톤(1RT)의 능력을 내기 위한 실제 소요마력은 약 몇 마력(PS)인가?

① 1.64
② 2.73
③ 3.63
④ 4.74

해설 $\varepsilon = \dfrac{Q_e}{AW} = \dfrac{Q_e}{PS \times 632} = \varepsilon_o \times \eta_c \times \eta_m$ 에서

$PS = \dfrac{Q_e}{632 \times \varepsilon_o \times \eta_c \times \eta_m} = \dfrac{1 \times 3,320}{632 \times 0.9 \times 0.75 \times 4.75} = 1.64\,PS$

 037. ① 038. ④ 039. ④ 040. ①

제3과목 공기조화

041 다음 공기조화 장치 중 실내로부터 환기의 일부를 외기와 혼합한 후 냉각코일을 통과시키고, 이 냉각코일 출구의 공기와 환기의 나머지를 혼합하여 송풍기로 실내에 재순환시키는 장치의 흐름도는?

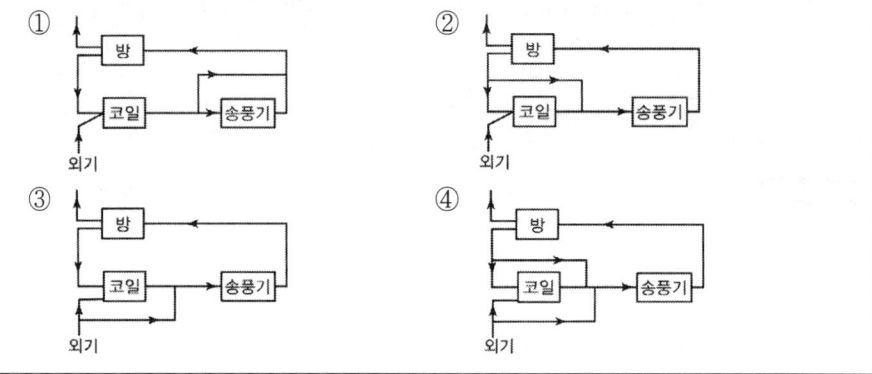

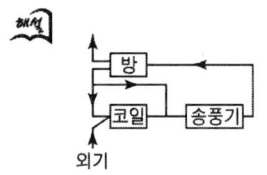

042 공기중에 떠 다니는 먼지는 물론 가스와 미생물 등의 오염 물질까지도 극소로 만든 설비로서 청정 대상이 주로 먼지인 경우로 정밀측정실이나 반도체 산업, 필름 공업 등에 이용되는 시설을 무엇이라 하는가?

① 클린아웃(CO) ② 칼로리미터
③ HEPA필터 ④ 산업용 클린룸(ICR)

해설 산업용 클린룸(Industrial Clean Room) : 공기 중의 미세먼지, 유해가스, 미생물 등의 오염물질까지도 극소로 하는 설비로 정밀측정실이나 반도체 산업, 필름 공업 등에 이용되며, 청정 대상이 주로 미세먼지의 미립자인 경우이다.

043 덕트 시공도 작성 시 유의사항으로 틀린 것은?
① 소음과 진동을 고려한다.
② 설치 시 작업공간을 확보한다.
③ 덕트의 경로는 될 수 있는 한 최장거리로 한다.
④ 댐퍼의 조작 및 점검이 가능한 위치에 있도록 한다.

해설 덕트의 경로는 될 수 있는 한 최단거리로 한다.

답 041. ② 042. ④ 043. ③

044 아래의 그림은 공조기에 ① 상태의 외기와 ② 상태의 실내에서 되돌아온 공기가 공조기로 들어와 ⑥ 상태로 실내로 공급되는 과정을 습공기 선도에 표현한 것이다. 공조기 내 과정을 알맞게 나열한 것은?

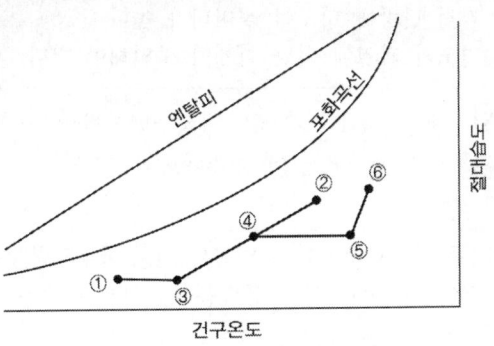

① 예열 - 혼합 - 증기가습 - 가열
② 예열 - 혼합 - 가열 - 증기가습
③ 예열 - 증기가습 - 가열 - 증기가습
④ 혼합 - 제습 - 증기가습 - 가열

해설 공조기 내 과정
예열(①→③) - 혼합(③→④←②) - 가열(④→⑤) - 증기가습(⑤→⑥)

045 공장의 저속 덕트방식에서 주덕트 내의 권장풍속으로 가장 적당한 것은?
① 36~39m/s
② 26~29m/s
③ 16~19m/s
④ 6~9m/s

해설 공장의 저속 덕트방식에서의 주덕트 풍속
① 권장풍속 : 6~12m/s
② 최대풍속 : 6.5~15m/s

046 송풍량 2500 m³/h 공기(건구온도 12℃, 상대습도 60%)를 20℃까지 가열하는 데 필요로 하는 열량은? (단, 처음 공기의 비체적 $v=0.815\,\text{m}^3/\text{kg}$, 가열 전후의 엔탈피는 각각 $h_1=6\,\text{kcal/kg}$, $h_2=8\,\text{kcal/kg}$이다.)

① 4075 kcal/h
② 5000 kcal/h
③ 6135 kcal/h
④ 7362 kcal/h

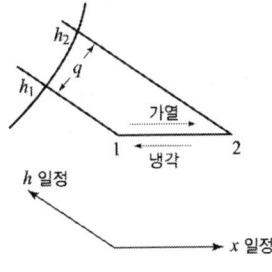

해설 $q = \dfrac{G(h_2-h_1)}{v_1} = \dfrac{2,500\times(8-6)}{0.815} = 6,135\,\text{kcal/h}$

답 044. ② 045. ④ 046. ③

047 온풍난방에 관한 설명으로 틀린 것은?
① 실내 층고가 높을 경우 상하 온도차가 커진다.
② 실내의 환기나 온습도 조절이 비교적 용이하다.
③ 직접 난방에 비하여 설비비가 높다.
④ 연도의 과열에 의한 화재에 주의해야 한다.

해설 간접 난방인 온풍난방이 직접 난방에 비하여 설비비가 싸다.

참고 직접 난방 : 증기난방, 온수난방, 복사난방

048 전압기준 국부저항계수 ζ_T 와 정압기준 국부저항계수 ζ_S 와의 관계를 바르게 나타낸 것은? (단, 덕트 상류 풍속을 v_1, 하류 풍속을 v_2라 한다.)

① $\zeta_T = \zeta_S - 1 + (\frac{v_2}{v_1})^2$
② $\zeta_T = \zeta_S + 1 - (\frac{v_2}{v_1})^2$
③ $\zeta_T = \zeta_S - 1 - (\frac{v_2}{v_1})^2$
④ $\zeta_T = \zeta_S + 1 + (\frac{v_2}{v_1})^2$

해설 전압기준의 ζ_T 와 정압기준의 ζ_S 와의 관계

$$\zeta_T = \zeta_S + \left\{1 - \left(\frac{V_2}{V_1}\right)^2\right\}$$

참고 국부저항 : 덕트의 곡부, 분지관, 단면변화부 등에서 와류의 에너지 소비에 따르는 압력손실과 마찰에 의한 압력손실이 생기는데 이 양자를 합한 것

049 가변풍량 방식에 대한 설명으로 틀린 것은?
① 부분 부하 시 송풍기 동력을 절감할 수 없다.
② 시운전 시 토출구의 풍량조정이 간단하다.
③ 부하변동에 따라 송풍량을 조절하므로 에너지 낭비가 적다.
④ 동시 부하율을 고려하여 설비용량을 적게 할 수 있다.

해설 부분 부하 시 송풍량이 감소되어 송풍기 동력을 감소시킬 수 있다.

050 증기 보일러의 발생열량이 60000kcal/h, 환산증발량이 111.3kg/h이다. 이 증기 보일러의 상당방열면적(EDR)은? (단, 표준방열량을 이용한다.)
① 32.1m²
② 92.3m²
③ 133.3m²
④ 539.8m²

해설 상당방열면적, $EDR = \dfrac{난방부하}{방열기 방열량} = \dfrac{60,000}{650} = 92.3 m^2$

답 047. ③ 048. ② 049. ① 050. ②

051 펌프의 공동현상에 관한 설명으로 틀린 것은?

① 흡입 배관경이 클 경우 발생한다.
② 소음 및 진동이 발생한다.
③ 임펠러 침식이 생길 수 있다.
④ 펌프의 회전수를 낮추어 운전하면 이 현상을 줄일 수 있다.

해설 공동현상은 흡입 배관경이 작아 마찰저항이 커지면 발생할 수 있다.

052 보일러에서 발생한 증기량이 소비량에 비해 과잉일 경우 액화저장하고 증기량이 부족할 경우 저장 증기를 방출하는 장치는?

① 절탄기   ② 과열기
③ 재열기   ④ 축열기

해설 축열기(스팀어큐뮤레이터)
보일러에서 발생하는 잉여증기를 저장하였다가 보일러 과부하 시 공급하여 사용하는 장치

053 대규모 건물에서 외벽으로부터 떨어진 중앙부는 외기 조건의 영향을 적게 받으며, 인체와 조명등 및 실내기구의 발열로 인해 경우에 따라 동절기 및 중간기에 냉방이 필요한 때가 있다. 이와 같은 건물의 회의실, 식당과 같이 일반 사무실에 비해 현열비가 크게 다른 경우 계통별로 구분하여 조닝하는 방법은?

① 방위별 조닝   ② 부하특성별 조닝
③ 사용시간별 조닝   ④ 건물층별 조닝

해설 부하특성별 조닝
일반 사무실에 비해 실내 현열비가 크게 다른 경우 계통별로 구분하여 조닝하는 방법

054 공기조화방식에서 팬코일 유닛방식에 대한 설명으로 틀린 것은?

① 사무실, 호텔, 병원 및 점포 등에 사용한다.
② 배관방식에 따라 2관식, 4관식으로 분류된다.
③ 중앙기계실에서 냉수 또는 온수를 공급하여 각 실에 설치한 팬코일 유닛에 의해 공조하는 방식이다.
④ 팬코일 유닛방식에서의 열부하 분담은 내부존 팬코일 유닛방식과 외부존 터미널방식이 있다.

해설 팬코일 유닛방식에서의 열부하 분담은 팬코일 유닛을 창측에 설치하여 외부존의 스킨로드를 처리한다.

답 051. ① 052. ④ 053. ② 054. ④

055 아네모스탯(anemostat)형 취출구에서 유인비의 정의로 옳은 것은? (단, 취출구로부터 공급된 조화공기를 1차 공기(PA), 실내공기가 유인되어 1차 공기와 혼합한 공기를 2차 공기(SA), 1차와 2차 공기를 모두 합한 것을 전공기(TA)라 한다.)

① $\dfrac{TA}{SA}$ ② $\dfrac{PA}{TA}$

③ $\dfrac{TA}{PA}$ ④ $\dfrac{SA}{TA}$

해설 유인비

$k = \dfrac{1차\ 공기 + 2차\ 공기}{1차\ 공기} = \dfrac{전공기}{1차\ 공기} = \dfrac{TA}{PA}$

① 1차 공기 : 취출구에서 실내로 취출되는 공기
② 2차 공기 : 실내에 있던 공기 중에서 취출공기와 혼합되는 공기

056 복사 패널의 시공법에 관한 설명으로 틀린 것은?

① 코일의 전 길이는 50m 정도 이내로 한다.
② 온도에 따른 열팽창을 고려하여 천장의 짧은 변과 코일의 직선부가 평행하도록 배관한다.
③ 콘크리트의 양생은 30℃ 이상의 온도에서 12시간 이상 건조 시킨다.
④ 파이프 코일의 매설 깊이는 코일 외경의 1.5배 정도로 한다.

해설 콘크리트나 플라스터는 30℃ 이하의 온도에서 48시간 이상 건조시키도록 한다.

057 온도 20℃, 포화도 60% 공기의 절대습도는? (단, 온도는 20℃의 포화 습공기의 절대습도 $x_s = 0.01469$ kg/kg이다.)

① 0.001623 kg/kg ② 0.004321 kg/kg
③ 0.006712 kg/kg ④ 0.008814 kg/kg

해설 비교습도(포화도), $\psi = \dfrac{x}{x_s}$, $x = x_s \psi = 0.01469 \times 0.6 = 0.008814$ kg/kg

058 외기 및 반송(return)공기의 분진량이 각각 C_O, C_R이고, 공급되는 외기량 및 필터로 반송되는 공기량은 각각 Q_O, Q_R이며, 실내 발생량이 M이라 할 때 필터의 효율(η)은?

① $\eta = \dfrac{Q_O(C_O - C_R) + M}{C_O Q_O + C_R Q_R}$ ② $\eta = \dfrac{Q_O(C_O - C_R) + M}{C_O Q_O - C_R Q_R}$

③ $\eta = \dfrac{Q_O(C_O + C_R) + M}{C_O Q_O + C_R Q_R}$ ④ $\eta = \dfrac{Q_O(C_O - C_R) - M}{C_O Q_O - C_R Q_R}$

답 055. ③ 056. ③ 057. ④ 058. ①

해설 실내 유입＋실내 발생 오염물량＝실외로 유출되는 오염물질량
$(1-\eta)(C_O Q_O + C_R Q_R) + M = C_R(Q_O + Q_R)$
$C_O Q_O + C_R Q_R + M - Q_O C_R - C_R Q_R = \eta(C_O Q_O + C_R Q_R)$
$C_O Q_O + M - Q_O C_R = \eta(C_O Q_O + C_R Q_R)$
$\eta = \dfrac{Q_O(C_O - C_R) + M}{C_O Q_O + C_R Q_R}$

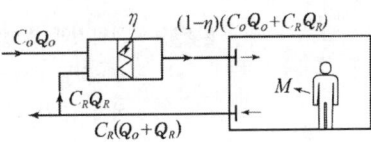

059 각층 유닛방식의 특징이 아닌 것은?
① 공조기 수가 줄어들어 설비비가 저렴하다.
② 사무실과 병원 등의 각 층에 대하여 시간차 운전에 적합하다.
③ 송풍덕트가 짧게 되고, 주덕트의 수평덕트는 각 층의 복도 부분에 한정되므로 수용이 용이하다.
④ 설계에 따라서는 각 층 슬래브의 관통덕트가 없게 되므로 방재 상 유리하다.

해설 각층 유닛방식은 공조기 수가 많아 설비비가 많이 들고, 기기를 관리하기가 불편하다.

060 공기조절기의 공기냉각 코일에서 공기와 냉수의 온도변화가 그림과 같았다. 이 코일의 대수평균 온도차(LMTD)는?
① 9.7℃
② 12.4℃
③ 14.4℃
④ 15.6℃

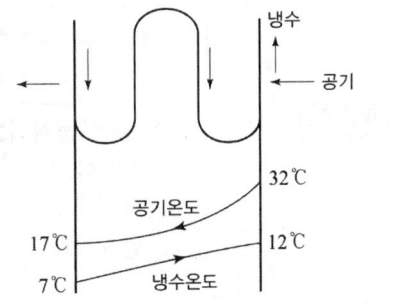

해설 대수 평균 온도차
$\text{LMTD} = \dfrac{\Delta t_1 - \Delta t_2}{\ln \dfrac{\Delta t_1}{\Delta t_2}} = \dfrac{(32-12)-(17-7)}{\ln \dfrac{(32-12)}{(17-7)}} = 14.4℃$

제4과목 전기제어공학

061 100V, 6A 전열기로 2L의 물을 15℃에서 95℃까지 상승키는 데 약 몇 분이 소요되는가? (단, 전열기는 발생 열량의 80%가 유효하게 사용되는 것으로 한다.)
① 15.64
② 18.36
③ 21.26
④ 23.15

답 059. ① 060. ③ 061. ④

해설
$$Q[\text{kcal}] = m \cdot c \cdot \Delta t \times 1,000 = 0.24\,Pt \times 0.8 \text{에서} \quad t = \frac{m \cdot c \cdot \Delta t \times 1,000}{0.24 \times P \times 0.8}$$
$$= \frac{1 \times 2 \times (95-15) \times 1,000}{0.24 \times 100 \times 6 \times 0.8} = 1388.89\text{초} = 23.15\text{분}$$

참고
- 전열기에 발생 열량

  $H[\text{cal}] = 0.24 \cdot P \cdot t$

  여기서, $P[\text{W}]$: 전력, $t[\text{s}]$: 시간

- 흡수열량과 온도의 관계

  $Q[\text{kcal}] = m \cdot c \cdot \Delta t$

  여기서, C : 비열[kcal/kg℃], m : 질량[kg], Δt : 온도차[℃]

합격 062

제어동작에 대한 설명 중 틀린 것은?

① 비례동작 : 편차의 제곱에 비례한 조작신호를 낸다.
② 적분동작 : 편차의 적분값에 비례한 조작신호를 낸다.
③ 미분동작 : 조작신호가 편차의 증가속도에 비례하는 동작을 한다.
④ 2위치동작 : ON-OFF 동작이라고도 하며, 편차의 정부(+, −)에 따라 조작부를 전폐 또는 전개하는 것이다.

해설 비례동작은 목표치와 출력치의 편차에 비례하는 조작신호를 내보낸다.

합격 063

비행기 등과 같은 움직이는 목표값의 위치를 알아보기 위한 즉, 원뿔주사를 이용한 서보용 제어기는?

① 추적레이더   ② 자동조타장치
③ 공작기계의 제어   ④ 자동평형기록계

해설 레이더(radar) : 레이더는 전파가 물체에 닿으면 반사하는 성질을 이용하여 원뿔주사를 한 마이크로파의 반사파를 측정하여 먼 곳에 있는 비행기나 선박 등의 움직이는 목표값의 위치를 알아내는데 쓰이는 서보제어기다.

합격 064

신호흐름선도의 기본 성질로 틀린 것은?

① 마디는 변수를 나타낸다.
② 대수방정식으로 도시한다.
③ 선형 시스템에만 적용된다.
④ 루프이득이란 루프의 마디이득이다.

해설 신호흐름선도는 블록선도를 간단화한 것으로 전달선은 게인과 부호를 포함하고 있으며, 원은 가산점 및 분기점을 의미하고 루프의 이득은 루프의 모든 마디의 이득을 곱한 것이다. 단, 구조상 변수끼리 곱을 사용하는 비선형시스템에는 사용할 수 없다.

답 062. ① 063. ① 064. ④

합격 065. 플레밍의 왼손법칙에서 엄지손가락이 가리키는 것은?
① 전류 방향
② 힘의 방향
③ 기전력 방향
④ 자력선 방향

해설 플레밍의 왼손법칙이나 오른손법칙에서 손가락이 가리키는 방향은 모두 같다.
엄지 : 힘의 방향(F), 검지 : 자장의 방향(B), 중지 : 전류의 방향(I)

참고 ① 플레밍의 왼손법칙 : 평등자계 내에 존재하는 도체에 전류가 흐를 때 도체에 작용하는 힘의 방향을 알 수 있는 법칙으로 전동기의 구동 원리를 설명할 수 있음.
$F[\text{N}] = BIl$
여기서, $B[\text{Wb/m}^2]$: 자속밀도, $I[\text{A}]$: 전류, $l[\text{m}]$: 도체의 길이

② 플레밍의 오른손법칙 : 평등자계 내에 존재하는 도체에 힘이 작용하여 일정 방향으로 움직일 때 도체에 발생하는 기전력의 방향 및 크기를 알 수 있는 법칙으로 발전기의 원리를 설명할 수 있음.
$e[\text{V}] = Blv$
여기서, $B[\text{Wb/m}^2]$: 자속밀도, $v[\text{m/s}]$: 속도, $l[\text{m}]$: 도체의 길이

합격 066. 회전하는 각도를 디지털량으로 출력하는 검출기는?
① 로드셀
② 보간치
③ 엔코더
④ 퍼텐쇼미터

해설 엔코더는 전동기의 회전수를 검출하는 장치로 전동기의 회전각에 비례하는 신호를 발생시킨다. 비슷한 장치로 리졸버가 있는데 이는 절대위치의 값을 출력하는 장치이다.

참고 ① 전위차계(포텐셔미터) : 일종의 가변저항으로 2개의 직렬 연결된 저항은 전압을 분압한다는 원리를 이용하여 기계적인 변위에 의하여 저항을 가변시켜 변화된 전압을 측정하는 것에 의하여 변위의 크기를 알 수 있는 장치, 즉 변위를 전압으로 변환

② 로드셀 : 외력에 의해 비례적으로 변하는 탄성체와 이를 전기적인 신호로 바꾸어주는 스트레인게이지를 이용한 하중감지센서(Sensor)로써 상업용 전자저울에서부터 산업용 대용량 전자식 계량기에 이르기까지 각종 산업분야의 공장제어, 자동화 분야에서 핵심적인 역할을 수행하고 있다.

합격 067. 시간에 대해서 설정값이 변화하지 않는 것은?
① 비율제어
② 추종제어
③ 프로세스제어
④ 프로그램제어

해설 시간의 변화와 관계없이 목표값이 일정한 제어를 정치제어라 하는데 주로 플랜트 등의 장치산업의 제어에 사용되는데 장치산업의 주요 제어량은 압력, 온도 등인데 이를 제어하는 제어를 프로세스제어라고 한다.

참고 ① 프로그램제어 : 제어 목표값을 미리 정해진 프로그램에 따라 변화시키는 자동제어로서 열차의 무인운전이나 열처리로의 온도제어에 적용
② 추종제어 : 목표치가 임의로 변화하는 경우의 제어
③ 비율제어 : 목표값이 다른 것과 일정 비율 관계를 가지고 변화하는 것을 제어하는 것으로 보일러의 연료와 공기량의 제어가 대표적이다.

답 065. ② 066. ③ 067. ③

068
$i = I_m \sin \omega t$ 인 정현파 교류가 있다. 이 전류보다 90° 앞선 전류를 표시하는 식은?

① $I_m \cos \omega t$
② $I_m \sin \omega t$
③ $I_m \cos (\omega t + 90°)$
④ $I_m \sin (\omega t - 90°)$

해설 문제의 전류를 페이저로 표현하면 $i = I_m \sin \omega t \Rightarrow I_0 = I_m \angle 0°$ 가 된다.
각 보기를 페이저로 고치면 다음과 같다.
① $I \cos \omega t = I_m \sin(\omega t + 90) \Rightarrow I_m \angle 90°$
② $I_m \sin \omega t \Rightarrow I_m \angle 0°$
③ $I_m \cos(\omega t + 90) = -I_m \sin \omega t = I_m \sin(\omega t + 180°) \Rightarrow I_m \angle 180°$
④ $I_m \sin(\omega t - 90°) \Rightarrow I_m \angle -90°$

①은 기준전류 보다 90° 앞서고, ②는 동일하고, ③은 180°가 앞서거나 뒤지고, ④가 90° 뒤진다.

069
논리식 $X + \overline{X} + Y$ 를 불대수의 정리를 이용하여 간단히 하면?

① Y
② 1
③ 0
④ X+Y

해설 $X + \overline{X} + Y = 1 + Y = 1$

참고 ① 부울식을 정리할 때 간단히 사용할 수 있는 정리식은 다음과 같다.
$A \cdot A = A$, $A + \overline{A} = 1$, $A \cdot \overline{A} = 0$, $A + 1 = 1$, $A + 0 = A$, $A \cdot 1 = A$, $A \cdot 0 = 0$
② 드모르강의 법칙은 부울대수식의 간단화에 많이 사용되는 식으로 다음과 같다.
$\overline{A \cdot B} = \overline{A} + \overline{B}$, $\overline{(A+B)} = \overline{A} \cdot \overline{B}$

070
다음의 전동력 응용기계에서 GD^2의 값이 작은 것에 이용될 수 있는 것으로서 가장 바람직한 것은?

① 압연기
② 냉동기
③ 송풍기
④ 승강기

해설 GD^2은 관성을 의미하는데 관성은 현재의 상태를 유지하고자 하는 힘으로 관성이 작은 것에 적합한 것은 승강기같이 상하의 운동을 하는 것에 적합하다.

071
잔류편차와 사이클링이 없어 널리 사용되는 동작은?

① I동작
② D동작
③ P동작
④ PI동작

해설 PI(비례적분)제어는 P(비례)제어의 특징인 잔류편차를 적분기로 보상이 가능하고, 진동인 사이클링도 발생하지 않는 안정적인 제어가 가능하다.

답 068. ① 069. ② 070. ④ 071. ④

> **참고** 비례(P)제어(동작) : 제어대상의 목표값와 출력값의 오차에 비례하는 조작량을 가하는 제어로 목표값에 근접하면 오차가 작아지므로 점전적으로 목표치를 달성할 수 있다. 그러나 외부적인 요인이 작용할 경우 대응이 불가능한 단점이 있다.

072 AC 서보 전동기에 대한 설명 중 옳은 것은?

① AC 서보 전동기의 전달함수는 미분요소이다.
② 고정자의 기준 권선에 제어용 전압을 인가한다.
③ AC 서보 전동기는 큰 회전력이 요구되는 시스템에 사용된다.
④ AC 서보 전동기는 두 고정자 권선에 90도 위상차의 2상 전압을 인가하여 회전자계를 만든다.

해설 ① 기준 권선과 제어 권선의 두 고정자 권선이 있으며, 90도의 위상차가 있는 2상 전압을 인가하여 회전자계를 만든다.
② 고정자의 기준 권선에는 정전압을 인가하며, 제어 권선에는 제어용 전압을 인가한다.
③ 속도 회전력 특성을 선형화하고, 제어전압을 입력으로 회전자의 회전각을 출력으로 보았을 때 이 전동기의 전달함수는 적분요소와 1차 요소의 직렬 결합으로 볼 수 있다.
④ 큰 회전력이 요구되지 않는 계에 사용되는 전동기이다.

073 2상 농형유도전동기의 속도제어방법이 아닌 것은?

① 극수변환   ② 주파수제어
③ 2차 저항제어   ④ 1차 전압제어

해설 농형전동기의 속도제어법으로는 극수 변환법, 주파수 제어법, 전압 제어법이 있고, 권선형유도전동기에는 2차 저항제어법, 2차 여자제어법(슬립제어), 종속법(극수변환)이 있는데 그 중 극수변환법은 양쪽에 모두 사용할 수 있다.

074 그림과 같은 유접점 논리회로를 간단히 하면?

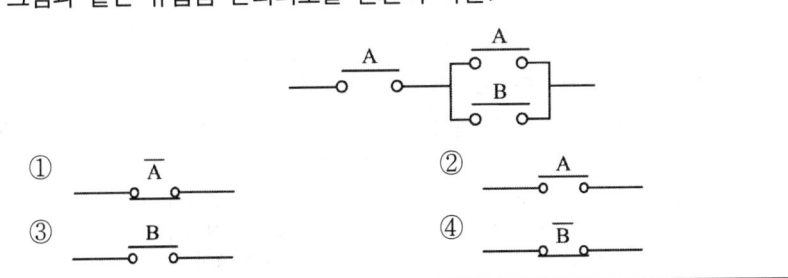

해설 그림의 스위치는 병렬로 연결된 스위치와 그 병렬연결 스위치와 직렬로 연결된 스위치로 구성되어 있다. 병렬은 논리합(+)으로 표시가 가능하고 직렬은 논리곱(·)으로 표현이 가능하므로 다음 식으로 쓸 수 있다.
A(A+B)= AA+AB = A+AB = A(1+B)= A
따라서, 간단히 하면 스위치 A의 a접점으로 간단화 할 수 있다.

답 072. ④ 073. ③ 074. ②

참고
① 부울식
   $A \cdot A = A$, $A + \overline{A} = 1$, $A \cdot \overline{A} = 0$, $A + 1 = 1$, $A + 0 = A$, $A \cdot 1 = A$, $A \cdot 0 = 0$
② 드모르강의 법칙
   $\overline{A \cdot B} = \overline{A} + \overline{B}$, $\overline{(A+B)} = \overline{A} \cdot \overline{B}$
③ a접점(NO : Nomally Open)
   항상 열려(OFF) 있다가 외부에서 힘을 가하면 닫히는(ON) 접점
④ b접점(NC접점 : Normally Close)
   항상 닫혀(ON) 있다가 외부에서 힘을 가하면 열리는(OFF) 접점

075
3상 교류에서 a, b, c상에 대한 전압을 기호법으로 표시하면 $E_a = E \angle 0°$, $E_b = E \angle -\frac{2}{3}\pi$, $E_c = E \angle -\frac{4}{3}\pi$로 표시된다. 여기서 $a = e^{j\frac{2}{3}\pi}$라는 페이저 연산자를 이용하면 E_c는 어떻게 표시되는가?

① $E_c = E$ ② $E_c = a^2 E$ ③ $E_c = aE$ ④ $E_c = (\frac{1}{a})E$

해설 페이저는 전압의 크기와 각도로 표현하는 방법인 데 a상을 기준으로 b상은 -120도, c상은 -240도의 차이가 난다. 그런데, 그림처럼 -120도는 양으로는 240도로, -240도는 120도와 같다. 따라서, $E_a = E \angle 0$

$E_b = E \angle -\frac{2\pi}{3} = E \angle \frac{4\pi}{3}$ $E_c = E \angle -\frac{4\pi}{3} = E \angle \frac{2\pi}{3}$

$= E \angle -\frac{4\pi}{3} = E \angle \frac{2\pi}{3}$ 라고 쓸 수 있다.

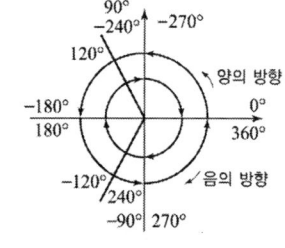

$a = e^{\frac{2\pi}{3}}$를 $\frac{2\pi}{3}$의 회전을 의미하면, c상의 전압은 -240도 또는 120의 회전을 의미하므로 $E_c = aE$로 쓸 수 있다.

076
지시계기의 구성 3대 요소가 아닌 것은?

① 유도장치 ② 제어장치 ③ 제동장치 ④ 구동장치

해설 지시계기의 구성요소 : 구동장치, 제어장치, 제동장치
① 구동장치 : 측정하려고 하는 양에 대해서 계기지침 등의 가동부를 움직이는 힘을 발생시킬 필요가 있는 데 이런 토크를 발생시키는 장치
② 제어장치 : 구동장치에 전류를 흘리면 가동부의 지침이 움직이는 데 이때 반대 방향의 힘이 작용하지 않으면 최대 눈금까지 움직이게 된다. 이런 지침을 일정한 위치에 정지시키기 위한 반대의 힘을 발생시키는 장치
③ 제동장치 : 계기의 가동체가 운동하는 경우 제동작용이 적으면 가동체가 전후로 진동하며 정지할 때까지 장시간을 요하게 되는 데 이러한 움직임을 막아 단 시간내에 정지하기 위한 장치

답 075. ③ 076. ①

077 워드레오나드 속도 제어는?
① 저항제어 ② 계자제어
③ 전압제어 ④ 직병렬제어

해설 워드레오나드 방식 : 가변전압을 공급하기 위하여 직류발전기를 설치하고, 이를 구동하기 위한 직류전동기를 이용하여 공급하는 방식으로 전동기와 발전기 대신에 반도체 스위치를 사용하는 방식을 정지워드레오나드 방식이라 함.

참고 ① 계자 저항제어법 : 분권 권선에 직렬로 저항을 접속하여 계자전류를 조정(정출력 제어)
② 전기자 저항제어법 : 전기자 회로에 직렬저항을 넣어 부하전류에 의한 전압강하를 증가시켜 속도를 조절
③ 전압제어 : 전기자에 가해지는 전압을 변화시키는 방법으로 속도의 제어범위가 넓고 정토크제어를 할 수 있으며, 효율이 좋으나 비용이 높아지는 단점이 있다. 이 방법으로 일그너 방식과 워드레오나드 방식이 있다.

078 전달함수 $G(s) = \dfrac{1}{s+1}$ 인 제어계의 인디셜 응답은?
① e^{-t} ② $1-e^{-t}$
③ $1+e^{-t}$ ④ $e^{-t}-1$

해설 인디셜 응답이란 단위계단함수($1/s$)를 입력했을 때의 응답을 의미하므로 라플라스 식으로는 다음과 같이 쓸 수 있다.

$$C(s) = \frac{1}{s}\left(\frac{1}{s+1}\right) = \frac{A}{s} + \frac{B}{s+1} \Rightarrow \frac{A(s+1)+Bs}{s(s+1)} = \frac{(A+B)s+A}{s(s+1)}$$

$\Rightarrow (A+B)s + A = 1 \Rightarrow A = 1,\ B = -1$

위 식과 같이 부분 분수로 분리해서 A, B를 구한 후 다음 식과 같이 라플라스 역변환을 하여 시간함수를 구한다.

$$C(s) = \frac{1}{s} - \frac{1}{s+1} \Rightarrow c(t) = (1-e^{-t})u(t) = 1 - e^{-t}$$

위 식에서 단위계단 함수 $u(t)$는 생략할 수 있다.

참고 간단한 라플라스 변환식

시간함수	라플라스변환	비 고
$u(t)$	$\dfrac{1}{s}$	$f(t) \Rightarrow F(s)$ $f(t-a) \Rightarrow e^{-as}F(s)$
$e^{-at}u(t)$	$\dfrac{1}{s+a}$	
$\sin\omega t$	$\dfrac{s}{s^2+\omega^2}$	
$\cos\omega t$	$\dfrac{\omega}{s^2+\omega^2}$	

답 077. ③ 078. ②

079 승강기 등 무인장치의 운전은 어떤 제어인가?
① 정치제어　　　② 비율제어
③ 추종제어　　　④ 프로그램제어

[해설] 프로그램제어 : 제어 목표값을 미리 정해진 프로그램에 따라 변화시키는 자동제어로서 열차의 무인운전이나 열처리로 온도제어에 적용

[참고]
① 정치제어 : 시간의 변화와 관계없이 목표값이 일정한 제어
② 추종제어 : 목표치가 임의로 변화하는 경우의 제어
③ 비율제어 : 목표값이 다른 것과 일정 비율 관계를 가지고 변화하는 것을 제어하는 것으로 보일러의 연료와 공기량의 제어가 대표적이다.

080 100mH의 인덕턴스를 갖는 코일에 10A의 전류를 흘릴 때 축적되는 에너지는 몇 J인가?
① 0.5　　　② 1
③ 5　　　　④ 10

[해설] 자기 인덕턴스에 축적되는 에너지
$$W = \frac{1}{2}LI^2 = \frac{1}{2} \times 100 \times 10^{-3} \times 10^2 = 5[J]$$
여기서, W : 축적에너지[J], L : 자체 인덕턴스[H], I : 전류[A]

[참고] 콘덴서(캐패시터)에 축적되는 에너지
$$W[J] = \frac{1}{2}CV^2$$
여기서 W : 축적에너지[J], C : 정전용량[F], V : 전압[V]

제5과목　배관일반

081 다음 중 열팽창에 의한 관의 신축으로 배관의 이동을 구속 또는 제한하는 장치가 아닌 것은?
① 앵커(anchor)　　　② 스토퍼(stopper)
③ 가이드(guide)　　　④ 인서트(insert)

[해설] 레스트레인트(restraint)
열팽창에 의한 관의 신축으로 배관의 이동을 구속 또는 제한하는 장치
① 앵커(anchor)　② 스톱, 스톱퍼(stop)　③ 가이드(guide)

답 079. ④　080. ③　081. ④

082 공기조화 설비에서 에어워셔(air washer)의 플러딩 노즐이 하는 역할은?
① 공기 중에 포함된 수분을 제거한다.
② 입구공기의 난류를 정류로 만든다.
③ 엘리미네이터에 부착된 먼지를 제거한다.
④ 출구에 섞여 나가는 비산수를 제거한다.

해설 플러딩 노즐 : 엘리미네이터에 부착된 먼지를 제거

083 급탕배관의 구배에 관한 설명으로 옳은 것은?
① 상향공급식의 경우 급탕관은 올림구배, 반탕관은 내림구배로 한다.
② 상향공급식의 경우 급탕관과 반탕관 모두 내림구배로 한다.
③ 하향공급식의 경우 급탕관은 내림구배, 반탕관은 올림구배로 한다.
④ 하향공급식의 경우 급탕관과 반탕관 모두 올림구배로 한다.

해설 급탕배관의 구배
① 상향식 : 급탕관은 올림구배, 반탕관은 내림구배
② 하향식 : 급탕관 및 반탕관 모두 내림구배
③ 중력 순환식 : 1/150, 강제 순환식 : 1/200

084 아래의 저압가스 배관의 직경을 구하는 식에서 S가 의미하는 것은? (단, L은 관의 길이를 의미한다.)

$$D^5 = \frac{Q^2 \cdot S \cdot L}{K^2 \cdot H}$$

① 관의 내경 ② 공급 압력차
③ 가스 유량 ④ 가스 비중

해설 저압 가스배관(폴의 공식)

$$Q = K\sqrt{\frac{D^5 \cdot H}{S \cdot L}}, \quad D^5 = \frac{Q^2 \cdot S \cdot L}{K^2 \cdot H}$$

여기서, Q : 가스 유량(m³/h), D : 관의 내경(cm), H : 허용 마찰손실수두(mmH$_2$O), S : 가스비중, L : 관의 길이(m), K : 폴의 정수(0.707)

085 공기조화설비에서 수 배관 시공 시 주요 기기류의 접속배관에는 수리 시 전 계통의 물을 배수하지 않도록 서비스용 밸브를 설치한다. 이때 밸브를 완전히 열었을 때 저항이 적은 밸브가 요구되는 데 가장 적당한 밸브는?
① 나비 밸브 ② 게이트 밸브
③ 니들 밸브 ④ 글로브 밸브

082. ③ 083. ① 084. ④ 085. ②

> **해설** 슬루스(게이트) 밸브 : 전개 시 마찰저항이 적고 개폐용으로 주로 사용

086 가스수요의 시간적 변화에 따라 일정한 가스량을 안정하게 공급하고 저장을 할 수 있는 가스홀더의 종류가 아닌 것은?
① 무수(無水)식 ② 유수(有水)식
③ 주수(柱水)식 ④ 구(球)형

> **해설** 가스홀더의 종류
> ① 유수식 ② 무수식 ③ 구형

087 배관재료 선정 시 고려해야 할 사항으로 가장 거리가 먼 것은?
① 수송유체에 의한 관의 내식성
② 유체의 온도변화에 따른 물리적 성질의 변화
③ 사용기간(수명) 및 시공방법
④ 사용시기 및 가격

> **해설** 사용시기 및 가격은 배관재료의 선정 시 고려대상과 거리가 멀다.

088 다음 중 방열기나 팬코일 유니트에 가장 적합한 관 이음은?
① 스위블 이음(swivel joint) ② 루프 이음(loop joint)
③ 슬리브 이음(sleeve joint) ④ 벨로즈 이음(bellow joint)

> **해설** 스위블 이음(swivel joint)
> 주로 방열기나 팬코일 유니트에 주변 배관에 사용하는 신축이음

089 냉매의 토출관의 관경을 결정하려고 할 때 일반적인 사항으로 틀린 것은?
① 냉매 가스속에 용해하고 있는 기름이 확실히 운반될 수 있게 횡형관에서는 약 6m/s 이상 되도록 할 것
② 냉매 가스 속에 용해하고 있는 기름이 확실히 운반될 수 있게 입상관에서는 약 6m/s 이상 되도록 할 것
③ 속도의 압력 손실 및 소음이 일어나지 않을 정도로 속도를 약 25m/s로 제한한다.
④ 토출관에 의해 발생된 전 마찰 손실압력은 약 19.6kPa를 넘지 않도록 한다.

> **해설** 토출관에서의 냉매가스와 윤활유의 속도는 횡형관에서는 3.5m/s 이상, 입상관에서는 6m/s 이상 되도록 할 것

답 086. ③ 087. ④ 088. ① 089. ①

090 유리섬유 단열재의 특징에 관한 설명으로 틀린 것은?
① 사용 온도범위는 보통 약 −25~300℃이다.
② 다량의 공기를 포함하고 있으므로 보온·단열 효과가 양호하다.
③ 유리를 녹여 섬유화한 것이므로 칼이나 가위 등으로 쉽게 절단되지 않는다.
④ 순수한 무기질의 섬유제품으로서 불에 잘 타지 않는다.

해설 유리를 녹여 섬유화한 글라스울은 칼이나 가위 등으로 쉽게 절단된다.

091 증기난방 시 방열 면적 1m²당 증기가 응축되는 양은 약 몇 kg/m²·h인가? (단, 증발잠열은 539kcal/kg이다.)
① 3.4　　② 2.1　　③ 2.0　　④ 1.2

해설 증기난방에서 방열 면적당 응축수량(w, kg/h)
$$w = \frac{Q}{r} = \frac{방열기\ 방열량}{수증기\ 응축잠열} = \frac{650}{539} = 1.21 \text{kg/m}^2\text{h} (1\text{EDR}당)$$

092 냉온수 배관 시 유의사항으로 틀린 것은?
① 공기가 체류하는 장소에는 공기빼기밸브를 설치한다.
② 기계실 내에서는 일정장소에 수동 공기빼기밸브를 모아서 설치하고 간접 배수하도록 한다.
③ 자동 공기빼기밸브는 배관이 (−)압이 걸리는 부분에 설치한다.
④ 주관에서의 분기배관은 신축을 흡수할 수 있도록 스위블 이음으로 하며, 공기가 모이지 않도록 구배를 준다.

해설 자동 공기빼기밸브(AAV) : 배관이 (+)압이 걸리는 부분에 설치하여 공기가 자동으로 배출되도록 한다.

093 암모니아 냉동장치 배관재료로 사용할 수 없는 것은?
① 이음매 없는 동관　　② 배관용 탄소강관
③ 저온배관용 강관　　④ 배관용 스테인리스강관

해설 암모니아 냉매의 배관재료 금지 : 동 및 62% 이상의 동합금관을 사용할 수 없다.

094 수격현상(water hammer) 방지법이 아닌 것은?
① 관내의 유속을 낮게 한다.
② 펌프의 플라이 휠을 설치하여 펌프의 속도가 급격히 변하는 것을 막는다.
③ 밸브는 펌프 송출구에서 멀리 설치하고 밸브는 적당히 제어한다.
④ 조압수조(surge tank)를 관선에 설치한다.

답 090. ③　091. ④　092. ③　093. ①　094. ③

해설 수격현상 방지를 위해서 밸브는 펌프 송출구에서 가깝게 설치한다.

합격 095
통기관을 접속하여도 장시간 위생기기를 사용하지 않을 때 봉수파괴가 될 수 있는 원인으로 가장 적당한 것은?
① 자기사이펀 작용 ② 흡인작용
③ 분출작용 ④ 증발작용

해설 증발작용 : 장시간 위생기기를 사용하지 않을 때 봉수가 파괴되는 현상

합격 096
다음 중 증기와 응축수 사이의 밀도차, 즉 부력 차이에 의해 작동되는 기계식 트랩은?
① 버킷 트랩 ② 벨로즈 트랩
③ 바이메탈 트랩 ④ 디스크 트랩

해설 증기트랩의 분류

구 분	원 리	종 류
기계식 트랩	비중차(부력) 이용	버킷(관말), 플로우트(다량)
온도조절식 트랩	온도차 이용	바이메탈, 벨로우즈
열역학적 트랩	열역학적 성질 이용	오리피스, 디스크

합격 097
수직배관에서의 역류방지를 위해 사용하기 가장 적당한 밸브는?
① 리프트식 체크밸브 ② 스윙식 체크밸브
③ 안전밸브 ④ 코크밸브

해설 체크밸브(역지변) : 유체의 역류를 방지하는 밸브
㉠ 스윙형 : 수직, 수평 배관에 사용
㉡ 리프트형 : 수평 배관에만 사용
㉢ 풋형 : 펌프 흡입관 선단에 설치하는 여과기와 체크밸브를 조합한 밸브

합격 098
기계배기와 기계급기의 조합에 의한 환기방법으로 일반적으로 외기를 정화하기 위한 에어필터를 필요로 하는 환기법은?
① 1종 환기 ② 2종 환기
③ 3종 환기 ④ 4종 환기

해설 1종 환기(병용식) : 기계급기(급기팬)+기계배기(배기팬)

답 095. ④ 096. ① 097. ② 098. ①

099 온수난방 배관에서 리버스 리턴(Reverse return) 방식을 채택하는 주된 이유는?
① 온수의 유량분배를 균일하게 하기 위하여
② 온수배관의 부식을 방지하기 위하여
③ 배관의 신축을 흡수하기 위하여
④ 배관길이를 짧게 하기 위하여

해설 역환수(reverse return) 방식 : 각 방열기로 공급되는 공급관과 환수관의 길이(마찰저항)를 같게 하여 온수가 각 방열기로 균등하게 공급되도록 한 방식

100 병원, 연구소 등에서 발생하는 배수로 하수도에 직접 방류할 수 없는 유독한 물질을 함유한 배수를 무엇이라 하는가?
① 오수
② 우수
③ 잡배수
④ 특수배수

해설 특수배수 : 병원, 연구소, 공장 등과 같이 특수한 물질을 제거해야 하는 배수

답 099. ① 100. ④

2016년 8월 21일 ● 제3회 공조냉동기계기사

제1과목 기계열역학

001 2MPa 압력에서 작동하는 가역 보일러에 포화수가 들어가 포화증기가 되어서 나온다. 보일러의 물 1kg당 가한 열량은 약 몇 kJ인가? (단, 2MPa 압력에서 포화온도는 212.4℃이고 이 온도는 일정하다. 그리고 포화수 비엔트로피는 2.4473kJ/kg·K, 포화증기 비엔트로피는 6.3408kJ/kg·K이다.)

① 295 ② 827
③ 1890 ④ 2423

해설 $\Delta s = \dfrac{\delta q}{T}$ 에서 $\delta q = T \cdot \Delta s = (212.4 + 273) \times (6.3408 - 2.4473) = 1,890 \, \text{kJ/kg}$

002 체적이 150m³인 방 안에 질량이 200kg이고 온도가 20℃인 공기(이상기체상수=0.287kJ/kg·K)가 들어 있을 때 이 공기의 압력은 약 몇 kPa인가?

① 112 ② 124 ③ 162 ④ 184

해설 $P = \dfrac{mRT}{V} = \dfrac{200 \times 0.287 \times 293}{150} = 112 \, \text{kPa}$

003 카르노 사이클로 작동되는 열기관이 600K에서 800kJ의 열을 받아 300K에서 방출한다면 일은 약 몇 kJ인가?

① 200 ② 400 ③ 500 ④ 900

해설 $\eta = \dfrac{T_1 - T_2}{T_1} = \dfrac{W}{Q_1}$ 에서 $W = \dfrac{(T_1 - T_2)Q_1}{T_1} = \dfrac{(600-300) \times 800}{600} = 400 \, \text{kJ}$

004 카르노 열펌프와 카르노 냉동기가 있는 데, 카르노 열펌프의 고열원 온도는 카르노 냉동기의 고열원 온도와 같고, 카르노 열펌프의 저열원 온도는 카르노 냉동기의 저열원 온도와 같다. 이때 카르노 열펌프의 성적계수(COP_{HP})와 카르노 냉동기의 성적계수(COP_R)의 관계로 옳은 것은?

① $COP_{HP} = COP_R + 1$ ② $COP_{HP} = COP_R - 1$
③ $COP_{HP} = \dfrac{1}{COP_R + 1}$ ④ $COP_{HP} = \dfrac{1}{COP_R - 1}$

정답 001. ③ 002. ① 003. ② 004. ①

해설) $COP_{HP} = \dfrac{Q_1}{W} = \dfrac{W+Q_2}{W} = 1 + COP_R$

005 온도 200℃, 압력 500kPa, 비체적 0.6m³/kg의 산소가 정압하에서 비체적이 0.4m³/kg으로 되었다면, 변화 후의 온도는 약 얼마인가?

① 42℃   ② 55℃
③ 315℃ ④ 437℃

해설) $T_2 = \dfrac{T_1 v_2}{v_1} = \dfrac{473 \times 0.4}{0.6} = 315K = 42.33℃$

006 온도 150℃, 압력 0.5MPa의 이상기체 0.287kg이 정압과정에서 원래 체적의 2배로 늘어난다. 이 과정에서 가해진 열량은 약 얼마인가? (단, 공기의 기체 상수는 0.287kJ/kg·K이고, 정압 비열은 1.004kJ/kg·K이다.)

① 98.8kJ   ② 111.8kJ
③ 121.9kJ ④ 134.9kJ

해설) $Q = m \cdot c_p \cdot dT = 0.287 \times 1.004 \times \{846 - (150+273)\} = 121.89 kJ$

여기서, 정압과정이므로 $\dfrac{V_1}{T_1} = \dfrac{V_2}{T_2}$

$T_2 = \dfrac{T_1 V_2}{V_1} = \dfrac{(150+273) \times 2}{1} = 846K$

007 압력 200kPa, 체적 0.4m³인 공기가 정압 하에서 체적이 0.6m³로 팽창하였다. 이 팽창 중에 내부에너지가 100kJ만큼 증가하였으면 팽창에 필요한 열량은?

① 40kJ   ② 60kJ
③ 140kJ ④ 160kJ

해설) $Q = dU + PdV = 100 + \{200 \times (0.6 - 0.4)\} = 140 kJ$

008 다음 온도-엔트로피 선도(T-S 선도)에서 과정 1-2가 가역일 때 빗금 친 부분은 무엇을 나타내는가?

① 공업일
② 절대일
③ 열량
④ 내부에너지

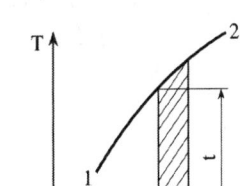

해설) 열량, $dA = T \cdot dS = \delta Q$

답) 005. ① 006. ③ 007. ③ 008. ③

009 다음 중 강도성 상태량(intensive property)이 아닌 것은?
① 온도　　② 압력
③ 체적　　④ 비체적

해설 강도성 상태량 : 비체적, 온도, 압력, 비엔탈피, 밀도 등
참고 종량성(용량성) 상태량 : 질량, 체적, 내부에너지, 엔탈피, 엔트로피, 전기저항 등

010 시스템 내의 임의의 이상기체 1kg이 채워져 있다. 이 기체의 정압비열은 1.0kJ/kg·K 이고, 초기 온도가 50℃인 상태에서 323kJ의 열량을 가하여 팽창시킬 때 변경 후 체적은 변경 전 체적의 약 몇 배가 되는가? (단, 정압과정으로 팽창한다.)
① 1.5배　② 2배　③ 2.5배　④ 3배

해설 $\dfrac{V_1}{T_1} = \dfrac{V_2}{T_2}$ 에서 $V_2 = \dfrac{V_1 T_2}{T_1} = V_1 \times \dfrac{646}{50+273} = 2V_1$

여기서, $q = C_p(T_2 - T_1)$, $T_2 = \dfrac{q}{C_p} + T_1 = \dfrac{323}{1.0} + 323 = 646K$

011 그림에서 $T_1 = 561K$, $T_2 = 1010K$, $T_3 = 690K$, $T_4 = 383K$인 공기를 작동 유체로 하는 브레이턴 사이클의 이론 열효율은?
① 0.388
② 0.465
③ 0.316
④ 0.412

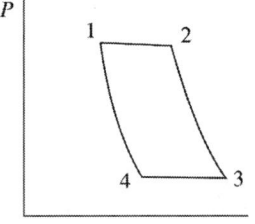

해설 브레이턴 사이클의 성적계수
$COP = 1 - \dfrac{T_3 - T_4}{T_2 - T_1} = 1 - \dfrac{690 - 383}{1,010 - 561} = 0.316$

012 복사열을 방사하는 방사율과 면적이 같은 2개의 방열판이 있다. 각각의 온도가 A 방열판은 120℃, B 방열판은 80℃일 때 단위면적당 복사 열전달량(Q_A / Q_B)의 비는?
① 1.08　　② 1.22
③ 1.54　　④ 2.42

해설 $\dfrac{Q_A}{Q_B} = \left(\dfrac{T_A}{T_B}\right)^4 = \left(\dfrac{120+273}{80+273}\right)^4 = 1.54$

참고 스테판 볼쯔만의 법칙 : 복사에너지는 절대온도의 4승에 비례한다.

013 그림과 같이 선형 스프링으로 지지되는 피스톤 – 실린더 장치 내부에 있는 기체를 가열하여 기체의 체적이 V_1에서 V_2로 증가하였고, 압력은 P_1에서 P_2로 변화하였다. 이때 기체가 피스톤에 행한 일은? (단, 실린더 내부의 압력(P)은 실린더 내부 부피(V)와 선형관계($P=aV$, a는 상수)에 있다고 본다.)

① $P_2V_2 - P_1V_1$
② $P_2V_2 + P_1V_1$
③ $\frac{1}{2}(P_2+P_1)(V_2-V_1)$
④ $\frac{1}{2}(P_2+P_1)(V_2+V_1)$

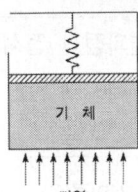

해설 피스톤의 평균압력이 P일 때
$$W = P(V_2 - V_1) = \frac{1}{2}(P_2+P_1)(V_2-V_1)$$

014 일정한 정적비열 C_v와 정압비열 C_p를 가진 이상기체 1kg의 절대온도와 체적이 각각 2배로 되었을 때 엔트로피의 변화량으로 옳은 것은?

① $C_v \ln 2$
② $C_p \ln 2$
③ $(C_p - C_v)\ln 2$
④ $(C_p + C_v)\ln 2$

해설 $\Delta s = C_p \ln \frac{v_2}{v_1} = C_p \ln 2$

참고 정압변화에서의 엔트로피 변화량
$$\Delta s = C_p \ln \frac{T_2}{T_1} = C_p \ln \frac{v_2}{v_1}$$

015 질량 유량이 10kg/s인 터빈에서 수증기의 엔탈피가 800kJ/kg 감소한다면 출력은 몇 kW인가? (단, 역학적 손실, 열손실은 모두 무시한다.)

① 80   ② 160   ③ 1600   ④ 8000

해설 출력 $= 10 \times 800 = 8,000 \text{kJ/s (kW)}$

016 이상기체의 압력(P), 체적(V)의 관계식 "$PV^n = $일정"에서 가역단열과정을 나타내는 n의 값은? (단, C_p는 정압비열, C_v는 정적비열이다.)

① 0
② 1
③ 정적비열에 대한 정압비열의 비(C_p/C_v)
④ 무한대

답 013. ③ 014. ② 015. ④ 016. ③

해설 이상기체의 상태변화
① $n = 0$: 정압변화
② $n = 1$: 등온변화
③ $n = k\left(\dfrac{C_p}{C_v}\right)$: 단열변화
④ $n = \infty$: 정적변화

017. 다음 중 단열과정과 정적과정만으로 이루어진 사이클(cycle)은?
① Otto cycle
② Diesel cycle
③ Sabathe cycle
④ Rankine cycle

해설 오토 사이클(Otto cycle)
2개의 정적과정과 2개의 단열과정으로 이루어진 사이클로 가솔린기관의 사이클(정적사이클)이라 함.

018. 순수한 물질로 되어 있는 밀폐계가 단열과정 중에 수행한 일의 절대값에 관련된 설명으로 옳은 것은? (단, 운동에너지와 위치에너지의 변화는 무시한다.)
① 엔탈피의 변화량과 같다.
② 내부 에너지의 변화량과 같다.
③ 단열과정 중의 일은 0이 된다.
④ 외부로부터 받은 열량과 같다.

해설 단열과정에서의 내부 에너지 변화는 절대일의 내부 에너지 변화량과 같다.

참고 $\Delta u = u_2 - u_1 = \int_1^2 du = C_v(T_2 - T_1) = -w_a$

019. Carnot 냉동사이클에서 응축기 온도가 50℃, 증발기 온도가 -20℃이면, 냉동기의 성능계수는 얼마인가?
① 5.26
② 3.61
③ 2.65
④ 1.26

해설 $COP = \dfrac{T_2}{T_1 - T_2} = \dfrac{(-20 + 273)}{(50 + 273) - (-20 + 273)} = 3.61$

020. 질량이 m이고 한 변의 길이가 a인 정육면체의 밀도가 ρ이면, 질량이 $2m$이고 한 변의 길이가 $2a$인 정육면체의 밀도는?
① ρ
② $\dfrac{1}{2}\rho$
③ $\dfrac{1}{4}\rho$
④ $\dfrac{1}{8}\rho$

해설 질량 $2m$, 한 변의 길이가 $2a$인 정육면체의 밀도
$\rho = \dfrac{m}{V} = \dfrac{2m}{8a^3} = \dfrac{1}{4} \times \dfrac{m}{a^3} = \dfrac{1}{4}\rho$

답 017. ① 018. ② 019. ② 020. ③

제2과목 냉동공학

021 다음 중 신재생에너지와 가장 거리가 먼 것은?
① 지열에너지　② 태양에너지
③ 풍력에너지　④ 원자력에너지

> 신재생에너지(신에너지 및 재생에너지)
> 기존의 화석연료를 변환시켜 이용하거나 햇빛·물·지열·강수·생물유기체 등을 포함하는 재생 가능한 에너지를 변환시켜 이용하는 에너지
> ① 태양에너지
> ② 생물자원을 변환시켜 이용하는 바이오에너지
> ③ 풍력
> ④ 수력
> ⑤ 연료전지
> ⑥ 석탄을 액화·가스화한 에너지 및 중질잔사유를 가스화한 에너지
> ⑦ 해양에너지
> ⑧ 대통령령으로 정하는 기준 및 범위에 해당하는 폐기물에너지
> ⑨ 지열에너지
> ⑩ 수소에너지
> ⑪ 석유·석탄·원자력 또는 천연가스가 아닌 에너지로서 대통령령으로 정하는 에너지

022 전자밸브(solenoid valve) 설치 시 주의사항으로 틀린 것은?
① 코일 부분이 상부로 오도록 수직으로 설치한다.
② 전자밸브 직전에 스트레이너를 설치한다.
③ 배관 시 전자밸브에 과대한 하중이 걸리지 않아야 한다.
④ 전자밸브 본체의 유체 방향성에 무관하게 설치한다.

> 전자밸브 본체의 유체 방향에 맞게 설치하여야 한다.

023 냉동창고에 있어서 기둥, 바닥, 벽 등의 철근콘크리트 구조체 외벽에 단열시공을 하는 외부단열 방식에 대한 설명으로 틀린 것은?
① 시공이 용이하다.
② 단열의 내구성이 좋다.
③ 창고 내 벽면에서의 온도 차가 거의 없어 온도가 균일한 벽면을 이룬다.
④ 각층 각실이 구조체로 구획되고 구조체의 내측에 맞추어 각각 단열을 시공하는 방식이다.

> ④ 내부단열 방식에 대한 설명이다.

답　021. ④　022. ④　023. ④

024
냉각관의 열관류율이 500W/m²·℃이고, 대수평균온도차가 10℃일 때, 100kW의 냉동부하를 처리할 수 있는 냉각관의 면적은?

① 5m²
② 15m²
③ 20m²
④ 40m²

해설 $F = \dfrac{Q_e}{K \cdot \Delta t} = \dfrac{100 \times 1{,}000}{500 \times 10} = 20\text{m}^2$

025
열펌프의 특징에 관한 설명으로 틀린 것은?

① 성적계수가 1보다 작다.
② 하나의 장치로 난방 및 냉방으로 사용할 수 있다.
③ 대기오염이 적고 설치공간을 절약할 수 있다.
④ 증발온도가 높고 응축온도가 낮을수록 성적계수가 커진다.

해설 열펌프와 냉동기의 성적계수는 1보다 크다.($\varepsilon_H = \varepsilon_R + 1$)

026
다음 카르노 사이클의 P-V 선도를 T-S 선도로 바르게 나타낸 것은?

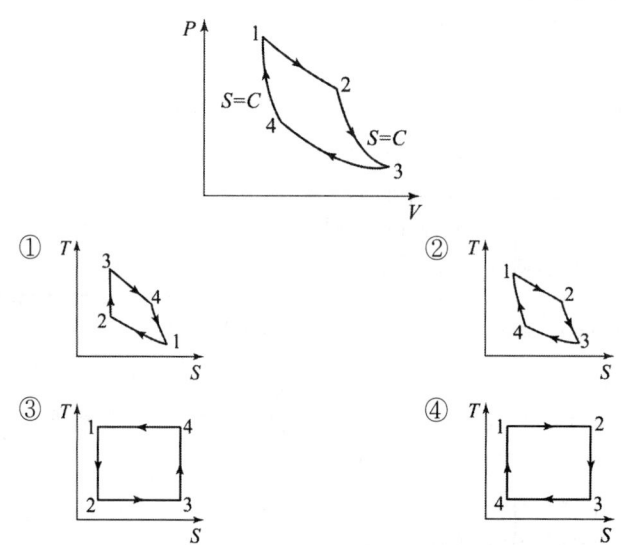

해설 카르노 사이클의 P-V선도와 T-S선도

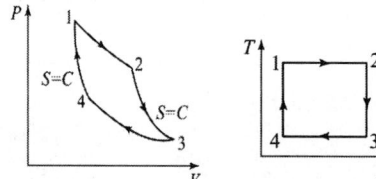

카르노 사이클의 변화
① 1→2 과정(등온팽창)
② 2→3 과정(단열팽창)
③ 3→4 과정(등온압축)
④ 4→1 과정(단열압축)

답 024. ③ 025. ① 026. ④

027 냉동장치에서 증발온도를 일정하게 하고 응축온도를 높일 때 나타나는 현상으로 옳은 것은?

① 성적계수 증가
② 압축일량 감소
③ 토출가스온도 감소
④ 플래쉬가스 발생량 증가

해설 응축온도가 높아지면 플래쉬가스 발생량은 증가하고 냉동효과는 감소한다.

028 식품의 평균 초온이 0℃일 때 이것을 동결하여 온도중심점을 −15℃까지 내리는 데 걸리는 시간을 나타내는 것은?

① 유효동결시간
② 유효냉각시간
③ 공칭동결시간
④ 시간상수

해설 공칭동결시간
평균 초온이 0℃인 식품을 동결하여 온도중심점을 −15℃까지 내리는 데 소요된 시간을 공칭동결시간이라고 한다.

029 압축기의 구조와 작용에 대한 설명으로 옳은 것은?

① 다기통 압축기의 실린더 상부에 안전두(safety head)가 있으면 액압축이 일어나도 실린더 내 압력의 과도한 상승을 막기 때문에 어떠한 액압축에도 압축기를 보호한다.
② 입형 암모니아 압축기는 실린더를 워터자켓에 의해 냉각하고 있는 것이 보통이다.
③ 압축기를 방진고무로 지지할 경우 시동 및 정지 때 진동이 적어 접속 연결 배관에는 플렉시블 튜브 등을 설치할 필요가 없다.
④ 압축기를 용적식과 원심식으로 분류하면 왕복동 압축기는 용적식이고 스크류식 압축기는 원심식이다.

해설 암모니아 냉매가스는 비열비가 커서 압축기 토출가스온도가 높아 실린더를 워터쟈켓에 의해 수냉각시킨다.

답 027. ④ 028. ③ 029. ②

030 시간당 2000kg의 30℃ 물을 −10℃의 얼음으로 만드는 능력을 가진 냉동장치가 있다. 조건이 아래와 같을 때, 이 냉동장치 압축기의 소요동력은? (단, 열손실은 무시한다.)

응축기 냉각수	입구온도	32℃
	출구온도	37℃
	유량	60 m³/h
물의 비열		1 kcal/kg·℃
얼음	응고잠열	80 kcal/kg
	비열	0.5 kcal/kg·℃

① 71kW　　② 76kW
③ 78kW　　④ 81kW

해설
$$kW = \frac{AW}{860} = \frac{Q_c - Q_e}{860} = \frac{300,000 - 230,000}{860} = 81.40 \, kW$$
여기서, 응축부하(Q_c)와 냉동부하(Q_e)는
$Q_c = 60 \times 1,000 \times 1 \times (37-32) = 300,000 \, kcal/h$
$Q_e = 2,000 \times [\{(1 \times 30) + 80 + (0.5 \times 10)\}] = 230,000 \, kcal/h$

031 냉매의 구비조건으로 틀린 것은?
① 임계온도가 낮을 것
② 응고점이 낮을 것
③ 액체비열이 작을 것
④ 비열비가 작을 것

해설 임계온도가 높아 상온에서 쉽게 액화할 것

032 팽창밸브 중에서 과열도를 검출하여 냉매유량을 제어하는 것은?
① 정압식 자동팽창밸브
② 수동팽창밸브
③ 온도식 자동팽창밸브
④ 모세관

해설 온도식 자동팽창밸브(TEV) : 증발기 출구 냉매가스의 과열도를 검출하여 냉매유량을 제어하는 팽창밸브

033 R-22를 사용하는 냉동장치에 R-134a를 사용하려 할 때, 다음 장치의 운전 시 유의사항으로 틀린 것은?
① 냉매의 능력이 변하므로 전동기 용량이 충분한지 확인한다.
② 응축기, 증발기 용량이 충분한지 확인한다.
③ 가스켓, 시일 등의 패킹 선정에 유의해야 한다.
④ 동일 탄화수소계 냉매이므로 그대로 운전할 수 있다.

답 030. ④　031. ①　032. ③　033. ④

해설 동일 탄화수소계 냉매라 하더라도 화학적, 열역학적 성질 및 냉동능력 등이 틀리므로 그대로 운전하면 안 된다.

034 흡수식 냉동장치에 관한 설명으로 틀린 것은?
① 흡수식 냉동장치는 냉매가스가 용매에 용해하는 비율이 온도, 압력에 따라 현저하게 다른 것을 이용한 것이다.
② 흡수식 냉동장치는 기계압축식과 마찬가지로 증발기와 응축기를 가지고 있다.
③ 흡수식 냉동장치는 기계적인 일 대신에 열에너지를 사용하는 것이다.
④ 흡수식 냉동장치는 흡수기, 압축기, 응축기 및 증발기인 4개의 열교환기로 구성되어 있다.

해설 흡수식 냉동기의 4대 구성요소 : 흡수기 – 발생기(재생기) – 응축기 – 증발기

035 펠티에(Feltier) 효과를 이용하는 냉동방법에 대한 설명으로 틀린 것은?
① 펠티에 효과를 냉동에 이용한 것이 전자냉동 또는 열전기식 냉동법이다.
② 펠티에 효과를 냉동법으로 실용화에 어려운 점이 많았으나 반도체 기술이 발달하면서 실용화되었다.
③ 이 냉동방법을 이용한 것으로는 휴대용 냉장고, 가정용 특수 냉장고, 물 냉각기, 핵 잠수함 내의 냉난방장치이다.
④ 증기 압축식 냉동장치와 마찬가지로 압축기, 응축기, 증발기 등을 이용한 것이다.

해설 전자냉동기(열전냉동기) : 성질이 다른 두 금속을 접속시켜 직류전류를 흐르게 하면 접합부에서 열의 방출과 흡수가 일어나는 현상, 즉 펠티에 효과를 이용하여 저온을 얻는 방법으로 압축기 등을 사용하지 않는다.

036 증발압력이 너무 낮은 원인으로 가장 거리가 먼 것은?
① 냉매가 과다하다.
② 팽창밸브가 너무 조여 있다.
③ 팽창밸브에 스케일이 쌓여 빙결하고 있다.
④ 증발압력 조절밸브의 조정이 불량하다.

해설 냉매 과다 충전 시 응축압력은 올라간다.

037 가로 및 세로가 각 2m이고, 두께가 20cm, 열전도율이 0.2W/m·℃인 벽체로부터의 열통과량은 50W이었다. 한쪽 벽면의 온도가 30℃일 때 반대쪽 벽면의 온도는?
① 87.5℃
② 62.5℃
③ 50.5℃
④ 42.5℃

답 034. ④ 035. ④ 036. ① 037. ④

해설) $Q = \dfrac{\lambda \cdot F \cdot (t_2 - t_1)}{l}$ 에서 $t_2 = t_1 + \dfrac{Q \cdot l}{\lambda \cdot F} = 30 + \dfrac{50 \times 0.2}{0.2 \times (2 \times 2)} = 42.5°C$

038 냉각수 입구온도 30℃, 냉각수량 1000L/min이고, 응축기의 전열면적이 8m², 총괄 열전달계수 6000kcal/m²·h·℃일 때 대수평균온도차 6.5℃로 하면 냉각수 출구온도는?

① 26.7℃   ② 30.9℃
③ 32.6℃   ④ 35.2℃

해설) $tw_2 = \dfrac{K \cdot F \cdot MTD}{w \cdot c} + tw_1 = \dfrac{6{,}000 \times 8 \times 6.5}{(1{,}000 \times 60) \times 1} + 30 = 35.2°C$

039 다음 액체냉각용 증발기와 가장 거리가 먼 것은?

① 만액식 쉘 엔 튜브식   ② 핀 코일식 증발기
③ 건식 쉘 엔 튜브식   ④ 보데로 증발기

해설) 액체냉각용 증발기
① 쉘 엔 튜브식 증발기   ② 쉘 엔 코일식 증발기
③ 보데로형 증발기   ④ 헤링본식(탱크형) 증발기

참고) 공기냉각용 증발기
① 관 코일식 증발기   ② 멀티피드 멀티섹션 증발기
③ 카스케이드 증발기   ④ 판형 증발기
⑤ 핀 코일식 증발기

040 윤활유의 구비조건으로 틀린 것은?

① 저온에서 왁스가 분리될 것   ② 전기 절연내력이 클 것
③ 응고점이 낮을 것   ④ 인화점이 높을 것

해설) 냉동기유는 왁스 성분이 적고 저온에서 왁스 성분이 분리되지 않을 것

제3과목 공기조화

041 유인 유닛방식에 관한 설명으로 틀린 것은?

① 각 실 제어를 쉽게 할 수 있다.
② 유닛에는 가동부분이 없어 수명이 길다.
③ 덕트 스페이스를 작게 할 수 있다.
④ 송풍량이 비교적 커 외기냉방 효과가 크다.

답) 038. ④ 039. ② 040. ① 041. ④

해설 유인 유닛방식은 수 – 공기방식으로 송풍이 비교적 적어 외기냉방 효과가 적다.

참고 유인 유닛(인덕션)방식
중앙에 설치된 공조기에서 1차 공기를 고속으로 유인 유닛에 보내 유닛의 노즐에서 불어내고 그 압력으로 실내의 2차 공기를 유인하여 송풍하는 방식

042 덕트 내의 풍속이 8m/s이고 정압이 200Pa일 때, 전압은? (단, 공기밀도는 1.2kg/m³이다.)

① 219.3Pa   ② 218.4Pa   ③ 239.3Pa   ④ 238.4Pa

해설 전압 = 정압 + 동압 = 200 + 38.4 = 238.4Pa

여기서, 동압은 $P_v = \dfrac{V^2}{2} \cdot \rho = \dfrac{8^2}{2} \times 1.2 = 38.4\text{Pa}$

043 다음 중 전공기방식이 아닌 것은?

① 이중 덕트 방식   ② 단일 덕트 방식
③ 멀티존 유닛 방식   ④ 유인 유닛 방식

해설 유인 유닛 방식 : 수-공기 방식

044 습공기의 상태 변화에 관한 설명으로 틀린 것은?

① 습공기를 냉각하면 건구온도와 습구온도가 감소한다.
② 습공기를 냉각·가습하면 상대습도와 절대습도가 증가한다.
③ 습공기를 등온감습하면 노점온도와 비체적이 감소한다.
④ 습공기를 가열하면 습구온도와 상대습도가 증가한다.

해설 습공기를 가열하면 건구온도와 습구온도는 상승하고 상대습도는 감소한다.

045 온수난방에서 온수의 순환방식과 가장 거리가 먼 것은?

① 중력순환 방식   ② 강제순환 방식
③ 역귀환 방식   ④ 진공환수 방식

해설 진공환수 방식은 증기난방의 응축수 환수방식에 해당된다.

046 공기정화를 위해 설치한 프리필터 효율을 η_p, 메인필터 효율을 η_m이라 할 때 종합효율을 바르게 나타낸 것은?

① $\eta_T = 1 - (1-\eta_p)(1-\eta_m)$ ② $\eta_T = 1 - (1-\eta_p)/(1-\eta_m)$
③ $\eta_T = 1 - (1-\eta_p) \cdot \eta_m$ ④ $\eta_T = 1 - \eta_p \cdot (1-\eta_m)$

답 042. ④ 043. ④ 044. ④ 045. ④ 046. ①

해설 프리필터와 메인필터 설치 시 종합 필터효율
$\eta_T = 1-(1-\eta_p)(1-\eta_m)$

047 정풍량 단일덕트 방식에 관한 설명으로 옳은 것은?
① 실내부하가 감소될 경우에 송풍량을 줄여도 실내공기의 오염이 적다.
② 가변풍량방식에 비하여 송풍기 동력이 커져서 에너지 소비가 증대한다.
③ 각 실이나 존의 부하변동이 서로 다른 건물에서도 온·습도의 불균형이 생기지 않는다.
④ 송풍량과 환기량을 크게 계획할 수 없으며, 외기도입이 어려워 외기냉방을 할 수 없다.

해설 정풍량방식은 가변풍량방식에 비하여 송풍기 동력이 커져서 에너지 소비가 증가한다.

048 다음 중 정압의 상승분을 다음 구간 덕트의 압력손실에 이용하도록 한 덕트 설계법은?
① 정압법
② 등속법
③ 등온법
④ 정압 재취득법

해설 정압 재취득법 : 정압의 상승분을 다음 구간 덕트의 압력손실에 이용하도록 한 설계법
(각 취출구 또는 분기부 직전의 정압이 일정하게 되도록 하는 방법)

049 아래 습공기 선도에 나타낸 과정과 일치하는 장치도는?

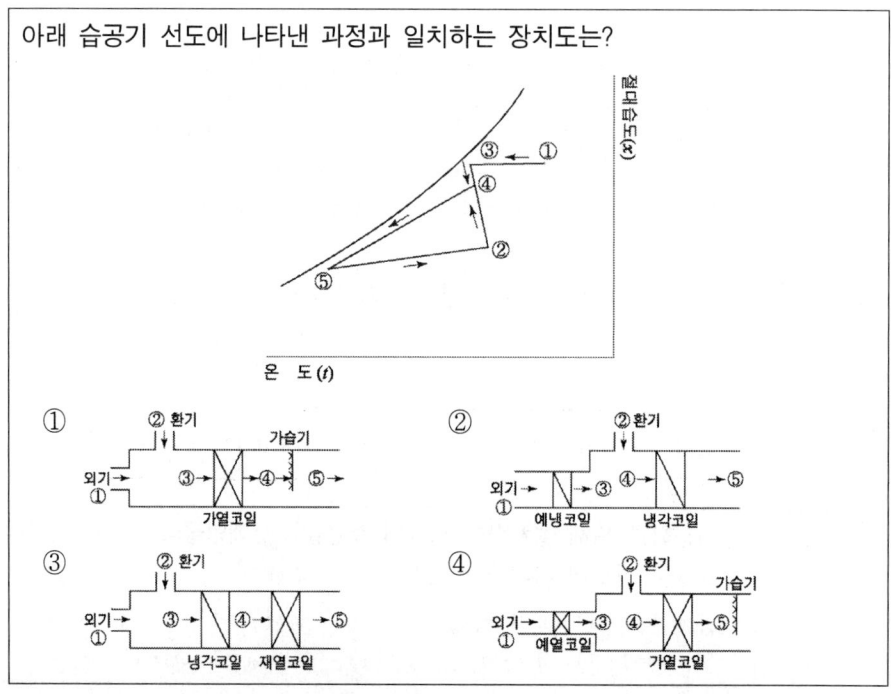

정답 047. ② 048. ④ 049. ②

해설 예냉 → 혼합 → 냉각감습 → 취출

050 보일러의 집진장치 중 사이클론 집진기에 대한 설명으로 옳은 것은?
① 연료유에 적정량의 물을 첨가하여 연소시킴으로써 완전연소를 촉진시키는 방법
② 배기가스에 분무수를 접촉시켜 공해물질을 흡수, 용해, 응축작용에 의해 제거하는 방법
③ 연소가스에 고압의 직류전기를 방전하여 가스를 이온화시켜 가스 중 미립자를 집진시키는 방법
④ 배기가스를 동심원통의 접선방향으로 선회시켜 입자를 원심력에 의해 분리배출하는 방법

해설 사이클론 집진기 : 배기가스를 동심원통의 접선방향으로 선회시켜 입자를 원심력에 의해 분리배출하는 방법

051 송풍기의 회전수가 1500rpm인 송풍기의 압력이 300Pa이다. 송풍기 회전수를 2000rpm으로 변경할 경우 송풍기 압력은?
① 423.3Pa
② 533.3Pa
③ 623.5Pa
④ 713.3Pa

해설 회전수 변화에 따른 송풍압력
$$P_2 = P_1\left(\frac{N_2}{N_1}\right)^2 = 300 \times \left(\frac{2,000}{1,500}\right)^2 = 533.33\text{Pa}$$

052 환기 종류와 방법에 대한 연결로 틀린 것은?
① 제1종 환기 : 급기팬(급기기)과 배기팬(배기기)의 조합
② 제2종 환기 : 급기팬(급기기)과 강제배기팬(배기기)의 조합
③ 제3종 환기 : 자연급기와 배기팬(배기기)의 조합
④ 자연환기(중력환기) : 자연급기와 자연배기의 조합

해설 제2종 환기 : 급기팬 + 자연배기

053 다음 공조방식 중 냉매방식이 아닌 것은?
① 패키지 방식
② 팬코일 유닛 방식
③ 룸 쿨러 방식
④ 멀티유닛 방식

해설 팬코일 유닛(FCU) 방식 : 수방식

답 050. ④ 051. ② 052. ② 053. ②

054 두께 20mm, 열전도율 40W/m·K인 강판에 전달되는 두 면의 온도차가 각각 200℃, 50℃일 때, 전열면 1m²당 전달되는 열량은?

① 125 kW   ② 200 kW   ③ 300 kW   ④ 420 kW

해설 $q = \dfrac{\lambda \cdot A \cdot \Delta t}{l} = \dfrac{40 \times 1 \times (200-50)}{0.02} = 300{,}000\text{W} = 300\text{kW}$

055 온수의 물을 에어워셔 내에서 분무시킬 때 공기의 상태 변화는?

① 절대습도 강하   ② 건구온도 상승
③ 건구온도 강하   ④ 습구온도 일정

해설 온수 분무가습 : 습구온도 증가, 건구온도 강하, 절대습도 상승, 상대습도 상승

056 보일러의 수위를 제어하는 주된 목적으로 가장 적절한 것은?

① 보일러의 급수장치가 동결되지 않도록 하기 위하여
② 보일러의 연료공급이 잘 이루어지도록 하기 위하여
③ 보일러가 과열로 인해 손상되지 않도록 하기 위하여
④ 보일러에서의 출력을 부하에 따라 조절하기 위하여

해설 보일러 수위제어는 보일러의 수위가 저수위가 되면 보일러가 과열되어 손상되지 않도록 하기 위해서이다.

057 온수난방에 대한 설명으로 틀린 것은?

① 온수의 체적팽창을 고려하여 팽창탱크를 설치한다.
② 보일러가 정지하여도 실내온도의 급격한 강하가 적다.
③ 밀폐식일 경우 배관의 부식이 많아 수명이 짧다.
④ 방열기에 공급되는 온수 온도와 유량 조절이 용이하다.

해설 개방식인 경우 밀폐식보다 배관의 부식이 심하다.

058 온도 32℃, 상대습도 60%인 습공기 150kg과 온도 15℃, 상대습도 80%인 습공기 50kg을 혼합했을 때 혼합공기의 상태를 나타낸 것으로 옳은 것은?

① 온도 20.15℃, 절대습도 0.0158인 공기
② 온도 20.15℃, 절대습도 0.0134인 공기
③ 온도 27.75℃, 절대습도 0.0134인 공기
④ 온도 27.75℃, 절대습도 0.0158인 공기

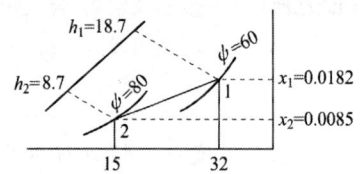

답 054. ③ 055. ③ 056. ③ 057. ③ 058. ④

해설
① $t_3 = \dfrac{(150 \times 32) + (50 \times 15)}{150 + 50} = 27.75°C$

② $x_3 = \dfrac{(150 \times 0.0182) + (50 \times 0.0085)}{150 + 50} = 0.0158 kg/kg'$

059. 공기냉각용 냉수코일의 설계 시 주의사항으로 틀린 것은?
① 코일을 통과하는 공기의 풍속은 2~3m/s로 한다.
② 코일 내 물의 속도는 5m/s 이상으로 한다.
③ 물과 공기의 흐름방향은 역류가 되게 한다.
④ 코일의 설치는 관이 수평으로 놓이게 한다.

해설 냉수코일 내 물의 속도는 1m/s 정도로 한다.

060. 습공기 습도 표시 방법에 대한 설명으로 틀린 것은?
① 절대습도는 건공기 중에 포함된 수증기량을 나타낸다.
② 수증기분압은 절대습도에 반비례 관계가 있다.
③ 상대습도는 습공기의 수증기 분압과 포화공기의 수증기 분압과의 비로 나타낸다.
④ 비교습도는 습공기의 절대습도와 포화공기의 절대습도와의 비로 나타낸다.

해설 수증기분압(P_w)이 증가하면 절대습도(x)도 증가하는 비례 관계이다.

참고 절대습도

$$x = 0.622 \dfrac{P_w}{P - P_w}$$

제4과목 전기제어공학

061. 다음의 제어기기에서 압력을 변위로 변환하는 변환요소가 아닌 것은?
① 스프링   ② 벨로우즈
③ 다이어프램   ④ 노즐플래퍼

해설 노즐플래퍼 : 제어량을 벨로즈나 다이어프램을 통과시켜 플래퍼에 전달하고 그것의 변위에 맞추어 공기 출구부의 압력 변화를 신호로 노즐에서 분출하는 공기의 양을 조절하여 조작부 공기 모터에 보내 주는 기구로 공기식 자동제어에 사용한다.(변위→압력)

참고 ① 압력→변위 : 벨로즈, 다이어프램, 스프링
② 전압→변위 : 전자석, 전자코일
③ 변위→압력 : 노즐 플래퍼, 유압 분사관

답 059. ② 060. ② 061. ④

합격 062 주파수 응답에 필요한 입력은?
① 계단 입력　　　　　　② 램프 입력
③ 임펄스 입력　　　　　④ 정현파 입력

> 특정한 주파수 응답을 구하기 위해서는 원하는 주파수의 정현파를 입력하면 된다.

합격 063 변압기 절연내력시험이 아닌 것은?
① 가압시험　　　　　　② 유도시험
③ 절연저항시험　　　　④ 충격전압시험

> 절연내력시험 : 변압기와 기기사이에 전압을 인가하여 어느 정도의 전압까지 절연이 파괴되지 않는지는 시험하는 것으로 유도시험, 내전압시험, 충격전압시험 등이 있다.

> 참고 절연저항 : 전압에 관계한 절연재료의 특성으로 절연체를 통하여 흐르는 누설전류의 값과 같은 저항치를 의미하는 데, 절연저항값은 높을수록 절연이 파괴되지 않아 누설이 존재하지 않는 것이 되므로 좋다. 이때 측정한 저항은 MΩ의 단위를 가지며, 이를 측정하는 기기를 절연저항계(메거)라고 한다.

합격 064 자기장의 세기에 대한 설명으로 틀린 것은?
① 단위 길이당 기자력과 같다.
② 수직단면의 자력선 밀도와 같다.
③ 단위자극에 작용하는 힘과 같다.
④ 자속밀도에 투자율을 곱한 것과 같다.

> 자기장의 세기는 다음 식으로 얻을 수 있다.
> $$H = \frac{1}{4\pi\mu} \times \frac{m \cdot 1}{r^2} = \frac{1}{4\pi\mu} \times \frac{m}{r^2} [\text{AT/m}], \quad F = mH$$
> 따라서, 단위자극에 작용하는 힘과 같고, $H = NI/l = F/l$이며, 이때 F가 지자력이므로 단위 길이당 기자력과 동일하며, 자기자의 세기의 정의상 자력선의 밀도는 자기장의 세기를 나타낸다. 하지만, 자속밀도에 투자율을 나눠야 자기장의 세기가 된다.

합격 065 변압기유로 사용되는 절연유에 요구되는 특성으로 틀린 것은?
① 점도가 클 것　　　　② 인화점이 높을 것
③ 응고점이 낮을 것　　④ 절연내력이 클 것

> 절연유의 구비조건
> ① 절연내력이 클 것　　② 점도가 낮을 것
> ③ 인화점이 높을 것　　④ 응고점이 낮을 것
> ⑤ 화학적으로 안정할 것　⑥ 인체에 무해할 것

답　062. ④　063. ③　064. ④　065. ①

066 200V, 2kW 전열기에서 전열선의 길이를 $\frac{1}{2}$로 할 경우 소비전력은 몇 kW인가?

① 1
② 2
③ 3
④ 4

해설 소비전력의 공식은 $P = I^2R = V^2/R$이다. 전압을 알고 있고 전열선의 길이를 반으로 줄였으므로 길이에 비례하는 저항은 반으로 줄어든다. 다음과 같이 풀 수 있다.

$$P_1 = \frac{V^2}{R} \quad P_2 = \frac{V^2}{0.5R} = 2\frac{V^2}{R} = 2P_1 = 2 \times 2\text{kW} = 4\text{kW}$$

067 배율기(multiplier)의 설명으로 틀린 것은?

① 전압계와 병렬로 접속한다.
② 전압계의 측정범위가 확대된다.
③ 저항에 생기는 전압강하원리를 이용한다.
④ 배율기의 저항은 전압계 내부 저항보다 크다.

해설 배율기 : 전압의 측정범위를 확대하기 위해 전압계와 직렬로 접속하는 저항

참고 ① 분류기 : 전류의 측정범위를 확대하기 위해 전류계와 병렬로 접속하는 저항
② 내부저항 R_m인 전압계와 저항 R(배율기)을 직렬 연결하면 전압계의 측정범위는 $\left(1 + \frac{R}{R_m}\right)$배로 증가함.
③ 내부저항 R_m인 전류계에 저항 R(분류기)를 병렬 연결하면 전류계의 측정범위는 $\left(1 + \frac{R_m}{R}\right)$배로 증가함.

068 유도전동기를 유도발전기로 동작시켜 그 발생전력을 전원으로 반환하여 제동하는 유도전동기 제동방식은?

① 발전제동
② 역상제동
③ 단상제동
④ 회생제동

해설 회생제동 : 유도전동기를 세우기 위해 관성을 이용하여 발전을 하여 발생된 에너지를 전원 쪽으로 넘겨주는 제동

참고 ① 발전제동 : 회생제동과 마찬가지로 관성을 이용하여 발전을 하고 그 에너지를 저항 등에 공급하여 열에너지로 소모하는 방법
② 역상제동 : 유도전동기를 세우고자 할 때 회전하던 방향과 반대의 토크를 인가하여 제동하는 방법

답 066. ④ 067. ① 068. ④

069. 그림과 같은 논리회로의 출력 X_0에 해당하는 것은?

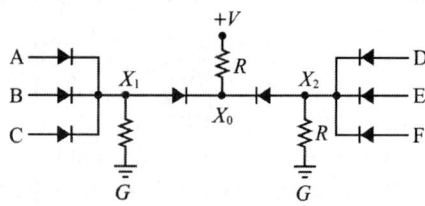

① (ABC)+(DEF)
② (ABC)+(D+E+F)
③ (A+B+C)(D+E+F)
④ (A+B+C)+(D+E+F)

해설 참고의 그림처럼 입력이 3개인 OR게이트가 마주보고 연결된 것이다. 이때 어느 쪽의 입력에라도 5V가 인가되면 가운데의 다이오드가 ON이 되어 X_0는 5V가 되고, 입력신호가 0이면 다이오드에 역전압이 인가되어 X_0는 0V가 된다. 따라서, (A+B+C)+(D+E+F)가 된다.

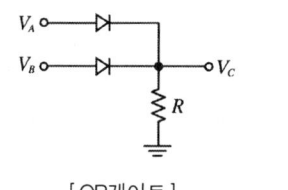
[OR게이트]

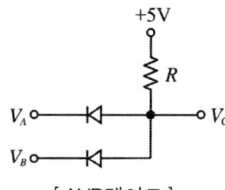
[AND게이트]

070. 전압을 V, 전류를 I, 저항을 R, 그리고 도체의 비저항을 ρ라 할 때 옴의 법칙을 나타낸 식은?

① $V = \dfrac{R}{I}$
② $V = \dfrac{I}{R}$
③ $V = IR$
④ $V = IR\rho$

 비저항을 이용한 저항을 나타내면 $R = \rho \dfrac{s[\text{m}^2]}{l[\text{m}]}$ 으로 저항에 비저항이 포함되어 있으므로 옴의 법칙은 $V = IR$이 된다.

071. SCR에 관한 설명 중 틀린 것은?

① PNPN소자이다.
② 스위칭 소자이다.
③ 양방향성 사이리스터이다.
④ 직류나 교류의 전력제어용으로 사용된다.

해설 SCR : 실리콘 제어 정류 소자로 PNPN반도체이므로 단방향 대전류 스위칭 소자로 순전압(아노드-캐소드간의 전압)과 게이트신호에 의하여 원하는 시간에 ON이 가능하며 순방향전류가 0이 되면 자동으로 OFF 되어 직류나 교류의 대전력의 제어에 활용된다.

답 069. ④ 070. ③ 071. ③

072 동작신호에 따라 제어 대상을 제어하기 위하여 조작량으로 변환하는 장치는?
① 제어요소 ② 외란요소
③ 피드백요소 ④ 기준입력요소

해설 제어요소 : 제어요소는 목표치와 현재치를 비교한 오차, 즉 동작신호를 제어기에 입력하여 제어대상에 인가할 조작량으로 변환하는 조절부와 조작부로 구성

 073 역률 0.85, 전류 50A, 유효전력 28kW인 3상 평형부하의 전압은 약 몇 V인가?
① 300 ② 380
③ 476 ④ 660

해설 3상 전력은 $P = \sqrt{3}\,EI\cos\theta$ 로 계산 가능하다. 따라서, 전압은 다음과 같이 구할 수 있다.
$28 = \sqrt{3} \times V \times 50 \times 0.85$
$V = \dfrac{28000}{\sqrt{3} \times 50 \times 0.85} = 380\text{V}$

 074 제어기의 설명 중 틀린 것은?
① P제어기 : 잔류편차 발생 ② I제어기 : 잔류편차 소멸
③ D제어기 : 오차예측제어 ④ PD제어기 : 응답속도 지연

해설 비례미분동작(PD제어) : 비례제어와 미분제어를 결합한 제어기로 미분제어의 특성을 가지고 있어서 오차의 예측이 가능하므로 응답특성이 좋아진다.

참고 ① 비례제어(P제어) : 제어대상의 목표값과 출력값의 오차에 비례하는 조작량을 가하는 제어로 외부적인 요인이 작용할 경우 대응이 불가능하기 때문에 잔류편차(정상오차)가 발생하는 단점이 있다.
② 미분제어(D제어) : 제어대상의 목표값과 현재값의 오차의 시간 미분치(변화량)에 비례하여 조작량을 결정하므로 오차의 변화의 속도에 대응하는 제어가 가능하다.
③ 적분제어(I제어) : 제어대상의 목표값과 현재값의 오차의 누적량에 비례하는 제어를 하므로 잔류편차가 생기지 않는다.

 075 $G(j\omega) = e^{-j\omega 0.4}$ 일 때 $\omega = 2.5\text{rad/sec}$에서의 위상각은 약 몇 도인가?
① 28.6 ② 42.9
③ 57.3 ④ 71.5

해설 오일러 법칙에 의하여 다음과 같이 풀 수 있다.
$e^{jx} = \sin x + j\cos x \Rightarrow e^{-j\omega 0.4} = \sin 0.4\omega - j\cos 0.4\omega \Rightarrow 0.4 \times \omega = 0.4 \times 2.5 = 1\text{rad}$
$\deg = \text{rad} \times \dfrac{180}{\pi} = 1 \times \dfrac{180}{3.1415} = 57.3°$

답 072. ① 073. ② 074. ④ 075. ③

076 그림의 블록 선도에서 $C(s)/R(s)$를 구하면?

① $\dfrac{G_1 G_2}{1+G_1 G_2 G_3 G_4}$

② $\dfrac{G_3 G_4}{1+G_1 G_2 G_3 G_4}$

③ $\dfrac{G_1+G_2}{1+G_1 G_2 + G_3 G_4}$

④ $\dfrac{G_1 G_2}{1+G_1 G_2 + G_3 G_4}$

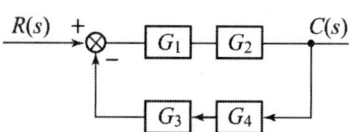

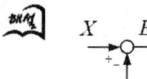 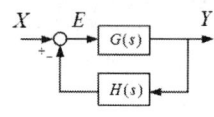 그림의 전달함수는 $\dfrac{G}{1+GH}$이므로 다음과 같이 얻을 수 있다.

$$\dfrac{G}{1+GH} = \dfrac{G_1 G_2}{1+G_1 G_2 G_3 G_4}$$

077 역률에 관한 다음 설명 중 틀린 것은?

① 역률은 $\sqrt{1-(무효율)^2}$로 계산할 수 있다.
② 역률을 이용하여 교류전력의 효율을 알 수 있다.
③ 역률이 클수록 유효전력보다 무효전력이 커진다.
④ 교류회로의 전압과 전류의 위상차에 코사인(cos)을 취한 값이다.

역률 : 피상전력 중에서 유효전력으로 사용되는 비율로 전압과 전류의 위상차에 cos를 취한 값이며, 역률이 크면 유효전력의 값이 커지므로 효율이 올라간다고 볼 수 있다. 이것의 반대의 개념으로 무효율이 있는 데 이는 전압과 전류의 위상차에 sin을 취한 값이다. 역률은 구하는 공식은 아래와 같다.

$\cos\theta = VI\cos\theta / VI = P/P_a = \sqrt{1-\sin^2\theta}$

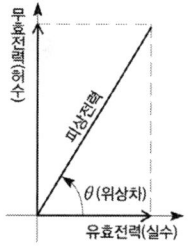

078 PLC(Programmable Logic Controller)의 출력부에 설치하는 것이 아닌 것은?

① 전자개폐기 ② 열동계전기
③ 시그널램프 ④ 솔레노이드밸브

PLC의 출력은 주로 MC나 릴레이 등을 제어하는 데 사용하므로 주전원선에 연결하는 열동형 계전기를 연결할 수 없다.

참고 PLC(programmable logic controller)는 제어장치의 일종으로 프로그램 제어에 가장 많이 이용되고 있는 장비이다. 디지털 또는 아날로그 입출력 모듈과 릴레이, 타이머, 카운터, 연산기능 등의 수행기능을 이용하여 제어내용을 작성하고 기억시킬 수 있는 메모리를 사용하는 일종의 산업용 컴퓨터이다. 따라서, 전원장치, 메모리, 입력과 출력장치가 있고 CPU 등의 중앙제어장치로 구성되어 있다.

076. ① 077. ③ 078. ②

079 자동제어계의 출력신호를 무엇이라고 하는가?
① 조작량   ② 목표값
③ 제어량   ④ 동작신호

해설 제어량 : 제어를 할 때 직접적으로 제어에 대상이 되는 값, 즉 제어계의 출력인 온도, 압력, 회전수, 전류 등을 의미함.

참고 ① 목표값 : 제어계의 출력 값, 즉 제어량의 최종 목표로 하는 값
② 조작량 : 조절부로부터 받은 신호를 제어요소에서 제어대상으로 보내는 값
③ 동작신호 : 기준입력과 주궤환신호와의 편차신호로 제어동작을 일으키는 원천이 되는 신호

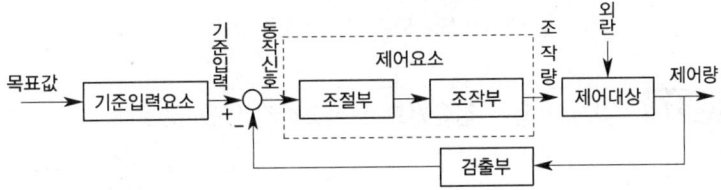

080 유도전동기의 속도제어 방법이 아닌 것은?
① 극수변환법   ② 역률제어법
③ 2차 여자제어법   ④ 전원전압제어법

해설 유도전동기의 속도제어 방법
① 고정자 전원 주파수를 가변 : 인버터
② 고정자 전압의 가변 : 인버터, 저항
③ 극수의 가변
④ 회전자(2차) 저항제어(권선형 유도전동기)
⑤ 2차 여자제어법

제5과목 배관일반

081 배관에서 금속의 산화부식 방지법 중 칼로라이징(calorizing)법이란?
① 크롬(Cr)을 분말상태로 배관외부에 침투시키는 방법
② 규소(Si)를 분말상태로 배관외부에 침투시키는 방법
③ 알루미늄(Al)을 분말상태로 배관외부에 침투시키는 방법
④ 구리(Cu)를 분말상태로 배관외부에 침투시키는 방법

해설 칼로라이징(calorizing) : 철, 구리 또는 황동의 표면을 알루미늄으로 피복시키는 방법

답 079. ③ 080. ② 081. ③

082 고압 배관용 탄소 강관에 대한 설명으로 틀린 것은?

① 9.8MPa 이상에 사용하는 고압용 강관이다.
② KS 규격기호로 SPPH라고 표시한다.
③ 치수는 호칭지름×호칭두께(Sch No)×바깥지름으로 표시하며, 림드강을 사용하여 만든다.
④ 350℃ 이하에서 내연기관용 연료분사관, 화학공업의 고압배관용으로 사용된다.

해설 고압 배관용 탄소 강관(SPPH)
화학공업 등의 고압 배관용으로 사용하고 킬드강으로 이음매 없이 제조, 호칭은 관 두께(Sch No)에 의하며, 치수는 호칭지름×호칭두께, 바깥지름×두께로 표시

083 강관의 용접 접합법으로 적합하지 않은 것은?

① 맞대기용접
② 슬리브용접
③ 플랜지용접
④ 플라스턴용접

해설 강관의 용접 접합법 : 맞대기 용접이음, 슬리브 용접이음, 플랜지 용접이음
참고 연관의 이음법 : 플라스턴 이음, 살올림 납땜이음, 용접이음 등

084 급수방법 중 압력탱크 방식의 특징으로 틀린 것은?

① 높은 곳에 탱크를 설치할 필요가 없으므로 건축물의 구조를 강화할 필요가 없다.
② 탱크의 설치위치에 제한을 받지 않는다.
③ 조작상 최고, 최저의 압력차가 없으므로 급수압이 일정하다.
④ 옥상탱크에 비해 펌프의 양정이 길어야 하므로 시설비가 많이 든다.

해설 압력탱크 방식은 조작상 최고·최저 압력차가 크며 급수압이 일정치 않다.

085 급탕배관 시 주의사항으로 틀린 것은?

① 구배는 중력순환식인 경우 $\frac{1}{150}$, 강제순환식에서는 $\frac{1}{200}$로 한다.
② 배관의 굽힘 부분에는 스위블 이음으로 접합한다.
③ 상향배관인 경우 급탕관은 하향구배로 한다.
④ 플랜지에 사용되는 패킹은 내열성재료를 사용한다.

해설 급탕배관의 구배
① 상향식 : 급탕 수평주관은 선상향 구배, 복귀관은 선하향 구배
② 하향식 : 급탕관 및 복귀관 모두 선하향 구배
③ 중력 순환식 : 1/150, 강제 순환식 : 1/200

082. ③ 083. ④ 084. ③ 085. ③

086 가스 사용시설의 배관설비 기준에 대한 설명으로 틀린 것은?
① 배관의 재료와 두께는 사용하는 도시가스의 종류, 온도, 압력에 적절한 것일 것
② 배관을 지하에 매설하는 경우에는 지면으로부터 0.6m 이상의 거리를 유지할 것
③ 배관은 누출된 도시가스가 체류되지 않고 부식의 우려가 없도록 안전하게 설치할 것
④ 배관은 움직이지 않도록 고정하되 호칭지름이 13mm 미만의 것에는 2m마다, 33mm 이상의 것에는 5m마다 고정장치를 할 것

해설 도시가스 배관의 고정
① 13mm 미만 : 1m 마다
② 13~33mm 미만 : 2m 마다
③ 33mm 이상 : 3m 마다

087 통기관의 종류에서 최상부의 배수 수평관이 배수 수직관에 접속된 위치보다도 더욱 위로 배수 수직관을 끌어 올려 대기 중에 개구하여 사용하는 통기관은?
① 각개 통기관　　② 루프 통기관
③ 신정 통기관　　④ 도피 통기관

해설 신정 통기관 : 최상층의 배수 수직관의 상단을 축소하지 않고 그대로 대기 중에 개구하는 통기관

088 통기관의 설치 목적으로 가장 적절한 것은?
① 배수의 유속을 조절한다.　　② 배수 트랩의 봉수를 보호한다.
③ 배수관 내의 진공을 완화한다.　　④ 배수관 내의 청결도를 유지한다.

해설 통기관의 설치 목적
① 트랩의 봉수 파괴 방지
② 배수의 흐름 원활하게
③ 배수관 내 환기로 악취 배출 및 관 내 청결유지

089 염화비닐관의 특징에 관한 설명으로 틀린 것은?
① 내식성이 우수하다.　　② 열팽창률이 작다.
③ 가공성이 우수하다.　　④ 가볍고 관의 마찰저항이 적다.

해설 경질 염화비닐관은 열팽창률이 크다.
참고 경질 염화비닐관(PVC관) : 내식성이 크고 산·알카리, 해수(염류) 등의 부식에도 강함.

답 086. ④　087. ③　088. ②　089. ②

090 밀폐 배관계에서는 압력계획이 필요하다. 압력계획을 하는 이유로 가장 거리가 먼 것은?

① 운전 중 배관계 내에 대기압보다 낮은 개소가 있으면 접속부에서 공기를 흡입할 우려가 있기 때문에
② 운전 중 수온에 알맞은 최소압력 이상으로 유지하지 않으면 순환수 비등이나 플래시 현상 발생우려가 있기 때문에
③ 수온의 변화에 의한 체적의 팽창·수축으로 배관 각부에 악영향을 미치기 때문에
④ 펌프의 운전으로 배관계 각 부의 압력이 감소하므로 수격작용, 공기정체 등의 문제가 생기기 때문에

해설 밀폐 배관에서의 압력계획은 펌프의 운전으로 배관계 각 부의 압력이 상승하므로 수격작용, 공기정체 등의 문제가 생기기 때문이다.

091 온수난방 설비의 온수배관 시공법에 관한 설명으로 틀린 것은?

① 공기가 고일 염려가 있는 곳에는 공기배출을 고려한다.
② 수평배관에서 관의 지름을 바꿀 때에는 편심레듀서를 사용한다.
③ 배관재료는 내열성을 고려한다.
④ 팽창관에는 슬루스 밸브를 설치한다.

해설 팽창관의 도중에는 절대로 밸브를 설치하지 않는다.

092 강관작업에서 아래 그림처럼 15A 나사용 90° 엘보 2개를 사용하여 길이가 200mm가 되게 연결 작업을 하려고 한다. 이때 실제 15A 강관의 길이는? (단, a : 나사가 물리는 최소길이는 11mm, A : 이음쇠의 중심에서 단면까지의 길이는 27mm로 한다.)

① 142mm
② 158mm
③ 168mm
④ 176mm

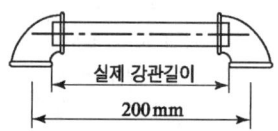

해설 $l = L - 2(A-a) = 200 - \{2 \times (27-11)\} = 168\text{mm}$

093 60℃의 물 200L와 15℃의 물 100L를 혼합하였을 때 최종온도는?

① 35℃   ② 40℃   ③ 45℃   ④ 50℃

해설 $t_m = \dfrac{(200 \times 60) + (100 \times 15)}{200 + 100} = 45℃$

답 090. ④ 091. ④ 092. ③ 093. ③

094 동관작업용 사이징 툴(sizing tool)공구에 관한 설명으로 옳은 것은?

① 동관의 확관용 공구
② 동관의 끝부분을 원형으로 정형하는 공구
③ 동관의 끝을 나팔형으로 만드는 공구
④ 동관 절단 후 생긴 거스러미를 제거하는 공구

> **해설**
> ① 확관기(익스팬더)
> ② 사이징 툴
> ③ 플레어링 툴
> ④ 리머

095 일반적으로 배관계의 지지에 필요한 조건으로 틀린 것은?

① 관과 관내 유체 및 그 부속장치, 단열피복 등의 합계중량을 지지하는 데 충분해야 한다.
② 온도변화에 의한 관의 신축에 대하여 적응할 수 있어야 한다.
③ 수격현상 또는 외부에서의 진동, 동요에 대해서 견고하게 대응할 수 있어야 한다.
④ 배관계의 소음이나 진동에 의한 영향을 다른 배관계에 전달하여야 한다.

> **해설** 배관계의 소음이나 진동은 외부에 전달되지 않아야 한다.

096 동관의 외경 산출공식으로 바르게 표시된 것은?

① 외경 = 호칭경(인치)+1/8(인치)
② 외경 = 호칭경(인치)×25.4
③ 외경 = 호칭경(인치)+1/4(인치)
④ 외경 = 호칭경(인치)×3/4+1/8(인치)

> **해설** 동관의 외경 산출공식
> 외경=호칭지름(인치)+1/8(인치)

097 냉매배관 시 주의사항으로 틀린 것은?

① 굽힘부의 굽힘반경을 작게 한다.
② 배관 속에 기름이 고이지 않도록 한다.
③ 배관에 큰 응력 발생의 염려가 있는 곳에는 루프형 배관을 해 준다.
④ 다른 배관과 달라서 벽 관통 시에는 슬리브를 사용하여 보온 피복한다.

> **해설** 굽힘부의 굽힘반경은 되도록 크게 한다.

답 094. ② 095. ④ 096. ① 097. ①

098 급탕배관 시공에 관한 설명으로 틀린 것은?
① 배관의 굽힘 부분에는 벨로즈 이음을 한다.
② 하향식 급탕주관의 최상부에는 공기빼기장치를 설치한다.
③ 팽창관의 관경은 겨울철 동결을 고려하여 25A 이상으로 한다.
④ 단관식 급탕배관 방식에는 상향배관, 하향배관 방식이 있다.

해설 벨로즈 신축 이음쇠는 배관의 굽힘 부분에는 설치하지 않는다.

099 지역난방의 특징에 관한 설명으로 틀린 것은?
① 대기 오염물질이 증가한다.
② 도시의 방재수준 향상이 가능하다.
③ 사용자에게는 화재에 대한 우려가 적다.
④ 대규모 열원기기를 이용한 에너지의 효율적 이용이 가능하다.

해설 지역 냉난방설비 사용 시 설비의 고도화로 대기 오염물질은 감소한다.

100 배수트랩의 봉수파괴 원인 중 트랩 출구 수직배관부에 머리카락이나 실 등이 걸려서 봉수가 파괴되는 현상과 관련된 작용은?
① 사이펀작용   ② 모세관작용
③ 흡인작용   ④ 토출작용

해설 모세관작용 : 배수트랩의 출구에 실, 머리카락, 천조각 등이 걸려 모세관 현상으로 봉수가 파괴되는 현상

답 098. ① 099. ① 100. ②

공조냉동기계기사

2017

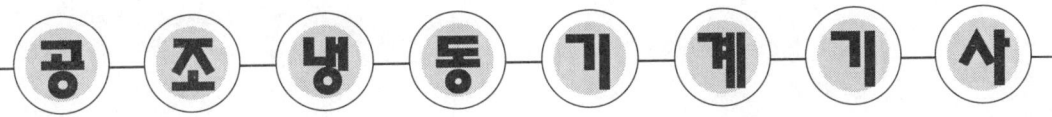

기/출/문/제

- 2017년 3월 5일 시행
- 2017년 5월 7일 시행
- 2017년 8월 26일 시행

2017년 3월 5일 제1회 공조냉동기계기사

제1과목 기계열역학

001 다음에 열거한 시스템의 상태량 중 종량적 상태량인 것은?
① 엔탈피   ② 온도
③ 압력   ④ 비체적

해설 상태량의 구분
① 강도성(강성적) 상태량 : 온도, 압력, 비체적, 비중량, 밀도, 비엔탈피 등
② 종량성(용량성) 상태량 : 질량, 체적, 내부에너지, 엔탈피, 엔트로피, 전기저항 등

002 300L 체적의 진공인 탱크가 25℃, 6MPa의 공기를 공급하는 관에 연결된다. 밸브를 열어 탱크 안의 공기 압력이 5MPa이 될 때까지 공기를 채우고 밸브를 닫았다. 이 과정이 단열이고 운동에너지와 위치에너지의 변화는 무시해도 좋을 경우에 탱크 안의 공기의 온도는 약 몇 ℃가 되는가? (단, 공기의 비열비는 1.4이다.)
① 1.5℃   ② 25.0℃
③ 84.4℃ ④ 144.3℃

해설 단열 변화 시 가열량, $dq = dh = du$ 이므로
$C_p \cdot dT = C_v \cdot dT$, $C_p T_1 = C_v T_2$, $T_2 = T_1 \dfrac{C_p}{C_v} = T_1 k = (25+273) \times 1.4 = 417K = 144℃$

003 10℃에서 160℃까지 공기의 평균 정적비열은 0.7315kJ/(kg·K)이다. 이 온도 변화에서 공기 1kg의 내부에너지 변화는 약 몇 kJ인가?
① 101.1kJ ② 109.7kJ
③ 120.6kJ ④ 131.7kJ

해설 $du = C_v(T_2 - T_1) = 0.7315 \times (160 - 10) = 109.7kJ$

004 오토 사이클로 작동되는 기관에서 실린더의 간극 체적이 행정 체적의 15%라고 하면 이론 열효율은 약 얼마인가? (단, 비열비 $k=1.4$이다.)
① 45.2%   ② 50.6%
③ 55.7%   ④ 61.4%

답 001. ① 002. ④ 003. ② 004. ③

해설
$$\varepsilon = 1 + \frac{행정체적}{통극체적} = 1 + \frac{1}{\lambda} = 1 + \frac{1}{0.15} = 7.67$$
$$\eta_o = 1 - \left(\frac{1}{\epsilon}\right)^{k-1} = 1 - \left(\frac{1}{7.67}\right)^{1.4-1} = 0.5573 = 55.73\%$$

합격 005
열역학 제1법칙에 관한 설명으로 거리가 먼 것은?
① 열역학적계에 대한 에너지 보존법칙을 나타낸다.
② 외부에 어떠한 영향을 남기지 않고 계가 열원으로부터 받은 열을 모두 일로 바꾸는 것은 불가능하다.
③ 열은 에너지의 한 형태로서 일을 열로 변환하거나 열을 일로 변환하는 것이 가능하다.
④ 열을 일로 변환하거나 일을 열로 변환할 때, 에너지의 총량은 변하지 않고 일정하다.

해설 열역학 제2법칙
① 열은 그 자체로는 다른 물체에 아무 변화도 주지 않고 저온의 물체로부터 고온의 물체로 이동할 수는 없다.
② 어떤 열원으로부터 받은 열량이 전부 일로 변환될 때 주위에 어떠한 변화도 남기지 않고 사이클을 이루는 기관(100%의 효율을 가진 기관), 즉 제2종 영구기관은 실현될 수 없다.

합격 006
분자량이 M이고 질량이 $2V$인 이상기체 A가 압력 p, 온도 T(절대온도)일 때 부피가 V이다. 동일한 질량의 다른 이상기체 B가 압력 $2p$, 온도 $2T$(절대온도)일 때 부피가 $2V$이면 이 기체의 분자량은 얼마인가?
① 0.5M ② M
③ 2M   ④ 4M

해설
$$PV = nRT = \frac{W}{M}RT 에서$$
$$M = \frac{WRT}{PV} = \frac{WR \times 2T}{2P \times 2V} = 0.5M$$

합격 007
온도 300K, 압력 100kPa 상태의 공기 0.2kg이 완전히 단열된 강체 용기 안에 있다. 패들(paddle)에 의하여 외부로부터 공기에 5kJ의 일이 행해질 때 최종 온도는 약 몇 K인가? (단, 공기의 정압비열과 정적비열은 각각 1.0035kJ/(kg·K), 0.7165kJ/(kg·K)이다.)
① 315 ② 275
③ 335 ④ 255

답 005. ② 006. ① 007. ③

해설 $W = mC_v(T_2 - T_1)$ 에서
$5 = 0.2 \times 0.7165 \times (T_2 - 300)$
$T_2 = 334.89K$

008

단열된 가스터빈의 입구 측에서 가스가 압력 2MPa, 온도 1200K로 유입되어 출구 측에서 압력 100kPa, 온도 600K로 유출된다. 5MW의 출력을 얻기 위한 가스의 질량유량은 약 몇 kg/s인가? (단, 터빈의 효율은 100%이고, 가스의 정압비열은 1.12kJ/(kg·K)이다.)

① 6.44 ② 7.44
③ 8.44 ④ 9.44

해설 $W = mC_p dT$ 에서
$m = \dfrac{W}{C_p dT} = \dfrac{5 \times 10^3}{1.12 \times (1,200 - 600)} = 7.44 kg/s$

009

다음 냉동사이클에서 열역학 제1법칙과 제2법칙을 모두 만족하는 Q_1, Q_2, W는?

① $Q_1 = 20kJ$, $Q_2 = 20kJ$, $W = 20kJ$
② $Q_1 = 20kJ$, $Q_2 = 30kJ$, $W = 20kJ$
③ $Q_1 = 20kJ$, $Q_2 = 20kJ$, $W = 10kJ$
④ $Q_1 = 20kJ$, $Q_2 = 15kJ$, $W = 5kJ$

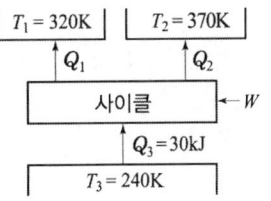

해설
① 열역학 제1법칙은 에너지보존의 법칙으로 $Q_1 = 20kJ$, $Q_2 = 30kJ$, $Q_2 = 30kJ$, $W = 20kJ$으로 $Q_3 + W = Q_1 + Q_2$ 이므로 30+20=20+30이 된다.
② 열역학 제2법칙은 열의 방향성에 관한 법칙으로 T_2의 온도가 T_1보다 높으므로 $Q_1 < Q_2$가 되어야 한다.

010

4kg의 공기가 들어 있는 체적 0.4m³의 용기(A)와 체적이 0.2m³인 진공의 용기(B)를 밸브로 연결하였다. 두 용기의 온도가 같을 때 밸브를 열어 용기 A와 B의 압력이 평형에 도달했을 경우, 이 계의 엔트로피 증가량은 약 몇 J/K인가? (단, 공기의 기체상수는 0.287kJ/(kg·K)이다.)

① 712.8 ② 595.7
③ 465.5 ④ 348.2

해설 가스의 혼합 시 엔트로피 변화량
$\Delta S = mR \ln \dfrac{V_2}{V_1} = 4 \times 287 \times \ln \dfrac{0.4 + 0.2}{0.4} = 465.5 J/K$

답 008. ② 009. ② 010. ③

011 증기 터빈의 입구 조건은 3MPa, 350℃이고 출구의 압력은 30kPa이다. 이때 정상 등엔트로피 과정으로 가정할 경우, 유체의 단위 질량당 터빈에서 발생되는 출력은 약 몇 kJ/kg인가? (단, 표에서 h는 단위 질량당 엔탈피, s는 단위 질량당 엔트로피이다.)

터빈입구	$h(kJ/kg)$	$s(kJ/(kg \cdot K))$
	3115.3	6.7428

터빈출구	엔트로피$(kJ/(kg \cdot K))$		
	포화액 s_f	증발 s_{fg}	포화증기 s_g
	0.9439	6.8247	7.7686

터빈출구	엔탈피(kJ/K)		
	포화액 h_f	증발 h_{fg}	포화증기 h_g
	289.2	2336.1	2625.3

① 679.2 ② 490.3 ③ 841.1 ④ 970.4

해설 ① 터빈출구에서의 건조도
$$x = \frac{6.7428 - 0.9439}{7.768 - 0.9439} = 0.85$$
② 터빈출구에서의 엔탈피
$$h_1 = 289.2 + (0.85 \times 2336.1) = 2274.89$$
③ 터빈에서 발생되는 출력
$$w_T = h_2 - h_1 = 3115.3 - 2274.89 = 840.41$$

012 피스톤-실린더 시스템에 100kPa의 압력을 갖는 1kg의 공기가 들어있다. 초기 체적은 0.5m³이고, 이 시스템에 온도가 일정한 상태에서 열을 가하여 부피가 1.0m³이 되었다. 이 과정 중 전달된 에너지는 약 몇 kJ인가?

① 30.7 ② 34.7 ③ 44.8 ④ 50.0

 $Q = GP_1 V_1 \ln\frac{V_2}{V_1} = 1 \times 100 \times 0.5 \times \ln\frac{1}{0.5} = 34.7 \text{kJ}$

$\delta q = du + \delta w = C_v dT + pdv$에서 $dT = 0$이므로 내부에너지는 없고 가열한 열량은 전부 외부일에 쓰이게 된다. 즉 $q_{12} = w_{12} = w_{t12}$이 되고 등온과정에서는 절대일과 공업일이 같다.

참고 등온과정($q = w_a = w_t$)에서 열량(절대일=공업일=열량)
$$w = P_1 v_1 \ln\left(\frac{v_2}{v_1}\right) = P_1 v_1 \ln\left(\frac{P_1}{P_2}\right)$$

답 011. ③ 012. ②

013 다음 압력값 중에서 표준대기압(1atm)과 차이가 가장 큰 압력은?
① 1MPa   ② 100kPa   ③ 1bar   ④ 100hPa

해설) 1atm = 1,013.25hPa = 101.325kPa = 0.101325MPa = 1.01325bar

014 Rankine 사이클에 대한 설명으로 틀린 것은?
① 응축기에서의 열방출 온도가 낮을수록 열효율이 좋다.
② 증기의 최고온도는 터빈 재료의 내열특성에 의하여 제한된다.
③ 팽창일에 비하여 압축일이 적은 편이다.
④ 터빈 출구에서 건도가 낮을수록 효율이 좋아진다.

해설) 랭킨 cycle에서 터빈 출구에서 건도가 낮을수록 습증기에 의해 터빈 날개가 부식 또는 손상될 수 있다.

015 물 1kg이 포화온도 120℃에서 증발할 때, 증발잠열은 2203kJ이다. 증발하는 동안 물의 엔트로피 증가량은 약 몇 kJ/K인가?
① 4.3   ② 5.6   ③ 6.5   ④ 7.4

해설) 엔트로피 증가량, $ds = \dfrac{dq}{T} = \dfrac{2,203}{(120+273)} = 5.6 \text{kJ/K}$

016 14.33W의 전등을 매일 7시간 사용하는 집이 있다. 1개월(30일) 동안 약 몇 kJ의 에너지를 사용하는가?
① 10830   ② 15020
③ 17420   ④ 22840

해설) 전등 사용에 따른 에너지 사용량
$14.33 \times 7 \times 30 \times 3.6 = 10,833 \text{kJ}$
여기서, 1W = 3.6kJ/h 이다.

017 이상적인 증기-압축 냉동사이클에서 엔트로피가 감소하는 과정은?
① 증발과정   ② 압축과정
③ 팽창과정   ④ 응축과정

해설) ① 증발구간 : 엔트로피 증가
② 압축구간 : 엔트로피 일정
③ 팽창구간 : 엔트로피 증가
④ 응축구간 : 엔트로피 감소(열을 외부로 방출하는 과정)

답 013. ① 014. ④ 015. ② 016. ① 017. ④

018 1kg의 공기가 100℃를 유지하면서 등온 팽창하여 외부에 100kJ의 일을 하였다. 이때 엔트로피의 변화량은 약 몇 kJ/(kg·K)인가?

① 0.268
② 0.373
③ 1.00
④ 1.54

해설 $\Delta s = \dfrac{\delta q}{T} = \dfrac{100}{100+273} = 0.268 \text{ kJ/kg·K}$

019 압력 5kPa, 체적이 0.3m³인 기체가 일정한 압력하에서 압축되어 0.2m³로 되었을 때 이 기체가 한 일은? (단, +는 외부로 기체가 일을 한 경우이고, −는 기체가 외부로부터 일을 받은 경우이다.)

① −1000J
② 1000J
③ −500J
④ 500J

해설 $W_a = P(V_1 - V_2) = 5 \times 1{,}000 \times (0.2 - 0.3) = -500 \text{ J}$

020 폴리트로픽 과정 $PV^n = C$에서 지수 $n = \infty$인 경우는 어떤 과정인가?

① 등온과정
② 정적과정
③ 정압과정
④ 단열과정

해설
① $n = 1$: 등온과정
② $n = \infty$: 정적과정
③ $n = 0$: 정압과정
④ $n = k\left(\dfrac{C_p}{C_v}\right)$: 단열과정

제2과목 냉동공학

021 증발기에 관한 설명으로 틀린 것은?

① 냉매는 증발기 속에서 습증기가 건포화 증기로 변한다.
② 건식 증발기는 유회수가 용이하다.
③ 만액식 증발기는 액백을 방지하기 위해 액분리기를 설치한다.
④ 액순환식 증발기는 액펌프나 저압 수액기가 필요 없으므로 소형 냉동기에 유리하다.

해설 액순환식 증발기는 액펌프, 액분리기(저압 수액기)가 필요하며, 액을 강제순환시키므로 대형 냉동기에 유리하다.

답 018. ① 019. ③ 020. ② 021. ④

022 아래의 사이클이 적용된 냉동장치의 냉동능력이 119kW일 때, 다음 설명 중 틀린 것은? (단, 압축기의 단열효율 η_c는 0.7, 기계효율 η_m은 0.85이며, 기계적 마찰손실 일은 열이 되어 냉매에 더해지는 것으로 가정한다.)

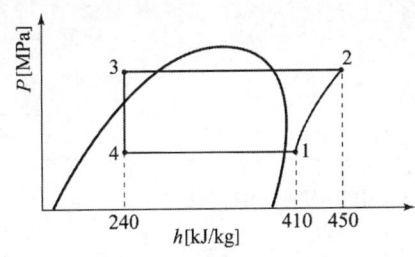

① 냉매 순환량은 0.7kg/s이다.
② 냉동장치의 실제 성능계수는 4.25이다.
③ 실제 압축기 토출 가스의 엔탈피는 약 497kJ/kg이다.
④ 실제 압축기 축 동력은 약 47.1kW이다.

해설
① 냉매 순환량, $G = \dfrac{119 \times 3{,}600}{(410-240)} = 2520\text{kg/h} = 0.7\text{kg/s}$

② 실제 성능계수, $\varepsilon = \dfrac{Q_e}{Aw} = \dfrac{\text{kW} \times 3{,}600}{G \times Aw} = \dfrac{119 \times 3{,}600}{0.7 \times 3{,}600 \times (450-410)} = 4.25$

③ 실제 압축기 토출 가스의 엔탈피, $h_2' = 410 + \dfrac{450-410}{0.7} = 467\text{kJ/kg}$

④ 실제 압축기 축 동력, $\text{kW} = \dfrac{G \times (h_2-h_1)}{\eta_c \times \eta_m \times 3600} = \dfrac{2{,}520 \times (450-410)}{0.7 \times 0.85 \times 3{,}600} = 47.06\text{kW}$

023 냉동장치의 고압부에 대한 안전장치가 아닌 것은?
① 안전밸브　② 고압스위치
③ 가용전　④ 방폭문

해설 방폭문 : 보일러 연소실에서의 역화나 미연소 가스의 폭발을 방지하기 위한 폭발 방지구

024 냉동기에 사용되는 팽창밸브에 관한 설명으로 옳은 것은?
① 온도 자동 팽창밸브는 응축기의 온도를 일정하게 유지·제어한다.
② 흡입압력 조정밸브는 압축기의 흡입압력이 설정치 이상이 되지 않도록 제어한다.
③ 전자밸브를 설치할 경우 흐름방향을 고려할 필요가 없다.
④ 고압측 플로트(float) 밸브는 냉매 액의 속도로 제어한다.

해설 흡입압력 조정밸브(SPR)
흡입압력의 이상 상승으로 압축기의 과부하로 인한 전동기의 소손을 방지

답　022. ③(공단답 ②)　023. ④　024. ②

025 고온부의 절대온도를 T_1, 저온부의 절대온도를 T_2, 고온부로 방출하는 열량을 Q_1, 저온부로부터 흡수하는 열량을 Q_2라고 할 때, 이 냉동기의 이론 성적계수 (COP)를 구하는 식은?

① $\dfrac{Q_1}{Q_1 - Q_2}$ ② $\dfrac{Q_2}{Q_1 - Q_2}$

③ $\dfrac{T_1}{T_1 - T_2}$ ④ $\dfrac{T_1 - T_2}{T_1}$

해설 냉동기의 이론 성적계수(COP)

$$COP = \dfrac{Q_2}{AW} = \dfrac{Q_2}{Q_1 - Q_2} = \dfrac{T_2}{T_1 - T_2}$$

026 2단압축 1단팽창 냉동장치에서 각 점의 엔탈피는 다음의 P-h선도와 같다고 할 때, 중간냉각기 냉매순환량은? (단, 냉동능력은 20RT이다.)

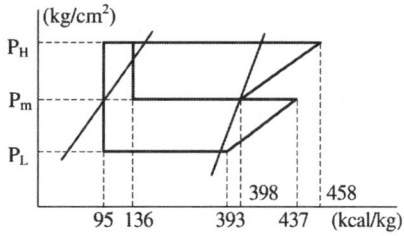

① 68.04kg/h   ② 85.89kg/h
③ 222.82kg/h   ④ 290.8kg/h

해설 중간냉각기 냉매순환량

$$G_m = \dfrac{222.82 \times \{(437-398) + (136-95)\}}{(398-136)} = 68.04 \text{kg/h}$$

여기서, 저단측 냉매순환량은 $G_L = \dfrac{20 \times 3,320}{393 - 95} = 222.82 \text{kg/h}$

027 증기 압축식 냉동기와 비교하여 흡수식 냉동기의 특징이 아닌 것은?

① 일반적으로 증기 압축식 냉동기보다 성능계수가 낮다.
② 압축기의 소비동력을 비교적 절감시킬 수 있다.
③ 초기 운전 시 정격성능을 발휘할 때까지 도달속도가 느리다.
④ 냉각수 배관, 펌프, 냉각탑의 용량이 커져 보조기기 설비비가 증가한다.

해설 흡수식 냉동기에는 압축기를 사용하지 않으므로 압축기 소비동력은 소요되지 않는다.

답 025. ② 026. ① 027. ②

028 단위 시간당 전도에 의한 열량에 대한 설명으로 틀린 것은?
① 전도열량은 물체의 두께에 반비례한다.
② 전도열량은 물체의 온도 차에 비례한다.
③ 전도열량은 전열면적에 반비례한다.
④ 전도열량은 열전도율에 비례한다.

해설 전도열량은 전열면적에 비례한다.

참고 열전도 열량
전도열량은 열전도율, 전열면적, 온도 차에 비례하고 두께에는 반비례한다.

$$Q = \frac{\lambda \cdot A \cdot \Delta t}{l}$$

029 냉동능력이 99600kcal/h이고, 압축소요 동력이 35kW인 냉동기에서 응축기의 냉각수 입구온도가 20℃, 냉각수량이 360L/min이면 응축기 출구의 냉각수 온도는?
① 22℃ ② 24℃
③ 26℃ ④ 28℃

해설 $tw_2 = \dfrac{Q_e + AW}{w \cdot c} + tw_1 = \dfrac{99,600 + (35 \times 860)}{360 \times 60 \times 1} + 20 = 26℃$

030 냉동사이클에서 습압축으로 일어나는 현상과 가장 거리가 먼 것은?
① 응축잠열 감소 ② 냉동능력 감소
③ 압축기의 체적 효율 감소 ④ 성적계수 감소

해설 습압축으로 일어나는 현상
① 흡입관 적상 및 압축기 파손
② 냉동능력 감소
③ 압축기의 체적 효율 감소
④ 성적계수 감소

031 일반적인 냉매의 구비 조건으로 옳은 것은?
① 활성이며 부식성이 없을 것
② 전기저항이 적을 것
③ 점성이 크고 유동저항이 클 것
④ 열전달률이 양호할 것

해설 ① 불활성이며 부식성이 없을 것
② 전기저항이 클 것
③ 점성과 유동저항이 작을 것

032 증기 압축식 냉동사이클에서 증발온도를 일정하게 유지시키고, 응축온도를 상승시킬 때 나타나는 현상이 아닌 것은?

① 소요동력 증가
② 성적계수 감소
③ 토출가스 온도 상승
④ 플래시가스 발생량 감소

해설 응축온도 상승 시 플래시가스 발생량은 증가한다.

참고 응축온도(압력) 변화에 따른 영향

구 분	응축온도 상승	응축온도 저하
압축비	증가	감소
냉동효과	감소	증가
소요동력	증가	감소
토출가스온도	상승	저하
성적계수	감소	증가

033 다음 중 터보압축기의 용량(능력)제어 방법이 아닌 것은?

① 회전속도에 의한 제어
② 흡입 댐퍼(damper)에 의한 제어
③ 부스터(booster)에 의한 제어
④ 흡입 가이드 베인(guide vane)에 의한 제어

해설 원심식(터보) 압축기
① 회전속도 조절법 ② 흡입 가이드 베인의 각도 조절법
③ 바이패스법 ④ 흡입, 토출 댐퍼 조절법
⑤ 냉각수량 조절법(응축압력 조절법)

034 나선상의 관에 냉매를 통과시키고, 그 나선관을 원형 또는 구형의 수조에 담그고, 물을 수조에 순환시켜서 냉각하는 방식의 응축기는?

① 대기식 응축기
② 이중관식 응축기
③ 지수식 응축기
④ 증발식 응축기

해설 쉘 엔 코일식(지수식) 응축기
나선상의 관에 냉매를 통과시키고, 그 나선관을 원형 또는 구형의 수조에 담그고, 물을 수조에 순환시켜서 냉각하는 방식의 응축기

035 0.08m³의 물속에 700℃의 쇠뭉치 3kg을 넣었더니 쇠뭉치의 평균 온도가 18℃로 변하였다. 이때 물의 온도 상승량은? (단, 물의 밀도는 1000kg/m³이고, 쇠의 비열은 606J/kg·℃이며, 물과 공기와의 열교환은 없다.)

① 2.8℃
② 3.7℃
③ 4.8℃
④ 5.7℃

답 032. ④ 033. ③ 034. ③ 035. ②

해설 $3 \times 0.606 \times (700-18) = 0.08 \times 1,000 \times 4.19 \times \Delta t$
$\Delta t = 3.7°C$

036 팽창밸브의 역할로 가장 거리가 먼 것은?
① 압력강하
② 온도강하
③ 냉매량 제어
④ 증발기에 오일 흡입 방지

해설 팽창밸브의 역할
① 교축작용에 의한 단열팽창
② 압력 및 온도강하(부피증가)
③ 냉동부하에 따른 냉매량 제어

037 증발식 응축기에 관한 설명으로 옳은 것은?
① 외기의 습구온도 영향을 많이 받는다.
② 외부공기가 깨끗한 곳에서는 엘리미네이터(eliminator)를 설치할 필요가 없다.
③ 공급수의 양은 물의 증발량과 엘리미네이터에서 배제하는 양을 가산한 양으로 충분하다.
④ 냉각작용은 물을 살포하는 것만으로 한다.

해설 증발식 응축기(Eva-Con)는 외기의 습구온도 영향을 많이 받는다. (습도가 높으면 물의 증발이 어려워 응축능력이 감소한다.)

038 냉동장치로 얼음 1ton을 만드는 데 50kWh의 동력이 소비된다. 이 장치에 20℃의 물이 들어가서 −10℃의 얼음으로 나온다고 할 때, 이 냉동장치의 성적계수는? (단, 얼음의 융해 잠열은 80kcal/kg, 비열은 0.5kcal/kg·℃이다.)
① 1.12
② 2.44
③ 3.42
④ 4.67

해설 $COP = \dfrac{Q_e}{AW} = \dfrac{1,000 \times \{(1 \times 20) + 80 + (0.5 \times 10)\}}{50 \times 860} = 2.44$

039 냉동능력이 1RT인 냉동장치가 1kW의 압축동력을 필요로 할 때, 응축기에서의 방열량은?
① 2kcal/h
② 3321kcal/h
③ 4180kcal/h
④ 2460kcal/h

해설 $Q_c = Q_e + AW = 3,320 + 860 = 4,180 kcal/h$

답 036. ④ 037. ① 038. ② 039. ③

040 안정적으로 작동되는 냉동 시스템에서 팽창밸브를 과도하게 닫았을 때 일어나는 현상이 아닌 것은?

① 흡입압력이 낮아지고 증발기 온도가 저하한다.
② 압축기의 흡입가스가 과열된다.
③ 냉동능력이 감소한다.
④ 압축기의 토출가스 온도가 낮아진다.

해설 팽창밸브를 과도하게 닫으면 냉매순환량이 감소하여 압축기의 토출가스 온도가 높아진다.

제3과목 공기조화

041 다음 그림에 대한 설명으로 틀린 것은? (단, 하절기 공기조화 과정이다.)

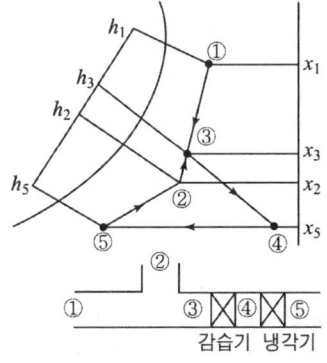

① ③을 감습기에 통과시키면 엔탈피 변화 없이 감습된다.
② ④는 냉각기를 통해 엔탈피가 감소되며 ⑤로 변화된다.
③ 냉각기 출구 공기 ⑤를 취출하면 실내에서 취득열량을 얻어 ②에 이른다.
④ 실내공기 ①과 외기 ②를 혼합하면 ③이 된다.

해설 ④ 실내공기 ②와 외기 ①을 혼합하면 ③이 된다.

042 다음은 어느 방식에 대한 설명인가?

・각 실이나 존의 온도를 개별제어하기 쉽다.
・일사량 변화가 심한 페리미터 존에 적합하다.
・실내부하가 적어지면 송풍량이 적어지므로 실내 공기의 오염도가 높다.

① 정풍량 단일덕트 방식
② 변풍량 단일덕트 방식
③ 패키지 방식
④ 유인유닛 방식

답 040. ④ 041. ④ 042. ②

해설 변풍량(VAV) 방식
각 실 또는 존마다 부하변동에 따른 송풍온도는 일정하게 유지하고 부하변동에 따른 취출풍량을 조절하는 변풍량 유닛을 설치하여 공조하는 방식

043 원형덕트에서 사각덕트로 환산시키는 식으로 옳은 것은? (단, a는 사각덕트의 장변길이, b는 단변길이, d는 원형덕트의 직경 또는 상당직경이다.)

① $d = 1.2 \cdot \left[\dfrac{(a \cdot b)^5}{(a+b)^2}\right]^8$
② $d = 1.2 \cdot \left[\dfrac{(a \cdot b)^2}{(a+b)^5}\right]^8$
③ $d = 1.3 \cdot \left[\dfrac{(a \cdot b)^2}{(a+b)^5}\right]^{1/8}$
④ $d = 1.3 \cdot \left[\dfrac{(a \cdot b)^5}{(a+b)^2}\right]^{1/8}$

해설 원형덕트의 환산
$d = 1.3 \cdot \left[\dfrac{(a \cdot b)^5}{(a+b)^2}\right]^{1/8}$

044 다음 중 흡수식 냉동기의 구성기기가 아닌 것은?
① 응축기 ② 흡수기
③ 발생기 ④ 압축기

해설 흡수식 냉온수기의 구성
흡수기 – 재생기(발생기) – 응축기 – 증발기

045 냉난방 공기조화 설비에 관한 설명으로 틀린 것은?
① 조명기구에 의한 영향은 현열로서 냉방부하 계산 시 고려되어야 한다.
② 패키지 유닛 방식을 이용하면 중앙공조방식에 비해 공기조화용 기계실의 면적이 적게 요구된다.
③ 이중 덕트 방식은 개별제어를 할 수 있는 이점은 있지만 일반적으로 설비비 및 운전비가 많아진다.
④ 지역냉난방은 개별냉난방에 비해 일반적으로 공사비는 현저하게 감소한다.

해설 지역냉난방은 개별냉난방에 비해 일반적으로 공사비는 증가한다.

046 단일덕트 재열방식의 특징에 관한 설명으로 옳은 것은?
① 부하 패턴이 다른 다수의 실 또는 존의 공조에 적합하다.
② 식당과 같이 잠열부하가 많은 곳의 공조에는 부적합하다.
③ 전수방식으로서 부하변동이 큰 실이나 존에서 에너지 절약형으로 사용된다.
④ 시스템의 유지·보수 면에서는 일반 단일덕트에 비해 우수하다.

답 043. ④ 044. ④ 045. ④ 046. ①

해설 ② 식당과 같이 잠열부하가 많은 곳의 공조에는 적합하다.
③ 전공기방식으로서 부하변동이 큰 실이나 존에서 에너지 절약형으로 사용된다.
④ 시스템의 유지·보수 면에서는 일반 단일덕트에 비해 불리하다.

참고 단일덕트 재열방식
정풍량 단일덕트 방식에서 분기부분 또는 각실의 토출구 직전에 재열기를 설치하는 방식으로 잠열부가 많은 식당, 주방 등에 적용하는 방식

047 유효온도(effective temperature)에 대한 설명으로 옳은 것은?
① 온도, 습도를 하나로 조합한 상태의 측정온도이다.
② 각기 다른 실내온도에서 습도에 따라 실내 환경을 평가하는 척도로 사용된다.
③ 인체가 느끼는 쾌적온도로서 바람이 없는 정지된 상태에서 상대습도가 100%인 포화상태의 공기온도를 나타낸다.
④ 유효온도 선도는 복사영향을 무시하여 건구온도 대신에 글로브 온도계의 온도를 사용한다.

해설 유효온도(ET) : 인체가 느끼는 쾌적온도로서 바람이 없는 정지된 상태에서 상대습도가 100%인 포화상태의 공기온도

048 습공기 100kg이 있다. 이때 혼합되어 있는 수증기의 질량이 2kg이라면, 공기의 절대습도는?
① 0.0002kg/kg
② 0.02kg/kg
③ 0.2kg/kg
④ 0.98kg/kg

해설 절대습도, $x = \dfrac{수증기}{건공기} = \dfrac{2}{100-2} = 0.02\text{kg/kg}'$

참고 절대습도(χ, kg/kg') : 건공기 1kg' 중에 포함되어 있는 수증기 중량(kg)

049 크기 1000×500mm의 직관 덕트에 35℃의 온풍 18000m³/h이 흐르고 있다. 이 덕트가 −10℃의 실외 부분을 지날 때 길이 20m당 덕트 표면으로부터의 열손실은? (단, 덕트는 암면 25mm로 보온되어 있고, 이때 1000m당 온도차 1℃에 대한 온도 강하는 0.9℃이다. 공기의 밀도는 1.2kg/m³, 정압비열은 1.01kJ/kg·K이다.)
① 3.0kW
② 3.8kW
③ 4.9kW
④ 6.0kW

해설 덕트 표면으로부터의 열손실
① 온도강하, $\Delta t = 20 \times \dfrac{0.9}{1,000} \times (35+10) = 0.81℃$
② 손실열량, $q = \rho \cdot Q \cdot C \cdot \Delta t = 1.2 \times 18,000 \times 1.01 \times 0.81 = 17,671\text{kJ/h} = 4.9\text{kW}$

답 047. ③ 048. ② 049. ③

050 습공기의 수증기 분압이 P_v, 동일온도의 포화 수증기압이 P_s일 때, 다음 설명 중 틀린 것은?

① $P_v < P_s$일 때 불포화습공기
② $P_v = P_s$일 때 포화습공기
③ $\dfrac{P_s}{P_v} \times 100$은 상대습도
④ $P_v = 0$일 때 건공기

해설 상대습도, $\varphi = \dfrac{P_v}{P_s} \times 100 = \dfrac{\gamma_v}{\gamma_s} \times 100\%$

---

051 덕트의 굴곡부 등에서 덕트 내에 흐르는 기류를 안정시키기 위한 목적으로 사용하는 기구는?

① 스플릿 댐퍼 ② 가이드 베인
③ 릴리프 댐퍼 ④ 버터플라이 댐퍼

해설 가이드 베인(Guide Vane, Turning Vane)
굴곡부 등에 내면에 설치하여 덕트 내 기류를 안정

---

052 실리카겔, 활성알루미나 등을 사용하여 감습을 하는 방식은?

① 냉각 감습 ② 압축 감습
③ 흡수식 감습 ④ 흡착식 감습

해설
① 액체 제습장치 : 염화리튬, 트리에틸렌글리콜 등
② 고체(흡착식) 제습장치 : 실리카겔, 활성알루미나, 아드소올 등을 사용하여 극저습도를 요구하는 곳에 사용

---

053 난방설비에서 온수헤더 또는 증기헤더를 사용하는 주된 이유로 가장 적합한 것은?

① 미관을 좋게 하기 위해서
② 온수 및 증기의 온도 차가 커지는 것을 방지하기 위해서
③ 워터 해머(water hammer)를 방지하기 위해서
④ 온수 및 증기를 각 계통별로 공급하기 위해서

해설 헤더(Header)
온수 및 증기를 각 계통별로 송기하거나 유량제어를 위하여

답 050. ③ 051. ② 052. ④ 053. ④

054 환기(ventilation)란 A에 있는 공기의 오염을 막기 위하여 B로부터 C를 공급하여, 실내의 D를 실외로 배출하고 실내의 오염공기를 교환 또는 희석시키는 것을 말한다. 여기서 A, B, C, D로 적절한 것은?

① A-일정 공간, B-실외, C-청정한 공기, D-오염된 공기
② A-실외, B-일정 공간, C-청정한 공기, D-오염된 공기
③ A-일정 공간, B-실외, C-오염된 공기, D-청정한 공기
④ A-실외, B-일정 공간, C-오염된 공기, D-청정한 공기

해설 환기란 일정 공간에 있는 공기의 오염을 막기 위하여 실외로부터 청정한 공기를 공급하여, 실내의 오염된 공기를 실외로 배출하고 실내의 오염 공기를 교환 또는 희석시키는 것을 말한다.

055 다음과 같이 단열된 덕트 내에 공기가 통하고 이것에 열량 Q(kcal/h)와 수분 L(kg/h)을 가하여 열평형이 이루어졌을 때, 공기에 가해진 열량은? (단, 공기의 유량은 G(kg/h), 가열코일 입·출구의 엔탈피, 절대습도를 각각 h_1, h_2(kcal/kg), x_1, x_2(kg/kg)로 하고, 수분의 엔탈피를 h_L(kcal/kg)로 한다.)

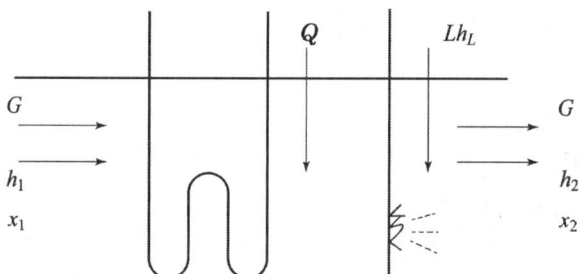

① $G(h_2 - h_1) + Lh_L$ ② $G(x_2 - x_1) + Lh_L$
③ $G(h_2 - h_1) - Lh_L$ ④ $G(x_2 - x_1) - Lh_L$

해설 $Gh_1 + Q + Lh_L = Gh_2$
$Q = Gh_2 - Gh_1 - Lh_L = G(h_2 - h_1) - Lh_L$

056 공기열원 열펌프를 냉동사이클 또는 난방사이클로 전환하기 위하여 사용하는 밸브는?

① 체크 밸브   ② 글로브 밸브
③ 4방 밸브   ④ 릴리프 밸브

해설 열펌프를 냉난방사이클로 전환하기 위하여 사용하는 밸브 : 4방 밸브

답 054. ① 055. ③ 056. ③

057 국부저항 상류의 풍속을 V_1, 하류의 풍속을 V_2라 하고 전압기준 국부저항계수를 ξ_T, 정압기준 국부저항계수를 ξ_S라 할 때 두 저항계수의 관계식은?

① $\xi_T = \xi_S + 1 - (V_1/V_2)^2$
② $\xi_T = \xi_S + 1 - (V_2/V_1)^2$
③ $\xi_T = \xi_S + 1 + (V_1/V_2)^2$
④ $\xi_T = \xi_S + 1 + (V_2/V_1)^2$

해설 전압기준의 ζ와 정압기준의 ζ_S와의 관계

$$\zeta = \zeta_S + \left\{1 - \left(\frac{V_2}{V_1}\right)^2\right\}$$

참고 국부저항 : 덕트의 곡부, 분지관, 단면변화부 등에서 와류의 에너지 소비에 따르는 압력손실과 마찰에 의한 압력손실이 생기는 데 이 양자를 합한 것

058 냉동 창고의 벽체가 두께 15cm, 열전도율 1.4kcal/m·h·℃인 콘크리트와 두께 5cm, 열전도율이 1.2kcal/m·h·℃의 모르타르로 구성되어 있다면, 벽체의 열통과율은? (단, 내벽측 표면 열전달률은 8kcal/m²·h·℃, 외벽측 표면 열전달률은 20kcal/m²·h·℃이다.)

① 0.026kcal/m²·h·℃
② 0.323kcal/m²·h·℃
③ 3.088kcal/m²·h·℃
④ 38.175kcal/m²·h·℃

해설 $K = \dfrac{1}{\dfrac{1}{8} + \dfrac{0.15}{1.4} + \dfrac{0.05}{1.2} + \dfrac{1}{20}} = 3.088\,\text{kcal/m}^2\text{h}°\text{C}$

059 공조설비를 구성하는 공기조화기는 공기여과기, 냉·온수코일, 가습기, 송풍기로 구성되어 있는데, 다음 중 이들 장치와 직접 연결되어 사용되는 설비가 아닌 것은?

① 공급덕트
② 주증기관
③ 냉각수관
④ 냉수관

해설 냉각수관은 열원설비인 냉동장치의 수냉식 응축기와 냉각탑 사이에 연결된다.

060 10℃의 냉풍을 급기하는 덕트가 건구온도 30℃, 상대습도 70%인 실내에 설치되어 있다. 이때 덕트의 표면에 결로가 발생하지 않도록 하려면 보온재의 두께는 최소 몇 mm 이상이어야 하는가? (단, 30℃, 70%의 노점온도 24℃, 보온재의 열전도율은 0.03kcal/m·h·℃, 내표면의 열전달률은 40kcal/m·h·℃, 외표면의 열전달률은 8kcal/m·h·℃, 보온재 이외의 열저항은 무시한다.)

① 5mm
② 8mm
③ 16mm
④ 20mm

답 057. ② 058. ③ 059. ③ 060. ②

해설
① 결로방지를 위한 열통과율
$K \times A \times (30-10) = 8 \times A \times (30-24)$, $K = 2.4$
② 결로방지를 위한 단열재의 두께
$\frac{1}{2.4} = \frac{1}{40} + \frac{l}{0.03} + \frac{1}{8}$
$l = 0.008\text{m} = 8\text{mm}$

제4과목 전기제어공학

061 그림과 같은 블록선도에서 $\frac{X_3}{X_1}$ 를 구하면?

① $G_1 + G_2$
② $G_1 - G_2$
③ $G_1 \cdot G_2$
④ $\frac{G_1}{G_2}$

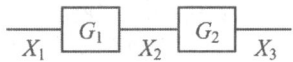

해설 $X_2 = X_1 G_1$, $X_3 = X_2 G_2 = X_1 G_1 G_2$ ⇒ $\frac{X_3}{X_1} = G_1 \cdot G_2$

참고 블록선도로부터 전달함수를 구하기 위해서는 다음 방법을 바탕으로 해야 한다.
① 불럭 내부의 식 또는 값은 입력된 신호해 곱해져 출력된다.
② 화살표는 신호의 흐름을 나타내므로 선의 어느 부분이나 통과하는 신호는 동일
③ 원은 가감산을 의미하며, 원에 입력되는 선의 측면에 있는 기호에 의한 연산을 함

062 내부저항 90Ω, 최대지시값 100μA의 직류전류계로 최대지시값 1mA를 측정하기 위한 분류기 저항은 몇 Ω인가?
① 9   ② 10   ③ 90   ④ 100

해설 전류계의 측정범위 확대하기 위하여 사용하는 것이 분류기이며, 측정범위를 100μA에서 1mA로 확대하기 위해서는 10배가 되어야하므로 다음과 같이 구할 수 있다.
$10 = \left(1 + \frac{R_m}{R}\right) = \left(1 + \frac{90}{R}\right)$
$10R = R + 90$, $9R = 90$, $R = 10Ω$

참고 ① 내부저항 R_m인 전압계와 저항 R(배율기)를 직렬 연결하면 전압계의 측정범위는
$\left(1 + \frac{R}{R_m}\right)$ 배로 증가함
② 내부저항 R_m인 전류계에 저항 R(분류기)를 병렬 연결하면 전류계의 측정범위는
$\left(1 + \frac{R_m}{R}\right)$ 배로 증가함

061. ③ 062. ②

063 100V용 전구 30W와 60W 두 개를 직렬로 연결하고 직류 100V 전원에 접속하였을 때 두 전구의 상태로 옳은 것은?

① 30W 전구가 더 밝다.
② 60W 전구가 더 밝다.
③ 두 전구의 밝기가 모두 같다.
④ 두 전구가 모두 켜지지 않는다.

해설 각 전구의 저항은 다음과 같이 구할 수 있다.

$$P_{30} = \frac{V^2}{R_{30}} = 30 = \frac{100^2}{R_{30}} \Rightarrow R_{30} = 333.33\,\Omega$$

$$P_{60} = \frac{V^2}{R_{60}} = 60 = \frac{100^2}{R_{60}} \Rightarrow R_{60} = 166.67\,\Omega$$

다음에는 두 전구를 직렬로 연결하고 100V를 인가했을 때의 전류는 다음과 같다.

$$I = \frac{V}{R_{60} + R_{30}} = \frac{100}{166.67 + 333.33} = 0.2\,\text{A}$$

이것을 바탕으로 각 전구가 소모하는 전력을 구해서 전력소모가 큰 쪽이 밝은 쪽이다.

$$P_{30} = I^2 R_{30} = 0.2^2 \times 333.33 = 13.33\,\text{W}$$
$$P_{60} = I^2 R_{60} = 0.2^2 \times 166.67 = 6.67\,\text{W}$$

따라서, 30W의 전구의 소모 전력이 크므로 30W의 전구가 더 밝다.

064 조절계의 조절요소에서 비례미분제어에 관한 기호는?

① P
② PI
③ PD
④ PID

해설 비례(P), 미분(D), 적분(I)로 나타내므로 비례미분제어는 PD제어가 된다.

참고 ① 비례제어(P제어) : 제어대상의 목표 값과 출력값의 오차에 비례하는 조작량을 가하는 제어로 외부적인 요인이 작용할 경우 대응이 불가능한 단점이 있다.
② 미분제어(D제어) : 제어대상의 목표값과 현재값의 오차의 시간 미분치(변화량)에 비례하여 조작량을 결정하므로 오차의 변화의 속도에 대응하는 제어가 가능하다. 따라서, 동작오차가 커지는 것을 미연에 방지하고 진동이 제어되어 빨리 안정된다.
③ 적분 제어(I제어) : 제어대상의 목표값과 현재값의 오차와 시간축이 만드는 면적에 비례하는 조작량을 출력하는 제어로 OFF-SET 등의 외부적인 요인에 제어계의 교란에 대한 대응이 가능한 장점이 있다.

065 $A = 6 + j8$, $B = 20\angle 60°$ 일 때 A+B를 직각좌표형식으로 표현하면?

① $16 + j18$
② $26 + j28$
③ $16 + j25.32$
④ $23.32 + j18$

063. ① 064. ③ 065. ③

해설) 극좌표는 다음과 같이 직각좌표로 나타낼 수 있다.
$r\angle\theta \Rightarrow x+jy = r\cos\theta + jr\sin\theta$
$= 20\cos 60 + j20\sin 60$
$= 10 + j17.32$

따라서, A+B는 다음과 같다.
$A+B = 6+j8+10+j17.32 = 16+j25.32$

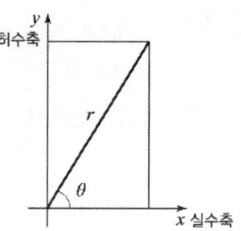

066. 보일러의 자동연소제어가 속하는 제어는?

① 비율제어　　② 추치제어
③ 추종제어　　④ 정치제어

해설) 보일러의 연소제어 시에는 공기와 연료의 비율을 변화시켜 화력을 제어하므로 비율제어가 주로 사용된다.

참고) ① 추종 제어(추치제어) : 목표값이 시간에 따라 값이 변화하는 목표값의 변화하는 양상에 따라 추종제어와 프로그램제어, 비율제어, 서보제어도 추치제어의 일종이다.
② 정치제어 : 언제나 일정한 값을 유지하도록 제어하는 것을 목적으로 하는 제어로 플랜트나 생산공정 중의 상태량을 제어량으로 하는 제어에 많이 사용된다.
③ 비율제어 : 목표값이 다른 것 과 일정 비율관계를 가지고 변화하는 것을 제어하는 것으로 보일러의 연료와 공기량의 제어가 대표적이다.

067. 서보기구에서 주로 사용하는 제어량은?

① 전류　　② 전압
③ 방향　　④ 속도

해설) 서보제어(기구)
물체의 위치, 방위, 자세 등의 기계적 변위를 제어량으로 해서 목표값의 임의의 변화에 추종하도록 구성된 제어계로 레이더 조타장치 등에 사용된다.

참고) ① 프로세스제어 : 제어량이 온도, 압력, 유량, 레벨 등이며 플랜트나 생산공정 중의 상태량을 제어량으로 하는 제어로 제어계에 가해지는 외란의 억제를 주목적으로 함
② 자동조정 : 정전압 장치나 조속기 제어와 같이 전압, 전류, 주파수, 회전속도 등 전기적 기계적 양을 주로 제어하는 것으로 응답속도가 빠른 것이 특징임

068. 비례적분미분제어를 이용했을 때의 특징에 해당되지 않는 것은?

① 정정시간을 적게 한다.
② 응답의 안정성이 작다.
③ 잔류편차를 최소화시킨다.
④ 응답의 오버슈트를 감소시킨다.

답) 066. ①　067. ③　068. ②

해설 　비례적분미분(PID) 동작
적분 동작에 의한 잔류 편차를 없애는 동작으로 정상 특성과 미분동작으로 응답 속응성을 동시에 개선 즉, PI제어기와 PD 제어기를 결합한 형태로 특징은 다음과 같다.
① 미분 동작에 의한 오버 슈트를 감소시킴
② 정정 시간을 적게 하는 효과
③ 적분 동작에 의한 잔류 편차를 없애는 작용
④ 연속 선형 제어로서 가장 고급의 제어 동작
⑤ 정상특성과 응답 속응성을 동시에 개선

069 유도전동기에 인간되는 전압과 주파수를 동시에 변환시켜 직류전동기와 동등한 제어 성능을 얻을 수 있는 제어방식은?

① VVVF방식　　　　　　　　　② 교류 궤환제어방식
③ 교류 1단 속도제어방식　　　　④ 교류 2단 속도제어방식

해설　VVVF(Variable Voltage Variable Frequency)
가변 전압 가변 주파수 제어로 유도전동기를 가변속 기동하기 위한 인버터의 제어 기술이다. 이 제어에서는 전압과 주파수의 양쪽을 가변하여 가변속제어를 한다.

070 단면적 $S[m^2]$를 통과하는 자속을 $\Phi[Wb]$라 하면 자속밀도 $B[Wb/m^2]$를 나타낸 식으로 옳은 것은?

① $B = S\Phi$ 　　　　　　　② $B = \dfrac{\Phi}{S}$

③ $B = \dfrac{S}{\Phi}$ 　　　　　　　④ $B = \dfrac{\Phi}{\mu S}$

해설　인구밀도는 인구를 면적으로 나눠서 얻어지므로 자속밀도는 자속을 면적으로 나누면 된다.
$B = \dfrac{\Phi}{s}$

071 어떤 저항에 전압 100V, 전류 50A를 5분간 흘렸을 때 발생하는 열량은 약 몇 kcal인가?

① 90　　　　　　　　　　　② 180
③ 360　　　　　　　　　　　④ 720

해설　열량은 다음과 같이 계산할 수 있다.(단, 시간은 초가 기준인 점을 주의)
$0.24 \times 100 \times 50 \times (5 \times 60) = 360,000[cal] = 360[kcal]$

참고　$H[cal] = 0.24Pt = 0.24VIt = 0.24I^2Rt$
여기서, $V[V]$: 전압, $I[A]$: 전류, $R[\Omega]$: 저항, $P[W]$: 전력, $t[s]$: 시간

답　069. ①　070. ②　071. ③

072 3상 유도전동기의 출력이 5kW, 전압 200V, 역률 80%, 효율이 90%일 때 유입되는 선전류는 약 몇 A인가?

① 14 ② 17
③ 20 ④ 25

해설) 3상전력은 $P=\sqrt{3}\,VI\cos\theta$ 인데, 이때 $\cos\theta$는 역률이고 V는 입력전압, I는 입력전압이다. 또한, 출력과 효율의 관계는 입력×효율=출력이므로 다음과 같이 계산할 수 있다.

$$P_{출력} = P_{입력} \times 역률 \times 효율 = \sqrt{3}\,200 \times I \times 0.8 \times 0.9 = 5000$$

$$\Rightarrow I = \frac{5000}{\sqrt{3} \times 200 \times 0.8 \times 0.9} = 20.04[A]$$

073 탄성식 압력계에 해당되는 것은?

① 경사관식 ② 압전기식
③ 환상평형식 ④ 벨로우즈식

해설) 원통의 외부 측면에 많은 주름을 갖고 있어 압력변화에 따라 수직방향으로 신축이 가능한 탄성을 가진 압력용기로 압력에 따른 변위를 측정하여 압력을 검출한다.

074 정현파 전압 $v = 220\sqrt{2}\sin(\omega t + 30°)\,V$ 보다 위상이 90° 뒤지고 최대값이 20A인 정현파 전류의 순시값은 몇 A인가?

① $20\sin(\omega t - 30°)$ ② $20\sin(\omega t - 60°)$
③ $20\sqrt{2}\sin(\omega t + 60°)$ ④ $20\sqrt{2}\sin(\omega t - 60°)$

해설) 위상이 90° 뒤지는 것은 원래 파의 위상에서 90°를 감산하면 된다. 그리고 최대값이 20이므로 진폭이 20이 되는 것이다. 따라서, 다음과 같은 파형을 얻을 수 있다.
$I = I_{\max}\sin(\omega t - \theta) = 20\sin(\omega t + (30-90)) = 20\sin(\omega t - 60)$

075 빛의 양(조도)에 의해서 동작되는 CdS를 이용한 센서에 해당하는 것은?

① 저항 변화형 ② 용량 변화형
③ 전압 변화형 ④ 인덕턴스 변화형

해설) CdS센서(조도센서)
광센서의 가장 기본적인 센서로 빛의 밝기에 대하여 전기적인 성질로 변환시켜주는 역할을 하며, 밝기 비례하여 저항이 변하는 것을 이용하여 조도를 측정하나 저항이 선형적인 상태로 변하는 것이 아니라 로그 그래프에 가까운 변화를 하므로 정확한 값을 구하는 것이 아니라 '밝다/어둡다' 정도만을 판별한다.

답 072. ③ 073. ④ 074. ② 075. ①

076 전원전압을 안정하게 유지하기 위하여 사용되는 다이오드로 가장 옳은 것은?
① 제너 다이오드
② 터널 다이오드
③ 보드형 다이오드
④ 바렉터 다이오드

해설 제너 다이오드(zener diode)
역방향 전압 특성을 이용하는 다이오드로 역방향으로 전압이 가해졌을 때 어떤 전압에서부터 전류가 흐르기(다이오드가 동작) 시작하는 성질을 이용하며, 전압의 변화는 거의 없어 일정한 전압을 얻기 위해 사용된다. 즉, 정전압 발생기로 사용한다.

참고 터널 다이오드 : 불순물이 많은 pn접합에서의 터널효과를 이용한 다이오드로 마이크로파 회로에 사용

077 그림과 같은 펄스를 라플라스 변환하면 그 값은?

① $\dfrac{1}{T}(\dfrac{1-e^{Ts}}{s})$

② $\dfrac{1}{T}(\dfrac{1+e^{Ts}}{s})$

③ $\dfrac{1}{s}(1-e^{-Ts})$

④ $\dfrac{1}{s}(1+e^{Ts})$

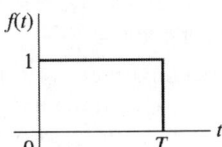

해설 문제의 그래프는 다음과 같이 생각할 수 있다.

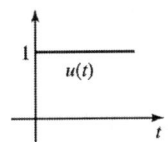 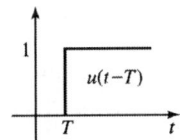 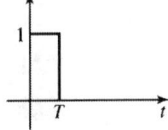

따라서, 다음과 같은 라플라스변환을 할 수 있다.

$$\mathcal{L}[u(t)-u(t-T)] = \dfrac{1}{s} - \dfrac{1}{s}e^{-sT} = \dfrac{1}{s}(1-e^{-sT})$$

참고 위의 두 번째 그래프처럼 시간 T만큼 오른쪽으로 이동하면 식으로는 $u(t-T)$라고 쓰며, 이것은 시간적으로 지연이 발생한 것이 되는데, 라플라스변환에서 T만큼 지연된 함수는 지연이 없는 원래의 변환식에 e^{-sT}를 곱하면 된다.

078 피드백 제어계의 제어장치에 속하지 않는 것은?
① 설정부
② 조절부
③ 검출부
④ 제어대상

답 076. ① 077. ③ 078. ④

해설

피드백 제어계에서 제어대상을 제외하고 전부 제어장치이다.

079 평행한 두 도체에 같은 방향의 전류를 흘렸을 때 두 도체 사이에 작용하는 힘은?
① 흡인력
② 반발력
③ $\dfrac{I}{2\pi r}$의 힘
④ 힘이 작용하지 않는다.

해설 각 도체에 오른나사의 법칙을 적용하면 전류의 방향이 동일하면 전선 사이의 자속은 방향이 다르므로 인력이 작용하고 전류의 방향이 다르면 전선 사이의 자속은 방향이 동일하므로 반발력이 작용한다.

참고 오른나사의 법칙 : 전류와 자속의 방향의 관계를 알려주는 법칙으로 오른손의 엄지가 전류의 방향이면 나머지 손이 말리는 방향이 자속의 방향이 되고 나머지 손이 말리는 방향이 전류의 방향이 되면 엄지가 자속의 방향이 된다.

080 논리식 $\overline{x}\cdot y+\overline{x}\cdot \overline{y}$를 간단히 표시한 것은?
① $\overline{x}$
② $\overline{y}$
③ 0
④ $x+y$

해설 $\overline{x}y+\overline{x}\,\overline{y}=\overline{x}(y+\overline{y})=\overline{x}\cdot 1=\overline{x}$

참고 ① 부울식을 정리할 때 간단히 사용할 수 있는 정리식은 다음과 같다.
$A\cdot A=A,\ A\cdot\overline{A}=0,\ A\cdot 0=0,\ A\cdot 1=1,\ A+A=A,\ A+\overline{A}=1,$
$A+0=A,\ A+1=1$
② 드모르강의 법칙은 부울대수식의 간단화에 많이 사용되는 식으로 다음과 같다.
$\overline{A\cdot B}=\overline{A}+\overline{B}\qquad \overline{(A+B)}=\overline{A}\cdot\overline{B}$

제5과목 배관일반

081 급수배관 시공 시 수격작용의 방지 대책으로 틀린 것은?
① 플래시 밸브 또는 급속 개폐식 수전을 사용한다.
② 관 지름은 유속이 2.0~2.5m/s 이내가 되도록 설정한다.
③ 역류 방지를 위하여 체크 밸브를 설치하는 것이 좋다.
④ 급수관에서 분기할 때에는 T이음을 사용한다.

답 079. ① 080. ① 081. ①

해설) 플래시 밸브 또는 급속 개폐식 수전을 사용하면 유속의 급속한 변화로 수격작용 발생의 원인이 된다.

082 고무링과 가단 주철제의 칼라를 죄어서 이음하는 방법은?
① 플랜지 접합
② 빅토릭 접합
③ 기계적 접합
④ 동관 접합

해설) 빅토릭 이음(Victoric joint) : 고무링과 가단 주철제의 칼라를 죄어 이음하는 방법

083 공랭식 응축기 배관 시 틀린 것은?
① 소형 냉동기에 사용하며 핀이 있는 파이프 속에 냉매를 통하여 바람 이송 냉각설계로 되어 있다.
② 냉방기가 응축기 아래 설치되는 경우 배관 높이가 10m 이상일 때는 5m마다 오일 트랩을 설치해야 한다.
③ 냉방기가 응축기 위에 위치하고, 압축기가 냉방기에 내장되었을 경우에는 오일 트랩이 필요없다.
④ 수랭식에 비해 능력은 낮지만, 냉각수를 사용하지 않아 동결의 염려가 없다.

해설) 압축기가 응축기 아래 설치되는 경우 배관 높이가 10m 이상일 때는 10m마다 오일 트랩을 설치해야 한다.

084 증기난방 배관 시 단관 중력 환수식 배관에서 증기와 응축수의 흐름 방향이 다른 역류관의 구배는 얼마로 하는가?
① 1/50~1/100
② 1/100~1/200
③ 1/200~1/250
④ 1/250~1/300

해설) 단관 중력식 환수관(상향, 하향식 모두 선하구배)
① 상향 공급식(순류관) : $\frac{1}{100} \sim \frac{1}{200}$ 하향구배
② 하향 공급식(역류관) : $\frac{1}{50} \sim \frac{1}{100}$ 하향구배

085 공동주택 등 외의 건축물 등에 도시가스를 공급하는 경우 정압기에서 가스 사용자가 점유하고 있는 토지의 경계까지 이르는 배관을 무엇이라고 하는가?
① 내관
② 공급관
③ 본관
④ 중압관

답) 082. ② 083. ② 084. ① 085. ②

> **해설** 가스배관의 구분
> ① 본관 : 도시가스제조사업소의 부지 경계에서 정압기까지 이르는 배관
> ② 공급관 : 정압기에서 가스사용자가 구분하여 소유하거나 점유하는 건축물의 외벽에 설치하는 계량기의 전단밸브(토지의 경계)까지 이르는 배관
> ③ 내관 : 가스사용자가 소유하거나 점유하고 있는 토지의 경계에서 연소기까지 이르는 배관

합격 086 냉동장치에서 압축기의 진동이 배관에 전달되는 것을 흡수하기 위하여 압축기 토출, 흡입배관 등에 설치해 주는 것은?

① 팽창밸브
② 안전밸브
③ 사이트 글라스
④ 플렉시블 튜브

> **해설** 플렉시블 튜브(flexible tube)
> 압축기 등의 진동이 배관에 전달되는 것을 흡수하기 위하여 압축기 토출 및 흡입배관에 설치

합격 087 온수난방 배관 설치 시 주의사항으로 틀린 것은?

① 온수 방열기마다 수동식 에어벤트를 설치한다.
② 수평 배관에서 관경을 바꿀 때는 편심 이음을 사용한다.
③ 팽창관에 스톱 밸브를 부착하여 긴급상황 시 유체 흐름을 차단하도록 한다.
④ 수리나 난방 휴지 시 배수를 위한 드레인 밸브를 설치한다.

> **해설** 팽창관은 물의 수축과 팽창에 따른 팽창을 흡수하기 위하여 팽창관에는 밸브를 설치하지 않는다.

합격 088 급수에 사용되는 물은 탄산칼슘의 함유량에 따라 연수와 경수로 구분된다. 경수 사용 시 발생될 수 있는 현상으로 틀린 것은?

① 보일러 용수로 사용 시 내면에 관석이 많이 발생한다.
② 전열효율이 저하하고 과열 원인이 된다.
③ 보일러의 수명이 단축된다.
④ 비누거품이 많이 발생한다.

> **해설** 경수 사용 시 현상
> ① 비누거품의 발생이 적다.
> ② 보일러 사용 시 내면에 물때(스케일)가 발생한다.
> ③ 전열효율이 저하하고 과열의 원인이 된다.
> ④ 보일러의 수명을 단축시킨다.

답 086. ④ 087. ③ 088. ④

089 관의 종류와 이음방법의 연결로 틀린 것은?
① 강관 - 나사 이음
② 동관 - 압축 이음
③ 주철관 - 칼라 이음
④ 스테인리스강관 - 몰코 이음

해설 석면 시멘트관(에터니트관) 이음 방식
① 기볼트 이음 ② 칼라 이음 ③ 심플렉스 이음

090 냉동설비배관에서 액분리기와 압축기 사이에 냉매배관을 할 때 구배로 옳은 것은?
① 1/100 정도의 압축기측 상향구배로 한다.
② 1/100 정도의 압축기측 하향구배로 한다.
③ 1/200 정도의 압축기측 상향구배로 한다.
④ 1/200 정도의 압축기측 하향구배로 한다.

해설 액분리기와 압축기 사이의 흡입관 : 1/200 정도의 압축기측으로 하향구배

091 밀폐식 온수난방 배관에 대한 설명으로 틀린 것은?
① 배관의 부식이 비교적 적어 수명이 길다.
② 배관경이 적어지고 방열기도 적게 할 수 있다.
③ 팽창탱크를 사용한다.
④ 배관 내의 온수 온도는 70℃ 이하이다.

해설 밀폐식 온수난방 배관의 온수온도는 100℃ 이상이다.

092 강관의 나사 이음 시 관을 절단한 후 관 단면의 안쪽에 생기는 거스러미를 제거할 때 사용하는 공구는?
① 파이프 바이스
② 파이프 리머
③ 파이프 렌치
④ 파이프 커터

해설 파이프 리머 : 관을 파이프 커터 등으로 절단한 후 관 단면의 안쪽에 생긴 거스러미를 제거하는 공구

093 순동 이음쇠를 사용할 때에 비하여 동합금 주물 이음쇠를 사용할 때 고려할 사항으로 가장 거리가 먼 것은?
① 순동 이음쇠 사용에 비해 모세관 현상에 의한 용융 확산이 어렵다.
② 순동 이음쇠와 비교하여 용접재 부착력은 큰 차이가 없다.
③ 순동 이음쇠와 비교하여 냉벽 부분이 발생할 수 있다.
④ 순동 이음쇠 사용에 비해 열팽창의 불균일에 의한 부정적 틈새가 발생할 수 있다.

답 089. ③ 090. ④ 091. ④ 092. ② 093. ②

해설 동합금 주물 이음쇠
청동 주물로 이음쇠 본체를 만들고 관과의 접합부분을 기계가공으로 다듬질한 것으로 순동 이음쇠와 비교하여 용접재 부착력은 큰 차이가 있다.

094. 급수 펌프에 대한 배관 시공법 중 옳은 것은?

① 수평관에서 관경을 바꿀 경우 동심 리듀셔를 사용한다.
② 흡입관은 되도록 길게 하고 굴곡 부분이 되도록 많게 하여야 한다.
③ 풋 밸브는 동 수위면보다 흡입관경의 2배 이상 물속에 들어가야 한다.
④ 토출측은 진공계를, 흡입측은 압력계를 설치한다.

해설 ① 수평관에서 관경을 바꿀 경우 편심 리듀셔를 사용한다.
② 흡입관은 되도록 짧게 하고 굴곡 부분이 되도록 적게 하여야 한다.
③ 흡입구는 수위면보다 흡입관경의 2배 이상 물속에 들어가야 한다.
④ 토출측은 압력계를, 흡입측은 진공계를 설치한다.

095. 배관용 패킹재료 선정 시 고려해야 할 사항으로 가장 거리가 먼 것은?

① 유체의 압력
② 재료의 부식성
③ 진동의 유무
④ 시트면의 형상

해설 패킹재료의 선택 시 고려사항
① 관 내 유체의 물리적 성질 : 온도, 압력, 밀도, 점도 등
② 관 내 유체의 화학적 성질 : 화학성분과 안정도, 부식성, 용해능력, 휘발성, 인화성, 폭발성 등
③ 기계적인 조건 : 교체의 난이도, 진동의 유무, 내압과 외압

096. 난방배관에 대한 설명으로 옳은 것은?

① 환수주관의 위치가 보일러 표준수위보다 위쪽에 배관되어 있으면 습식환수라고 한다.
② 진공환수식 증기난방에서 하트포드접속법을 활용하면 응축수를 1.5m까지 흡상할 수 있다.
③ 온수난방의 경우 증기난방보다 운전 중 침입 공기에 의한 배관의 부식 우려가 크다.
④ 증기배관 도중에 글로브 밸브를 설치하는 경우에는 밸브축이 옆을 향하도록 설치하여야 한다.

해설 ① 환수주관의 위치가 보일러 표준수위보다 위쪽에 배관되어 있으면 건식환수라고 한다.
② 진공환수식 증기난방에서 리프트이음을 활용하면 응축수를 1.5m까지 흡상할 수 있다.
③ 증기난방의 경우 온수난방보다 운전 중 침입 공기에 의한 배관의 부식 우려가 크다.

094. ③ 095. ④ 096. ④

097 배관의 이음에 관한 설명으로 틀린 것은?

① 동관의 압축 이음(flare joint)은 지름이 작은 관에서 분해·결합이 필요한 경우에 주로 적용하는 이음방식이다.
② 주철관의 타이톤 이음은 고무링을 압륜으로 죄어 볼트로 체결하는 이음방식이다.
③ 스테인리스 강관의 프레스 이음은 고무링이 들어 있는 이음쇠에 관을 넣고 압축공구로 눌러 이음하는 방식이다.
④ 경질염화비닐관의 TS이음은 접착제를 발라 이음관에 삽입하여 이음하는 방식이다.

> **해설** 기계식 이음은 고무링을 압륜으로 죄어 볼트로 체결한 이음으로 소켓 이음과 플랜지 이음의 장점을 채택한 것으로 수중작업이 가능하다.

098 급탕배관의 신축을 흡수하기 위한 시공방법으로 틀린 것은?

① 건물의 벽 관통부분 배관에는 슬리브를 끼운다.
② 배관의 굽힘 부분에는 벨로즈 이음으로 접합한다.
③ 복식 신축관 이음쇠는 신축구간의 중간에 설치한다.
④ 동관을 지지할 때에는 석면, 고무 등의 보호재를 사용하여 고정시킨다.

> **해설** 배관의 굽힘 부분에는 스위블 이음으로 접합한다.

099 배수의 성질에 의한 구분에서 수세식 변기의 대·소변에서 나오는 배수는?

① 오수　　　　　　② 잡배수
③ 특수배수　　　　④ 우수배수

> **해설** 오수 : 수세식 화장실의 대·소변기 등에서의 배수

100 개방식 팽창탱크 장치 내 전수량이 20,000L이며 수온을 20℃에서 80℃로 상승시킬 경우, 물의 팽창수량은? (단, 비중량은 20℃일 때 0.99823kg/L, 80℃일 때 0.97183kg/L이다.)

① 54.3L　　　　　② 400L
③ 544L　　　　　④ 5430L

> **해설** 온수 팽창량
> $$\Delta V = \left(\frac{1}{0.97183} - \frac{1}{0.99823}\right) \times 20{,}000 ≒ 544.27L$$

답 097. ② 098. ② 099. ① 100. ③

2017년 5월 7일 제2회 공조냉동기계기사

제1과목 기계열역학

001 저열원 20℃와 고열원 700℃ 사이에서 작동하는 카르노 열기관의 열효율은 약 몇 %인가?
① 30.1%   ② 69.9%
③ 52.9%   ④ 74.1%

해설 $\eta_A = 1 - \dfrac{20+273}{700+273} = 0.699 = 69.9\%$

참고 카르노 사이클의 열효율

$$\eta = \dfrac{W}{Q_1} = \dfrac{Q_1-Q_2}{Q_1} = 1 - \dfrac{Q_2}{Q_1} = 1 - \dfrac{T_2}{T_1}$$

002 다음 중 비가역 과정으로 볼 수 없는 것은?
① 마찰 현상   ② 낮은 압력으로의 자유 팽창
③ 등온 열전달   ④ 상이한 조성물질의 혼합

해설 비가역 과정
① 상태변화시 평형이 깨져 가역변화를 하지 못하고 반드시 에너지 손실(변형, 마찰 등)이 발생하는 실제과정
② 자연계에서 일어나는 모든 과정은 모두 비가역 과정이다.
③ 비가역 사이클에서의 내부에너지 변화량 : 0
④ 비가역 변화에서의 엔트로피 : 항상 증가

003 압력이 10^6N/m², 체적이 1m³인 공기가 압력이 일정한 상태에서 400kJ의 일을 하였다. 변화 후의 체적은 약 몇 m³인가?
① 1.4   ② 1.0
③ 0.6   ④ 0.4

해설 $W = P(V_2 - V_1)$에서 $V_2 = V_1 + \dfrac{W}{P} = 1 + \dfrac{400 \times 1000}{10^6} = 1.4\text{m}^3$

답 001. ②   002. ③   003. ①

004 그림의 랭킨 사이클(온도(T)-엔트로피(s)선도)에서 각각의 지점에서 엔탈피는 표와 같을 때 이 사이클의 효율은 약 몇 %인가?

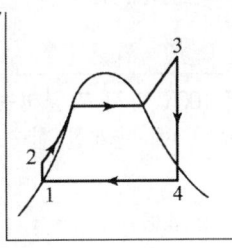

	엔탈피(kJ/kg)
1지점	185
2지점	210
3지점	3100
4지점	2100

① 33.7% ② 28.4%
③ 25.2% ④ 22.9%

해설
$$\eta_R = \frac{w_T - w_P}{q_B} = \frac{(h_3 - h_4) - (h_2 - h_1)}{(h_3 - h_2)} = \frac{(3100-2100)-(210-185)}{(3100-210)} = 0.33737 = 33.7\%$$

005 그림과 같이 상태 1, 2 사이에서 계가 1 → A → 2 → B → 1과 같은 사이클을 이루고 있을 때, 열역학 제1법칙에 가장 적합한 표현은? (단, 여기서 Q는 열량, W는 계가 하는 일, U는 내부에너지를 나타낸다.)

① $dU = \delta Q + \delta W$
② $\triangle U = Q - W$
③ $\oint \delta Q = \oint \delta W$
④ $\oint \delta Q = \oint \delta U$

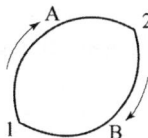

해설 열역학 제1법칙
열과 일의 동등성을 나타내는 에너지 보존의 법칙으로 다음과 같이 표시할 수 있다.
$$\oint \delta Q = \oint \delta W$$

참고 열역학 제1법칙(열과 일의 동등성을 나타내는 에너지 보존의 법칙)
① 열은 에너지의 한 형태로 일은 열로, 열은 일로 변환하는 것이 가능하다.
② 열을 일로, 일을 열로 변환할 때 에너지의 총량은 변하지 않고 일정하다.
③ 에너지를 소비하지 않고 계속 일을 발생시키는 제1종 영구기관을 만드는 것은 불가능하다.

006 100kPa, 25℃ 상태의 공기가 있다. 이 공기의 엔탈피가 298.615kJ/kg이라면 내부에너지는 약 몇 kJ/kg인가? (단, 공기는 분자량 28.97인 이상기체로 가정한다.)

① 213.05kJ/kg ② 241.07kJ/kg
③ 298.15kJ/kg ④ 383.72kJ/kg

004. ① 005. ③ 006. ①

해설) $h = u + pv$에서 $u = h - pv = 298.615 - (100 \times 0.8552) = 213.05 \text{kJ/kg}$

여기서, $v = \dfrac{RT}{P} = \dfrac{\dfrac{8.314}{28.97} \times (25+273)}{100} = 0.8552 \text{m}^3/\text{kg}$

007 압력이 일정할 때 공기 5kg을 0℃에서 100℃까지 가열하는 데 필요한 열량은 약 몇 kJ인가? (단, 비열(C_p)은 온도 T(℃)에 관계한 함수로 $C_p(\text{kJ}/(\text{kg}\cdot℃)) = 1.01 + 0.000079 \times T$이다.)

① 365　　② 436
③ 480　　④ 507

해설) $Q = m \cdot C_p \cdot dT = 5 \times \{1.01 + (0.000079 \times 100)\} \times (100 - 0) ≒ 508 \text{kJ}$

008 열교환기를 흐름 배열(flow arrangement)에 따라 분류 할 때 그림과 같은 형식은?

① 평행류
② 대향류
③ 병행류
④ 직교류

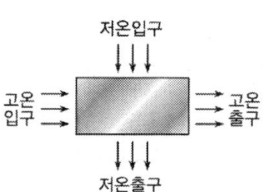

해설) 직교류형 : 열이나 물질의 이동에서 두 흐름이 직각으로 교차하며 흐르는 것

009 온도 15℃, 압력 100kPa 상태의 체적이 일정한 용기 안에 어떤 이상 기체 5kg이 들어 있다. 이 기체가 50℃가 될 때까지 가열되는 동안의 엔트로피 증가량은 약 몇 kJ/K인가? (단, 이 기체의 정압비열과 정적비열은 각각 1.001kJ/(kg·K), 0.717kJ/(kg·K)이다.)

① 0.411　　② 0.486
③ 0.575　　④ 0.732

해설) $\Delta S = G C_v \ln\left(\dfrac{T_2}{T_1}\right) = 5 \times 0.7171 \times \ln\left(\dfrac{323}{288}\right) = 0.411 \text{kJ/K}$

참고) 정적변화시 엔트로피 변화

$$\Delta S = G C_v \ln\left(\dfrac{T_2}{T_1}\right) = G C_v \ln\left(\dfrac{P_2}{P_1}\right)$$

답) 007. ④　008. ④　009. ①

010 다음 온도에 관한 설명 중 틀린 것은?
① 온도는 뜨겁거나 차가운 정도를 나타낸다.
② 열역학 제0법칙은 온도 측정과 관계된 법칙이다.
③ 섭씨온도는 표준 기압하에서 물의 어는 점과 끓는 점을 각각 0과 100으로 부여한 온도척도이다.
④ 화씨 온도 F와 절대온도 K 사이에는 K=F+273.15의 관계가 성립한다.

① 켈빈온도, K=℃+273.15
② 랭킨온도, R=°F+459.67

011 밀폐계에서 기체의 압력이 100kPa으로 일정하게 유지되면서 체적이 1m³에서 2m³으로 증가되었을 때 옳은 설명은?
① 밀폐계의 에너지 변화는 없다.
② 외부로 행한 일은 100kJ이다.
③ 기체가 이상기체라면 온도가 일정하다.
④ 기체가 받은 열은 100kJ이다.

$\delta W = P \cdot dV = P(V_2 - V_1) = 100 \times (2-1) = 100 \text{kJ}$
외부로 행한 일은 100 kJ이다.

012 출력 10000kW의 터빈 플랜트의 시간당 연료소비량이 5000kg/h이다. 이 플랜트의 열효율은 약 몇 %인가? (단, 연료의 발열량은 33440kJ/kg이다.)
① 25.4% ② 21.5%
③ 10.9% ④ 40.8%

플랜트의 열효율
$\eta = \dfrac{W}{G_f \times H_l} = \dfrac{10,000 \times 3,600}{5,000 \times 33,440} \times 100 = 21.53\%$

013 역 Carnot cycle로 300K와 240K 사이에서 작동하고 있는 냉동기가 있다. 이 냉동기의 성능계수는?
① 3 ② 4
③ 5 ④ 6

냉동기의 성능계수
$COP = \dfrac{T_2}{T_1 - T_2} = \dfrac{240}{300 - 240} = 4$

010. ④ 011. ② 012. ② 013. ②

014 보일러 입구의 압력이 9800kN/m²이고, 응축기의 압력이 4900N/m²일 때 펌프가 수행한 일은 약 몇 kJ/kg인가? (단, 물의 비체적은 0.001m³/kg이다.)

① 9.79
② 15.17
③ 87.25
④ 180.52

해설 $W = dP \cdot V = (9800 - 4.9) \times 0.001 = 9.79 \text{kJ/kg}$

015 오토(Otto) 사이클에 관한 일반적인 설명 중 틀린 것은?

① 불꽃 점화 기관의 공기 표준 사이클이다.
② 연소과정을 정적 가열과정으로 간주한다.
③ 압축비가 클수록 효율이 높다.
④ 효율은 작업기체의 종류와 무관하다.

해설 오토 사이클의 효율은 비열비와 관계되므로 작업기체의 종류와 관련이 있다.

참고 오토 사이클(Otto cycle)
① 불꽃 점화 기관의 공기 표준 사이클
② 2개의 정적과정과 2개의 단열과정
③ 정적하에서 연소가 이루어지므로 정적사이클이라고 하며, 연소과정을 정적 가열과정으로 간주한다.
④ 압축비가 클수록 효율이 높으나 대체로 7~10 정도로 한다.

016 열역학 제2법칙과 관련된 설명으로 옳지 않은 것은?

① 열효율이 100%인 열기관은 없다.
② 저온 물체에서 고온 물체로 열은 자연적으로 전달되지 않는다.
③ 폐쇄계와 그 주변계가 열교환이 일어날 경우 폐쇄계와 주변계 각각의 엔트로피는 모두 상승한다.
④ 동일한 온도 범위에서 작동되는 가역 열기관은 비가역 열기관보다 열효율이 높다.

해설 열교환이 일어날 경우 고온물체는 엔트로피가 감소하고 저온물체는 엔트로피가 증가된다. 비가역 사이클에서는 엔트로피는 증가하며, 가역 사이클에서의 엔트로피 변화는 항상 일정하다.

017 10kg의 증기가 온도 50℃, 압력 38kPa, 체적 7.5m³일 때 총 내부에너지는 6700kJ 이다. 이와 같은 상태의 증기가 가지고 있는 엔탈피는 약 몇 kJ인가?

① 606
② 1794
③ 3305
④ 6985

해설 $H = U + PV = 6700 + (38 \times 7.5) = 6{,}985 \text{kJ}$

답 014. ① 015. ④ 016. ③ 017. ④

018 다음 중 정확하게 표기된 SI 기본단위(7가지)의 개수가 가장 많은 것은? (단, SI 유도단위 및 그 외 단위는 제외한다.)

① A, Cd, ℃, kg, m, Mol, N, s ② cd, J, K, kg, m, Mol, Pa, s
③ A, J, ℃, kg, km, mol, S, W ④ K, kg, km, mol, N, Pa, S, W

해설 SI 기본단위(7가지)
m(길이), kg(질량), sec(시간), K(온도), A(전류), cd(광도), mol(물질의 양)

019 어느 증기터빈에서 0.4kg/s로 증기가 공급되어 260kW의 출력을 낸다. 입구의 증기 엔탈피 및 속도는 각각 3000kJ/kg, 720m/s, 출구의 증기 엔탈피 및 속도는 각각 2500kJ/kg, 120m/s이면, 이 터빈의 열손실은 약 몇 kW가 되는가?

① 15.9　　② 40.8　　③ 20.0　　④ 104

해설 터빈의 열손실

$$q = m(h_1 - h_2) + m\left(\frac{V_1^2 - V_2^2}{2}\right) - W = 0.4 \times \left\{(3000 - 2500) + \left(\frac{720^2 - 120^2}{2 \times 1000}\right)\right\} - 260 = 40.8 \text{kW}$$

020 8℃의 이상기체를 가역단열 압축하여 그 체적을 1/5로 하였을 때 기체의 온도는 약 몇 ℃인가? (단, 이 기체의 비열비는 1.4이다.)

① -125℃　　② 294℃　　③ 222℃　　④ 262℃

$\dfrac{T_2}{T_1} = \left(\dfrac{v_1}{v_2}\right)^{k-1} = \left(\dfrac{P_2}{P_1}\right)^{\frac{k-1}{k}}$ 에서

$T_2 = T_1\left(\dfrac{v_1}{v_2}\right)^{k-1} = (8+273) \times \left(\dfrac{v_1}{\frac{1}{5}v_1}\right)^{1.4-1} = 535K - 273 = 262°C$

제2과목 냉동공학

021 증기압축식 냉동장치에 관한 설명으로 옳은 것은?

① 증발식 응축기에서는 대기의 습구온도가 저하하면 고압압력은 통상의 운전 압력보다 높게 된다.
② 압축기의 흡입압력이 낮게 되면 토출압력도 낮게 되어 냉동능력이 증대한다.
③ 언로더 부착 압축기를 사용하면 급격하게 부하가 증가하여도 액백(liquid back)현상을 막을 수 있다.
④ 액배관에 플래쉬 가스가 발생하면 냉매순환량이 감소되어 증발기의 냉동능력이 저하된다.

답 018. ② 019. ② 020. ④ 021. ④

해설) 액배관에서 플래쉬 가스가 발생하면 냉매순환량이 감소되고 냉동효과가 저하되어 증발기의 냉동능력이 저하된다.

022 열전달에 관한 설명으로 틀린 것은?
① 전도란 물체 사이의 온도차에 의한 열의 이동현상이다.
② 대류란 유체의 순환에 의한 열의 이동현상이다.
③ 대류 열전달계수의 단위는 열통과율의 단위와 같다.
④ 열전도율의 단위는 $W/m^2 \cdot K$이다.

해설) ① 열전도율의 단위 : $W/m \cdot K(kcal/m \cdot h \cdot ℃)$
② 열전달계수 및 열통과율의 단위 : $W/m^2 \cdot K(kcal/m^2 \cdot h \cdot ℃)$

023 방열벽의 열통과율(K)이 $0.2kcal/m^2 \cdot h \cdot ℃$이며, 외기와 벽면과의 열전달률($\alpha_1$)은 $20kcal/m^2 \cdot h \cdot ℃$, 실내공기와 벽면과의 열전달률($\alpha_2$)이 $5kcal/m^2 \cdot h \cdot ℃$, 방열층의 열전도율($\lambda$)이 $0.03kcal/m \cdot h \cdot ℃$라 할 때, 방열벽의 두께는 얼마가 되는가?
① 142.5mm ② 146.5mm ③ 155.5mm ④ 164.5mm

해설)
$R = \dfrac{1}{K} = \dfrac{1}{\alpha_1} + \dfrac{l}{\lambda} + \dfrac{1}{\alpha_2}$
$\dfrac{1}{0.2} = \dfrac{1}{20} + \dfrac{l}{0.03} + \dfrac{1}{5}$
$l = 0.1425m = 142.5mm$

024 프레온 냉매를 사용하는 냉동장치에 공기가 침입하면 어떤 현상이 일어나는가?
① 고압 압력이 높아지므로 냉매순환량이 많아지고 냉동능력도 증가한다.
② 냉동톤당 소요동력이 증가한다.
③ 고압 압력은 공기의 분압만큼 낮아진다.
④ 배출가스의 온도가 상승하므로 응축기의 열통과율이 높아지고 냉동능력도 증가한다.

해설) 불응축 가스(공기) 침입 시 고압은 공기의 분압만큼 상승하여 압축비가 증가하고 냉동톤당 소요동력도 증가한다.

025 2단 냉동사이클에서 응축압력을 Pc, 증발압력을 Pe라 할 때, 이론적인 최적의 중간압력으로 가장 적당한 것은?
① $Pc \times Pe$ ② $(Pc \times Pe)^{\frac{1}{2}}$
③ $(Pc \times Pe)^{\frac{1}{3}}$ ④ $(Pc \times Pe)^{\frac{1}{4}}$

답) 022. ④ 023. ① 024. ② 025. ②

해설 $P_m = (Pc \times Pe)^{\frac{1}{2}} = \sqrt{Pc \times Pe}$

026 −15℃의 R134a 냉매 포화액의 엔탈피는 180.1kJ/kg, 같은 온도에서 포화증기의 엔탈피는 389.6kJ/kg이다. 증기압축식 냉동시스템에서 팽창밸브 직전의 액의 엔탈피가 237.5kJ/kg 이라면 팽창밸브를 통과한 후 냉매의 건도는?

① 0.27 ② 0.32
③ 0.56 ④ 0.72

해설 건조도 = $\dfrac{\text{팽창밸브 엔탈피} - \text{포화액 엔탈피}}{\text{포화증기 엔탈피} - \text{포화액 엔탈피}} = \dfrac{237.5 - 180.1}{389.6 - 180.1} = 0.27$

027 밀도가 1200kg/m³, 비열이 0.705kcal/kg·℃ 염화칼슘 브라인을 사용하는 냉각기의 브라인 입구온도가 −10℃, 출구온도가 −4℃가 되도록 냉각기를 설계하고자 한다. 냉동부하가 36000kcal/h라면 브라인의 유량은 얼마이어야 하는가?

① 118 L/min ② 120 L/min
③ 136 L/min ④ 150 L/min

해설 $Q_e = G_b \cdot C_b \cdot \Delta t$
$G_b = \dfrac{Q_e}{C_b \cdot \Delta t} = \dfrac{36,000}{0.705 \times (-4+10) \times 1.2 \times 60} = 118.20 \text{L/min}$

028 냉매의 구비 조건에 대한 설명으로 틀린 것은?

① 증기의 비체적이 작을 것
② 임계온도가 충분히 높을 것
③ 점도와 표면장력이 크고 전열성능이 좋을 것
④ 부식성이 적을 것

해설 냉매는 점도와 표면장력이 작고 전열성능이 좋을 것

029 공랭식 냉동장치에서 응축압력이 과다하게 높은 경우가 아닌 것은?

① 순환공기 온도가 높을 때
② 응축기가 불결한 상태일 때
③ 장치 내 불응축가스가 존재할 때
④ 공기 순환량이 충분할 때

해설 공기 순환량이 불충분할 때 응축 방열량이 감소하여 응축압력은 상승하게 된다.

답 026. ① 027. ① 028. ③ 029. ④

030 냉동장치에서 디스트리뷰터(distributor)의 역할로서 옳은 것은?
① 냉매의 분배
② 흡입가스의 과열방지
③ 증발온도의 저하방지
④ 플래쉬가스의 발생방지

해설 분배기(distributor) : 증발기로의 냉매공급을 균등하게 분배하기 위하여

031 암모니아 냉동기에서 압축기의 흡입 포화온도 −20℃, 응축온도 30℃, 팽창밸브의 직전온도가 25℃, 피스톤 압출량이 288m³/h일 때, 냉동능력은? (단, 압축기의 체적효율 0.8, 흡입냉매의 엔탈피 396kcal/kg, 냉매흡입 비체적 0.62m³/kg, 팽창밸브 직전 냉매의 엔탈피 128kcal/kg이다.)
① 25RT ② 30RT
③ 35RT ④ 40RT

해설 $RT = \dfrac{V_a \cdot q_e}{3,320 \cdot v} \times \eta_v = \dfrac{288 \times (396-128)}{3,320 \times 0.62} \times 0.8 = 30RT$

032 냉매 액가스 열교환기의 사용에 대한 설명으로 틀린 것은?
① 액가스 열교환기는 보통 암모니아 장치에는 사용하지 않는다.
② 프레온 냉동장치에서 액압축 방지 및 액관 중의 플래쉬 가스 발생을 방지하는 데 도움이 된다.
③ 증발기로 들어가는 저온의 냉매 증기와 압축기에서 응축기에 이르는 고온의 냉매액을 열교환시키는 방법을 이용한다.
④ 습압축을 방지하여 냉동효과와 성적계수를 향상시킬 수 있다.

해설 열교환기 : 증발기로 들어가는 저온의 냉매 증기와 응축기에서 팽창밸브에 이르는 고온의 냉매액을 열교환시켜 냉매액을 과냉각시켜 냉동효과를 증가시키고 흡입가스를 과열시켜 압축기에서의 액압축을 방지한다.

033 다음 압축기 중 압축방식에 의한 분류에 속하지 않는 것은?
① 왕복동식 압축기 ② 흡수식 압축기
③ 회전식 압축기 ④ 스크류식 압축기

해설 압축방식에 의한 분류
왕복동식, 회전식, 스크류식, 스크롤식 등

답 030. ① 031. ② 032. ③ 033. ②

034 다음은 h-x(엔탈피-농도)선도에 흡수식 냉동기의 사이클을 나타낸 것이다. 그림에서 흡수사이클을 나타내는 것으로 옳은 것은?

① a - b - g - h - a
② a - c - f - h - a
③ b - c - f - g - b
④ b - d - e - g - b

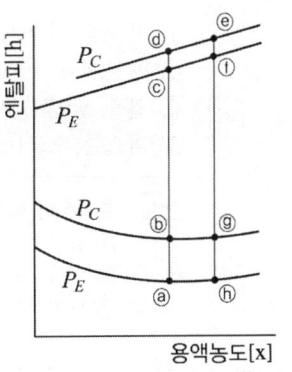

해설 흡수식 냉동기의 사이클
a - b - g - h - a

참고
① a - b : 재생기에서 가열
② b - g : 재생기에서 냉매재생(용액 농축)
③ g - h : 흡수기에서 냉각
④ h - a : 흡수기에서 냉매흡수(용액 희석)

035 다음 선도와 같이 응축온도만 변화하였을 때 각 사이클의 특성 비교로 틀린 것은? (단, 사이클A : (A - B - C - D - A), 사이클B : (A - B′ - C′ - D′ - A), 사이클C : (A - B″ - C″ - D″ - A)이다.)

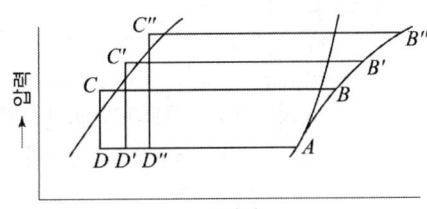

① 압축비 : 사이클C > 사이클B > 사이클A
② 압축일량 : 사이클C > 사이클B > 사이클A
③ 냉동효과 : 사이클C > 사이클B > 사이클A
④ 성적계수 : 사이클C < 사이클B < 사이클A

해설 냉동효과 : 사이클A > 사이클B > 사이클C

036 냉동기의 압축기 윤활목적으로 틀린 것은?
① 마찰을 감소시켜 마모를 적게 한다.
② 패킹재를 보호한다.
③ 열을 발생시킨다.
④ 피스톤, 스터핑박스 등에서 냉매누출을 방지한다.

해설 윤활유의 역할
① 윤활작용(마찰감소)   ② 기밀작용(밀봉작용)
③ 냉각작용   ④ 패킹보호
⑤ 방청작용   ⑥ 청정작용 등

037 증기 압축식 냉동장치의 운전 중에 액백(Liquid back)이 발생되고 있을 때 나타나는 현상으로 옳은 것은?
① 소요동력이 감소한다.   ② 토출관이 뜨거워진다.
③ 압축기에 서리가 생긴다.   ④ 냉동능력이 증가한다.

해설 액백(Liquid back) 발생 시 현상
① 소요동력이 증가한다.
② 토출관이 차가워진다.
③ 흡입관이나 압축기에 서리가 생긴다.
④ 냉동능력이 감소한다.

038 액분리기에 관한 설명으로 옳은 것은?
① 증발기 입구에 설치한다.
② 액압축을 방지하며 압축기를 보호한다.
③ 냉각할 때 침입한 공기와 냉매를 혼합시킨다.
④ 증발기에 공급되는 냉매액을 냉각시킨다.

해설 액분리기
① 압축기로 액유입을 방지하여 액압축에 따른 압축기 보호
② 압축기 흡입측에 설치(증발기와 압축기 사이)
③ 기동 시 증발기 내의 액이 교란되는 것을 방지

039 1단 압축 1단 팽창 이론 냉동사이클에서 압축기의 압축과정은?
① 등엔탈피 변화   ② 정적 변화
③ 등엔트로피 변화   ④ 등온 변화

해설 압축기의 압축과정 : 등엔트로피 변화

답 036. ③ 037. ③ 038. ② 039. ③

040 실제 냉동사이클에서 냉매가 증발기에서 나온 후, 압축기의 흡입 전 흡입가스 변화는?
① 압력은 감소하고 엔탈피는 증가한다.
② 압력과 엔탈피는 감소한다.
③ 압력은 증가하고 엔탈피는 감소한다.
④ 압력과 엔탈피는 증가한다.

> **해설** 증발기에서는 압력은 감소하고 엔탈피는 증가한다.

제 3 과목 공기조화

041 20명의 인원이 각각 1개비의 담배를 동시에 피울 경우 필요한 실내 환기량은? (단, 담배 1개비당 발생하는 배연량은 0.54g/h, 1m³/h의 환기 가능한 허용 담배 연소량은 0.017g/h이다.)
① 235m³/h
② 347m³/h
③ 527m³/h
④ 635m³/h

> **해설** 실내 환기량
> $$Q = \frac{M}{0.017} = \frac{20 \times 0.54}{0.017} = 635.3 \text{m}^3/\text{h}$$

042 보일러 출력표시에 대한 설명으로 틀린 것은?
① 정격출력 : 연속 운전이 가능한 보일러의 능력으로 난방부하, 급탕부하, 배관부하, 예열부하의 합이다.
② 정미출력 : 난방부하, 급탕부하, 예열부하의 합이다.
③ 상용출력 : 정격출력에서 예열부하를 뺀 값이다.
④ 과부하출력 : 운전초기에 과부하가 발생했을 때는 정격 출력의 10~20% 정도 증가해서 운전할 때의 출력으로 한다.

> **해설** 정미출력=난방부하+급탕부하
> 상용출력=난방부하+급탕부하 + 배관부하

043 다음 공조방식 중 개별식에 속하는 것은 어느 것인가?
① 팬 코일 유닛 방식
② 단일 덕트 방식
③ 2중 덕트 방식
④ 패키지 유닛 방식

답 040. ① 041. ④ 042. ② 043. ④

해설
① 팬 코일 유닛 방식 : 중앙식(수 방식)
② 단일 덕트 방식 : 중앙식(전공기 방식)
③ 2중 덕트 방식 : 중앙식(전공기 방식)
④ 패키지 유닛 방식 : 개별식(냉매 방식)

044 습공기의 가습 방법으로 가장 거리가 먼 것은?
① 순환수를 분무하는 방법
② 온수를 분무하는 방법
③ 수증기를 분무하는 방법
④ 외부공기를 가열하는 방법

해설 습공기의 가습 방법
① 순환수를 분무하는 방법 ② 온수를 분무하는 방법
③ 수증기를 분무하는 방법

045 동일한 송풍기에서 회전수를 2배로 했을 경우 풍량, 정압, 소요동력의 변화에 대한 설명으로 옳은 것은?
① 풍량 1배, 정압 2배, 소요동력 2배
② 풍량 1배, 정압 2배, 소요동력 4배
③ 풍량 2배, 정압 4배, 소요동력 4배
④ 풍량 2배, 정압 4배, 소요동력 8배

해설 송풍기에서 회전수를 2배로 했을 경우 풍량 2배, 정압 4배, 소요동력은 8배가 된다.

참고 송풍기의 상사법칙
회전수비에 따라 풍량은 정비례하고, 양정은 2제곱에 비례하고, 축동력은 3제곱에 비례한다.

046 건물의 외벽 크기가 10m×2.5m이며, 벽 두께가 250mm인 벽체의 양 표면 온도가 각각 −15℃, 26℃일 때, 이 벽체를 통한 단위 시간당의 손실열량은? (단, 벽의 열전도율은 0.05kcal/m·h·℃이다.)
① 20.5kcal/h
② 205kcal/h
③ 102.5kcal/h
④ 240kcal/h

해설 $q = \dfrac{\lambda \cdot A \cdot \Delta t}{l} = \dfrac{0.05 \times (10 \times 2.5) \times (26+15)}{0.25} = 205\text{kcal/h}$

047 흡수식 냉동기에 관한 설명으로 틀린 것은?
① 비교적 소용량보다는 대용량에 적합하다.
② 발생기에는 증기에 의한 가열이 이루어진다.
③ 냉매는 브롬화리튬(LiBr), 흡수제는 물(H_2O)의 조합으로 이루어진다.
④ 흡수기에서는 냉각수를 사용하여 냉각시킨다.

답 044. ④ 045. ④ 046. ② 047. ③

해설 흡수식 냉동기에 사용하는 냉매와 흡수제

냉 매	흡 수 제
NH₃(암모니아)	H₂O(물)
H₂O(물)	LiBr(취화리듐)

048 장방형 덕트(긴 변 a, 짧은 변 b)의 원형 덕트 지름 환산식으로 옳은 것은?

① $de = 1.3\left[\dfrac{(ab)^2}{a+b}\right]^{1/8}$

② $de = 1.3\left[\dfrac{(ab)^5}{a+b}\right]^{1/6}$

③ $de = 1.3\left[\dfrac{(ab)^5}{(a+b)^2}\right]^{1/8}$

④ $de = 1.3\left[\dfrac{(ab)^2}{(a+b)}\right]^{1/6}$

해설 원형덕트의 환산

$$d = 1.3 \cdot \left[\dfrac{(a \cdot b)^5}{(a+b)^2}\right]^{1/8}$$

049 온수난방설계 시 달시-바이스바하(Darcy-Weibach)의 수식을 적용한다. 이 식에서 마찰저항계수와 관련이 있는 인자는?

① 누셀수(Nu)와 상대조도
② 프란틀수(Pr)와 절대조도
③ 레이놀즈수(Re)와 상대조도
④ 그라쇼프수(Gr)와 절대조도

해설 마찰저항계수 f는 레이놀즈수와 상대조도의 함수이다.

참고 달시-바이스바하 공식(마찰손실수두)

$$H_L = f \cdot \dfrac{l}{d} \cdot \dfrac{V^2}{2g}$$

050 공기 중의 수증기가 응축하기 시작할 때의 온도 즉, 공기가 포화상태로 될 때의 온도를 무엇이라고 하는가?

① 건구온도
② 노점온도
③ 습구온도
④ 상당외기온도

해설 노점온도 : 공기 중의 수증기가 응축하기 시작할 때의 온도 즉, 공기가 포화상태로 될 때의 온도

답 048. ③ 049. ③ 050. ②

051 공기 중의 수분이 벽이나 천장, 바닥 등에 닿았을 때 응축되어 이슬이 맺히는 경우가 있다. 이와 같은 수분의 응축 결로를 방지하는 방법으로 적절하지 않은 것은?
① 다습한 외기를 도입하지 않도록 한다.
② 벽체인 경우 단열재를 부착한다.
③ 유리창인 경우 2중유리를 사용한다.
④ 공기와 접촉하는 벽면의 온도를 노점온도 이하로 낮춘다.

해설 공기와 접촉하는 벽면의 온도를 노점온도 이상으로 높인다.

052 에너지 절약의 효과 및 사무자동화(OA)에 의한 건물에서 내부발생열의 증가와 부하변동에 대한 제어성이 우수하기 때문에 대규모 사무실 건물에 적합한 공기조화 방식은?
① 정풍량(CAV) 단일덕트 방식   ② 유인유닛 방식
③ 룸 쿨러 방식   ④ 가변풍량(VAV) 단일덕트 방식

해설 가변풍량(VAV) 단일덕트 방식
에너지 절약효과 및 내부발생열의 증가와 부하변동에 대한 제어성이 우수하여 대규모 사무실 건물에 적합한 공기조화 방식

053 바닥취출 공조방식의 특징으로 틀린 것은?
① 천장 덕트를 최소화하여 건축 층고를 줄일 수 있다.
② 개개인에 맞추어 풍량 및 풍속 조절이 어려워 쾌적성이 저해된다.
③ 가압식의 경우 급기거리가 18m 이하로 제한된다.
④ 취출온도와 실내온도 차이가 10℃ 이상이면 드래프트 현상을 유발할 수 있다.

해설 바닥취출 공조방식은 바닥 취출구를 거주자의 근처에 설치하여 개개인에 맞추어 풍량 및 풍속, 풍향 조절이 가능하여 쾌적성이 향상된다.

054 실내의 냉방 현열부하가 5000kcal/h, 잠열부하가 800kcal/h인 방을 실온 26℃로 냉각하는 경우 송풍량은? (단, 취출온도는 15℃이며, 건공기의 정압비열은 0.24kcal/kg·℃, 공기의 비중량은 1.2kg/m³이다.)
① 1578m³/h   ② 878m³/h
③ 678m³/h   ④ 578m³/h

해설 $Q = \dfrac{q_s}{1.2 \times 0.24 \times \Delta t} = \dfrac{5{,}000}{0.288 \times (26-15)} = 1{,}578 \text{m}^3/\text{h}$

답 051. ④ 052. ④ 053. ② 054. ①

055 실내를 항상 급기용 송풍기를 이용하여 정압(+)상태로 유지할 수 있어서 오염된 공기의 침입을 방지하고, 연소용 공기가 필요한 보일러실, 반도체 무균실, 소규모 변전실, 창고 등에 적합한 환기법은?

① 제1종 환기
② 제2종 환기
③ 제3종 환기
④ 제4종 환기

> **해설** 제2종 환기 : 기계급기+자연배기(보일러실, 반도체공장, 무균실, 클린룸, 수술실 등)

056 단일덕트 재열방식의 특징으로 틀린 것은?

① 냉각기에 재열부하가 추가된다.
② 송풍 공기량이 증가한다.
③ 실별 제어가 가능하다.
④ 현열비가 큰 장소에 적합하다.

> **해설** 단일덕트 재열방식은 현열비가 작은 잠열부하가 많은 경우나 장마철 등의 공조에 적합하다.

057 가변풍량 공조방식의 특징으로 틀린 것은?

① 다른 방식에 비하여 에너지 절약 효과가 높다.
② 실내공기의 청정화를 위하여 대풍량이 요구될 때 적합하다.
③ 각 실의 실온을 개별적으로 제어할 때 적합하다.
④ 동시사용률을 고려하여 기기용량을 결정할 수 있어 정풍량 방식에 비하여 기기의 용량을 적게 할 수 있다.

> **해설** 가변풍량 공조방식은 부하감소에 따른 송풍량 감소로 실내공기의 청정도가 떨어질 수 있어 실내공기의 청정화가 요구될 때에는 피하도록 한다.

058 습공기의 성질에 대한 설명으로 틀린 것은?

① 상대습도란 어떤 공기의 절대습도와 동일온도의 포화습공기의 절대습도의 비를 말한다.
② 절대습도는 습공기에 포함된 수증기의 중량을 건공기 1kg에 대하여 나타낸 것이다.
③ 포화공기란 습공기 중의 절대습도, 건구온도 등이 변화하면서 수증기가 포화상태에 이른 공기를 말한다.
④ 무입공기란 포화수증기 이상의 수분을 함유하여 공기 중에 미세한 물방울을 함유하는 공기를 말한다.

> **해설** 포화도 : 어떤 공기의 절대습도와 동일온도의 포화습공기의 절대습도의 비

답 055. ② 056. ④ 057. ② 058. ①

059 공기조화설비는 공기조화기, 열원장치 등 4대 주요장치로 구성되어 있다. 4대 주요장치의 하나인 공기조화기에 해당되는 것이 아닌 것은?
① 에어필터
② 공기냉각기
③ 공기가열기
④ 왕복동 압축기

해설) 냉열원장치 중 냉동기에 필요한 왕복동 압축기는 공기조화기에 해당되지 않는다.

060 다음 습공기선도의 공기조화과정을 나타낸 장치도는? (단, ① = 외기, ② = 환기, HC = 가열기, CC = 냉각기이다.)

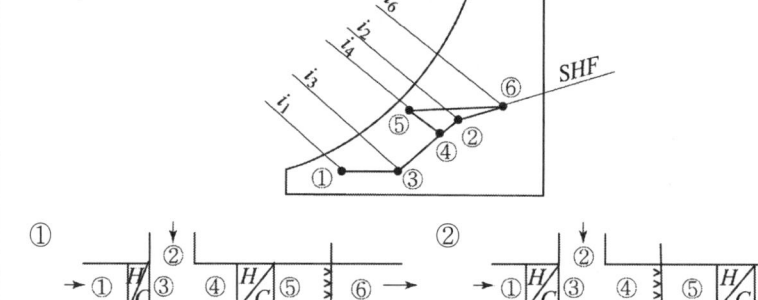

해설) 외기예열(H/C) - 혼합 - 단열가습 - 가열(H/C) - 취출

제4과목 전기제어공학

061 논리식 중 동일한 값을 나타내지 않는 것은?
① $X(X+Y)$
② $XY+X\overline{Y}$
③ $X(\overline{X}+Y)$
④ $(X+Y)(X+\overline{Y})$

해설)
① $X(X+Y) = XX+XY = X+XY = X(1+Y) = X$
② $XY+X\overline{Y} = X(Y+\overline{Y}) = X$
③ $X(\overline{X}+Y) = X\overline{X}+XY = XY$
④ $(X+Y)(X+\overline{Y}) = XX+X\overline{Y}+XY+Y\overline{Y} = X(1+\overline{Y})+XY = X+XY = X(1+Y) = X$

답) 059. ④ 060. ② 061. ③

참고
① 부울식을 정리할 때 간단히 사용할 수 있는 정리식은 다음과 같다.
$A \cdot A = A$, $A \cdot \overline{A} = 0$, $A \cdot 0 = 0$, $A \cdot 1 = 1$, $A + A = A$,
$A + \overline{A} = 1$, $A + 0 = A$, $A + 1 = 1$
② 드모르강의 법칙은 부울대수식의 간단화에 많이 사용되는 식으로 다음과 같다.
$\overline{A \cdot B} = \overline{A} + \overline{B}$ $\overline{(A+B)} = \overline{A} \cdot \overline{B}$

062. 광전형 센서에 대한 설명으로 틀린 것은?

① 전압 변화형 센서이다.
② 포토 다이오드, 포토 TR 등이 있다.
③ 반도체의 pn접합 기전력을 이용한다.
④ 초전 효과(pyroelectric effect)를 이용한다.

해설 초전 효과 : 온도변화에 따라 유전체 결정의 전기분극의 크기가 변화하여 전압이 나타나는 현상으로 열전대, 서미스터에 이용된다.

참고 광전형 센서 : 광전효과란 광도전효과, 광기전력효과, 광전자방출효과, 집전효과 등을 모두 총칭한 말로서 광전효과는 금속 표면이나 PN접합의 반도체에 파장이 짧은 빛을 비추면 그 표면에서 전자가 튀어나와 기전력이 발생하는 현상을 의미한다.(포토 다이오드, 포토 트랜지스터, 컬러 센서, 고체 촬상 소자 등)

063. 3상 권선형 유도전동기 2차측에 외부저항을 접속하여 2차 저항값을 증가시키면 나타나는 특성으로 옳은 것은?

① 슬립 감소
② 속도 증가
③ 기동토크 증가
④ 최대토크 증가

해설 권선형 유도전동기는 기동 시 2차권선에 저항을 직렬로 연결하여 슬립의 조정이 가능하므로 기동토크를 조정할 수 있다.

064. R, L, C가 서로 직렬로 연결되어 있는 회로에서 양단의 전압과 전류가 동상이 되는 조건은?

① $\omega = LC$
② $\omega = L^2C$
③ $\omega = \dfrac{1}{LC}$
④ $\omega = \dfrac{1}{\sqrt{LC}}$

해설 R과 L과 C를 직렬로 접속한 회로의 합성임피던스는 $Z = \sqrt{R^2 + \left(\omega L - \dfrac{1}{\omega C}\right)^2}$ 가 되며, 전압과 전류의 동상(위상차가 0)이 되기 위해서는 위상차를 발생시키는 $\omega L - \dfrac{1}{\omega C}$ 가 0이 되면 된다. 즉, $\omega L = \dfrac{1}{\omega C}$ 이 되면 된다. 이러한 상태를 공진이라고 한다. 따라서, 다음과 같은 관계가 성립한다.
$\omega L = \dfrac{1}{\omega C} \Rightarrow \omega^2 = \dfrac{1}{LC} \Rightarrow 4\pi^2 f^2 = \dfrac{1}{LC} \Rightarrow f = \dfrac{1}{2\pi}\sqrt{\dfrac{1}{LC}}$

답 062. ④ 063. ③ 064. ④

참고 직렬공진 시의 현상
① 전압과 전류의 위상차가 0이므로 동상이므로 역률은 1이다.
② 최대 유효전력이 된다.
③ 임피던스가 최소이므로 전류는 최대가 된다.

065. 콘덴서의 정전용량을 높이는 방법으로 틀린 것은?
① 극판의 면적을 넓게 한다.
② 극판 간의 간격을 작게 한다.
③ 극판 간의 절연파괴 전압을 작게 한다.
④ 극판 사이의 유전체를 비유전율이 큰 것으로 사용한다.

해설 콘덴서에서의 정전용량은
$$C[\text{F}] = \varepsilon \frac{A}{d} \, (A[\text{m}^2] : 극판면적, \, d[\text{m}] : 극판간격, \, \varepsilon : 유전율)$$
이므로 극판의 면적을 크게 하거나, 극판간격을 좁게 하거나, 유전체로 유전률이 큰 소재를 사용하면 용량이 증가한다.

066. 그림과 같은 계전기 접점회로의 논리식은?
① $xz + \overline{y}\overline{x}$
② $xy + z\overline{x}$
③ $(x+\overline{y})(z+\overline{x})$
④ $(x+z)(\overline{y}+\overline{x})$

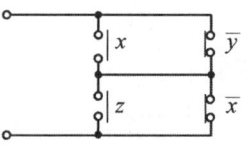

해설 스위치가 직렬로 연결되면 논리식으로는 AND가 되고 병렬이면 OR가 된다. 따라서, 논리식은 다음과 같다.
$(X+\overline{Y})(Z+\overline{X})$

067. 계측기 선정 시 고려사항이 아닌 것은?
① 신뢰도   ② 정확도
③ 미려도   ④ 신속도

해설 계측기를 선정할 때, 고려해야 할 점은 신뢰도, 정확도, 신속도이다. 미려도는 얼마나 아름다운지를 고려하는 부분이므로 이 부분은 반드시 고려할 필요가 없다.

068. $\frac{3}{2}\pi(\text{rad})$ 단위를 각도(°) 단위로 표시하면 얼마인가?
① 120°   ② 240°
③ 270°   ④ 360°

답 065. ③ 066. ③ 067. ③ 068. ③

해설 라디안을 각도로의 변환식은 다음과 같다.

각도 = 래디안 × $\frac{180}{\pi}$ = $\frac{3\pi}{2}$ × $\frac{180}{\pi}$ = 270°

참고 래디안 = 각도 × $\frac{\pi}{180}$

합격 069
궤환제어계에 속하지 않는 신호로서 외부에서 제어량이 그 값에 맞도록 제어계에 주어지는 신호를 무엇이라 하는가?
① 목표값
② 기준 입력
③ 동작 신호
④ 궤환 신호

해설 외부에서 제어계에 주어지는 신호는 목표값이다.

합격 070
타력제어와 비교한 자력제어의 특징 중 틀린 것은?
① 저비용
② 구조 간단
③ 확실한 동작
④ 빠른 조작 속도

해설 자력 제어(direct control)
조작부를 조작하는 데 외부의 동력을 필요로 하지 않고 제어신호 자체를 이용하는 제어로 구조가 간단하고 동작이 확실하며 저가이다. 단, 타력제어에 비하여 빠를 수는 없다.

참고 타력 제어(indirect control) : 조작부를 움직이는 데 외부의 동력을 필요로 하는 제어로 자력제어에 비하여 구조가 복잡하고 고가이지만, 정보처리, 조작속도 면에서 자력 제어보다 우수하다.

합격 071
그림(a)의 직렬로 연결된 저항회로에서 입력전압 V_1과 출력전압 V_o의 관계를 그림(b)의 신호흐름선도로 나타낼 때 A에 들어갈 전달함수는?

① $\frac{R_3}{R_1+R_2}$
② $\frac{R_1}{R_2+R_3}$
③ $\frac{R_3}{R_1+R_2}$
④ $\frac{R_3}{R_1+R_2+R_3}$

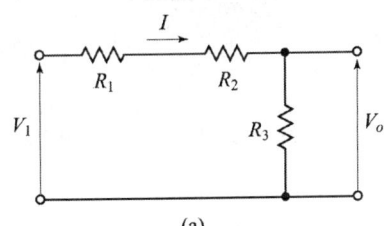
(a)

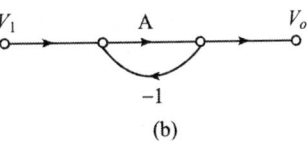
(b)

답 069. ① 070. ④ 071. ①

해설 먼저 신호흐름선도의 전달함수는 다음과 같다.

$$V_o = \frac{A}{1+A}V_i \Rightarrow \frac{V_o}{V_i} = \frac{A}{1+A}$$

회로에서 입력전압과 출력전압의 관계는 다음과 같다.

$$V_i = (R_1 + R_2 + R_3)I \quad V_o = R_3 I \Rightarrow \frac{V_o}{V_i} = \frac{R_3 I}{(R_1+R_2+R_3)I} = \frac{R_3}{(R_1+R_2+R_3)}$$

따라서, A는 다음과 같이 구할 수 있다.

$$\frac{A}{1+A} = \frac{R_3}{R_1+R_2+R_3} = \frac{A}{1+A} \Rightarrow R_3(1+A) = A(R_1+R_2+R_3) \Rightarrow R_3 + AR_3$$
$$= A(R_1+R_2) + AR_3 \Rightarrow R_3 = A(R_1+R_2) \Rightarrow A = \frac{R_3}{R_1+R_2}$$

072 다음 (a), (b) 두 개의 블록선도가 등가가 되기 위한 K는?
① 0
② 0.1
③ 0.2
④ 0.3

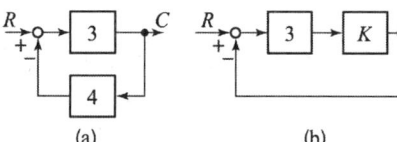

(a)　　　　　(b)

해설 왼쪽과 오른쪽의 블록선도의 전달함수는 다음과 같다.

$$\frac{C}{R} = \frac{3}{13} \qquad \frac{C}{R} = \frac{3K}{1+3K}$$

두 개는 동일하므로 K는 다음과 같다

$$\frac{C}{R} = \frac{3}{13} = \frac{3K}{1+3K} \Rightarrow 3+9K = 39K \Rightarrow 3 = 30K \Rightarrow K = \frac{1}{10}$$

참고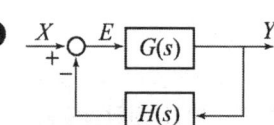

블록선도의 전달함수는 $\frac{G}{1+GH}$ 가 된다.

073 무인 커피 판매기는 무슨 제어인가?
① 서보기구
② 자동조정
③ 시퀀스제어
④ 프로세스제어

해설 시퀀스 제어 : 미리 정해진 순서에 따라 제어의 각 단계를 결과와 관계없이 차례로 진행시키는 제어(컨베이어, 엘리베이터, 세탁기, 커피 자동판매기 등)

참고 ① 프로세스 제어 : 제어량이 온도, 압력, 유량, 레벨 등이며, 플랜트나 생산 공정중의 상태량을 제어량으로 하는 제어로 제어계에 가해지는 외란의 억제를 주목적으로 함
② 서보 제어 : 임의의 변화를 하는 목표값(입력)에 제어량을 추종시키는 제어로 물체의 위치·방위·자세 등의 변위를 제어량(출력)으로 한다.

답 072. ② 073. ③

③ 자동조정 : 정전압 장치나 조속기 제어와 같이 전압, 전류, 주파수, 회전속도 등 전기적 기계적양을 주로 제어하는 것으로 응답속도가 빠른 것이 특징이다.
④ 비율제어 : 목표값이 다른 것과 일정 비율관계를 가지고 변화하는 것을 제어하는 것으로 보일러의 연료와 공기량의 제어가 대표적이다.

074 공작기계를 이용한 제품가공을 위해 프로그램을 이용하는 제어와 가장 관계 깊은 것은?
① 속도 제어
② 수치 제어
③ 공정 제어
④ 최적 제어

해설 수치제어 : 가공할 치수를 컴퓨터 프로그램에 치수(좌표)를 입력하면 기계가 자동으로 가공하는 기계에 사용하는 제어로 일종의 서보제어이다.

075 전압, 전류, 주파수 등의 양을 주로 제어하는 것으로 응답속도가 빨라야 하는 것이 특징이며, 정전압장치나 발전기 및 조속기의 제어 등에 활용하는 제어방법은?
① 서보기구
② 비율제어
③ 자동조정
④ 프로세스제어

해설 자동조정 : 정전압 장치나 조속기 제어와 같이 전압, 전류, 주파수, 회전속도 등 전기적 기계적양을 주로 제어하는 것으로 응답속도가 빠른 것이 특징

076 단상변압기 3대를 △결선하여 3상 전원을 공급하다가 1대의 고장으로 인하여 고장난 변압기를 제거하고 V결선으로 바꾸어 전력을 공급할 경우 출력은 당초 전력의 약 몇 %까지 가능하겠는가?
① 46.7
② 57.7
③ 66.7
④ 86.7

해설 V결선
① △결선된 전원 중 1상을 제거하여 결선한 방식
② V결선은 변압기 사고 시 응급조치 등의 용도로 사용된다.
③ 용량의 증가가 예상될 때 예비적으로 쓸 수 있다.
④ △결선과 비교하면 다음과 같다.
용량비는 $\dfrac{\sqrt{3}\,V_P I_P}{3 V_P I_P} = 0.577$, 이용률은 $\dfrac{\sqrt{3}\,V_P I_P}{2 V_P I_P} = 0.866$

077 도체를 늘려서 길이가 4배인 도선을 만들었다면 도체의 전기저항은 처음의 몇 배인가?
① $\dfrac{1}{4}$
② $\dfrac{1}{16}$
③ 4
④ 16

답 074. ② 075. ③ 076. ② 077. ④

해설 저항은 $R=\rho\dfrac{l}{A}$ (ρ : 고유저항, l[m] : 길이, A[m²] : 단면적) 인 저항의 길이를 4배로 늘리면 부피는 일정하므로 다음 식이 성립한다. $K=Al \Rightarrow K=A_1 l_1$ 단, 첨자 1은 늘인 후의 단면적과 길이이다. 따라서, $l_1=4l$ 이므로 $Al=A_1 4l \Rightarrow A_1=\dfrac{A}{4}$ 가 된다. 저항은 다음과 같이 증가한다.

$$R_1=\rho\dfrac{l_1}{A_1}=\rho\dfrac{4l}{\dfrac{A}{4}}=16\times\dfrac{R}{A}=16\times R$$

078
$L=4$H인 인덕턴스에 $i=-30e^{-3t}$ A의 전류가 흐를 때 인덕턴스에 발생하는 단자전압은 몇 V인가?

① $90e^{-3t}$
② $120e^{-3t}$
③ $180e^{-3t}$
④ $360e^{-3t}$

해설 인덕턴스의 인가전압과 전류의 관계를 이용해서 전압을 구할 수 있다.
$v=L\dfrac{d}{dt}i=4\times\dfrac{d}{dt}(-30e^{-3t})=4\times 90e^{-3t}=360e^{-3t}$

참고 익스포넨셜의 미분
$\dfrac{d}{dt}(e^{-\alpha t})=-\alpha e^{-\alpha t}$

079
출력의 변동을 조정하는 동시에 목표값에 정확히 추종하도록 설계한 제어계는?
① 타력 제어
② 추치 제어
③ 안정 제어
④ 프로세서 제어

해설 추치제어는 목표치가 임의로 변화하는 경우의 제어로 미사일유도나 레이더에 의한 비행체 추적 제어 등이 해당된다.

080
제어기기의 변환요소에서 온도를 전압으로 변환시키는 요소는?
① 열전대
② 광전지
③ 벨로우즈
④ 가변 저항기

해설 열전대 : 서로 다른 금속을 접촉하고 한쪽은 높은 온도를 반대쪽은 낮은 온도를 유지하면 기전력이 발생하는 장치로 온도를 전압으로 변환시킨다.

참고 벨로우즈 : 원통의 외부 측면에 많은 주름을 갖고 있어 압력변화에 따라 수직방향으로 신축이 가능한 압력용기로 압력에 따른 변위를 측정

답 078. ④ 079. ② 080. ①

제5과목 배관일반

081 관의 부식 방지 방법으로 틀린 것은?
① 전기 절연을 시킨다.   ② 아연도금을 한다.
③ 열처리를 한다.   ④ 습기의 접촉을 없게 한다.

해설 열처리는 재료의 강도를 증가시키기 위한 방법이다.

082 급탕 배관에서 설치되는 팽창관의 설치위치로 적당한 것은?
① 순환펌프와 가열장치 사이   ② 가열장치와 고가탱크 사이
③ 급탕관과 환수관 사이   ⑤ 반탕관과 순환펌프 사이

해설 급탕 배관에서 팽창관의 설치위치 : 가열장치와 고가탱크 사이

083 기수 혼합식 급탕설비에서 소음을 줄이기 위해 사용되는 기구는?
① 서모스탯   ② 사일렌서
③ 순환펌프   ④ 감압밸브

해설 증기 사일렌서 : 기수 혼합식 급탕설비에서 소음을 줄이기 위한 장치

084 다음 중 소형, 경량으로 설치면적이 적고 효율이 좋으므로 가장 많이 사용되고 있는 냉각탑의 종류는?
① 대기식 냉각탑   ② 대향류식 냉각탑
③ 직교류식 냉각탑   ④ 밀폐식 냉각탑

해설 대향류형 냉각탑 : 소형, 경량으로 설치면적이 적고 효율이 좋아 가장 많이 사용되고 있는 냉각탑

085 도시가스 입상배관의 관 지름이 20mm일 때 움직이지 않도록 몇 m마다 고정 장치를 부착해야 하는가?
① 1m   ② 2m
③ 3m   ④ 4m

해설 도시가스 배관의 고정
① 13mm 미만 : 1m마다
② 13~33mm 미만 : 2m마다
③ 33mm 이상 : 3m마다

답 081. ③ 082. ② 083. ② 084. ② 085. ②

2017년 5월 7일 시행

086 공장에서 제조 정제된 가스를 저장했다가 공급하기 위한 압력탱크로 가스압력을 균일하게 하며, 급격한 수요변화에도 제조량과 소비량을 조절하기 위한 장치는?

① 정압기   ② 압축기   ③ 오리피스   ④ 가스홀더

해설 정제된 가스를 저장했다가 공급하기 위한 압력탱크 : 가스홀더

참고 가스홀더의 종류 : 유수식, 무수식, 고압(구형)홀더

087 배관 도시기호 치수기입법 중 높이 표시에 관한 설명으로 틀린 것은?

① EL : 배관의 높이를 관의 중심을 기준으로 표시
② GL : 포장된 지표면을 기준으로 하여 배관장치의 높이를 표시
③ FL : 1층의 바닥면을 기준으로 표시
④ TOP : 지름이 다른 관의 높이를 나타낼 때 관외경의 아랫면까지를 기준으로 표시

해설 TOP : 지름이 다른 관의 높이를 나타낼 때 관외경의 윗면까지를 기준으로 표시

088 급수배관에 관한 설명으로 옳은 것은?

① 수평배관은 필요한 경우 관 내의 물을 배제하기 위하여 1/100~1/150의 구배를 준다.
② 상향식 급수배관의 경우 수평주관은 내림구배, 수평분기관은 올림구배로 한다.
③ 배관이 벽이나 바닥을 관통하는 곳에는 후일 수리 시 교체가 쉽도록 슬리브(sleeve)를 설치한다.
④ 급수관과 배수관을 수평으로 매설하는 경우 급수관을 배수관의 아래쪽이 되도록 매설한다.

해설 슬리브(sleeve) : 관의 신축과 팽창의 대비 및 관 수리교체를 용이하게 하기 위하여

089 호칭지름 20A인 강관을 2개의 45° 엘보를 사용해서 그림과 같이 연결하고자 한다. 밑면과 높이가 똑같이 150mm라면 빗면 연결부분의 관의 실제요소길이(l)는? (단, 45° 엘보 나사부의 길이는 15mm, 이음쇠의 중심선에서 단면까지 거리는 25mm로 한다.)

① 178mm
② 180mm
③ 192mm
④ 212mm

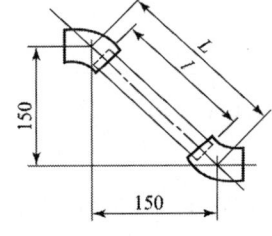

정답 086. ④ 087. ④ 088. ③ 089. ③

해설 $l = \sqrt{2}\,L' - 2(A-a) = (\sqrt{2} \times 150) - \{2 \times (25-15)\} = 192\,\text{mm}$

090 저압가스배관에서 관 내경이 25mm에서 압력손실이 320mmAq이라면, 관 내경이 50mm로 2배로 되었을 때 압력손실은 얼마인가?
① 160mmAq ② 800mmAq
③ 32mmAq   ④ 10mmAq

해설 $H = \dfrac{1}{D^5}$ 에서 $320 = \dfrac{1}{2.5^5\,\text{cm}}$

$x = \dfrac{1}{5^5\,\text{cm}}$ 에서 $x = 10\,\text{mmAq}$

참고 저압 가스배관(폴의 공식)

$$Q = K\sqrt{\dfrac{D^5 \cdot H}{S \cdot L}}, \quad D^5 = \dfrac{Q^2 \cdot S \cdot L}{K^2 \cdot H}$$

여기서, Q : 가스 유량(m³/h), D : 관의 내경(cm), H : 허용 압력손실수두(mmH₂O), S : 가스비중, L : 관의 길이(m), K : 폴의 정수(0.707)

091 증기배관의 트랩장치에 관한 설명이 옳은 것은?
① 저압증기에서는 보통 버킷형 트랩을 사용한다.
② 냉각레그(cooling leg)는 트랩의 입구쪽에 설치한다.
③ 트랩의 출구쪽에는 스트레이너를 설치한다.
④ 플로트형 트랩은 상·하 구분없이 수직으로 설치한다.

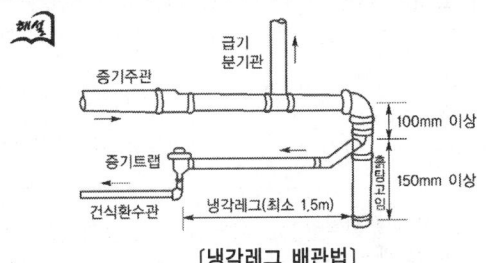

냉각레그(cooling leg)
증기주관 끝의 길이를 1.5m 이상으로 하고 보온하지 않은 상태로 증기를 응축시켜 트랩으로 보내는 역할

[냉각레그 배관법]

092 냉동배관 재료 구비조건으로 틀린 것은?
① 가공성이 양호할 것
② 내식성이 좋을 것
③ 냉매와 윤활유가 혼합될 때, 화학적 작용으로 인한 냉매의 성질이 변하지 않을 것
④ 저온에서 기계적 강도 및 압력손실이 적을 것

답 090. ④ 091. ② 092. ④

해설 저온에서 기계적 강도가 크고 압력손실은 적을 것

합격 093 보온재의 구비조건으로 틀린 것은?
① 열전도율이 적을 것
② 균열 신축이 적을 것
③ 내식성 및 내열성이 있을 것
④ 비중이 크고 흡습성이 클 것

해설 보온재는 비중과 흡습성은 작아야 한다.

합격 094 급탕배관의 관경을 결정할 때 고려해야 할 요소로 가장 거리가 먼 것은?
① 1m마다의 마찰손실
② 순환수량
③ 관내유속
④ 펌프의 양정

해설 펌프의 양정은 펌프의 용량 결정 시 고려해야 할 요소이다.

합격 095 증기난방 배관설비의 응축수 환수방법 중 증기의 순환이 가장 빠른 방법은?
① 진공환수식
② 기계환수식
③ 자연환수식
④ 중력환수식

해설 진공환수식 : 환수관을 진공으로 하여 응축수를 환수하는 방식으로 환수관경을 적게 할 수 있고, 증기의 순환이 가장 빨라 대규모 난방설비에 적합하며 방열기, 보일러의 설치위치에 제한을 받지 않는다.

합격 096 가스배관 경로 선정 시 고려하여야 할 내용으로 적당하지 않은 것은?
① 최단거리로 할 것
② 구부러지거나 오르내림을 적게 할 것
③ 가능한 은폐매설을 할 것
④ 가능한 옥외에 설치할 것

해설 가스배관 경로 선정 시 고려사항
① 직선으로 최단거리로 배관할 것
② 구부러지거나 오르내림을 적게 할 것
③ 은폐하거나 매설을 피할 것(노출배관 원칙)
④ 가능한 한 옥외에 설치할 것

합격 097 부력에 의해 밸브를 개폐하여 간헐적으로 응축수를 배출하는 구조를 가진 증기 트랩은?
① 열동식 트랩
② 버킷 트랩
③ 플로트 트랩
④ 충격식 트랩

답 093. ④ 094. ④ 095. ① 096. ③ 097. ②

해설 버킷 트랩 : 부력에 의해 밸브를 개폐하여 간헐적으로 응축수를 배출하는 구조를 가진 증기 트랩

098 통기관에 관한 설명으로 틀린 것은?
① 각개통기관의 관경은 그것이 접속되는 배수관 관경의 1/2 이상으로 한다.
② 통기방식에는 신정통기, 각개통기, 회로통기 방식이 있다.
③ 통기관은 트랩 내의 봉수를 보호하고 관내 청결을 유지한다.
④ 배수입관에서 통기입관의 접속은 90°T 이음으로 한다.

해설 배수입관에서 통기입관의 접속은 45° 이내의 각도로 Y 이음으로 한다.

099 배관에 사용되는 강관은 1℃ 변화함에 따라 1m당 몇 mm만큼 팽창하는가? (단, 관의 열팽창 계수는 0.00012m/m·℃이다.)
① 0.012
② 0.12
③ 0.022
④ 0.22

해설 $\Delta l = \alpha \cdot l \cdot \Delta t = 0.00012 \times 1 \times 1{,}000 = 0.12m$

100 다음 신축이음 중 주로 증기 및 온수 난방용 배관에 사용되는 것은?
① 루프형 신축이음
② 슬리브형 신축이음
③ 스위블형 신축이음
④ 벨로즈형 신축이음

해설 스위블형 신축이음 : 주로 증기 및 온수 난방용 방열기 주변 배관에 사용하는 신축이음

답 098. ④ 099. ② 100. ③

2017년 8월 26일 제3회 공조냉동기계기사

제1과목 기계열역학

001 1kg의 기체로 구성되는 밀폐계가 50kJ의 열을 받아 15kJ의 일을 했을 때 내부에너지 변화량은 얼마인가? (단, 운동에너지의 변화는 무시한다.)

① 65kJ ② 35kJ
③ 26kJ ④ 15kJ

해설 내부에너지 변화량, $du = \delta q - w = 50 - 15 = 35\text{kJ}$

002 초기에 온도 T, 압력 P 상태의 기체(질량 m)가 들어있는 견고한 용기에 같은 기체를 추가로 주입하여 최종적으로 질량 $3m$, 온도 $2T$ 상태가 되었다. 이때 최종 상태에서의 압력은? (단, 기체는 이상기체이고, 온도는 절대온도를 나타낸다.)

① $6P$ ② $3P$
③ $2P$ ④ $\dfrac{3P}{2}$

해설 $P_2 V = m_2 R T_2$ 에서
$P_2 = \dfrac{m_2 R T_2}{V}$, $P_2 = m_2 \cdot T_2 = 3 \times 2 = 6P$

003 어떤 물질 1kg이 20℃에서 30℃로 되기 위해 필요한 열량은 약 몇 kJ인가? (단, 비열(C, kJ/(kg·K))은 온도에 대한 함수로서 $C=3.594+0.0372\,T$이며, 여기서 온도(T)의 단위는 K이다.)

① 4 ② 24
③ 45 ④ 147

해설 $Q = 1 \times \left\{3.594 + 0.0372 \times \left(\dfrac{20+30}{2} + 273\right)\right\} \times (30-20) = 147\text{kJ}$

답 001. ② 002. ① 003. ④

가스터빈으로 구동되는 동력 발전소의 출력이 10MW이고 열효율이 25%라고 한다. 연료의 발열량이 45000kJ/kg이라면 시간당 공급해야 할 연료량은 약 몇 kg/h인가?
① 3200
② 6400
③ 8320
④ 12800

해설
$\eta = \dfrac{Q}{G_f \times H_l}$ 에서

$G_f = \dfrac{Q}{\eta \times H_l} = \dfrac{10 \times 10^3 \times 3{,}600}{0.25 \times 45{,}000} = 3{,}200 \,\text{kg/h}$

여기서, 1 kW = 3,600 kJ/h이다.

 어느 발명가가 바닷물로부터 매시간 1800kJ의 열량을 공급받아 0.5kW 출력의 열기관을 만들었다고 주장한다면, 이 사실은 열역학 제 몇 법칙에 위반 되겠는가?
① 제0법칙
② 제1법칙
③ 제2법칙
④ 제3법칙

해설
$\eta = \dfrac{W}{Q_1} \times 100 = \dfrac{0.5 \times 3{,}600}{1{,}800} \times 100 = 100\%$

따라서 열효율이 100%인 제2종 영구기관으로 열역학 제2법칙에 위배된다.

 다음 중 강도성 상태량(intensive property)에 속하는 것은?
① 온도
② 체적
③ 질량
④ 내부에너지

해설
① 강도성(강성적) 상태량 : 온도, 압력, 비체적, 비중량, 밀도, 비엔탈피 등
② 종량성(용량성) 상태량 : 질량, 체적, 내부에너지, 엔탈피, 엔트로피, 전기저항 등

007 다음 중 냉매의 구비조건으로 틀린 것은?
① 증발 압력이 대기압보다 낮을 것
② 응축 압력이 높지 않을 것
③ 비열비가 작을 것
④ 증발열이 클 것

해설 냉매의 증발 압력은 대기압보다 높을 것

004. ① 005. ③ 006. ① 007. ①

008 그림과 같이 다수의 추를 올려놓은 피스톤이 설치된 실린더 안에 가스가 들어 있다. 이때 가스의 최초 압력이 300kPa이고, 초기 체적은 0.05m³이다. 여기에 열을 가하여 피스톤을 상승시킴과 동시에 피스톤 추를 덜어내어 가스온도를 일정하게 유지하여 실린더 내부의 체적을 증가시킬 경우 이 과정에서 가스가 한 일은 약 몇 kJ인가? (단, 이상기체 모델로 간주하고, 상승 후의 체적은 0.2m³이다.)

① 10.79kJ
② 15.79kJ
③ 20.79kJ
④ 25.79kJ

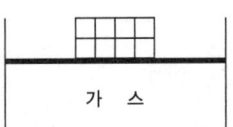

해설 $w_a = P_1 v_1 \ln\left(\dfrac{v_2}{v_1}\right) = 300 \times 0.05 \times \ln\left(\dfrac{0.2}{0.05}\right) = 20.79\text{kJ}$

참고 등온과정에서의 일량

$$w_a = RT\ln\dfrac{V_2}{V_1} = P_1 V_1 \ln\dfrac{V_2}{V_1}, \quad w_t = P_1 V_1 \ln\dfrac{P_1}{P_2} = RT\ln\dfrac{P_1}{P_2}$$

009 체적이 0.1m³인 용기 안에 압력 1MPa, 온도 250℃의 공기가 들어 있다. 정적과정을 거쳐 압력이 0.35MPa로 될 때 이 용기에서 일어난 열전달 과정으로 옳은 것은? (단, 공기의 기체상수는 0.287kJ/(kg·K), 정압비열은 1.0035kJ/(kg·K), 정적비열은 0.7165kJ/(kg·K)이다.)

① 약 162kJ의 열이 용기에서 나간다.
② 약 162kJ의 열이 용기로 들어간다.
③ 약 227kJ의 열이 용기에서 나간다.
④ 약 227kJ의 열이 용기로 들어간다.

해설 $Q = GC_v(T_2 - T_1) = 0.666 \times 0.7165 \times (183 - 523) = -162\text{kJ}$ (방출)

여기서, $G = \dfrac{pV}{RT} = \dfrac{1000 \times 0.1}{0.287 \times 523} = 0.666\text{kg}$, $T_2 = \dfrac{p_2}{p_1} \cdot T_1 = \dfrac{0.35}{1} \times 523 = 183\text{K}$

010 출력 15kW의 디젤 기관에서 마찰 손실이 그 출력의 15%일 때 그 마찰 손실에 의해서 시간당 발생하는 열량은 약 몇 kJ인가?

① 2.25
② 25
③ 810
④ 8100

해설 손실열, $q = 0.15 \times 15 \times 3,600 = 8,100\text{kJ}$

답 008. ③　009. ①　010. ④

011 3kg의 공기가 들어있는 실린더가 있다. 이 공기가 200kPa, 10℃인 상태에서 600kPa이 될 때까지 압축할 때 공기가 한 일은 약 몇 kJ인가? (단, 이 과정은 폴리트로프 변화로서 폴리트로프 지수는 1.3이다. 또한 공기의 기체상수는 0.287kJ/(kg·K)이다.)

① −285　　② −235
③ 13　　④ 125

[해설]
$$W_a = Gw_a = G \times \frac{RT}{n-1}\left\{1-\left(\frac{p_2}{p_1}\right)^{\frac{n-1}{n}}\right\} = 3 \times \frac{0.287 \times 283}{1.3-1} \times \left\{1-\left(\frac{600}{200}\right)^{\frac{1.3-1}{1.3}}\right\}$$
$$= -234.37 \text{kJ}$$

012 체적이 0.5m³, 온도가 80℃인 밀폐 압력용기 속에 이상기체가 들어 있다. 이 기체의 분자량이 24이고, 질량이 10kg이라면 용기 속의 압력은 약 몇 kPa인가?

① 1845.4　　② 2446.9
③ 3169.2　　④ 3885.7

[해설] $PV = \frac{GRT}{M}$
$$P = \frac{GRT}{VM} = \frac{10 \times 8.3143 \times (80+273.15)}{0.5 \times 24} = 2446.83 \text{kPa}$$

013 이론적인 카르노 열기관의 효율(η)을 구하는 식으로 옳은 것은? (단, 고열원의 절대온도는 T_H, 저열원의 절대온도는 T_L이다.)

① $\eta = 1 - \frac{T_H}{T_L}$　　② $\eta = 1 + \frac{T_L}{T_H}$

③ $\eta = 1 - \frac{T_L}{T_H}$　　④ $\eta = 1 + \frac{T_H}{T_L}$

[해설] 카르노 열기관 사이클의 열효율
$$\eta = \frac{W}{Q_H} = 1 - \frac{Q_L}{Q_H} = 1 - \frac{T_L}{T_H}$$

014 물 2L를 1kW의 전열기를 사용하여 20℃로부터 100℃까지 가열하는데 소요되는 시간은 약 몇 분(min)인가? (단, 전열기 열량의 50%가 물을 가열하는데 유효하게 사용되고, 물은 증발하지 않는 것으로 가정한다. 물의 비열은 4.18kJ/(kg·K)이다.)

① 22.3　　② 27.6
③ 35.4　　④ 44.6

답 011. ② 012. ② 013. ③ 014. ①

해설) $H = \dfrac{m \cdot c \cdot dT}{kW \times 3,600 \times \eta} = \dfrac{2 \times 4.18 \times (100-20)}{1 \times 3,600 \times 0.5} = 0.37\text{hr} = 22.29\text{min}$

여기서, $1\,kW = 3,600\,kJ/h$이다.

015 다음 중 이론적인 카르노 사이클 과정(순서)을 옳게 나타낸 것은? (단, 모든 사이클은 가역 사이클이다.)

① 단열압축 → 정적가열 → 단열팽창 → 정적방열
② 단열압축 → 단열팽창 → 정적가열 → 정적방열
③ 등온팽창 → 등온압축 → 단열팽창 → 단열압축
④ 등온팽창 → 단열팽창 → 등온압축 → 단열압축

해설) 카르노 사이클(Carnot cycle) 변화
등온팽창 → 단열팽창 → 등온압축 → 단열압축

016 그림과 같이 A, B 두 종류의 기체가 한 용기 안에서 박막으로 분리되어 있다. A의 체적은 $0.1m^3$, 질량은 2kg이고, B의 체적은 $0.4m^3$, 밀도는 $1kg/m^3$이다. 박막이 파열되고 난 후에 평형에 도달하였을 때 기체 혼합물의 밀도는 약 몇 kg/m^3인가?

① 4.8
② 6.0
③ 7.2
④ 8.4

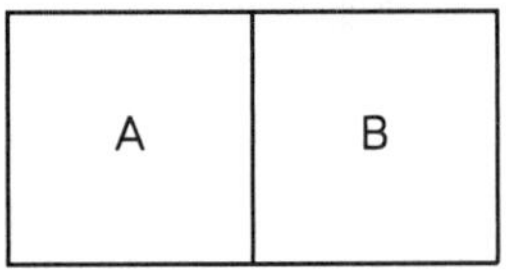

해설) 혼합물의 밀도

$\rho = \dfrac{\rho_1 V_1 + \rho_2 V_2}{V_1 + V_2} = \dfrac{\left\{\left(\dfrac{2}{0.1}\right) \times 0.1\right\} + (1 \times 0.4)}{0.1 + 0.4} = 4.8\,kg/m^3$

017 랭킨 사이클로 작동되는 증기동력 발전소에서 20MPa, 45℃의 물이 보일러에 공급되고, 응축기 출구에서의 온도는 20℃, 압력은 2.339kPa이다. 이때 급수펌프에서 수행하는 단위질량당 일은 약 몇 kJ/kg인가? (단, 20℃에서 포화액 비체적은 $0.001002m^3/kg$, 포화증기 비체적은 $57.79m^3/kg$이며, 급수펌프에서는 등엔트로피 과정으로 변화한다고 가정한다.)

① 0.4681
② 20.04
③ 27.14
④ 1020.6

해설) $W_P = (p_2 - p_1)v = \{(20 \times 10^3) - 2.339\} \times 0.001002 = 20.04\,kJ/kg$

답) 015. ④ 016. ① 017. ②

018 오토사이클(Otto cycle) 기관에서 헬륨(비열비=1.66)을 사용하는 경우의 효율(η_{He})과 공기(비열비=1.4)를 사용하는 경우의 효율(η_{air})을 비교하고자 한다. 이때 η_{He}/η_{air} 값은? (단, 오토사이클의 압축비는 10이다.)

① 0.681 ② 0.770
③ 1.298 ④ 1.468

해설
$$\frac{\eta_{He}}{\eta_{air}} = \frac{1-\left(\frac{1}{10}\right)^{1.66-1}}{1-\left(\frac{1}{10}\right)^{1.4-1}} = \frac{0.781}{0.601} = 1.299 ≒ 1.3$$

참고 오토사이클의 열효율
$$\eta_o = 1-\left(\frac{1}{\epsilon}\right)^{k-1}$$

019 어떤 냉장고의 소비전력이 2kW이고, 이 냉장고의 응축기에서 방열되는 열량이 5kW라면, 냉장고의 성적계수는 얼마인가? (단, 이론적인 증기압축 냉동사이클로 운전된다고 가정한다.)

① 0.4 ② 1.0
③ 1.5 ④ 2.5

해설
$$COP_R = \frac{Q_2}{W} = \frac{Q_1-W}{W} = \frac{5-2}{2} = 1.5$$

참고 냉동기의 성적계수
$$COP_R = \frac{Q_2}{W} = \frac{Q_1-W}{W} = \frac{Q_2}{Q_1-Q_2}$$

020 1kg의 이상기체가 압력 100kPa, 온도 20℃의 상태에서 압력 200kPa, 온도 100℃의 상태로 변화하였다면 체적은 어떻게 되는가? (단, 변화전 체적을 V라고 한다.)

① 0.64V ② 1.57V
③ 3.64V ④ 4.57V

해설
$\frac{PV}{T} = \frac{P'V'}{T'}$ 에서
$$V' = \frac{PVT'}{P'T} = \frac{100 \times (100+273)}{200 \times (20+273)} = 0.64\ V$$

답 018. ③ 019. ③ 020. ①

제2과목　냉동공학

021 흡수식 냉동기에 대한 설명으로 틀린 것은?
① 흡수식 냉동기는 열의 공급과 냉각으로 냉매와 흡수제가 함께 분리되고 섞이는 형태로 사이클을 이룬다.
② 냉매가 암모니아일 경우에는 흡수제로 리튬브로마이드(LiBr)를 사용한다.
③ 리튬브로마이드 수용액 사용 시 재료에 대한 부식성 문제로 용액에 미량의 부식억제제를 첨가한다.
④ 압축식에 비해 열효율이 나쁘며 설치면적을 많이 차지한다.

해설 냉매로 암모니아(NH_3)를 사용할 경우에는 흡수제로서 물(H_2O)을 사용한다.

참고 흡수식 냉동기의 냉매에 따른 흡수제

냉 매	흡 수 제
암모니아	물, 로단 암모니아
물	리튬브로마이드, 가성소다, 황산, 염화리튬 등
염화에틸	사염화 에탄
메 탄 올	취화리튬, 메탄올 용액
톨 루 엔	파라핀유

022 냉동장치에서 응축기에 관한 설명으로 옳은 것은?
① 응축기 내의 액회수가 원활하지 못하면 액면이 높아져 열교환의 면적이 적어지므로 응축압력이 낮아진다.
② 응축기에서 방출하는 냉매가스의 열량은 증발기에서 흡수하는 열량보다 크다.
③ 냉매가스의 응축온도는 압축기의 토출가스 온도보다 높다.
④ 응축기 냉각수 출구온도는 응축온도보다 높다.

해설 응축기 방출열량은 증발기 흡수열량보다 압축열량만큼 크다.($Q_c = Q_e + AW$)

023 2원 냉동장치에 관한 설명으로 틀린 것은?
① 증발온도 −70℃ 이하의 초저온 냉동기에 적합하다.
② 저단압축기 토출냉매의 과냉각을 위해 압축기 출구에 중간냉각기를 설치한다.
③ 저온측 냉매는 고온측 냉매보다 비등점이 낮은 냉매를 사용한다.
④ 두 대의 압축기 소비동력을 고려하여 성능계수(COP)를 구한다.

해설 중간냉각기(inter cooler)의 역할
① 저단(저압)압축기 토출가스의 과열을 제거
② 증발기로 공급되는 냉매액을 과냉각시켜 냉동효과 및 성능계수 증대
③ 고단(고압)측 압축기 흡입가스중의 액을 분리시켜 액압축 방지

답 021. ② 022. ② 023. ②

024 냉동장치의 운전 준비 작업으로 가장 거리가 먼 것은?
① 윤활상태 및 전류계 확인
② 벨트의 장력상태 확인
③ 압축기 유면 및 냉매량 확인
④ 각종 벨브의 개폐 유·무 확인

해설 압축기 윤활상태 및 전류계 확인은 운전 중 작업사항이다.

025 증발온도 -30℃, 응축온도 45℃에서 작동되는 이상적인 냉동기의 성적계수는?
① 2.2
② 3.2
③ 4.2
④ 5.2

해설 $COP = \dfrac{T_e}{T_c - T_e} = \dfrac{(-30+273)}{(45+273)-(-30+273)} = 3.24$

026 증발하기 쉬운 유체를 이용한 냉동방법이 아닌 것은?
① 증기분사식 냉동법
② 열전냉동법
③ 흡수식 냉동법
④ 증기압축식 냉동법

해설 증발하기 쉬운 유체(냉매)를 이용한 냉동방법 : 증기분사식, 증기압축식, 흡수식

027 압력 2.5kg/cm²에서 포화온도는 -20℃이고, 이 압력에서의 포화액 및 포화증기의 비체적 값이 각각 0.74L/kg, 0.09254m³/kg일 때, 압력 2.5kg/cm²에서 건도()가 0.98인 습증기의 비체적(m³/kg)은 얼마인가?
① 0.08050
② 0.00584
③ 0.06754
④ 0.09070

해설 습증기의 비체적 = 포화액의 비체적 + (건조포화증기의 비체적-포화액의 비체적)
$v_x = v_1 + (v_2 - v_1)x = \dfrac{0.74}{1,000} + \left\{\left(0.09254 - \dfrac{0.74}{1,000}\right) \times 0.98\right\} = 0.09070 \text{m}^3/\text{kg}$

028 다음 냉매 중 2원 냉동장치의 저온측 냉매로 가장 부적합한 것은?
① R-14
② R-32
③ R-134a
④ 에탄(C_2H_6)

해설 2원 냉동장치에서의 냉매
① 고온측 냉매 : R-12, R-22 등 비등점과 임계점이 높은 냉매
② 저온측 냉매 : R-13, R-14, 메탄, 에탄, 에틸렌, 프로판 등 비등점과 임계점이 낮은 냉매

답 024. ① 025. ② 026. ② 027. ④ 028. ③

029 여름철 공기열원 열펌프 장치로 냉방 운전할 때, 외기의 건구온도 저하 시 나타나는 현상으로 옳은 것은?

① 응축압력이 상승하고, 장치의 소비전력이 증가한다.
② 응축압력이 상승하고, 장치의 소비전력이 감소한다.
③ 응축압력이 저하하고, 장치의 소비전력이 증가한다.
④ 응축압력이 저하하고, 장치의 소비전력이 감소한다.

해설 여름철 외기의 건구온도가 저하하면 응축능력이 증가하여 응축압력은 저하하고 장치의 소비전력이 감소한다.

030 다음 중 왕복동식 냉동기의 고압측 압력이 높아지는 원인에 해당되는 것은?

① 냉각수량이 많거나 수온이 낮음
② 압축기 토출밸브 누설
③ 불응축가스 혼입
④ 냉매량 부족

해설 불응축가스가 혼입되면 혼입된 불응축가스의 분압만큼 고압이 상승한다.

031 다기통 콤파운드 압축기가 다음과 같이 2단 압축 1단 팽창 냉동사이클로 운전되고 있다. 냉동능력이 12RT일 때 저단측 피스톤 토출량(m^3/h)은? (단, 저·고단측의 체적효율은 모두 0.65이다.)

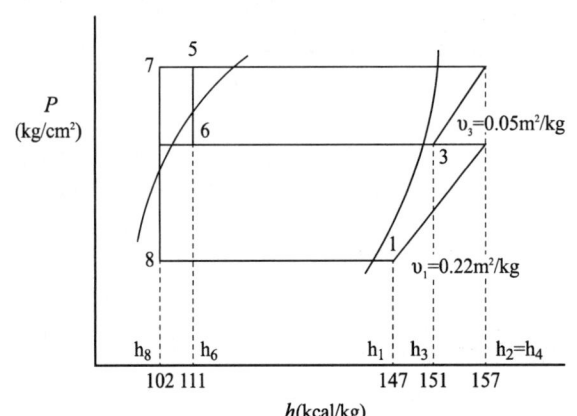

① 219.2
② 249.2
③ 299.7
④ 329.7

해설 $V = \dfrac{G_L \cdot v_L}{\eta_v} = \dfrac{\left(\dfrac{12 \times 3{,}320}{147 - 102}\right) \times 0.22}{0.65} = 299.7 \, m^3/h$

답 029. ④ 030. ③ 031. ③

032 흡수식 냉동장치에서의 흡수제 유동방향으로 틀린 것은?
① 흡수기 → 재생기 → 흡수기
② 흡수기 → 재생기 → 증발기 → 응축기 → 흡수기
③ 흡수기 → 용액열교환기 → 재생기 → 용액열교환기 → 흡수기
④ 흡수기 → 고온재생기 → 저온재생기 → 흡수기

해설 흡수제는 응축기와 증발기에는 유동되지 않는다.

참고 냉매순환경로 : 흡수기 → 재생기 → 응축기 → 증발기 → 흡수기

033 증발온도는 일정하고 응축온도가 상승할 경우 나타나는 현상으로 틀린 것은?
① 냉동능력 증대   ② 체적효율 저하
③ 압축비 증대   ④ 토출가스 온도 상승

해설 응축온도 상승 시 냉동효과가 감소하여 냉동능력도 감소한다.

참고 응축온도(압력) 상승 시 영향
① 압축비 증가
② 압축기 소요동력 증가
③ 피스톤 마모 및 토출가스온도 상승
④ 실린더 과열로 윤활유 열화 및 탄화
⑤ 냉동효과, 냉동능력, 성적계수 감소

034 냉각수 입구온도가 15℃이며 매분 40L로 순환되는 수냉식 응축기에서 시간당 18000kcal의 열이 제거되고 있을 때 냉각수 출구온도(℃)는?
① 22.5   ② 23.5
③ 25   ④ 30

해설 $Q_1 = w \cdot C \cdot (tw_2 - tw_1)$ 에서
$tw_2 = \dfrac{Q_1}{w \cdot C} + tw_1 = \dfrac{18,000}{40 \times 60 \times 1} + 15 = 22.5℃$

035 냉장실의 냉동부하가 크게 되었다. 이때 냉동기의 고압측 및 저압측의 압력의 변화는?
① 압력의 변화가 없음
② 저압측 및 고압측 압력이 모두 상승
③ 저압측은 압력 상승, 고압측은 압력 저하
④ 저압측은 압력 저하, 고압측은 압력 상승

해설 냉동부하가 증가하면 고·저압이 모두 상승한다.

032. ② 033. ① 034. ① 035. ②

036 제빙에 필요한 시간을 구하는 공식이 아래와 같다. 이 공식에서 a와 b가 의미하는 것은?

$$\tau = (0.53 \sim 0.6) \frac{a^2}{-b}$$

① a : 브라인온도, b : 결빙두께
② a : 결빙두께, b : 브라인유량
③ a : 결빙두께, b : 브라인온도
④ a : 브라인유량, b : 결빙두께

해설 결빙시간, $H = \frac{0.56t^2}{-t_b}$

여기서, t : 결빙두께(cm), t_b : 브라인의 온도(℃)

037 브라인에 대한 설명으로 틀린 것은?
① 에틸렌글리콜은 무색, 무취이며, 물로 희석하여 농도를 조절할 수 있다.
② 염화칼슘은 무취로서 주로 식품동결에 쓰이며, 직접적 동결방법을 이용한다.
③ 염화마그네슘 브라인은 염화나트륨 브라인보다 동결점이 낮으며 부식성도 작다.
④ 브라인에 대한 부식 방지를 위해서는 밀폐순환식을 채택하여 공기에 접촉하지 않게 해야 한다.

해설 염화칼슘($CaCl_2$)
제빙, 냉장 및 공업용으로 가장 많이 사용하는 무기질 브라인(간접 냉매)이다.

038 다음 P-i선도와 같은 2단 압축 2단 팽창 사이클로 운전되는 NH_3 냉동장치에서 고단측 냉매 순환량(kg/h)은 얼마인가? (단, 냉동능력은 55000kcal/h이다.)

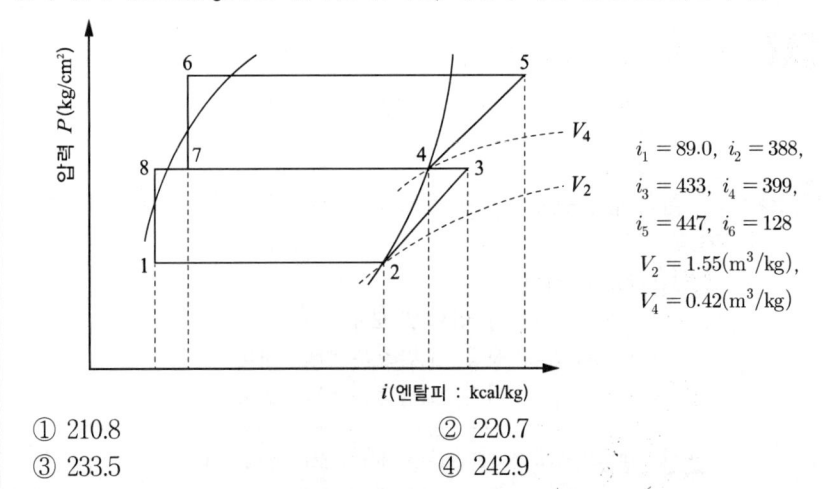

① 210.8
② 220.7
③ 233.5
④ 242.9

답 036. ③ 037. ② 038. ③

해설 고단측 냉매 순환량

$$G_H = G_L \times \frac{i_3 - i_8(i_1)}{i_4 - i_7(i_6)} = 183.95 \times \frac{433-89}{399-128} = 233.5 \text{kg/h}$$

여기서, 저단측 냉매 순환량은 $G_L = \dfrac{Q_e}{i_2 - i_1} = \dfrac{55,000}{388-89} = 183.95 \text{kg/h}$

합격 039
열전달에 관한 설명으로 옳은 것은?
① 열관류율의 단위는 kW/m·℃이다.
② 열교환기에서 성능을 향상시키려면 병류형보다는 향류형으로 하는 것이 좋다.
③ 일반적으로 핀(fin)은 열전달계수가 높은 쪽에 부착한다.
④ 물때 유막의 형성은 전열작용을 증가시킨다.

해설 ① 열관류율의 단위 : W/m²·K(W/m²·℃)
③ 핀은 열전달계수가 작은 쪽에 부착한다.
④ 물때 및 유막은 전열작용을 감소시킨다.

합격 040
냉동능력 감소와 압축기 과열 등의 악영향을 미치는 냉동 배관 내의 불응축 가스를 제거하기 위해 설치하는 장치는?
① 액-가스 열교환기　　　② 여과기
③ 어큐뮬레이터　　　　　④ 가스퍼져

해설 가스퍼져 : 불응축 가스 제거 장치

제3과목　공기조화

합격 041
각층 유닛방식에 관한 설명으로 틀린 것은?
① 외기용 공조기가 있는 경우에는 습도제어가 곤란하다.
② 장치가 세분화되므로 설비비가 많이 들며, 기기 관리가 불편하다.
③ 각층마다 부하 및 운전시간이 다른 경우에 적합하다.
④ 송풍 덕트가 짧게 된다.

해설 각층 유닛방식은 외기용 공조기(외조기)가 있는 경우 습도제어가 쉽다.

042 냉각탑(cooling tower)에 대한 설명으로 틀린 것은?
① 일반적으로 쿨링 어프로치는 5℃ 정도로 한다.
② 냉각탑은 응축기에서 냉각수가 얻은 열을 공기 중에 방출하는 장치이다.
③ 쿨링레인지란 냉각탑에서의 냉각수 입·출구 수온차이다.
④ 일반적으로 냉각탑으로의 보급수량은 순환수량의 15% 정도이다.

해설 냉각탑에서의 보급수량은 일반적으로 순환수량의 2~3% 정도이다.

043 다음 중 직접 난방법이 아닌 것은?
① 온풍 난방   ② 고온수 난방
③ 저압증기 난방   ④ 복사 난방

해설
① 직접 난방 : 증기 난방, 온수 난방, 복사 난방
② 간접 난방 : 온풍 난방, 공기 조화, 히트펌프 난방

044 습공기선도상에서 ①의 공기가 온도가 높은 다량의 물과 접촉하여 가열, 가습되고 ③의 상태로 변화한 경우를 나타내는 것은?

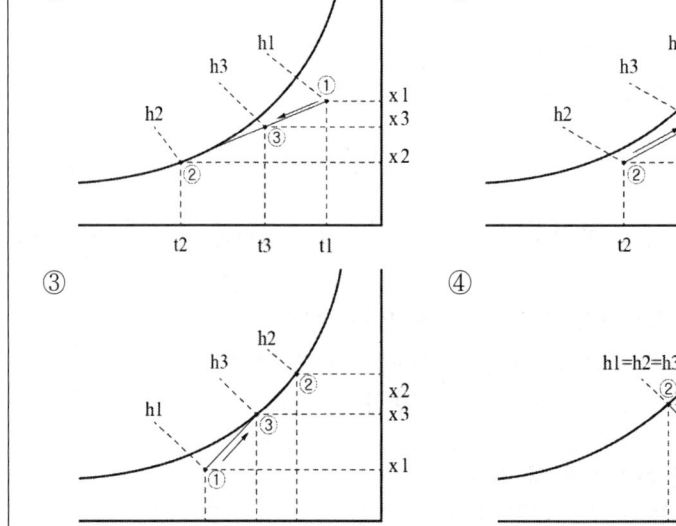

해설
① 냉각감습
② 실내공기와 실외공기의 혼합
③ 가열가습
④ 단열가습(순환수 분무가습)

답 042. ④ 043. ① 044. ③

045 화력발전설비에서 생산된 전력을 사용함과 동시에, 전력이 생산되는 과정에서 발생되는 열을 난방 등에 이용하는 방식은?

① 히트펌프(heat pump) 방식
② 가스엔진 구동형 히트펌프 방식
③ 열병합발전(co-generation) 방식
④ 지열 방식

해설 열병합발전(co-generation)방식
화력발전설비에서 생산된 전력을 이용함과 동시에 전력이 생산되는 과정에서 발생되는 열을 난방 등에 이용하는 방식

046 각종 공조방식 중 개별방식에 관한 설명으로 틀린 것은?

① 개별제어가 가능하다.
② 외기냉방이 용이하다.
③ 국소적인 운전이 가능하여 에너지 절약적이다.
④ 대량생산이 가능하여 설비비와 운전비가 저렴해진다.

해설 개별방식은 외기 도입이 어려워 외기냉방이 어렵다.

047 방열기에서 상당방열면적(EDR)은 아래의 식으로 나타낸다. 이 중 Q_o는 무엇을 뜻하는가? (단, 사용단위로 Q는 W, Q_o는 W/m²이다.)

$$EDR(m^2) = \frac{Q}{Q_o}$$

① 증발량
② 응축수량
③ 방열기의 전방열량
④ 방열기의 표준방열량

해설 상당방열면적(EDR) = $\dfrac{\text{난방부하}}{\text{방열기의 표준방열량}}$

048 에어 필터의 종류 중 병원의 수술실, 반도체 공장의 청정구역(clean room) 등에 이용되는 고성능 에어 필터는?

① 백 필터
② 롤 필터
③ HEPA 필터
④ 전기 집진기

해설 고성능(HEPA) 필터 : 0.3μm 의 입자를 99.97% 이상의 효율로 제진하는 것으로 병원의 수술실, 클린룸 등에 이용되는 필터

 045. ③ 046. ② 047. ④ 048. ③

049 내부에 송풍기와 냉·온수 코일이 내장되어 있으며, 각 실내에 설치되어 기계실로부터 냉·온수를 공급받아 실내공기의 상태를 직접 조절하는 공조기는?

① 패키지형 공조기 ② 인덕션 유닛
③ 팬코일 유닛 ④ 에어핸드링 유닛

 팬코일 유닛(FCU)
내부에 에어필터, 팬, 냉·온수 코일이 내장되어 있으며, 각 실에 설치하여 실내부하를 처리하는 기기

050 단면적 $10m^2$, 두께 2.5cm의 단열벽을 통하여 3kW의 열량이 내부로부터 외부로 전도된다. 내부 표면온도가 415℃이고, 재료의 열전도율이 0.2W/m·K일 때, 외부 표면 온도는?

① 185℃ ② 218℃
③ 293℃ ④ 378℃

해설 $q = \dfrac{\lambda \cdot A \cdot (t_1 - t_2)}{l}$ 에서

$t_1 = t_2 - \dfrac{q \cdot l}{\lambda \cdot A} = 415 - \dfrac{(3 \times 1{,}000) \times 0.025}{0.2 \times 10} = 378°C$

051 공기조화방식 중에서 전공기방식에 속하는 것은?

① 패키지유닛방식 ② 복사냉난방방식
③ 유인유닛방식 ④ 저온공조방식

 ① 냉매방식 ② 공기-수방식
③ 공기-수방식 ④ 전공기방식

참고 저온공조방식
공조기의 냉수온도(1~4℃)를 낮추어 저온의 공기를 공급하여 송풍량을 줄임으로써 덕트 및 층고를 줄이는 공조시스템

052 송풍기의 법칙에서 회전속도가 일정하고, 직경이 d, 동력이 L인 송풍기를 직경이 d_1으로 크게 했을 때 동력(L_1)을 나타내는 식은?

① $L_1 = (\dfrac{d}{d_1})^5 L$ ② $L_1 = (\dfrac{d}{d_1})^4 L$
③ $L_1 = (\dfrac{d_1}{d})^4 L$ ④ $L_1 = (\dfrac{d_1}{d})^5 L$

해설 동력은 회전수(N)의 3승에 비례, 임펠러 지름(d)의 5승에 비례한다.

답 049. ③ 050. ④ 051. ④ 052. ④

참고 송풍기의 상사법칙

$$L_2 = L_1 \left(\frac{N_2}{N_1}\right)^3 \left(\frac{d_2}{d_1}\right)^5$$

053 덕트의 크기를 결정하는 방법이 아닌 것은?
① 등속법   ② 등마찰법
③ 등중량법   ④ 정압재취득법

해설 덕트의 크기 결정 방법
① 정압법(등마찰손실법) : 덕트의 단위 길이당 마찰(압력)손실을 일정하게 하는 방법으로 말단으로 갈수록 풍량과 풍속이 감소되어 소음의 문제가 적음
② 등속법 : 덕트의 각 부분에서의 풍속을 일정하게 하여 분체수송이나 공장의 환기 등에 사용
③ 정압재취득법 : 각 취출구 또는 분기부 직전의 정압이 일정하게 되도록 하는 방법

054 9m×6m×3m의 강의실에 10명의 학생이 있다. 1인당 CO_2 토출량이 15L/h이면, 실내 CO_2량을 0.1%로 유지시키는데 필요한 환기량(m^3/h)은? (단, 외기의 CO_2량은 0.04%로 한다.)
① 80   ② 120
③ 180   ④ 250

해설
$$Q = \frac{M}{C_i - C_o} = \frac{10 \times \frac{15}{1{,}000}}{0.001 - 0.0004} = 250 m^3/h$$

055 냉방부하 중 유리창을 통한 일사취득열량을 계산하기 위한 필요 사항으로 가장 거리가 먼 것은?
① 창의 열관류율   ② 창의 면적
③ 차폐계수   ④ 일사의 세기

해설 유리창의 취득열량 중 일사열량

$$q_{GR} = I_{GR} \times A_g \times k_s$$

여기서, q_{GR} : 유리창 일사취득열량(kcal/h, W)
I_{GR} : 일사 투과량(kcal/m^2h, W/m^2)
A_g : 유리창의 면적(m^2)
k_s : 차폐계수(두께 3mm의 보통유리를 1로 기준)

답 053. ③ 054. ④ 055. ①

056 냉수 코일의 설계에 관한 설명으로 틀린 것은?
① 공기와 물의 유동방향은 가능한 대향류가 되도록 한다.
② 코일의 열수는 일반 공기 냉각용에는 4~8열이 주로 사용된다.
③ 수온의 상승은 일반적으로 20℃ 정도로 한다.
④ 수속은 일반적으로 1m/s 정도로 한다.

해설 냉수 코일은 수온의 상승은 일반적으로 5℃ 정도로 한다.

057 온풍난방의 특징에 관한 설명으로 틀린 것은?
① 송풍 동력이 크며, 설계가 나쁘면 실내로 소음이 전달되기 쉽다.
② 실온과 함께 실내습도, 실내기류를 제어할 수 있다.
③ 실내 층고가 높을 경우에는 상하의 온도차가 크다.
④ 예열부하가 크므로 예열시간이 길다.

해설 온풍난방은 예열부하가 작아 예열시간이 짧다.

058 냉방부하의 종류 중 현열부하만 취득하는 것은?
① 태양복사열   ② 인체에서의 발생열
③ 침입외기에 의한 취득열   ④ 틈새바람에 의한 부하

해설 태양복사열은 현열부하만 존재한다.

참고 현열부하 및 잠열부하를 고려해야 하는 부하
극간풍부하, 인체부하, 실내기구부하, 외기부하

059 건구온도 30℃, 절대습도 0.015kg/kg′인 습공기의 엔탈피(kJ/kg)는? (단, 건공기 정압비열 1.01kJ/kg·K, 수증기 정압비열 1.85kJ/kg·K, 0℃에서 포화수의 증발잠열은 2500kJ/kg이다.)
① 68.63   ② 91.12
③ 103.34   ④ 150.54

해설 습공기의 엔탈피
$h = 1.01t + x(2{,}500 + 1.85t) = (1.01 \times 30) + [0.015 \times \{2{,}500 + (1.85 \times 30)\}]$
$= 68.63 \text{kJ/kg}$

참고 기존의 공학단위 풀이
$h = 0.24t + x(597.5 + 0.441t) = (0.24 \times 30) + [0.015 \times \{597.5 + (0.441 \times 30)\}]$
$= 16.36 \text{kcal/kg} ≒ 68.55 \text{kJ/kg}$
여기서, 1kcal = 4.19kJ이다.

답 056. ③ 057. ④ 058. ① 059. ①

060 연도를 통과하는 배기가스에 분무수를 접촉시켜 공해물질을 흡수, 융해, 응축작용에 의해 불순물을 제거하는 집진장치는 무엇인가?
① 세정식 집진기 ② 사이클론 집진기
③ 공기 주입식 집진기 ④ 전기 집진기

해설 세정식 집진장치 : 배기가스에 물을 접촉시켜 공해물질을 제거하는 집진장치

제4과목 전기제어공학

 061 최대눈금이 100V인 직류전압계가 있다. 이 전압계를 사용하여 150V의 전압을 측정하려면 배율기의 저항(Ω)은? (단, 전압계의 내부저항은 5000Ω이다.)
① 1000 ② 2500
③ 5000 ④ 10000

해설
$$m = \frac{V_0}{V} = \frac{r+R_m}{r} = 1 + \frac{R_m}{r}$$
$$\frac{150}{100} = 1 + \frac{R}{5,000}, \ 1.5 = 1 + \frac{R}{5,000}, \ R = 2,500[\Omega]$$

여기서, m : 배율기 배율, r : 전압계 내부저항, V_0 : 증가된 측정전압, V : 원래의 전압이다.
전류계에 R_m 이라는 저항(분류기)을 병렬로 연결하면 전류계의 측정범위는 $(1 + \frac{r}{R_m})$배 만큼 증가한다. 단, r은 전압계나 전류계의 내부저항이다.

참고 배율기 : 전압계의 측정범위를 넓히기 위해 전압계에 직렬로 연결하는 저항

062 스위치를 닫거나 열기만 하는 제어동작은?
① 비례동작 ② 미분동작
③ 적분동작 ④ 2위치동작

해설 2위치 제어(ON-OFF) : 불연속제어로 간단히 실현 가능하나 입력이 변화하더라도 어느 범위까지는 출력이 ON이나 OFF 중 하나가 출력되어 변화하지 않다가 임계값을 초과하면 다른 상태가 출력되는 상태가 반복되므로 사이클링이 생기는 문제가 있다.

참고 ① 비례제어(P제어) : 제어대상의 목표값와 출력값의 오차에 비례하는 조작량을 가하는 제어로 외부적인 요인이 작용할 경우 대응이 불가능해 잔류편차가 남는 단점이 있다.
② 미분제어(D제어) : 제어대상의 목표값과 현재값의 오차의 시간 미분치(변화량)에 비례하여 조작량을 결정하므로 오차의 변화의 속도에 대응하는 제어가 가능하다. 따라서, 동작오차가 커지는 것을 미연에 방지하고 진동이 제어되어 빨리 안정된다.
③ 적분제어 : 제어대상의 목표값와 현재값의 오차와 시간축이 만드는 면적에 비례하는 조작량을 출력하는 제어로 OFF-SET 등의 외부적인 요인에 제어계의 교란에 대한 대응이 가능한 장점이 있다.

답 060. ① 061. ② 062. ④

063 정격 10kW의 3상 유도전동기가 기계손 200W 전부하 슬립 4%로 운전될 때 2차 동손은 몇 W인가?

① 375
② 392
③ 409
④ 425

- 2차 출력 : $P = P_0 + P_m = 10 + 0.2 = 10.2 [\text{kW}]$
- 2차 입력 : $P_2 = \dfrac{P}{1-s} = \dfrac{10.2}{1-0.04} = 10.625 [\text{kW}]$
- 2차 동손 : $P_{2c} = sP_2 = 0.04 \times 10.625 [\text{kW}] = 425 [\text{W}]$

064 저항체에 전류가 흐르면 줄열이 발생하는데 이때 전류 I와 전력 P의 관계는?

① $I = P$
② $I = P^{0.5}$
③ $I = P^{1.5}$
④ $I = P^2$

$W = Pt [\text{J}] = I^2 Rt [\text{J}]$
$I = \sqrt{\dfrac{PT}{Rt}}$ 에서 $I = \sqrt{P} = P^{0.5}$

참고 줄의 열 : 도선에 전류가 흐를 때 도체의 저항 등에 의하여 발생하는 열
$W = Pt [\text{J}] = I^2 Rt [\text{J}] = 0.24 Pt [\text{cal}] = 0.24 I^2 Rt [\text{cal}]$

065 자동제어에서 미리 정해 놓은 순서에 따라 제어의 각 단계가 순차적으로 진행되는 제어방식은?

① 서보제어
② 되먹임제어
③ 시퀀스제어
④ 프로세스제어

시퀀스제어 : 미리 정해진 순서에 따라 제어의 각 단계를 차례로 진행시키는 제어(컨베이어, 엘리베이터, 세탁기, 커피 자동판매기 등)

066 정전용량이 같은 2개의 콘덴서를 병렬로 연결했을 때의 합성 정전용량은 직렬로 했을 때의 합성 정전용량의 몇 배인가?

① 1/2
② 2
③ 4
④ 8

- 병렬 연결 : $C_{s1} = C + C = 2C$
- 직렬 연결 : $\dfrac{1}{C_{s2}} = \dfrac{1}{C} + \dfrac{1}{C} = \dfrac{2}{C} \Rightarrow C_{s2} = \dfrac{C}{2}$
  따라서, $C_{s1} = 4C_{s2}$ 이므로 4배이다.

답 063.④ 064.② 065.③ 066.③

참고 콘덴서 연결
- 콘덴서 병렬연결의 합성 정전용량 : $C_s = C_1 + C_2 + \cdots + C_n$
- 콘덴서 직렬연결의 합성 정전용량 : $\dfrac{1}{C_s} = \dfrac{1}{C_1} + \dfrac{1}{C_2} + \cdots + \dfrac{1}{C_n}$

067. 3상 농형 유도전동기 기동방법이 아닌 것은?

① 2차 저항법 ② 전전압 기동법
③ 기동 보상기법 ④ 리액터 기동법

해설 2차 저항법 : 권선형 유도전동기에서 2차 권선에 직렬로 저항을 접속하여 전류를 제어하여 기동전류와 속도를 제어하는 방법(비례추이)

참고 ① 전전압 기동(직입 기동)법 : 5kW 이하의 전동기의 경우, 기동전류가 크지 않기 때문에 전원을 직접 입력하여 기동하는 방법
② $Y-\triangle$ 기동 : 10~15kW 정도의 전동기까지 기동이 가능한 방법으로 Y결선으로 기동하여 인가전압을 감소시켜 기동전류를 감소시킨 후 정격속도에 도달하면 $\triangle$ 결선으로 바꾼다.
③ 기동 보상기법 : 15kW 이상의 전동기에 사용하는 방법으로, 3상 단권 변압기를 사용하여 기동전압을 낮추는 방법으로 기동
④ 리액터 기동법 : 1차 권선에 직렬로 철심이 든 리액터를 접속하여 기동

068. 어떤 회로에 정현파 전압을 가하니 90° 위상이 뒤진 전류가 흘렀다면 이 회로의 부하는?

① 저항 ② 용량성
③ 무부하 ④ 유도성

해설 인덕턴스 회로와 콘덴서 회로의 전류는 다음과 같이 구할 수 있다.

$I_L = \dfrac{V}{z_L} \Rightarrow \dfrac{V\angle 0}{j\omega L} = \dfrac{V\angle 0}{\omega L\angle 90} = \dfrac{V}{\omega L}\angle -90$

$I_C = \dfrac{V}{z_C} \Rightarrow \dfrac{V\angle 0}{\dfrac{1}{j\omega C}} = \dfrac{V\angle 0}{\dfrac{1}{\omega C}\angle -90} = V\omega C\angle 90$

따라서, 유도성 리액턴스인 인덕턴스의 경우는 전압보다 전류의 위상이 90° 뒤지고, 용량성 리액턴스인 콘덴서는 전압보다 전류의 위상이 90° 앞서게 된다.

069. 자동제어기기의 조작용 기기가 아닌 것은?

① 클러치 ② 전자밸브
③ 서보전동기 ④ 앰플리다인

해설 앰플리다인 : 계자 전류를 변화시켜 출력을 변화시키는 직류 발전기로 제어용 기기

답 067. ① 068. ④ 069. ④

070 전동기의 회전방향을 알기 위한 법칙은?
① 렌츠의 법칙　　　　　② 암페어의 법칙
③ 플레밍의 왼손법칙　　④ 플레밍의 오른손법칙

> **해설** 플레밍의 왼손법칙 : 평등자계 내에 존재하는 도체에 전류가 흐를 때 도체에 작용하는 힘의 방향을 알 수 있는 법칙으로 전동기의 구동 원리를 설명할 수 있다. 즉 전동기의 힘의 방향이므로 회전방향을 알 수 있다.
>
> **참고** ① 플레밍의 오른손법칙 : 평등자계 내에 존재하는 도체에 힘이 작용하여 일정 방향으로 움직일 때 도체에 발생하는 기전력의 방향 및 크기를 알 수 있는 법칙으로 발전기의 원리를 설명할 수 있다. 즉 기전력(전류)의 방향을 알 수 있다.
> ② 암페어의 오른나사 법칙 : 전류의 방향을 이용하여 자속의 방향을 알 수 있는 법칙
> ③ 렌츠의 법칙 : 자속이 변동할 때 자속의 크기와 전류의 방향을 알 수 있는 법칙

071 그림과 같은 논리회로가 나타내는 식은?
① $X = AB + BA$
② $X = (\overline{A+B})AB$
③ $X = \overline{AB}(A+B)$
④ $X = AB + (A+B)$

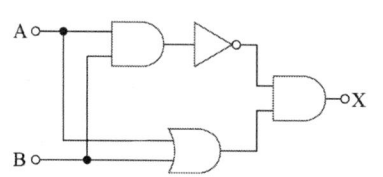

> **해설** $X = \overline{AB}(A+B)$
>
> **참고** ① AND회로 : 직렬($C = A \cdot B$)
>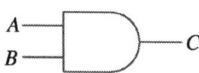
> ② OR회로 : 병렬($C = A+B$)
>
> ③ NOT회로 : 입력과 출력이 반대($X = \overline{A}$)
>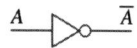

072 온도, 유량, 압력 등의 상태량을 제어량으로 하는 제어계는?
① 서보기구　　　　　② 정치제어
③ 샘플값제어　　　　④ 프로세스제어

> **해설** 프로세스제어 : 제어량의 온도, 유량, 액위, 농도, 밀도 등의 플랜트나 생산 공정 중의 상태량을 제어

참고 ① 정치제어 : 제어량을 일정한 목표값으로 유지하는 것을 목적으로 주파수, 전압, 장력, 속도 제어, 전기로 등
② 서보제어(추종제어) : 물체의 위치, 방위, 자세 등의 기계적 변위를 제어량으로 해서 목표값의 임의의 변화에 추종하도록 구성된 제어계

073 서보 전동기의 특징이 아닌 것은?
① 속응성이 높다.
② 전기자의 지름이 작다.
③ 시동, 정지 및 역전의 동작을 자주 반복한다.
④ 큰 회전력을 얻기 위해 축 방향으로 전기자의 길이가 짧다.

해설 서보 전동기 : 위치나 각도 등의 제어에 사용하는 대표적인 조작기기로 속응성, 정역전, 변속 등의 제어성이 높아 정밀제어에 사용되며, 직류 및 교류 전동기가 사용이 되고 있다. 큰 회전력을 얻는 것은 1차적인 목표가 아니다.(프린터, DVD, 공작기계, CCTV 카메라, 캠코더)

074 발열체의 구비조건으로 틀린 것은?
① 내열성이 클 것
② 용융온도가 높을 것
③ 산화온도가 낮을 것
④ 고온에서 기계적 강도가 클 것

해설 발열체란 열을 내는 물질로 열을 내기 위해서는 높은 온도가 필요하므로 내열성, 용융온도, 산화온도가 높아야 하며, 또한 고온에서 기계적 강도가 높아야 한다.

075 입력으로 단위 계단함수 $u(t)$를 가했을 때, 출력이 그림과 같은 조절계의 기본 동작은?
① 비례 동작
② 2위치 동작
③ 비례 적분 동작
④ 비례 미분 동작

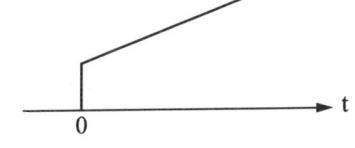

해설 각 제어기에 단위 계단함수 $u(t)$를 입력했을 때의 파형

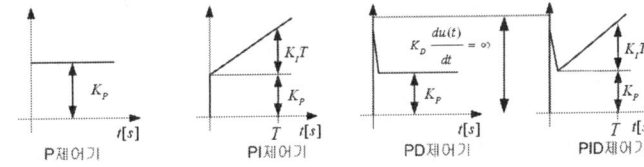

참고 PI 제어(비례 적분 제어) : 미소한 잔류편차를 시간적으로 누적하여 어떤 크기로 된 곳에서 조작량을 증가하여 편차를 없애는 식으로 동작한다. 비례 동작에 적분 동작을 추가한 제어로 외란에 대하여 잔류편차가 없다.

답 073. ④ 074. ③ 075. ③

076. 피드백제어계의 특징으로 옳은 것은?

① 정확성이 감소된다.
② 감대폭이 증가된다.
③ 특성 변화에 대한 입력 대 출력비의 감도가 증대된다.
④ 발진을 일으켜도 안정된 상태로 되어가는 경향이 있다.

해설 피드백제어계 : 피드백제어의 가장 중요한 특징은 입력(목표치)과 출력(결과치)을 비교하여 두 개의 오차인 제어편차가 0이 되도록 조작량을 제어
① 입력치와 출력치의 오차가 0이 되도록 제어를 할 수 있으므로 정확성이 증가한다.
② 감대폭이 증가된다.
③ 제어편차에 따른 조작을 가하므로 계의 특성 변화하면 출력치가 변화하나 그에 상응하는 조작량이 제어대상에 적용되므로 출력치/입력치인 출력비의 감도는 감소한다.
④ 피드백제어계는 제어기의 제어변수의 설정에 의하여 안정할 수도 있고 불안정할 수도 있는 상태에서는 출력이 진동을 하는 발진 등을 일으키는 경향이 있다.

077. $i = I_{m1}\sin\omega t + 1_{m2}\sin(2\omega t + \theta)$의 실효값은?

① $\dfrac{I_{m1} + I_{m2}}{2}$ ② $\sqrt{\dfrac{I_{m1}^2 + I_{m2}^2}{2}}$ ③ $\dfrac{\sqrt{I_{m1}^2 + I_{m2}^2}}{2}$ ④ $\sqrt{\dfrac{I_{m1} + I_{m2}}{2}}$

해설
$$I_{rms} = \sqrt{\dfrac{1}{T}\int_0^T i(t)^2 dt}$$

$i(t) = I_{m1}\sin\omega t + I_{m2}\cos(2\omega t + \theta)$

$i(t)^2 = \dfrac{1}{2}\left(I_{m1}^2 + I_{m2}^2 - I_{m1}^2\cos 2\omega t + 2I_{m1}I_{m2}\cos(\omega t + \theta) - 2I_{m1}I_{m2}\cos(3\omega t + \theta) - I_{m2}^2\cos(4\omega t + 2\theta)\right)$

$i(t)^2 = \dfrac{2\pi}{\omega}\int_0^{\frac{2\pi}{\omega}} \dfrac{1}{2}(I_{m1}^2 + I_{m2}^2)dt + \dfrac{2\pi}{\omega}\int_0^{\frac{2\pi}{\omega}}$
$(-I_{m1}^2\cos 2\omega t + 2I_{m1}I_{m2}\cos(\omega t + \theta) - 2I_{m1}I_{m2}\cos(3\omega t + \theta) - I_{m2}^2\cos(4\omega t + 2\theta))dt$

위 식에서 정현파의 한주기 적분은 0이므로 실효치는 다음 식이 된다.

$$I_{rms} = \sqrt{\dfrac{I_{m1}^2 + I_{m2}^2}{2}}$$

참고 실효치는 수식으로 파형 신호의 순시치 제곱을 한 주기간 평균한 제곱근을 의미하나 물리적으로는 1주기의 교류가 할 수 있는 일(물리학적인 일, 에너지)과 동일한 일을 할 수 있는 직류값으로 표시한 값이다.

078. 온도-전압의 변환장치는?

① 열전대 ② 전자석
③ 벨로우즈 ④ 광전다이오드

답 076. ② 077. ② 078. ①

해설: 열전대 : 두 종류(철과 콘스탄탄, 크롬과 산화알루미늄 등)의 금속을 서로 접촉하고 한쪽은 높은 온도를 반대쪽은 낮은 온도를 유지하면 기전력이 발생하는데 이 기전력을 열기전력이라고 하고 기전력을 측정하면 온도측정이 가능해지는데 이를 제어백효과라고 한다.

참고: 벨로우즈 : 판원통의 외부 측면에 많은 주름을 갖고 있어 압력변화에 따라 수직방향으로 신축이 가능한 압력용기로 압력에 따른 변위를 측정

079 그림과 같은 피드백 회로에서 종합 전달함수는?

① $\dfrac{1}{G_1}+\dfrac{1}{G_2}$

② $\dfrac{G_1}{1-G_1 \cdot G_2}$

③ $\dfrac{G_1}{1+G_1 \cdot G_2}$

④ $\dfrac{G_1 \cdot G_2}{1+G_1 \cdot G_2}$

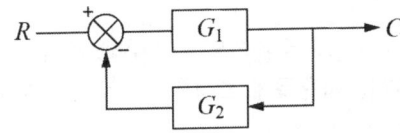

해설: 문제의 블록선도를 다시 그렸다. 블록선도를 기본으로 다음 식으로 전달함수를 계산할 수 있다.

$R(s)-H(s)=E(s)$ $H(s)=G_2 C(x)$ $C(s)=G_1 E(s)$

$\Rightarrow C(s)=G_1(R(s)-H(s))=G_1(R(s)-G_2 C(s)) \Rightarrow C(s)(1+G_1 G_2)=G_1 R(s)$

$\Rightarrow C(s)=\dfrac{G_1}{1+G_1 G_2}R(s)$

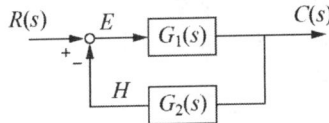

참고: 블록선도로부터 전달함수를 구하기 위해서는 다음 방법을 바탕으로 해야 한다.
① 블록은 곱해지는 게인이다.
② 선은 신호의 흐름을 나타내므로 선의 어느 부분이나 통과하는 신호는 동일하다.
③ 원은 가감산을 의미하며, 원에 입력되는 선의 측면에 있는 기호를 고려하여 연산을 행함.

080 서보기구에서 제어량은?

① 유량   ② 전압   ③ 위치   ④ 주파수

해설: 서보기구 : 물체의 위치, 방위, 자세 등의 기계적 변위를 제어량으로 해서 목표값의 임의의 변화에 추종하는 제어

참고: ① 프로세스 제어 : 제어량의 온도, 유량, 압력, 액위, 농도, 밀도 등의 플랜트나 생산 공정의 상태량을 제어량으로 하는 제어
② 자동조정 : 제어량이 주파수, 역률, 전압, 전류, 속도 등의 제어계이며, 비교적 빠른 제어동작을 필요로 함.

답 079. ③ 080. ③

제 5 과목　배관일반

081 냉매 배관용 팽창밸브 종류로 가장 거리가 먼 것은?
① 수동형 팽창밸브　② 정압 팽창밸브
③ 열동식 팽창밸브　④ 팩리스 팽창밸브

[해설] 팩리스 밸브는 냉매용 일반 밸브이다.
[참고] 냉동용 팽창밸브 종류 : 수동식, 정압식, 온도식, 플로트식, 모세관식 등

082 급수관에서 수평관을 상향구배 주어 시공하려고 할 때, 행거로 고정한 지점에서 구배를 자유롭게 조정할 수 있는 지지 금속은?
① 고정 인서트　② 앵커
③ 롤러　④ 턴버클

[해설] 턴버클 : 행거를 고정하는 지점에서 구배를 조정할 수 있다.

083 배관의 종류별 주요 접합 방법이 아닌 것은?
① MR조인트 이음 - 스테인리스 강관
② 플레어 접합 이음 - 동관
③ TS식 이음 - PVC관
④ 콤포이음 - 연관

[해설] 콤포이음 : 철근 콘크리트로 만든 칼라와 특수 모르타르의 일종이 콤포로 이음하는 콘크리트 이음방법

084 보온재 선정 시 고려해야 할 조건으로 틀린 것은?
① 부피 및 비중이 작아야 한다.
② 열전도율이 가능한 적어야 한다.
③ 물리적, 화학적 강도가 커야 한다.
④ 흡수성이 크고, 가공이 용이해야 한다.

[해설] 보온재는 흡수성이 작아야 한다.

답 081. ④　082. ④　083. ④　084. ④

085 스테인리스 강관의 특징에 대한 설명으로 틀린 것은?
① 내식성이 우수하여 내경의 축소, 저항 증대 현상이 없다.
② 위생적이라서 적수, 백수, 청수의 염려가 없다.
③ 저온 충격성이 적고, 한랭지 배관이 가능하다.
④ 나사식, 용접식, 몰코식, 플랜지식 이음법이 있다.

해설 저온 충격성이 크고 한랭지 배관이 가능하며, 동결에 대한 저항이 크다.
참고 스테인리스 강관의 특징
① 내식성이 우수하고 위생적이다.
② 강관에 비해 기계적 성질이 우수하다.
③ 두께가 얇아 가벼워서 운반 및 시공이 용이하다.
④ 저온에 대한 충격성이 크고, 한랭지 배관이 가능하다.
⑤ 나사식, 용접식, 몰코식, 플랜지식 이음법 등 시공이 간단하다.

086 공조설비 구성 장치 중 공기 분배(운반)장치에 해당하는 것은?
① 냉각코일 및 필터
② 냉동기 및 보일러
③ 제습기 및 가습기
④ 송풍기 및 덕트

해설 공기 분배(운반)장치 : 송풍기 및 덕트, 펌프 및 배관

087 냉동설비의 토출가스 배관 시공 시 압축기와 응축기가 동일선상에 있는 경우 수평관의 구배는 어떻게 해야 하는가?
① 1/100의 올림 구배로 한다.
② 1/100의 내림 구배로 한다.
③ 1/50의 내림 구배로 한다.
④ 1/50의 올림 구배로 한다.

해설 압축기와 응축기가 동일선상에 있는 경우의 수평관은 1/50~1/100의 내림 구배로 한다.

088 급수배관 설계 및 시공 상의 주의사항으로 틀린 것은?
① 수평배관에는 공기나 오물이 정체하지 않도록 한다.
② 주 배관에는 적당한 위치에 플랜지(유니언)를 달아 보수점검에 대비한다.
③ 수격작용이 우려되는 곳에는 진공브레이커를 설치한다.
④ 음료용 급수관과 다른 용도의 배관을 접속하지 않아야 한다.

해설 수격작용이 우려되는 곳에는 수격방지기(W.H.C)를 설치한다.

답 085. ③ 086. ④ 087. ②, ③ 088. ③

089 급수관의 유속을 제한(1.5~2m/s 이하)하는 이유로 가장 거리가 먼 것은?
① 유속이 빠르면 흐름방향이 변하는 개소의 원심력에 의한 부압(-)이 생겨 캐비테이션이 발생하기 때문에
② 관 지름을 작게 할 수 있어 재료비 및 시공비가 절약되기 때문에
③ 유속이 빠른 경우 배관의 마찰손실 및 관 내면의 침식이 커지기 때문에
④ 워터해머 발생 시 충격압에 의해 소음, 진동이 발생하기 때문에

해설 유속을 작을수록 관 지름을 크게 하여야 하므로 재료비 및 시공비가 추가된다.

090 온수배관 시공 시 유의사항으로 틀린 것은?
① 일반적으로 팽창관에는 밸브를 달지 않는다.
② 배관의 최저부에는 배수 밸브를 부착하는 것이 좋다.
③ 공기밸브는 순환펌프의 흡입측에 부착하는 것이 좋다.
④ 수평관은 팽창탱크를 향하여 올림구배가 되도록 한다.

해설 공기빼기밸브는 점검이나 교체가 용이한 곳에 설치하며, 주로 수직관 상부에 설치한다.

091 관경 300mm, 배관길이 500m의 중압 가스수송관에서 A, B점의 게이지 압력이 각각 3kgf/cm², 2kgf/cm²인 경우 가스유량(m³/h)은? (단, 가스비중은 0.64, 유량계수는 52.31로 한다.)
① 10238 ② 20583 ③ 38317 ④ 40153

해설
$$Q(\text{m}^3/\text{h}) = Z\sqrt{\frac{D^5 \cdot (P_1^2 - P_2^2)}{S \cdot L}}$$
$$Q = 52.31 \times \sqrt{\frac{30^5 \times \{(3+1.033)^2 - (2+1.033)^2\}}{0.64 \times 500}} = 38,317 \text{m}^3/\text{h}$$

092 증기난방 방식에서 응축수 환수 방법에 따른 분류가 아닌 것은?
① 기계 환수식   ② 응축 환수식
③ 진공 환수식   ④ 중력 환수식

해설 응축수 환수 방법에 따른 종류
① 중력 환수식 ② 기계 환수식 ③ 진공 환수식

093 증기로 가열하는 간접가열식 급탕설비에서 저탕탱크 주위에 설치하는 장치와 가장 거리가 먼 것은?
① 증기트랩장치   ② 자동온도조절장치
③ 개방형 팽창탱크 ④ 안전장치와 온도계

답 089. ② 090. ③ 091. ③ 092. ② 093. ③

해설) 개방형 팽창탱크는 간접가열식 저탕탱크의 보급수 역할을 하는 것으로 최상위 급탕수전보다 5m 이상 높게 설치하므로 탱크와 거리가 가장 멀다.

094. 신축 이음쇠의 종류에 해당되지 않는 것은?
① 벨로즈형 ② 플랜지형
③ 루프형   ④ 슬리브형

해설) 신축 이음의 종류 : 루프형, 슬리브형, 벨로즈형, 스위블형, 볼조인트 등

095. 다음 방열기 표시에서 "5"의 의미는?
① 방열기의 섹션수
② 방열기 사용 압력
③ 방열기의 종별과 형
④ 유입관의 관경

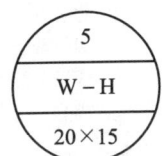

해설)
㉮ 상단 : 섹션수(쪽수)
㉯ 중단 : 종별과 형(형식-높이)
㉰ 하단 : 유입 및 유출관경

096. 도시가스배관 설치기준으로 틀린 것은?
① 배관은 지반의 동결에 의해 손상을 받지 않는 깊이로 한다.
② 배관접합은 용접을 원칙으로 한다.
③ 가스계량기의 설치 높이는 바닥으로부터 1.6m 이상 2m 이내의 높이에 수직, 수평으로 설치한다.
④ 폭 8m 이상의 도로에 관을 매설할 경우에는 매설 깊이를 지면으로부터 0.6m 이상으로 한다.

해설) 도시가스배관의 매설 깊이
① 공동주택 등의 부지 내 : 0.6m 이상
② 차량이 통행하는 폭 8m 이상의 도로 : 1.2m 이상
③ 기타 : 1m 이상

097. 난방 배관 시공을 위해 벽, 바닥 등에 관통 배관 시공을 할 때, 슬리브(sleeve)를 사용하는 이유로 가장 거리가 먼 것은?
① 열팽창에 따른 배관 신축에 적응하기 위해
② 후일 관 교체 시 편리하게 하기 위해
③ 고장 시 수리를 편리하게 하기 위해
④ 유체의 압력을 증가시키기 위해

답) 094. ② 095. ① 096. ④ 097. ④

해설 슬리브(sleeve) : 배관이 벽, 바닥 등을 관통할 때 설치하여 관의 신축에 대비하고 배관 수리나 교체를 용이하게 하기 위하여

098 도시가스 제조사업소의 부지 경계에서 정압기지의 경계까지 이르는 배관을 무엇이라고 하는가?

① 본관
② 내관
③ 공급관
④ 사용관

해설 가스배관의 구분
① 본관 : 도시가스 제조사업소의 부지 경계에서 정압기까지 이르는 배관
② 공급관 : 정압기에서 가스사용자가 구분하여 소유하거나 점유하는 건축물의 외벽에 설치하는 계량기의 전단밸브(토지의 경계)까지 이르는 배관
③ 내관 : 가스 사용자가 소유하거나 점유하고 있는 토지의 경계에서 연소기까지 이르는 배관

099 공조배관설비에서 수격작용의 방지책으로 틀린 것은?

① 관 내의 유속을 낮게 한다.
② 밸브는 펌프 흡입구 가까이 설치하고 제어한다.
③ 펌프에 플라이휠(fly wheel)을 설치한다.
④ 서지탱크를 설치한다.

해설 수격작용 방지대책
① 공기실(air chamber)이나 수격방지기(WHC)를 설치한다.
② 관경을 크게 하고 유속은 낮춘다.
③ 펌프에 플라이휠(fly wheel)을 설치하여 펌프의 급속한 속도변화를 방지한다.
④ 조압 수조(surge tank)를 설치한다.
⑤ 밸브는 송출구 가까이 설치하고 개폐를 천천히 한다.
⑥ 배관을 가능한 직선으로 시공한다.

100 증기난방 배관시공에서 환수관에 수직 상향부가 필요할 때 리프트 피팅(lift fitting)을 써서 응축수가 위쪽으로 배출되게 하는 방식은?

① 단관 중력 환수식
② 복관 중력 환수식
③ 진공 환수식
④ 압력 환수식

해설 리프트 피팅 : 진공 환수식 증기난방법에서 저압 증기 환수관이 진공펌프의 흡입구보다 낮은 위치에 있을 때 응축수를 끌어올리기 위해 설치하는 것

답 098. ① 099. ② 100. ③

공조냉동기계기사

2018

기/출/문/제

- 2018년 3월 4일 시행
- 2018년 4월 28일 시행
- 2018년 8월 19일 시행

2018년 3월 4일 제1회 공조냉동기계기사

제1과목 기계열역학

001 증기터빈 발전소에서 터빈 입구의 증기 엔탈피는 출구의 엔탈피보다 136kJ/kg 높고, 터빈에서의 열손실은 10kJ/kg이다. 증기속도는 터빈 입구에서 10m/s이고, 출구에서 110m/s일 때 이 터빈에서 발생시킬 수 있는 일은 약 몇 kJ/kg인가?

① 10
② 90
③ 120
④ 140

해설
$$w_t = (h_1 - h_2) + \frac{1}{2}(v_1^2 - v_2^2) - q = (136 \times 10^3) + \left\{\frac{1}{2} \times (10^2 - 110^2)\right\} - (10 \times 10^3)$$
$$= 120,000 \text{J/kg} = 120 \text{kJ/kg}$$

참고 터빈에서의 에너지 보존 방정식(위치에너지 고려)
$$h_1 + \frac{v_1^2}{2} + gz_1 = q + h_2 + \frac{v_2^2}{2} + gz_2 + w_t$$

002 압력 2MPa, 온도 300℃의 수증기가 20m/s 속도로 증기터빈으로 들어간다. 터빈 출구에서 수증기 압력이 100kPa, 속도는 100m/s이다. 가역단열과정으로 가정 시, 터빈을 통과하는 수증기 1kg 당 출력일은 약 몇 kJ/kg인가? (단, 수증기표로부터 2MPa, 300℃에서 비엔탈피는 3023.5kJ/kg, 비엔트로피는 6.7663kJ/(kg·K)이고, 출구에서의 비엔탈피 및 비엔트로피는 아래 표와 같다.)

출 구	포화액	포화증기
비엔트로피[kJ/(kg·K)]	1.3025	7.3593
비엔탈피[kJ/kg]	417.44	2675.46

① 1534
② 564.3
③ 153.4
④ 764.5

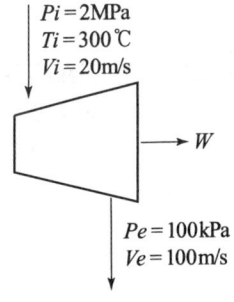

$Pi = 2\text{MPa}$
$Ti = 300℃$
$Vi = 20\text{m/s}$
$Pe = 100\text{kPa}$
$Ve = 100\text{m/s}$

답 001. ③ 002. ②

해설 ① 엔탈피 변화 $\triangle h = (h_i - h_e)$에서 $\triangle h = (3023.5 - 2454.4) = 569.1 \text{kJ/kg}$
터빈 출구에서의 엔탈피는
$h_e = h' + x(h'' - h') = 417.44 + \{0.9021 \times (2675.46 - 417.44)\} = 2454.4 \text{kJ/kg}$
여기서, 증기터빈은 가역단열팽창과정으로 등엔트로피 과정이다. 따라서, 터빈 출구 습증기(100kPa)는 건조도는 수증기표를 이용한다.
$x = \dfrac{s_x - s'}{s'' - s'} = \dfrac{(6.7663 - 1.3025)}{(7.3593 - 1.3005)} = 0.9021$

② 속도 에너지 손실
$\triangle v = \dfrac{1}{2}(V_i^2 - V_o^2) = \dfrac{1}{2}(20^2 - 100^2) = -4800 \text{J/kg} = -4.8 \text{kJ/kg}$

③ 에너지 보존 방정식에 따른 터빈의 출력
$w_t = 569.1 + (-4.8) = 564.3 \text{kJ/kg}$

003 그림과 같이 온도(T)-엔트로피(S)로 표시된 이상적인 랭킨사이클에서 각 상태의 엔탈피(h)가 다음과 같다면, 이 사이클의 효율은 약 몇 %인가? (단, h_1=30kJ/kg, h_2=31kJ/kg, h_3=274kJ/kg, h_4=668kJ/kg, h_5=764kJ/kg, h_6=478kJ/kg이다.)

① 39
② 42
③ 53
④ 58

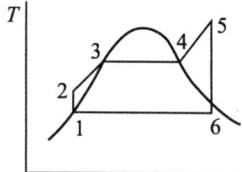

해설 $\eta_R = \dfrac{w_T}{q_B} = \dfrac{(h_5 - h_6)}{(h_5 - h_2)} = \dfrac{(764 - 478)}{(764 - 31)} = 0.39 = 39\%$

참고 랭킨사이클에서의 효율

$$\eta_R = \dfrac{\text{유효열}}{\text{공급열}} = \dfrac{\text{터빈 유효일}}{\text{보일러 가열량}} = \dfrac{w_T}{q_B} (\text{펌프일 무시})$$

004 어떤 기체가 5kJ의 열을 받고 0.18kN·m의 일을 외부로 하였다. 이때의 내부에너지의 변화량은?

① 3.24 kJ
② 4.82 kJ
③ 5.18 kJ
④ 6.14 kJ

해설 열역학 제1법칙의 에너지 보존 방정식
$\delta Q = dU + W$에서
$dU = \delta Q - W = 5 - 0.18 = 4.82 \text{kJ}$

답 003. ① 004. ②

005 단위질량의 이상기체가 정적과정 하에서 온도가 T_1에서 T_2로 변하였고, 압력도 P_1에서 P_2로 변하였다면, 엔트로피 변화량 ΔS는? (단, C_v와 C_p는 각각 정적비열과 정압비열이다.)

① $\Delta S = C_v \ln \dfrac{P_1}{P_2}$ ② $\Delta S = C_p \ln \dfrac{P_2}{P_1}$

③ $\Delta S = C_v \ln \dfrac{T_2}{T_1}$ ④ $\Delta S = C_p \ln \dfrac{T_1}{T_2}$

해설 정적변화 시 엔트로피 변화
$$\Delta S = C_v \ln\left(\dfrac{T_2}{T_1}\right) = C_v \ln\left(\dfrac{P_2}{P_1}\right)$$

---

006 초기 압력 100kPa, 초기 체적 0.1m³인 기체를 버너로 가열하여 기체 체적이 정압과정으로 0.5m³이 되었다면 이 과정 동안 시스템이 외부에 한 일은 약 몇 kJ인가?

① 10   ② 20
③ 30   ④ 40

해설 $W_a = P \cdot dV = 100 \times (0.5 - 0.1) = 40\text{kJ}$

---

007 엔트로피(s) 변화 등과 같은 직접 측정할 수 없는 양들을 압력(P), 비체적(v), 온도(T)와 같은 측정 가능한 상태량으로 나타내는 Maxwell 관계식과 관련하여 다음 중 틀린 것은?

① $\left(\dfrac{\partial T}{\partial P}\right)_s = \left(\dfrac{\partial v}{\partial s}\right)_P$ ② $\left(\dfrac{\partial T}{\partial P}\right)_s = \left(\dfrac{\partial v}{\partial s}\right)_P$

③ $\left(\dfrac{\partial v}{\partial T}\right)_P = \left(\dfrac{\partial s}{\partial P}\right)_T$ ④ $\left(\dfrac{\partial P}{\partial v}\right)_T = \left(\dfrac{\partial s}{\partial T}\right)_v$

해설 맥스웰(Maxwell) 관계식
엔트로피 변화 등과 같은 직접 측정할 수 없는 양들을 P, v, T 등과 같은 측정 가능한 상태량으로 나타내는 데 이용한다.

 참고
① $\left(\dfrac{\partial T}{\partial P}\right)_s = \left(\dfrac{\partial v}{\partial s}\right)_P$ ② $\left(\dfrac{\partial T}{\partial v}\right)_s = -\left(\dfrac{\partial P}{\partial s}\right)_v$

③ $\left(\dfrac{\partial v}{\partial T}\right)_P = -\left(\dfrac{\partial s}{\partial P}\right)_T$ ④ $\left(\dfrac{\partial P}{\partial T}\right)_v = \left(\dfrac{\partial s}{\partial v}\right)_T$

---

008 대기압이 100kPa일 때, 계기 압력이 5.23MPa인 증기의 절대 압력은 약 몇 MPa인가?

① 3.02   ② 4.12
③ 5.33   ④ 6.43

답 005. ③ 006. ④ 007. ④ 008. ③

해설 절대압력 = 계기압력 + 대기압 = $5.23 + \left\{0.1 \times \left(\frac{100}{101}\right)\right\} = 5.33$MPa

009. 열역학적 변화와 관련하여 다음 설명 중 옳지 않은 것은?

① 단위 질량당 물질의 온도를 1℃ 올리는 데 필요한 열량을 비열이라 한다.
② 정압과정으로 시스템에 전달된 열량은 엔트로피 변화량과 같다.
③ 내부 에너지는 시스템의 질량에 비례하므로 종량적(extensive) 상태량이다.
④ 어떤 고체가 액체로 변화할 때 융해(Melting)라고 하고, 어떤 고체가 기체로 바로 변화할 때 승화(Sublimation)라고 한다.

해설 정압변화에서는 계에 출입하는 열량은 엔탈피 변화량과 같다.
$\delta q = dh - vdP$에서 $dp = 0$이므로 $\delta q = dh = C_p dT$

010. 공기압축기에서 입구 공기의 온도와 압력은 각각 27℃, 100kPa이고, 체적유량은 0.01m³/s이다. 출구에서 압력이 400kPa이고, 이 압축기의 등엔트로피 효율이 0.8일 때, 압축기의 소요 동력은 약 몇 kW인가? (단, 공기의 정압비열과 기체상수는 각각 1kJ/(kg·K), 0.287kJ/(kg·K)이고, 비열비는 1.4이다.)

① 0.9 ② 1.7
③ 2.1 ④ 3.8

해설 ① 질량유량
$\overline{m} = \rho Q = 1.16 \times 0.01 = 0.0116$kg/s
여기서, 밀도는 $Pv = RT$, $\frac{P}{\rho} = RT$에서
$\rho = \frac{P}{RT} = \frac{100}{0.287 \times (273 + 27)} = 1.16$kg/m³

② 압축일
$W_t = \frac{k}{k-1} mRT_1 \left\{1 - \left(\frac{P_2}{P_1}\right)^{\frac{k-1}{k}}\right\}$
$= \frac{1.4}{1.4-1} \times 0.0116 \times 0.287 \times (273 + 27) \times \left\{1 - \left(\frac{400}{100}\right)^{\frac{1.4-1}{1.4}}\right\} = -1.7$kW
여기서, -는 압축일을 나타낸다.

③ 압축기 실제 소요동력
$L = \frac{W_t}{\eta} = \frac{1.7}{0.8} = 2.13$kW

011. 다음 중 강성적(강도성, intensive) 상태량이 아닌 것은?

① 압력 ② 온도
③ 엔탈피 ④ 비체적

답 009. ② 010. ③ 011. ③

해설 강성적(강도성) 상태량 : 압력, 온도, 비체적, 비엔탈피, 밀도 등

참고 상태량의 구분
① 강도성(강성적) 상태량 : 물질의 질량에 따라서 변화하지 않는 양
② 용량성(종량성) 상태량 : 물질의 질량에 따라 변화하는 양

012 이상기체가 정압과정으로 dT만큼 온도가 변하였을 때 1kg당 변화된 열량 Q는?
(단, C_v는 정적비열, C_p는 정압비열, k는 비열비를 나타낸다.)

① $Q = C_v dT$
② $Q = k^2 C_v dT$
③ $Q = C_p dT$
④ $Q = k C_p dT$

해설 정압변화에서 열량
$\delta q = dh - vdP$에서 $dp = 0$이므로 $\delta q = dh = C_p\, dT$

013 랭킨 사이클에서 25℃, 0.01MPa 압력의 물 1kg을 5MPa 압력의 보일러로 공급한다. 이때 펌프가 가역단열과정으로 작용한다고 가정할 경우 펌프가 한 일은 약 몇 kJ인가? (단, 물의 비체적은 0.001m³/kg이다.)

① 2.58
② 4.99
③ 20.10
④ 40.20

해설 펌프일
$W_P = v(P_1 - P_2) = 0.001 \times (5 - 0.01) \times 10^3 = 4.99\,\text{kJ}$

014 520K의 고온 열원으로부터 18.4kJ 열량을 받고 273K의 저온 열원에 13kJ의 열량을 방출하는 열기관에 대하여 옳은 설명은?

① Clausius 적분값은 -0.0122kJ/K이고, 가역 과정이다.
② Clausius 적분값은 -0.0122kJ/K이고, 비가역 과정이다.
③ Clausius 적분값은 $+0.0122$kJ/K이고, 가역 과정이다.
④ Clausius 적분값은 $+0.0122$kJ/K이고, 비가역 과정이다.

해설 클라시우스의 적분값
① 가역 사이클 : 0

가역과정 : $\dfrac{Q_1}{T_1} + \dfrac{Q_2}{T_2} = 0$이므로 $\dfrac{18.4}{520} + \dfrac{13}{273} = 0.083\,\text{kJ/K} \neq 0$

② 비가역 사이클 : 0보다 작다.

비가역과정 : $\dfrac{Q_1}{T_1} - \dfrac{Q_2}{T_2} = \dfrac{18.4}{520} - \dfrac{13}{273} = -0.0122\,\text{kJ/K} < 0$

∴ 열기관의 클라시우스의 적분값은 -0.0122kJ/K이고, 0보다 작으므로 비가역과정이다.

답 012. ③ 013. ② 014. ②

> **참고** 엔트로피 변화량
> ① 가역변화에 따른 엔트로피 변화량 : 일정($\oint \frac{dQ}{T} = 0$)
> ② 비가역변화에 따른 엔트로피 변화량 : 증가($\oint \frac{dQ}{T} < 0$)
> ③ 자연계에서 실제 변화과정은 비가역 변화과정이므로 항상 엔트로피는 증가한다.
> (엔트로피 증가의 원리)

015 이상적인 오토 사이클에서 단열압축되기 전 공기가 101.3kPa, 21℃이며, 압축비 7로 운전할 때 이 사이클의 효율은 약 몇 %인가? (단, 공기의 비열비는 1.4이다.)

① 62%   ② 54%
③ 46%   ④ 42%

해설
$$\eta_o = 1 - \left(\frac{1}{\epsilon}\right)^{k-1} = 1 - \left(\frac{1}{7}\right)^{1.4-1} = 0.54 = 54\%$$

016 이상적인 복합 사이클(사바테 사이클)에서 압축비는 16, 최고압력비(압력상승비)는 2.3, 체절비는 1.6이고, 공기의 비열비는 1.4일 때 이 사이클의 효율은 약 몇 %인가?

① 55.52   ② 58.41
③ 61.54   ④ 64.88

해설 사바테 사이클의 열효율
$$\eta = 1 - \frac{1}{\epsilon^{k-1}} \times \frac{\alpha \cdot \sigma^k - 1}{(\alpha-1) + k \cdot \alpha(\sigma-1)}$$
$$= 1 - \left(\frac{1}{16^{1.4-1}}\right) \times \frac{(2.3 \times 1.6^{1.4} - 1)}{(2.3-1) + \{1.4 \times 2.3 \times (1.6-1)\}} = 0.6488 = 64.88\%$$

> **참고** 사바테 사이클의 열효율
> $$\eta_s = 1 - \left(\frac{1}{\epsilon^{k-1}}\right) \cdot \frac{(\alpha \cdot \sigma^k - 1)}{(\alpha-1) + k \cdot \alpha(\sigma-1)}$$
>
> (여기서, ϵ : 압축비, k : 비열비, σ : 체절비, $\alpha = \frac{P_3}{P_2} = \frac{T_3}{T_2}$: 압력 상승비)

017 이상기체 공기가 안지름 0.1m인 관을 통하여 0.2m/s로 흐르고 있다. 공기의 온도는 20℃, 압력은 100kPa, 기체상수는 0.287kJ/(kg·K)라면 질량유량은 약 몇 kg/s인가?

① 0.0019   ② 0.0099
③ 0.0119   ④ 0.0199

답 015. ② 016. ④ 017. ①

해설 질량유량, $\overline{m} = AV \times \rho = \dfrac{\pi}{4} \times 0.1^2 \times 0.2 \times 1.2 = 0.0019 \text{kg/s}$

여기서, 밀도는 $\rho = \dfrac{m}{V} = \dfrac{P}{RT} = \dfrac{100}{0.287 \times (20+273)} = 1.2$

018 저온실로부터 46.4kW의 열을 흡수할 때 10kW의 동력을 필요로 하는 냉동기가 있다면, 이 냉동기의 성능계수는?
① 4.64
② 5.65
③ 7.49
④ 8.82

해설 냉동기의 성능계수
$COP = \dfrac{냉동능력}{압축일량} = \dfrac{Q_e}{W} = \dfrac{46.4}{10} = 4.64$

019 온도가 각기 다른 액체 A(50℃), B(25℃), C(10℃)가 있다. A와 B를 동일질량으로 혼합하면 40℃로 되고, A와 C를 동일질량으로 혼합하면 30℃로 된다. B와 C를 동일질량으로 혼합할 때는 몇 ℃로 되겠는가?
① 16.0℃
② 18.4℃
③ 20.0℃
④ 22.5℃

해설 AB의 열평형 : $G_A C_A (50-40) = G_B C_B (40-25)$, $C_A = 1.5 C_B$
AC의 열평형 : $G_A C_A (50-30) = G_C C_C (30-10)$, $C_A = C_C$
BC의 열평형 : $C_B (25-t) = C_C (t-10)$, $C_B (25-t) = 1.5 C_B (t-10)$
$25 - t = 1.4t - 15$
∴ $t = 16$℃

020 다음 4가지 경우에서 ( ) 안의 물질이 보유한 엔트로피가 증가한 경우는?

ⓐ 컵에 있는 (물)이 증발하였다.
ⓑ 목욕탕의 (수증기)가 차가운 타일 벽에서 물로 응결되었다.
ⓒ 실린더 안의 (공기)가 가역 단열적으로 팽창되었다.
ⓓ 뜨거운 (커피)가 식어서 주위온도와 같게 되었다.

① ⓐ
② ⓑ
③ ⓒ
④ ⓓ

해설 엔트로피 증가 : $\Delta S \uparrow = \dfrac{\delta Q \uparrow}{T}$

답 018. ① 019. ① 020. ①

2018년 3월 4일 시행

제2과목 냉동공학

021 축열시스템 중 빙축열 방식이 수축열 방식에 비해 유리하다고 할 수 없는 것은?
① 축열조를 소형화할 수 있다.
② 낮은 온도를 이용할 수 있다.
③ 난방 시의 축열대응에 적합하다.
④ 축열조의 설치장소가 자유롭다.

해설 빙축열 방식은 온수 축열조로서의 능력이 작기 때문에 난방 시의 축열대응에 제약이 있다.

참고 빙축열 방식의 장·단점

장 점	단 점
① 축열조를 소형화할 수 있어 단열의 편리성이 수축열 방식에 비해 유리하다. ② 낮은 온도를 이용하므로 온도차가 큰 반송이 가능하여 반송동력을 줄일 수 있다. ③ 냉수온도가 낮아 열교환기를 이용하여 2차측 배관을 밀폐시스템으로 하는 것이 용이하다.	① 증발온도가 낮아 성적계수가 떨어져 소비동력이 증가한다. ② 시스템 설계가 어렵다. ③ 온수 축열조로서의 능력이 작기 때문에 난방 시의 축열대응에 제약이 있다.

022 유량이 1800kg/h인 30℃ 물을 −10℃의 얼음으로 만드는 능력을 가진 냉동장치의 압축기 소요동력은 약 얼마인가? (단, 응축기의 냉각수 입구온도 30℃, 냉각수 출구온도 35℃, 냉각수 수량 50m³/h이고, 열손실은 무시하는 것으로 한다.)
① 30kW
② 40kW
③ 50kW
④ 60kW

해설 압축기 소요동력

$$kW = \frac{Q_c - Q_e}{860} = \frac{250,000 - 207,000}{860} = 50kW$$

① 응축열량, $Q_c = 50 \times 1,000 \times (30-35) = 250,000 kcal/h$
② 냉동능력, $Q_e = 1,800 \times \{(1 \times 30) + 80 \times (0.5 \times 10)\} = 207,000 kcal/h$

023 냉매의 구비조건에 대한 설명으로 틀린 것은?
① 동일한 냉동능력에 대하여 냉매가스의 용적이 적을 것
② 저온에 있어서도 대기압 이상의 압력에서 증발하고 비교적 저압에서 액화할 것
③ 점도가 크고 열전도율이 좋을 것
④ 증발열이 크며 액체의 비열이 작을 것

답 021. ③ 022. ③ 023. ③

해설 점도가 작고 열전도율이 좋을 것

참고 냉매의 구비조건
① 대기압 이상의 압력에서 쉽게 증발할 것
② 임계 온도가 높아 상온에서 쉽게 액화할 것
③ 응고점은 낮고 증발잠열은 클 것
④ 액비열과 증기의 비열비가 작을 것
⑤ 점도와 표면장력이 작고 열전달이 우수할 것
⑥ 절연내력이 크고 윤활유와 작용하지 않을 것
⑦ 인화성, 악취, 독성이 없고 누설 발견이 용이할 것

024 냉매에 관한 설명으로 옳은 것은?
① 암모니아 냉매가스가 누설된 경우 비중이 공기보다 무거워 바닥에 정체한다.
② 암모니아의 증발잠열은 프레온계 냉매보다 작다.
③ 암모니아는 프레온계 냉매에 비하여 동일 운전 압력조건에서는 토출가스 온도가 높다.
④ 프레온계 냉매는 화학적으로 안정한 냉매이므로 장치 내에 수분이 혼입되어도 운전상 지장이 없다.

해설 암모니아는 프레온 냉매에 비해 비열비가 커 압축기 토출가스온도가 높다.

025 흡수식 냉동기에서 냉매의 순환경로는?
① 흡수기 → 증발기 → 재생기 → 열교환기
② 증발기 → 흡수기 → 열교환기 → 재생기
③ 증발기 → 재생기 → 흡수기 → 열교환기
④ 증발기 → 열교환기 → 재생기 → 흡수기

해설 흡수식 냉동기에서의 냉매 순환경로
증발기 → 흡수기 → 열교환기 → 재생기 → 응축기 → 증발기

참고 흡수식 냉동기에서의 흡수제 순환경로 : 흡수기 → 열교환기 → 재생기

026 고온가스 제상(hot gas defrost)방식에 대한 설명으로 틀린 것은?
① 압축기의 고온·고압가스를 이용한다.
② 소형 냉동장치에 사용하면 언제라도 정상운전을 할 수 있다.
③ 비교적 설비하기가 용이하다.
④ 제상 소요시간이 비교적 짧다.

해설 핫가스 제상은 주로 대형 냉동장치에 사용하며, 소형에서는 제상에 따른 핫가스의 응축에 따른 액압축의 우려가 있다.

답 024. ③ 025. ② 026. ②

027 다음의 장치는 액-가스 열교환기가 설치되어 있는 1단 증기압축식 냉동장치를 나타낸 것이다. 이 냉동장치의 운전 시에 아래와 같은 현상이 발생하였다. 이 현상에 대한 원인으로 옳은 것은?

액-가스 열교환기에서 응축기 출구 냉매액과 증발기 출구 냉매증기가 서로 열교환할 때, 이 열교환기 내에서 증발기 출구 냉매 온도변화(T_1-T_6)는 18℃이고, 응축기 출구 냉매액의 온도 변화 (T_3-T_4)는 1℃이다.

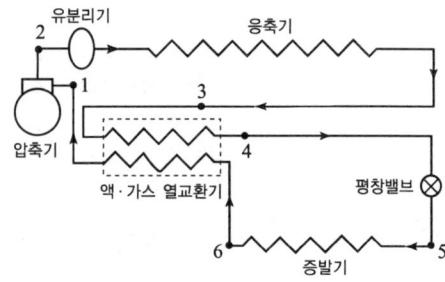

① 증발기 출구(점 6)의 냉매상태는 습증기이다.
② 응축기 출구(점 3)의 냉매상태는 불응축 상태이다.
③ 응축기 내에 불응축 가스가 혼입되어 있다.
④ 액-가스 열교환기의 열손실이 상당히 많다.

해설 T_1-T_6=18℃이나, T_3-T_4=1℃로 응축기 출구(점 3)의 냉매는 불응축가스 상태로 열을 충분히 방출하지 못해 T_3-T_4가 1℃밖에 되지 않는다.

028 냉동장치의 냉매량이 부족할 때 일어나는 현상으로 옳은 것은?
① 흡입압력이 낮아진다.   ② 토출압력이 높아진다.
③ 냉동능력이 증가한다.   ④ 흡입압력이 높아진다.

해설 냉매량이 부족하면 흡입압력은 낮아진다.

029 증기 압축식 냉동사이클에서 증발온도를 일정하게 유지하고 응축온도를 상승시킬 경우에 나타나는 현상으로 틀린 것은?
① 성적계수 감소   ② 토출가스 온도 상승
③ 소요동력 증대   ④ 플래쉬가스 발생량 감소

해설 응축온도 상승 시 플래쉬가스 발생량은 증가한다.

참고 응축온도(압력) 변화에 따른 영향

구 분	응축온도 상승	응축온도 저하
압축비	증가	감소
냉동효과	감소	증가
소요동력	증가	감소
토출가스온도	상승	저하
성적계수	감소	증가

답 027. ② 028. ① 029. ④

030 냉매액 강제순환식 증발기에 대한 설명으로 틀린 것은?
① 냉매액이 충분한 속도로 순환되므로 타 증발기에 비해 전열이 좋다.
② 일반적으로 설비가 복잡하며 대용량의 저온냉장실이나 급속 동결장치에 사용한다.
③ 강제 순환식이므로 증발기에 오일이 고일 염려가 적고 배관 저항에 의한 압력강하도 작다.
④ 냉매액에 의한 리퀴드백(liquid back)의 발생이 적으며 저압 수액기와 액펌프의 위치에 제한이 없다.

해설 저압 수액기에서 액이 분리되어 리퀴드 백의 발생이 적으며, 액펌프가 저압 수액기보다 1.2m 정도 하단에 설치한다.

031 그림과 같은 사이클을 난방용 히트펌프로 사용한다면 이론 성적계수를 구하는 식은 다음 중 어느 것인가?

① $cop = \dfrac{h_2 - h_1}{h_3 - h_2}$
② $cop = 1 + \dfrac{h_3 - h_1}{h_3 + h_2}$
③ $cop = \dfrac{h_2 + h_1}{h_3 + h_2}$
④ $cop = 1 + \dfrac{h_2 - h_1}{h_3 - h_2}$

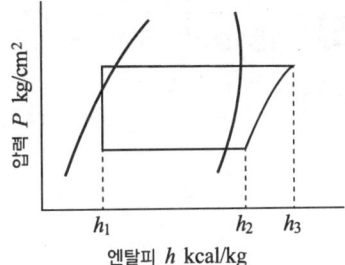
압력 - 엔탈피 선도

해설 히트펌프 이론 성적계수
$$COP_H = 1 + COP_R = 1 + \dfrac{q_e}{AW} = 1 + \dfrac{h_2 - h_1}{h_3 - h_2}$$

032 암모니아 냉매의 누설검지 방법으로 적절하지 않은 것은?
① 냄새로 알 수 있다.
② 리트머스 시험지를 사용한다.
③ 페놀프탈레인 시험지를 사용한다.
④ 할로겐 누설검지기를 사용한다.

해설 할로겐 누설검지기는 프레온 냉매 누설검지에 사용한다.

답 030. ④ 031. ④ 032. ④

033 다음 조건을 이용하여 응축기 설계 시 1RT(3320kcal/h)당 응축면적은? (단, 온도차는 산술평균온도차를 적용한다.)

〔조건〕
- 방열계수 : 1.3
- 응축온도 : 35℃
- 냉각수 입구온도 : 28℃
- 냉각수 출구온도 : 32℃
- 열통과율 : 900kcal/m² · h · ℃

① 1.25m²
② 0.96m²
③ 0.62m²
④ 0.45m²

해설 $Q_e \times C = K \times F \times \Delta t_m$ 에서

$$F = \frac{Q_e \times C}{K \times \Delta t_m} = \frac{3,320 \times 1.3}{900 \times \left(35 - \frac{28+32}{2}\right)} = 0.96\text{m}^2$$

034 다음 중 빙축열시스템의 분류에 대한 조합으로 적당하지 않은 것은?
① 정적제빙형 - 관내착빙형
② 정적제빙형 - 캡슐형
③ 동적제빙형 - 관외착빙형
④ 동적제빙형 - 과냉각아이스형

해설 빙축열 방식
① 동적제빙방식 : 축열조의 외부에서 제빙하고 그 얼음을 축열조에 옮겨 축열하는 방식 (빙박리형, 액체(유동)식 빙생성형)
② 정적제빙방식 : 축열조 내 제빙파이프를 설치하여 파이프 외측 또는 내측에 얼음을 생성시키는 방식(관외착빙형(코일형), 관내착빙형, 완전동결형, 캡슐형)

035 산업용 식품동결 방법은 열을 빼앗는 방식에 따라 분류가 가능하다. 다음 중 위의 분류방식에 따른 식품동결 방법이 아닌 것은?
① 진공동결
② 분사동결
③ 접촉동결
④ 담금동결

해설 식품동결 방법에는 열을 빼앗는 방식에 따라 접촉동결, 분사동결, 담금동결 등이 있다.

036 2단 압축 1단 팽창 냉동시스템에서 게이지 압력계로 증발압력이 100kPa, 응축압력이 1100kPa일 때, 중간냉각기의 절대압력은 약 얼마인가?
① 331 kPa
② 491 kPa
③ 732 kPa
④ 1010 kPa

033. ② 034. ③ 035. ① 036. ②

해설 2단 압축 냉동기의 중간압력
$$P_m = \sqrt{P_c \times P_e} = \sqrt{(100+101) \times (1{,}100+101)} = 491\text{kPa} \cdot \text{abs}$$

037 방열벽 면적 1000m², 방열벽 열통과율 0.232W/m²·℃인 냉장실에 열통과율 29.03W/m²·℃, 전달면적 20m²인 증발기가 설치되어 있다. 이 냉장실에 열전달률 5.805W/m²·℃, 전열면적 500m², 온도 5℃인 식품을 보관한다면 실내온도는 몇 ℃로 변화되는가? (단, 증발온도는 -10℃로 하며, 외기온도는 30℃로 한다.)

① 3.7℃ ② 4.2℃
③ 5.8℃ ④ 6.2℃

해설 방열벽의 침입열량 + 식품의 냉각열량 = 냉동장치의 냉동능력
$\{0.232 \times 1{,}000 \times (30-t)\} + \{5.805 \times 500 \times (5-t)\} = [29.03 \times 20 \times \{(t-(-10)\}]$
$6{,}960 - 232t + 14{,}512.5 - 2{,}902.5t = 580.6t + 5{,}806$
$3{,}715.1t = 15{,}666.5$
$t = 4.2℃$

038 다음 중 자연냉동법이 아닌 것은?
① 융해열을 이용하는 방법 ② 승화열을 이용하는 방법
③ 기한제를 이용하는 방법 ④ 증기분사를 하여 냉동하는 방법

해설 자연냉동법
① 고체의 융해열 이용   ② 고체의 승화열 이용
③ 액체의 증발열 이용   ④ 기한제 이용

039 다음 중 암모니아 냉동시스템에 사용되는 팽창장치로 적절하지 않은 것은?
① 수동식 팽창밸브   ② 모세관식 팽창장치
③ 저압 플로트 팽창밸브 ④ 고압 플로트 팽창밸브

해설 모세관식은 냉매량 조절이 어려워 부하변동이 적은 소형 냉동시스템에 사용한다.

040 착상이 냉동장치에 미치는 영향으로 가장 거리가 먼 것은?
① 냉장실 내 온도가 상승한다.
② 증발온도 및 증발압력이 저하한다.
③ 냉동능력당 전력 소비량이 감소한다.
④ 냉동능력당 소요동력이 증대한다.

해설 증발기 착상 시 냉장실 내 온도와 증발온도는 상승하고, 압축기 소요동력은 증가하여 냉동능력당 전력 소비량도 증가한다.

답 037. ② 038. ④ 039. ② 040. ③

2018년 3월 4일 시행

참고 적상의 영향
① 전열불량으로 냉장실 내 온도상승 및 액압축 초래
② 증발압력 저하로 압축비 상승
③ 증발온도 저하
④ 실린더 과열로 토출가스온도 상승
⑤ 윤활유의 열화 및 탄화 우려
⑥ 체적효율 저하 및 압축기 소요동력 증가
⑦ 성적계수 및 냉동능력 감소

제3과목 공기조화

합격 041 온도가 30℃이고, 절대습도가 0.02kg/kg인 실외 공기와 온도가 20℃, 절대습도가 0.01kg/kg인 실내 공기를 1:2의 비율로 혼합하였다. 혼합된 공기의 건구온도와 절대습도는?

① 23.3℃, 0.013kg/kg
② 26.6℃, 0.025kg/kg
③ 26.6℃, 0.013kg/kg
④ 23.3℃, 0.025kg/kg

해설 혼합공기의 건구온도와 절대습도

$$t_3 = \frac{Q_1 t_1 + Q_2 t_2}{Q_1 + Q_2} = \frac{(1 \times 30) + (2 \times 20)}{1+2} = 23.3°C$$

$$x_3 = \frac{Q_1 x_1 + Q_2 x_2}{Q_1 + Q_2} = \frac{(1 \times 0.02) + (2 \times 0.01)}{1+2} = 0.013 \text{kg/kg}'$$

참고 외기와 실내공기(환기)와의 혼합 시 상태 값

$$t_3 = \frac{Q_1 t_1 + Q_2 t_2}{Q_1 + Q_2}, \quad h_3 = \frac{Q_1 h_1 + Q_2 h_2}{Q_1 + Q_2}, \quad x_3 = \frac{Q_1 x_1 + Q_2 x_2}{Q_1 + Q_2}$$

합격 042 냉수코일 설계 시 유의사항으로 옳은 것은?

① 대향류로 하고 대수평균 온도차를 되도록 크게 한다.
② 병행류로 하고 대수평균 온도차를 되도록 작게 한다.
③ 코일통과 풍속을 5m/s 이상으로 취하는 것이 경제적이다.
④ 일반적으로 냉수 입·출구 온도차는 10℃보다 크게 취하여 통과유량을 적게 하는 것이 좋다.

해설 냉수코일의 설계 시 유의사항
① 코일 내 유속은 1m/s 전후로 한다.
② 코일의 통과풍속을 2~3m/s 정도로 한다.
③ 공기와 물의 흐름을 대향류로 한다.
④ 냉수의 입·출구 온도차를 5℃ 전후로 한다.
⑤ 물과 공기의 대수평균 온도차(MTD)를 크게 한다.
⑥ 코일의 설치는 수평으로 한다.

답 041. ① 042. ①

043 건물의 지하실, 대규모 조리장 등에 적합한 기계환기법(강제급기+강제배기)은?

① 제1종 환기
② 제2종 환기
③ 제3종 환기
④ 제4종 환기

해설 제1종 환기(강제급기+강제배기)
건물의 지하실, 대규모 조리장, 변전실, 세탁실, 보일러실 등에 적용

044 다음 난방방식의 표준방열량에 대한 것으로 옳은 것은?

① 증기난방 : 0.523kW
② 온수난방 : 0.756kW
③ 복사난방 : 1.003kW
④ 온풍난방 : 표준방열량이 없다.

해설 온풍난방에서는 방열기가 필요없어 표준방열량이 없다.

참고 방열기 표준방열량
① 온수 : 450kcal/m²h(0.523kW/m²)
② 증기 : 650kcal/m²h(0.756kW/m²)

045 냉·난방 시의 실내 현열부하를 q_s(W), 실내와 말단장치의 온도(℃)를 각각 t_r, t_d라 할 때 송풍량 Q(L/s)를 구하는 식은?

① $Q = \dfrac{q_s}{0.24(t_r - t_d)}$
② $Q = \dfrac{q_s}{1.2(t_r - t_d)}$
③ $Q = \dfrac{q_s}{1.85(t_r - t_d)}$
④ $Q = \dfrac{q_s}{2501(t_r - t_d)}$

 송풍량(L/s)

$$Q = \frac{q_s}{\rho C(t_r - t_d)} = \frac{q_s(W = J/s)}{1.2\left(\dfrac{kg}{m^3}\right) \times \dfrac{1}{1,000}\left(\dfrac{m^3}{L}\right) \times 1\left(\dfrac{kJ}{kg\cdot℃}\right) \times \dfrac{1,000}{1}\left(\dfrac{J}{kJ}\right) \times (t_r - t_d)(℃)}$$

$$\fallingdotseq \frac{q_s}{1.2 \times (t_r - t_d)}$$

참고
$$Q(m^3/h) = \frac{q_s[kcal/h]}{0.29 \cdot \Delta t} = \frac{q_s[kJ/h]}{1.21 \cdot \Delta t} = \frac{q_s[W]}{0.34 \cdot \Delta t}$$

046 에어워셔에 대한 설명으로 틀린 것은?

① 세정실(Spray chamber)은 엘리미네이터 뒤에 있어 공기를 세정한다.
② 분무노즐(Spray nozzle)은 스탠드파이프에 부착되어 스프레이 헤더에 연결된다.
③ 플러딩 노즐(Flooding nozzle)은 먼지를 세정한다.
④ 다공판 또는 루버(Louver)는 기류를 정류해서 세정실 내를 통과시키기 위한 것이다.

043. ① 044. ④ 045. ② 046. ①

해설 에어워셔는 앞쪽에 세정실이 있고, 그 뒤에는 분무된 물이 공기와 함께 비산되는 것을 방지하는 엘리미네이터를 설치한다.

047 덕트 내 풍속을 측정하는 피토관을 이용하여 전압 23.8mmAq, 정압 10mmAq를 측정하였다. 이 경우 풍속은 약 얼마인가?

① 10m/s
② 15m/s
③ 20m/s
④ 25m/s

해설
① 동압=전압-정압=23.8-10=13.8mmAq
② 동압, $P_v = \dfrac{V^2}{2g}\gamma$에서 $V = \sqrt{\dfrac{2gP_v}{\gamma}} = \sqrt{\dfrac{2 \times 9.8 \times 13.8}{1.2}} = 15\text{m/s}$

048 어떤 방의 취득 현열량이 8360kJ/h로 되었다. 실내온도를 28℃로 유지하이 위하여 16℃의 공기를 취출하기로 계획한다면 실내로의 송풍량은? (단, 공기의 비중량은 1.2kg/m³, 정압비열은 1.004kJ/kg·℃이다.)

① 426.2m³/h
② 467.5m³/h
③ 578.7m³/h
④ 612.3m³/h

해설 송풍량(m³/h), $Q = \dfrac{q_s}{\rho C(t_r - t_d)} = \dfrac{8,360}{1.2 \times 1.004 \times (28-16)} = 578.24\text{m}^3/\text{h}$

여기서, 공기의 밀도는 공기의 비중량 1.2로 한다.

049 다음 조건의 외기와 재순환 공기를 혼합하려고 할 때 혼합공기의 건구온도는?

① 31.3℃
② 28.6℃
③ 18.6℃
④ 10.3℃

1) 외기 34℃ DB, 1000m³/h
2) 재순환공기 26℃ DB, 2000m³/h

해설 혼합공기의 건구온도
$t_3 = \dfrac{Q_1 t_1 + Q_2 t_2}{Q_1 + Q_2} = \dfrac{(1000 \times 34) + (2000 \times 26)}{1000 + 2000} = 28.6℃$

050 온풍난방의 특징에 관한 설명으로 틀린 것은?

① 예열부하가 거의 없으므로 기동시간이 아주 짧다.
② 취급이 간단하고 취급자격자를 필요로 하지 않는다.
③ 방열기기나 배관 등의 시설이 필요 없어 설비비가 싸다.
④ 취출온도의 차가 적어 온도분포가 고르다.

해설 취출 온도차와 실내 상하 온도차도 커 온도분포가 나쁘다.

답 047. ② 048. ③ 049. ② 050. ④

참고 온풍난방의 특징

장 점	단 점
① 열용량이 적어 예열시간이 짧고 간헐운전이 가능하다. ② 즉시 난방이 가능하다. ③ 방열기나 배관 등의 시설이 없다. ④ 취급이 간단하고 취급자격자가 불필요하다. ⑤ 설치가 간단하고 설비비가 싸다.	① 실내 상하 온도차가 커 온도분포가 좋지 않아 쾌적성이 떨어진다. ② 공기를 강제적으로 보내므로 소음 발생이 크다. ③ 덕트나 연도의 과열에 따른 화재에 우려가 있다.

051 간이계산법에 의한 건평 150m²에 소요되는 보일러의 급탕부하는? (단, 건물의 열손실은 90kJ/m²·h, 급탕량은 100kh/h, 급수 및 급탕 온도는 각각 30℃, 70℃이다.)
① 3500kJ/h　　② 4000kJ/h
③ 13500kJ/h　　④ 16800kJ/h

해설 급탕부하
$q = GC\Delta t = 100 \times 4.2 \times (70-30) = 16,800 \text{kJ/h}$

052 덕트 조립공법 중 원형덕트의 이음 방법이 아닌 것은?
① 드로우 밴드 이음(draw band joint)
② 비드 클림프 이음(beaded crimp joint)
③ 더블 심(double seam)
④ 스파이럴 심(spiral seam)

해설 더블 심 : SMACNA 공법에 의한 덕트의 세로방향 조립법

참고 원형덕트의 이음법
① 비드 슬리브 이음　② 비드 클램프 이음
③ 컴패니언 플랜지 이음　④ 드로우 밴드 이음
⑤ 스파이럴 심　⑥ 맞대기 용접이음
⑦ 아크메로크 그루브 심

053 공기 냉각·가열 코일에 대한 설명으로 틀린 것은?
① 코일의 관 내에 물 또는 증기, 냉매 등의 열매를 통과시키고 외측에는 공기를 통과시켜서 열매와 공기 간의 열교환을 시킨다.
② 코일에 일반적으로 16mm 정도의 동관 또는 강관의 외측에 동, 강 또는 알루미늄제의 판을 붙인 구조로 되어 있다.
③ 에로핀 중 감아 붙인 핀이 주름진 것을 스무드 핀, 주름이 없는 평면상의 것을 링클핀이라고 한다.
④ 관의 외부에 얇게 리본모양의 금속판을 일정한 간격으로 감아 붙인 핀의 형상을 에로핀형이라 한다.

답 051. ④　052. ③　053. ③

해설 에로핀(aero pin)형은 관의 외부에 얇은 리본 모양의 금속판을 일정한 간격으로 감아 붙인 것으로 감아 붙인 핀이 주름진 것을 링클핀, 주름이 없는 평면상의 것을 스무드 핀이라고 한다.

054 유인유닛 공조방식에 대한 설명으로 틀린 것은?
① 1차 공기를 고속덕트로 공급하므로 덕트 스페이스를 줄일 수 있다.
② 실내유닛에는 회전기기가 없으므로 시스템의 내용연수가 길다.
③ 실내부하를 주로 1차 공기로 처리하므로 중앙공조기는 커진다.
④ 송풍량이 적어 외기 냉방효과가 낮다.

해설 유인유닛 공조방식은 실내부하를 주로 실내에 설치된 유인유닛으로 처리하므로 중앙공조기의 용량을 작게할 수 있다.

055 온풍난방에서 중력식 순환방식과 비교한 강제순환방식의 특징에 관한 설명으로 틀린 것은?
① 기기 설치장소가 비교적 자유롭다.
② 급기 덕트가 작아서 은폐가 용이하다.
③ 공급되는 공기는 필터 등에 의하여 깨끗하게 처리될 수 있다.
④ 공기순환이 어렵고 쾌적성 확보가 곤란하다.

해설 강제순환방식은 공기를 강제순환시키므로 공기순환이 쉽고 쾌적성 확보가 쉽다.

056 공조방식에서 가변풍량 덕트방식에 관한 설명으로 틀린 것은?
① 운전비 및 에너지의 절약이 가능하다.
② 공조해야 할 공간의 열부하 증감에 따라 송풍량을 조절할 수 있다.
③ 다른 난방방식과 동시에 이용할 수 없다.
④ 실내 칸막이 변경이나 부하의 증감에 대처하기 쉽다.

해설 가변풍량 방식과 함께 재열 방식이나 2중 덕트 방식 등을 조합하여 사용할 수 있다.

057 특정한 곳에 열원을 두고 열수송 및 분배망을 이용하여 한정된 지역으로 열매를 공급하는 난방법은?
① 간접난방법   ② 지역난방법
③ 단독난방법   ④ 개별난방법

해설 지역난방법 : 특정한 곳에 열원을 두고 열수송 및 분배망을 이용하여 한정된 지역으로 열매를 공급하는 난방법

답 054. ③ 055. ④ 056. ③ 057. ②

058 공조용 열원장치에서 히트펌프 방식에 대한 설명으로 틀린 것은?
 ① 히트펌프방식은 냉방과 난방을 동시에 공급할 수 있다.
 ② 히트펌프 원리를 이용하여 지열시스템 구성이 가능하다.
 ③ 히트펌프방식 열원기기의 구동동력은 전기와 가스를 이용한다.
 ④ 히트펌프를 이용해 난방은 가능하나 급탕 공급은 불가능하다.

해설 히트펌프의 방출열을 이용하면 난방과 급탕이 가능하다.

059 겨울철에 어떤 방을 난방하는 데 있어서 이 방의 현열 손실이 12000kJ/h이고 잠열 손실이 4000kJ/h이며, 실온을 21℃, 습도를 50%로 유지하려 할 때 취출구의 온도차를 10℃로 하면 취출구 공기 상태점은?
 ① 21℃, 50%인 상태점을 지나는 현열비 0.75에 평행한 선과 건구온도 31℃인 선이 교차하는 점
 ② 21℃, 50%인 점을 지나고 현열비 0.33에 평행한 선과 건구온도 31℃인 선이 교차하는 점
 ③ 21℃, 50%인 점을 지나고 현열비 0.75에 평행한 선과 건구온도 11℃인 선이 교차하는 점
 ④ 21℃, 50%인 점과 31℃, 50%인 점을 잇는 선분을 4 : 3으로 내분하는 점

해설 실내 상태점인 21℃, 50%인 상태점을 지나는 현열비 0.75에 평행한 선과 건구온도 31℃인 선이 교차하는 점이 된다.
 ① 현열비, $SHF = \dfrac{q_s}{q_s + q_L} = \dfrac{12,000}{12,000 + 4,000} = 0.75$
 ② 취출온도 = 21 + 10 = 31℃

060 관류보일러에 대한 설명으로 옳은 것은?
 ① 드럼과 여러 개의 수관으로 구성되어 있다.
 ② 관을 자유로이 배치할 수 있어 보일러 전체를 합리적인 구조로 할 수 있다.
 ③ 전열면적당 보유수량이 커 시동시간이 길다.
 ④ 고압 대용량에 부적합하다.

해설 관류 보일러는 관의 배치가 자유로워 합리적인 구조로 할 수 있다.

참고 관류 보일러
초임계 압력 하에서 증기를 얻을 수 있는 보일러로서 하나의 긴 관으로 구성되며, 드럼이 없고 보유수량이 적어 증기발생이 매우 빠른 보일러이나, 급수처리가 까다롭고 수명이 짧으며 값이 비싸다.

답 058. ④ 059. ① 060. ②

제4과목 전기제어공학

061 회로에서 A와 B간의 합성저항은 약 몇 Ω인가? (단, 각 저항의 단위는 모두 Ω이다.)
① 2.66
② 3.2
③ 5.33
④ 6.4

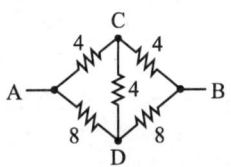

해설 문제의 회로는 휘스톤 브리지로 마주 보는 저항의 곱이 서로 같으면, C와 D점의 전위가 동일하여 가운데 회로의 저항에 전류가 흐르지 않는다. 따라서 가운데의 저항은 없고 4Ω과 4Ω의 직렬회로와 8Ω과 8Ω의 직렬회로가 병렬로 연결된 회로이므로 다음과 같이 합성저항을 얻을 수 있다.

$$\frac{1}{R_S} = \frac{1}{4+4} + \frac{1}{8+8} = \frac{1}{8} + \frac{1}{16} = \frac{2+1}{16} = \frac{3}{16} \Rightarrow R_S = \frac{16}{3} = 5.33$$

062 기계장치, 프로세스 및 시스템 등에서 제어되는 전체 또는 부분으로서 제어량을 발생시키는 장치는?
① 제어장치
② 제어대상
③ 조작장치
④ 검출장치

해설 제어량 : 제어대상의 출력신호로 제어의 직접적인 목표가 되는 신호

참고
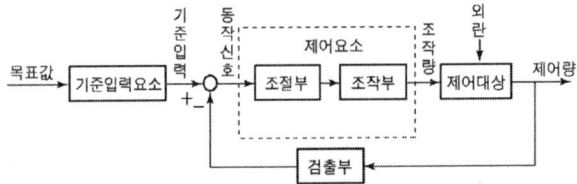

063 목표값이 미리 정해진 시간적 변화를 하는 경우 제어량을 변화시키는 제어는?
① 정치 제어
② 추종 제어
③ 비율 제어
④ 프로그램 제어

해설 프로그램 제어 : 추치 제어 중 목표치의 변화의 상태를 미리 알고 있는 경우의 제어

참고 ① 정치 제어 : 제어량이 목표값인 일정한 값을 유지하도록 제어하는 것을 목적으로 한 제어
② 추종 제어 : 목표값의 임의의 시간적 변화를 하는 경우 제어량을 그것에 추종시키기 위한 제어
③ 비례 제어 : 제어대상의 목표값와 출력값의 오차에 비례하는 조작량을 가하는 제어로 목표값에 근접하면 오차가 작아지므로 점진적으로 목표치를 달성할 수 있다. 그러나 외부적인 요인이 작용할 경우 대응이 불가능한 단점이 있다.

답 061. ③ 062. ② 063. ④

입력이 011₍₂₎일 때, 출력은 3V인 컴퓨터 제어의 D/A 변환기에서 입력을 101₍₂₎로 하였을 때 출력은 몇 V인가? (단, 3bit 디지털 입력이 011₍₂₎은 off, on, on을 뜻하고 입력과 출력은 비례한다.)

① 3 ② 4
③ 5 ④ 6

해설 컴퓨터는 2진수의 디지털 신호만 취급하지만 외부 기기들은 아날로그 신호를 취급하기 때문에 컴퓨터의 2진 신호를 정수의 아날로그 값으로 변환하는데, 이때는 2진 신호와 아날로그 신호는 비례하게 된다. 따라서, 다음과 같이 출력 전압을 계산할 수 있다.
$011_2 = 0 \times 2^2 + 1 \times 2^1 + 1 \times 2^0 = 3$
$101_2 = 1 \times 2^2 + 0 \times 2^1 + 1 \times 2^0 = 5$
따라서, 5V이다. 참고로 이와 같은 역할을 하는 기기를 D/A 컨버터라 한다.

 토크가 증가하면 속도가 낮아져 대체적으로 일정한 출력이 발생하는 것을 이용해서 전차, 기중기 등에 주로 사용하는 직류전동기는?

① 직권전동기 ② 분권전동기
③ 가동 복권전동기 ④ 차동 복권전동기

해설 직권전동기 : 계자와 전기자가 직렬로 연결된 직류전동기로 기동토크가 크며, 부하에 따라 속도의 변동이 심한 특성을 가진다. 주로 기중기, 자동차의 시동 전동기, 전동차 등에 사용한다.

 제어량을 원하는 상태로 하기 위한 입력신호는?

① 제어명령 ② 작업명령
③ 명령처리 ④ 신호처리

해설 제어명령 : 제어대상의 제어량을 목표에 도달하기 위한 명령

067 평행하게 왕복되는 두 도선에 흐르는 전류간의 전자력은? (단, 두 도선간의 거리는 r(m)라 한다.)

① r에 비례하며 흡인력이다. ② r^2에 비례하며 흡인력이다.
③ $\dfrac{1}{r}$에 비례하며 반발력이다. ④ $\dfrac{1}{r^2}$에 비례하며 반발력이다.

해설 같은 방향의 전류가 흐르는 평행도선은 인력이 작용하고, 반대방향의 전류가 흐르면 반발력이 작용한다. 문제에서는 왕복도체라 했으므로 전류는 서로 반대방향의 전류가 흐르므로 반발력이 작용한다. 이때 작용하는 힘의 크기는 다음과 같다.
$F = \dfrac{2\mu I_1 I_2 l}{2\pi r}$ [N] ⇒ 자유공간 $F = \dfrac{2 I_1 I_2 l}{r} \times 10^{-7}$ [N]

답 064. ③ 065. ① 066. ① 067. ③

068 피드백제어계에서 제어장치가 제어대상에 가하는 제어신호로 제어장치의 출력인 동시에 제어대상의 입력인 신호는?

① 목표값 ② 조작량
③ 제어량 ④ 동작신호

해설 조작량 : 제어부에서 나온 신호를 가지고 직접적으로 제어대상을 조작하는 신호로 이와 같은 기기를 조작기라고 함.

참고 ① 동작신호 : 기준입력과 주 궤환신호와의 편차신호로 제어동작을 일으키는 원천이 되는 신호
② 제어량 : 제어를 할 때 직접적으로 제어에 대상이 되는 값으로 온도, 압력, 회전수, 전류 등이 해당한다.

069 피드백제어의 장점으로 틀린 것은?

① 목표값에 정확히 도달할 수 있다.
② 제어계의 특성을 향상시킬 수 있다.
③ 외부 조건의 변화에 대한 영향을 줄일 수 있다.
④ 제어기 부품들의 성능이 나쁘면 큰 영향을 받는다.

해설 피드백제어 : 결과를 입력측으로 되돌려(feedback) 현재의 출력과 목표값을 비교하는 특징이 있으므로 개회로 제어에 비하여 오차가 감소, 이득의 증가, 안정성의 증가, 대역폭의 증가 등을 얻을 수 있다. 단, 검출기 등을 필요로 하므로 시스템이 복잡하고 비용이 많이 든다. 또한 검출기 등의 장치의 성능이 열악하면 큰 영향을 받는다.

070 다음과 같은 두 개의 교류전압이 있다. 두 개의 전압은 서로 어느 정도의 시간차를 가지고 있는가?

$$v_1 = 10\cos 10t, \quad v_2 = 10\cos 5t$$

① 약 0.25초 ② 약 0.46초
③ 약 0.63초 ④ 약 0.72초

해설 같은 주파수가 아니라 시간차를 계산할 수 없으나, 주기차는 계산할 수 있다.

$v = V_{max}\sin\omega t = V_{max}\sin 2\pi ft = V_{max}\sin\dfrac{2\pi}{T}t \Rightarrow w = 2\pi f = \dfrac{2\pi}{T}$

$v_1 = 10\cos 10t \Rightarrow \omega = \dfrac{2\pi}{T} = 10 \Rightarrow T_1 = \dfrac{2\pi}{10} = 0.6283[s]$

$v_2 = 10\cos 5t \Rightarrow \omega = \dfrac{2\pi}{T} = 5 \Rightarrow T_2 = \dfrac{2\pi}{5} = 1.2567[s]$

$\Delta T = T_1 - T_2 = 0.6283 - 1.2567 = -0.6283[s]$

답 068. ② 069. ④ 070. ③

071 그림과 같은 계통의 전달 함수는?

① $\dfrac{G_1 G_2}{1+G_2 G_3}$

② $\dfrac{G_1 G_2}{1+G_1+G_2 G_3}$

③ $\dfrac{G_1 G_2}{1+G_2+G_1 G_2 G_3}$

④ $\dfrac{G_1 G_2}{1+G_1 G_2+G_2 G_3}$

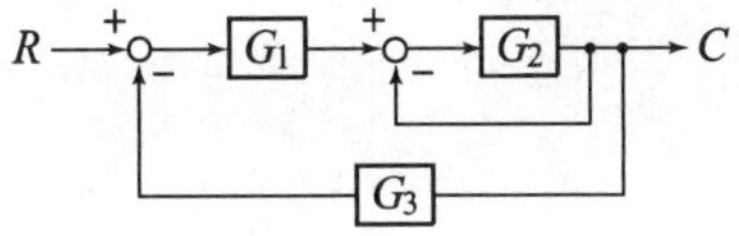

해설
$\{(R-CG_3)G_1-C\}G_2 = C$
$RG_1 G_2 - G_1 G_2 G_3 C - G_2 C = C$
$C(1+G_2+G_1 G_2 G_3) = RG_1$
$C = \dfrac{G_1 G_2}{1+G_2+G_1 G_2 G_3} R$

072 평행판 간격을 처음의 2배로 증가시킬 경우 정전용량 값은?

① 1/2로 된다.   ② 2배로 된다.
③ 1/4로 된다.   ④ 4배로 된다.

해설 정전용량을 결정하는 식

$C[\mathrm{F}] = \dfrac{\epsilon A [\mathrm{m}^2]}{d[\mathrm{m}]}$

A : 도체의 단면적, d : 도체의 간격, ϵ : 유전율
따라서, 간격을 2배로 하면, 용량은 1/2로 감소한다.

073 내부저항 r인 전류계의 측정범위를 n배로 확대하려면 전류계에 접속하는 분류기 저항(Ω)값은?

① nr   ② r/n
③ (n-1)r   ④ r/(n-1)

해설 $n = \left(1+\dfrac{r}{R}\right) = \dfrac{R+r}{R} \Rightarrow Rn = R+r \Rightarrow R(n-1) = r \Rightarrow R = \dfrac{r}{n-1}$

참고 분류기
① 전류의 측정범위를 확대하기 위해 전류계와 병렬로 접속하는 저항
② 내부저항 R_m인 전류계에 저항 R(분류기)를 병렬 연결하면 전류계의 측정범위는 $\left(1+\dfrac{R_m}{R}\right)$ 배로 증가함.

답 071. ③   072. ①   073. ④

074 그림과 같은 계전기 접점회로의 논리식은?

① $XZ+Y$
② $(X+Y)Z$
③ $(X+Z)Y$
④ $X+Y+Z$

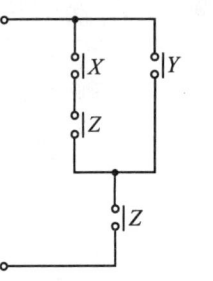

해설 스위치가 직렬로 연결되면 논리식으로는 AND가 되고, 병렬이면 OR가 된다. 논리식은 다음과 같다.
$(XZ+Y)Z = XZZ+YZ = XZ+YZ = (X+Y)Z$

075 전달함수 $G(s) = \dfrac{s+b}{s+a}$를 갖는 회로가 진상 보상회로의 특성을 갖기 위한 조건으로 옳은 것은?

① $a > b$
② $a < b$
③ $a > 1$
④ $b > 1$

해설 먼저 전달함수의 위상관계를 계산하기 위해서는 $s = j\omega$를 대입하고 극좌표 형식으로 정리한다.
$$\frac{s+b}{s+a} \Rightarrow \frac{b+j\omega}{a+j\omega} \Rightarrow \frac{\sqrt{b^2+\omega^2}\ \angle \tan^{-1}(\omega/b)}{\sqrt{a^2+\omega^2}\ \tan^{-1}(\omega/a)}$$
위의 식을 이용하여 위상관계를 계산해서 각도가 음의 값이 나오면 지상보상 특성을 갖는다.
$$\tan^{-1}\left(\frac{\omega}{b}\right) - \tan\left(\frac{\omega}{a}\right) < 0 \Rightarrow \frac{\omega}{b} - \frac{\omega}{a} < 0 \Rightarrow \frac{1}{b} < \frac{1}{a} \Rightarrow a < b$$

참고 ① 지상은 위상이 뒤처지는 것을 의미하고, 진상이란 위상이 앞서는 것을 의미한다.
② $a\angle\theta_1 \times b\angle\theta_2 = ab\angle(\theta_1+\theta_2)$
$a\angle\theta_1 \div b\angle\theta_2 = \dfrac{a\angle\theta_1}{b\angle\theta_2} = \dfrac{a}{b}\angle(\theta_1-\theta_2)$

076 예비전원으로 사용되는 축전지의 내부저항을 측정할 때 가장 적합한 브리지는?

① 캠벨 브리지
② 맥스웰 브리지
③ 휘트스톤 브리지
④ 콜라우시 브리지

해설 콜라우시 브리지법 : 축전지의 내부저항과 접지저항 측정법

참고 ① 휘트스톤 브리지법 : 중저항을 측정하는 법
② 캠벨 브리지법 : 전선과 같은 저저항의 측정법
③ 맥스웰 브리지법 : 인덕턴스를 측정하는 브리지

답 074. ② 075. ① 076. ④

077 물 20 ℓ를 15℃에서 60℃로 가열하려고 한다. 이때 필요한 열량은 몇 kcal인가? (단, 가열 시 손실은 없는 것으로 한다.)
① 700
② 800
③ 900
④ 1000

해설 열량 = 질량×비열×온도차 = $m \cdot c \cdot \Delta t = 1 \times 20 \times (60-15) = 900$ kcal

078 제어하려는 물리량을 무엇이라 하는가?
① 제어
② 제어량
③ 물질량
④ 제어대상

해설 제어량 : 제어를 할 때 직접적으로 제어에 대상이 되는 값으로 온도, 압력, 회전수, 전류 등이다.

079 전동기에 일정 부하를 걸어 운전 시 전동기 온도 변화로 옳은 것은?

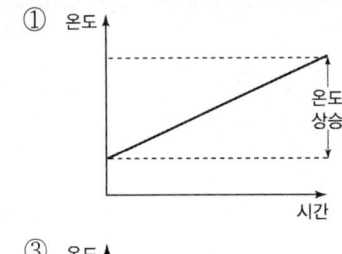
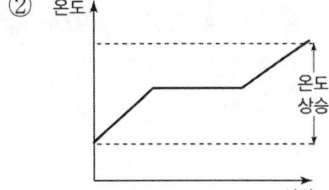
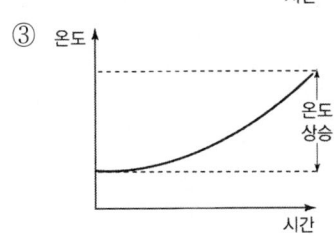
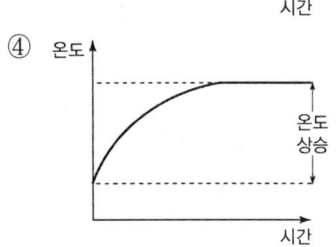

해설 전동기에는 입력되는 에너지의 일부를 저항에 의한 열로 소모해서 온도가 상승하기 때문에 냉각장치가 필요하다. 보통은 공랭식이지만 일부는 수냉식도 존재한다. 따라서, 온도는 어느 정도까지는 상승하지만 그 이상은 상승하지 않는다.

080 서보드라이브에서 펄스로 지령하는 제어운전은?
① 위치제어운전
② 속도제어운전
③ 토크제어운전
④ 변위제어운전

해설 서보드라이드 : 주로 위치제어를 하는 장치로 위치지령을 펄스로 하는 시스템은 스텝모터를 사용하는 위치제어시스템이다.

답 077. ③ 078. ② 079. ④ 080. ①

제 5 과목 배관일반

081 배관용 보온재의 구비조건에 관한 설명으로 틀린 것은?
① 내열성이 높을수록 좋다.
② 열전도율이 적을수록 좋다.
③ 비중이 작을수록 좋다.
④ 흡수성이 클수록 좋다.

해설 보온재는 흡수성이 작아야 한다.

참고 보온재의 구비조건
① 열전도율이 작을 것
② 내열성 및 내구성이 있을 것
③ 비중이 작아야 한다.
④ 불연성이고 내흡습성이 클 것
⑤ 다공질이며, 기공이 균일해야 한다.

082 가열기에서 최고위 급탕전까지 높이가 12m이고, 급탕온도가 85℃, 복귀탕의 온도가 70℃일 때, 자연 순환수두(mmAq)는? (단, 85℃일 때 밀도는 0.96876kg/L이고, 70℃일 때 밀도는 0.97781kg/L이다.)
① 70.5
② 80.5
③ 90.5
④ 108.6

해설 자연순환수두
$H = (\rho_2 - \rho_1) \times 1,000 \times h = (0.97781 - 0.96876) \times 1,000 \times 12 = 108.6 \text{mmAq}$

083 관경 100A인 강관을 수평주관으로 시공할 때 지지간격으로 가장 적절한 것은?
① 2m 이내
② 4m 이내
③ 8m 이내
④ 12m 이내

해설 100A 강관의 수평주관 지지간격 : 4m 이내

참고 배관의 지지간격

구 분	강 관		동 관	
	관경(A)	간 격	관경(A)	간 격
수평배관	20 이하	1.8m 이내	20 이하	1.0m 이내
	25~40	2.0m 이내	25~40	1.5m 이내
	50~80	3.0m 이내	50	2.0m 이내
	100~150	4.0m 이내	65~100	2.5m 이내
	200 이상	5.0m 이내	125 이상	3.0m 이내

답 081. ④ 082. ④ 083. ②

084 상수 및 급탕배관에서 상수 이외의 배관 또는 장치가 접속되는 것을 무엇이라고 하는가?
① 크로스 커넥션
② 역압 커넥션
③ 사이펀 커넥션
④ 에어갭 커넥션

해설 크로스 커넥션(cross connection)
상수 이외의 배관 또는 장치가 접속되어 음용수가 오염되는 배관 접속

085 보온재를 유기질과 무기질로 구분할 때, 다음 중 성질이 다른 하나는?
① 우모펠트
② 규조토
③ 탄산마그네슘
④ 슬래그 섬유

해설 ① 유기질 ② 무기질 ③ 무기질 ④ 무기질

참고 유기질 보온재
① 펠트 ② 코르크 ③ 텍스류 ④ 기포성 수지

086 도시가스의 공급설비 중 홀더의 종류가 아닌 것은?
① 유수식
② 중수식
③ 무수식
④ 고압식

해설 가스 홀더의 종류 : 유수식, 무수식, 고압(구형) 홀더

참고 가스 홀더(gas holder)
공장에서 제조 정제된 가스를 저장하여 가스 품질을 균일하게 유지하면서 제조량과 수요량을 조절하는 장치

087 냉매 배관 시 주의사항으로 틀린 것은?
① 배관은 가능한 간단하게 한다.
② 배관의 굽힘을 적게 한다.
③ 배관에 큰 응력이 발생할 염려가 있는 곳에는 루프 배관을 한다.
④ 냉매의 열손실을 방지하기 위해 바닥에 매설한다.

해설 냉매의 열손실을 방지하기 위해 보온을 철저히 하여야 한다.

답 084. ① 085. ① 086. ② 087. ④

088 냉각 레그(cooling leg) 시공에 대한 설명으로 틀린 것은?
① 관경은 증기 주관보다 한 치수 크게 한다.
② 냉각 레그와 환수관 사이에는 트랩을 설치하여야 한다.
③ 응축수를 냉각하여 재증발을 방지하기 위한 배관이다.
④ 보온피복을 할 필요가 없다.

해설 냉각 레그(cooling leg)
증기주관 끝의 길이를 1.5m 이상으로 하고 보온하지 않은 상태로 증기를 응축시켜 트랩으로 보내는 역할

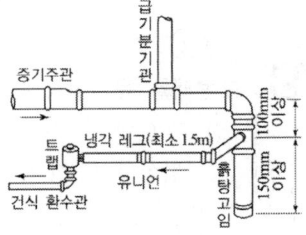

089 기체 수송 설비에서 압축공기 배관의 부속장치가 아닌 것은?
① 후부냉각기　　② 공기여과기
③ 안전밸브　　　④ 공기빼기밸브

해설 압축공기 배관에는 공기빼기밸브를 설치하지 않는다.

090 가스설비에 관한 설명으로 틀린 것은?
① 일반적으로 사용되고 있는 가스유량 중 1시간당 최대값을 설계유량으로 한다.
② 가스미터는 설계유량을 통과시킬 수 있는 능력을 가진 것을 선정한다.
③ 배관 관경은 설계유량이 흐를 때 배관의 끝부분에서 필요한 압력이 확보될 수 있도록 한다.
④ 일반적으로 공급되고 있는 천연가스에는 일산화탄소가 많이 함유되어 있다.

해설 천연가스는 메탄(CH_4)가스가 주성분이다.

091 증기트랩에 관한 설명으로 옳은 것은?
① 플로트 트랩은 응축수나 공기가 자동적으로 환수관에 배출되며, 저·고압에 쓰이고 형식에 따라 앵글형과 스트레이트형이 있다.
② 열동식 트랩은 고압, 중압의 증기관에 적합하며, 환수관을 트랩보다 위쪽에 배관할 수도 있고, 형식에 따라 상향식과 하향식이 있다.
③ 임펄스 증기트랩은 실린더 속의 온도 변화에 따라 연속적으로 밸브가 개폐하며, 작동 시 구조상 증기가 약간 새는 결점이 있다.
④ 버킷 트랩은 구조상 공기를 함께 배출하지 못하지만 다량의 응축수를 처리하는 데 적합하며, 다량트랩이라고 한다.

답 088. ①　089. ④　090. ④　091. ③

해설 ① 열동식 트랩 ② 버킷 트랩
③ 임펄스 트랩(디스크 트랩) ④ 플로트 트랩

092 폴리에틸렌관의 이음방법이 아닌 것은?
① 콤포 이음 ② 융착 이음
③ 플랜지 이음 ④ 테이퍼 이음

해설 콤포 이음은 콘크리트관 이음방법이다.
참고 폴리 에틸렌관(PE관) 이음
① 나사 이음 ② 융착 이음 ③ 테이퍼 이음 ④ 인서트 이음 ⑤ 플랜지 이음

093 동일 구경의 관을 직선 연결할 때 사용하는 관 이음재료가 아닌 것은?
① 소켓 ② 플러그
③ 유니온 ④ 플랜지

해설 동일 지름의 관을 직선 연결할 때 : 소켓, 니플, 유니온, 플랜지
참고 배관의 끝을 막을 때 : 캡, 플러그, 막힘 플랜지

094 열교환기 입구에 설치하여 탱크 내의 온도에 따라 밸브를 개폐하며, 열매의 유입량을 조절하여 탱크 내의 온도를 설정범위로 유지시키는 밸브는?
① 감압 밸브 ② 플랩 밸브
③ 바이패스 밸브 ④ 온도조절 밸브

해설 온도조절 밸브(TCV)
열교환기 입구에 설치하여 탱크 내의 온도에 따라 밸브를 조절하여 열매의 유입량을 조절하여 탱크 내의 온도를 설정범위로 유지시키는 밸브

095 급수배관 내에 공기실을 설치하는 주된 목적은?
① 공기밸브를 작게 하기 위하여
② 수압시험을 원활하기 위하여
③ 수격작용을 방지하기 위하여
④ 관내 흐름을 원활하게 하기 위하여

답 092. ① 093. ② 094. ④ 095. ③

해설 수격작용 방지대책
① 밸브의 개폐를 서서히
② 관경을 크게 하고, 유속을 느리게
③ 굴곡배관을 억제
④ 공기실(air chamber) 설치
⑤ 수격방지기(WHC)의 설치
⑥ 워터햄머 흡수기(arresters)의 설치

096 다음 [보기]에서 설명하는 통기관 설비 방식과 특징으로 적합한 방식은?

[보 기]
㉠ 배수관의 청소구 위치로 인해서 수평관이 구부러지지 않게 시공한다.
㉡ 배수 수평 분기관이 수평주관의 수위에 잠기면 안 된다.
㉢ 배수관의 끝 부분은 항상 대기 중에 개방되도록 한다.
㉣ 이음쇠를 통해 배수에 선회력을 주어 관내 통기를 위한 공기 코어를 유지하도록 한다.

① 섹스티아(sextia) 방식
② 소벤트(sovent) 방식
③ 각개통기 방식
④ 신정통기 방식

해설 배수통기설비의 섹스티아 방식을 이용할 때의 배관방법에 대한 설명이다.

참고 섹스티아 방식(sextia system)
이음쇠에서 선회력을 주어 수직관의 배관 중앙에 공기 코어를 형성하여 하나의 관으로 배수, 통기관을 겸하는 방식으로 고층이나 APT 등에 많이 사용하는 방식이다.

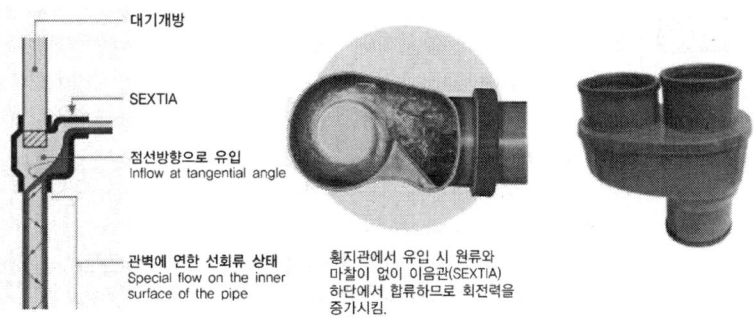

097 25mm 강관의 용접이음용 숏(short) 엘보의 곡률 반경(mm)은 얼마 정도로 하면 되는가?
① 25
② 37.5
③ 50
④ 62.5

해설 엘보의 곡률반경
① 단(short) 엘보 : 강관의 호칭지름의 1.0배
② 장(long) 엘보 : 강관의 호칭지름의 1.5배

답 096. ① 097. ①

098 다음 중 배수 설비와 관련된 용어는?
① 공기실(air chamber) ② 봉수(seal water)
③ 볼탭(ball tap) ④ 드렌처(drencher)

해설 배수트랩의 봉수 깊이를 50~100mm 정도로 배수관에서의 악취나 해충의 유입을 방지한다.

참고 배수트랩의 봉수 파괴원인
① 자연증발 ② 모세관 현상
③ 자기 사이펀 작용 ④ 유도 사이펀 작용(감압에 의한 흡인작용)
⑤ 역압에 의한 분출(토출작용) ⑥ 관성에 의한 배출

099 도시가스 계량기(30m³/h 미만)의 설치 시 바닥으로부터 설치 높이로 가장 적합한 것은? (단, 설치 높이의 제한을 두지는 않는 특정장소는 제외한다.)
① 0.5m 이하 ② 0.7m 이상 1m 이내
③ 1.6m 이상 2m 이내 ④ 2m 이상 2.5m 이내

해설 가스계량기 설치와 밸브설치
① 지면으로부터 1.6m 이상 2m 이내에 설치
② 화기로부터 2m 이상 우회거리
③ 입상관의 밸브 설치 : 바닥으로부터 1.6m 이상 2m 이내

100 진공환수식 증기난방 배관에 대한 설명으로 틀린 것은?
① 배관 도중에 공기 빼기 밸브를 설치한다.
② 배관 기울기를 작게 할 수 있다.
③ 리프트 피팅에 의해 응축수를 상부로 배출할 수 있다.
④ 응축수의 유속이 빠르게 되므로 환수관을 가늘게 할 수가 있다.

해설 진공환수식에서는 배관 도중에 공기 빼기 밸브를 설치하지 않는다.

답 098. ② 099. ③ 100. ①

2018년 4월 28일 제2회 공조냉동기계기사

제1과목 기계열역학

001 이상기체에 대한 관계식 중 옳은 것은? (단, C_p, C_v는 정압 및 정적비열, k는 비열비이고, R은 기체상수이다.)

① $C_p = C_v - R$
② $C_v = \dfrac{k-1}{k}R$
③ $C_p = \dfrac{k}{k-1}R$
④ $R = \dfrac{C_p + C_v}{2}$

해설 ① 비열비, $k = C_p/C_v$ ② 정압비열, $C_p = \dfrac{k}{k-1}R$
③ 정적비열, $C_v = \dfrac{1}{k-1}R$ ④ 기체상수, $R = C_p - C_v$

002 온도가 T_1인 고열원으로부터 온도가 T_2인 저열원으로 열전도, 대류 복사 등에 의해 Q만큼 열전달이 이루어졌을 때 전체 엔트로피 변화량을 나타내는 식은?

① $\dfrac{T_1 - T_2}{Q(T_1 \times T_2)}$
② $\dfrac{Q(T_1 + T_2)}{T_1 \times T_2}$
③ $\dfrac{Q(T_1 - T_2)}{T_1 \times T_2}$
④ $\dfrac{T_1 + T_2}{Q(T_1 \times T_2)}$

해설 열전달에서 엔트로피 변화량, $dS = \int_1^2 \dfrac{\delta Q}{T}$ 에서
$$\Delta S = \Delta S_2 - \Delta S_1 = \dfrac{Q}{T_2} + \dfrac{-Q}{T_1} = \dfrac{Q \times T_1}{T_1 \times T_2} - \dfrac{Q \times T_2}{T_1 \times T_2} = \dfrac{Q(T_1 - T_2)}{T_1 \times T_2}$$

003 1kg의 공기가 100℃를 유지하면서 가역등온팽창하여 외부에 500kJ의 일을 하였다. 이때 엔트로피의 변화량은 약 몇 kJ/K인가?

① 1.895 ② 1.665
③ 1.467 ④ 1.340

해설 $\Delta s = \dfrac{\delta q}{T} = \dfrac{500}{100 + 273} = 1.34\,\text{kJ/K}$

답 001. ③ 002. ③ 003. ④

004 증기 압축 냉동 사이클로 운전하는 냉동기에서 압축기 입구, 응축기 입구, 증발기 입구의 엔탈피가 각각 387.2kJ/kg, 435.1kJ/kg, 241.8kJ/kg일 경우 성능계수는 약 얼마인가?

① 3.0　　② 4.0
③ 5.0　　④ 6.0

해설
$$COP = \frac{q_2}{w} = \frac{387.2 - 241.8}{435.1 - 387.2} = 3.0$$

 005 습증기 상태에서 엔탈피 h를 구하는 식은? (단, h_f는 포화액의 엔탈피, h_g는 포화증기의 엔탈피, x는 건도이다.)

① $h = h_f + (xh_g - h_f)$　　② $h = h_f + x(h_g - h_f)$
③ $h = h_g + (xh_f - h_g)$　　④ $h = h_g + x(h_g - h_f)$

해설 습증기 상태의 엔탈피
$h = h_f + x(h_g - h_f) = h_f + r \cdot x$

 006 다음의 열역학 상태량 중 종량적 상태량(extensive property)에 속하는 것은?
① 압력　　② 체적
③ 온도　　④ 밀도

해설 상태량의 구분
① 강도성(강성적) 상태량 : 온도, 압력, 비체적, 비중량, 밀도, 비엔탈피 등
② 종량성(용량성) 상태량 : 질량, 체적, 내부에너지, 엔탈피, 엔트로피, 전기저항 등

 007 온도 150℃, 압력 0.5MPa의 공기 0.2kg이 압력이 일정한 과정에서 원래 체적의 2배로 늘어난다. 이 과정에서의 일은 약 몇 kJ인가? (단, 공기는 기체상수가 0.287kJ/(kg·K)인 이상기체로 가정한다.)

① 12.3kJ　　② 16.5kJ
③ 20.5kJ　　④ 24.3kJ

해설
$w = p \cdot dV = 0.5 \times 1,000 \times (2 \times 0.0487) - 0.0487 = 24.3\text{kJ/kg}$
여기서, $V_1 = \frac{mRT_1}{P_1} = \frac{0.2 \times 0.287 \times (150 + 273)}{0.5 \times 1,000} = 0.0487\text{m}^3$

답 004. ①　005. ②　006. ②　007. ④

008 천체연 폭포의 높이가 55m이고 주위와 열교환을 무시한다면 폭포수가 낙하한 후 수면에 도달할 때까지 온도 상승은 약 몇 K인가? (단, 폭포수의 비열은 4.2kJ/(kg·K) 이다.)

① 0.87 ② 0.31
③ 0.13 ④ 0.68

해설 $m \cdot g \cdot h = G \cdot C \cdot \Delta t$ 에서 $\dfrac{m \times 9.8 \times 55}{1,000} = G \times 4.2 \times \Delta t$

$\Delta t = 0.13\,℃$

009 유체의 교축과정에서 Joule-Thomson 계수(μ_J)가 중요하게 고려되는데 이에 대한 설명으로 옳은 것은?

① 등엔탈피 과정에 대한 온도변화와 압력변화의 비를 나타내며, $\mu_J < 0$인 경우 온도 상승을 의미한다.
② 등엔탈피 과정에 대한 온도변화와 압력변화의 비를 나타내며, $\mu_J < 0$인 경우 온도 강하를 의미한다.
③ 정적 과정에 대한 온도변화와 압력변화의 비를 나타내며, $\mu_J < 0$인 경우 온도 상승을 의미한다.
④ 정적 과정에 대한 온도변화와 압력변화의 비를 나타내며, $\mu_J < 0$인 경우 온도 강하를 의미한다.

해설 등엔탈피 과정에 대한 온도변화와 압력변화의 비를 나타내며, $\mu_J < 0$인 경우 온도 상승을 의미한다.

참고 Joule-Thomson계수 : 줄 톰슨 계수는 등엔탈피 과정에 대한 온도변화와 압력변화의 비로서 $\mu_J = (\partial T/\partial P)_h$ 가 양(+)이면 교축 중에 온도가 떨어지며, 음(-)이면 온도가 상승하고, 0이면 온도가 일정하게 된다.

010 Brayton 사이클에서 압축기 소요일은 175kJ/kg, 공급열은 627kJ/kg, 터빈 발생일은 406kJ/kg로 작동될 때 열효율은 약 얼마인가?

① 0.28 ② 0.37
③ 0.42 ④ 0.48

해설 $\eta_B = \dfrac{w}{q_1} = \dfrac{w_T - w_a}{q_1} = \dfrac{406 - 175}{627} = 0.37$

정답 008. ③ 009. ① 010. ②

마찰이 없는 실린더 내에 온도 500K, 비엔트로피 3kJ/(kg·K)인 이상기체가 2kg 들어있다. 이 기체의 비엔트로피가 10kJ/(kg·K)이 될 때까지 등온과정으로 가열 한다면 가열량은 약 몇 kJ인가?

① 1400kJ   ② 2000kJ
③ 3500kJ   ④ 7000kJ

해설
- 비엔트로피 변화량, $s_2 - s_1 = R\ln\dfrac{P_1}{P_2}$ 에서

  $R\ln\dfrac{P_1}{P_2} = (10-3)\text{kJ/kg}\cdot\text{K} = 7\text{kJ/kg}\cdot\text{K}$

- 가열량, $Q_{12} = mRT_1\ln\dfrac{P_1}{P_2} = mT_1(s_2 - s_1)$ 에서

  $Q_{12} = 2\text{kg} \times 500\text{K} \times 7\dfrac{\text{kJ}}{\text{kg}\cdot\text{K}} = 7000\text{kJ}$

---

012 매시간 20kg의 연료를 소비하여 74kW의 동력을 생산하는 가솔린 기관의 열효율 은 약 몇 %인가? (단, 가솔린의 저위발열량은 43470kJ/kg이다.)

① 18   ② 22
③ 31   ④ 43

해설
$\eta = \dfrac{W}{Q_1} = \dfrac{74 \times 3,600}{20 \times 43,470} \times 100 = 30.64\%$

여기서, 1kW = 3,600 kJ/h이다.

---

013 다음 중 이상적인 증기 터빈의 사이클인 랭킨 사이클을 옳게 나타낸 것은?

① 가역등온압축 → 정압가열 → 가역등온팽창 → 정압냉각
② 가역단열압축 → 정압가열 → 가역단열팽창 → 정압냉각
③ 가역등온압축 → 정적가열 → 가역등온팽창 → 정적냉각
④ 가역단열압축 → 정적가열 → 가역단열팽창 → 정적냉각

해설 랭킨 사이클
① 증기 원동소의 기본 사이클로 2개의 단열변화와 2개의 정압변화로 구성
② 가역단열압축 → 정압가열 → 가역단열팽창 → 정압냉각

 피스톤-실린더 장치 내에 있는 공기가 0.3m³에서 0.1m³으로 압축되었다. 압축되는 동안 압력(P)과 체적(V) 사이에 $P = aV^{-2}$의 관계가 성립하며, 계수 $a = 6\text{kPa}\cdot\text{m}^6$이 다. 이 과정 동안 공기가 한 일은 약 얼마인가?

① -53.3kJ   ② -1.1kJ
③ 253kJ   ④ -40kJ

답 011. ④ 012. ③ 013. ② 014. ④

해설 $W = \int P \cdot dV = \int aV^{-2}dV = \frac{a}{-2+1}\left[V^{-1}\right]_{0.3}^{0.1} = -6\left[\frac{1}{0.1} - \frac{1}{0.3}\right] = -40\text{kJ}$

015 이상적인 카르노 사이클의 열기관이 500℃인 열원으로 부터 500kJ을 받고, 25℃에 열을 방출한다. 이 사이클의 일(W)과 효율(η_{th})은 얼마인가?

① W=307.2kJ, η_{th}=0.6143
② W=207.2kJ, η_{th}=0.5748
③ W=250.3kJ, η_{th}=0.8316
④ W=401.5kJ, η_{th}=0.6517

해설 ① 일, $\eta = \frac{W}{Q_1} = 1 - \frac{T_2}{T_1}$ 에서 $W = Q_1\left(1 - \frac{T_2}{T_1}\right) = 500 \times \left(1 - \frac{298}{773}\right) = 307.2\text{kJ}$

② 효율, $\eta = \frac{W}{Q_1} = 1 - \frac{T_2}{T_1} = 1 - \frac{298}{773} = 0.614$

016 어떤 카르노 열기관이 100℃와 30℃ 사이에서 작동되며 100℃의 고온에서 100kJ의 열을 받아 40kJ의 유용한 일을 한다면 이 열기관에 대하여 가장 옳게 설명한 것은?

① 열역학 제1법칙에 위배된다.
② 열역학 제2법칙에 위배된다.
③ 열역학 제1법칙과 제2법칙에 모두 위배되지 않는다.
④ 열역학 제1법칙과 제2법칙에 모두 위배된다.

해설 ① 효율, $\eta = \frac{W}{Q_1} = 1 - \frac{T_2}{T_1} = 1 - \frac{30+273}{100+273} = 0.188$

② 유효 일량, $\eta = \frac{W}{Q_1}$ 에서 $W = \eta Q_1 = 100 \times 0.188 = 18.8\text{kJ}$

③ 이상적인 열효율이 18.8%일 때 유효 일량은 18.8kJ이어야 하지만, 문제에서는 40kJ이 되므로 열역학 제2법칙에서는 100%의 효율을 가진 기관인 2종 영구기관은 실현될 수 없다.

017 내부 에너지가 30kJ인 물체에 열을 가하여 내부 에너지가 50kJ이 되는 동안에 외부에 대하여 10kJ의 일을 하였다. 이 물체에 가해진 열량은?

① 10kJ   ② 20kJ
③ 30kJ   ④ 60kJ

해설 $\delta Q = dU + W = (50 - 30) + 10 = 30\text{kJ}$

답 015. ① 016. ② 017. ③

018 그림과 같이 다수의 추를 올려놓은 피스톤이 장착된 실린더가 있는데, 실린더 내의 초기 압력은 300kPa, 초기 체적은 0.05m³이다. 이 실린더에 열을 가하면서 적절히 추를 제거하여 폴리트로픽 지수가 1.3인 폴리트로픽 변화가 일어나도록 하여 최종적으로 실린더 내의 체적이 0.2m³이 되었다면 가스가 한 일은 약 몇 kJ인가?

① 17
② 18
③ 19
④ 20

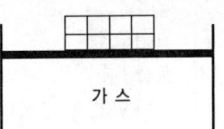

해설 폴리트로픽 과정에서 팽창 일

$$W_{12} = \frac{1}{n-1}(P_1 V_1 - P_2 V_2) = \frac{1}{1.3-1} \times \{(300 \times 0.05) - (49.48 \times 0.2)\} = 17\text{kJ}$$

여기서, $\left(\dfrac{P_2}{P_1}\right)^{\frac{n-1}{n}} = \left(\dfrac{V_1}{V_2}\right)^{n-1}$ 에서 $P_2 = P_1 \times \left(\dfrac{V_1}{V_2}\right)^n = 300 \times \left(\dfrac{0.05}{0.2}\right)^{1.3} = 49.48\text{kPa}$

019 온도 20℃에서 계기압력 0.183MPa의 타이어가 고속주행으로 온도 80℃로 상승할 때 압력은 주행 전과 비교하여 약 몇 kPa 상승하는가? (단, 타이어의 체적은 변하지 않고, 타이어 내의 공기는 이상기체로 가정한다. 그리고 대기압은 101.3kPa이다.)

① 37kPa
② 58kPa
③ 286kPa
④ 445kPa

해설 $P_2 = \dfrac{P_1 T_2}{T_1} = \dfrac{(183+101) \times (80+273)}{(20+273)} = 342\text{kPa}$

∴ $P_2 - P_1 = 342 - (183+101) = 58\text{kPa}$

020 랭킨 사이클의 열효율을 높이는 방법으로 틀린 것은?

① 복수기의 압력을 저하시킨다.
② 보일러 압력을 상승시킨다.
③ 재열(reheat) 장치를 사용한다.
④ 터빈 출구 온도를 높인다.

해설 랭킨 사이클에서의 열효율 향상방법
① 초온(터빈 입구온도)이 높을수록
② 초압(터빈 입구압력)이 높을수록
③ 배압(터빈 출구압력, 복수기 입구압력)이 낮을수록

참고 랭킨 사이클 : 보일러에서 발생한 증기를 이용하여 터빈에서 일을 발생시키는 기관

답 018. ① 019. ② 020. ④

제 2 과목　냉동공학

021 1대의 압축기로 증발온도를 −30℃ 이하의 저온도로 만들 경우 일어나는 현상이 아닌 것은?
① 압축기 체적효율의 감소
② 압축기 토출 증기의 온도상승
③ 압축기의 단위흡입체적당 냉동효과 상승
④ 냉동능력당의 소요동력 증대

해설 증발온도가 내려갈수록 흡입가스의 비체적이 커지므로 압축기의 단위흡입체적당 냉동효과는 감소한다.

022 제빙장치에서 135kg용 빙관을 사용하는 냉동장치와 가장 거리가 먼 것은?
① 헤어 핀 코일
② 브라인 펌프
③ 공기교반장치
④ 브라인 아지테이터(agitator)

해설 브라인 교반기인 브라인 아지테이터를 사용한다.

023 모세관 팽창밸브의 특징에 대한 설명으로 옳은 것은?
① 가정용 냉장고 등 소용량 냉동장치에 사용된다.
② 베이퍼록 현상이 발생할 수 있다.
③ 내부균압관이 설치되어 잇다.
④ 증발부하에 따라 유량조절이 가능하다.

해설 모세관 팽창밸브는 냉매량 조절이 어려워 가정용 등 소용량(에어컨, 소형 냉장고 등)에 사용되며, 베이퍼록 현상이 발생할 수 있다.

024 증발기에서의 착상이 냉동장치에 미치는 영향에 대한 설명으로 옳은 것은?
① 압축비 및 성적계수 감소
② 냉각능력 저하에 따른 냉장실내 온도 강하
③ 증발온도 및 증발압력 강하
④ 냉동능력에 대한 소요동력 감소

해설 증발기 착상(적상) 시 냉장실내 온도와 증발온도는 상승하고 압축비는 증가하여, 압축기 소요동력은 증가하게 되므로 성적계수는 감소한다.

답 021. ③　022. ②　023. ①, ②　024. ③

참고 적상의 영향
① 전열불량으로 냉장실 내 온도상승 및 액압축 초래
② 증발압력 저하로 압축비 상승
③ 증발온도 저하
④ 실린더 과열로 토출가스온도 상승
⑤ 윤활유의 열화 및 탄화 우려
⑥ 체적효율 저하 및 압축기 소요동력 증가
⑦ 성적계수 및 냉동능력 감소

025 냉동능력이 7kW인 냉동장치에서 수냉식 응축기의 냉각수 입·출구 온도차가 8℃인 경우, 냉각수의 유량(kg/h)은? (단, 압축기의 소요동력은 2kW이다.)

① 630　　　　② 750
③ 860　　　　④ 964

해설
$Q_c = Q_e + AW = w \cdot c \cdot \Delta t$
$(7+2) \times 860 = w \times 1 \times 8$
$w = 967.5 \text{kg/h}$

026 다음 냉동에 관한 설명으로 옳은 것은?
① 팽창밸브에서 팽창 전후의 냉매 엔탈피 값은 변한다.
② 단열 압축은 외부와의 열의 출입이 없기 때문에 단열 압축 전후의 냉매 온도는 변한다.
③ 응축기 내에서 냉매가 버려야 하는 열은 현열이다.
④ 현열에는 응고열, 융해열, 응축열, 증발열, 승화열 등이 있다.

해설 단열 압축은 외부와 열의 출입이 없기 때문에 단열 압축 후 냉매 온도는 상승한다.

027 암모니아를 사용하는 2단압축 냉동기에 대한 설명으로 틀린 것은?
① 증발온도가 -30℃ 이하가 되면 일반적으로 2단압축 방식을 사용한다.
② 중간냉각기의 냉각방식에 따라 2단압축 1단팽창과 2단압축 2단팽창으로 구분한다.
③ 2단압축 1단팽창 냉동기에서 저단측 냉매와 고단측 냉매는 서로 같은 종류의 냉매를 사용한다.
④ 2단압축 2단팽창 냉동기에서 저단측 냉매와 고단측 냉매는 서로 다른 종류의 냉매를 사용한다.

해설 2단압축 2단팽창 냉동기에서 냉매는 단일 냉매이다.
참고 2원냉동장치에서 저온측 냉매와 고온측 냉매는 서로 다른 종류의 냉매를 사용한다.

025. ④　026. ②　027. ④

028 P-h선도(압력-엔탈피)에서 나타내지 못하는 것은?
① 엔탈피 ② 습구온도
③ 건조도 ④ 비체적

> 해설: 습구온도는 습공기선도상에 찾을 수 있다.
>
> 참고: P-h선도에 알 수 있는 상태량
> 압력, 온도, 비체적, 엔탈피, 엔트로피, 건조도

029 냉동장치가 정상적으로 운전되고 있을 때에 관한 설명으로 틀린 것은?
① 팽창밸브 직후의 온도는 직전의 온도보다 낮다.
② 크랭크 케이스 내의 유온은 증발온도보다 높다.
③ 응축기의 냉각수 출구온도는 응축온도보다 높다.
④ 응축온도는 증발온도보다 높다.

> 해설: 응축기의 냉각수 출구온도는 응축온도보다 낮다.

030 만액식 증발기를 사용하는 R134a용 냉동장치가 아래와 같다. 이 장치에서 압축기의 냉매 순환량이 0.2kg/s이며, 이론 냉동 사이클의 각 점에서의 엔탈피가 아래 표와 같을 때, 이론 성능 계수(COP)는? (단, 배관의 열손실은 무시한다.)

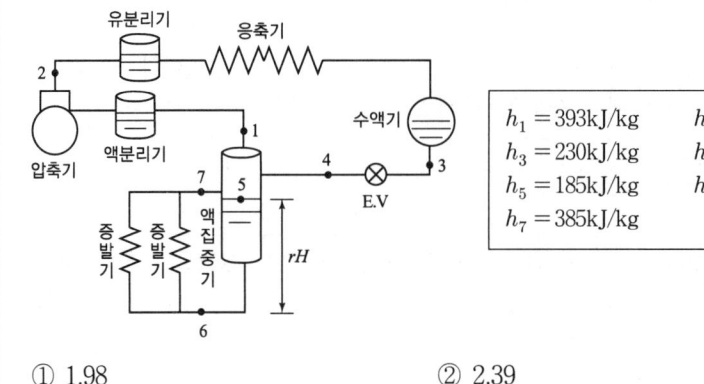

① 1.98 ② 2.39
③ 2.87 ④ 3.47

> 해설: $COP = \dfrac{Q_e}{AW} = \dfrac{(393-230)}{(440-393)} = 3.47$

답 028. ② 029. ③ 030. ④

031 냉동장치 내 공기가 혼입 되었을 때, 나타나는 현상으로 옳은 것은?
① 응축기에서 소리가 난다.
② 응축온도가 떨어진다.
③ 토출온도가 높다.
④ 증발압력이 낮아진다.

> **해설** 불응축가스인 공기가 혼입되면 응축압력(응축온도) 높아져 압축비가 증가하여 압축기 토출가스온도가 높아진다.

032 빙축열 설비의 특징에 대한 설명으로 틀린 것은?
① 축열조의 크기를 소형화할 수 있다.
② 값싼 심야전력을 사용하므로 운전비용이 절감된다.
③ 자동화 설비에 의한 최적화 운전으로 시스템의 운전효율이 높다.
④ 제빙을 위한 냉동기 운전은 냉수취출을 위한 운전보다 증발온도가 높기 때문에 소비동력이 감소한다.

> **해설** 제빙을 위한 냉동기 운전은 냉수취출을 위한 운전보다 증발온도가 낮기 때문에 소비동력이 감소한다.

> **참고** 빙축열 방식의 장·단점

장 점	단 점
① 축열조를 소형화할 수 있어 단열의 편리성이 수축열 방식에 비해 유리하다. ② 낮은 온도를 이용하므로 온도차가 큰 반송이 가능하여 반송동력을 줄일 수 있다. ③ 냉수온도가 낮아 열교환기를 이용하여 2차측 배관을 밀폐시스템으로 하는 것이 용이하다.	① 증발온도가 낮아 성적계수가 떨어져 소비동력이 증가한다. ② 시스템 설계가 어렵다. ③ 온수 축열조로서의 능력이 작기 때문에 난방 시의 축열대응에 제약이 있다.

033 공비혼합물(azeotrope)냉매의 특성에 관한 설명으로 틀린 것은?
① 서로 다른 할로카본 냉매들을 혼합하여 서로의 결점이 보완되는 냉매를 얻을 수 있다.
② 응축압력과 압축비를 줄일 수 있다.
③ 대표적인 냉매로 R407C와 R410A가 있다.
④ 각각의 냉매를 적당한 비율로 혼합하면 혼합물의 비등점이 일치할 수 있다.

> **해설** 공비혼합냉매 : R500번으로 시작된다.(예 : R502=R22+R115)

> **참고** 비공비 혼합냉매 : R400번으로 시작된다.(R404A, R407C, R410A 등)

답 031. ③ 032. ④ 033. ③

034 암모니아 냉동장치에서 피스톤 압출량 120m³/h의 압축기가 아래 선도와 같은 냉동사이클로 운전되고 있을 때 압축기의 소요동력(kW)은?

① 8.7
② 10.9
③ 12.8
④ 15.2

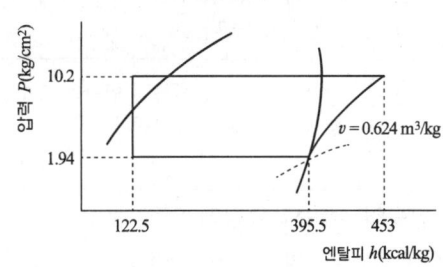

해설 $kW = \dfrac{G \cdot Aw}{860} = \dfrac{191.31 \times (453 - 397.5)}{860} = 12.857 = 12.86 kW$

여기서, 냉매순환량은 $G = \dfrac{V_a}{v} \times \eta_v = \dfrac{120}{0.624} \times 1 = 192.31 m^3/h$

035 다음 중 모세관의 압력강하가 가장 큰 경우는?
① 직경이 가늘고 길수록
② 직경이 가늘고 짧을수록
③ 직경이 굵고 짧을수록
④ 직경이 굵고 길수록

해설 모세관의 압력강하는 직경이 가늘고 길수록 크다.

036 물을 냉매로 하고 LiBr을 흡수제로 하는 흡수식 냉동장치에서 장치의 성능을 향상시키기 위하여 열교환기를 설치하였다. 이 열교환기의 기능을 가장 잘 나타낸 것은?
① 발생기 출구 LiBr 수용액과 흡수기 출구 LiBr 수용액의 열 교환
② 응축기 입구 수증기와 증발기 출구 수증기의 열 교환
③ 발생기 출구 LiBr 수용액과 응축기 출구 물의 열 교환
④ 흡수기 출구 LiBr 수용액과 증발기 출구 수증기의 열 교환

해설 흡수식 냉동장치에 설치하는 열교환기
발생기 출구 LiBr 수용액(농용액)과 흡수기 출구 LiBr 수용액(희석용액)의 열 교환

037 다음 응축기 중 열통과율이 가장 작은 형식은? (단, 동일 조건 기준으로 한다.)
① 7통로식 응축기
② 입형 셸 튜브식 응축기
③ 공냉식 응축기
④ 2중관식 응축기

해설 공기를 사용하는 공랭식 응축기의 열통과율이 가장 작다.

답 034. ③ 035. ① 036. ① 037. ③

038 흡수식 냉동기에서 재생기에 들어가는 희용액의 농도가 50%, 나오는 농용액의 농도가 65%일 때, 용액순환비는? (단, 흡수기의 냉각열량은 730kcal/kg이다.)
① 2.5
② 3.7
③ 4.3
④ 5.2

해설 용액 순환비 = $\dfrac{\text{농용액의 농도}}{\text{농용액의 농도} - \text{희용액의 농도}} = \dfrac{65}{65-50} = 4.3$

참고 용액 순환비

$$f = \dfrac{\text{재생기 출구 농용액의 농도}(\xi_2)}{\text{재생기 출구 농용액의 농도}(\xi_2) - \text{재생기로 유입되는 희용액의 농도}(\xi_1)}$$

039 냉매에 관한 설명으로 옳은 것은?
① 냉매표기 R+xyz형태에서 xyz는 공비 혼합 냉매 경우 400번대, 비공비 혼합 냉매 경우 500번대로 표시한다.
② R502는 R22와 R113과의 공비혼합냉매이다.
③ 흡수식 냉동기는 냉매로 NH_3와 R-11이 일반적으로 사용된다.
④ R1234yf는 HFO계열의 냉매로서 지구온난화지수(GWP)가 매우 낮아 R134a의 대체 냉매로 활용 가능하다.

해설
① 비공비 혼합 냉매는 400번대, 공비 혼합 냉매 500번대로 표시한다.
② R502=R22+R115의 공비혼합냉매이다.
③ 흡수식 냉동기는 냉매로 NH_3와 H_2O가 일반적으로 사용된다.
④ 암모니아, CO_2 등의 천연냉매와 R1234yf는 HFO(Hydrofluoroolefin)계열의 냉매로서 HCFC 냉매에 대비해 ODP는 0이며, GWP도 매우 낮은 차세대 냉매다.

040 냉동기 중 공급 에너지원이 동일한 것끼리 짝지어진 것은?
① 흡수 냉동기, 압축기체 냉동기
② 증기분사 냉동기, 증기압축 냉동기
③ 압축기체 냉동기, 증기분사 냉동기
④ 증기분사 냉동기, 흡수 냉동기

해설 증기분사식 냉동기와 흡수식 냉동기의 에너지원(열원)으로 수증기를 사용할 수 있다.

답 038. ③ 039. ④ 040. ④

제3과목 공기조화

041 난방부하가 6500kcal/hr인 어떤 방에 대해 온수난방을 하고자 한다. 방열기의 상당방열면적(m^2)은?

① 6.7　　　② 8.4
③ 10　　　④ 14.4

해설 상당방열면적(EDR) = $\dfrac{난방부하}{방열기\ 방열량} = \dfrac{6500}{450} = 14.4 m^2$

참고 방열기 표준 방열량
① 온수 : 450kcal/m^2h(523W/m^2)
② 증기 : 650kcal/m^2h(756W/m^2)

042 다음 중 감습(제습)장치의 방식이 아닌 것은?

① 흡수식　　　② 감압식
③ 냉각식　　　④ 압축식

해설 감습장치(제습장치)
① 냉각식 : 일반적인 방법으로 냉각코일을 이용, 습공기를 노점 이하로 냉각하여 제습
② 압축식 : 공기를 압축하여 감습시키므로 설비비가 많이 듦.
③ 흡수식 : ㉠ 액체 제습 : 염화리튬, 트리에틸렌글리콜 등
　　　　　 ㉡ 고체(흡착식) 제습 : 실리카겔, 활성알루미나, 아드소올 등을 사용

043 실내 설계온도 26℃인 사무실의 실내유효 현열부하는 20.42kW, 실내유효 잠열부하는 4.27kW이다. 냉각코일의 장치노점온도는 13.5℃, 바이패스 팩터가 0.1일 때, 송풍량(L/s)은? (단, 공기의 밀도는 1.2kg/m^3, 정압비열은 1.006kJ/kg·K이다.)

① 1350　　　② 1503
③ 12530　　　④ 13532

해설 송풍량(L/s)
$Q = \dfrac{q_s}{\rho C(t_r - t_d)} = \dfrac{q_s}{1.2 \times 1.006 \times (t_r - t_d)} = \dfrac{20.42 \times 1,000}{1.2 \times 1.006 \times (26 - 14.75)} = 1,503 L/s$

여기서, 냉각코일 출구공기의 온도는 $BF = \dfrac{t_d - 13.5}{26 - 13.5}$, $0.1 = \dfrac{t_d - 13.5}{26 - 13.5}$, $t_d = 14.75℃$

044 유효온도(Effective Temperature)의 3요소는?

① 밀도, 온도, 비열　　　② 온도, 기류, 밀도
③ 온도, 습도, 비열　　　④ 온도, 습도, 기류

답 041. ④　042. ②　043. ②　044. ④

> 해설 유효온도(ET) : 온도, 습도, 기류속도에 의한 체감온도
> (기류속도 0m/s, 상대습도 100% 기준)

045 배출가스 또는 배기가스 등의 열을 열원으로 하는 보일러는?
① 관류보일러   ② 폐열보일러
③ 입형보일러   ④ 수관보일러

> 해설 배출가스 또는 배기가스 등의 열을 열원으로 하는 보일러 : 폐열보일러

046 공기조화설비의 구성에서 각종 설비별 기기로 바르게 짝지어진 것은?
① 열원설비 - 냉동기, 보일러, 히트펌프
② 열교환설비 - 열교환기, 가열기
③ 열매 수송설비 - 덕트, 배관, 오일펌프
④ 실내유니트 - 토출구, 유인유니트, 자동제어기기

> 해설 공기조화설비의 열원설비
> 냉동기, 보일러, 흡수식 냉온수기, 빙축열 설비, 지열설비, 히트펌프, GHP, 냉각탑 등

047 덕트의 분기점에서 풍량을 조절하기 위하여 설치하는 댐퍼는?
① 방화 댐퍼   ② 스플릿 댐퍼
③ 피봇 댐퍼   ④ 터닝 베인

> 해설 스플릿 댐퍼 : 덕트의 분기점에 설치하여 풍량을 분배, 조절하는 댐퍼

048 냉방부하 계산 결과 실내취득열량은 q_R, 송풍기 및 덕트 취득열량은 q_F, 외기부하는 q_O, 펌프 및 배관 취득열량은 q_p일 때, 공조기부하를 바르게 나타낸 것은?
① $q_R + q_O + q_p$ ② $q_F + q_O + q_p$
③ $q_R + q_O + q_F$ ④ $q_R + q_p + q_F$

> 해설 공조기(냉각코일) 부하
> ① 실내 취득열량(q_R)
> ② 기기(송풍기, 덕트) 취득열량(q_F)
> ③ 재열열량(q_{RH})
> ④ 외기열량(q_O)
>
> 참고 펌프 및 배관 취득열량은 냉동기 부하에 해당한다.

답 045. ② 046. ① 047. ② 048. ③

049 다음 공조방식 중에서 전공기 방식에 속하지 않는 것은?
① 단일덕트 방식
② 이중덕트 방식
③ 팬코일 유닛 방식
④ 각층 유닛 방식

해설 팬코일 유닛(FCU) 방식 : 수방식

050 온수보일러의 수두압을 측정하는 계기는?
① 수고계
② 수면계
③ 수량계
④ 수위 조절기

해설 온수보일러의 수두압을 측정하는 압력계 : 수고계

051 공기조화방식을 결정할 때에 고려할 요소로 가장 거리가 먼 것은?
① 건물의 종류
② 건물의 안정성
③ 건물의 규모
④ 건물의 사용목적

해설 건물의 안정성은 공기조화방식을 결정에 고려대상에 해당하지 않는다.

참고 공기조화방식 결정 시 고려요소
① 건물의 종류 ② 건물의 부하특성
③ 건물의 규모 ④ 건물의 사용목적과 사용시간

052 증기난방방식에서 환수주관을 보일러 수면보다 높은 위치에 배관하는 환수배관 방식은?
① 습식 환수방법
② 강제 환수방식
③ 건식 환수방식
④ 중력 환수방식

해설 ① 건식 : 응축수 환수주관이 보일러 수면보다 위에 위치
② 습식 : 응축수 환수주관이 보일러 수면보다 아래에 위치

053 온수난방설비에 사용되는 팽창탱크에 대한 설명으로 틀린 것은?
① 밀폐식 팽창탱크의 상부 공기층은 난방장치의 압력변동을 완화하는 역할을 할 수 있다.
② 밀폐식 팽창탱크는 일반적으로 개방식에 비해 탱크 용적을 크게 설계해야 한다.
③ 개방식 탱크를 사용하는 경우는 장치 내의 온수온도를 85℃ 이상으로 해야 한다.
④ 팽창탱크는 난방장치가 정지하여도 일정압 이상으로 유지하여 공기침입 방지 역할을 한다.

답 049. ③ 050. ① 051. ② 052. ③ 053. ③

해설 개방식 탱크의 온수온도가 85℃ 이상이면 탱크 수면에서의 증발량이 많아져 부적당하다.

054. 냉수코일 설계상 유의사항으로 틀린 것은?

① 코일의 통과 풍속은 2~3m/s로 한다.
② 코일의 설치는 관이 수평으로 놓이게 한다.
③ 코일 내 냉수속도는 2.5m/s 이상으로 한다.
④ 코일의 출입구 수온 차이는 5~10℃ 전·후로 한다.

해설 코일 내 냉수속도는 1m/s 전후로 한다.

055. 가열로(加熱爐)의 벽 두께가 80mm이다. 벽의 안쪽과 바깥쪽의 온도차는 32℃, 벽의 면적은 60m², 벽의 열전도율은 40kcal/m·h·℃일 때, 시간당 방열량(kcal/hr)은?

① 7.6×10^5
② 8.9×10^5
③ 9.6×10^5
④ 10.2×10^5

해설 시간당 열전도 열량

$$Q = \frac{\lambda \cdot A \cdot \Delta t}{l} = \frac{40 \times 60 \times 32}{0.08} = 960,000 = 9.6 \times 10^5 \text{kcal/hr}$$

056. 다음 중 온수난방과 가장 거리가 먼 것은?

① 팽창탱크
② 공기빼기밸브
③ 관말트랩
④ 순환펌프

해설 관말(버킷)트랩은 증기 중에 발생한 응축수를 제거하는 것으로서 증기난방 설비용 기기이다.

057. 공기조화방식 중 혼합상자에서 적당한 비율로 냉풍과 온풍을 자동적으로 혼합하여 각 실에 공급하는 방식은?

① 중앙식
② 2중 덕트 방식
③ 유인 유니트 방식
④ 각층 유니트 방식

해설 2중 덕트 방식
냉풍과 온풍을 각 실에 설치된 혼합상자에서 실내부하에 따라 혼합하여 송풍하는 방식

답 054. ③ 055. ③ 056. ③ 057. ②

058 다음의 공기조화 장치에서 냉각코일 부하를 올바르게 표현한 것은? (단, G_F는 외기량(kg/h)이며, G는 전풍량(kg/h)이다.)

① $G_F(h_1-h_3)+G_F(h_1-h_2)+G(h_2-h_5)$
② $G(h_1-h_2)-G_F(h_1-h_3)+G_F(h_2-h_5)$
③ $G_F(h_1-h_2)-G_F(h_1-h_3)+G(h_2-h_5)$
④ $G(h_1-h_2)+G_F(h_1-h_3)+G_F(h_2-h_5)$

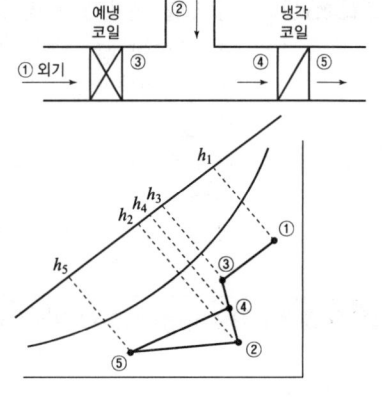

해설 냉각코일 부하 = 외기부하 + 실내취득부하 − 예냉부하
$q_{cc} = G_F(h_1-h_2)+G(h_2-h_5)-G_F(h_1-h_3)$
$= G(h_4-h_5)$

059 온풍난방의 특징에 대한 설명으로 틀린 것은?

① 예열시간이 짧아 간헐운전이 가능하다.
② 실내 상하의 온도차가 커서 쾌적성이 떨어진다.
③ 소음발생이 비교적 크다.
④ 방열기, 배관설치로 인해 설비비가 비싸다.

해설 온풍난방은 증기난방이나 온수난방에 비해 방열기, 배관의 설치가 필요 없어 설비비가 싸다.

참고 온풍난방의 특징

장 점	단 점
① 열용량이 적어 예열시간이 짧고, 간헐운전이 가능하다. ② 즉시 난방이 가능하다. ③ 방열기나 배관 등의 시설이 없다. ④ 취급이 간단하고 취급자격자가 불필요하다. ⑤ 설치가 간단하고 설비비가 싸다.	① 실내 상하 온도차가 커 온도분포가 좋지 않아 쾌적성이 떨어진다. ② 공기를 강제적으로 보내므로 소음발생이 크다. ③ 덕트나 연도의 과열에 따른 화재에 우려가 있다.

답 058. ③ 059. ④

060 에어와셔를 통과하는 공기의 상태변화에 대한 설명으로 틀린 것은?

① 분무수의 온도가 입구공기의 노점온도보다 낮으면 냉각 감습된다.
② 순환수 분무하면 공기는 냉각가습되어 엔탈피가 감소한다.
③ 증기분무를 하면 공기는 가열 가습되고 엔탈피도 증가한다.
④ 분무수의 온도가 입구공기 노점온도보다 높고, 습구온도보다 낮으면 냉각 가습된다.

해설 순환수를 분무하면 공기는 단열가습되어 엔탈피는 일정하다.

제4과목 전기제어공학

061 그림과 같이 철심에 두 개의 코일 C_1, C_2를 감고 코일 C_1에 흐르는 전류 I에 $\triangle I$만큼의 변화를 주었다. 이때 일어나는 현상에 관한 설명으로 옳지 않은 것은?

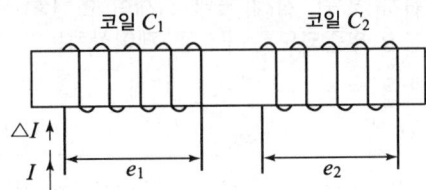

① 코일 C_2에서 발생하는 기전력 e_2는 렌츠의 법칙에 의하여 설명이 가능하다.
② 코일 C_1에서 발생하는 기전력 e_1는 자속의 시간 미분값과 코일의 감은 횟수의 곱에 비례한다.
③ 전류의 변화는 자속의 변화를 일으키며, 자속의 변화는 코일 C_1에 기전력 e_1을 발생시킨다.
④ 코일 C_2에서 발생하는 기전력 e_2와 전류 I의 시간 미분값의 관계를 설명해 주는 것이 자기인덕턴스이다.

해설 ① 코일 C_1의 전류 I의 변화는 코일 C_1과 C_2에 자속 Φ의 변화를 일으켜 렌츠의 법칙에 의하여 다음과 같은 기전력 e_1, e_2를 유기한다.

$$e_1 = N_1 \frac{\triangle \Phi}{\triangle t}, \quad e_2 = N_2 \frac{\triangle \Phi}{\triangle t}$$

② 각 코일에 발생된 기전력은 전류의 변동에 의한 자속의 변동이 원인이 되므로 다음과 같이 표현할 수 있다.

$$e_1 = N_1 \frac{\triangle \Phi}{\triangle t} = L \frac{\triangle I}{\triangle t} \quad L : 자기인덕턴스$$

$$e_2 = N_2 \frac{\triangle \Phi}{\triangle t} = M \frac{\triangle I}{\triangle t} \quad M : 상호인덕턴스$$

따라서, C_2와 전류 I의 관계를 보여주는 것은 상호인덕턴스이다.

답 060. ② 061. ④

062 그림과 같은 제어에 해당하는 것은?
① 개방 제어
② 시퀀스 제어
③ 개루프 제어
④ 폐루프 제어

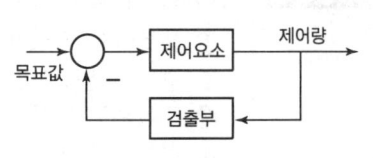

해설 문제의 블록선도를 보면 목표값과 제어량을 비교하는 부분이 있는데, 이것은 폐루프 제어(피드백 제어)의 큰 특징이다.

참고 ① 폐회로(피드백, 궤환) 제어 : 제어결과를 입력 측으로 되돌려(feedback) 목표량과 실제량을 비교하여 이것이 상호 일치되도록 연속적으로 제어하는 방식으로서 개회로에 비해 구조가 복잡하고 시설비가 증가한다.
② 개루프(시퀀스) 제어계 : 미리 정해진 순서에 따라 제어의 각 단계를 차례로 진행시키는 제어로 입력과 출력이 서로 독립적인 제어계이므로 오차 발생 시 수정이 쉽지 않다.

063 물체의 위치, 방위, 자세 등의 기계적 변위를 제어량으로 하여 목표값의 임의의 변화에 항상 추종되도록 구성된 제어장치는?
① 서보 기구
② 자동조정
③ 정치 제어
④ 프로세스 제어

해설 서보 제어(기구) : 임의의 변화를 하는 목표값(입력)에 제어량을 추종시키는 제어로 물체의 위치, 방위, 자세 등의 변위를 제어량(출력)으로 한다. 이 제어량은 기계적인 변위인 제어계로 입·출력 비교장치 및 출력을 검출할 센서(검출기)가 필요하다.

064 다음 중 무인 엘리베이터의 자동제어로 가장 적합한 것은?
① 추종 제어
② 정치 제어
③ 프로그램 제어
④ 프로세스 제어

해설 운전자가 없는 엘리베이터란 미리 정해진 방식으로 운행되는 프로그램에 따라 제어량을 변화시키는 제어라고 할 수 있으므로 프로그램 제어이다.

참고 목표치에 대한 분류
① 정치 제어 : 제어량을 일정한 목표값으로 유지하는 것을 목적으로 주파수, 전압, 장력, 속도 제어, 전기로 등을 제어
② 프로세스 제어 : 제어량의 온도, 유량, 액위, 농도, 밀도 등의 플랜트나 생산 공정 중의 상태량을 제어
③ 추종(추치) 제어 : 미지의 임의의 시간적 변화를 하는 목표값에 제어량을 추종시키는 것을 목적
④ 비율 제어 : 목표값이 다른 것과 일정한 비율 관계를 가지고 변화하는 경우의 추종 제어

062. ④ 063. ① 064. ③

065 다음의 논리식을 간단히 한 것은?

$$X = \overline{A}\overline{B}C + A\overline{B}\overline{C} + A\overline{B}C$$

① $\overline{B}(A+C)$
② $C(A+\overline{B})$
③ $\overline{C}(A+B)$
④ $\overline{A}(B+C)$

해설 $X = \overline{A}\overline{B}C + A\overline{B}\overline{C} + A\overline{B}C = \overline{B}C(\overline{A}+A) + A\overline{B}\overline{C} = \overline{B}C + A\overline{B}\overline{C} = \overline{B}(C+A\overline{C}) = \overline{B}(A+C)$

참고 ① 드모르강의 법칙은 부울대수식의 간단화에 많이 사용되는 식으로 다음과 같다.
$\overline{A \cdot B} = \overline{A} + \overline{B}$ $\overline{(A+B)} = \overline{A} \cdot \overline{B}$

② 부울식을 간단히 할 때 많이 사용하는 식
$A \cdot A = A$ $A + \overline{A} = 1$ $A \cdot \overline{A} = 0$ $A + 1 = 1$ $A \cdot 0 = 0$ $A \cdot 1 = 1$

③ $A\overline{B} + B = A + B$는 부울대수정리의 기본식이기 때문에 기억해야만 한다.

066 PLC프로그래밍에서 여러 개의 입력 신호 중 하나 또는 그 이상의 신호가 ON되었을 때 출력이 나오는 회로는?

① OR회로
② AND회로
③ NOT회로
④ 자기유지회로

해설 논리합(OR)은 입력 중에 하나라도 ON(1)이면 출력이 ON(1)이므로 OR에 해당한다.

참고 ① 자기유지회로 : 일종의 기억회로 MC나 릴레이가 자신의 접점을 이용하여 계속해서 ON을 하는 회로로서 푸시버튼을 사용하는 경우 푸시버튼으로부터 손을 떼어도 그 상태를 유지하고자 할 경우 사용한다.
② AND회로 : 입력신호 중 하나라도 OFF이면 출력이 OFF가 되는 회로
③ NOT회로 : 입력신호가 ON이면 출력은 OFF, 입력이 ON이면 출력은 OFF가 되는 회로

067 단상변압기 2대를 사용하여 3상 전압을 얻고자 하는 결선방법은?

① Y결선
② V결선
③ △결선
④ Y-△결선

해설 V결선
① △결선된 전원 중 1상을 제거하여 결선한 방식이다.
② V결선은 변압기 사고 시 응급조치 등의 용도로 사용된다.
③ 용량의 증가가 예상될 때 예비적으로 쓸 수 있다.
④ △결선과 비교하면 다음과 같다.

용량비는 $\dfrac{\sqrt{3}\,V_P I_P}{3 V_P I_P} = 0.577$, 이용률은 $\dfrac{\sqrt{3}\,V_P I_P}{2 V_P I_P} = 0.866$

답 065. ① 066. ① 067. ②

직류기에서 전압정류의 역할을 하는 것은?
① 보극   ② 보상권선
③ 탄소브러시   ④ 리액턴스 코일

> 해설   직류기에서 리액턴스 전압이 발생하면 브러시가 전기적 중성점에 위치해도 불꽃이 발생하는데, 이런 단점을 보상하기 위하여 리액턴스 전압과 크기가 같고 방향이 반대인 기전력을 유도하기 위하여 보극을 설치한다. 보극에 의하여 유도되는 기전력을 정류전압이라고 한다.

 전동기 2차측에 기동저항기를 접속하고 비례추이를 이용하여 기동하는 전동기는?
① 단상 유도전동기   ② 2상 유도전동기
③ 권선형 유도전동기   ④ 2중 농형 유도전동기

> 해설   비례추이(2차 저항법) : 권선형 유도전동기에서 2차 권선에 직렬로 저항을 접속하여 전류를 제어하여 기동전류와 속도를 제어하는 방법

 100V, 40W, 전구에 0.4A의 전류가 흐른다면 이 전구의 저항은?
① 100Ω   ② 150Ω
③ 200Ω   ④ 250Ω

> 해설 $P = I^2 R$에서 $R = \dfrac{P}{I^2} = \dfrac{40}{0.4^2} = 250\,\Omega$

071 공작기계의 물품 가공을 위하여 주로 펄스를 이용한 프로그램 제어를 하는 것은?
① 수치 제어   ② 속도 제어
③ PLC 제어   ④ 계산기 제어

> 해설   수치 제어 : 가공할 치수를 컴퓨터 프로그램에 치수(좌표)를 입력하면 기계가 자동으로 가공하는 기계에 사용하는 제어로 일종의 서보 제어이다.

 다음 중 절연저항을 측정하는데 사용되는 계측기는?
① 메거   ② 저항계
③ 켈빈브리지   ④ 휘스톤브리지

> 해설   절연저항 측정기 : 일명 메거라고 하며, 메거에는 L(line : 선), E(earth : 접지)의 2개의 단자가 있는데, L에는 전선 등 전류가 통하는 곳에 연결하고 E단자에는 외함이나 전기가 흘러서는 안 되는 곳에 연결하여 저항을 측정한다.

답   068. ①   069. ③   070. ④   071. ①   072. ①

> **참고** 절연저항 : 전압에 관계한 절연재료의 특성으로 절연재를 통하여 흐르는 누설전류의 값과 같은 저항치를 의미하는데, 절연 저항값은 높을수록 절연이 파괴되지 않으므로 좋다.

073 검출용 스위치에 속하지 않는 것은?
① 광전 스위치 ② 액면 스위치
③ 리미트 스위치 ④ 누름버튼 스위치

> **해설** 누름버튼 스위치는 사람이 조작하는 스위치로서 검출용 스위치가 아니다.

> **참고** ① 광전 스위치 : 빛을 차단하거나 통과하는 것에 물체를 검출하는 스위치
> ② 액면 스위치 : 수위의 검출을 위하여 사용하는 스위치
> ③ 리미트 스위치 : 동작의 한계에 도달하면 스위치가 눌러져서 동작이 한계에 도달했다는 것을 검출하는 스위치

074 다음과 같은 회로에서 i_2가 0이 되기 위한 C의 값은? (단, L은 합성인덕턴스, M은 상호인덕턴스이다.)

① $\dfrac{1}{\omega L}$
② $\dfrac{1}{\omega^2 L}$
③ $\dfrac{1}{\omega M}$
④ $\dfrac{1}{\omega^2 M}$

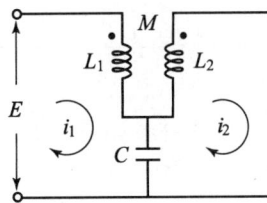

> **해설** 페이저 이론과 키르히호프의 법칙을 이용해서 2차 회로의 전압방정식을 쓰면 다음과 같다.
>
> $0 = j\omega L_2 I_2 - j\omega M I_1 + \dfrac{1}{j\omega C}(I_2 - I_1) = -j\omega L_2 I_2 + \dfrac{1}{j\omega C} I_2 - j\omega M I_1 - \dfrac{1}{j\omega C} I_1$
>
> $\Rightarrow -j\omega L_2 I_2 + \dfrac{1}{j\omega C} I_2 = j\omega M I_1 + \dfrac{1}{j\omega C} I_1 \Rightarrow \omega L_2 I_2 + \dfrac{1}{\omega C} I_2 = -\omega M I_1 + \dfrac{1}{\omega C} I_1$
>
> $= (-\omega M + \dfrac{1}{\omega C}) I_1$
>
> I_2가 0이 되기 위해서는 I_1의 계수가 0이 되면 된다.
>
> $\omega M = \dfrac{1}{\omega C} \Rightarrow C = \dfrac{1}{\omega^2 M}$

075 오차 발생시간과 오차의 크기로 둘러싸인 면적에 비례하여 동작하는 것은?
① P 동작 ② I 동작
③ D 동작 ④ PD 동작

답 073. ④ 074. ④ 075. ②

해설 적분기 : 오차를 시간적분을 하는 것이므로 시간과 오차가 이루는 면적을 계산하게 된다.
참고 미분기 : 오차에 대하여 시간미분이라 오차의 변화량을 구하는 것이다.

076

개루프 전달함수 $G(s) = \dfrac{1}{s^2+2s+3}$ 인 단위 궤환계에서 단위계단입력을 가하였을 때의 오프셋(off set)은?

① 0
② 0.25
③ 0.5
④ 0.75

해설

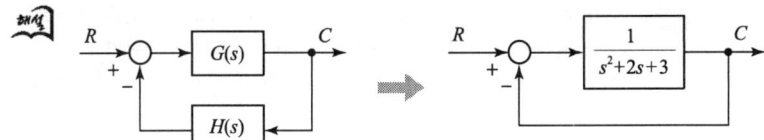

개루프 전달함수는 좌측의 블록선도의 $G(s)$를 의미하며, 단위궤환계는 좌측의 블록선도의 $H(s)$가 1임을 의미한다. 따라서 블록선도를 그리면 우측의 그림이 된다. 전달함수는 다음과 같다

$$\dfrac{C}{R} = \dfrac{G}{1+GH} = \dfrac{\dfrac{1}{s^2+2s+3}}{1+\dfrac{1}{s^2+2s+3}} = \dfrac{1}{s^2+2s+4}$$

위 식에 계단함수입력의 출력함수에 최종치 정리를 적용하면 off-set(정상오차)를 구할 수 있다.

$$C = \dfrac{1}{s^2+2s+4} \cdot \dfrac{1}{s} \Rightarrow c(\infty) = \lim_{s \to 0} sC(s) = \lim_{s \to 0} s\dfrac{1}{s^2+2s+4}\dfrac{1}{s} = \lim_{s \to 0} \dfrac{1}{s^2+2s+4} = \dfrac{1}{4} = 0.25$$

정상출력이 0.25이고, 입력은 단위계단함수를 사용했으므로 1이다.
따라서, 정상오차는 1-0.25=0.75가 된다.

참고
① 최종치의 정리 : 라플라스함수로 표현된 식의 정상상태의 시간함수 값을 알고 싶을 때 사용 $f(\infty) = \lim\limits_{s \to 0} sF(s)$
② 초기치의 정리 : 라플라스함수의 초기의 시간함수 값을 알고 싶을 때 사용 $f(0) = \lim\limits_{s \to \infty} sF(s)$
③ $\lim\limits_{s \to \infty} F(s)$는 s를 0에 가까운 값으로 접근시킨다는 의미로 실제 계산을 할 때는 s에 0을 대입하면 된다.
④ $\lim\limits_{s \to \infty} F(s)$는 s를 ∞에 가까운 값으로 접근시킨다는 의미로 실제 계산을 할 때는 식 중에 가장 높은 차수의 s^n으로 모든 항을 나누고, 분수인 항은 $0\left(=\dfrac{k}{\infty}\right)$으로 간주해서 계산

답 076. ④

077 저항 8Ω과 유도리액턴스 6Ω이 직렬접속된 회로의 역률은?
① 0.6
② 0.8
③ 0.9
④ 1

해설 역률은 전압과 전류의 위상차에 cos를 취한 값으로 전압과 전류의 위상차는 임피던스에 의하여 결정된다. 다음과 같이 계산할 수 있다.
$Z = R + j\omega L = R + jX_L = 8 + j6$
$Z = \sqrt{8^2 + 6^2} \angle \tan^{-1}\left(\frac{6}{8}\right) = 10 \angle 36.8 \Rightarrow \cos 36.8 = 0.8$

 078 온도 보상용으로 사용되는 소자는?
① 서미스터
② 바리스터
③ 제너다이오드
④ 버랙터다이오드

해설 서미스터 : 온도에 따라 저항이 변하는 반도체 소자로 온도가 상승하면 저항은 감소하는 부특성을 가지고 있으며, 이러한 특성을 이용하여 온도를 측정(온도 → 전압)하거나 온도에 따른 변동을 보상할 때 사용한다.

079 다음과 같은 회로에서 a, b 양단자 간의 합성저항은? (단, 그림에서 저항의 단위는 [Ω]이다.)
① 1.0Ω
② 1.5Ω
③ 3.0Ω
④ 6.0Ω

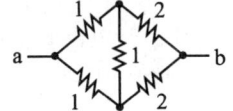

해설 문제의 회로는 휘스톤 브리지로 마주 보는 저항의 곱이 서로 같으면, C와 D점의 전위가 동일하여 가운데 회로의 저항에 전류가 흐르지 않는다. 따라서, 가운데의 저항은 없고 4Ω과 4Ω의 직렬회로와 8Ω과 8Ω의 직렬회로가 병렬로 연결된 회로이므로 다음과 같이 합성저항을 얻을 수 있다.
$\frac{1}{R_S} = \frac{1}{1+2} + \frac{1}{1+2} = \frac{2}{3} \Rightarrow R_S = \frac{3}{2} = 1.5\Omega$

 080 온 오프(on-off) 동작에 관한 설명으로 옳은 것은?
① 응답속도는 빠르나 오프셋이 생긴다.
② 사이클링은 제거할 수 있으나 오프셋이 생긴다.
③ 간단한 단속적 제어동작이고 사이클링이 생긴다.
④ 오프셋은 없앨 수 있으나 응답시간이 늦어질 수 있다.

077. ② 078. ① 079. ② 080. ③

> **해설** 2위치(ON-OFF) 제어 : 불연속 제어로 간단히 실현 가능하나 입력이 변화하더라도 어느 범위까지는 출력이 ON이나 OFF 중 하나가 출력되어 변화하지 않다가 임계값을 초과하면 다른 상태가 출력되는 상태가 반복되므로 사이클링(진동)이 생기며 잔류편차가 남는 문제가 있다.

제5과목 배관일반

081 도시가스 배관 시 배관이 움직이지 않도록 관 지름 13~33mm 미만의 경우 몇 m 마다 고정 장치를 설치해야 하는가?
① 1m ② 2m
③ 3m ④ 4m

> **해설** 도시가스 배관의 고정
> ① 13mm 미만 : 1m마다
> ② 13~33mm 미만 : 2m마다
> ③ 33mm 이상 : 3m마다

082 냉매배관에 사용되는 재료에 대한 설명으로 틀린 것은?
① 배관 선택 시 냉매의 종류에 따라 적절한 재료를 선택해야 한다.
② 동관은 가능한 이음매 있는 관을 사용한다.
③ 저압용 배관은 저온에서도 재료의 물리적 성질이 변하지 않는 것으로 사용한다.
④ 구부릴 수 있는 관은 내구성을 고려하여 충분한 강도가 있는 것을 사용한다.

> **해설** 동관은 가능한 이음매 없는 관을 사용한다.

083 동관의 호칭경이 20A일 때 실제 외경은?
① 15.87mm ② 22.22mm
③ 28.57mm ④ 34.93mm

> **해설** 배관용 동관(직관)의 호칭경에 따른 외경
> ① 15A : 15.88mm
> ② 20A : 22.22mm
> ③ 25A : 28.58mm
>
> **참고** 팬케이크 코일(연질 롤 동관)의 규격
> ① 1/4″ : 6.35mm ② 3/8″ : 9.52mm
> ③ 1/2″ : 12.7mm ④ 5/8″ : 15.88mm

답 081. ② 082. ② 083. ②

084 팬코일 유닛방식의 배관방식에서 공급관이 2개이고 환수관이 1개인 방식으로 옳은 것은?

① 1관식   ② 2관식
③ 3관식   ④ 4관식

해설 3관식 : 팬코일 유닛방식의 배관방식에서 공급관이 2개이고, 환수관이 1개인 방식

참고 2관식 : 팬코일 유닛방식의 배관방식에서 공급관이 1개이고, 환수관이 1개인 방식으로 결로에 따른 응축수 드레인관이 추가로 필요하다.

085 방열기 전체의 수저항이 배관의 마찰손실에 비해 큰 경우 채용하는 환수방식은?

① 개방류 방식   ② 재순환 방식
③ 역귀환 방식   ④ 직접귀환 방식

해설 방열기 전체의 수저항이 배관의 마찰손실에 비하여 큰 경우 채용하는 환수방식
: 직접 환수방식(다이렉트 리턴방식)

참고 ① 직접 환수(직접 귀환) 방식 : 각 기기의 저항이 동일하더라도 배관의 길이가 길수록 배관 저항이 커 유량은 반대로 적게 흐르게 되므로 각 기기의 유량을 균일하게 하려면 각 기기마다 유량 조절밸브로 조절해야 한다.
② 역환수(역귀환) 방식 : 공급관과 환수관의 길이, 즉 마찰저항을 같게 하므로 유량분배는 일정하나 배관이 복잡하고 설비비가 많이 든다.

086 증기와 응축수의 온도 차이를 이용하여 응축수를 배출하는 트랩은?

① 버킷 트랩(bucket trap)   ② 디스크 트랩(disk trap)
③ 벨로스 트랩(bellows trap)   ④ 플로트 트랩(float trap)

해설 증기 트랩의 종류

구 분	원 리	종 류
기계식 트랩	비중차(부력) 이용	버킷(관말), 플로트(다량)
온도조절식 트랩	증기와 응축수의 온도차 이용	바이메탈, 벨로스
열역학적 트랩	열역학적 성질 이용	오리피스, 디스크

087 배관의 분해, 수리 및 교체가 필요할 때 사용하는 관 이음재의 종류는?

① 부싱   ② 소켓
③ 엘보   ④ 유니언

답 084. ③ 085. ④ 086. ③ 087. ④

해설 관을 분해, 수리, 교체하고자 할 때 : 유니언, 플랜지

〔유니언〕

〔플랜지〕

088
급수량 산정에 있어서 시간 평균예상 급수량(Q_h)이 3000L/h였다면, 순간 최대 예상 급수량(Q_p)은?

① 75~100L/min
② 150~200L/min
③ 225~250L/min
④ 275~300L/min

해설 순간 최대예상 급수량=시간 평균예상 급수량×3~4

$$Q_p = Q_h \times 3 \sim 4 = \frac{3,000 \times 3 \sim 4}{60} = 150 \sim 200 \text{L/min}$$

089
증기난방법에 관한 설명으로 틀린 것은?

① 저압 증기난방에 사용하는 증기의 압력은 0.15~0.35kg/cm² 정도이다.
② 단관 중력 환수식의 경우 증기와 응축수가 역류하지 않도록 선단 하향 구배로 한다.
③ 환수주관을 보일러 수면보다 높은 위치에 배관한 것은 습식환수관식이다.
④ 증기의 순환이 가장 빠르며 방열기, 보일러 등의 설치위치에 제한을 받지 않고 대규모 난방용으로 주로 채택되는 방식은 진공 환수식이다.

해설 환수배관방식
① 건식 : 응축수환수관이 보일러 수면보다 위에 위치
② 습식 : 응축수환수관이 보일러 수면보다 아래에 위치

090
배관의 자중이나 열팽창에 의한 힘 이외에 기계의 진동, 수격작용 지진 등 다른 하중에 의해 발생하는 변위 또는 진동을 억제시키기 위한 장치는?

① 스프링 행거
② 브레이스
③ 앵커
④ 가이드

해설 브레이스
배관의 자중이나 열팽창에 의한 힘 이외에 기계의 진동, 수격작용, 지진 등 다른 하중에 의해 발생하는 변위 또는 진동을 억제시키기 위한 장치

답 088. ② 089. ③ 090. ②

091 펌프를 운전할 때 공동현상(캐비테이션)의 발생 원인으로 가장 거리가 먼 것은?
① 토출양정이 높다. ② 유체의 온도가 높다.
③ 날개차의 원주속도가 크다. ④ 흡입관의 마찰저항이 크다.

해설 공동현상은 펌프 흡입측의 관계가 크며, 토출양정과는 관계가 적다.

참고 1) 캐비테이션(공동현상)
   흡입관의 마찰저항 증가에 따른 압력강하로 수중에 함유되고 있던 공기가 분리되어 작은 기포가 다수 발생하게 되는 현상
2) 공동현상의 원인
   ① 펌프의 설치위치가 수원보다 높을 때
   ② 흡입관경이 작고 길이가 길 때
   ③ 유속이 빠르고 흡입양정이 클 때
   ④ 흡입관의 마찰저항이 클 때
   ⑤ 흡입관에서의 공기 누입 시
   ⑥ 유체의 온도가 높을 때

092 급수방식 중 대규모의 급수 수요에 대응이 용이하고 단수 시에도 일정량의 급수를 계속할 수 있으며 거의 일정한 압력으로 항상 급수되는 방식은?
① 양수 펌프식 ② 수도 직결식
③ 고가 탱크식 ④ 압력 탱크식

해설 고가 탱크식 : 옥상 탱크에 연결된 하향 급수관을 통하여 중력으로 급수하는 방식

참고 고가 탱크(수조)식의 특징
① 가장 많이 사용하고 대규모에 적합
② 수압이 일정(층고에 따라 변화)
③ 급수오염의 우려가 있음
④ 정전 시에도 급수 가능

093 증기 트랩의 종류를 대분류한 것으로 가장 거리가 먼 것은?
① 박스 트랩 ② 기계적 트랩
③ 온도조절 트랩 ④ 열역학적 트랩

해설 증기 트랩의 종류

구 분	원 리	종 류
기계식 트랩	비중차(부력) 이용	버킷(관말), 플로트(다량)
온도조절식 트랩	증기와 응축수의 온도차 이용	바이메탈, 벨로스
열역학적 트랩	열역학적 성질 이용	오리피스, 디스크

답 091. ① 092. ③ 093. ①

094 열팽창에 의한 배관의 이동을 구속 또는 제한하기 위해 사용되는 관 지지장치는?

① 행거(hanger)
② 서포트(support)
③ 브레이스(brace)
④ 레스트레인트(restraint)

해설 레스트레인트(restraint) : 열팽창에 의한 배관의 이동을 구속 또는 제한하는 장치

095 그림과 같은 입체도에 대한 설명으로 맞는 것은?

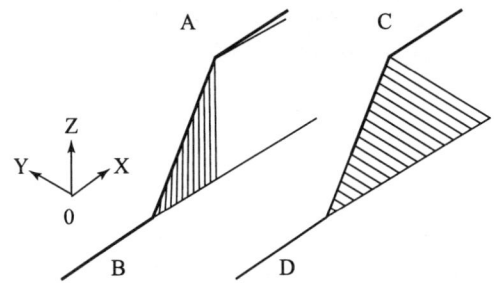

① 직선 A와 B, 직선 C와 D는 각각 동일한 수직평면에 있다.
② A와 B는 수직높이 차가 다르고, 직선 C와 D는 동일한 수평평면에 있다.
③ 직선 A와 B, 직선 C와 D는 각각 동일한 수평평면에 있다.
④ 직선 A와 B는 동일한 수평평면에, 직선 C와 D는 동일한 수직평면에 있다.

해설 ① A가 아래쪽으로 내려가 B로 연결되는 배관으로 수직높이 차가 있음
② 직선 C와 D는 동일한 수평평면에서 꺾어지는 배관

096 급수배관 시공에 관한 설명으로 가장 거리가 먼 것은?

① 수리와 기타 필요시 관 속의 물을 완전히 뺄 수 있도록 기울기를 주어야 한다.
② 공기가 모여 있는 곳이 없도록 하여야 하며, 공기가 모일 경우 공기빼기밸브를 부착한다.
③ 급수관에서 상향 급수는 선단 하향 구배로 하고, 하향 급수에서는 선단 상향 구배로 한다.
④ 가능한 마찰손실이 작도록 배관하며 관의 축소는 편심 레듀서를 써서 공기의 고임을 피한다.

해설 급수관에서 상향 급수는 선단 상향 구배로 하고, 하향 급수에서는 선단 하향 구배로 한다.

답 094. ④ 095. ② 096. ③

097 베이퍼록 현상을 방지하기 위한 방법으로 틀린 것은?

① 실린더 라이너의 외부를 가열한다.
② 흡입배관을 크게 하고 단열 처리한다.
③ 펌프의 설치위치를 낮춘다.
④ 흡입관로를 깨끗이 청소한다.

해설 실린더 라이너의 외부를 가열하면 오히려 베이퍼록 현상이 발생할 수 있다.

참고 베이퍼록 현상
배관에서 흐르는 액체가 가열되면 기화되어 압력이 변화하고, 흐름을 저해하는 현상

098 저압 증기난방 장치에서 적용되는 하트포드 접속법(Hartford connection)과 관련된 용어로 가장 거리가 먼 것은?

① 보일러주변 배관   ② 균형관
③ 보일러수의 역류방지   ④ 리프트 피팅

해설 하트포드 접속
저압 증기난방의 습식 환수방식에 있어 환수관의 누설로 인해 역류되어 보일러에 저수위 사고가 일어날 것을 방지하기 위해 증기관과 환수관 사이의 표준수면에서 50mm 아래에 균형관을 설치하는 이음법

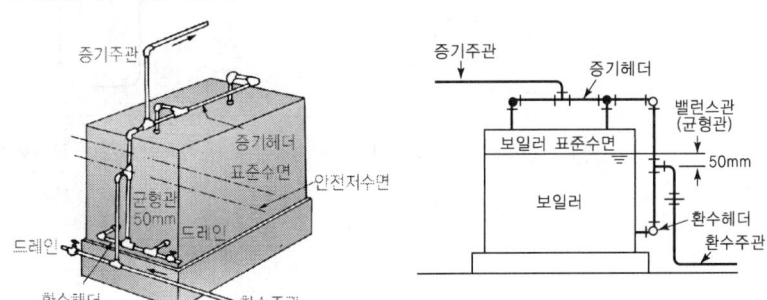

099 배수 및 통기설비에서 배관시공법에 관한 주의사항으로 틀린 것은?

① 우수 수직관에 배수관을 연결해서는 안 된다.
② 오버플로우관은 트랩의 유입구측에 연결해야 한다.
③ 바닥 아래에서 빼내는 각 통기관에는 횡주부를 형성시키지 않는다.
④ 통기 수직관은 최하위의 배수 수평지관보다 높은 위치에서 연결해야 한다.

답 097. ① 098. ④ 099. ④

해설 통기 수직관은 최하위의 배수 수평지관보다 더욱 낮은 위치에서 배수 수직관과 45° Y관으로 연결한다.

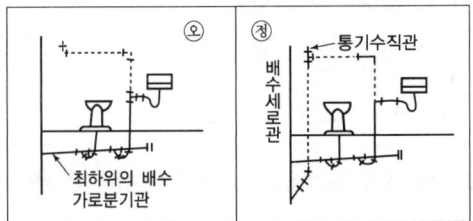

100 온수난방 배관에서 에어 포켓(air pocket)이 발생될 우려가 있는 곳에 설치하는 공기빼기밸브의 설치위치로 가장 적절한 것은?

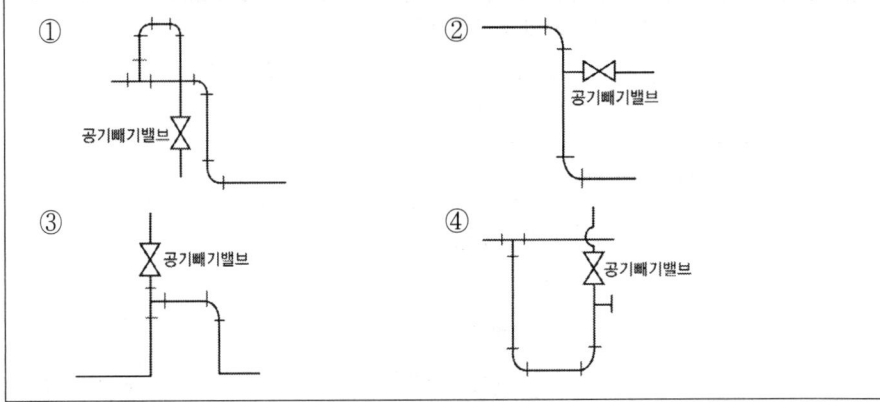

해설 에어 포켓의 우려가 있는 ⊓상부에 공기빼기밸브를 설치한다.

답 100. ③

2018년 8월 19일 ● 제3회 공조냉동기계기사

제1과목 기계열역학

001 이상기체가 등온 과정으로 부피가 2배로 팽창할 때 한 일이 W_1이다. 이 이상기체가 같은 초기조건 하에서 폴리트로픽 과정(지수=2)으로 부피가 2배로 팽창할 때 한 일은?

① $\dfrac{1}{2\ln2} \times W_1$ ② $\dfrac{2}{\ln2} \times W_1$

③ $\dfrac{\ln2}{2} \times W_1$ ④ $2\ln2 \times W_1$

해설 폴리트로픽 과정에서의 팽창 일

$$W_2 = \dfrac{1}{n-1}(P_1V_1 - P_2V_2) = \dfrac{1}{n-1}(P_1V_1 - P_2V_2) = \dfrac{1}{2-1}(P_1V_1 - P_2V_2) = P_1V_1 - P_2V_2$$

여기에, $P_1V_1 = \dfrac{1}{\ln2} \times W_1$, $P_2 = \dfrac{1}{4}P_1$, $V_2 = 2V_1$으로 부피 증가 2배를 적용한다.

$$W_2 = \dfrac{1}{\ln2} \times W_1 - \dfrac{1}{4}P_1 \times 2V_1 = \dfrac{1}{\ln2} \times W_1 - \dfrac{1}{2}P_1V_1 = \dfrac{1}{\ln2} \times W_1 - \dfrac{1}{2} \times \dfrac{1}{\ln2} \times W_1$$

$$= \left(1 - \dfrac{1}{2}\right) \times \dfrac{1}{\ln2} \times W_1 = \left(\dfrac{2}{2} - \dfrac{1}{2}\right) \times \dfrac{1}{\ln2} \times W_1 = \dfrac{1}{2\ln2} \times W_1$$

002 클라우지우스(Clausius) 적분 중 비가역 사이클에 대하여 옳은 식은? (단, Q는 시스템에 공급되는 열, T는 절대온도를 나타낸다.)

① $\oint \dfrac{dQ}{T} = 0$ ② $\oint \dfrac{dQ}{T} < 0$

③ $\oint \dfrac{dQ}{T} > 0$ ④ $\oint \dfrac{dQ}{T} \geqq 0$

해설 클라우지우스(Clausius)의 적분

① 가역 과정 : $\oint \dfrac{dQ}{T} = 0$

② 비가역 과정 : $\oint \dfrac{dQ}{T} < 0$

③ 가역, 비가역 과정 : $\oint \dfrac{dQ}{T} \leq 0$

답 001. ① 002. ②

003 그림과 같이 카르노 사이클로 운전하는 기관 2개가 직렬로 연결되어 있는 시스템에서 두 열기관의 효율이 똑같다고 하면 중간 온도 T는 약 몇 K인가?

① 330K
② 400K
③ 500K
④ 660K

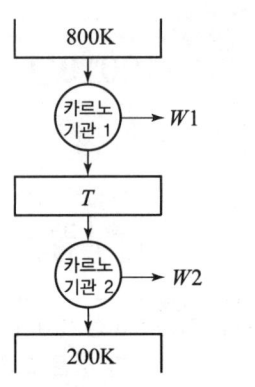

해설 ① 카르노 사이클 1의 열효율
$$\eta_1 = 1 - \frac{T_m}{T_1} = 1 - \frac{T_m}{800}$$
② 카르노 사이클 1의 열효율
$$\eta_2 = 1 - \frac{T_2}{T_m} = 1 - \frac{200}{T_m}$$
③ 두 사이클의 열효율
$$1 - \frac{T_m}{T_1} = 1 - \frac{T_2}{T_m}$$
$$\frac{T_m}{800} = \frac{200}{T_m}$$
$$T_m = \sqrt{T_1 \times T_2} = \sqrt{800 \times 200} = 400K$$

004 이상적인 디젤 기관의 압축비가 16일 때 압축전의 공기 온도가 90℃라면, 압축후의 공기의 온도는 약 몇 ℃인가? (단, 공기의 비열비는 1.4이다.)

① 1101℃ ② 718℃
③ 808℃ ④ 828℃

해설 단열압축 과정이므로
$$\frac{T_2}{T_1} = \left(\frac{v_1}{v_2}\right)^{k-1} = \epsilon^{k-1} \text{에서} \quad T_2 = T_1 \left(\frac{v_1}{v_2}\right)^{k-1} = T_1 \epsilon^{k-1}$$
$$T_2 = (90+273) \times (16)^{1.4-1} = 1,100.86K - 273.15 = 827.71℃$$

005 이상기체가 등온과정으로 체적이 감소할 때 엔탈피는 어떻게 되는가?

① 변하지 않는다.
② 체적에 비례하여 감소한다.
③ 체적에 반비례하여 증가한다.
④ 체적의 제곱에 비례하여 감소한다.

답 003. ② 004. ④ 005. ①

해설 등온과정에서는 내부 에너지의 변화량과 엔탈피의 변화량은 0이다.

참고 등온과정에서의 엔탈피 변화
$dT = 0$ 이므로 $dh = C_p dT = 0$

006
이상기체의 가역 폴리트로픽 과정은 다음과 같다. 이에 대한 설명으로 옳은 것은? (단, P는 압력, v는 비체적, C는 상수이다.)

$$Pv^n = C$$

① $n = 0$이면 등온과정
② $n = 1$이면 정적과정
③ $n = \infty$이면 정압과정
④ $n = k$(비열비)이면 단열과정

해설
① $n = 1$: 등온변화
② $n = \infty$: 정적변화
③ $n = 0$: 정압변화
④ $n = k\left(\dfrac{C_p}{C_v}\right)$: 단열변화

007
다음 중 이상적인 스로틀 과정에서 일정하게 유지되는 양은?
① 압력
② 엔탈피
③ 엔트로피
④ 온도

해설 교축 과정(스로틀 과정) : 압력 및 온도는 강하되고 엔탈피가 일정하며, 엔트로피는 증가한다.

008
공기의 정압비열(C_p, kJ/(kg·℃))이 다음과 같다고 가정한다. 이때 공기 5kg을 0℃에서 100℃까지 일정한 압력하에서 가열하는 데 필요한 열량은 약 몇 kJ인가? (단, 다음 식에서 t는 섭씨온도를 나타낸다.)

$$C_p = 1.0053 + 0.000079 \times t \, [\text{kJ/(kg·℃)}]$$

① 85.5
② 100.9
③ 312.7
④ 504.6

해설 $Q = m\displaystyle\int_{t_1}^{t_2} C_p \, dt$ 에서

$Q = 5 \times \displaystyle\int_0^{100}(1.0053 + 0.000079 \times t)dt = 5 \times \left[1.0053t + \dfrac{1}{2} \times 0.000079 t^2\right]_0^{100}$

$= 5 \times \left\{\left(1.0053 \times 100 + \dfrac{1}{2} \times 0.000079 \times 100^2\right) - \left(1.0053 \times 0 + \dfrac{1}{2} \times 0.000079 \times 0^2\right)\right\}$

$= 504.63 \text{kJ}$

답 006. ④ 007. ② 008. ④

009 두 물체가 각각 제3의 물체와 온도가 같을 때는 두 물체도 역시 서로 온도가 같다는 것을 말하는 법칙으로 온도측정의 기초가 되는 것은?

① 열역학 제0법칙　　② 열역학 제1법칙
③ 열역학 제2법칙　　④ 열역학 제3법칙

> **해설** 열역학 제0법칙
> 두 물체가 제3의 물체와 온도가 같을 때는 두 물체도 역시 서로 온도가 같다는 것을 말하는 법칙으로서 온도 측정의 기초가 되는 법칙

010 랭킨 사이클의 각각의 지점에서 엔탈피는 다음과 같다. 이 사이클의 효율은 약 몇 %인가? (단, 펌프일은 무시한다.)

- 보일러 입구 : 290.5kJ/kg
- 보일러 출구 : 3476.9kJ/kg
- 응축기 입구 : 2622.1kJ/kg
- 응축기 출구 : 286.3kJ/kg

① 32.4%　　② 29.8%
③ 26.7%　　④ 23.8%

> **해설** 랭킨 사이클의 열효율
> $$\eta_R = \frac{w_T - w_P}{q_B} = \frac{(보일러\ 출구 - 응축기\ 입구) - (보일러\ 입구 - 응축기\ 출구)}{보일러\ 출구 - 보일러\ 입구}$$
> $$= \frac{(3476.9 - 2622.1) - (290.5 - 286.3)}{3476.9 - 290.5} \times 100 = 26.69\%$$

011 70kPa에서 어떤 기체의 체적이 12m³이었다. 이 기체를 800kPa까지 폴리트로픽 과정으로 압축했을 때 체적이 2m³으로 변화했다면, 이 기체의 폴리트로프 지수는 약 얼마인가?

① 1.21　　② 1.28
③ 1.36　　④ 1.43

> **해설** 폴리트로픽 과정에서 압력과 체적과의 관계
> $$\left(\frac{P_2}{P_1}\right)^{\frac{n-1}{n}} = \left(\frac{V_1}{V_2}\right)^{n-1} 에서$$
> $\left(\frac{P_2}{P_1}\right)^{\frac{n-1}{n} \times \frac{1}{n-1}} = \left(\frac{V_1}{V_2}\right)^{n-1 \times \frac{1}{n-1}}$, $\left(\frac{P_2}{P_1}\right)^{\frac{1}{n}} = \left(\frac{V_1}{V_2}\right)$, $\left(\frac{800\,kPa}{70\,kPa}\right)^{\frac{1}{n}} = \left(\frac{12m^3}{2m^3}\right)$,
> $11.43^{\frac{1}{n}} = 6$에서 양변에 로그를 적용하면 $\log 11.43^{\frac{1}{n}} = \log 6$이고, $\frac{1}{n}\log 11.43 = \log 6$이다.
> $\frac{1}{n} = \frac{\log 6}{\log 11.43} = 0.7355$에서 폴리트로프 지수 $n = \frac{1}{0.7355} = 1.36$이 된다.

답 009. ① 010. ③ 011. ③

012 밀폐시스템에서 초기 상태가 300K, 0.5m³인 이상기체를 등온과정으로 150kPa에서 600kPa까지 천천히 압축하였다. 이 압축과정에 필요한 일은 약 몇 kJ인가?

① 104　　　　　　② 208
③ 304　　　　　　④ 612

 등온과정에서의 일량

$$W = P_1 V_1 \ln\frac{V_2}{V_1} = P_1 V_1 \ln\frac{P_1}{P_2} = 150 \times 0.5 \times \ln\frac{150}{600} = -104\,\text{kJ}$$

참고 등온과정에서의 일량(공업일 = 절대일)

$$w_a = RT\ln\frac{V_2}{V_1} = P_1 V_1 \ln\frac{V_2}{V_1},\quad w_t = P_1 V_1 \ln\frac{P_1}{P_2} = RT\ln\frac{P_1}{P_2}$$

013 카르노 냉동기 사이클과 카르노 열펌프 사이클에서 최고 온도와 최소 온도가 서로 같다. 카르노 냉동기의 성적계수는 COP_R이라고 하고, 카르노 열펌프의 성적계수는 COP_{HP}라고 할 때 다음 중 옳은 것은?

① $COP_{HP} + COP_R = 1$　　② $COP_{HP} + COP_R = 0$
③ $COP_R - COP_{HP} = 1$　　④ $COP_{HP} - COP_R = 1$

 히트펌프의 성적계수=냉동기 성적계수+1
$COP_{HP} = COP_R + 1$ 에서 $COP_{HP} - COP_R = 1$

014 열과 일에 대한 설명 중 옳은 것은?

① 열역학적 과정에서 열과 일은 모두 경로에 무관한 상태함수로 나타낸다.
② 일과 열의 단위는 대표적으로 Watt(W)를 사용한다.
③ 열역학 제1법칙은 열과 일의 방향성을 제시한다.
④ 한 사이클 과정을 지나 원래 상태로 돌아왔을 때 시스템에 가해진 전체 열량은 시스템이 수행한 전체 일의 양과 같다.

① 열과 일은 경로함수이다.
② 일과 열의 단위는 Joule, Watt는 동력의 단위이다.
③ 열역학 1법칙은 에너지 보존의 법칙이고, 열역학 2법칙이 열의 방향성을 제시한다.

015 에어컨을 이용하여 실내의 열을 외부로 방출하려 한다. 실외 35℃, 실내 20℃인 조건에서 실내로부터 3kW의 열을 방출하려 할 때 필요한 에어컨의 최소 동력은 약 몇 kW인가?

① 0.154　　　　　　② 1.54
③ 0.308　　　　　　④ 3.08

답 012. ①　013. ④　014. ④　015. ①

해설 에어컨의 동력

$$COP_R = \frac{Q_2}{W} = \frac{Q_2}{Q_1 - Q_2} = \frac{T_2}{T_1 - T_2} \text{에서}$$

$$W = \frac{(T_1 - T_2)Q_2}{T_2} = \frac{\{(30+273) - (20+273)\} \times 3}{293} = 0.154 \text{kW}$$

016

공기 표준 사이클로 운전하는 디젤 사이클 엔진에서 압축비는 18, 체절비(분사 단절비)는 2일 때 이 엔진의 효율은 약 몇 %인가? (단, 비열비는 1.4이다.)

① 63% ② 68%
③ 73% ④ 78%

해설 디젤 사이클에서의 열효율

$$\eta_d = 1 - \left(\frac{1}{\varepsilon^{k-1}}\right) \cdot \frac{\sigma^k - 1}{(\sigma - 1)} = 1 - \left(\frac{1}{18^{1.4-1}}\right) \times \frac{2^{1.4} - 1}{1.4 \times (2-1)} = 0.63$$

참고 디젤 사이클의 열효율

$$\boxed{\eta_s = 1 - \left(\frac{1}{\varepsilon^{k-1}}\right) \cdot \frac{(\alpha \cdot \sigma^k - 1)}{\alpha(\sigma - 1)}}$$

(여기서, ε : 압축비, k : 비열비, σ : 체절비, $\alpha = \frac{P_3}{P_2} = \frac{T_3}{T_2}$: 압력 상승비)

017

어떤 기체 1kg이 압력 50kPa, 체적 2.0m³의 상태에서 압력 1000kPa, 체적 0.2m³의 상태로 변화하였다. 이 경우 내부에너지의 변화가 없다고 한다면, 엔탈피의 변화는 얼마나 되겠는가?

① 57kJ ② 79kJ
③ 91kJ ④ 100kJ

해설
$dh = du + pv (du = 0)$
$dh = p_2 v_2 - p_1 v_1$
$= (1,000 \times 0.2) - (50 \times 2)$
$= 100 \text{kJ}$

018

압력 250kPa, 체적 0.35m³의 공기가 일정 압력 하에서 팽창하여, 체적이 0.5m³로 되었다. 이때 내부에너지의 증가가 93.9kJ이었다면, 팽창에 필요한 열량은 약 몇 kJ인가?

① 43.8 ② 56.4
③ 131.4 ④ 175.2

해설 $Q = dU + PdV = 93.9 + \{250 \times (0.5 - 0.35)\} = 131.4 \text{kJ}$

답 016. ① 017. ④ 018. ③

019 역카르노 사이클로 운전하는 이상적인 냉동사이클에서 응축기 온도가 40℃, 증발기 온도가 -10℃이면 성능계수는?

① 4.26
② 5.26
③ 3.56
④ 6.56

해설 냉동기 성능계수
$$COP = \frac{T_2}{T_1 - T_2} = \frac{-10+273}{(40+273)-(-10+273)} = 5.26$$

020 500℃의 고온부와 50℃의 저온부 사이에서 작동하는 Carnot 사이클 열기관의 열효율은 얼마인가?

① 10%
② 42%
③ 58%
④ 90%

해설 $\eta = 1 - \frac{T_2}{T_1} = 1 - \frac{323}{773} = 0.58 = 58\%$

제2과목 냉동공학

021 다음 중 밀착 포장된 식품을 냉각부동액 중에 집어넣어 동결시키는 방식은?

① 침지식 동결장치
② 접촉식 동결장치
③ 진공 동결장치
④ 유동층 동결장치

해설 침지식 동결장치
밀착 포장된 식품을 냉각부동액 중에 집어넣어 동결시키는 방식

022 흡수식 냉동기의 특징에 대한 설명으로 옳은 것은?

① 자동제어가 어렵고 운전경비가 많이 소요된다.
② 초기 운전 시 정격 성능을 발휘할 때까지의 도달속도가 느리다.
③ 부분 부하에 대한 대응이 어렵다.
④ 증기 압축식보다 소음 및 진동이 크다.

해설 흡수식 냉동기는 초기 운전 시 정격성능을 발휘할 때까지의 예냉시간이 길어 도달속도가 느리다.

답 019. ② 020. ③ 021. ① 022. ②

023 피스톤 압출량이 48m³/h인 압축기를 사용하는 아래와 같은 냉동장치가 있다. 압축기 체적효율(η_v)이 0.75이고, 배관에서의 열손실을 무시하는 경우, 이 냉동장치의 냉동능력(RT)? (단, 1RT는 3320kcal/h이다.)

① 1.83
② 2.54
③ 2.71
④ 2.84

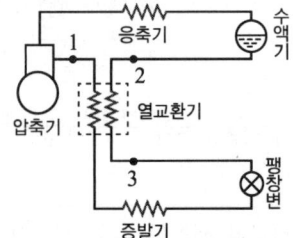

$h_1 = 135.5 \,(\text{kcal/kg})$
$v_1 = 0.12 \,(\text{m}^3/\text{kg})$
$h_2 = 105.5 \,(\text{kcal/kg})$
$h_3 = 104.0 \,(\text{kcal/kg})$

해설 응축기 출구 과냉각열량과 압축기 흡입가스의 과열량은 같으므로
$h_3 - h_2 = h_1 - h_x$ 에서
$i_x = h_1 - (h_3 - h_2) = 135.5 - (105.5 - 104)$
$= 134 \text{kcal/kg}$

그러므로 $RT = \dfrac{V_a \cdot (i_x - i_3)}{3{,}320 \cdot v} \times \eta_v$
$= \dfrac{48 \times (134 - 104)}{3{,}320 \times 0.12} \times 0.75$
$= 2.71 \text{RT}$

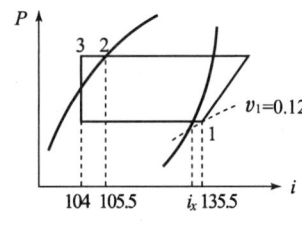

024 다음 중 흡수식 냉동기의 용량제어 방법으로 적당하지 않은 것은?
① 흡수기 공급흡수제 조절
② 재생기 공급용액량 조절
③ 재생기 공급증기 조절
④ 응축수량 조절

해설 흡수식 냉동기의 용량제어 방법
① 발생기(재생기) 공급용액량 조절법
② 발생기(재생기) 공급증기 및 온수량 조절법
③ 응축수량 조절법

025 프레온 냉동장치에서 가용전에 관한 설명으로 틀린 것은?
① 가용전의 용융온도는 일반적으로 75℃ 이하로 되어 있다.
② 가용전은 Sn(주석), Cd(카드뮴), Bi(비스무트) 등의 합금이다.
③ 온도상승에 따른 이상 고압으로부터 응축기 파손을 방지한다.
④ 가용전의 구경은 안전밸브, 최소구경의 1/2 이하이어야 한다.

해설 가용전의 구경은 안전밸브 최소구경의 1/2 이상으로 한다.

답 023. ③ 024. ① 025. ④

026 압축기에 부착하는 안전밸브의 최소 구경을 구하는 공식으로 옳은 것은?

① 냉매상수×(표준회전속도에서 1시간의 피스톤 압출량)$^{1/2}$
② 냉매상수×(표준회전속도에서 1시간의 피스톤 압출량)$^{1/3}$
③ 냉매상수×(표준회전속도에서 1시간의 피스톤 압출량)$^{1/4}$
④ 냉매상수×(표준회전속도에서 1시간의 피스톤 압출량)$^{1/5}$

해설 안전밸브의 최소구경＝냉매상수×1시간당 피스톤 압출량$^{1/2}$ ($d = C\sqrt{V}$)

027 열통과율 900kcal/m^2·h·℃, 전열면적 5m^{2}인 아래 그림과 같은 대항류 열교환기에서의 열교환량(kcal/h)은? (단, $t_1 : 27℃, t_2 : 13℃, t_{w1} : 5℃, t_{w2} : 10℃$이다.)

① 26865
② 53730
③ 45000
④ 90245

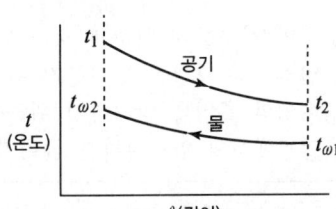

해설 $Q = K \cdot F \cdot LMTD = 900 \times 5 \times \dfrac{(27-10)-(13-5)}{\ln\dfrac{(27-10)}{(13-5)}} = 53,730 \text{kcal/h}$

028 증기압축식 냉동 시스템에서 냉매량 부족 시 나타나는 현상으로 틀린 것은?

① 토출압력의 감소
② 냉동능력의 감소
③ 흡입가스의 과열
④ 토출가스의 온도 감소

해설 냉매량 부족 시 압축기 토출가스의 온도는 상승한다.

029 다음 중 독성이 거의 없고 금속에 대한 부식성이 적어 식품냉동에 사용되는 유기질 브라인은?

① 프로필렌글리콜
② 식염수
③ 염화칼슘
④ 염화마그네슘

해설 브라인의 종류
① 유기질 브라인 : 에틸렌글리콜, 프로필렌글리콜, 에틸알콜 등
② 무기질 브라인 : 염화나트륨(식염수, NaCl), 염화마그네슘(MgCl$_2$), 염화칼슘(CaCl$_2$) 등

답 026. ① 027. ② 028. ④ 029. ①

030 다음 냉동장치에서 물의 증발열을 이용하지 않는 것은?
① 흡수식 냉동장치
② 흡착식 냉동장치
③ 증기분사식 냉동장치
④ 열전식 냉동장치

전자 냉동기(열전식 냉동기)
성질이 다른 두 금속을 접속시켜 직류전류를 흐르게 하면 접합부에서 열의 방출과 흡수가 일어나는 현상, 즉 펠티어 효과를 이용하여 저온을 얻는 방법으로 압축기 등을 사용하지 않는다.

031 프레온 냉매의 경우 흡입배관에 이중 입상관을 설치하는 목적으로 가장 적합한 것은?
① 오일의 회수를 용이하게 하기 위하여
② 흡입가스의 과열을 방지하기 위하여
③ 냉매액의 흡입을 방지하기 위하여
④ 흡입관에서의 압력강하를 줄이기 위하여

이중 입상관(2중 수직 상승관) : 증발기의 오일을 압축기로 용이하게 회수하기 위한 배관

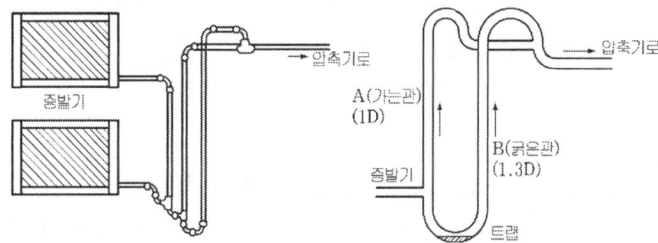

032 내경이 20mm인 관 안으로 포화상태의 냉매가 흐르고 있으며, 관은 단열재로 싸여 있다. 관의 두께는 1mm이며, 관재질의 열전도도는 50W/m·K이며, 단열재의 열전도도는 0.02W/m·K이다. 단열재의 내경과 외경은 각각 22mm와 42mm일 때, 단위 길이당 열손실(W)은? (단, 이때 냉매의 온도는 60℃, 주변 공기의 온도는 0℃이며, 냉매측과 공기측의 평균대류열전달계수는 각각 2000W/m²·K와 10W/m²·K이다. 관과 단열재 접촉부의 열저항은 무시한다.)
① 9.87
② 10.15
③ 11.10
④ 13.27

원통에서의 단위 길이당 열손실
① $r_1 = d_1 \times \frac{1}{2} = 20 \times \frac{1}{2} = 10mm = 0.01m$
② $r_2 = r_1 + t(관두께) = 10 + 1 = 11mm = 0.011m$
③ $r_3 = d_3 \times \frac{1}{2} = 42 \times \frac{1}{2} = 21mm = 0.021m$

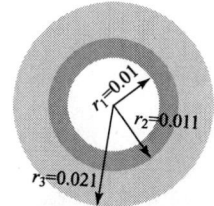

정답 030. ④ 031. ① 032. ②

④ 단위 길이당 열손실

$$Q = \frac{2\pi L(T_1 - T_2)}{\frac{1}{\alpha_R r_1} + \frac{1}{k_1}\ln\left(\frac{r_2}{r_1}\right) + \frac{1}{k_2}\ln\left(\frac{r_3}{r_2}\right) + \frac{1}{\alpha_A r_3}}$$

$$= \frac{2 \times \pi \times 1 \times (60-0)}{\frac{1}{2,000 \times 0.01} + \left\{\frac{1}{50}\ln\left(\frac{0.011}{0.01}\right)\right\} + \left\{\frac{1}{0.02}\ln\left(\frac{0.021}{0.011}\right)\right\} + \frac{1}{10 \times 0.021}}$$

$$= 10.15 \text{W/m}$$

033

냉동장치에 사용하는 브라인 순환량이 200L/min이고, 비열이 0.7kcal/kg·℃이다. 브라인의 입·출구 온도는 각각 −6℃와 −10℃일 때, 브라인 쿨러의 냉동능력 (kcal/h)은? (단, 브라인의 비중은 1.2이다.)

① 36880 ② 38860
③ 40320 ④ 43200

 $Q_e = G_b \cdot C_b \cdot \Delta t = 200 \times 1.2 \times 60 \times 0.7 \times \{-6-(-10)\} = 40,320 \text{kcal/h}$

034

냉동기유가 갖추어야 할 조건으로 틀린 것은?

① 응고점이 낮고, 인화점이 높아야 한다.
② 냉매와 잘 반응하지 않아야 한다.
③ 산화가 되기 쉬운 성질을 가져야 한다.
④ 수분, 산분을 포함하지 않아야 한다.

 냉동기유는 산화가 되지 않아야 한다.

035

가역 카르노 사이클에서 고온부 40℃, 저온부 0℃로 운전될 때 열기관의 효율은?

① 7.825 ② 6.825
③ 0.147 ④ 0.128

$\eta = 1 - \frac{T_2}{T_1} = 1 - \frac{273}{40+273} = 0.128$

참고 열효율(η)

$$\eta = \frac{AW}{Q_1} = \frac{Q_1 - Q_2}{Q_1} = \frac{T_1 - T_2}{T_1} = 1 - \frac{T_2}{T_1}$$

답 033. ③ 034. ③ 035. ④

036 냉동장치 운전 중 팽창밸브의 열림이 작을 때, 발생하는 현상이 아닌 것은?
① 증발압력은 저하한다. ② 냉매 순환량은 감소한다.
③ 액압축으로 압축기가 손상된다. ④ 체적효율은 저하한다.

해설 팽창밸브의 열림이 작으면 냉매 공급량이 적어져, 압축기가 과열되어 압축기가 손상된다.

참고 팽창밸브의 개도 과소 시
① 증발압력(저압) 및 증발온도 저하
② 압축비 증가
③ 압축기 소요동력 증가
④ 압축기 과열 및 토출가스온도 상승
⑤ 윤활유 열화 및 탄화
⑥ 냉동능력 감소

037 냉동장치 내에 불응축 가스가 생성되는 원인으로 가장 거리가 먼 것은?
① 냉동장치의 압력이 대기압 이상으로 운전될 경우 저압측에서 공기가 침입한다.
② 장치를 분해, 조립하였을 경우에 공기가 잔류한다.
③ 압축기의 축봉장치 패킹 연결부분에 누설부분이 있으면 공기가 장치 내에 침입한다.
④ 냉매, 윤활유 등의 열분해로 인해 가스가 발생한다.

해설 냉동장치의 저압 측 압력이 대기압 이하의 진공으로 운전될 경우 저압 측에서 공기가 침입된다.

038 폐열을 회수하기 위한 히트파이프(heat pipe)의 구성요소가 아닌 것은?
① 단열부 ② 응축부
③ 증발부 ④ 팽창부

해설 히트 파이프의 구성 : 증발부 – 단열부 – 응축부

039 40냉동톤의 냉동부하를 가지는 제빙공장이 있다. 이 제빙공장 냉동기의 압축기 출구 엔탈피가 457kcal/kg, 증발기 출구 엔탈피가 369kcal/kg, 증발기 입구 엔탈피가 128kcal/kg일 때, 냉매 순환량(kg/h)은? (단, 1RT는 3320kcal/h이다.)
① 551 ② 403
③ 290 ④ 25.9

답 036. ③ 037. ① 038. ④ 039. ①

해설 냉매 순환량

$$G = \frac{Q_e}{q_e} = \frac{40 \times 3,320}{(369-128)} = 551 \text{kg/h}$$

040 암모니아 냉동장치에서 고압측 게이지 압력이 14kg/cm²·g, 저압측 게이지 압력이 3kg/cm²·g이고, 피스톤 압출량이 100m³/h, 흡입증기의 비체적이 0.5m³/kg이라 할 때, 이 장치에서의 압축비와 냉매순환량(kg/h)은 각각 얼마인가? (단, 압축기의 체적효율은 0.7로 한다.)

① 3.73, 70
② 3.73, 140
③ 4.67, 70
④ 4.67, 140

해설 ① 압축비, $Pr = \dfrac{P_c}{P_e} = \dfrac{14+1.033}{3+1.033} = 3.73$

② 냉매순환량, $G = \dfrac{Q_e}{q_e} = \dfrac{V_a}{v} \times \eta_v = \dfrac{100}{0.5} \times 0.7 = 140\text{kg/h}$

제3과목 공기조화

041 수증기 발생으로 인한 환기를 계획하고자 할 때, 필요 환기량 Q(m³/h)의 계산식으로 옳은 것은? (단, q_s : 발생 현열량(kJ/h), W : 수증기 발생량(kg/h), M : 먼지발생량(m³/h), t_i(℃) : 허용 실내온도, x_i(kg/kg) : 허용 실내 절대습도, t_o(℃) : 도입 외기온도, x_o(kg/kg) : 도입 외기절대습도, K, K_o : 허용 실내 및 도입외기 가스농도, C, C_o : 허용 실내 및 도입외기 먼지농도이다.)

① $Q = \dfrac{q_s}{0.29(t_i - t_o)}$
② $Q = \dfrac{W}{1.2(x_i - x_o)}$
③ $Q = \dfrac{100 \cdot M}{K - K_o}$
④ $Q = \dfrac{M}{C - C_o}$

해설 ① 열 배출에 필요한 환기량 계산식

$Q = \dfrac{q_s(\text{kcal/h})}{0.29(t_i - t_o)}$

② 수증기 배출에 필요한 환기량 계산식

$Q = \dfrac{W}{1.2(x_i - x_o)}$

③ 가스발생에 따른 환기량 계산식

$Q = \dfrac{W}{1.2(x_i - x_o)}$

④ 유독가스 배출에 필요한 환기량 계산식

$Q = \dfrac{100M}{K - K_o(\%)}$

답 040. ② 041. ②

042 다음 중 온수난방용 기기가 아닌 것은?

① 방열기　　　　　　② 공기방출기
③ 순환펌프　　　　　④ 증발탱크

> **해설** 증발탱크 : 고압의 응축수를 증발탱크에 넣어 저압하에서 재증발시켜 발생한 증기는 그대로 이용하고 탱크 내에 남은 저압 환수만을 환수하기 위한 증기장치

043 제주지방의 어느 한 건물에 대한 냉방기간 동안의 취득열량(GJ/기간)은? (단, 냉방도일 $CD_{24-24}=162.4(\deg℃·day)$, 건물 구조체 표면적 $500m^2$, 열관류율은 $0.58W/m^2·℃$, 환기에 의한 취득열량은 $168W/℃$이다.)

① 9.37　　　　　　② 6.43
③ 4.07　　　　　　④ 2.36

> **해설** 냉방기간 동안의 취득열량
> $$H=(\sum A·K+q_i)\times CD\times 24 = \{(0.58\times 500)+168\}\times 162.4\times 24$$
> $$=1,785,100.8\frac{W}{기간}\times\frac{3.6kJ}{1W}\times\frac{1GJ}{10^6 kJ}=6.43GJ/기간$$

044 공기의 감습장치에 관한 설명으로 틀린 것은?

① 화학적 감습법은 흡착과 흡수 기능을 이용하는 방법이다.
② 압축식 감습법은 감습만을 목적으로 사용하는 경우 재열이 필요하므로 비경제적이다.
③ 흡착식 감습법은 실리카겔 등을 사용하며, 흡습제의 재생이 가능하다.
④ 흡수식 감습법은 활성 알루미나를 이용하기 때문에 연속적이고 큰 용량의 것에는 적용하기 곤란하다.

> **해설** ④ 활성 알루미나를 이용하는 흡착식 감습법에 대한 설명이다.
>
> **참고** ① 액체(흡수식) 제습장치 : 염화리튬, 트리에틸렌글리콜 등
> ② 고체(흡착식) 제습장치 : 실리카겔, 활성 알루미나, 아드소올 등을 사용하여 극저습도를 요구하는 곳에 사용

045 냉수코일의 설계상 유의사항으로 옳은 것은?

① 일반적으로 통과 풍속은 2~3m/s로 한다.
② 입구 냉수온도는 20℃ 이상으로 취급한다.
③ 관내의 물의 유속은 4m/s 전후로 한다.
④ 병류형으로 하는 것이 보통이다.

답 042. ④　043. ②　044. ④　045. ①

해설 냉수코일의 설계상 유의사항
① 코일 내 유속은 1m/s 전후로 한다.
② 코일의 통과풍속을 2~3m/s 정도로 한다.
③ 공기와 물의 흐름을 대향류로 한다.
④ 냉수의 입출구 온도차를 5℃ 전후로 한다.
⑤ 물과 공기의 대수평균온도차(MTD)를 크게 한다.
⑥ 코일의 설치는 수평으로 한다.

046 간접난방과 직접난방 방식에 대한 설명으로 틀린 것은?
① 간접난방은 중앙 공조기에 의해 공기를 가열해 실내로 공급하는 방식이다.
② 직접난방은 방열기에 의해서 실내공기를 가열하는 방식이다.
③ 직접난방은 방열체의 방열형식에 따라 대류난방과 복사난방으로 나눌 수 있다.
④ 온풍난방과 증기난방은 간접난방에 해당된다.

해설 ① 직접난방 : 증기난방, 온수난방, 복사난방
② 간접난방 : 온풍난방, 공기조화, 히트펌프난방

047 다음 중 사용되는 공기선도가 아닌 것은? (단, h : 엔탈피, x : 절대습도, t : 온도, p : 압력이다.)
① $h-x$선도   ② $t-x$선도
③ $t-h$선도   ④ $p-h$선도

해설 $p-h(i)$의 선도 : 냉매의 몰리엘 선도

참고 습공기선도의 종류
① $h(i)-x$선도 : 엔탈피 h를 경사축으로 절대습도 x를 종축으로 기준
② $t-x$선도(캐리어선도) : 건구온도 t와 절대습도 x를 기준
③ $t-i(h)$선도 : 건구온도 t와 엔탈피 $h(i)$를 기준

048 어느 건물 서편의 유리 면적이 40m²이다. 안쪽에 크림색의 베네시언 블라인드를 설치한 유리면으로부터 오후 4시에 침입하는 열량(kW)은? (단, 외기는 33℃, 실내는 27℃, 유리는 1중이며, 유리의 열통과율(K)은 5.9W/m²·℃, 유리창의 복사량(I_{gr})은 608W/m², 차폐계수(K_s)는 0.56이다.)
① 15   ② 13.6
③ 3.6   ④ 1.4

답 046. ④ 047. ④ 048. ①

해설 ① 유리창 복사열량
$q_{GR} = I_{GR} \times A_g \times k_s$
$= 608 \times 40 \times 0.56 = 13,619W = 13.6kW$

② 유리창 열통과열량
$q_{GC} = K \times A_g \times \Delta t$
$= 5.9 \times 40 \times (33-27) = 1,416W = 1.4kW$

③ 유리창 전체 취득열량
$q_T = 13.6 + 1.4 = 15kW$

049

열회수방식 중 공조설비의 에너지 절약기법으로 많이 이용되고 있으며, 외기 도입량이 많고 운전시간이 긴 시설에서 효과가 큰 것은?

① 잠열교환기 방식
② 현열교환기 방식
③ 비열교환기 방식
④ 전열교환기 방식

해설 전열교환기는 외기 도입량이 많고, 운전시간이 긴 시설에서 배열을 회수하여 에너지를 절약한다.

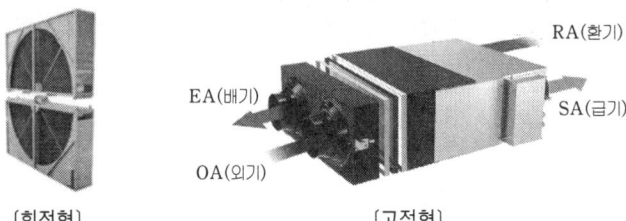

〔회전형〕 〔고정형〕

참고 전열교환기
① 실내의 배기와 환기용 외기를 열교환하는 장치로 공대공 열교환기라고도 한다.
② 회전식과 고정식 전열교환기가 있다.
③ 배기와 환기의 열교환으로 온도 및 습도(현열, 잠열)를 교환한다.
④ 열교환기 설치로 설비비와 기계실 스페이스가 많이 든다.
⑤ 외기부하를 감소시켜 기기의 용량이 작게 설계되어 운전경비가 절약된다.

050

에어와셔 단열 가습기 포화효율은 어떻게 표시하는가? (단, 입구공기의 건구온도 t_1, 출구공기의 건구온도 t_2, 입구공기의 습구온도 t_{w1}, 출구공기의 습구온도 t_{w2}이다.)

① $\eta = \dfrac{(t_1-t_2)}{(t_2-t_{w2})}$
② $\eta = \dfrac{(t_1-t_2)}{(t_1-t_{w1})}$
③ $\eta = \dfrac{(t_2-t_1)}{(t_{w2}-t_1)}$
④ $\eta = \dfrac{(t_1-t_{w1})}{(t_2-t_1)}$

해설 단열 가습 시 포화효율
$\eta_s = \dfrac{\text{입구공기의 건구온도} - \text{출구공기의 건구온도}}{\text{입구공기의 건구온도} - \text{입구공기의 습구온도}} = \dfrac{t_1-t_2}{t_1-t_{w1}}$

답 049. ④ 050. ②

051 장방형 덕트(장변 a, 단변 b)를 원형덕트로 바꿀 때 사용하는 식은 아래와 같다. 이 식으로 환산된 장방형 덕트와 원형덕트의 관계는?

① 두 덕트의 풍량과 단위 길이당 마찰손실이 같다.
② 두 덕트의 풍량과 풍속이 같다.
③ 두 덕트의 풍속과 단위 길이당 마찰손실이 같다.
④ 두 덕트의 풍량과 풍속 및 단위 길이당 마찰 손실이 모두 같다.

$$D_e = 1.3\left[\frac{(a \cdot b)^5}{(a+b)^2}\right]^{1/8}$$

해설 원형덕트 지름(D_e)은 a×b인 장방형 덕트와 동일한 풍량과 단위 길이당 마찰저항을 갖는 원형덕트의 직경을 나타낸다.

052 보일러의 종류 중 수관보일러 분류에 속하지 않는 것은?

① 자연순환식 보일러　　② 강제순환식 보일러
③ 연관 보일러　　　　　④ 관류 보일러

해설 수관 보일러의 종류 : 자연순환식 보일러, 강제순환식 보일러, 관류 보일러

053 보일러의 스케일 방지 방법으로 틀린 것은?

① 슬러지는 적절한 분출로 제거한다.
② 스케일 방지 성분인 칼슘의 생성을 돕기 위해 경도가 높은 물을 보일러수로 활용한다.
③ 경수연화장치를 이용하여 스케일 생성을 방지한다.
④ 인산염을 일정 농도가 되도록 투입한다.

해설 보일러에 경수를 사용하면 스케일이 생성되어 전열이 방해되므로 보일러의 열효율이 저하된다.

054 다음 중 일반 공기 냉각용 냉수 코일에서 가장 많이 사용되는 코일의 열수로 가장 적정한 것은?

① 0.5−1　　　　　　② 1.5−2
③ 4−8　　　　　　　④ 10−14

해설 냉수 코일의 열수는 일반 공기 냉각용에는 4~8열이 많이 사용된다. 다만, MTD가 과소할 때에는 8열 이상으로 될 수 있다.

답 051. ①　052. ③　053. ②　054. ③

055

다음 그림에서 상태 ①인 공기를 ②로 변화시켰을 때의 현열비를 바르게 나타낸 것은?

① $(i_3-i_1)/(i_2-i_1)$
② $(i_2-i_3)/(i_2-i_1)$
③ $(x_2-x_1)/(t_1-t_2)$
④ $(t_1-t_2)/(i_3-i_1)$

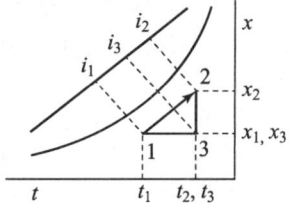

해설
$$SHF = \frac{q_s}{q_T} = \frac{i_3-i_1}{i_2-i_1}$$

참고 현열비 : 실내 전체 열량에 대한 현열량의 비

056

외부의 신선한 공기를 공급하여 실내에서 발생한 열과 오염물질을 대류효과 또는 급배기팬을 이용하여 외부로 배출시키는 환기방식은?

① 자연환기   ② 전달환기
③ 치환환기   ④ 국소환기

해설 치환환기
실내보다 낮은 온도의 신선공기를 해당 구역의 하부에 공급하여 오염물질의 대류효과에 의해 상부에 설치된 배기구를 통해 배기시키는 방식

057

송풍량 2000m³/min을 송풍기 전후의 전압차 20Pa로 송풍하기 위한 필요 전동기 출력(kW)은? (단, 송풍기의 전압효율은 80%, 전동효율은 V벨트로 0.95이며, 여유율은 0.2이다.)

① 1.05   ② 10.35
③ 14.04   ④ 25.32

해설
$$kW = \frac{Q \cdot P_T}{60 \times \eta_T \times \eta_m} \times k = \frac{2,000 \times 20}{60 \times 0.8 \times 0.95} \times 1.2 = 1,052W = 1.05kW$$

058

다음 중 축류형 취출구에 해당되는 것은?

① 아네모스탯형 취출구   ② 펑커루버형 취출구
③ 팬형 취출구   ④ 다공판형 취출구

해설 축류형 취출구 : 노즐형, 펑커루버형, 베인격자형, 라인형, 다공판형 등

답 055. ① 056. ③ 057. ① 058. ②, ④

059 일사를 받는 외벽으로부터의 침입열량(q)을 구하는 식으로 옳은 것은? (단, k는 열관류율, A는 면적, $\triangle t$는 상당외기 온도차이다.)

① $q = k \times A \times \triangle t$
② $q = 0.86 \times A / \triangle t$
③ $q = 0.24 \times A \times \triangle t / k$
④ $q = 0.29 \times k / (A \times \triangle t)$

해설 유리창 부하
① 유리창의 일사부하
$$q_{GR} = I_{GR} \times A_g \times k_s \,(\text{kcal/h})$$
여기서, q_{GR} : 태양복사에 의한 취득열량(kcal/h)
I_{GR} : 표준 일사열량(kcal/m²h)
A_g : 유리창 면적(m²)
k_s : 차폐계수

② 유리창의 통과열량
$$q_{GC} = K \times A_g \times \triangle t \,(\text{kcal/h})$$
여기서, q_{GC} : 유리창의 취득열량(kcal/h)
K : 유리창의 열관류(열통과)율(kcal/m² · h · ℃)
A_g : 유리창의 면적(m²)
$\triangle t$: 실내 · 외 온도차(℃)

060 중앙식 공조방식의 특징에 대한 설명으로 틀린 것은?
① 중앙집중식이므로 운전 및 유지관리가 용이하다.
② 리턴 팬을 설치하면 외기냉방이 가능하게 된다.
③ 대형건물보다는 소형건물에 적합한 방식이다.
④ 덕트가 대형이고, 개별식에 비해 설치공간이 크다.

해설 중앙식은 소형건물보다 대형건물에 적합하다.

제 4 과목 전기제어공학

061 어떤 코일에 흐르는 전류가 0.01초 사이에 일정하게 50A에서 10A로 변할 때 20V 의 기전력이 발생할 경우 자기인덕턴스(mH)는?
① 5
② 10
③ 20
④ 40

해설 $e = L \dfrac{\triangle I}{\triangle t}$ 에서 $50 = L \times \dfrac{50-10}{0.01}$

$L = \dfrac{50}{\frac{50-10}{0.01}} = 5\text{mH}$

여기서, $\triangle I$는 전류변화량, $\triangle t$는 시간변화량, e는 기전력이다.

 059. ① 060. ③ 061. ①

062. 유도전동기에서 슬립이 "0"이라고 하는 것은?

① 유도전동기가 정지 상태인 것을 나타낸다.
② 유도전동기가 전부하 상태인 것을 나타낸다.
③ 유도전동기가 동기속도로 회전한다는 것이다.
④ 유도전동기가 제동기 역할을 한다는 것이다.

해설 슬립 : 전동기의 회전속도를 나타내는 상수

$$s = \frac{\text{동기속도} - \text{회전자속도}}{\text{동기속도}} = \frac{N_s - N}{N_s}$$

① 정지 상태 : $s = 1(N = 0)$
② 동기속도 회전 : $s = 0(N = N_s)$

063. 저항 $R[\Omega]$에 전류 $I[A]$를 일정 시간 동안 흘렸을 때 도선에 발생하는 열량의 크기로 옳은 것은?

① 전류의 세기에 비례
② 전류의 세기에 반비례
③ 전류의 세기의 제곱에 비례
④ 전류의 세기의 제곱에 반비례

해설

$$H[\text{cal}] = 0.24Pt = 0.24IVt = 0.24I^2Rt = 0.24\frac{V^2}{R}t$$

따라서, 전류 세기의 제곱에 비례한다.

064. 자성을 갖고 있지 않은 철편에 코일을 감아서 여기에 흐르는 전류의 크기와 방향을 바꾸면 히스테리시스 곡선이 발생되는데, 이 곡선 표현에서 X축과 Y축을 옳게 나타낸 것은?

① X축 - 자화력, Y축 - 자속밀도
② X축 - 자속밀도, Y축 - 자화력
③ X축 - 자화세기, Y축 - 잔류자속
④ X축 - 잔류자속, Y축 - 자화세기

해설 히스테리시스 곡선은 다음과 같다.
따라서, X축은 자계(자화력), Y축은 자속밀도이다.

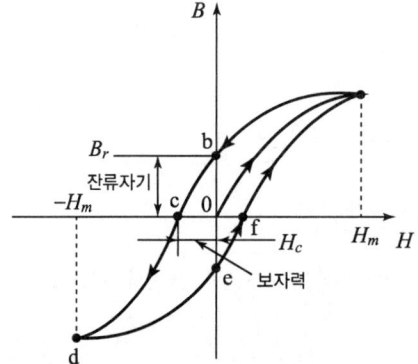

답 062. ③ 063. ③ 064. ①

065 방사성 위험물을 원격으로 조작하는 인공수(人工手; manipulator)에 사용되는 제어계는?

① 서보기구 ② 자동조정
③ 시퀀스 제어 ④ 프로세스 제어

해설 서보제어(기구) : 물체의 위치, 방위, 자세 등의 기계적 변위를 제어량으로 해서 목표값의 임의의 변화에 추종하도록 구성된 제어계로서 레이더 조타장치 등에 사용된다. 따라서, 인공수는 위치제어를 하는 것이므로 서보기구에 해당한다.

참고 ① 프로세스 제어 : 제어량이 온도, 압력, 유량, 레벨 등이며, 플랜트나 생산공정 중의 상태량을 제어량으로 하는 제어로 제어계에 가해지는 외란의 억제를 주목적으로 함.
② 자동조정 : 정전압 장치나 조속기 제어와 같이 전압, 전류, 주파수, 회전속도 등 전기적·기계적 양을 주로 제어하는 것으로서 응답속도가 빠른 것이 특징임.

066 $G(j\omega) = \dfrac{1}{1+3(j\omega)+3(j\omega)^2}$ 일 때 이 요소의 인디셜 응답은?

① 진동 ② 비진동
③ 임계진동 ④ 선형진동

해설 인디셜 응답이란 단위계단함수를 입력했을 때의 응답을 의미하며, 이를 수식으로 하면

$$G(s) = \dfrac{1}{3s^2+3s+1} = \dfrac{\frac{1}{3}}{s^2+s+\frac{1}{3}} \Rightarrow c(s) = \dfrac{\frac{1}{3}}{s^2+s+\frac{1}{3}} R(s) = \dfrac{\frac{1}{3}}{s^2+s+\frac{1}{3}} \dfrac{1}{s}$$

단, $s = j\omega$이고, 위 식의 시간응답을 구하기 위해서는 부분분수로 고쳐야 한다.

$$c(s) \equiv \dfrac{\frac{1}{3}}{s^2+s+\frac{1}{3}} \dfrac{1}{s} = \dfrac{As+B}{s^2+s+\frac{1}{3}} + \dfrac{K}{s} = \dfrac{As+B}{\left(s+\frac{1}{2}\right)^2 + \frac{1}{12}} + \dfrac{K}{s}$$

$$= \dfrac{K_1\left(s+\frac{1}{2}\right)}{\left(s+\frac{1}{2}\right)^2 + \frac{1}{12}} + \dfrac{K_2\sqrt{\frac{1}{12}}}{\left(s+\frac{1}{2}\right)^2 + \frac{1}{12}} + \dfrac{K_3}{s}$$

역변환을 하면 다음과 같이 된다.

$$c(t) = K_1 e^{-\frac{1}{2}t}\cos 12t + K_2 e^{-\frac{1}{2}t}\sin 12t + K_3 \Leftarrow \dfrac{\omega}{(s+a)^2+\omega^2} \to e^{-at}\sin\omega t$$

$$\dfrac{s+a}{(s+a)^2+\omega^2} \to e^{-at}\cos\omega t$$

따라서, 정현파가 있어 진동을 한다.

067 공기식 조작기기에 관한 설명으로 옳은 것은?

① 큰 출력을 얻을 수 있다. ② PID 동작을 만들기 쉽다.
③ 속응성이 장거리에서는 빠르다. ④ 신호를 먼 곳까지 보낼 수 있다.

답 065. ① 066. ① 067. ②

해설 공기식 조작기기 : 제어 입출력 매체로 공기압을 사용하는 제어기로 구조가 단순하며 안전하다. PID 동작을 만들기 쉬우나 출력이 작아 장거리 신호전달이 늦다.

068 그림과 같은 피드백 제어계에서의 폐루프 종합 전달함수는?

① $\dfrac{1}{G_1(s)} + \dfrac{1}{G_2(s)}$

② $\dfrac{1}{G_1(s) + G_2(s)}$

③ $\dfrac{G_1(s)}{1 + G_1(s)G_2(s)}$

④ $\dfrac{G_1(s)G_2(s)}{1 + G_1(s)G_2(s)}$

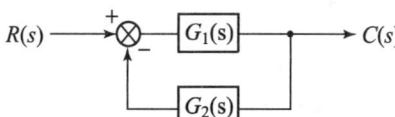

해설 $(R - CG_2)G_1 = C \Rightarrow RG_1 = C(1 + G_1G_2) \Rightarrow C(s)\dfrac{G_1(s)}{1 + G_1(s)G_2(s)}R$

069 목표값이 다른 양과 일정한 비율관계를 가지고 변화하는 경우의 제어는?

① 추종 제어　　② 비율 제어
③ 정치 제어　　④ 프로그램 제어

해설 비율 제어 : 목표치가 있는 다른 양과 일정의 비율관계를 가지고 변화시키는 것을 목적으로 하는 수치제어로 보일러의 공연비 제어나 가열로의 밸런스 제어, 몇 개의 유량을 섞어 제품을 만드는 혼합제어 등이 많이 사용

참고 ① 추종 제어 : 목표값의 임의의 변화를 하는 경우 제어량을 그것에 추종시키기 위한 제어(서보 제어)
② 프로그램 제어 : 목표치가 정해진 프로그램에 따라 변동하며, 제어량을 목표치에 맞게 변화시키는 제어
③ 정치 제어 : 목표치가 언제나 일정한 값을 유지하도록 제어하는 것을 목적으로 한 자동제어

070 변압기의 부하손(동손)에 관한 설명으로 옳은 것은?

① 동손은 온도 변화와 관계없다.
② 동손은 주파수에 의해 변화한다.
③ 동손은 부하 전류에 의해 변화한다.
④ 동손은 자속 밀도에 의해 변화한다.

해설 동손은 변압기나 전동기 등의 권선저항에 의하여 발생하는 손실로 I^2R로 결정된다. 따라서 부하 전류에 의하여 변동한다.

답 068. ③　069. ②　070. ③

071 다음 설명에 알맞은 전기 관련 법칙은?

> 회로 내의 임의의 폐회로에서 한 쪽 방향으로 일주하면서 취할 때 공급된 기전력의 대수합은 각 회로 소자에서 발생한 전압강하의 대수합과 같다.

① 옴의 법칙   ② 가우스 법칙
③ 쿨롱의 법칙   ④ 키르히호프의 법칙

해설 키르히호프의 전류법칙 : 회로망 중의 임의의 접속점에 유입하는 전류의 합과 유출하는 전류의 합은 같다.

072 R-L-C 직렬회로에서 전압(E)과 전류(I) 사이의 위상 관계에 관한 설명으로 옳지 않은 것은?

① $X_L = X_C$인 경우 I는 E와 동상이다.
② $X_L > X_C$인 경우 I는 E보다 θ만큼 뒤진다.
③ $X_L < X_C$인 경우 I는 E보다 θ만큼 앞선다.
④ $X_L < (X_C - R)$인 경우 I는 E보다 θ만큼 뒤진다.

해설 R-L-C 병렬회로의 전류 I가 흐를 때 전압 V와의 관계를 임피던스를 이용하여 위상 관계를 나타내면 다음과 같다.

$$z = R + j\left(\omega L - \frac{1}{\omega C}\right) \Rightarrow Z = \sqrt{R^2 + (X_L - X_C)^2} \angle \tan^{-1}\left(\frac{X_L - X_C}{R}\right)$$

$X_L = \omega L$

$X_C = \frac{1}{\omega C}$

$$I = \frac{V}{Z} = \frac{V \angle 0}{\sqrt{R^2 + (X_L - X_C)^2} \angle \tan^{-1}\left(\frac{X_L - X_C}{R}\right)}$$

$$= \frac{V}{\sqrt{R^2 + (X_L - X_C)^2}} \angle -\tan^{-1}\left(\frac{X_L - X_C}{R}\right)$$

따라서,

① $X_L > X_C$가 위상 $\theta = -\tan^{-1}\left(\frac{X_L - X_C}{R}\right)$이 0보다 작으므로 전류는 전압보다 위상이 θ만큼 뒤진다.

② $X_L < X_C$가 위상 $\theta = -\tan^{-1}\left(\frac{X_L - X_C}{R}\right)$이 0보다 크므로 전류는 전압보다 위상이 θ만큼 앞선다.

③ $X_L = X_C$가 위상 $\theta = -\tan^{-1}\left(\frac{X_L - X_C}{R}\right)$이 0이 되므로 전류와 전압은 동상이다.

답 071. ④ 072. ④

073. 프로세스 제어용 검출기기는?

① 유량계 ② 전위차계
③ 속도검출기 ④ 전압검출기

해설 프로세스 제어는 플랜트나 생산 공정 중의 온도, 유량, 액위, 농도, 밀도 등의 상태량을 제어하므로, 유량계가 검출기가 된다.

074. 그림과 같은 회로에서 전력계 W와 직류전압계 V의 지시가 각각 60W, 150V일 때 부하전력은 얼마인가? (단, 전력계의 전류코일의 저항은 무시하고, 전압계의 저항은 1kΩ이다.)

① 27.5W
② 30.5W
③ 34.5W
④ 37.5W

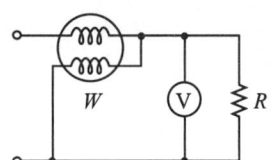

해설 전압계에는 1kΩ의 저항이 달려있으므로 부하측에는 저항 R과 1kΩ이 병렬로 연결되어 있는 것이다. 전력계에서 측정한 전력은 두 개의 저항이 소모하는 전력으로 전압계의 저항이 소모하는 전력은 다음과 같다.

$$P_{1k\Omega} = \frac{V^2}{R_{1k}} = \frac{150^2}{1,000} = 22.5\text{W}$$

따라서 저항 R에서는 나머지 전력이 소모되어 다음과 같이 구할 수 있다.

$$P = P_{1k\Omega} + P_R \Rightarrow P_R = P - P_{1k\Omega} = 60 - 22.5 = 37.5\text{W}$$

075. 다음의 논리식 중 다른 값을 나타내는 논리식은?

① $X(\overline{X}+Y)$ ② $X(X+Y)$
③ $XY+X\overline{Y}$ ④ $(X+Y)(X+\overline{Y})$

해설
① $X(\overline{X}+Y) = X\overline{X}+XY = 0+XY = XY$
② $X(X+Y) = XX+XY = X+XY = X(1+Y) = X \cdot 1 = X$
③ $XY+X\overline{Y} = X(Y+\overline{Y}) = X \cdot 1 = X$
④ $(X+Y)(X+\overline{Y}) = XX+X\overline{Y}+XY+Y\overline{Y} = X+X\overline{Y}+XY+0 = X(1+Y+\overline{Y})$
$= X(1+0) = X \cdot 1 = X$

참고 ① 부울식을 정리할 때 간단히 사용할 수 있는 정리식

$A \cdot A = A$, $A \cdot \overline{A} = 0$, $A \cdot 0 = 0$, $A \cdot 1 = 1$, $A+A = A$, $A+\overline{A} = 1$, $A+0 = A$, $A+1 = 1$, $A+\overline{A}B = A+B$

② 드모르강의 법칙 : 부울대수식의 간단화에 많이 사용되는 식

$\overline{A \cdot B} = \overline{A}+\overline{B}$ $\overline{(A+B)} = \overline{A} \cdot \overline{B}$

076 다음 중 불연속 제어에 속하는 것은?

① 비율 제어 ② 비례 제어
③ 미분 제어 ④ ON-OFF 제어

> **해설** 2위치(ON-OFF) 제어 : 불연속 제어로 간단히 실현 가능하나 입력이 변화하더라도 어느 범위까지는 출력이 ON이나 OFF 중 하나가 출력되어 변화하지 않다가 임계값을 초과하면 다른 상태가 출력되는 상태가 반복되므로 사이클링(진동)이 생기며, 잔류편차가 남는 문제가 있다.

077 그림과 같은 R-L-C 회로의 전달함수는?

① $\dfrac{1}{LCs+RC+1}$

② $\dfrac{1}{LC+RCs+1}$

③ $\dfrac{1}{LCs^2+RCs+1}$

④ $\dfrac{1}{LCs+RCs^2+1}$

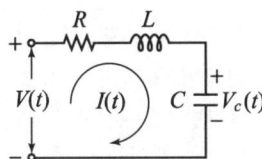

> **해설** RLC의 직렬회로의 전압방정식을 세워서 라플라스변환을 하면 다음과 같다.
> $v=Ri+L\dfrac{di}{dt}+\dfrac{1}{C}\int i\,dt \Rightarrow V(s)=RI(s)+LI(s)+\dfrac{1}{sC}I$
> 라플라스변환을 전류와 전압에 대하여 정리하면 다음과 같은 전달함수가 얻어진다.
> $V(s)=RI(s)+sLI(s)+\dfrac{1}{sC}I(s) \Rightarrow V(s)=\left(R+sL+\dfrac{1}{sC}\right)I(s)$
> $\Rightarrow \dfrac{I(s)}{V(s)}=G(s)=\dfrac{1}{R+sL+\dfrac{1}{sC}}=\dfrac{sC}{LCs^2+RCs+1}$
>
> **참고** ① RLC 회로의 라플라스변환의 전압 방정식을 세우기 위해서는 다음과 같이 RLC를 변환해야 한다.
> $R \Rightarrow R, \quad L \Rightarrow sL, \quad C \Rightarrow \dfrac{1}{sC}$
> ② s는 미분의 $\dfrac{d}{dt}$를 의미하고, $\dfrac{1}{s}$은 적분 $\int dt$를 의미한다.

 078 자기회로에서 퍼미언스(permeance)에 대응하는 전기회로의 요소는?

① 도전율 ② 컨덕턴스
③ 정전용량 ④ 엘라스턴스

> **해설** 퍼미언스 : 자기저항의 역수로 자속이 통과하기 쉬운 정도를 나타내는 값으로서 단위는 [Wb/A] 또는 [H]를 사용하는데, 전기회로에는 전기저항이 있고, 전기저항의 역수는 컨덕턴스이다.

답 076. ④ 077. 답 없음(공단 답 ③) 078. ②

합격079 제어계의 동작상태를 교란하는 외란의 영향을 제거할 수 있는 제어는?
① 순서 제어 ② 피드백 제어
③ 시퀀스 제어 ④ 개루프 제어

해설 피드백(되먹임) 제어 : 피드백 제어의 가장 중요한 특징은 입력(목표치)과 출력(결과치)을 비교하여 두 개의 오차인 제어편차가 0이 되도록 자동적으로 조작량을 제어하므로 고정도의 제어가 가능하나 비용이 많이 든다. 이러한 피드백 제어계에서 외란이 들어오면 그 영향이 출력에 영향을 미치는데, 영향을 받은 출력 역시 피드백이 되어 제어를 하므로 외란의 영향을 제거할 수 있다.

참고 외란 : 외부에서 제어대상에 작용하여 제어계의 상태를 교란시키는 신호. 예를 들면 방의 온도를 제어할 때 문이나 벽 등의 외부로 뺏긴 열량이 외란이 된다.

합격080 디지털 제어에 관한 설명으로 옳지 않은 것은?
① 디지털 제어의 연산속도는 샘플링계에서 결정된다.
② 디지털 제어를 채택하면 조정 개수 및 부품수가 아날로그 제어보다 줄어든다.
③ 디지털 제어는 아날로그 제어보다 부품편차 및 경년변화의 영향을 덜 받는다.
④ 정밀한 속도제어가 요구되는 경우 분해능이 떨어지더라도 디지털 제어를 채택하는 것이 바람직하다.

해설 디지털 제어 : 아날로그 신호를 AD 컨버터를 이용하여 디지털 신호로 변환한 후 컴퓨터 등을 사용하여 연산을 하고, 그 결과로 제어를 하는 방법으로서 비용은 비싸나 고정밀의 제어가 가능하다. 또한 중요한 제어동작을 CPU가 행하므로 부품수가 줄어들며, 제어의 연산 속도는 각종 신호를 디지털 신호로 변환하는 샘플링 시간에 좌우된다.

참고 아날로그 제어 : 주로 아날로그 신호를 그대로 이용하므로 주로 전기식 제어에 주로 사용하는데, 비용은 저렴하나 정밀한 제어에는 한계가 있다. 또한 부품 편차의 영향에 의해 제어 결과에 오차가 발생하기 쉽다.

제5과목 배관일반

합격081 다음중 안전밸브의 그림 기호로 옳은 것은?

①   ②

③ 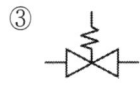   ④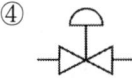

해설 ① 수동식 팽창밸브 ② 글로브 밸브
③ 안전밸브(스프링식) ④ 다이어프램 밸브

답 079. ② 080. ④ 081. ③

082 온수난방에서 개방식 팽창탱크에 관한 설명으로 틀린 것은?
① 공기빼기 배기관을 설치한다.
② 4℃의 물을 100℃로 높였을 때 팽창체적 비율이 4.3% 정도이므로 이를 고려하여 팽창탱크를 설치한다.
③ 팽창탱크에는 오버 플로우관을 설치한다.
④ 팽창관에는 반드시 밸브를 설치한다.

해설 팽창관에는 어떠한 밸브도 설치하지 않는다.

083 지역난방 열공급 관로 중 지중 매설방식과 비교한 공동구 내 배관 시설의 장점이 아닌 것은?
① 부식 및 침수 우려가 적다.
② 유지보수가 용이하다.
③ 누수점검 및 확인이 쉽다.
④ 건설비용이 적고 시공이 용이하다.

해설 공동구 내 배관 시설은 건설비용이 많이 들고 시공이 어렵다.

084 도시가스 배관 매설에 대한 설명으로 틀린 것은?
① 배관을 철도부지에 매설하는 경우 배관의 외면으로부터 궤도 중심까지 거리는 4m 이상 유지할 것
② 배관을 철도부지에 매설하는 경우 배관의 외면으로부터 철도부지 경계까지 거리는 0.6m 이상 유지할 것
③ 배관을 철도부지에 매설하는 경우 지표면으로부터 배관의 외면까지의 깊이는 1.2m 이상 유지할 것
④ 배관의 외면으로부터 도로의 경계까지 수평거리 1m 이상 유지할 것

해설 도시가스 배관을 철도부지에 매설하는 경우
① 배관의 외면으로부터 궤도 중심까지 4m 이상
② 그 철도부지 경계까지는 1m 이상의 거리 유지
③ 지표면으로부터 배관의 외면까지의 깊이를 1.2m 이상

085 동력나사 절삭기의 종류 중 관의 절단, 나사 절삭, 거스러미 제거 등의 작업을 연속적으로 할 수 있는 유형은?
① 리드형　　　　② 호브형
③ 오스터형　　　④ 다이헤드형

082. ④　083. ④　084. ②　085. ④

해설 다이헤드형 동력나사 절삭기의 기능
① 관의 절단
② 거스러미 제거
③ 나사 절삭

086 배관을 지지장치에 완전하게 구속시켜 움직이지 못하도록 한 장치는?
① 리지드행거 ② 앵커
③ 스토퍼 ④ 브레이스

해설 레스트레인트(restraint)
열팽창에 의한 관의 신축으로 배관의 이동을 구속 또는 제한하는 장치
① 앵커(anchor) : 배관계의 일부를 완전히 고정
② 스톱, 스토퍼(stop) : 회전은 가능하지만 직선 운동을 구속
③ 가이드(guide) : 파이프가 그 축 주위를 회전하는 것을 방지

087 도시가스의 공급 계통에 따른 공급 순서로 옳은 것은?
① 원료 → 압송 → 제조 → 저장 → 압력조정
② 원료 → 제조 → 압송 → 저장 → 압력조정
③ 원료 → 저장 → 압송 → 제조 → 압력조정
④ 원료 → 저장 → 제조 → 압송 → 압력조정

해설 도시가스 공급 계통에 따른 공급 순서
원료 → 제조 → 압송 → 저장 → 압력조정

088 증기배관의 수평 환수관에서 관경을 축소할 때 사용하는 이음쇠로 가장 적합한 것은?
① 소켓 ② 부싱
③ 플랜지 ④ 레듀서

해설 지름이 다른 관을 연결할 때 : 이경엘보, 이경티, 레듀서(이경소켓), 부싱

답 086. ② 087. ② 088. ④

089 원심력 철근 콘크리트관에 대한 설명으로 틀린 것은?
① 흄(hume)관이라고 한다.
② 보통관과 압력관으로 나뉜다.
③ A형 이음재 형상은 칼라이음쇠를 말한다.
④ B형 이음재 형상은 삽입이음쇠를 말한다.

해설 B형은 소켓 이음쇠이다.

참고 원심력 철근 콘크리트관(흄관)의 이음재 형상
① A형 : 칼라 이음쇠
② B형 : 소켓 이음쇠
③ C형 : 삽입 이음쇠

090 증기보일러 배관에서 환수관의 일부가 파손된 경우 보일러 수의 유출로 안전수위 이하가 되어 보일러 수가 빈 상태로 되는 것을 방지하기 위해 하는 접속법은?
① 하트포드 접속법　　　② 리프트 접속법
③ 스위블 접속법　　　　④ 슬리브 접속법

해설 하트포드 접속
저압증기 난방의 보일러 주변 배관에서 보일러 수면이 안전수위 이하로 내려가지 않도록 하는 배관설비

091 다음 냉매액관 중에 플래시가스 발생 원인이 아닌 것은?
① 열교환기를 사용하여 과냉각도가 클 때
② 관경이 매우 작거나 현저히 입상할 경우
③ 여과망이나 드라이어가 막혔을 때
④ 온도가 높은 장소를 통과 시

해설 열교환기를 사용하여 응축기의 출구의 과냉각도를 크게하면 플래시가스의 발생을 줄일 수 있다.

참고 플래시가스 발생 원인
① 액관이 현저하게 입상되었거나 길 때
② 스트레이너, 드라이어 등이 막힌 경우
③ 액관 구경이 현저하게 가늘 경우
④ 전자밸브, 스톱밸브, 드라이어, 스트레이너 등의 구경이 적은 경우
⑤ 수액기나 액관이 직사광선에 노출된 경우
⑥ 액관을 보온 없이 고온 장소에 통과시킨 경우
⑦ 과도하게 응축온도가 낮아진 경우

답 089. ④　090. ①　091. ①

092 냉동배관 재료로서 갖추어야 할 조건으로 틀린 것은?
① 저온에서 강도가 커야 한다.
② 가공성이 좋아야 한다.
③ 내식성이 작아야 한다.
④ 관내 마찰 저항이 작아야 한다.

> **해설** 배관 재료는 내식성이 커야 한다.

093 5명 가족이 생활하는 아파트에서 급탕가열기를 설치하려고 할 때 필요한 가열기의 용량(kcal/h)은? (단, 1일 1인당 급탕량 90ℓ/d, 1일 사용량에 대한 가열능력 비율 1/7, 탕의 온도 70℃, 급수온도 20℃이다.)
① 459
② 643
③ 2250
④ 3214

> **해설** 가열기의 가열용량
> $$H = Q_d \times \gamma \times (t_h - t_c) = (5 \times 90) \times \frac{1}{7} \times (70 - 20) = 3,214 \text{kcal/h}$$

094 스케줄 번호에 의해 관의 두께를 나타내는 강관은?
① 배관용 탄소강관
② 수도용 아연도금강관
③ 압력배관용 탄소강관
④ 내식성 급수용 강관

> **해설** 스케줄 번호로 관의 두께를 나타내는 강관
> ① 압력배관용 탄소강관(SPPS) ② 고압배관용 탄소강관(SPPH)
> ③ 고온배관용 탄소강관(SPHT) ④ 저온배관용 탄소강관(SPLT)

095 배관의 보온재를 선택할 때 고려해야 할 점이 아닌 것은?
① 불연성일 것
② 연전도율이 클 것
③ 물리적, 화학적 강도가 클 것
④ 흡수성이 적을 것

> **해설** 보온재는 열전도율이 작아야 한다.

096 냉매 배관 중 토출관 배관 시공에 관한 설명으로 틀린 것은?
① 응축기가 압축기보다 2.5m 이상 높은 곳에 있을 때는 트랩을 설치한다.
② 수평관은 모두 끝내림 구배로 배관한다.
③ 수직관이 너무 높으면 3m마다 트랩을 설치한다.
④ 유분리기는 응축기보다 온도가 낮지 않은 곳에 설치한다.

> **해설** 압축기 토출 입상관의 길이가 길어질 경우 10m마다 중간 트랩을 설치하여 배관 중의 오일이 압축기로 역류되는 것을 방지한다.

답 092. ③ 093. ④ 094. ③ 095. ② 096. ③

097 고가탱크식 급수방법에 대한 설명으로 틀린 것은?
① 고층 건물이나 상수도 압력이 부족할 때 사용된다.
② 고가탱크의 용량은 양수펌프의 양수량과 상호관계가 있다.
③ 건물 내의 밸브나 각 기구에 일정한 압력으로 물을 공급한다.
④ 고가탱크에 펌프로 물을 압송하여 탱크 내에 공기를 압축 가압하여 일정한 압력을 유지시킨다.

해설 압력탱크에 펌프로 물을 압송하여 탱크에 공기를 압축 가압하여 일정한 압력을 유지하는 방식은 압력탱크 방식이다.

098 다음 중 방열기나 팬코일 유니트에 가장 적합한 관 이음은?
① 스위블 이음 ② 루프 이음
③ 슬리브 이음 ④ 벨로즈 이음

해설 스위블 이음 : 주로 방열기나 팬코일 유니트(FCU)에 주변 배관에 사용하는 신축 이음

099 급탕배관의 신축방지를 위한 시공 시 틀린 것은?
① 배관의 굽힘 부분에는 스위블 이음으로 접합한다.
② 건물의 벽 관통부분 배관에는 슬리브를 끼운다.
③ 배관 직관부에는 팽창량을 흡수하기 위해 신축이음쇠를 사용한다.
④ 급탕밸브나 플랜지 등의 패킹은 고무, 가죽 등을 사용한다.

해설 급탕밸브나 플랜지 등의 패킹은 고무, 가죽 등을 사용하지 않고, 내열성 재료를 선택하여 시공하여야 한다.

100 배관설비 공사에서 파이프 래크의 폭에 관한 설명으로 틀린 것은?
① 파이프 래크의 실제 폭은 신규라인을 대비하여 계산된 폭보다 20% 정도 크게 한다.
② 파이프 래크 상의 배관밀도가 작아지는 부분에 대해서는 파이프 래크의 폭을 좁게 한다.
③ 고온배관에서는 열팽창에 의하여 과대한 구속을 받지 않도록 충분한 간격을 둔다.
④ 인접하는 파이프의 외측과 외측과의 최소 간격을 25mm로 하여 래크의 폭을 결정한다.

해설 인접하는 파이프의 외측과 외측과의 최소 간격을 75mm로 하여 래크의 폭을 결정한다. (관과 관의 최소 간격 75mm)

답 097. ④ 098. ① 099. ④ 100. ④

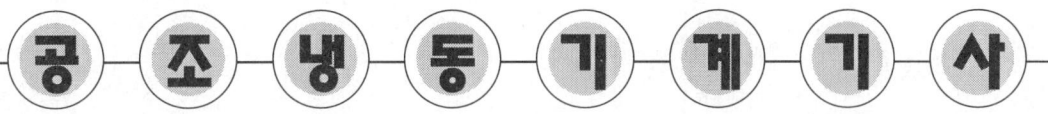

2019

기/출/문/제

- 2019년 3월 3일 시행
- 2019년 4월 27일 시행
- 2019년 8월 4일 시행

2019년 3월 3일 제1회 공조냉동기계기사

제1과목 기계열역학

001 어느 내연기관에서 피스톤의 흡기과정으로 실린더 속에 0.2kg의 기체가 들어왔다. 이것을 압축할 때 15kJ의 일이 필요하였고, 10kJ의 열을 방출하였다고 한다면, 이 기체 1kg당 내부에너지의 증가량은?

① 10kJ/kg ② 25kJ/kg
③ 35kJ/kg ④ 50kJ/kg

해설 내부에너지 증가량

$\delta Q = dU + \delta W$ 에서, $dU = \delta Q - \delta W = \dfrac{-10 - (-15)}{0.2} = 25\,\text{kJ/kg}$ 증가

참고 출입하는 열과 일의 부호
① 계로 들어가는 열량 : +, 계에서 나가는 일량 : +
② 계에서 나가는 열량 : −, 계로 들어가는 일량 : −

002 그림과 같은 단열된 용기 안에 25℃의 물이 0.8m³ 들어있다. 이 용기 안에 100℃, 50kg의 쇳덩어리를 넣은 후 열적 평형이 이루어 졌을 때 최종 온도는 약 몇 ℃인가? (단, 물의 비열은 4.18kJ/(kg·K), 철의 비열은 0.45kJ/(kg·K)이다.)

① 25.5
② 27.4
③ 29.2
④ 31.4

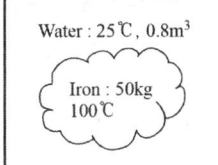

Water : 25℃, 0.8m³
Iron : 50kg 100℃

해설 열적 평형 시 최종 온도
$0.8 \times 1{,}000 \times 4.18 \times (x - 25) = 50 \times 0.45 \times (100 - x)$
$3{,}344x - 83{,}600 = 2{,}250 - 22.5x$
$3{,}366.5x = 85{,}850$
$x = 25.5℃$

답 001. ② 002. ①

003 체적이 일정하고 단열된 용기 내에 80℃, 320kPa의 헬륨 2kg이 들어있다. 용기 내에 있는 회전 날개가 20W의 동력으로 30분 동안 회전한다고 할 때 용기 내의 최종 온도는 약 몇 ℃인가? (단, 헬륨의 정적비열은 3.12kJ/(kg·K)이다.)

① 81.9℃   ② 83.3℃   ③ 84.9℃   ④ 85.8℃

해설 용기 내의 최종 온도
$$20 \times 3.6 \times \frac{30}{60} = 2 \times 3.12 \times \{T_2 - (80+273)\}$$
$$T_2 = 358.8K - 273 = 85.8℃$$

참고 watt와 kJ/h의 관계
1 Watt = 3.6 kJ/h, 1 kW = 3,600 kJ/h

 004 이상적인 오토사이클에서 열효율을 55%로 하려면 압축비를 약 얼마로 하면 되겠는가? (단, 기체의 비열비는 1.4이다.)

① 5.9   ② 6.8   ③ 7.4   ④ 8.5

해설 오토사이클에서의 열효율
$$\eta_o = 1 - \left(\frac{1}{x}\right)^{k-1}$$
$$0.55 = 1 - \left(\frac{1}{x}\right)^{1.4-1}$$
$$x = 7.4$$

 005 유리창을 통해 실내에서 실외로 열전달이 일어난다. 이때 열전달량은 약 몇 W인가? (단, 대류열전달계수는 50W/m²·K), 유리창 표면온도는 25℃, 외기온도는 10℃, 유리창면적은 2m²이다.)

① 150   ② 500   ③ 1500   ④ 5000

해설 유리창에서의 열전달량
$$Q = \alpha \cdot A \cdot \Delta t = 50 \times 2 \times (25 - 10) = 1,500W$$

006 열역학 제2법칙에 관해서는 여러 가지 표현으로 나타낼 수 있는데, 다음 중 열역학 제2법칙과 관계되는 설명으로 볼 수 없는 것은?

① 열을 일로 변환하는 것은 불가능하다.
② 열효율이 100%인 열기관을 만들 수 없다.
③ 열은 저온 물체로부터 고온 물체로 자연적으로 전달되지 않는다.
④ 입력되는 일 없이 작동하는 냉동기를 만들 수 없다.

해설 열역학 제2법칙에서는 열을 일로 변환하는 것은 가능하다. 다만 100%는 불가능하다.

답 003. ④ 004. ③ 005. ③ 006. ①

참고 열역학 제2법칙
① 열은 그 자신으로는 저온에서 고온으로 이동될 수 없다.
② 열은 고온에서 저온으로 이동한다.
③ 열을 일로 100% 교환이 불가능하다.
④ 비가역 과정($\Delta S > 0$, 증가)을 한다.

007 시간당 380000kg의 물을 공급하여 수증기를 생산하는 보일러가 있다. 이 보일러에 공급하는 물의 엔탈피는 830kJ/kg이고, 생산되는 수증기의 엔탈피는 3230kJ/kg이라고 할 때, 발열량이 32000kJ/kg인 석탄을 시간당 34000kg씩 보일러에 공급한다면 이 보일러의 효율은 약 몇 %인가?

① 66.9% ② 71.5% ③ 77.3% ④ 83.8%

해설 보일러의 효율
$$\eta = \frac{380,000 \times (3,230 - 830)}{34,000 \times 32,000} \times 100 = 83.8\%$$

참고 보일러 열효율(η)

$$\eta = \frac{\text{정격출력}}{\text{연료소비량} \times \text{저위발열량}} = \frac{Q}{G_f \times H_l} = \frac{G_a(h_2 - h_1)}{G_f \cdot H_l}$$

008 실린더에 밀폐된 8kg의 공기가 그림과 같이 $P_1 = 800$kPa, 체적 $V_1 = 0.27\text{m}^3$에서 $P_2 = 350$kPa, 체적 $V_2 = 0.80\text{m}^3$으로 직선 변화하였다. 이 과정에서 공기가 한 일은 약 몇 kJ인가?

① 305
② 334
③ 362
④ 390

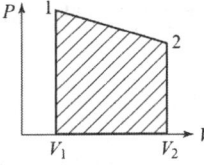

해설 공기가 한 일(절대일, 팽창일)
$$w_1 = \frac{(P_1 - P_2)(V_2 - V_1)}{2} = \frac{(800 - 350) \times (0.8 - 0.27)}{2} = 119.25\text{kJ}$$
$$w_2 = P_2(V_2 - V_1) = 350 \times (0.8 - 0.27) = 185.5\text{kJ}$$
$$w_t = w_1 + w_2 = 119.25 + 185.5 = 304.75\text{kJ}$$

009 계의 엔트로피 변화에 대한 열역학적 관계식 중 옳은 것은? (단, T는 온도, S는 엔트로피, U는 내부에너지, V는 체적, P는 압력, H는 엔탈피를 나타낸다.)

① $TdS = dU - PdV$
② $TdS = dH - PdV$
③ $TdS = dU - VdP$
④ $TdS = dH - VdP$

해설 $\delta Q = TdS = dU + PdV = dH - VdP$

답 007. ④ 008. ① 009. ④

010 터빈, 압축기, 노즐과 같은 정상 유동장치의 해석에 유용한 몰리에(Mollier) 선도를 옳게 설명한 것은?

① 가로축에 엔트로피, 세로축에 엔탈피를 나타내는 선도이다.
② 가로축에 엔탈피, 세로축에 온도를 나타내는 선도이다.
③ 가로축에 엔트로피, 세로축에 밀도를 나타내는 선도이다.
④ 가로축에 비체적, 세로축에 압력을 나타내는 선도이다.

해설 액체와 증기의 상태량의 변화과정을 간단한 선도로 표시한 것으로 증기 몰리에르 선도 h-S(세로축 엔탈피, 가로축 엔트로피) 선도를 사용한다.

011 그림과 같은 Rankine 사이클로 작동하는 터빈에서 발생하는 일은 약 몇 kJ/kg인가?
(단, h는 엔탈피, s는 엔트로피를 나타내며, h_1=191.8kJ/kg, h_2=193.8kJ/kg, h_3=2799.5kJ/kg, h_4=2007.5kJ/kg이다.)

① 2.0kJ/kg
② 792.0kJ/kg
③ 2605.7kJ/kg
④ 1815.7kJ/kg

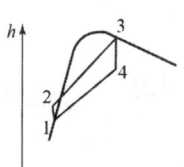

해설 w_T = 터빈 입구의 엔탈피 - 터빈 출구의 엔탈피
= 2,799.5 - 2,007.5 = 792kJ/kg

012 다음 중 강도성 상태량(Intensive property)이 아닌 것은?

① 온도　　　　② 압력
③ 체적　　　　④ 밀도

해설 강도성 상태량 : 압력, 비체적, 온도, 비엔탈피, 밀도 등
참고 종량성(용량성) 상태량 : 질량, 체적, 내부에너지, 엔탈피, 엔트로피, 전기저항 등

013 이상기체 1kg이 초기에 압력 2kPa, 부피 0.1m³을 차지하고 있다. 가역등온과정에 따라 부피가 0.3m³로 변화했을 때 기체가 한 일은 약 몇 J인가?

① 9540　　　　② 2200
③ 954　　　　④ 220

해설 $W_a = P \cdot V \cdot \ln\dfrac{V_2}{V_1} = 2000 \times 0.1 \times \ln\dfrac{0.3}{0.1} ≒ 220J$

답 010. ① 011. ② 012. ③ 013. ④

014 밀폐계가 가역정압 변화를 할 때 계가 받은 열량은?

① 계의 엔탈피 변화량과 같다.
② 계의 내부에너지 변화량과 같다.
③ 계의 엔트로피 변화량과 같다.
④ 계가 주위에 대해 한 일과 같다.

해설 밀폐계 가역정압과정에서의 열량은 엔탈피의 변화량과 같다.

015 어떤 기체 동력장치가 이상적인 브레이턴 사이클로 다음과 같이 작동할 때 이 사이클의 열효율은 약 몇 %인가? (단, 온도(T)-엔트로피(s) 선도에서 $T_1=30℃$, $T_2=200℃$, $T_3=1060℃$, $T_4=160℃$이다.)

① 81%
② 85%
③ 89%
④ 92%

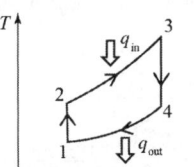

해설 브레이턴 사이클의 열효율

$$\eta_B = 1 - \frac{(T_4-T_1)}{(T_3-T_2)} = 1 - \frac{160-30}{1,060-200} = 0.85 = 85\%$$

016 600kPa, 300K 상태의 이상기체 1kmol이 엔탈피가 등온과정을 거쳐 압력이 200Kpa로 변했다. 이 과정동안의 엔트로피 변화량은 약 몇 kJ/K인가? (단, 일반기체상수($\overline{R}$)은 8.31451kJ/(kmol·K)이다.)

① 0.782
② 6.31
③ 9.13
④ 18.6

해설 $\Delta S = R \ln \frac{P_1}{P_2} = 8.3145 \times \ln \frac{600}{200} = 9.13 \text{kJ/K}$

참고 등온변화 시 엔트로피 변화량

$$\Delta S = GR\ln\frac{v_2}{v_1} = GR\ln\frac{P_1}{P_2}$$

017 다음 중 기체상수(gas constant, R[kJ/(kg·K)])값이 가장 큰 기체는?

① 산소(O_2)
② 수소(H_2)
③ 일산화탄소(CO)
④ 이산화탄소(CO_2)

해설 기체상수는 분자량이 작을수록 크다.
① 산소의 분자량 : 32
② 수소의 분자량 : 2
③ 일산화탄소의 분자량 : 28
④ 이산화탄소의 분자량 : 44

답 014. ① 015. ② 016. ③ 017. ②

참고 가스의 기체상수

$$R = \frac{8.314}{M} \text{(kJ/kg·K)}$$

018
이상기체에 대한 다음 관계식 중 잘못된 것은? (단, C_v는 정적비열, C_p는 정압비열, u는 내부에너지, T는 온도, V는 부피, h는 엔탈피, R은 기체상수, k는 비열비이다.)

① $C_v = (\frac{\partial u}{\partial T})_V$
② $C_p = (\frac{\partial h}{\partial T})_V$
③ $C_p - C_v = R$
④ $C_p = \frac{kR}{k-1}$

해설 정압비열, $C_p = \left(\frac{\partial q}{\partial T}\right)_P = \left(\frac{\partial h}{\partial T}\right)_P$

참고 정적비열, $C_v = \left(\frac{\partial q}{\partial T}\right)_v = \left(\frac{\partial u}{\partial T}\right)_v$

019
압력 2MPa, 300℃의 공기 0.3kg이 폴리트로픽 과정으로 팽창하여 압력이 0.5MPa로 변화하였다. 이때 공기가 한 일은 약 몇 kJ인가? (단, 공기는 기체상수가 0.287kJ/(kg·K)인 이상기체이고, 폴리트로픽 지수는 1.3이다.)

① 416
② 157
③ 573
④ 45

해설
$$W_a = Gw_a = G \times \frac{RT}{n-1}\left\{1 - \left(\frac{p_2}{p_1}\right)^{\frac{n-1}{n}}\right\}$$
$$= 0.3 \times \frac{0.287 \times (300+273)}{1.3-1} \times \left\{1 - \left(\frac{0.5}{2}\right)^{\frac{1.3-1}{1.3}}\right\}$$
$$= 45 \text{kJ}$$

참고 폴리트로픽 변화에서의 절대일(팽창일, 밀폐일)

$$w_{a12} = \frac{(P_1V_1 - P_2V_2)}{n-1} = \frac{RT}{n-1}\left\{1 - \left(\frac{P_2}{P_1}\right)^{\frac{n-1}{n}}\right\}$$

020
공기 1kg이 압력 50kPa, 부피 3m³인 상태에서 압력 900kPa, 부피 0.5m³인 상태로 변화할 때 내부에너지가 160kJ 증가하였다. 이때 엔탈피는 약 몇 kJ이 증가하였는가?

① 30
② 185
③ 235
④ 460

해설 $H = U + PV = 160 + \{(900 \times 0.5) - (50 \times 3)\} = 460 \text{kJ}$

답 018. ② 019. ④ 020. ④

제2과목 냉동공학

021 제빙능력은 원료수 온도 및 브라인 온도 등 조건에 따라 다르다. 다음 중 제빙에 필요한 냉동능력을 구하는 데 필요한 항목으로 가장 거리가 먼 것은?
① 온도 t_w℃인 제빙용 원수를 0℃까지 냉각하는 데 필요한 열량
② 물의 동결 잠열에 대한 열량(79.68kcal/kg)
③ 제빙장치 내의 발생열과 제빙용 원수의 수질 상태
④ 브라인 온도 t_1℃ 부근까지 얼음을 냉각하는 데 필요한 열량

해설 제빙용 원수의 수질 상태는 제빙을 위한 냉동능력 산정과는 관계가 없다.

022 냉동장치에서 흡입압력 조정밸브는 어떤 경우를 방지하기 위해 설치하는가?
① 흡입압력이 설정압력 이상으로 상승하는 경우
② 흡입압력이 일정한 경우
③ 고압측 압력이 높은 경우
④ 수액기의 액면이 높은 경우

해설 흡입압력 조정밸브(SPR)
① 원리 : 흡입압력이 일정 이상 되지 않도록 제어
② 역할 : 압축기 과부하에 따른 전동기 소손 방지
③ 설치 : 압축기 흡입관

023 다음 중 증발기 출구와 압축기 흡입관 사이에 설치하는 저압측 부속장치는?
① 액분리기 ② 수액기
③ 건조 ④ 유분리기

해설 액분리기(Accumulator)
① 역할 : 압축기로의 액 유입을 방지하여 압축기에서의 액압축 방지
② 설치위치 : 압축기 흡입측에 설치(증발기 출구와 압축기 입구사이)

024 25℃ 원수 1ton을 1일 동안에 −9℃의 얼음으로 만드는 데 필요한 냉동능력(RT)은? (단, 열손실은 없으며, 동결잠열 80kcal/kg, 원수비열 1kcal/kg·℃, 얼음의 비열 0.5kcal/kg·℃이며, 1RT는 3320kcal/h로 한다.)
① 1.37 ② 1.88
③ 2.38 ④ 2.88

답 021. ③ 022. ① 023. ① 024. ①

해설 25℃ 물 → 0℃ 물 → 0℃ 얼음 → −9℃ 얼음
① $Q_1 = G \cdot C \cdot \Delta t = 1{,}000 \times 1 \times (25-0) = 25{,}000 \text{kcal/day}$
② $Q_2 = G \cdot r = 1{,}000 \times 80 = 80{,}000 \text{kcal/day}$
③ $Q_3 = G \cdot C \cdot \Delta t = 1{,}000 \times 0.5 \times \{0-(-9)\} = 4{,}500 \text{kcal/day}$
따라서, $RT = \dfrac{25{,}000 + 80{,}000 + 4{,}500}{24 \times 3{,}320} = 1.37 RT$

025 다음의 냉매 중 지구온난화지수(GWP)가 가장 낮은 것은?
① R1234yf   ② R23
③ R12   ④ R744

해설 지구온난화지수(GWP)
① R1234yf : 1   ② R23 : 12,400
③ R12 : 8,500   ④ R744(CO₂) : 1

참고 지구온난화지수(GWP, Global Warming Potential)
어떤 물질이 기여하는 온난화 정도를 상대적으로 나타내는 지표(CO₂를 1로 기준)

$$GWP = \dfrac{\text{어떤 물질 1kg이 기여하는 온난화 정도}}{CO_2 \text{ 1kg이 기여하는 온난화 정도}}$$

026 제상방식에 대한 설명으로 틀린 것은?
① 살수방식은 저온의 냉장창고용 유니트 쿨러 등에서 많이 사용된다.
② 부동액 살포방식은 공기 중의 수분이 부동액에 흡수되므로 일정한 농도 관리가 필요하다.
③ 핫가스 제상방식은 응축기 출구의 고온의 액냉매를 이용한다.
④ 전기히터방식은 냉각관 배열의 일부에 핀튜브 형태의 전기히터를 삽입하여 착상부를 가열한다.

해설 고압가스 제상(Hot gas defrost)
압축기에서 토출된 고온 고압의 냉매가스를 증발기로 유입시켜 고압가스의 응축잠열에 의해 제상하는 방법

027 다음 중 불응축 가스를 제거하는 가스퍼저(gas purger)의 설치 위치로 가장 적당한 곳은?
① 수액기 상부   ② 압축기 흡입부
③ 유분리기 상부 ④ 액분리기 상부

해설 불응축 가스퍼저 설치 위치
응축기나 수액기 상부에서 불응축가스를 인출하므로 주로 수액기 상부에 설치한다.

답 025. ④ 026. ③ 027. ①

028 암모니아와 프레온 냉매의 비교 설명으로 틀린 것은? (단, 동일 조건을 기준으로 한다.)

① 암모니아가 R-13보다 비등점이 높다.
② R-22는 암모니아보다 냉동효과(kcal/kg)가 크고 안전하다.
③ R-13은 R-22에 비하여 저온용으로 적합하다.
④ 암모니아는 R-22에 비하여 유분리가 용이하다.

[해설] 기준냉동사이클에서 냉동효과는 암모니아 269kcal/kg, R-22 40kcal/kg로 암모니아 냉매의 냉동효과가 크나, 가연성이고 독성가스로 위험하다.

[참고] 표준 대기압에서 비등점
R-13(−81.5℃) < R-22(−40.8℃) < 암모니아(−33.3℃)

029 냉동기, 열기관, 발전소, 화학플랜트 등에서의 뜨거운 배수를 주위의 공기와 직접 열교환시켜 냉각시키는 방식의 냉각탑은?

① 밀폐식 냉각탑
② 증발식 냉각탑
③ 원심식 냉각탑
④ 개방식 냉각탑

[해설] 개방식 냉각탑 : 물과 공기를 직접 접촉하여 열교환시키는 방식

030 염화나트륨 브라인을 사용한 식품냉장용 냉동장치에서 브라인의 순환량이 220 L/min이며, 냉각관 입구의 브라인 온도가 −5℃, 출구의 브라인 온도가 −9℃라면 이 브라인 쿨러의 냉동능력(kcal/h)은? (단, 브라인의 비열은 0.75kcal/kg·℃, 비중은 1.15이다.)

① 759
② 45540
③ 60720
④ 148005

[해설]
$Q_e = G_b \cdot C_b \cdot \Delta t = (200 \times 1.15 \times 60) \times 0.75 \times \{-5-(-9)\} = 45,540 \text{kcal/h}$

031 냉동장치의 냉동부하가 3냉동톤이며, 압축기의 소요동력이 20kW 이상일 때 응축기에 사용되는 냉각수량(L/h)은? (단, 냉각수 입구 온도는 15℃이고, 출구 온도는 25℃이다.)

① 2716
② 2547
③ 1530
④ 600

[해설] 냉각수량
$Q_e + AW = w \cdot c \cdot \Delta t$ 에서
$w = \dfrac{Q_e + AW}{c \cdot \Delta t} = \dfrac{(3 \times 3,320)+(20 \times 860)}{1 \times (25-15)} = 2,716 \text{kg/h}$

[답] 028. ② 029. ④ 030. ② 031. ①

합격 032 전열면적이 20m²인 수냉식 응축기의 용량이 200kW이다. 냉각수의 유량은 5kg/s 이고, 응축기 입구에서 냉각수 온도는 20℃이다. 열관류율이 800W/m²·K일 때, 응축기 내부 냉매의 온도(℃)는 얼마인가? (단, 온도차는 산술평균온도차를 이용하고, 물의 비열은 4.18kJ/kg·K이며, 응축기 내부 냉매의 온도는 일정하다고 가정한다.)

① 36.5   ② 37.3
③ 38.1   ④ 38.9

해설 ① 냉각수 출구온도
$Q_c = w \cdot C \cdot (tw_2 - tw_1)$ 에서
$tw_2 = tw_1 + \dfrac{Q_c}{w \cdot C} = 20 + \dfrac{200 \times 3,600}{5 \times 4.18 \times 3600} = 29.57℃$

② 응축기 냉매온도(응축온도)
$Q_c = K \cdot F \cdot \left(t_c - \dfrac{tw_1 + tw_2}{2}\right)$ 에서
$t_c = \dfrac{Q_c}{K \cdot F} + \dfrac{tw_1 + tw_2}{2} = \dfrac{200 \times 1,000}{800 \times 20} + \dfrac{20 + 29.57}{2} = 37.3℃$

합격 033 다음 응축기 중 동일조건하에 열관류율이 가장 낮은 응축기는 무엇인가?

① 쉘튜브식 응축기   ② 증발식 응축기
③ 공랭식 응축기   ④ 2중관식 응축기

해설 열통과율이 좋은 응축기의 순서
7통로식 > 횡형 쉘 튜브식(2중관식) > 입형 쉘 튜브식 > 증발식 > 공랭식

합격 034 냉동기에서 동일한 냉동효과를 구현하기 위해 압축기가 작동하고 있다. 이 압축기의 클리어런스(극간)가 커질 때 나타나는 현상으로 틀린 것은?

① 윤활유가 열화된다.
② 체적효율이 저하한다.
③ 냉동능력이 감소한다.
④ 압축기의 소요동력이 감소한다.

해설 압축기 클리어런스(clearance) 증가 시
① 체적효율 저하
② 냉동능력 감소
③ 압축기 소요동력 증가
④ 토출가스온도 상승
⑤ 윤활유 열화 및 탄화

답 032. ② 033. ③ 034. ④

035 다음과 같은 냉동사이클 중 성적계수가 가장 큰 사이클은 어느 것인가?

① b - e - h - i - b
② c - d - h - i - c
③ b - f - g - i1 - b
④ a - e - h - j - a

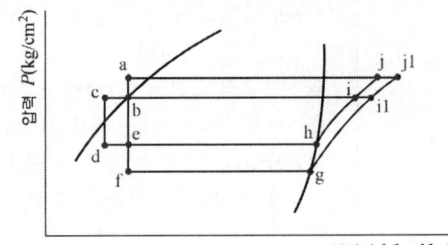

해설 응축 온도가 낮고 증발 온도는 높을수록, 팽창밸브 입구 상태가 과냉각일수록 성적계수가 크다. (c - d - h - i - c)

036 대기압에서 암모니아액 1kg을 증발시킨 열량은 0℃ 얼음 몇 kg을 융해시킨 것과 유사한가?

① 2.1   ② 3.1
③ 4.1   ④ 5.1

해설 $\dfrac{암모니아 \ 잠열}{얼음의 \ 잠열} = \dfrac{328}{80} = 4.1$

037 축열시스템 방식에 대한 설명으로 틀린 것은?

① 수축열 방식 : 열용량이 큰 물을 축열재료로 이용하는 방식
② 빙축열 방식 : 냉열을 얼음에 저장하여 작은 체적에 효율적으로 냉열을 저장하는 방식
③ 잠열축열 방식 : 물질의 융해 및 응고 시 상변화에 따른 잠열을 이용하는 방식
④ 토양축열 방식 : 심해의 해수온도 및 해양의 축열성을 이용하는 방식

해설 토양축열 방식 : 흙을 이용한 축열로 대지가 가지고 있는 지중 온도뿐만 아니라 토양의 단열성과 축열성을 이용하는 방식

038 압축기 토출압력 상승 원인이 아닌 것은?

① 응축온도가 낮을 때
② 냉각수 온도가 높을 때
③ 냉각수 양이 부족할 때
④ 공기가 장치 내에 혼입되었을 때

해설 냉각수온이 높거나 냉각수량이 적어 응축온도가 높아지면 압축기 토출압력이 상승하게 된다.

답 035. ② 036. ③ 037. ④ 038. ①

039 단위에 대한 설명으로 틀린 것은?
① 토리첼리의 실험결과 수은주의 높이가 68cm일 때, 실험장소에서의 대기압은 1.2atm이다.
② 비체적이 0.5m³/kg인 암모니아 증기 1m³의 질량은 2.0kg이다.
③ 압력 760mmHg는 1.01bar이다.
④ 작업대 위에 놓여진 밑면적이 2.4m²인 가공물의 무게가 24kgf라면 작업대에 가해지는 압력은 98Pa이다.

해설 $76 : 1 = 68 : x$에서 $x = 0.89$atm

참고 표준 대기압, 1atm=76cmHg

040 냉동장치의 운전 시 유의사항으로 틀린 것은?
① 펌프다운 시 저압측 압력은 대기압 정도로 한다.
② 압축기 가동 전에 냉각수 펌프를 기동시킨다.
③ 장시간 정지시키는 경우에는 재가동을 위하여 배관 및 기기에 압력을 걸어둔 상태로 둔다.
④ 장시간 정지 후 시동 시에는 누설여부를 점검한 후에 기동시킨다.

해설 냉동장치를 장시간 정지시키는 경우에는 냉매를 회수하여 압력을 완전히 제거하고 질소를 충전한 상태로 둔다.

제3과목 공기조화

041 다음 중 난방설비의 난방부하를 계산하는 방법 중 현열만을 고려하는 경우는?
① 환기 부하
② 외기 부하
③ 전도에 의한 열 손실
④ 침입 외기에 의한 난방 손실

해설 벽체나 유리창의 전도에 의한 손실열은 현열만 존재한다.

042 다음 중 냉방부하의 종류에 해당되지 않는 것은?
① 일사에 의해 실내로 들어오는 열
② 벽이나 지붕을 통해 실내로 들어오는 열
③ 조명이나 인체와 같이 실내에서 발생하는 열
④ 침입 외기를 가습하기 위한 열

답 039. ① 040. ③ 041. ③ 042. ④

해설 냉방부하 요소

구 분		부하의 발생요인	열의 구분
실내취득부하	외부침입열량	① 벽체를 통한 취득열량(외벽, 지붕, 내벽, 바닥, 문)	현열
		② 유리창을 통한 취득열량(복사열, 전도열)	현열
		③ 극간풍(틈새바람)에 의한 취득열량	현열, 잠열
	실내발생부하	④ 인체의 발생열량	현열, 잠열
		⑤ 조명의 발생열량	현열
		⑥ 실내기구의 발생열량	현열, 잠열
기기취득부하		⑦ 송풍기에 의한 취득열량	현열
		⑧ 덕트로부터의 취득열량	현열
재열부하		⑨ 재열에 따른 취득열량	현열
외기부하		⑩ 외기의 도입에 의한 취득열량	현열, 잠열

043 송풍 덕트 내의 정압제어가 필요 없고, 발생소음이 적은 변풍량 유닛은?
① 유인형　　② 슬롯형
③ 바이패스형　　④ 노즐형

해설 바이패스형 변풍량 유닛
송풍 공기 중 취출구를 통해 실내에서 취출되고, 남은 공기를 천장 내를 통하여 환기 덕트로 되돌려 보내는 것으로 송풍 덕트 내의 정압제어가 필요 없고, 소음발생이 적다.

044 증기난방에 대한 설명으로 틀린 것은?
① 건식 환수시스템에서 환수관에는 증기가 유입되지 않도록 증기관과 환수관 사이에 증기트랩을 설치한다.
② 중력식 환수시스템에서 환수관은 선하향구배를 취해야 한다.
③ 증기난방은 극장 같이 천장고가 높은 실내에 적합하다.
④ 진공식 환수시스템에서 관경을 가늘게 할 수 있고 리프트 피팅을 사용하여 환수관 도중에서 입상시킬 수 있다.

해설 증기난방은 극장과 같이 천장고가 높은 곳에는 실내 상하 온도차가 커 쾌감도가 떨어지므로 부적당하다.

045 정방실에 35kW의 모터에 의해 구동되는 정방기가 12대 있을 때 전력에 의한 취득 열량(kW)은? (단, 전동기와 이것에 의해 구동되는 기계가 같은 방에 있으며, 진동기의 가동율은 0.74이고, 전동기 효율은 0.87, 전동기 부하율은 0.92이다.)
① 483　　② 420
③ 357　　④ 329

답　043. ③　044. ③　045. ④

해설 전동기와 기계가 모두 실내에 있는 경우 취득열량

$$q = 정격출력 \times 대수 \times 가동율 \times 부하율 \times \left(\frac{1}{전동기\ 효율}\right)$$

$$= 35 \times 12 \times 0.74 \times 0.92 \times \left(\frac{1}{0.87}\right) = 329\text{kW}$$

참고 ① 기계만 실내에 있는 경우 취득열량
$$q = 정격출력 \times 대수 \times 가동율 \times 부하율$$

② 전동기와 기계가 모두 실내에 있는 경우 취득열량
$$q = 정격출력 \times 대수 \times 가동율 \times 부하율 \times \left(\frac{1}{전동기\ 효율}\right)$$

③ 전동기만 실내에 있는 경우 취득열량
$$q = 정격출력 \times 대수 \times 가동율 \times 부하율 \times \left(\frac{1 - 전동기\ 효율}{전동기\ 효율}\right)$$

046 다음 중 보온, 보냉, 방로의 목적으로 덕트 전체를 단열해야 하는 것은?
① 급기 덕트
② 배기 덕트
③ 외기 덕트
④ 배연 덕트

해설 급기 덕트는 보온, 보냉, 방로의 목적으로 단열하여야 한다.

047 덕트의 소음 방지대책에 해당되지 않는 것은?
① 덕트의 도중에 흡음재를 부착한다.
② 송풍기 출구 부근에 플래넘 챔버를 장치한다.
③ 댐퍼 입·출구에 흡음재를 부착한다.
④ 덕트를 여러 개로 분기시킨다.

해설 덕트를 여러 개로 분기시키면 소음 발생이 심해진다.

참고 덕트의 소음 방지대책
① 덕트 도중에 흡음재를 설치한다.
② 송풍기 출구에 플리넘(prenum) 챔버를 설치한다.
③ 댐퍼나 취출구에 흡음재를 부착한다.
④ 덕트 도중 적당한 곳에 흡음장치(셀형, 플레이트)를 설치한다.
⑤ 풍속을 낮게 유지한다.

048 취출구에서 수평으로 취출된 공기가 일정거리만큼 진행된 뒤 기류 중심선과 취출구 중심과의 수직거리를 무엇이라 하는가?
① 강하도
② 도달거리
③ 취출온도차
④ 셔터

해설 강하도 : 수평으로 취출된 공기가 어떤 거리를 진행했을 때의 기류의 중심선과 취출구의 중심과의 거리

답 046. ① 047. ④ 048. ①

049 증기설비에 사용하는 증기트랩 중 기계식 트랩의 종류로 바르게 조합한 것은?
① 버킷 트랩, 플로트 트랩
② 버킷 트랩, 벨로즈 트랩
③ 바이메탈 트랩, 열동식 트랩
④ 플로트 트랩, 열동식 트랩

해설 증기트랩의 분류
① 기계적 트랩(비중차 이용) : 버킷(관말) 트랩, 플로우트(다량) 트랩
② 온도조절식 트랩(온도차 이용) : 바이메탈 트랩, 벨로즈 트랩
③ 열역학적 트랩(열역학적 성질 이용) : 오리피스 트랩, 디스크 트랩

050 공기조화방식에서 변풍량 단일덕트방식의 특징에 대한 설명으로 틀린 것은?
① 송풍기의 풍량제어가 가능하므로 부분 부하 시 반송에너지 소비량을 경감시킬 수 있다.
② 동시사용률을 고려하여 기기용량을 결정할 수 있으므로 설비용량이 커질 수 있다.
③ 변풍량 유닛을 실 별 또는 존 별로 배치함으로써 개별제어 및 존 제어가 가능하다.
④ 부하변동에 따라 실내 온도를 유지할 수 있으므로 열원설비용 에너지 낭비가 적다.

해설 동시사용률을 고려하여 기기용량을 결정할 수 있어 설비용량을 줄일 수 있다.

051 다음 중 공기조화설비의 계획 시 조닝을 하는 목적으로 가장 거리가 먼 것은?
① 효과적인 실내 환경의 유지
② 설비비의 경감
③ 운전 가동면에서의 에너지 절약
④ 부하 특성에 대한 대처

해설 조닝 시 설비비는 증가한다.
참고 조닝의 목적
① 각 구역의 온·습도 조건을 유지하기 위하여
② 합리적인 공조시스템을 적용하기 위하여
③ 에너지를 절약하기 위하여

052 다음 중 축류 취출구의 종류가 아닌 것은?
① 펑커루버형 취출구
② 그릴형 취출구
③ 라인형 취출구
④ 팬형 취출구

해설 기류 방향에 따른 취출구의 종류
① 축류형 : 노즐형, 펑커루버형, 베인격자(그릴)형, 라인형, 다공판형 등
② 복류형 : 팬형, 아네모스탯형 등

답 049. ① 050. ② 051. ② 052. ④

053

건물의 콘크리트 벽체의 실내측에 단열재를 부착하여 실내측 표면에 결로가 생기지 않도록 하려한다. 외기온도가 0℃, 실내온도가 20℃, 실내공기의 노점온도가 12℃, 콘크리트 두께가 100mm일 때, 결로를 막기 위한 단열재의 최소 두께(mm)는? (단, 콘크리트와 단열재 접촉부분의 열저항은 무시한다.)

열전도도	콘크리트	1.63W/m · K
	단열재	0.17W/m · K
대류 열전달계수	외기	23.3W/m² · K
	실내공기	9.3W/m² · K

① 11.7　② 10.7　③ 9.7　④ 8.7

해설　단열재의 최소 두께
① 결로방지를 위한 열통과율
$K \times A \times (t_i - t_o) = \alpha_i \times A \times (t_i - t_{dew})$ 에서
$K \times A \times (20-0) = 9.3 \times A \times (20-12)$
$K = 3.72 \text{W/m}^2 \cdot \text{K}$

② 결로방지를 위한 단열재의 최소 두께
$\frac{1}{K} = \frac{1}{\alpha_o} + \frac{L_1}{\lambda_1} + \frac{L_2}{\lambda_2} + \frac{1}{\alpha_i}$ 에서 $\frac{1}{3.72} = \frac{1}{23.3} + \frac{0.1}{1.63} + \frac{l}{0.17} + \frac{1}{9.3}$
$0.057 = \frac{l}{0.17}$
$l = 0.0097\text{m} = 9.7\text{mm}$

054

공기조화방식 중 전공기 방식이 아닌 것은?
① 변풍량 단일덕트 방식
② 이중 덕트 방식
③ 정풍량 단일덕트 방식
④ 팬 코일 유닛 방식(덕트병용)

해설　팬코일 유닛 방식 : 전수방식

055

외기의 건구온도 32℃와 환기의 건구온도 24℃인 공기를 1 : 3(외기 : 환기)의 비율로 혼합하였다. 이 혼합공기의 온도는?
① 26℃　② 28℃
③ 29℃　④ 30℃

해설　혼합공기의 건구온도
$t_3 = \frac{Q_1 t_1 + Q_2 t_2}{Q_1 + Q_2} = \frac{(1 \times 32) + (3 \times 24)}{1+3} = 26℃$

답　053. ③　054. ④　055. ①

056 부하계산 시 고려되는 지중온도에 대한 설명으로 틀린 것은?
① 지중온도는 지하실 또는 지중배관 등의 열손실을 구하기 위하여 주로 이용된다.
② 지중온도는 외기온도 및 일사의 영향에 의해 1일 또는 연간을 통하여 주기적으로 변한다.
③ 지중온도는 지표면의 상태변화, 지중의 수분에 따라 변화하나, 토질의 종류에 따라서는 큰 차이가 없다.
④ 연간변화에 있어 불역층 이하의 지중온도는 1m 증가함에 따라 0.03~0.05℃씩 상승한다.

해설 지중온도는 토질과 형상에 따라 차이가 있지만 1일간 불변층 깊이는 0.5m 정도이고 1년간의 불변층 깊이는 10m 정도이다.

057 이중덕트방식에 설치하는 혼합상자의 구비조건으로 틀린 것은?
① 냉풍·온풍 덕트 내의 정압변동에 의해 송풍량이 예민하게 변화할 것
② 혼합비율 변동에 따른 송풍량의 변동이 완만할 것
③ 냉풍·온풍 댐퍼의 공기누설이 적을 것
④ 자동제어 신뢰도가 높고 소음발생이 적을 것

해설 혼합상자는 냉온풍 덕트 내의 정압변동에 의해 송풍량이 예민하게 변화되지 않아야 한다.

058 보일러의 부속장치인 과열기가 하는 역할은?
① 연료연소에 쓰이는 공기를 예열시킨다.
② 포화액을 습증기로 만든다.
③ 습증기를 건포화증기로 만든다.
④ 포화증기를 과열증기로 만든다.

해설 과열기 : 보일러 배기가스 폐열을 이용하여 포화증기를 과열증기로 만드는 폐열회수장치

059 공조기 내에 엘리미네이터를 설치하는 이유로 가장 적절한 것은?
① 풍량을 줄여 풍속을 낮추기 위해서
② 공조기 내의 기류의 분포를 고르게 하기 위해
③ 결로수가 비산되는 것을 방지하기 위해
④ 먼지 및 이물질을 효율적으로 제거하기 위해

해설 엘리미네이터 : 에어와셔에서의 물방울이나 냉각코일에서의 결로수가 기류에 함께 비산되는 것을 방지

답 056. ③ 057. ① 058. ④ 059. ③

060 저온공조방식에 관한 내용으로 가장 거리가 먼 것은?
① 배관지름의 감소
② 팬 동력 감소로 인한 운전비 절감
③ 낮은 습도의 공기 공급으로 인한 급기 풍량 증가
④ 저온공기 공급으로 인한 급기 풍량 증가

> 해설: 저온공조방식은 냉수온도(1~4℃)를 낮추어 저온의 공기를 공급하여 송풍량을 줄임으로써 덕트 및 층고를 줄일 수 있다.

제4과목 전기제어공학

061 서보기구의 특징에 관한 설명으로 틀린 것은?
① 원격제어의 경우가 많다.
② 제어량이 기계적 변위이다.
③ 추치제어에 해당하는 제어장치가 많다.
④ 신호는 아날로그에 비해 디지털인 경우가 많다.

> 해설: 서보제어(기구) : 임의의 변화를 하는 목표값(입력)에 제어량을 추종시키는 제어로 물체의 위치, 방위, 자세 등의 변위를 제어량(출력)으로 한다. 이 제어량은 기계적인 변위인 제어계로 입·출력 비교장치 및 출력을 검출할 센서(검출기) 필요하다. 또한 신호는 아날로그나 디지털신호가 모두 사용된다.

062 다음은 직류전동기의 토크특성을 나타내는 그래프이다. (A), (B), (C), (D)에 알맞은 것은?
① (A) : 직권발전기, (B) : 가동복권발전기,
　(C) : 분권발전기, (D) : 차동복권발전기
② (A) : 분권발전기, (B) : 직권발전기,
　(C) : 가동복권발전기, (D) : 차동복권발전기
③ (A) : 직권발전기, (B) : 분권발전기,
　(C) : 가동복권발전기, (D) : 차동복권발전기
④ (A) : 분권발전기, (B) : 가동복권발전기,
　(C) : 직권발전기, (D) : 차동복권발전기

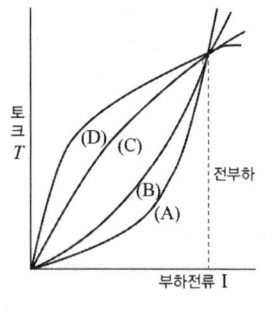

> 해설: ① 직권전동기 : 토크는 전기자 전류의 제곱에 비례한다.
> ② 분권전동기 : 토크는 전기자 전류에 비례한다.

정답 060. ④ 061. ④ 062. ①

063 4000Ω의 저항기 양단에 100V의 전압을 인가할 경우 흐르는 전류의 크기(mA)는?
① 4　　　　　　　　② 15
③ 25　　　　　　　　④ 40

 $I = \dfrac{V}{R} = \dfrac{100}{4,000} = 25\text{mA}$

064 공기 중 자계의 세기가 100A/m의 점에 놓아둔 자극에 작용하는 힘은 8×10^{-3}N이다. 이 자극의 세기는 몇 Wb인가?
① 8×10　　　　　② 8×10^5
③ 8×10^{-1}　　　　④ 8×10^{-5}

 $F = mH$에서
$m = \dfrac{F[\text{N}]}{H[\text{A/m}]} = \dfrac{8 \times 10^{-3}}{100} = 8 \times 10^{-5} \text{Wb}$
여기서, m : 자극의 세기(Wb), H : 자계의 세기(A/m), F : 힘(N)

065 온도를 전압으로 변환시키는 것은?
① 광전관　　　　　　② 열전대
③ 포토다이오드　　　④ 광전다이오드

제백 효과(열전대 효과) : 서로 다른 금속 도체 양단을 접속시키고 접속부에 온도차를 주면 회로에 전류가 흐르게 되는 현상 즉, 기전력이 발생한다. 이러한 기전력의 변화를 이용하여 온도감지센서, 열전 온도계 등에 응용된다.

066 신호흐름선도와 등가인 블록선도를 그리려고 한다. 이때 $G(s)$로 알맞은 것은?

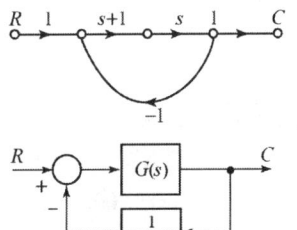

① s
② $\dfrac{1}{s+1}$
③ 1
④ $s(s+1)$

 ① 신호흐름선도의 전달함수
$(R-C)s(s+1) = C$
$R(s^2+s) = C(s^2+s+1)$
$C = \dfrac{s^2+s}{s^2+s+1}R$

063. ③　064. ④　065. ②　066. ③

② 블록선도의 전달함수

$$\left(R - \frac{1}{s(s+1)}C\right)G = C$$

$$RG = C\left(1 + \frac{G}{s(s+1)}\right) = \frac{s^2 + s + G}{s^2 + s}C$$

$$C = \frac{(s^2 + s)G}{s^2 + s + G}R$$

③ $\dfrac{s^2 + s}{s^2 + s + 1} = \dfrac{(s^2 + s)G}{s^2 + s + G}$ 에서

$$\frac{1}{s^2 + s + 1} = \frac{G}{s^2 + s + G}$$

$$C = G(s^2 + s + 1) = s^2 + s + G$$

$$G(s^2 + s) = s^2 + s$$

$$G = 1$$

067
정상 편차를 개선하고 응답속도를 빠르게 하며 오버슈트를 감소시키는 동작은?

① K
② $K(1 + sT)$
③ $K\left(1 + \dfrac{1}{sT}\right)$
④ $K\left(1 + sT + \dfrac{1}{sT}\right)$

해설 비례적분미분(PID) 동작
적분 동작에 의한 잔류 편차를 제거하는 동작으로 정상 특성과 미분 동작으로 응답 속응성을 동시에 개선, 즉 PI 제어기와 PD 제어기를 결합한 형태

참고 ① 비례적분미분(PID) 동작

$$Y(s) = \left(K_P + \frac{K_I}{s} + K_D s\right)X(s) = K_P\left(1 + \frac{1}{T_I s} + T_D s\right)X(s)$$

② 비례적분(PI) 동작 : 정산편차 0

$$Y(s) = \left(K_P + \frac{K_I}{s}\right)X(s) = K_P\left(1 + \frac{1}{T_I s}\right)X(s)$$

068
최대눈금 100mA, 내부저항 1.5Ω인 전류계에 0.3Ω의 분류기를 접속하여 전류를 측정할 때 전류계의 지시가 50mA라면 실제 전류는 몇 mA인가?

① 200
② 300
③ 400
④ 500

해설 내부저항이 1.5Ω이고, 전류계와 병렬 연결된 분류기 저항이 0.3Ω이면, 전류분배식을 사용한다.

$$\frac{R_s}{R_s + R_a}I = I_a \Rightarrow I = \left(1 + \frac{R_a}{R_s}\right)I_a = \left(1 + \frac{1.5}{0.3}\right)50 = 300\,\text{mA}$$

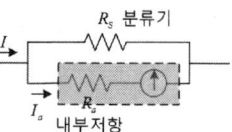

정답 067. ④ 068. ②

참고 ① 전압계에 R_m이라는 저항을 직렬로 연결하면 전압계의 측정범위는 $\left(1+\dfrac{R_m}{r}\right)$배 만큼 증가한다.

② 전류계에 R_m이라는 저항을 병렬로 연결하면 전류계의 측정범위는 $\left(1+\dfrac{r}{R_m}\right)$배 만큼 증가한다. 단, r은 전압계나 전류계의 내부저항이다.

---

069 그림과 같은 RLC 병렬공진회로에 관한 설명으로 틀린 것은?

① 공진조건은 $wC=\dfrac{1}{wL}$이다.
② 공진 시 공진전류는 최소가 된다.
③ R이 작을수록 선택도 Q가 높다.
④ 공진 시 입력 어드미턴스는 매우 작아진다.

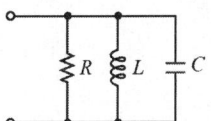

 임피던스가 최대인 상태, 즉 $X_L = X_C$ 또는 $\omega C = \dfrac{1}{\omega L}$인 상태는 병렬공진 상태이며 임피던스 즉, 교류저항이 최대(어드미턴스 최소)이기 때문에 최소의 전류가 흐른다. 이 상태는 저항과는 관계없다.

---

070 SCR에 관한 설명으로 틀린 것은?

① PNPN 소자이다.
② 스위칭 소자이다.
③ 양방향성 사이리스터이다.
④ 직류나 교류의 전력제어용으로 사용된다.

 사이리스터(Thyristor)
실리콘 제어정류기(SCR)소자로 전류를 한 방향으로만 흘리는 소자인데 게이트신호와 순전압이 인가되었을 때 ON을 하고 순방향 전류가 0이 될 때까지 ON상태를 유지하는 특징을 가지고 있어 양방향의 전류는 흘릴 수 없다.

---

071 병렬 운전 시 균압모선을 설치해야 되는 직류발전기로만 구성된 것은?

① 직권발전기, 분권발전기
② 분권발전기, 복권발전기
③ 직권발전기, 복권발전기
④ 분권발전기, 동기발전기

 직권계자권선이 적용되어 있는 발전기는 병렬운전 시 반드시 균압모선을 적용해야하므로 직권전동기와 직권전동기의 특성을 갖는 복권전동기는 균압모선이 필요하다.

참고 균압모선 : 병렬운전 시 두 발전기의 전위차 발생방지와 안정 운전을 위하여 적용이 필요하다.

답 069. ③ 070. ③ 071. ③

072 정현파 교류의 실효값(V)과 최대값(V_m)의 관계식으로 옳은 것은?

① $V = \sqrt{2}\, V_m$ ② $V = \dfrac{1}{\sqrt{2}} V_m$

③ $V = \sqrt{3}\, V_m$ ④ $V = \dfrac{1}{\sqrt{3}} V_m$

해설 실효치 : 실효치는 수식으로 파형 신호의 순시치 제곱을 한 주기 간 평균한 제곱근을 의미하나 물리적으로는 1주기의 교류가 할 수 있는 일(물리학적인 일, 에너지)과 동일한 일을 할 수 있는 직류값으로 표시한 값으로 교류 최대값을 $\sqrt{2}$로 나눈 값이다.

$$\left(V_s = \dfrac{V_{\max}}{\sqrt{2}} \right)$$

073 비례적분제어 동작의 특징으로 옳은 것은?

① 간헐현상이 있다. ② 잔류편차가 많이 생긴다.
③ 응답의 안정성이 낮은 편이다. ④ 응답의 진동시간이 매우 길다.

해설 PI제어 동작은 비례요소와 적분요소를 결합한 제어 동작으로 특징은 외부적인 요인에 의한 오차(정상 편차)를 개선할 수 있으며, 간헐현상이 존재한다.

074 목표값을 직접 사용하기 곤란할 때, 주 되먹임요소와 비교하여 사용하는 것은?

① 제어요소 ② 비교장치
③ 되먹임요소 ④ 기준입력요소

해설 기준입력요소는 센서에 의한 검출 신호는 대부분 A/D 컨버터를 통과한 전압의 형태로 되므로 목표치와 직접 비교를 할 수 없는 경우가 많은데 그때는 목표값에 비례하고, 검출 신호와 동일한 단위의 기준입력신호와 비교

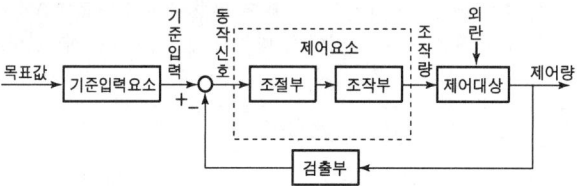

075 피드백 제어계에서 목표치를 기준입력신호로 바꾸는 역할을 하는 요소는?

① 비교부 ② 조절부
③ 조작부 ④ 설정부

해설 목표치를 기준입력요소로 바꾸는 역할은 설정부가 한다.

답 072. ② 073. ① 074. ④ 075. ④

076 특성방정식이 $s^3+2s^2+Ks+5=0$인 제어계가 안정하기 위한 K값은?

① $K>0$
② $K<0$
③ $K>\dfrac{5}{2}$
④ $K<\dfrac{5}{2}$

해설 우측의 루드법에 의한 안정도의 판별에 의하여 시스템이 안정하기 위해서는 좌측의 첫 번째 열의 부호가 바뀌지 말아야 하므로

$$
\begin{array}{lcc}
s^3 & 1 & K \\
s^2 & 2 & 5 \\
s^1 & \dfrac{2K-5}{2} & 0 \\
s^0 & \dfrac{\dfrac{2K-5}{2}\times 5 - 2\times 0}{\dfrac{2K-5}{2}}=5 &
\end{array}
$$

K의 범위는 $\dfrac{2K-5}{2}>0$, $2K-5>0$, $K>\dfrac{5}{2}$ 이다.

077 세라믹 콘덴서 소자의 표면에 103라고 적혀있을 때 이 콘덴서의 용량은 몇 μF인가?

① 0.01
② 0.1
③ 103
④ 10^3

해설 콘덴서 용량
$ABC = AB\times 10^C [\text{pF}]$
$AB\times 10^{C-12}[\text{F}]$
$103 = 10\times 10^3 \times 10^{-12} = 10\times 10^{-9} = 10\times 10^{-9}\times 10^6 \mu F = 0.01 \mu F$

078 PLC(Programmable Logic Controller)의 출력부에 설치하는 것이 아닌 것은?

① 전자개폐기
② 열동계전기
③ 시그널램프
④ 솔레노이드밸브

해설 PLC에는 전동기 등을 구동하기 위해서는 전자개폐기(MC)와 램프 등이 필요하지만, 열동형계전기(THR)는 MC에 연결하여 사용하므로 PLC의 출력부에 연결하지 않는다.

079 적분시간이 2초, 비례감도가 5mA/mV인 PI조절계의 전달함수는?

① $\dfrac{1+2s}{5s}$
② $\dfrac{1+5s}{2s}$
③ $\dfrac{1+2s}{0.4s}$
④ $\dfrac{1+0.4s}{2s}$

답 076. ③ 077. ① 078. ② 079. ③

해설 $K_P = 5,\ T_I = 2$

$$K_P\left(1+\frac{1}{sT_I}\right) = 5\left(1+\frac{1}{2s}\right) = \frac{10s+5}{2s} = \frac{1+2s}{0.4s}$$

참고 PI제어계의 전달함수

$$K_P + \frac{K_I}{s} = K_P\left(1+\frac{1}{ST_I}\right)$$

여기서, K_P : 비례게인(감도), K_I : 적분게인, T_I : 적분시간

080 다음 설명에 알맞은 전기 관련 법칙은?

> 도선에서 두 점 사이 전류의 크기는 그 두 점 사이의 전위차에 비례하고, 전기 저항에 반비례한다

① 옴의 법칙
② 렌츠의 법칙
③ 플레밍의 법칙
④ 전압 분배의 법칙

해설 옴의 법칙 : 회로의 두 지점 사이의 전위 차(V)는 두 지점 사의 저항(R)과 흐르는 전류(I)의 곱이다.

$$V = IR,\ I = \frac{V}{R},\ R = \frac{V}{I}$$

제 5 과목 배관일반

081 증기난방 배관 시공법에 대한 설명으로 틀린 것은?

① 증기주관에서 지관을 분기하는 경우 관의 팽창을 고려하여 스위블 이음법으로 한다.
② 진공환수식 배관의 증기주관은 1/100~1/200 선상향 구배로 한다.
③ 주형방열기는 일반적으로 벽에서 50~60mm 정도 떨어지게 설치한다.
④ 보일러 주변의 배관방법에서는 증기관과 환수관 사이에 밸런스관을 달고, 하트포드(hartford) 접속법을 사용한다.

해설 진공환수식 증기주관은 1/200~1/300 선하향 구배로 한다.

082 급탕배관의 단락현상(short circuit)을 방지할 수 있는 배관방식은?

① 리버스 리턴 배관방식
② 다이렉트 리턴 배관방식
③ 단관식 배관방식
④ 상향식 배관방식

답 080. ① 081. ② 082. ①

해설 리버스 리턴 배관방식
공급관과 환수관의 길이(마찰저항)를 같게 하여 급탕배관에서의 단락현상이 생기지 않고 급탕이 균등하게 공급되도록 한 방식

083 다음 중 온수온도 90℃의 온수난방 배관의 보온재로 사용하기에 가장 부적합한 것은?
① 규산칼슘
② 펄라이트
③ 암면
④ 폴리스틸렌

해설 폴리스틸렌폼 : 안전 사용 최고온도가 70℃로서 고온에 사용은 부적당하다.

084 간접 가열식 급탕법에 관한 설명으로 틀린 것은?
① 대규모 급탕설비에 부적당하다.
② 순환증기는 높이에 관계 없이 저압으로 사용 가능하다
③ 저탕탱크와 가열용 코일이 설치되어 있다.
④ 난방용 증기보일러가 있는 곳에 설치하면 설비비를 절약하고 관리가 편하다.

해설 간접 가열식
저탕조 내에 가열코일을 설치하고 이 코일에 증기 또는 고온수를 공급하여 탱크 내의 물을 간접적으로 가열하는 방식으로 대규모 급탕설비에 적합하다.

085 증발량 5000kg/h인 보일러의 증기 엔탈피가 640kcal/kg이고, 급수 엔탈피가 15kcal/kg일 때, 보일러의 상당 증발량(kg/h)은?
① 278
② 4800
③ 5797
④ 3125000

해설 상당 증발량
$$G_e = \frac{G_a(h_2 - h_1)}{539} = \frac{5,000 \times (640 - 15)}{539} = 5,797.78 \text{kg/h}$$

086 증기난방 설비의 특징에 대한 설명으로 틀린 것은?
① 증발열을 이용하므로 열의 운반능력이 크다.
② 예열시간이 온수난방에 비해 짧고 증기순환이 빠르다.
③ 방열면적을 온수난방보다 적게 할 수 있다.
④ 실내 상하온도차가 작다.

해설 증기난방은 실내 상하온도차가 커 쾌감도가 떨어진다.

083. ④ 084. ① 085. ③ 086. ④

087 벤더에 의한 관 굽힘 시 주름이 생겼다. 주된 원인은?
① 재료에 결함이 있다.
② 굽힘형의 홈이 관지름보다 작다.
③ 클램프 또는 관에 기름이 묻어 있다.
④ 압력형이 조정이 세고 저항이 크다.

> **해설** 굽힘 모형의 홈이 관의 지름보다 너무 작거나 클 때에는 주름이 발생된다.
>
> **참고** 벤딩 시 관의 파손 원인
> ① 압력조정이 세고 저항이 클 때
> ② 코어(받침쇠, 심봉)가 너무 나와 있을 때
> ③ 굽힘 반지름이 너무 작을 때
> ④ 재료에 결함이 있을 때

088 냉동 장치의 배관설치에 관한 내용으로 틀린 것은?
① 토출가스의 합류 부분 배관은 T 이음으로 한다.
② 압축기와 응축기의 수평배관은 하향 구배로 한다.
③ 토출가스 배관에는 역류방지 밸브를 설치한다.
④ 토출관의 입상이 10m 이상일 경우 10m마다 중간 트랩을 설치한다.

> **해설** 토출관의 합류는 Y형으로 접속한다.

089 가스 배관재료 중 내약품성 및 전기 절연성이 우수하며 사용온도가 80℃ 이하인 관은?
① 주철관   ② 강관
③ 동관   ④ 폴리에틸렌관

> **해설** 폴리에틸렌관(PE관)
> 화학적, 전기적 절연 성질이 염화비닐관(PVC)보다 우수하고, 내충격성이 크고, 내한성이 좋으며 약 90℃에서 연화하지만 −60℃에서도 취성이 나타나지 않아 한냉지 배관으로 적합하나 인장강도가 작다.

090 도시가스배관 설비기준에서 배관을 시가지의 도로 노면 밑에 매설하는 경우에는 노면으로부터 배관의 외면까지 얼마 이상을 유지해야 하는가? (단, 방호구조물 안에 설치하는 경우는 제외한다.)
① 0.8m   ② 1m
③ 1.5m   ④ 2m

> **해설** 시가지 도로 밑에 매설할 경우는 노면으로부터 1.5m 이상으로 하되 방호 구조물로 되어 있거나, 시가지 외에서는 1.2m 이상의 깊이로 매설해도 된다.

답 087. ② 088. ① 089. ④ 090. ③

091 급탕설비의 설계 및 시공에 관한 설명으로 틀린 것은?
① 중앙식 급탕방식은 개별식 급탕방식보다 시공비가 많이든다.
② 온수의 순환이 잘되고 공기가 고이는 것을 방지하기 위해 배관에 구배를 둔다.
③ 게이트 밸브는 공기고임을 만들기 때문에 글로브 밸브를 사용한다.
④ 순환방식은 순환펌프에 의한 강제순환식과 온수의 비중량 차이에 의한 중력식이 있다.

해설: 글로브 밸브는 공기고임을 만들기 때문에 게이트 밸브를 사용한다.

092 냉매 배관 재료 중 암모니아를 냉매로 사용하는 냉동설비에 가장 적합한 것은?
① 동, 동합금
② 아연, 주석
③ 철, 강
④ 크롬, 니켈 합금

해설: 암모니아 냉매의 배관 재료 : 저온배관용 탄소강관(철, 강)

참고: 암모니아 냉매의 배관 재료로는 동 및 62% 이상의 동합금관을 사용할 수 없다.

093 다음 중 "접속해 있을 때"를 나타내는 관의 도시 기호는?

① 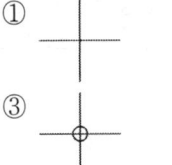   ②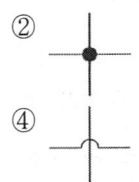

③   ④

해설: 배관의 접속 표시 : 교차 부분(+)에 ● 표시

094 증기 및 물 배관 등에서 찌꺼기를 제거하기 위하여 설치하는 부속품은?
① 유니온
② P트랩
③ 부싱
④ 스트레이너

해설: 여과기(Strainer)
유체 속에 섞여 있는 이물질을 제거하여 밸브 및 기기의 파손을 방지

참고: 스트레이너의 종류 : Y형, U형, V형

답 091. ③ 092. ③ 093. ② 094. ④

095 공조 배관 설계 시 유속을 빠르게 했을 경우의 현상으로 틀린 것은?
① 관경이 작아진다.　　② 운전비가 감소한다.
③ 소음이 발생된다.　　④ 마찰손실이 증대한다.

> 해설 유속이 빠르면 관경은 작아지나 소음이 증가하고, 마찰손실이 증가하여 펌프 운전비는 증가한다.

096 관의 두께별 분류에서 가장 두꺼워 고압배관으로 사용할 수 있는 동관의 종류는?
① K형 동관　　② S형 동관
③ L형 동관　　④ N형 동관

> 해설 동관의 두께별 종류
> ① K형 : 가장 두껍다.
> ② L형 : 두껍다.
> ③ M형 : 보통 두께
> ④ N형 : 얇은 두께(KS 규격은 없음)

097 동관 이음 방법에 해당하지 않는 것은?
① 타이튼 이음　　② 납땜 이음
③ 압축 이음　　　④ 플랜지 이음

> 해설 동관의 이음 방법
> ① 땜 이음
> ② 압축(플레어) 이음
> ③ 플랜지 이음
>
> 참고 주철관의 이음 방법
> ① 소켓(허브) 이음　　② 노허브 이음
> ③ 플랜지 이음　　　　④ 기계식 이음
> ⑤ 타이톤 이음　　　　⑥ 빅토릭 이음

098 배수관의 관경 선정 방법에 관한 설명으로 틀린 것은?
① 기구배수관의 관경은 배수트랩의 구경 이상으로 하고 최소 30mm 정도로 한다.
② 수직, 수평관 모두 배수가 흐르는 방향으로 관경이 축소되어서는 안 된다.
③ 배수수직관은 어느 층에서나 최하부의 가장 큰 배수부하를 담당하는 부분과 동일한 관경으로 한다.
④ 땅속에 매설되는 배수관 최소 구경은 30mm 정도로 한다.

> 해설 배수관의 최소 구경은 50mm이다.

답　095. ②　096. ①　097. ①　098. ④

099 고가수조식 급수방식의 장점이 아닌 것은?

① 급수압력이 일정하다.
② 단수 시에도 일정량의 급수가 가능하다.
③ 급수 공급계통에서 물의 오염 가능성이 없다.
④ 대규모 급수에 적합하다.

해설 지하 저수조 및 고가수조에서 급수의 오염 가능성이 가장 크다.

참고
- 고가수조방식의 특징
  ① 대규모에 급수 수요에 적합하다.
  ② 수압이 일정하다.
  ③ 급수오염의 우려가 있다.
  ④ 정전, 단수 시에도 일정량 급수가 가능하다.
- 고가수조방식의 급수경로
  수도 본관 → 지하 저수조 → 양수펌프 → 양수관 → 옥상탱크 → 급수관 → 수도꼭지

100 냉매배관 시공 시 주의사항으로 틀린 것은?

① 배관 길이는 되도록 짧게 한다.
② 온도변화에 의한 신축을 고려한다.
③ 곡률 반지름은 가능한 작게 한다.
④ 수평배관은 냉매흐름 방향으로 하향구배 한다.

해설 배관 시 굴곡부는 적게 하고 곡률반경은 되도록 크게 한다.

답 099. ③ 100. ③

2019년 4월 27일 제2회 공조냉동기계기사

제1과목 기계열역학

001 어떤 시스템에서 공기가 초기에 290K에서 330K로 변화하였고, 이때 압력은 200kPa에서 600kPa로 변화하였다. 이때 단위 질량당 엔트로피 변화는 약 몇 kJ(kg·K)인가? (단, 공기는 정압비열이 1.006kJ/(kg·K)이고, 기체상수가 0.287kJ/(kg·k)인 이상기체로 간주한다.)

① 0.445 ② −0.445 ③ 0.185 ④ −0.185

해설 엔트로피 변화량

$$\Delta s = C_p \ln \frac{T_2}{T_1} - R \ln \frac{P_2}{P_1}$$
$$= 1.006 \ln \frac{330}{290} - 0.287 \ln \frac{600}{200}$$
$$= -0.185 \text{kJ/kg} \cdot \text{K}$$

002 체적이 500cm³인 풍선에 압력 0.1MPa, 온도 288K의 공까 가득 채워져 있다. 압력이 일정한 상태에서 풍선 속 공기 온도가 300K로 상승했을 때 공기에 가해진 열량은 약 얼마인가? (단, 공기는 정압비열이 1.005kJ/(kg·K), 기체상수가 0.287kJ/(kg·K)인 이상기체로 간주한다.)

① 7.3J ② 7.3kJ ③ 14.6J ④ 14.6kJ

해설 공기에 가해진 열량

$q = m \cdot C_p \cdot dT = 0.00006 \times 1.005 \times (300-288) = 0.00073 \text{kJ} = 7.3\text{J}$

여기서, $m = \frac{PV}{RT} = \frac{100 \times 0.0005}{0.287 \times 288} = 0.00006 \text{kg}$

003 어떤 사이클이 다음 온도(T)-엔트로피(s) 선도와 같을 때 작동 유체에 주어진 열량은 약 몇 kJ/kg인가?

① 4
② 400
③ 800
④ 1600

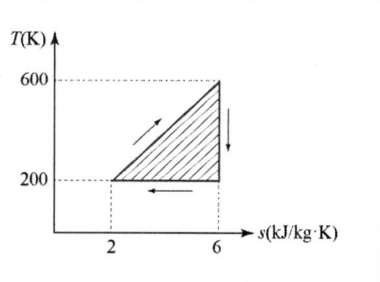

답 001. ④ 002. ① 003. ③

해설 직사각형 면적의 1/2인 삼각형 면적으로
$$Q = \frac{(T_2 - T_1)(s_2 - s_1)}{2} = \frac{(600-200) \times (6-2)}{2} = 800 \text{kJ/kg}$$

004
효율이 40%인 열기관에서 유효하게 발생되는 동력이 110kW라면 주위로 방출되는 총 열량은 약 몇 kW인가?
① 375
② 165
③ 135
④ 85

해설 $\eta = \frac{W}{Q_1} = \frac{Q_1 - Q_2}{Q_1}$ 에서 $\eta = \frac{W}{Q_1}$, $Q_1 = \frac{W}{\eta} = \frac{110}{0.4} = 275 \text{kW}$

$0.4 = \frac{275 - Q_2}{275}$, $Q_2 = 275 - (0.4 \times 275) = 165 \text{kW}$

참고 열기관에서의 열효율
$$\eta = \frac{W}{Q_1} = \frac{Q_1 - Q_2}{Q_1} = \frac{T_1 - T_2}{T_1}$$

005
500W의 전열기로 4kg의 물을 20℃에서 90℃까지 가열하는데 몇 분이 소요되는가? (단, 전열기에서 열은 전부 온도 상승에 사용되고 물의 비열은 4180J/(kg·K)이다.)
① 16
② 27
③ 39
④ 45

해설 $H = \frac{G \cdot C \cdot \Delta t}{\text{kW} \times 3,600} = \frac{4 \times 4.18 \times (90-20)}{0.5 \times 3,600} = 0.65 \text{hr} = 39 \text{min}$

006
카르노 사이클로 작동되는 열기관이 고온체에서 100kJ의 열을 받고 있다. 이 기관의 열효율이 30%라면 방출되는 열량은 약 몇 kJ인가?
① 30
② 50
③ 60
④ 70

해설 $Q_2 = (1-\eta)Q_1 = (1-0.3) \times 100 = 70 \text{kJ}$

007
100℃와 50℃ 사이에서 작동하는 냉동기로 가능한 최대성능계수(COP)는 약 얼마인가?
① 7.46
② 2.54
③ 4.25
④ 6.46

해설 $COP = \frac{T_2}{T_1 - T_2} = \frac{(50+273)}{(100+273) - (50+273)} = 6.46$

답 004. ② 005. ③ 006. ④ 007. ④

008 압력이 0.2MPa이고, 초기 온도가 120℃인 1kg의 공기를 압축비 18로 가역 단열 압축하는 경우 최종온도는 약 몇 ℃인가? (단, 공기는 비열비가 1.4인 이상기체이다.)

① 676℃ ② 776℃
③ 876℃ ④ 976℃

해설 $\dfrac{T_2}{T_1} = \left(\dfrac{v_2}{v_1}\right)^{k-1}$ 에서

$T_2 = T_1 \times \left(\dfrac{v_2}{v_1}\right)^{k-1} = (120+273) \times 18^{1.4-1} = 1,249\text{K} = 976℃$

참고 단열변화에서의 P, v, T의 관계

$$\dfrac{T_2}{T_1} = \left(\dfrac{v_1}{v_2}\right)^{k-1} = \left(\dfrac{P_2}{P_1}\right)^{\frac{k-1}{k}}$$

009 수증기가 정상과정으로 40m/s의 속도로 노즐에 유입되어 275m/s로 빠져나간다. 유입되는 수증기의 엔탈피는 3300kJ/kg, 노즐로부터 발생되는 열손실은 5.9kJ/kg일 때 노즐 출구에서의 수증기 엔탈피는 약 몇 kJ/kg인가?

① 3257
② 3024
③ 2795
④ 2612

해설 정상단열 분류에 의한 단열 낙하차(열강하)

$h_1 - h_2 = \dfrac{V_2^2 - V_1^2}{2} + q_{loss}$ 에서

$h_2 = h_1 - \dfrac{V_2^2 - V_1^2}{2} - q_{loss} = (3,300 \times 10^3) - \dfrac{275^2 - 40^2}{2} - (5.9 \times 10^3)$

$= 3257 \times 10^3 \text{J} = 3,257\text{kJ}$

010 용기에 부착된 압력계에 읽힌 계기압력이 150kPa이고 국소대기압이 100kPa일 때 용기 안의 절대압력은?

① 250kPa ② 150kPa
③ 100kPa ④ 50kPa

해설 절대압력＝계기압력＋대기압＝150＋100＝250kPa

답 008. ④ 009. ① 010. ①

011 R-12를 작동 유체로 사용하는 이상적인 증기압축 냉동 사이클이 있다. 여기서 증발기 출구 엔탈피는 229kJ/kg, 팽창밸브 출구 엔탈피는 81kJ/kg, 응축기 입구 엔탈피는 255kJ/kg일 때 이 냉동기의 성적계수는 약 얼마인가?

① 4.1 ② 4.9
③ 5.7 ④ 6.8

해설 $COP = \dfrac{q_2}{w} = \dfrac{229-81}{255-229} = 5.7$

012 어떤 시스템에서 유체는 외부로부터 19kJ의 일을 받으면서 167kJ의 열을 흡수하였다. 이때 내부에너지의 변화는 어떻게 되는가?

① 148kJ 상승한다. ② 186kJ 상승한다.
③ 148kJ 감소한다. ④ 186kJ 감소한다.

해설 내부에너지 증가량
$\delta Q = dU + \delta W$에서 $dU = \delta Q - \delta W = 167 - (-19) = 186$ kJ/kg 증가

참고 출입하는 열과 일의 부호
① 계로 들어가는 열량 : +, 계에서 나가는 일량 : +
② 계에서 나가는 열량 : -, 계로 들어가는 일량 : -

013 그림과 같이 실린더 내의 공기가 상태 1에서 상태 2로 변화할 때 공기가 한 일은? (단, P는 압력, V는 부피를 나타낸다.)

① 30kJ
② 60kJ
③ 3000kJ
④ 6000kJ

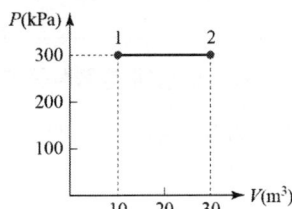

해설 $W = P \cdot dV = 300 \times (30-10) = 6,000$ kJ

014 보일러에 물(온도 20℃, 엔탈피 84kJ/kg)이 유입되어 600kPa의 포화증기(온도 159℃, 엔탈피 2757kJ/kg) 상태로 유출된다. 물의 질량유량이 300kg/h이라면 보일러에 공급된 열량은 약 몇 kW인가?

① 121 ② 140 ③ 223 ④ 345

해설 $q = G(h_2 - h_1) = 300 \times (2757 - 84) = 801,900$ kJ/h = 223kW
여기서, 1 kW=3,600 kJ/h이다.

답 011. ③ 012. ② 013. ④ 014. ③

015 압력이 100kPa이며 온도가 25℃인 방의 크기가 240m³이다. 이 방에 들어있는 공기의 질량은 약 몇 kg인가? (단, 공기는 이상기체로 가정하며, 공기의 기체상수는 0.287kJ/(kg·K)이다.)

① 0.00357　　② 0.28
③ 3.57　　　　④ 280

해설 공기의 질량
$PV = mRT$
$m = \dfrac{PV}{RT} = \dfrac{100 \times 240}{0.287 \times (25+273)} = 280 \text{kg}$

016 클라우지우스(Clausius) 부등식을 옳게 표현한 것은? (단, T는 절대온도, Q는 시스템으로 공급된 전체 열량을 표시한다.)

① $\oint \dfrac{\delta Q}{T} \geq 0$　　② $\oint \dfrac{\delta Q}{T} \leq 0$
③ $\oint T\delta Q \geq 0$　　④ $\oint T\delta Q \leq 0$

해설 클라우지우스(Clausius)의 부등식
① 가역과정 : $\oint \dfrac{dQ}{T} = 0$
② 비가역과정 : $\oint \dfrac{dQ}{T} < 0$
③ 가역, 비가역과정 : $\oint \dfrac{dQ}{T} \leq 0$

017 Van der Waals 상태 방정식은 다음과 같이 나타낸다. 이 식에서 $\dfrac{a}{v^2}$, b는 각각 무엇을 의미하는 것인가? (단, P는 압력, u는 비체적, R은 기체상수, T는 온도를 나타낸다.)

$$(P + \dfrac{a}{v^2}) \times (v - b) = RT$$

① 분자간의 작용 인력, 분자에너지
② 분자간의 작용 인력, 기체 분자들이 차지하는 체적
③ 분자 자체의 질량, 분자 내부에너지
④ 분자 자체의 질량, 기체 분자들이 차지하는 체적

해설 이상 기체상태식은 분자의 크기가 없고 분자 사이의 상호작용이 없다는 가정하에 유도된 관계식으로 실제 기체의 경우 분자는 그 크기를 가지며 분자 사이에 인력이 작용하고 있어 분자간의 작용하는 인력과 분자 자체의 부피를 고려한 방정식을 반데 발스의 상태 방정식이라 한다.

 015. ④　016. ②　017. ②

018 가역 과정에서 실린더 안의 공기를 50kPa, 10℃ 상태에서 300kPa까지 압력(P)과 체적(V)의 관계가 다음과 같은 과정으로 압축할 때 단위 질량당 방출되는 열량은 약 몇 kJ/kg인가? (단, 기체 상수는 0.287kJ/(kg·K)이고, 정적비열은 0.7kJ/(kg·K)이다.)

$$PV^{1.3} = 일정$$

① 17.2　　② 37.2　　③ 57.2　　④ 77.2

해설 폴리트로픽 과정에서의 열전달량

$$q = C_v \frac{n-k}{n-1}(T_2 - T_1) = 0.7 \times \left\{\frac{1.3 - \left(\frac{0.287 + 0.7}{0.7}\right)}{1.3 - 1}\right\} \times (428 - 283) = 37.2 \text{kJ/kg}$$

여기서, $\frac{T_2}{T_1} \cdot \left(\frac{p_2}{p_1}\right)^{\frac{n-1}{n}}$, $T_2 = 283 \times \left(\frac{300}{50}\right)^{\frac{1.3-1}{1.3}} = 428\text{K}$

019 등엔트로피 효율이 80%인 소형 공기터빈의 출력이 270kJ/kg이다. 입구 온도는 600K이며, 출구 압력은 100kPa이다. 공기의 정압비열은 1.004kJ/(kg·K), 비열비는 1.4일 때, 입구 압력(kPa)은 약 몇 kPa인가? (단, 공기는 이상기체로 간주한다.)

① 1984　　② 1842
③ 1773　　④ 1621

해설 ① 등엔트로피 효율

$$\eta = \frac{270}{1.004 \times (600 - T_2)} \text{에서 } T_2 = 600 - \frac{270}{1.004 \times 0.8} = 264\text{K}$$

② 등엔트로피 과정이므로

$$\frac{T_2}{T_1} = \left(\frac{P_2}{P_1}\right)^{\frac{k}{k-1}} \text{에서 } P_1 = \frac{100}{\left(\frac{600}{264}\right)^{\frac{1.4}{1.4-1}}} = 1774\text{kPa}$$

020 화씨온도가 86°F일 때 섭씨온도는 몇 ℃인가?

① 30　　② 45
③ 60　　④ 75

해설 섭씨온도, $℃ = \frac{5}{9}(°F - 32) = \frac{5}{9} \times (86 - 32) = 30℃$

답 018. ②　019. ③　020. ①

제 2 과목 냉동공학

021 냉각탑의 성능이 좋아지기 위한 조건으로 적절한 것은?

① 쿨링레인지가 작을수록, 쿨링어프로치가 작을수록
② 쿨링레인지가 작을수록, 쿨링어프로치가 클수록
③ 쿨링레인지가 클수록, 쿨링어프로치가 작을수록
④ 쿨링레인지가 클수록, 쿨링어프로치가 클수록

해설 쿨링레인지는 클수록, 쿨링어프로치는 작을수록 냉각탑의 성능은 좋아진다.

참고 쿨링레인지 = 냉각수 입구 수온 − 냉각수 출구 수온
쿨링어프로치 : 냉각수 출구 수온 − 입구 공기의 습구 온도

022 다음 중 절연내력이 크고 절연물질을 침식시키지 않기 때문에 밀폐형 압축기에 사용하기에 적합한 냉매는?

① 프레온계 냉매　　② H_2O
③ 공기　　④ NH_3

해설 밀폐형 압축기에 사용하기 적합한 냉매 : 프레온

023 어떤 냉동기의 증발기 내 압력이 245kPa이며, 이 압력에서의 포화온도, 포화액 엔탈피 및 건포화증기 엔탈피, 정압비열은 [조건]과 같다. 증발기 입구 측 냉매의 엔탈피가 455kJ/kg이고, 증발기 출구 측 냉매온도가 −10℃의 과열증기일 경우 증발기에서 냉매가 취득한 열량(kJ/kg)은?

[조건]
- 포화온도 : −20℃
- 포화액 엔탈피 : 396kJ/kg
- 건포화증기 엔탈피 : 615.6kJ/kg
- 정압비열 : 0.67 kJ/kg·K

① 167.3　　② 152.3　　③ 148.3　　④ 112.3

해설 증발기에서 냉매가 취득한 열량(냉동효과)
냉동효과 = 증발기 출구 과열증기 엔탈피 − 증발기 입구 엔탈피
$$q_e = (i_2 + C_p \cdot \Delta t) - i_1$$
$$= [615.6 + \{(0.67 \times (-10+20))\}] - 455$$
$$= 167.3 kJ/kg$$

024 냉동능력이 1RT인 냉동장치가 1kW의 압축동력을 필요로 할때, 응축기에서의 방열량(kW)은?

① 2　　② 3.3
③ 4.8　　④ 6

답 021. ③　022. ①　023. ①　024. ③

해설) $Q_c = Q_e + AW = \dfrac{1 \times 3,320}{860} + 1 = 4.86$

025 냉동사이클에서 응축온도 상승에 따른 시스템의 영향으로 가장 거리가 먼 것은? (단, 증발온도는 일정하다.)
① COP 감소
② 압축비 증가
③ 압축기 토출가스 온도 상승
④ 압축기 흡입가스 압력 상승

해설) 응축온도 변화에 따른 영향

구 분	응축온도 상승	응축온도 저하
압축비	증가	감소
냉동효과	감소	증가
소요동력	증가	감소
토출가스온도	상승	저하
성적계수	감소	증가

026 어떤 냉장고의 방열벽 면적이 500m², 열통과율이 0.311W/m²·℃일 때, 이 벽을 통하여 냉장고 내로 침입하는 열량(kW)은? (단, 이때의 외기온도는 32℃이며, 냉장고 내부온도는 -15℃이다.)
① 12.6
② 10.4
③ 9.1
④ 7.3

해설) 냉장고 내로 침입열량
$q_e = K \cdot A \cdot \Delta t$
$= 0.311 \times 500 \times \{32-(-15)\}$
$= 7308\text{W} = 7.3\text{kW}$

027 2차유체로 사용되는 브라인의 구비 조건으로 틀린 것은?
① 비등점이 높고, 응고점이 낮을 것
② 점도가 낮을 것
③ 부식성이 없을 것
④ 열전달률이 작을 것

해설) 브라인의 열전달률은 커야 한다.

028 냉매 배관 내에 플래시 가스(flash gas)가 발생했을 때 나타나는 현상으로 틀린 것은?
① 팽창밸브의 능력 부족 현상 발생
② 냉매 부족과 같은 현상 발생
③ 액관 중의 기포 발생
④ 팽창밸브에서의 냉매 순환량 증가

해설) 플래시 가스가 발생하면 팽창밸브에서의 냉매 순환량은 감소한다.

답) 025. ④ 026. ④ 027. ④ 028. ④

029 단면이 1m²인 단열재를 통하여 0.3kW의 열이 흐르고 있다. 이 단열재의 두께는 2.5cm이고 열전도계수가 0.2W/m·℃일 때 양면 사이의 온도차(℃)는?

① 54.5　　② 42.5　　③ 37.5　　④ 32.5

해설
$$Q = \frac{\lambda \cdot A \cdot \Delta t}{l}$$
$$\Delta t = \frac{Q \cdot l}{\lambda \cdot A} = \frac{0.3 \times 1,000 \times 0.025}{0.2 \times 1} = 37.5℃$$

030 여러 대의 증발기를 사용할 경우 증발관 내의 압력이 가장 높은 증발기의 출구에 설치하여 압력을 일정 값 이하로 억제하는 장치를 무엇이라고 하는가?

① 전자밸브　　② 압력개폐기
③ 증발압력조정밸브　　④ 온도조절밸브

해설 증발압력조정밸브(EPR)
① 증발압력이 일정 이하가 되는 것을 방지하는 밸브
② 증발기 출구 증발온도가 높은 곳에 설치하고, 가장 낮은 곳에는 체크밸브를 설치

031 다음 그림은 2단 압축 암모니아 사이클을 나타낸 것이다. 냉동능력이 2RT인 경우 저단압축기의 냉매순환량(kg/h)은? (단, 1RT는 3.8kW이다.)

① 10.1
② 22.9
③ 32.5
④ 43.2

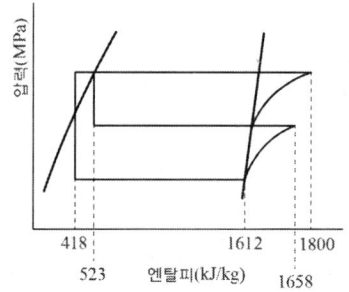

해설 저단압축기 냉매순환량
$$G = \frac{Q_e}{q_e} = \frac{2 \times 3.8 \times 3,600}{1612 - 418} = 22.9 \text{kg/h}$$
여기서, 1kW=3,600kJ/h이다.

032 다음 팽창밸브 중 인버터 구동 가변 용량형 공기조화장치나 증발온도가 낮은 냉동장치에서 팽창밸브의 냉매유량 조절 특성 향상과 유량제어 범위 확대 등을 목적으로 사용하는 것은?

① 전자식 팽창밸브　　② 모세관
③ 플로트 팽창밸브　　④ 정압식 팽창밸브

답　029. ③　030. ③　031. ②　032. ①

해설) 전자식 팽창밸브 : 팽창밸브의 냉매유량 조절 특성 향상과 유량제어 범위를 확대시킨 팽창밸브

033 식품의 평균 초온이 0℃일 때 이것을 동결하여 온도중심점을 -15℃까지 내리는 데 걸리는 시간을 나타내는 것은?
① 유효동결시간
② 유효냉각시간
③ 공칭동결시간
④ 시간 상수

해설) 공칭동결시간 : 식품의 초온이 0℃일 때 동결하여 온도중심점을 -15℃까지 내리는 데 걸리는 시간

034 냉동장치를 운전할 때 다음 중 가장 먼저 실시하여야 하는 것은?
① 응축기 냉각수 펌프를 기동한다
② 증발기 팬을 기동한다.
③ 압축기를 기동한다.
④ 압축기의 유압을 조정한다.

해설) 수냉식 냉동기 운전 시에는 가장 먼저 응축기 냉각수 펌프를 기동하여야 한다.

035 다음 중 냉매를 사용하지 않는 냉동장치는?
① 열전 냉동장치
② 흡수식 냉동장치
③ 교축팽창식 냉동장치
④ 증기압축식 냉동장치

해설) 전자 냉동기(열전 냉동기) : 성질이 다른 두 금속을 접속시켜 직류전류를 흐르게 하면 접합부에서 열의 방출과 흡수가 일어나는 현상, 즉 펠티어 효과를 이용하여 저온을 얻는 방법으로 냉매나 압축기 등을 사용하지 않는다.

036 축 동력 10kW, 냉매순환량 33kg/min인 냉동기에서 증발기 입구 엔탈피가 406kJ/kg, 증발기 출구 엔탈피가 615kJ/kg, 응축기 입구 엔탈피가 632kJ/kg이다. ㉠ 실제 성능계수와 ㉡ 이론 성능계수는 각각 얼마인가?
① ㉠ 8.5, ㉡ 12.3
② ㉠ 8.5, ㉡ 9.5
③ ㉠ 11.5, ㉡ 9.5
④ ㉠ 11.5, ㉡ 12.3

해설) ㉠ 실제 성적계수, $\epsilon_o = \dfrac{Q_e}{Aw} = \dfrac{33 \times 60 \times (615-406)}{10 \times 3600} = 11.5$

㉡ 이론 성적계수, $\epsilon_o = \dfrac{q_e}{Aw} = \dfrac{615-406}{632-615} = 12.3$

답) 033. ③ 034. ① 035. ① 036. ④

037 암모니아용 압축기의 실린더에 있는 워터재킷의 주된 설치 목적은?

① 밸브 및 스프링의 수명을 연장하기 위해서
② 압축효율의 상승을 도모하기 위해서
③ 암모니아는 토출온도가 낮기 때문에
④ 암모니아의 응고를 방지하기 위해서

> **해설** 압축기 실린더에 워터재킷을 사용하여 수냉각시키면 압축효율이 증가한다.

038 스크류 압축기의 특징에 대한 설명으로 틀린 것은?

① 소형 경량으로 설치면적이 작다.
② 밸브와 피스톤이 없어 장시간의 연속운전이 불가능하다.
③ 암수 회전자의 회전에 의해 체적을 줄여가면서 압축한다.
④ 왕복동식과 달리 흡입밸브와 토출밸브를 사용하지 않는다.

> **해설** 스크류 압축기는 밸브와 피스톤이 없어 장시간 연속운전이 가능하다.

039 고온부의 절대온도를 T_1, 저온부의 절대온도를 T_2, 고온부로 방출하는 열량을 Q_1, 저온부로부터 흡수하는 열량을 Q_2라고 할 때, 이 냉동기의 이론 성적계수(COP)를 구하는 식은?

① $\dfrac{Q_1}{Q_1 - Q_2}$ 　　② $\dfrac{Q_2}{Q_1 - Q_2}$

③ $\dfrac{T_1}{T_1 - T_2}$ 　　④ $\dfrac{T_1 - T_2}{T_1}$

> **해설** 냉동기의 성적계수
> $$COP = \frac{Q_2}{AW} = \frac{Q_2}{Q_1 - Q_2} = \frac{T_2}{T_1 - T_2}$$

040 2단 압축 냉동 장치 내 중간 냉각기 설치에 대한 설명으로 옳은 것은?

① 냉동효과를 증대시킬 수 있다.
② 증발기에 공급되는 냉매액을 과열시킨다.
③ 저압 압축기 흡입가스 중의 액을 분리시킨다.
④ 압축비가 증가되어 압축효율이 저하된다.

> **해설** 중간 냉각기(inter cooler)의 역할
> ① 저단(저압) 압축기 토출가스의 과열을 제거
> ② 증발기로 공급되는 냉매액을 과냉각시켜 냉동효과 및 성적계수 증대
> ③ 고단(고압)측 압축기 흡입가스 중의 액을 분리시켜 액압축 방지

답 037. ② 038. ② 039. ② 040. ①

참고 중간 냉각기에 따른 분류
① 플래시형 : 2단 압축 2단 팽창에 이용
② 액냉각형 : 2단 압축 1단 팽창에 이용
③ 직접팽창형 : 2단 압축 1단 팽창에 이용

제3과목 공기조화

041 난방부하 계산 시 일반적으로 무시할 수 있는 부하의 종류가 아닌 것은?
① 틈새바람 부하   ② 조명기구 발열 부하
③ 재실자 발생 부하   ④ 일사 부하

해설 난방부하 계산 시 일반적으로 인체 및 기구 발생열량과 유리창의 일사열량 등은 취득열로 일반적으로 무시한다.

042 습공기의 상태변화를 나타내는 방법 중 하나인 열수분비의 정의로 옳은 것은?
① 절대습도 변화량에 대한 잠열량 변화량의 비율
② 절대습도 변화량에 대한 전열량 변화량의 비율
③ 상대습도 변화량에 대한 현열량 변화량의 비율
④ 상대습도 변화량에 대한 잠열량 변화량의 비율

해설 열수분비
① 절대습도의 증가량에 대한 엔탈피의 증가량으로 가습 시 중요한 요소
② $u = \dfrac{dh}{dx} = \dfrac{h_2 - h_1}{x_2 - x_1}$
③ 수분량의 변화가 없을 때 : $U = \dfrac{dh}{dx} = \dfrac{dh}{0} = \infty$
④ 엔탈피의 변화가 없을 때 : $U = \dfrac{dh}{dx} = \dfrac{0}{dx} = 0$

043 온수관의 온도가 80℃, 환수관의 온도가 60℃인 자연순환식 온수난방장치에서의 자연순환수두(mmAq)는? (단, 보일러에서 방열기까지의 높이는 5m, 60℃에서의 온수 밀도는 983.24kg/m³, 80℃에서의 온수 밀도는 971.84kg/m³이다.)
① 55   ② 56
③ 57   ④ 58

해설 자연순환수두
$H = (\rho_2 - \rho_1)h = (983.24 - 971.84) \times 5 = 57\text{mmAq}$

답 041. ① 042. ② 043. ③

044 온수난방 배관방식에서 단관식과 비교한 복관식에 대한 설명으로 틀린 것은?

① 설비비가 많이 든다. ② 온도변화가 많다.
③ 온수 순환이 좋다. ④ 안정성이 높다.

> **해설** 복관식 : 온수 공급관과 환수관이 별개로 구성되어 난방 시 온도변화가 작다.

045 극간풍이 비교적 많고 재실 인원이 적은 실의 중앙 공조방식으로 가장 경제적인 방식은?

① 변풍량 2중덕트방식 ② 팬코일 유닛 방식
③ 정풍량 2중덕트방식 ④ 정풍량 단일덕트방식

> **해설** 팬코일 유닛 방식은 극간풍이 많고, 재실인원이 적은 실에 경제적인 공조방식이다.
>
> **참고** 팬코일 유닛(FCU) 방식
> 외기의 공급은 없이 실내 공기만이 계속 흡입되고, 다시 취출되어 부하를 처리하는 방식으로 주택, 호텔의 개실, 사무실 등에 많이 설치

046 덕트 설계 시 주의사항으로 틀린 것은?

① 장방형 덕트 단면의 종횡비는 가능한 한 6:1 이상으로 해야 한다.
② 덕트의 풍속은 15m/s 이하, 정압은 50mmAq 이하의 저속 덕트를 이용하여 소음을 줄인다.
③ 덕트의 분기점에는 댐퍼를 설치하여 압력 평행을 유지시킨다.
④ 재료는 아연도금강판, 알루미늄판 등을 이용하여 마찰저항 손실을 줄인다.

> **해설** 장방형 덕트의 아스펙트비(종횡비)
> 장변을 단변으로 나눈 값으로 4:1 이내로 한다.

047 공장에 12kW의 전동기로 구동되는 기계 장치 25대를 설치하려고 한다. 전동기는 실내에 설치하고 기계 장치는 실외에 설치한다면 실내로 취득되는 열량(kW)은? (단, 전동기의 부하율은 0.78, 가동율은 0.9, 전동기 효율은 0.87이다.)

① 242.1 ② 210.6
③ 44.8   ④ 31.5

> **해설** 전동기만 실내에 있는 경우
> $$q = 정격\ 출력 \times 대수 \times 가동율 \times 부하율 \times \left(\frac{1 - 전동기\ 효율}{전동기\ 효율}\right)$$
> $$= 12 \times 25 \times 0.78 \times 0.9 \times \left(\frac{1 - 0.87}{0.87}\right) = 31.5\text{kW}$$

답 044. ② 045. ② 046. ① 047. ④

> **참고** ① 기계만 실내에 있는 경우 취득열량
> q = 정격 출력 × 대수 × 가동율 × 부하율
> ② 전동기와 기계가 모두 실내에 있는 경우 취득열량
> q = 정격 출력 × 대수 × 가동율 × 부하율 × $\left(\dfrac{1}{\text{전동기 효율}}\right)$
> ③ 전동기만 실내에 있는 경우 취득열량
> q = 정격 출력 × 대수 × 가동율 × 부하율 × $\left(\dfrac{1-\text{전동기 효율}}{\text{전동기 효율}}\right)$

048
공기세정기에서 순환수 분무에 대한 설명으로 틀린 것은? (단, 출구 수온은 입구 공기의 습구온도와 같다.)

① 단열변화   ② 증발냉각
③ 습구온도 일정   ④ 상대습도 일정

> **해설** 순환수 분무 가습(증발냉각) 시 단열변화로 절대습도 및 상대습도는 증가하나, 엔탈피와 습구온도는 일정하다.

049
전압기준 국부저항계수 ζ_T와 정압기준 국부저항계수 ζ_S와의 관계를 바르게 나타낸 것은? (단, 덕트 상류 풍속은 v_1, 하류 풍속은 v_2이다.)

① $\zeta_T = \zeta_S - 1 + (\dfrac{v_2}{v_1})^2$ ② $\zeta_T = \zeta_S + 1 - (\dfrac{v_2}{v_1})^2$
③ $\zeta_T = \zeta_S - 1 - (\dfrac{v_2}{v_1})^2$ ④ $\zeta_T = \zeta_S + 1 + (\dfrac{v_2}{v_1})^2$

> **해설** 전압기준의 ζ와 정압기준의 ζ_S와의 관계
> $\zeta = \zeta_S + \left\{1 - \left(\dfrac{V_2}{V_1}\right)^2\right\}$
>
> **참고** 국부저항 : 덕트의 곡부, 분지관, 단면변화부 등에서 와류의 에너지 소비에 따르는 압력손실과 마찰에 의한 압력손실이 생기는데 이 양자를 합한 것

050
공기세정기에 대한 설명으로 틀린 것은?

① 세정기 단면의 종횡비를 크게 하면 성능이 떨어진다.
② 공기세정기의 수 · 공기비는 성능에 영향을 미친다.
③ 세정기 출구에는 분무된 물방울의 비산을 방지하기 위해 루버를 설치한다.
④ 스프레이 헤더의 수를 뱅크(bank)라 하고 1본을 1뱅크, 2본을 2뱅크라 한다.

> **해설** 에어워셔는 앞쪽에 세정실이 있고 그 뒤에는 분무된 물이 공기와 함께 비산되는 것을 방지하는 엘리미네이터를 설치한다.
>
> **참고** 루버 : 유입되는 공기의 흐름을 일정하게 정류

답 048. ④ 049. ② 050. ③

051 실내의 CO_2 농도기준이 1000ppm이고, 1인당 CO_2 발생량이 18L/h인 경우, 실내 1인당 필요한 환기량(m^3/h)은? (단, 외기 CO_2농도는 300ppm이다.)

① 22.7　　② 23.7　　③ 25.7　　④ 26.7

환기량, $Q = \dfrac{M}{\dfrac{C_r - C_o}{10^6}} = \dfrac{\dfrac{18}{1,000}}{\dfrac{1,000 - 300}{10^6}} = 25.7 m^3/h$

여기서, Q : 환기량(m^3), M : 오염가스 발생량(m^3/h),
C : 실내 허용농도(ppm), C_o : 외기의 CO_2 함유량(ppm)

052 타원형 덕트(flat oval duct)와 같은 저항을 갖는 상당직경 D_e를 바르게 나타낸 것은? (단, A는 타원형 덕트 단면적, P는 타원형 덕트 둘레길이이다.)

① $D_e = \dfrac{1.55 P^{0.25}}{A^{0.625}}$　　② $D_e = \dfrac{1.55 A^{0.25}}{P^{0.625}}$

③ $D_e = \dfrac{1.55 P^{0.625}}{A^{0.25}}$　　④ $D_e = \dfrac{1.55 A^{0.625}}{P^{0.25}}$

타원형 덕트의 상당직경

$D_e = \dfrac{1.55 A^{0.625}}{P^{0.25}}$

참고 원형 덕트의 환산직경

$d = 1.3 \left\{ \dfrac{(a \cdot b)^5}{(a+b)^2} \right\}^{1/8}$

053 압력이 1MPa, 건도 0.89인 습증기 100kg을 일정 압력의 조건에서 엔탈피가 3052kJ/kg인 300℃의 과열증기로 되는데 필요한 열량(kJ)은?

① 44208　　② 49698
③ 229311　　④ 103432

열량=질량×(과열증기의 엔탈피-건도 0.89 습증기의 엔탈피)
$q = 100 \times [3,052 - \{759 + (2,018 \times 0.89)\}] = 49,698 kJ$

054 EDR(Equivalent Direct Radiation)에 관한 설명으로 틀린 것은?

① 증기의 표준방열량은 650kcal/m^2·h이다.
② 온수의 표준방열량은 450kcal/m^2·h이다.
③ 상당 방열면적을 의미한다.
④ 방열기의 표준방열량을 전방열량으로 나눈 값이다.

답 051. ③　052. ④　053. ②　054. ④

> 상당방열면적(EDR)
> $$EDR = \frac{난방부하(방열기\ 전방열량)}{방열기\ 방열량}$$

055 증기난방 방식에 대한 설명으로 틀린 것은?
① 환수방식에 따라 중력환수식과 진공환수식, 기계환수식으로 구분한다.
② 배관방법에 따라 단관식과 복관식이 있다.
③ 예열시간이 길지만 열량 조절이 용이하다.
④ 운전 시 증기 해머로 인한 소음을 일으키기 쉽다.

> 증기난방은 열용량이 작아 예열시간이 짧고, 열량조절은 어렵다.

> 증기난방의 장단점
>
> | 장 점 | 단 점 |
> |---|---|
> | ① 보유 열량이 커 열운반 능력이 좋다. | ① 실내 상하온도차가 커 쾌감도가 떨어진다. |
> | ② 예열시간이 짧고 신속한 난방이 가능하다. | ② 방열량 조절이 어렵다. |
> | ③ 방열기 면적을 작게 할 수 있고 관경이 작아도 된다. | ③ 한랭 시 동결의 우려가 있다. |
> | | ④ 시공성 및 제어성이 떨어진다. |

056 어떤 냉각기의 1열(列) 코일의 바이패스 펙터가 0.65라면 4열(列)의 바이패스 펙터는 약 얼마가 되는가?
① 0.18   ② 1.82
③ 2.83   ④ 4.84

> $BF = (BF_1)^{\frac{N_2}{N_1}} = 0.65^{\frac{4}{1}} = 0.18$

057 다음 냉방부하 요소 중 잠열을 고려하지 않아도 되는 것은?
① 인체에서의 발생열   ② 커피포트에서의 발생열
③ 유리를 통과하는 복사열   ④ 틈새바람에 의한 취득열

> 유리창을 통한 복사열은 현열부하만 존재한다.

> 잠열을 고려해야 하는 부하
> ① 틈새바람 부하
> ② 인체 부하
> ③ 외기 부하
> ④ 실내기구 부하(커피포트 등)

답 055. ③ 056. ① 057. ③

058 냉수 코일설계 기준에 대한 설명으로 틀린 것은?
① 코일은 관이 수평으로 놓이게 설치한다.
② 관 내 유속은 1m/s 정도로 한다.
③ 공기 냉각용 코일의 열 수는 일반적으로 4~8열이 주로 사용된다.
④ 냉수 입·출구 온도차는 10℃ 이상으로 한다.

해설 냉수 코일의 설계
① 공기와 물의 흐름을 대향류로 한다.
② 물과 공기의 대수평균온도차(MTD)를 크게 한다.
③ 코일의 유속은 1m/s 전후로 한다.
④ 코일의 통과풍속은 2~3m/s 정도로 한다.
⑤ 냉수의 입·출구 온도차를 5℃ 전후로 한다.
⑥ 코일의 설치는 수평으로 한다.

059 다음 용어에 대한 설명으로 틀린 것은?
① 자유면적 : 취출구 혹은 흡입구 구멍면적의 합계
② 도달거리 : 기류의 중심속도가 0.25m/s에 이르렀을 때, 취출구에서의 수평거리
③ 유인비 : 전공기량에 대한 취출공기량(1차 공기)의 비
④ 강하도 : 수평으로 취출된 기류가 일정 거리만큼 진행한 뒤 기류중심선과 취출구 중심과의 수직거리

해설 유인비, $k = \dfrac{1차\ 공기 + 2차\ 공기}{1차\ 공기}$
① 1차 공기 : 취출구에서 실내로 취출되는 공기
② 2차 공기 : 실내에 있던 공기 중에서 취출공기와 혼합되는 공기

060 덕트의 마찰저항을 증가시키는 요인 중 값이 커지면 마찰저항이 감소되는 것은?
① 덕트 재료의 마찰저항계수
② 덕트 길이
③ 덕트 직경
④ 풍속

해설 덕트의 마찰저항은 마찰저항계수, 덕트 길이에 비례하고 풍속에는 2승에 비례하며 덕트 직경과는 반비례한다.

참고 덕트의 마찰손실수두(압력강하)
$$\Delta P = \lambda \cdot \dfrac{l}{D} \cdot \dfrac{V^2}{2g} \cdot \gamma\,[\text{mmH}_2\text{O}]$$

답 058. ④ 059. ③ 060. ③

제4과목 전기제어공학

061 정격주파수 60Hz의 농형 유도전동기를 50Hz의 정격전압에서 사용할 때, 감소하는 것은?

① 토크
② 온도
③ 역률
④ 여자전류

해설 주파수가 작아지면 먼저 고정자의 회전자속의 속도, 즉 동기속도가 감소하며 그에 따라 회전자의 속도 또한 감소한다. 인가 주파수가 작아졌으므로 리액턴스 성분이 작아져 역률도 감소하게 된다. 기동전류는 임피던스가 감소하므로 증가하며 2차회로의 동손이 증가하므로 온도는 상승하게 된다.

062 그림과 같은 피드백 회로의 종합 전달함수는?

① $\dfrac{1}{G_2} + \dfrac{1}{G_2}$
② $\dfrac{G_1}{1 - G_1 G_2}$
③ $\dfrac{G_1}{1 + G_1 G_2}$
④ $\dfrac{G_1 G_2}{1 - G_1 G_2}$

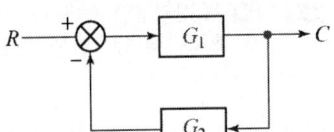

해설
$(R - CG_2)G_1 = C$
$RG_1 - CG_1 G_2 = C$
$RG_1 = C(1 + G_1 G_2)$
$\dfrac{C}{R} = \dfrac{G_1}{1 + G_1 G_2}$

063 도체에 대전된 경우 도체의 성질과 전하분포에 관한 설명으로 틀린 것은?

① 도체 내부의 전계는 ∞이다.
② 전하는 도체 표면에만 존재한다.
③ 도체는 등전위이고 표면은 등전위면이다.
④ 도체 표면상의 전계는 면에 대하여 수직이다.

해설 도체에 전류가 흐르는 경우 표피효과에 의하여 전하는 도체의 표면에 존재하고 표면은 등전위면이고 전계는 면에 대하여 수직이다.

참고 표피효과 : 전류가 흐르는 도체의 단면을 생각할 때 전류밀도가 단면의 중심부일수록 작아지는 현상으로 이런 특징으로 인해 전하는 주로 도체 표면에만 존재한다.

답 061. ③ 062. ③ 063. ①

064 어떤 교류전압의 실효값이 100V일 때 최대값은 약 몇 V가 되는가?
① 100
② 141
③ 173
④ 200

해설) 실효값 = $\dfrac{최대값}{\sqrt{2}}$ 에서

$100 = \dfrac{V_{max}}{\sqrt{2}}$, $V_{max} = 100\sqrt{2} = 141\,V$

065 PLC(Programmable Logic Controller)에서, CPU부의 구성과 거리가 먼 것은?
① 연산부
② 전원부
③ 데이터 메모리부
④ 프로그램 메모리부

해설) PLC는 산업용 컴퓨터이므로 CPU는 일반 컴퓨터와 동일한데 CPU는 데이터 메모리부, 프로그램 메모리부, 연산부, 레지스터 등으로 구성되어 있다.

066 제어대상의 상태를 자동적으로 제어하며, 목표값이 제어 공정과 기타의 제한 조건에 순응하면서 가능한 가장 짧은 시간에 요구되는 최종상태까지 가도록 설계하는 제어는?
① 디지털 제어
② 적응 제어
③ 최적 제어
④ 정치 제어

해설) 여러 가지 제한조건을 고려하여 빠른 시간에 최종상태까지 가도록 제어하는 제어를 최적 제어라 하고, 제어계의 파라미터 등이 가변해도 안정적으로 제어하는 것을 적응 제어라 한다.

067 90Ω의 저항 3개가 △결선으로 되어 있을 때, 상당(단상) 해석을 위한 등가 Y결선에 대한 각 상의 저항 크기는 몇 Ω인가?
① 10
② 30
③ 90
④ 120

 각 상의 저항이 동일하므로 한 상만 계산한다.

$Z_1 = \dfrac{Z_b Z_c}{Z_a + Z_b + Z_C} = \dfrac{90 \times 90}{90 + 90 + 90} = 30$

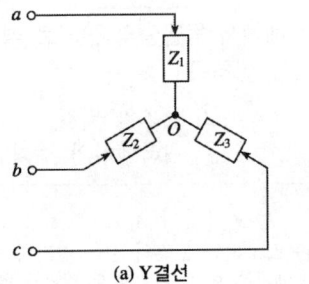

(a) Y결선   (b) △결선

- Y → △ 변환

$$Z_a = \frac{Z_1 Z_2 + Z_2 Z_3 + Z_3 Z_1}{Z_1}, \quad Z_b = \frac{Z_1 Z_2 + Z_2 Z_3 + Z_3 Z_1}{Z_2}, \quad Z_a = \frac{Z_1 Z_2 + Z_2 Z_3 + Z_3 Z_1}{Z_3}$$

- △ → Y 변환

$$Z_1 = \frac{Z_b Z_c}{Z_a + Z_b + Z_c}, \quad Z_2 = \frac{Z_a Z_c}{Z_a + Z_b + Z_c}, \quad Z_3 = \frac{Z_b Z_a}{Z_a + Z_b + Z_c}$$

068 다음과 같은 회로에 전압계 3대와 저항 10Ω을 설치하여 V_1=80V, V_2=20V, V_3=100V의 실효치 전압을 계측하였다. 이때 순저항 부하에서 소모하는 유효전력은 몇 W인가?

① 160
② 320
③ 460
④ 640

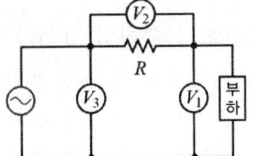

해설 ① 3전압계법(3개의 전압계를 이용한 단상 전력 측정)으로 계산

$$P = \frac{1}{2R}(V_3^2 - V_1^2 - V_2^2) = \frac{1}{2 \times 10}(100^2 - 80^2 - 20^2) = 160W$$

② 저항의 전압이 20V이므로 저항에 흐르는 전류는 20W/10Ω=2A가 되고 이 전류는 부하에도 흐르므로 부하에 인가된 전압은 80V이므로 부하의 전력은 2A×80V=160W가 된다.

069 $G(jw) = e^{-jw0.4}$일 때 $w=2.5$에서의 위상각은 약 몇 도인가?

① -28.6
② -42.9
③ -57.3
④ -71.5

해설 오일러 법칙
$e^{jx} = \sin x + j\cos x \Rightarrow e^{-jw0.4} = \sin 0.4w - j\cos 0.4w \Rightarrow 0.4 \times w = 0.4 \times 2.5 = 1\text{rad}$
$\deg = \text{rad} \times \frac{180}{\pi} = 1 \times \frac{180}{3.1415} = 57.3°$

답 068. ① 069. ③

070 여러 가지 전해액을 이용한 전기분해에서 동일량의 전기로 석출되는 물질의 양은 각각의 화학당량에 비례한다고 하는 법칙은?

① 줄의 법칙 ② 렌츠의 법칙
③ 쿨롱의 법칙 ④ 패러데이의 법칙

해설 패러데이의 전기분해법칙
전기분해 반응 시 생성되거나 소모되는 물질의 양은 전지와 전극의 종류에 무관하게 이동하는 전하량에 비례하기 때문에 일정한 전하량이 흐를 때 그에 해당하는 당량만큼이 생성되거나 소모된다.

071 과도 응답의 소멸되는 정도를 나타내는 감쇠비(decay ratio)로 옳은 것은?

① $\dfrac{\text{제2오버슈트}}{\text{최대오버슈트}}$ ② $\dfrac{\text{제4오버슈트}}{\text{최대오버슈트}}$

③ $\dfrac{\text{최대오버슈트}}{\text{제2오버슈트}}$ ④ $\dfrac{\text{최대오버슈트}}{\text{제4오버슈트}}$

해설 감쇠비 $= \dfrac{\text{제2오버슈트}}{\text{최대오버슈트}}$

072 유도전동기에서 슬립이 '0'이란 의미와 같은 것은?

① 유도제동기의 역할을 한다.
② 유도전동기가 정지상태이다.
③ 유도전동기가 전부하 운전상태이다.
④ 유도전동기가 동기속도로 회전한다.

해설 슬립 : 전동기의 회전속도를 나타내는 상수
$$s = \dfrac{\text{동기속도} - \text{회전자속도}}{\text{동기속도}} = \dfrac{N_s - N}{N_s}$$
① 정지상태 : $s = 1(N = 0)$
② 동기속도 회전 : $s = 0(N = N_s)$

073 제어장치가 제어대상에 가하는 제어신호로 제어장치의 출력인 동시에 제어대상의 입력인 신호는?

① 조작량 ② 제어량
③ 목표값 ④ 동작신호

답 070. ④ 071. ① 072. ④ 073. ①

해석) 조작량 : 제어대상에 가하는 제어신호로 제어장치의 출력인 동시에 제어대상의 입력인 신호

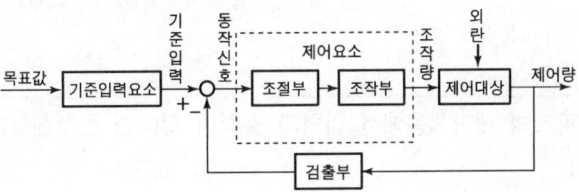

074 200V, 1kW 전열기에서 전열선의 길이를 $\frac{1}{2}$로 할 경우 소비전력은 몇 kW인가?
① 1   ② 2
③ 3   ④ 4

해석) 전압을 알고 전열선의 길이를 반으로 줄였으므로 길이에 비례하는 저항은 반으로 줄어든다.
$P_1 = \frac{V^2}{R}$ 에서 $P_2 = \frac{V^2}{0.5R} = 2\frac{V^2}{R} = 2P_1 = 2 \times 1 = 2\text{kW}$

참고) 소비전력
$P = I^2R = V^2/R$

075 제어계의 분류에서 엘리베이터에 적용되는 제어 방법은?
① 정치제어   ② 추종제어
③ 비율제어   ④ 프로그램제어

해석) 프로그램제어 : 제어 목표값을 미리 정해진 프로그램에 따라 변화시키는 자동제어로서 열차의 무인운전이나 엘리베이터, 열처리로의 온도제어 등에 적용

참고) ① 정치제어 : 언제나 일정한 값을 유지하도록 제어하는 것을 목적으로 한 자동제어
② 추치제어 : 임의의 변화를 하는 목표값에 제어량을 추종시키는 제어
③ 프로세스제어 : 제어량이 온도, 압력, 유량, 레벨 등이며 플랜트나 생산공정 중의 상태량을 제어량으로 하는 제어로 제어계에 가해지는 외란의 억제를 주목적으로 함

076 다음 설명은 어떤 자성체를 표현한 것인가?

N극을 가까이 하면 N극으로, S극을 가까이 하면 S극으로 자화되는 물질로 구리, 금, 은 등이 있다.

① 강자성체   ② 상자성체
③ 반자성체   ④ 초강자성체

해석) 반자성체 : 자계에 의해 생기는 자기모멘트의 방향이 강자성체와 반대 방향으로 생기며, 자석에 대해서 약한 반발력을 나타내는 물질을 말한다.

답) 074. ② 075. ④ 076. ③

> **참고** ① 강자성체 : 인가전계의 방향으로 강한 자기모멘트가 생기므로 인가된 자계를 제거해도
> 자기 분극이 남아 있는 자성체로서 자화력이 매우 큰 물질
> ② 인가전계의 방향으로 자기모멘트가 생기지만 자계를 제거하면 자기 분극이 소멸되는
> 물질을 말한다.

077. 단위 피드백 제어계통에서 입력과 출력이 같다면 전향전달함수 $G(s)$의 값은?
① 0　　　　　　　　　　② 0.707
③ 1　　　　　　　　　　④ ∞

해설 단위 피드백이란 피드백 루프의 게인이 1이라는 의미이므로 블록선도는 그림과 같다.

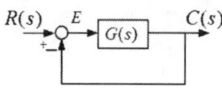

전달함수를 계산하면

$E(s) = R(s) - C(s), \ C(s) = E(s)G(s)$

$C(s) = (R(s) - C(s))G(s)$

$C(s)(1 + G(s)) = G(s)G(s)$

$C(s) = \dfrac{G(s)}{1 + G(s)}R(s)$

문제에서 입력과 출력이 같다고 하였으므로 $G(s)/(1+G(s))$는 1이 되어야 한다.

$$\dfrac{G(s)}{1+G(s)} = \dfrac{\dfrac{G(s)}{G(s)}}{\dfrac{1}{G(s)} + \dfrac{G(s)}{G(s)}} = \dfrac{1}{\dfrac{1}{G(s)} + 1}\Bigg|_{G(s) \to \infty} = 1$$

따라서, $G(s) = \infty$이다.

078. 제어계의 과도응답특성을 해석하기 위해 사용하는 단위계단입력은?
① $\delta(t)$　　　　　　　② $u(t)$
③ $-3tu(t)$　　　　　　④ $\sin(120\pi t)$

해설 단위 계단함수는 불연속함수로 특정 시간에 함수의 크기가 0에서 1로 변하는 함수로서 식은 $u(t)$이다.

079. 추종제어에 속하지 않는 제어량은?
① 위치　　　　　　　　② 방위
③ 자세　　　　　　　　④ 유량

해설 추종제어 : 목표치가 임의로 변화하는 경우의 변화하는 목표치를 따라가는 제어로서 주로 자세, 위치, 방위 등이 제어대상이다.

답 077. ④　078. ②　079. ④

080 PI 동작의 전달함수는? (단, K_P는 비례감도이고, T_I는 적분시간이다.)

① K_P
② $K_P s T_I$
③ $K_P(1+sT_I)$
④ $K_P\left(1+\dfrac{1}{sT_I}\right)$

해설 PI 제어계의 수식
$$K_P + \dfrac{K_I}{s} = K_P\left(1+\dfrac{1}{sT_I}\right)$$
여기서, K_P : 비례게인(감도), K_I : 적분게인, T_I : 적분시간

제5과목 배관일반

081 냉동장치의 배관공사가 완료된 후 방열공사의 시공 및 냉매를 충전하기 전에 전 계통에 걸쳐 실시하며, 진공 시험으로 최종적인 기밀 유무를 확인하기 전에 하는 시험은?

① 내압시험
② 기밀시험
③ 누설시험
④ 수압시험

해설 누설시험 : 냉동 배관공사 완료 후, 방열공사 및 냉매충전을 하기 전에 냉동장치 전 계통에 걸쳐 누설개소를 점검하여 완전 기밀로 하는 것이 목적인 가스압 시험이다.

082 가스미터를 구조상 직접식(실측식)과 간접식(추정식)으로 분류한다. 다음 중 직접식 가스미터는?

① 습식
② 터빈식
③ 벤튜리식
④ 오리피스식

해설 가스미터의 종류
① 직접식(실측식) : 건식(막식, 회전식), 습식
② 간접식(추측식) : 터빈식, 오리피스, 벤튜리식 등

083 전기가 정전되어도 계속하여 급수를 할 수 있으며 급수오염 가능성이 적은 급수 방식은?

① 압력탱크 방식
② 수도직결 방식
③ 부스터 방식
④ 고가탱크 방식

해설 수도직결 방식은 상수도 본관의 수압을 이용하여 급수하므로 정전 시에도 급수가 가능하다.

답 080. ④ 081. ③ 082. ① 083. ②

> **참고** 수도직결 방식
> 상수도 본관의 급수압력을 그대로 이용하는 방식으로 소규모에 적합한 방식
> ① 설비비가 싸고 소규모 건물에 적합하다.
> ② 급수오염이 가장 적다.
> ③ 급수압이 한정되어 있어 급수 높이가 낮다.
> ④ 정전 시에도 급수가 가능하나 단수 시에는 급수 불가능하다.

084. 배관작업용 공구의 설명으로 틀린 것은?

① 파이프 리머(pipe reamer) : 관을 파이프커터 등으로 절단한 후 관 단면의 안쪽에 생긴 거스러미(burr)을 제거
② 플레어링 툴(flaring tools) : 동관을 압축 이음하기 위하여 관 끝을 나팔모양으로 가공
③ 파이프 바이스(pipe vice) : 관을 절단하거나 나사이음을 할 때 관이 움직이지 않도록 고정
④ 사이징 툴(sizing tools) : 동일지름의 관을 이음쇠 없이 납땜이음을 할 때 한쪽 관 끝을 소켓모양으로 가공

> **해설** 사이징 툴 : 동관 끝을 원형으로 정형하는 공구

085. LP가스 공급, 소비 설비의 압력손실 요인으로 틀린 것은?

① 배관의 입하에 의한 압력손실
② 엘보, 티 등에 의한 압력손실
③ 배관의 직관부에서 일어나는 압력손실
④ 가스미터, 콕크, 밸브 등에 의한 압력손실

> **해설** LP가스 설비의 압력손실은 가스비중이 커 배관은 입상에 의한 압력손실이 발생한다.

086. 통기관의 설치 목적으로 가장 거리가 먼 것은?

① 배수의 흐름을 원활하게 하여 배수관의 부식을 방지한다.
② 봉수가 사이펀 작용으로 파괴되는 것을 방지한다.
③ 배수계통 내에 신선한 공기를 유입하기 위해 환기시킨다.
④ 배수계통 내의 배수 및 공기의 흐름을 원활하게 한다.

> **해설** 통기관의 설치 목적
> ① 트랩의 봉수를 보호
> ② 배수의 흐름 원활
> ③ 배수관 내 환기로 악취 배출 및 관 내 청결을 유지

답 084. ④ 085. ① 086. ①

087 배관의 끝을 막을 때 사용하는 이음쇠는?
① 유니언　② 니플
③ 플러그　④ 소켓

해설 배관 끝을 막고자 할 때 : 캡, 플러그, 막힘(맹) 플랜지

【나사캡】

【플러그】

【막힘 플랜지】

088 아래 저압가스 배관의 직경(D)을 구하는 식에서 S가 의미하는 것은? (단, L은 관의 길이를 의미한다.)

$$D^5 = \frac{Q^2 \cdot S \cdot L}{K^2 \cdot H}$$

① 관의 내경　② 공급 압력 차
③ 가스 유량　④ 가스 비중

해설 저압가스 배관(폴의 공식)

$$Q = K\sqrt{\frac{D^5 \cdot H}{S \cdot L}},\ D^5 = \frac{Q^2 \cdot S \cdot L}{K^2 \cdot H}$$

여기서, Q : 가스 유량(m³/h), D : 관의 내경(cm), H : 허용 압력손실수두(mmH$_2$O), S : 가스 비중, L : 관의 길이(m), K : 폴의 정수(0.707)

089 다음 장치 중 일반적으로 보온, 보냉이 필요한 것은?
① 공조기용의 냉각수 배관
② 방열기 주변 배관
③ 환기용 덕트
④ 급탕배관

해설 급탕배관에서의 열손실을 방지하기 위하여 반드시 보온을 하여야 한다.

답 087. ③　088. ④　089. ④

합격 090 순동 이음쇠를 사용할 때에 비하여 동합금 주물 이음쇠를 사용할 때 고려할 사항으로 가장 거리가 먼 것은?

① 순동 이음쇠 사용에 비해 모세관 현상이 용융 확산이 어렵다.
② 순동 이음쇠와 비교하여 용접재 부착력은 큰 차이가 없다.
③ 순동 이음쇠와 비교하여 냉벽 부분이 발생할 수 있다.
④ 순동 이음쇠 사용에 비해 열팽창의 불균일에 의한 부정적 틈새가 발생할 수 있다.

해설 순동 이음쇠가 동합금 주물 이음쇠보다 부착력이 더 좋고 이음도 용이하다.

합격 091 보온 시공 시 외피의 마무리재로서 옥외 노출부에 사용되는 재료로 사용하기에 가장 적당한 것은?

① 면포　　　　　② 비닐 테이프
③ 방수 마포　　　④ 아연 철판

해설 보온 시공 시 외피 마무리재 : 아연도금철판, 칼라함석 등

합격 092 급수방식 중 급수량의 변화에 따라 펌프의 회전수를 제어하여 급수압을 일정하게 유지할 수 있는 회전수 제어시스템을 이용한 방식은?

① 고가수조방식　　② 수도직결방식
③ 압력수조방식　　④ 펌프직송방식

해설 펌프직송방식(부스터방식)
고가수조 없이 급수량의 변화에 따라 부스터 펌프의 회전수를 제어하여 급수압을 일정하게 유지하는 방식

합격 093 보일러 등 압력용기와 그 밖에 고압 유체를 취급하는 배관에 설치하여 관 또는 용기 내의 압력이 규정 한도에 달하면 내부에너지를 자동적으로 외부에 방출하여 항상 안전한 수준으로 압력을 유지하는 밸브는?

① 감압 밸브　　　② 온도 조절 밸브
③ 안전 밸브　　　④ 전자 밸브

해설 안전 밸브
압력용기 또는 배관 내의 압력이 이상 상승 시 압력을 외부로 방출하여 장치의 파손을 방지하는 밸브

답 090. ② 091. ④ 092. ④ 093. ③

094 밀폐 배관계에서는 압력계획이 필요하다. 압력계획을 하는 이유로 틀린 것은?
① 운전 중 배관계 내에 대기압보다 낮은 개소가 있으면 접속부에서 공기를 흡입할 우려가 있기 때문에
② 운전 중 수온에 알맞은 최소압력 이상으로 유지하지 않으면 순환수 비등이나 플래시 현상 발생 우려가 있기 때문에
③ 펌프의 운전으로 배관계 각 부의 압력이 감소하므로 수격작용, 공기정체 등의 문제가 생기기 때문에
④ 수온의 변화에 의한 체적의 팽창·수축으로 배관 각 부에 악영향을 미치기 때문에

해설) 밀폐 배관에서의 압력계획은 펌프의 운전으로 배관계 각 부의 압력이 상승하므로 수격작용, 공기정체 등의 문제가 생기기 때문에 압력계획이 필요하다.

095 다음 중 난방 또는 급탕설비의 보온재료로 가장 부적합한 것은?
① 유리 섬유   ② 발포폴리스티렌폼
③ 암면   ④ 규산칼슘

해설) 폴리스티렌폼은 안전사용 최고온도가 70℃로서 고온의 설비에는 부적당하다.

096 배수의 성질에 따른 구분에서 수세식 변기의 대·소변에 나오는 배수는?
① 오수   ② 잡배수
③ 특수배수   ④ 우수배수

해설) 오수 : 수세식 화장실의 대·소변기 등에서의 나오는 배수

참고) ① 잡배수(일반 배수) : 요리실, 욕조, 세척 싱크와 세면기 등에서 배출되는 물
② 특수배수 : 병원, 연구소, 공장 등과 같이 특수한 물질을 제거해야 하는 배수

097 리버스 리턴 배관방식에 대한 설명으로 틀린 것은?
① 각 기기 간의 배관회로 길이가 거의 같다.
② 저항의 밸런싱을 취하기 쉽다.
③ 개방회로 시스템(open loop system)에서 권장된다.
④ 환수관이 2중이므로 배관 설치 공간이 커지고 재료비가 많이 든다.

해설) 역환수(reverse return)방식은 공급관과 환수관의 길이(마찰저항)를 같게 하여 유량을 균등하게 공급되도록 한 방식으로 밀폐회로 시스템에서 권장된다.

답) 094. ③ 095. ② 096. ① 097. ③

098 패럴렐 슬라이드 밸브(parallel slide valve)에 대한 설명으로 틀린 것은?

① 평행한 두 개의 밸브 몸체 사이에 스프링이 삽입되어 있다.
② 밸브 몸체와 디스크 사이에 시트가 있어 밸브 측면의 마찰이 적다.
③ 쐐기 모양의 밸브로서 쐐기의 각도는 보통 6~8°이다.
④ 밸브 시트는 일반적으로 경질금속을 사용한다.

> 해설) 웨지 게이트 밸브 : 쐐기 모양의 밸브로 쐐기의 각도가 6~8°이다.

099 5세주형 700mm의 주철제 방열기를 설치하여 증기온도가 110℃, 실내 공기온도가 20℃이며 난방부하가 29kW일 때 방열기의 소요쪽수는? (단, 방열계수는 8W/m²·℃, 1쪽당 방열면적은 0.28m²이다.)

① 144쪽   ② 154쪽
③ 164쪽   ④ 174쪽

> 해설) 쪽수 = $\dfrac{\text{난방부하}}{\text{쪽당 방열면적} \times \text{방열기 방열량}}$
> = $\dfrac{29 \times 1,000}{8 \times 0.28 \times 90}$ = 144쪽

100 다음 중 열팽창에 의한 관의 신축으로 배관의 이동을 구속 또는 제한하는 장치가 아닌 것은?

① 앵커(anchor)   ② 스토퍼(stopper)
③ 가이드(guide) ④ 인서트(insert)

> 해설) 리스트레인트(restraint) : 열팽창에 의한 관의 신축으로 배관의 이동을 구속 또는 제한하는 장치(앵커, 스토퍼, 가이드)

답 098. ③ 099. ① 100. ④

2019년 8월 4일　　제3회 공조냉동기계기사

제1과목　기계열역학

001 질량 4kg의 액체를 15℃에서 100℃까지 가열하기 위해 714kJ의 열을 공급하였다면 액체의 비열(kJ/kg·K)은 얼마인가?

① 1.1　　② 2.1
③ 3.1　　④ 4.1

해설　$q = m \cdot C \cdot dT$ 에서
$$C = \frac{q}{m \cdot dT} = \frac{714}{4 \times (100-15)} = 2.1 \, \text{kJ/kg} \cdot \text{K}$$

002 800kPa, 350℃의 수증기를 200kPa로 교축한다. 이 과정에 대하여 운동 에너지의 변화를 무시할 수 있다고 할 때 이 수증기의 Joule-Thomson 계수(K/kPa)는 얼마인가? (단, 교축 후의 온도는 344℃이다.)

① 0.005　　② 0.01
③ 0.02　　④ 0.03

해설　$\mu_J = \dfrac{dT}{dP} = \left(\dfrac{350-344}{800-200}\right) = 0.01 \, \text{K/kPa}$

참고　줄-톰슨 계수 : 등엔탈피 과정에 대한 온도변화와 압력변화의 비

003 이상적인 카르노 사이클 열기관에서 사이클당 585.5J의 일을 얻기 위하여 필요로 하는 열량이 1kJ이다. 저열원의 온도가 15℃라면 고열원의 온도(℃)는 얼마인가?

① 422　　② 595
③ 695　　④ 722

해설　$\eta = \dfrac{W}{Q_1} = 1 - \dfrac{T_2}{T_1}$ 에서　$\dfrac{585.5}{1,000} = 1 - \dfrac{(15+273)}{T_1}$
$$T_1 = \dfrac{(15+273)}{1 - \dfrac{585.5}{1,000}} = 695 \, \text{K} = 422 \, ℃$$

답　001. ②　002. ②　003. ①

004 배기량(displacement volume)이 1200cc, 극간체적(clearance volume)이 200cc인 가솔린 기관의 압축비는 얼마인가?

① 5　　　　　　　　② 6
③ 7　　　　　　　　④ 8

해설 가솔린 기관의 압축비

$$\text{압축비} = \frac{\text{실린더체적}}{\text{극간(연소실)체적}} = \frac{\text{극간체적} + \text{행정체적(배기량)}}{\text{극간(연소실)체적}} = \frac{200 + 1200}{200} = 7$$

참고 ① 극간(연소실)체적 : 피스톤이 상사점에 달했을 때 형성되는 실린더 내 최소 체적
② 행정체적(배기량) : 피스톤이 상사점과 하사점 사이를 움직이면서 배제되는 체적

005 열역학적 상태량은 일반적으로 강도성 상태량과 용량성 상태량으로 분류할 수 있다. 강도성 상태량에 속하지 않는 것은?

① 압력　　　　　　② 온도
③ 밀도　　　　　　④ 체적

해설 열역학적 상태량
① 강도성(강성적) 상태량 : 압력, 온도, 비체적, 비중량, 밀도, 비엔탈피 등
② 종량성(용량성) 상태량 : 질량, 체적, 내부에너지, 엔탈피, 엔트로피, 전기저항 등

006 국소 대기압력이 0.099MPa일 때 용기 내 기체의 게이지 압력이 1MPa이었다. 기체의 절대압력(MPa)은 얼마인가?

① 0.901　　　　　　② 1.099
③ 1.135　　　　　　④ 1.275

해설 절대압력 = 게이지압력 + 대기압 = 1 + 0.099 = 1.099 MPa

007 표준대기압 상태에서 물 1kg이 100℃로부터 전부 증기로 변하는 데 필요한 열량이 0.652kJ이다. 이 증발과정에서의 엔트로피 증가량(J/K)은 얼마인가?

① 1.75　　　　　　② 2.75
③ 3.75　　　　　　④ 4.00

해설 엔트로피 증가량

$$ds = \frac{dq}{T} = \frac{0.652 \times 1,000}{(100 + 273)} = 1.75 \text{J/kg} \cdot \text{K}$$

답 004. ③　005. ④　006. ②　007. ①

008 다음 냉동 사이클에서 열역학 제1법칙과 제2법칙을 모두 만족하는 Q_1, Q_2, W는?

① $Q_1 = 20\,kJ$, $Q_2 = 20\,kJ$, $W = 20\,kJ$
② $Q_1 = 20\,kJ$, $Q_2 = 30\,kJ$, $W = 20\,kJ$
③ $Q_1 = 20\,kJ$, $Q_2 = 20\,kJ$, $W = 10\,kJ$
④ $Q_1 = 20\,kJ$, $Q_2 = 15\,kJ$, $W = 5\,kJ$

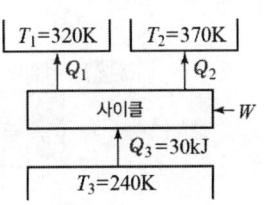

해설 ① 열역학 제1법칙은 에너지보존의 법칙으로 $Q_1 = 20\,kJ$, $Q_2 = 30\,kJ$, $Q_3 = 30\,kJ$, $W = 20\,kJ$로 $Q_3 + W = Q_1 + Q_2$ 이므로 30+20=20+30이 된다.
② 열역학 제2법칙을 열의 방향성에 관한 법칙으로 T_2의 온도가 T_1보다 높으므로 $Q_1 < Q_2$가 되어야 한다.

009 체적이 1m³인 용기에 물이 5kg 들어 있으며 그 압력을 측정해보니 500kPa이었다. 이 용기에 있는 물 중에 증기량(kg)은 얼마인가? (단, 500kPa에서 포화액체와 포화증기의 비체적은 각각 0.001093m³/kg, 0.37489m³/kg이다.)

① 0.005　② 0.94
③ 1.87　④ 2.66

해설 $v_x = v' + (v'' - v')x$, $v_x = \dfrac{V}{G} = \dfrac{1}{5}\,m^3/kg$

$x = \dfrac{v_x - v'}{v'' - v'} = \dfrac{1/5 - 0.001093}{0.37489 - 0.001093} = 0.532$

∴ 증기량 $= G \cdot x = 5 \times 0.532 = 2.66\,kg$

010 압축비가 18인 오토사이클의 효율(%)은? (단, 기체의 비열비는 1.41이다.)

① 65.7　② 69.4
③ 71.3　④ 74.6

해설 오토사이클에서의 열효율

$\eta_o = 1 - \left(\dfrac{1}{\epsilon}\right)^{k-1} = 1 - \left(\dfrac{1}{18}\right)^{1.41-1} = 0.694 = 69.4\%$

011 5kg의 산소가 정압하에서 체적이 0.2m³에서 0.6m³로 증가했다. 이 때의 엔트로피의 변화량(kJ/K)은 얼마인가? (단, 산소는 이상기체이며, 정압비열은 0.92kJ/kg·K이다.)

① 1.857　② 2.746
③ 5.054　④ 6.507

답 008. ②　009. ④　010. ②　011. ③

해설 $\Delta S = GC_p \ln \dfrac{v_2}{v_1} = 5 \times 0.92 \times \ln \dfrac{0.6}{0.2} = 5.054 \text{kJ/K}$

참고 정압변화에서의 엔트로피 변화량

$$\Delta s = C_p \ln \dfrac{T_2}{T_1} = C_p \ln \dfrac{v_2}{v_1}$$

012 최고온도(T_H)와 최저온도(T_L)가 모두 동일한 이상적인 가역사이클 중 효율이 다른 하나는? (단, 사이클 작동에 사용되는 가스(기체)는 모두 동일하다.)

① 카르노 사이클 ② 브레이튼 사이클
③ 스털링 사이클 ④ 에릭슨 사이클

해설 고온과 저온이 동일할 때 효율이 같은 사이클 : 카르노, 에릭슨, 스털링 사이클

013 냉동기 팽창밸브 장치에서 교축과정을 일반적으로 어떤 과정이라고 하는가? (단, 이때 일반적으로 운동에너지 차이를 무시한다.)

① 정압과정 ② 등엔탈피 과정
③ 등엔트로피 과정 ④ 등온과정

해설 팽창밸브에서의 교축과정은 등엔탈피 과정이다.

014 그림과 같이 다수의 추를 올려놓은 피스톤이 끼워져 있는 실린더에 들어있는 가스를 계로 생각한다. 초기 압력이 300kPa이고, 초기 체적은 0.05m³이다. 피스톤을 고정하여 체적을 일정하게 유지하면서 압력이 200kPa로 떨어질 때까지 계에서 열을 제거한다. 이때 계가 외부에 한 일(kJ)은 얼마인가?

① 0
② 5
③ 10
④ 15

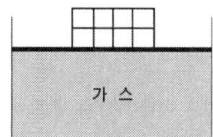

해설 절대일(팽창일, 밀폐일)
$w = P \cdot dV = 0 \ (\because dV = 0)$

015 공기 표준 브레이튼(Brayton) 사이클 기관에서 최고 압력이 500kPa, 최저압력은 100kPa이다. 비열비(k)가 1.4일 때, 이 사이클의 열효율(%)은?

① 3.9 ② 18.9
③ 36.9 ④ 26.9

답 012. ② 013. ② 014. ① 015. ③

해설 브레이튼 사이클의 열효율

$$\eta = 1 - \left(\frac{1}{\phi}\right)^{\frac{k-1}{k}} = 1 - \left(\frac{1}{\frac{500}{100}}\right)^{\frac{1.4-1}{1.4}} = 0.369 = 36.9\%$$

 016 증기가 디퓨저를 통하여 0.1MPa, 150℃, 200m/s의 속도로 유입되어 출구에서 50m/s의 속도로 빠져나간다. 이때 외부로 방열된 열량이 500J/kg일 때 출구 엔탈피(kJ/kg)는 얼마인가? (단, 입구의 0.1MPa, 150℃ 상태에서 엔탈피는 2776.4kJ/kg이다.)

① 2751.3　　② 2778.2
③ 2794.7　　④ 2812.4

해설 $h_1 - h_2 = \dfrac{V_2^2 - V_1^2}{2} + q_{loss}$ 에서

$h_2 = h_1 - \dfrac{V_2^2 - V_1^2}{2} - q_{loss} = (2{,}776.4 \times 10^3) - \left(\dfrac{200^2 - 50^2}{2}\right) - 500$

$= 2{,}794.7 \times 10^3 \text{J} = 2{,}794.7\text{kJ}$

017 두께 10mm, 열전도율 15W/m·℃인 금속판 두 면의 온도가 각각 70℃와 50℃일 때 전열면 1m²당 1분 동안에 전달되는 열량(kJ)은 얼마인가?

① 1800　　② 14000
③ 92000　　④ 162000

해설 열전도열량

$Q = \dfrac{\lambda \cdot A \cdot \Delta t}{l} = \dfrac{15 \times 1 \times (70 - 50)}{0.01}$

$= 30{,}000 \text{W(J/s)} = 1{,}800 \text{kJ/min}$

 018 공기 3kg이 300K에서 650K까지 온도가 올라갈 때 엔트로피 변화량(J/K)은 얼마인가? (단, 이때 압력은 100kPa에서 550kPa로 상승하고, 공기의 정압비열은 1.005kJ/kg·K, 기체상수는 0.287kJ/kg·K이다.)

① 712　　② 863
③ 924　　④ 966

해설 엔트로피 변화량

$\Delta S = G\left(C_p \ln \dfrac{T_2}{T_1} - R \ln \dfrac{P_2}{P_1}\right)$

$= 3 \times \left(1.005 \ln \dfrac{650}{300} - 0.287 \ln \dfrac{550}{100}\right)$

$= 0.863 \text{kJ/K} = 863 \text{J/K}$

답 016. ③　017. ①　018. ②

019 냉동효과가 70kW인 냉동기의 방열기 온도가 20℃, 흡열기 온도가 −10℃이다. 이 냉동기를 운전하는 데 필요한 압축기의 이론 동력(kW)은 얼마인가?

① 6.02　　② 6.98
③ 7.98　　④ 8.99

압축기 이론 동력

$$COP_R = \frac{Q_2}{W} = \frac{T_2}{T_1 - T_2}$$ 에서

$$W = \frac{Q_2 \times (T_1 - T_2)}{T_2} = \frac{70 \times (293 - 263)}{263} = 7.98 \text{kW}$$

020 체적이 0.5m³인 탱크에 분자량이 24kg/kmol인 이상기체 10kg이 들어있다. 이 기체의 온도가 25℃일 때 압력(kPa)은 얼마인가? (단, 일반기체상수는 8.3143kJ/kmol·K이다.)

① 126　　② 845
③ 2066　　④ 49578

$PV = mRT$에서

$$P = \frac{mRT}{V} = \frac{10 \times \frac{8.3143}{24} \times (25 + 273)}{0.5} = 2,064.7 \text{kPa}$$

제2과목　냉동공학

021 다음 중 일반적으로 냉방시스템에서 물을 냉매로 사용하는 냉동방식은?

① 터보식　　② 흡수식
③ 전자식　　④ 증기압축식

물을 냉매로 사용하는 냉동기
① 흡수식 냉동기
② 증기 분사식

022 전열면적 40m², 냉각수량 300L/min, 열통과율 3140kJ/m²·h·℃인 수냉식 응축기를 사용하며, 응축부하가 439614kJ/h일 때 냉각수 입구 온도가 23℃라면 응축온도(℃)는 얼마인가? (단, 냉각수의 비열은 4.186kJ/kg·K이다.)

① 29.42℃　　② 25.92℃
③ 20.35℃　　④ 18.28℃

답　019. ③　020. ③　021. ②　022. ①

① 냉각수 출구온도
$Q_c = w \cdot C \cdot (tw_2 - tw_1)$ 에서
$tw_2 = tw_1 + \dfrac{Q_c}{w \cdot C} = 23 + \dfrac{439,614}{300 \times 60 \times 4.186} = 28.83℃$

② 응축기 냉매온도(응축온도)
$Q_c = K \cdot F \cdot \left(t_c - \dfrac{tw_1 + tw_2}{2}\right)$ 에서
$t_c = \dfrac{Q_c}{K \cdot F} + \dfrac{tw_1 + tw_2}{2}$
$= \dfrac{439,614}{3,140 \times 40} + \dfrac{23 + 28.83}{2} = 29.42℃$

023
스테판-볼츠만(Stefan-boltzmann)의 법칙과 관계있는 열 이동 현상은?
① 열 전도　　　　② 열 대류
③ 열 복사　　　　④ 열 통과

① 열 전도 : 푸리에의 법칙
② 열 대류 : 뉴톤의 냉각법칙
③ 열 복사 : 스테판 볼츠만의 법칙

024
냉동장치에서 일원 냉동사이클과 이원 냉동사이클을 구분 짓는 가장 큰 차이점은?
① 증발기의 대수
② 압축기의 대수
③ 사용 냉매 개수
④ 중간냉각기의 유무

일원 냉동사이클이나 2단 압축 냉동장치에서는 단일냉매를 사용하며 일원 냉동사이클과 비교한 이원 냉동사이클에서는 비등점이 다른 2가지의 냉매를 사용한다.

025
물속에 지름 10cm, 길이 1m인 배관이 있다. 이때 표면온도가 114℃로 가열되고 있고, 주위 온도가 30℃라면 열전달율(kW)은? (단, 대류 열전달계수는 1.6kW/m² · K이며, 복사 열전달은 없는 것으로 가정한다.)
① 36.7　　　　② 42.2
③ 45.3　　　　④ 96.3

$Q = \alpha \cdot F \cdot \Delta t$
$= 1.6 \times (3.14 \times 0.1 \times 1) \times (114 - 30) = 42.2\text{kW}$

답　023. ③　024. ③　025. ②

026 다음 그림과 같은 2단압축 1단 팽창식 냉동장치에서 고단측의 냉매 순환량(kg/h)은? (단, 저단측 냉매 순환량은 1000kg/h이며, 각 지점에서의 엔탈피는 아래 표와 같다.)

지점	엔탈피(kJ/kg)	지점	엔탈피(kJ/kg)
1	1641.2	4	1838.0
2	1796.1	5	535.9
3	1674.7	7	420.8

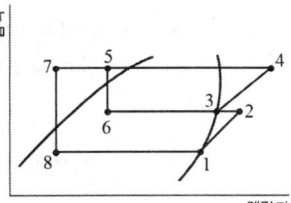

① 1058.2   ② 1207.7
③ 1488.5   ④ 1594.6

해설 고단측 냉매 순환량

$$G_H = G_L + G_m = G_L \times \frac{i_2 - i_7}{i_3 - i_5} = 1,000 \times \frac{1,796.1 - 420.8}{1,674.7 - 535.9} = 1,207.7 \text{kg/h}$$

027 불응축가스가 냉동장치에 미치는 영향으로 틀린 것은?
① 체적효율 상승   ② 응축압력 상승
③ 냉동능력 감소   ④ 소요동력 증대

해설 불응축가스가 존재하면 체적효율은 감소한다.

참고 불응축가스의 영향
① 침입한 불응축가스의 분압만큼 고압 상승
② 압축비 증대로 소요동력 증대
③ 실린더 과열 및 윤활유 열화·탄화
④ 윤활불량으로 활동부 마모
⑤ 체적효율 감소로 냉동능력 감소
⑥ 축수하중 증대 및 성적계수 감소

028 다음 중 동일한 조건에서 열전도도가 가장 낮은 것은?
① 물   ② 얼음
③ 공기   ④ 콘크리트

해설 공기는 열저항이 커 열전도율이 매우 작다.
① 물 : 0.52 kcal/mh℃
② 얼음 : 1.9 kcal/mh℃
③ 공기 : 0.023 kcal/mh℃
④ 콘크리트 : 0.4 kcal/mh℃

답 026. ② 027. ① 028. ③

029 냉동기에서 유압이 낮아지는 원인으로 옳은 것은?
① 유온이 낮은 경우
② 오일이 과충전된 경우
③ 오일에 냉매가 혼입된 경우
④ 유압조정밸브의 개도가 적은 경우

해설 오일에 냉매가 혼입되면 유압이 낮아진다.

참고 유압의 상승 원인
① 유압조정밸브 개도 과소 ② 유온이 너무 낮을 때
③ 오일의 과충전   ④ 유순환 계통(여과기)의 막힘

030 2단 압축 냉동장치에 관한 설명으로 틀린 것은?
① 동일한 증발온도를 얻을 때 단단압축 냉동장치 대비 압축비를 감소시킬 수 있다.
② 일반적으로 두 개의 냉매를 사용하여 -30℃ 이하의 증발온도를 얻기 위해 사용된다.
③ 중간 냉각기는 증발기에 공급하는 액을 과냉각시키고 냉동효과를 증대시킨다.
④ 중간 냉각기는 냉매증기와 냉매액을 분리시켜 고단측 압축기 액백 현상을 방지한다.

해설 두 개의 냉매를 사용하는 것은 2원 냉동장치이다.

031 다음 그림은 단효용 흡수식 냉동기에서 일어나는 과정을 나타낸 것이다. 각 과정에 대한 설명으로 틀린 것은?

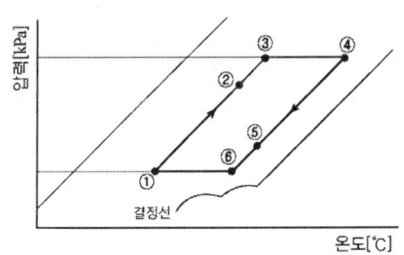

① ① → ②과정 : 재생기에서 돌아오는 고온 농용액과 열교환에 의한 희용액의 온도증가
② ② → ③과정 : 재생기 내에서 비등점에 이르기까지의 가열
③ ③ → ④과정 : 재생기 내에서 가열에 의한 냉매 응축
④ ④ → ⑤과정 : 흡수기에서의 저온 희용액과 열교환에 의한 농용액의 온도 감소

해설 ③→④과정 : 재생기 내에서 가열에 의한 냉매의 분리(재생)

답 029. ③ 030. ② 031. ③

032 냉동기유의 역할로 가장 거리가 먼 것은?
① 윤활 작용　　　② 냉각 작용
③ 탄화 작용　　　④ 밀봉 작용

해설 압축기 윤활유(냉동기유)의 역할
① 윤활작용(마모방지)
② 기밀작용(누설방지)
③ 냉각작용
④ 패킹보호
⑤ 청정 및 방청 등

033 냉동능력이 5kW인 제빙장치에서 0℃의 물 20kg을 모두 0℃ 얼음으로 만드는 데 걸리는 시간(min)은 얼마인가? (단, 0℃ 얼음의 융해열은 334kJ/kg이다.)
① 22.2　　　② 18.7
③ 13.4　　　④ 11.2

해설 얼음으로 만드는 데 걸리는 시간
$20 \times 334 = 5 \times 3{,}600 \times H$ 에서
$\dfrac{20 \times 334}{5 \times 3{,}600} = 0.37\text{h} = 22.2\text{min}$

034 냉장고의 방열벽의 열통과율이 0.000117kW/m²·K일 때 방열벽의 두께(cm)는? (단, 각 값은 아래 표와 같으며, 방열재 이외의 열전도 저항은 무시하는 것으로 한다.)

외기와 외벽면과의 열전달률	0.023kW/m²·K
고내 공기와 내벽면과의 열전달률	0.0116kW/m²·K
방열벽의 열전도율	0.000046kW/m·K

① 35.6　　　② 37.1
③ 38.7　　　④ 41.8

해설 방열벽의 두께
$\dfrac{1}{K} = \dfrac{1}{\alpha_1} + \dfrac{l}{\lambda_1} + \dfrac{1}{\alpha_2}$
$\dfrac{1}{0.000117} = \dfrac{1}{0.023} + \dfrac{l}{0.000046} + \dfrac{1}{0.0116}$
$8{,}417 = \dfrac{l}{0.000046}$
$l = 0.387\text{m} = 38.7\text{cm}$

답 032. ③　033. ①　034. ③

035 다음 카르노 사이클의 P-V 선도를 T-S 선도로 바르게 나타낸 것은?

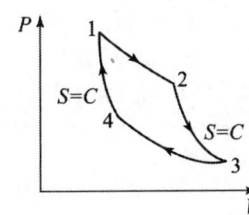

① 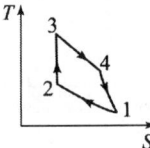 ②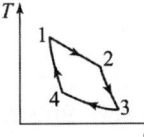

③ 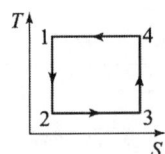 ④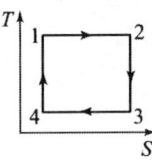

해설 카르노 사이클의 P-V 선도와 T-S 선도

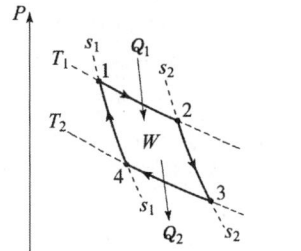 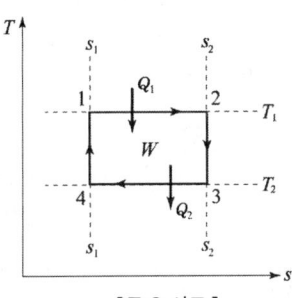

【P-V 선도】　　　【T-S 선도】

036 다음 중 흡수식 냉동기의 냉매 흐름 순서로 옳은 것은?
① 발생기 → 흡수기 → 응축기 → 증발기
② 발생기 → 흡수기 → 증발기 → 응축기
③ 흡수기 → 발생기 → 응축기 → 증발기
④ 응축기 → 흡수기 → 발생기 → 증발기

해설 흡수식 냉동기의 순환경로
흡수기 → 발생기(재생기) → 응축기 → 증발기

답 035. ④　036. ③

037 다음 중 이중 효용 흡수식 냉동기는 단효용 흡수식 냉동기와 비교하여 어떤 장치가 복수개로 설치되는가?
① 흡수기　　② 증발기
③ 응축기　　④ 재생기

해설 2중 효용 흡수식 냉동기
1중 효용식에 재생기를 1개 더 설치하여 발생기에서의 열에너지를 보다 효과적으로 활동하여 가열열량을 감소시켜 운전비를 절감한다.(2개의 재생기를 가진 흡수식 냉동기)

038 다음 중 스크류 압축기의 구성요소가 아닌 것은?
① 스러스트 베어링　　② 숫 로터
③ 암 로터　　④ 크랭크축

해설 크랭크축은 왕복동 압축기의 구성요소이다.

039 1대의 압축기로 −20℃, −10℃, 0℃, 5℃의 온도가 다른 저장실로 구성된 냉동장치에서 증발압력조정밸브(EPR)를 설치하지 않는 저장실은?
① −20℃의 저장실　　② −10℃의 저장실
③ 0℃의 저장실　　④ 5℃의 저장실

해설 증발압력조정밸브(EPR)는 증발기가 여러 대일 경우에는 증발온도가 높은 증발기 출구측에 설치하고 제일 낮은 곳에는 체크밸브를 설치하므로 −20℃의 증발기 출구에는 체크밸브를 설치한다.

040 증발기의 착상이 냉동장치에 미치는 영향에 대한 설명으로 틀린 것은?
① 냉동능력 저하에 따른 냉장(동)실 내 온도 상승
② 증발온도 및 증발압력의 상승
③ 냉동능력당 소요동력의 증대
④ 액압축 가능성의 증대

해설 착상(적상) 시 증발온도 및 증발압력은 저하한다.

답 037. ④　038. ④　039. ①　040. ②

제3과목 공기조화

041 다음 송풍기의 풍량 제어방법 중 송풍량과 축동력의 관계를 고려하여 에너지절감 효과가 가장 좋은 제어방법은? (단, 모두 동일한 조건으로 운전된다.)
① 회전수 제어
② 흡입베인 제어
③ 취출댐퍼 제어
④ 흡입댐퍼 제어

> **해설** 송풍기 풍량제어에 따른 소요동력이 적은 순서
> 회전수 제어 < 베인 제어 < 스크롤 댐퍼 제어 < 댐퍼 제어

042 난방부하가 10kW인 온수난방 설비에서 방열기의 출·입구 온도차가 12℃이고, 실내·외 온도차가 18℃일 때 온수순환량(kg/s)은 얼마인가? (단, 물의 비열은 4.2kJ/kg·℃이다.)
① 1.3
② 0.8
③ 0.5
④ 0.2

> **해설** $q = G \cdot C \cdot \Delta t$
> $G = \dfrac{q}{C \cdot \Delta t} = \dfrac{10 \times 3,600}{4.2 \times 12 \times 3,600} = 0.2 \text{kg/sec}$
> 여기서, 1kW=3,600kJ/h이다.

043 다음 중 고속덕트와 저속덕트를 구분하는 기준이 되는 풍속은?
① 15m/s
② 20m/s
③ 25m/s
④ 30m/s

> **해설** 고속덕트와 저속덕트의 구분 : 주덕트 내의 풍속 15m/s

044 덕트의 부속품에 관한 설명으로 틀린 것은?
① 댐퍼는 통과풍량의 조정 또는 개폐에 사용되는 기구이다.
② 분기 덕트 내의 풍량 제어용으로 주로 익형 댐퍼를 사용한다.
③ 방화구획관통부에는 방화댐퍼 또는 방연댐퍼를 설치한다.
④ 가이드 베인은 곡부의 기류를 세분해서 와류의 크기를 적게 하는 것이 목적이다.

> **해설** 스플릿 댐퍼 : 덕트의 분기부에 설치하여 풍량조절용으로 사용하는 댐퍼

답 041. ① 042. ④ 043. ① 044. ②

045 어떤 단열된 공조기의 장치도가 다음 그림과 같을 때 열수분비(U)를 구하는 식으로 옳은 것은? (단, h_1, h_2 : 입구 및 출구 엔탈피(kJ/kg), x_1, x_2 : 입구 및 출구 절대습도(kg/kg), q_s : 가열량(W), L : 가습량(kg/h), h_L : 가습수분(L)의 엔탈피(kJ/kg), G : 유량(kg/h)이다.)

① $U = \dfrac{q_s}{G} - h_L$ ② $U = \dfrac{q_s}{L} - h_L$

③ $U = \dfrac{q_s}{L} + h_L$ ④ $U = \dfrac{q_s}{G} + h_L$

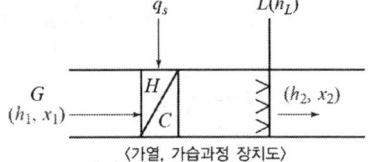
〈가열, 가습과정 장치도〉

해설 ① 열 평형식 $G \cdot (h_2 - h_1) = q_s + L \cdot h_L$
② 물질 평형식 $G \cdot (x_2 - x_1) = L$
따라서, 열수분비 $U = \dfrac{\Delta h}{\Delta x} = \dfrac{q_s + L \cdot h_L}{L} = \dfrac{q_s}{L} + h_L$

046 난방설비에 관한 설명으로 옳은 것은?
① 증기난방은 실내 상·하 온도차가 적은 특징이 있다.
② 복사난방의 설비비는 온수나 증기난방에 비해 저렴하다.
③ 방열기의 트랩은 증기의 유량을 조절하는 역할을 한다.
④ 온풍난방은 신속한 난방 효과를 얻을 수 있는 특징이 있다.

해설 ① 증기난방은 실내 상하 온도차가 큰 단점이 있다.
② 복사난방의 설비비는 온수나 증기난방에 비해 비싸다.
③ 방열기의 증기트랩은 응축수만을 배출하는 역할을 한다.

047 공조부하 중 재열부하에 관한 설명으로 틀린 것은?
① 냉방부하에 속한다.
② 냉각코일의 용량산출 시 포함시킨다.
③ 부하 계산 시 현열, 잠열부하를 고려한다.
④ 냉각된 공기를 가열하는 데 소요되는 열량이다.

해설 재열부하 계산 시 현열만 고려한다.

048 덕트 설계 시 주의사항으로 틀린 것은?
① 덕트의 분기지점에 댐퍼를 설치하여 압력평행을 유지시킨다.
② 압력손실이 적은 덕트를 이용하고 확대 시와 축소 시에는 일정 각도 이내가 되도록 한다.
③ 종횡비(aspect ratio)는 가능한 크게 하여 덕트 내 저항을 최소화한다.
④ 덕트 굴곡부의 곡률반경은 가능한 크게 하며, 곡률이 매우 작을 경우 가이드 베인을 설치한다.

답 045. ③ 046. ④ 047. ③ 048. ③

해설 종횡비는 4:1 이하로 되도록 작게하여 덕트 내 저항을 최소화한다.

049 아래의 특징에 해당하는 보일러는 무엇인가?

> 공조용으로 사용하기 보다는 편리하게 고압의 증기를 발생하는 경우에 사용하며, 드럼이 없이 수관으로 되어 있다. 보유 수량이 적어 가열시간이 짧고 부하변동에 대한 추종성이 좋다.

① 주철제 보일러　　② 연관 보일러
③ 수관 보일러　　　④ 관류 보일러

해설 관류 보일러 : 초임계 압력하에서 증기를 얻을 수 있는 보일러로 하나의 긴 관으로 구성되며 드럼이 없고 보유수량이 적어 증기발생이 매우 빠른 보일러이나 급수처리가 까다롭고 수명이 짧으며 값이 비싸다.

050 보일러의 능력을 나타내는 표시방법 중 가장 적은 값을 나타내는 출력은?
① 정격 출력　　② 과부하 출력
③ 정미 출력　　④ 상용 출력

해설 정미 출력＝난방부하＋급탕부하

참고 보일러 출력표시
① 과부하 출력 : 운전 초기나 과부하가 발생했을 때는 정격 출력의 10~20% 정도 증가하여 운전할 때의 출력
② 정격 출력 : 연속해서 운전할 수 있는 보일러의 능력으로 난방부하＋급탕부하＋배관부하＋예열부하의 합이며, 보통 보일러 선정 시에는 정격 출력에 기준을 둔다.(정미 출력에 온수 보일러는 1.15배, 증기 보일러는 1.35배로 함)
③ 상용 출력 : 정격 출력에서 예열부하를 뺀 값으로 정미 출력의 5~10%를 가산한다.
④ 정미 출력 : 난방부하＋급탕부하를 합한 용량

051 외기온도 5℃에서 실내온도 20℃로 유지되고 있는 방이 있다. 내벽 열전달계수 5.8W/m²·K이고, 외벽 열전달계수 17.5W/m²·K, 열전도율이 2.3W/m·K이고, 벽 두께가 10cm일 때, 이 벽체의 열저항(m²·K/W)은 얼마인가?
① 0.27　　② 0.55
③ 1.37　　④ 2.35

해설 벽체의 열저항

$R = \dfrac{1}{K} = \dfrac{1}{\alpha_1} + \dfrac{l}{\lambda} + \dfrac{1}{\alpha_2}$
$= \dfrac{1}{5.8} + \dfrac{0.1}{2.3} + \dfrac{1}{17.5}$
$= 0.27 \text{m}^2 \cdot \text{K/W}$

답 049. ④　050. ③　051. ①

052 다음 가습 방법 중 물분무식이 아닌 것은?
① 원심식 ② 초음파식
③ 노즐분무식 ④ 적외선식

해설) 적외선식은 증기분무식에 해당된다.

참고) 가습방식
① 수분무식 : 원심식, 초음파식, 분무식
② 증발식 : 회전식, 모세관식, 적하식
③ 증기식 : 증기발생식, 증기공급식

053 다음 공기선도상에서 난방풍량이 25000m³/h인 경우 가열코일의 열량(kW)은? (단, 1은 외기, 2는 실내 상태점을 나타내며, 공기의 비중량은 1.2kg/m³이다.)
① 98.3
② 87.1
③ 73.2
④ 61.4

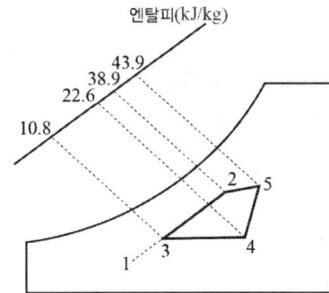

해설) $q = G \cdot \Delta h = 1.2 \cdot Q \cdot (h_4 - h_3)$
$= 1.2 \times 25,000 \times (22.6 - 10.8) = 354,000 \text{kJ/h} = 98.3 \text{kW}$
여기서, 1kW=3,600kJ/h이다.

054 실내 난방을 온풍기로 하고 있다. 이때 실내 현열량 6.5kW, 송풍 공기온도 30℃, 외기온도 −10℃, 실내온도 20℃일 때, 온풍기의 풍량(m³/h)은 얼마인가? (단, 공기비열은 1.005kJ/kg · K, 밀도는 1.2kg/m³이다.)
① 1940.2 ② 1882.1
③ 1324.1 ④ 890.1

해설) $Q = \dfrac{q_s}{\rho \cdot C \cdot \Delta t} = \dfrac{6.5 \times 3,600}{1.2 \times 1.005 \times (30-20)} = 1,940.2 \text{m}^3/\text{h}$

055 공기조화방식 중 중앙식의 수-공기방식에 해당하는 것은?
① 유인유닛 방식 ② 패키지유닛 방식
③ 단일덕트 정풍량 방식 ④ 이중덕트 정풍량 방식

해설) 유인유닛(IDU) 방식은 수-공기방식으로 덕트와 수배관이 필요하다.

052. ④ 053. ① 054. ① 055. ①

참고 수 - 공기방식
① 덕트병용 팬코일 유닛 방식
② 유인유닛 방식
③ 복사 냉난방 방식

056. 유인유닛 방식에 관한 설명으로 틀린 것은?
① 각 실 제어를 쉽게 할 수 있다.
② 덕트 스페이스를 작게 할 수 있다.
③ 유닛에는 가동부분이 없어 수명이 길다.
④ 송풍량이 비교적 커 외기냉방 효과가 크다.

해설 유인유닛 방식은 수 - 공기방식으로 송풍량이 비교적 적어 전공기방식에 비해 외기 냉방 효과가 적다.

057. 가로 20m, 세로 7m, 높이 4.3m인 방이 있다. 아래 표를 이용하여 용적기준으로 한 전체 필요 환기량(m^3/h)은?

실용적(m^3)	500 미만	500~1000	1000~1500	1500~2000	200~2500
환기 횟수 n(회/h)	0.7	0.6	0.55	0.5	0.42

① 421   ② 361   ③ 331   ④ 253

해설 환기량 = 환기 횟수 × 실내 체적
$Q = n \cdot V = 0.6 \times (20 \times 7 \times 4.3) = 361.2 m^3/h$
여기서, 실내 체적이 $20 \times 7 \times 4.3 = 602 m^3$이므로 환기 횟수는 0.6이 된다.

058. 공조기용 코일은 관 내 유속에 따라 배열방식을 구분하는데, 그 배열방식에 해당하지 않는 것은?
① 풀서킷   ② 더블서킷
③ 하프서킷   ④ 탑다운서킷

해설 코일의 배열 방식

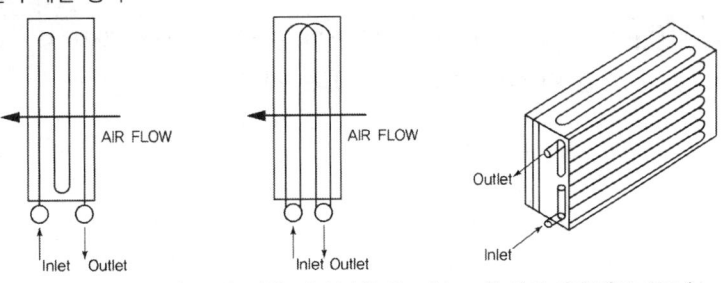

① 풀 서킷(싱글 플로우)   ② 더블 서킷(더블 플로우)   ③ 하프 서킷(하프 플로우)

답 056. ④ 057. ② 058. ④

참고 코일의 선택
① 더블 서킷(더블 플로우) 코일 : 유량이 많아 코일 내 유속이 클 때
② 풀 서킷(싱글 플로우), 하프 서킷 코일 : 유량이 적어 코일 내 유속이 작을 때

059 보일러에서 급수내관을 설치하는 목적으로 가장 적합한 것은?
① 보일러수 역류방지
② 슬러지 생성방지
③ 부동팽창 방지
④ 과열 방지

해설 급수내관 : 보일러에 집중 급수를 방지하여 보일러의 부동팽창 및 열응력 방지를 위해 보일러 안전 저수위 아래 설치한다.

060 다음 중 온수난방과 관계 없는 장치는 무엇인가?
① 트랩
② 공기빼기밸브
③ 순환펌프
④ 팽창탱크

해설 (증기)트랩은 증기난방설비에서 응축수를 배출하는 데 사용한다.

제4과목 전기제어공학

061 60Hz, 4극, 슬립 6%인 유도전동기를 어느 공장에서 운전하고자 할 때 예상되는 회전수는 약 몇 rpm인가?
① 240
② 720
③ 1690
④ 1800

해설 유도전동기의 슬립을 고려한 회전수
$$N = \frac{120f}{P}(1-s)[\text{rpm}] = \frac{120 \times 60}{4}(1-0.06) = 1,692 \text{ rpm}$$
여기서, f : 전원 주파수, P : 극수, s : 슬립이다.

062 변압기의 1차 및 2차의 전압, 권선수, 전류를 각각 E_1, N_1, I_1 및 E_2, N_2, I_2라고 할 때 성립하는 식으로 옳은 것은?
① $\frac{E_2}{E_1} = \frac{N_1}{N_2} = \frac{I_2}{I_1}$
② $\frac{E_1}{E_2} = \frac{N_2}{N_1} = \frac{I_1}{I_2}$
③ $\frac{E_2}{E_1} = \frac{N_2}{N_1} = \frac{I_1}{I_2}$
④ $\frac{E_1}{E_2} = \frac{N_1}{N_2} = \frac{I_1}{I_2}$

해설 $\frac{N_2}{N_1} = \frac{E_2}{E_1} = \frac{I_1}{I_2}$

답 059. ③ 060. ① 061. ③ 062. ③

참고 ① 변압기는 코일 2개가 자기적으로 결합하여 전압을 승압 또는 강압을 하는 전기기기
② 전류가 반대가 되는 것은 1차 코일의 전력과 2차 코일의 전력이 동일하기 때문이다.

063 다음 신호흐름선도와 등가인 블록선도는?

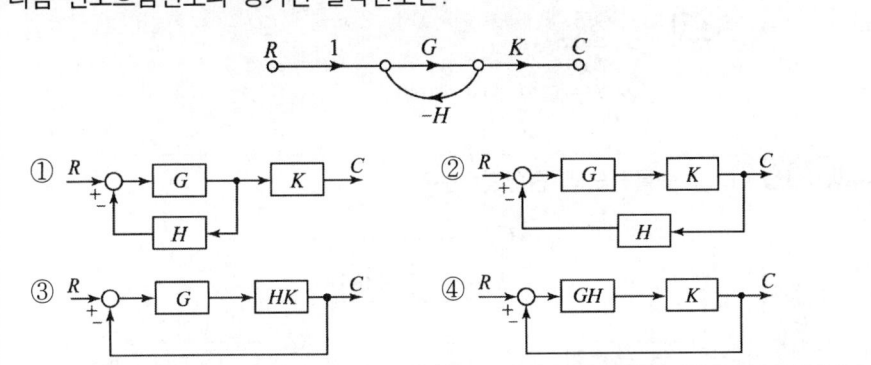

해설 K는 입력으로부터 출력으로 가는 전향경로의 개수로 결정되는데, 이 신호선도에는 전향경로는 1개이므로 전달함수는 다음과 같다.

$M_1 = GK$

$\Delta_1 = 1$: 전향경로와 접촉하지 않은 루프가 없음

$\Delta = 1 + GH$

$M = \dfrac{GK}{1+GH}$

① $\left(R - \dfrac{C}{K}H\right)GK = C,\ GKR = (1+GH)C,\ C = \dfrac{GK}{1+GH}$

② $(R - HC)GK = C$에서 $C = \dfrac{GH}{1+GHK}R$

③ $(R - C)GHK = C$에서 $C = \dfrac{GHK}{1+GHK}R$

참고 신호흐름선도의 전달함수

$$\text{메이슨 공식,}\ M = \sum_{k=1}^{n} \dfrac{M_k \Delta_k}{\Delta}$$

064 교류에서 역률에 관한 설명으로 틀린 것은?

① 역률은 $\sqrt{1-(\text{무효율})^2}$ 로 계산할 수 있다.
② 역률을 이용하여 교류전력의 효율을 알 수 있다.
③ 역률이 클수록 유효전력보다 무효전력이 커진다.
④ 교류회로의 전압과 전류의 위상차에 코사인(cos)을 취한 값이다.

해설 역률은 전압과 전류의 위상차에 cos를 취한 값으로 전력을 얼마나 효율적으로 사용하는가를 보여준다. 역률이 클수록 유효전력이 커지고, 무효전력이 작아져 효율이 높아진다. 이것과 반대의 개념으로 위상차에 sin을 취한 값을 무효율이라고 한다.

답 063. ① 064. ③

065 어떤 전지에 5A의 전류가 10분간 흘렀다면 이 전지에서 나온 전기량은 몇 C인가?
① 1000　　② 2000
③ 3000　　④ 4000

해설 $I = \dfrac{Q[C]}{t[s]}$ 에서
$Q = It = 5 \times 10 \times 60 = 3000 \, C$

066 다음 블록선도의 전달함수는?

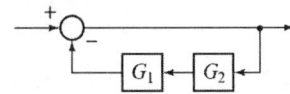

① $\dfrac{1}{G_2(G_1+1)}$　　② $\dfrac{1}{G_1(G_2+1)}$
③ $\dfrac{1}{G_1G_2(1+G_1G_2)}$　　④ $\dfrac{1}{1+G_1G_2}$

해설 $(R - G_1G_2C) = C$ 에서
$\dfrac{C}{R} = \dfrac{1}{1+G_1G_2}$

067 사이클링(cycling)을 일으키는 제어는?
① I 제어　　② PI 제어
③ PID 제어　　④ ON-OFF 제어

해설 2위치(ON-OFF) 제어
불연속제어로 간단히 실현 가능하나 입력이 변화하더라도 어느 범위까지는 출력이 ON 이나 OFF 중 하나가 출력되어 변화하지 않다가 임계값을 초과하면 다른 상태가 출력되는 상태가 반복되므로 사이클링(진동)이 생기며 잔류편차가 남는 문제가 있다.

068 그림과 같은 △결선회로를 등가 Y 결선으로 변환할 때 R_c의 저항값(Ω)은?
① 1
② 3
③ 5
④ 7

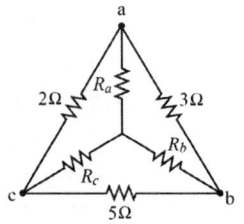

해설 $Z_3 = \dfrac{Z_a Z_b}{Z_a + Z_b + Z_C} = \dfrac{5 \times 2}{5+2+3} = 1\,\Omega$

답　065. ③　066. ④　067. ④　068. ①

> **참고**

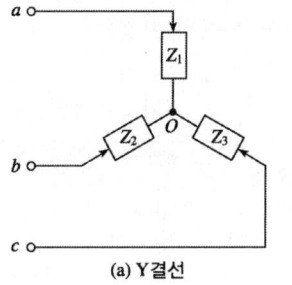

(a) Y결선   (b) △결선

- $Y \to \Delta$ 변환

$$Z_a = \frac{Z_1Z_2 + Z_2Z_3 + Z_3Z_1}{Z_1}, \quad Z_b = \frac{Z_1Z_2 + Z_2Z_3 + Z_3Z_1}{Z_2}, \quad Z_a = \frac{Z_1Z_2 + Z_2Z_3 + Z_3Z_1}{Z_3}$$

- $\Delta \to Y$ 변환

$$Z_1 = \frac{Z_bZ_c}{Z_a + Z_b + Z_c}, \quad Z_2 = \frac{Z_aZ_c}{Z_a + Z_b + Z_c}, \quad Z_3 = \frac{Z_bZ_a}{Z_a + Z_b + Z_c}$$

069
그림과 같은 회로에서 부하전류 I_L은 몇 A인가?

① 1
② 2
③ 3
④ 4

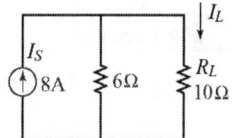

> **해설** 전류분배법칙에 따라
> $$I_L = \frac{6}{6+10}I_s = \frac{6}{16} \times 8 = 3\text{A}$$

> **참고** ① 저항 R_1과 R_2가 직렬연결되어 전압 V가 인가되고 있을 때 각 저항에 인가되는 전압은 다음의 전압분배식에 의하여 알 수 있다.
> $$V_1 = \frac{R_1}{R_1 + R_2}V \qquad V_2 = \frac{R_2}{R_1 + R_2}V$$
> ② 저항 R_1과 R_2가 병렬연결되어 전체 전류 I가 흐를 때 각 저항에 흐르는 전류는 다음의 전류분배식에 의하여 알 수 있다.
> $$I_1 = \frac{R_2}{R_1 + R_2}I \qquad I_2 = \frac{R_1}{R_1 + R_2}I$$

070
온도를 임피던스로 변환시키는 요소는?

① 측온 저항체   ② 광전지
③ 광전 다이오드   ④ 전자석

> **해설** 측온 저항체(저항 온도계) : 온도에 따라 저항(임피던스)이 변화하는 성질을 이용하며 온도센서로 사용한다.

답 069. ③ 070. ①

071 전류의 측정 범위를 확대하기 위하여 사용되는 것은?
① 배율기 ② 분류기
③ 전위차계 ④ 계기용변압기

해설 분류기 : 전류계의 측정 범위 확대
① 전류계와 병렬로 접속
② 전류분배법칙을 응용하여 용량계산이 가능
③ 내부저항 R_a인 전류계에 저항 R_s(분류기)를 병렬연결하면 전류계의 측정 범위는 $\left(1+\dfrac{R_a}{R_s}\right)$배로 증가함

참고 ① 배율기 : 전압계의 측정 범위를 확대
 ㉠ 전압계와 직렬로 접속
 ㉡ 전압분배법칙을 응용하여 용량계산이 가능
 ㉢ 내부저항 r인 전압계와 저항 R_m(배율기)을 직렬연결하면 전압계의 측정 범위는 $\left(1+\dfrac{R_m}{r}\right)$배로 증가함

 072 근궤적의 성질로 틀린 것은?
① 근궤적은 실수축을 기준으로 대칭이다.
② 근궤적은 개루프 전달함수의 극점으로부터 출발한다.
③ 근궤적의 가지 수는 특성방정식의 극점 수와 영점 수 중 큰 수와 같다.
④ 점근선은 허수축에서 교차한다.

해설 근궤적은 실수축에 대칭이므로 점근선은 실수축에서 교차한다.

073 특성방정식의 근이 복소평면의 좌반면에 있으면 이 계는?
① 불안정하다. ② 조건부 안정이다.
③ 반안정이다. ④ 안정하다.

해설 특성방정식은 전달함수의 분모식으로 그 근이 좌반면(음의 근)에 있으면 그 제어계는 안정하다.

074 100mH의 인덕턴스를 갖는 코일에 10A의 전류를 흘릴 때 축적되는 에너지(J)는?
① 0.5 ② 1
③ 5 ④ 10

해설 인덕턴스에 축적되는 에너지
$E=\dfrac{1}{2}LI^2=\dfrac{1}{2}\times 100\times 10^{-3}\times 10^2=5\,\text{J}$

답 071. ② 072. ④ 073. ④ 074. ③

075 제어시스템의 구성에서 제어요소는 무엇으로 구성되는가?
① 검출부
② 검출부와 조절부
③ 검출부와 조작부
④ 조작부와 조절부

해설) 제어요소 : 제어요소는 목표치와 현재치를 비교한 오차, 즉 동작신호를 제어기에 입력하여 제어대상에 인가할 조작량으로 변환하는 조절부와 조작부로 구성된다.

076 제어동작에 대한 설명으로 틀린 것은?
① 비례동작 : 편차의 제곱에 비례한 조작신호를 출력한다.
② 적분동작 : 편차의 적분 값에 비례한 조작신호를 출력한다.
③ 미분동작 : 조작신호가 편차의 변화속도에 비례하는 동작을 한다.
④ 2위치동작 : ON-OFF 동작이라고도 하며, 편차의 정부(+, −)에 따라 조작부를 전폐 또는 전개하는 것이다.

해설) 비례동작은 목표치와 출력치의 편차에 비례하는 조작신호를 내보낸다.

077 일정 전압의 직류전원 V에 저항 R을 접속하니 정격전류 I가 흘렀다. 정격전류 I의 130%를 흘리기 위해 필요한 저항은 약 얼마인가?
① 0.6R
② 0.77R
③ 1.3R
④ 3R

해설) $I = \dfrac{V}{R}$에서 새로운 저항 R_1을 연결하여 새로운 전류 I_1이 기존의 전류의 130%(1.3I)가 되는 경우의 저항 R_1을 구하면 다음과 같다.
$I_1 = \dfrac{V}{R_1} = 1.3I = 1.3\dfrac{V}{R}$
$\dfrac{1}{R_1} = \dfrac{1.3}{R}$, $R = 1.3R_1$, $R_1 = 0.77R$

078 제어계에서 미분요소에 해당하는 것은?
① 한 지점을 가진 지렛대에 의하여 변위를 변환한다.
② 전기로에 열을 가하여도 처음에는 열이 올라가지 않는다.
③ 직렬의 RC회로에 전압을 가하여 C에 충전전압을 가한다.
④ 계단 전압에서 임펄스 전압을 얻는다.

해설) 미분요소는 시간 미분을 하는 것인데, 계단함수의 미분은 임펄스 함수이다.

답) 075. ④ 076. ① 077. ② 078. ④

079 피드백(feedback) 제어시스템의 피드백 효과로 틀린 것은?

① 정상상태 오차 개선
② 정확도 개선
③ 시스템 복잡화
④ 외부 조건의 변화에 대한 영향 증가

> 피드백 제어 : 결과를 입력 측으로 되돌려(feedback) 현재의 출력과 목표값을 비교하는 특징이 있으므로 개회로 제어에 비하여 오차가 감소, 이득의 증가, 안정성의 증가, 대역폭의 증가 등을 얻을 수 있다. 따라서, 외부환경의 변화가 제어계에 미치는 영향이 최소화된다.

080 그림에서 3개의 입력단자 모두 1을 입력하면 출력단자 A와 B의 출력은?

① $A=0$, $B=0$
② $A=0$, $B=1$
③ $A=1$, $B=0$
④ $A=1$, $B=1$

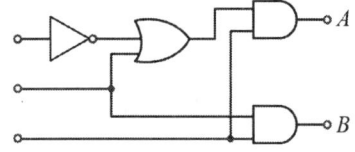

> 3개의 입력을 차례로 X, Y, Z라고 하면 A와 B는 다음과 같다.
> $A = (\overline{X} + Y)Z = (0+1)1 = 1$
> $B = YZ = 1 \cdot 1 = 1$

제5과목 배관일반

081 지역난방의 특징에 관한 설명으로 틀린 것은?

① 대기 오염물질이 증가한다.
② 도시의 방재수준 향상이 가능하다.
③ 사용자에게는 화재에 대한 우려가 적다.
④ 대규모 열원기기를 이용한 에너지의 효율적 이용이 가능하다.

> 지역난방의 특징
> ① 대규모 열원기기를 이용하므로 열효율이 높아 연료비는 절감되고 관리가 용이하다
> ② 설비의 고도화로 대기 오염물질이 감소한다.
> ③ 개별의 보일러실 등 불필요하여 건물 이용의 효용이 높다.
> ④ 사용자에게는 화재에 대한 우려가 적다.

079. ④ 080. ④ 081. ①

082 배수 통기배관의 시공 시 유의사항으로 옳은 것은?
① 배수 입관의 최하단에는 트랩을 설치한다.
② 배수 트랩은 반드시 이중으로 한다.
③ 통기관은 기구의 오버플로우선 이하에서 통기 입관에 연결한다.
④ 냉장고의 배수는 간접배수로 한다.

> 해설 냉장고나 세탁기의 배수는 간접배수로 한다.

083 냉매배관 시 흡입관 시공에 대한 설명으로 틀린 것은?
① 압축기 가까이에 트랩을 설치하면 액이나 오일이 고여 액백 발생의 우려가 있으므로 피해야 한다.
② 흡입관의 입상이 매우 길 경우에는 중간에 트랩을 설치한다.
③ 각각의 증발기에서 흡입주관으로 들어가는 관은 주관의 하부에 접속한다.
④ 2대 이상의 증발기가 다른 위치에 있고 압축기가 그 보다 밑에 있는 경우 증발기 출구의 관은 트랩을 만든 후 증발기 상부 이상으로 올리고 나서 압축기로 향하게 한다.

> 해설 각각의 증발기에서 흡입주관으로 들어가는 관은 주관의 상부에 접속한다.

084 지름 20mm 이하의 동관을 이음할 때, 기계의 점검 보수, 기타 관을 분해하기 쉽게하기 위해 이용하는 동관 이음 방법은?
① 슬리브 이음
② 플레어 이음
③ 사이징 이음
④ 플랜지 이음

> 해설 압축 이음(플레어 이음)
> 지름 20mm 이하의 동관을 분해, 점검, 보수를 위해 사용하는 이음

085 배수 및 통기배관에 대한 설명으로 틀린 것은?
① 루프 통기식은 여러 개의 기구군에 1개의 통기지관을 빼내어 통기주관에 연결하는 방식이다.
② 도피 통기관의 관경은 배수관의 1/4 이상이 되어야 하며 최소 40mm 이하가 되어서는 안 된다.
③ 루프 통기식 배관에 의해 통기할 수 있는 기구의 수는 8개 이내이다.
④ 한랭지의 배수관은 동결되지 않도록 피복을 한다.

> 해설 도피 통기관의 관경은 배수수평지관의 1/2 이상이어야 하며 최소 32mm 이상으로 한다.

답 082. ④ 083. ③ 084. ② 085. ②

086 배관 용접 작업 중 다음과 같은 결함을 무엇이라고 하는가?
① 용입불량
② 언더컷
③ 오버랩
④ 피트

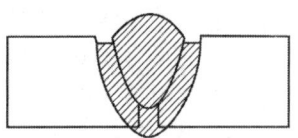

해설) 언더컷 : 과대전류, 용입불량으로 모재표면과 용접표면이 교차되는 점에 모재가 녹아 용착금속이 채워지지 않은 현상

087 다이헤드형 동력 나사절삭기에서 할 수 없는 작업은?
① 리밍   ② 나사절삭
③ 절단   ④ 벤딩

해설) 다이헤드형 동력나사 절삭기의 기능
① 관의 절단
② 거스러미 제거
③ 나사절삭

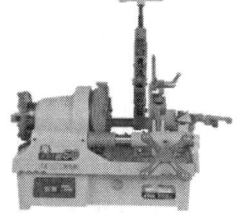 

088 부력에 의해 밸브를 개폐하여 간헐적으로 응축수를 배출하는 구조를 가진 증기 트랩은?
① 버킷 트랩   ② 열동식 트랩
③ 벨 트랩   ④ 충격식 트랩

해설) 버킷 트랩 : 부력에 의해 작동하며 간헐적으로 응축수를 배출하고 수평으로 설치하여야 한다.

참고) 버킷 트랩 : 증기관과 환수관의 압력차가 있어야 하며 고압, 중압의 증기관에 적합하며, 환수관을 트랩보다 위쪽에 배관할 수 있으며 버킷의 위치에 따라 상향식과 하향식이 있다.

답) 086. ② 087. ④ 088. ①

089 방열량이 3kW인 방열기에 공급하여야 하는 온수량(L/s)은 얼마인가? (단, 방열기 입구 온도 80℃, 출구온도 70℃, 온수 평균온도에서 물의 비열은 4.2kJ/kg · K, 물의 밀도는 977.5kg/m³이다.)
① 0.002
② 0.025
③ 0.073
④ 0.098

해설 $G = \dfrac{Q}{C \cdot \Delta t} = \dfrac{3 \times 860 \times 4.2}{4.2 \times (80-70) \times 977.5}$
$= 0.264 \text{m}^3/\text{h} = 0.000073 \text{m}^3/\text{sec} = 0.073 \text{L/sec}$

090 주철관의 이음방법 중 고무링(고무개스킷 포함)을 사용하지 않는 방법은?
① 기계식이음
② 타이톤이음
③ 소켓이음
④ 빅토릭이음

해설 소켓이음은 얀(yarn)과 납을 이용하여 이음하는 것으로 고무링을 사용하지 않는다.

091 온수난방 배관에서 에어포켓(air pocket)이 발생될 우려가 있는 곳에 설치하는 공기빼기밸브(◇)의 설치 위치로 가장 적절한 것은?

①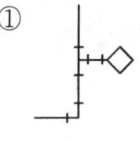
②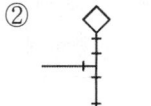
③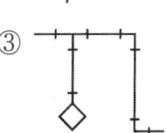
④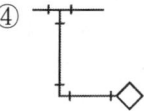

해설 공기빼기밸브는 점검이나 교체가 용이한 곳에 설치하며 주로 공급 수직관 상부에 설치한다.

092 배관계통 중 펌프에서의 공동현상(cavitation)을 방지하기 위한 대책으로 틀린 것은?
① 펌프의 설치 위치를 낮춘다.
② 회전수를 줄인다.
③ 양흡입을 단흡입으로 바꾼다.
④ 굴곡부를 적게 하여 흡입관의 마찰손실수두를 적게 한다.

해설 공동현상 방지를 위해서 단흡입을 양흡입으로 바꾼다.

답 089. ③ 090. ③ 091. ② 092. ③

참고 공동현상 방지대책
① 펌프의 설치위치를 낮춘다.
② 흡입관경을 크게 하고 길이를 짧게 한다.
③ 펌프의 회전차를 수중에 잠기게 한다.
④ 펌프의 회전수를 낮추어 흡입속도를 작게 한다.
⑤ 양흡입 펌프를 사용한다.

093 저장 탱크 내부에 가열 코일을 설치하고 코일 속에 증기를 공급하여 물을 가열하는 급탕법은?
① 간접 가열식　　　② 기수 혼합식
③ 직접 가열식　　　④ 가스 순간 탕비식

해설 간접 가열식 : 저탕조 내에 가열 코일을 설치하고 이 코일에 증기 또는 고온수를 공급하여 탱크 내의 물을 간접적으로 가열하는 방식으로 대규모 급탕설비에 적합하다.

094 냉동장치의 액분리기에서 분리된 액이 압축기로 흡입되지 않도록 하기 위한 액회수 방법으로 틀린 것은?
① 고압 액관으로 보내는 방법
② 응축기로 재순환시키는 방법
③ 고압 수액기로 보내는 방법
④ 열교환기를 이용하여 증발시키는 방법

해설 액분리기에서 분리된 냉매의 처리방법
① 증발기로 재순환시키는 방법
② 열교환기에 의해 증발시켜 압축기로 회수하는 방법
③ 액회수장치를 이용하여 고압측 수액기(또는 고압 액관)로 회수하는 방법

095 저압증기의 분기점을 2개 이상의 엘보로 연결하여 한 쪽이 팽창하면 비틀림이 일어나 팽창을 흡수하는 특징의 이음방법은?
① 슬리브형　　　② 벨로즈형
③ 스위블형　　　④ 루프형

해설 스위블형 : 2개 이상의 나사 엘보를 사용하여 그 나사의 회전에 의하여 배관의 신축을 흡수하는 것으로 온수나 저압 증기난방 등의 방열기 주위에 사용한다.

096 유체 흐름의 방향을 바꾸어 주는 관 이음쇠는?
① 리턴벤드　　　② 리듀서
③ 니플　　　　　④ 유니온

해설 유체 흐름 방향을 바꾸어 주는 관 이음쇠 : 엘보, 리턴벤드(U벤드)

정답 093. ① 094. ② 095. ③ 096. ①

합격 097 고가(옥상) 탱크 급수방식의 특징에 대한 설명으로 틀린 것은?
① 저수시간이 길어지면 수질이 나빠지기 쉽다.
② 대규모의 급수 수요에 쉽게 대응할 수 있다.
③ 단수 시에도 일정량의 급수를 계속할 수 있다.
④ 급수 공급 압력의 변화가 심하다.

해설 고가수조방식의 특징
① 대규모에 급수 수요에 적합하다.
② 수압이 일정하다.
③ 급수오염의 우려가 있다.
④ 정전, 단수 시에도 일정량 급수가 가능하다.

합격 098 가스배관에 관한 설명으로 틀린 것은?
① 특별한 경우를 제외한 옥내배관은 매설배관을 원칙으로 한다.
② 부득이하게 콘크리트 주요 구조부를 통과할 경우에는 슬리브를 사용한다.
③ 가스배관에는 적당한 구배를 두어야 한다.
④ 열에 의한 신축, 진동 등의 영향을 고려하여 적절한 간격으로 지지하여야 한다.

해설 가스 옥내배관은 노출 배관을 원칙으로 한다.

합격 099 급수관의 수리 시 물을 배제하기 위한 관의 최소 구배 기준은?
① 1/120 이상   ② 1/150 이상
③ 1/200 이상   ④ 1/250 이상

해설 급수배관의 시공
① 급수관의 구배 : 1/250
② 각층 수평주관 : 선상향 구배
③ 하향 배관에서 수평주관 : 선하향 구배

합격 100 공장에서 제조 정제된 가스를 저장했다가 공급하기 위한 압력탱크로서 가스압력을 균일하게 하며, 급격한 수요변화에도 제조량과 소비량을 조절하기 위한 장치는?
① 정압기   ② 압축기
③ 오리피스   ④ 가스홀더

해설 정제된 가스를 저장했다가 공급하기 위한 압력탱크 : 가스홀더
참고 가스홀더의 종류 : 유수식, 무수식, 고압(구형)홀더

답 097. ④ 098. ① 099. ④ 100. ④

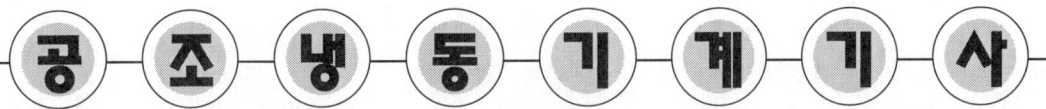

2020

기/출/문/제

- 2020년 6월 21일 시행
  (제1·2회 통합 필기시험)
- 2020년 8월 22일 시행
- 2020년 9월 26일 시행

2020년 6월 21일 제1·2회 공조냉동기계기사

제1과목 기계열역학

001 다음 중 가장 큰 에너지는?
① 100kW 출력의 엔진이 10시간 동안 한 일
② 발열량 10000kJ/kg의 연료를 100kg연소시켜 나오는 열량
③ 대기압 하에서 10℃의 물 10m³를 90℃로 가열하는데 필요한 열량(단, 물의 비열은 4.2kJ/(kg·K)이다.)
④ 시속 100km로 주행하는 총 질량 2000kg인 자동차의 운동에너지

① $q = P \cdot t = 100\text{kW}\left(\dfrac{\text{kJ}}{\text{s}}\right) \times \dfrac{3,600\text{s}}{\text{h}} \times 10\text{h} = 3,600,000\text{kJ}$

② $q = G \cdot H_l = 100\text{kg} \times 10,000\dfrac{\text{kJ}}{\text{kg}} = 1,000,000\text{kJ}$

③ $q = m \cdot c \cdot \Delta t = 10\text{m}^3 \times \dfrac{1,000\text{kg}}{1\text{m}^3} \times 4.2\dfrac{\text{kJ}}{\text{kg}\cdot\text{K}} \times (90-10)\text{K} = 3,360,000\text{kJ}$

④ $q = \dfrac{1}{2}m \cdot v^2 = \dfrac{1}{2} \times 2,000\text{kg} \times \dfrac{9.8\text{N}}{\text{kg}} \times \left(\dfrac{100 \times 1,000\text{m}}{1\text{h}} \times \dfrac{1\text{h}}{3,600\text{s}}\right)^2$
  $= 7,561,728\text{J} = 7,562\text{kJ}$

002 실린더 내의 공기가 100kPa, 20℃ 상태에서 300kPa이 될 때까지 가역단열과정으로 압축된다. 이 과정에서 실린더 내의 계에서 엔트로피의 변화(kJ/(kg·K))는? (단, 공기의 비열비(k)는 1.4이다.)
① -1.35   ② 0   ③ 1.35   ④ 13.5

가역단열변화($dq=0$)에서는 등엔트로피변화로 $\Delta s = \dfrac{dq}{T} = 0$ 이다.

003 용기 안에 있는 유체의 초기 내부에너지는 700kJ이다. 냉각과정 동안 250kJ의 열을 잃고, 용기내에 설치된 회전날개로 유체에 100kJ의 일을 한다. 최종상태의 유체의 내부에너지(kJ)는 얼마인가?
① 350   ② 450   ③ 550   ④ 650

$Q = dU + W = (U_2 - U_1) + W$에서
$U_1 = Q - W + U_2 = -250 - (-100) + 700 = 550\text{kJ}$

답 001. ① 002. ② 003. ③

004 열역학적 관점에서 다음 장치들에 대한 설명으로 옳은 것은?

① 노즐은 유체를 서서히 낮은 압력으로 팽창하여 속도를 감소시키는 기구이다.
② 디퓨저는 저속의 유체를 가속하는 기구이며 그 결과 유체의 압력이 증가한다.
③ 터빈은 작동유체의 압력을 이용하여 열을 생성하는 회전식 기계이다.
④ 압축기의 목적은 외부에서 유입된 동력을 이용하여 유체의 압력을 높이는 것이다.

해설
① 디퓨저는 유체를 서서히 낮은 압력으로 팽창하여 속도를 감소시키는 기구이다.
② 노즐은 저속의 유체를 가속하는 기구이며 그 결과 유체의 압력이 증가한다.
③ 터빈은 작동유체의 압력을 이용하여 일을 생성하는 회전식 기계이다.

005 랭킨사이클에서 보일러 입구 엔탈피 192.5kJ/kg, 터빈 입구 엔탈피 3002.5kJ/kg, 응축기 입구 엔탈피 2361.8kJ/kg일 때 열효율(%)은? (단, 펌프의 동력은 무시한다.)

① 20.3　　　② 22.8
③ 25.7　　　④ 29.5

해설 랭킨사이클에서의 열효율
$$\eta_R = \frac{w_T}{q_B} = \frac{3002.5 - 2361.8}{3002.5 - 192.5} \times 100 = 22.8\%$$

006 준평형 정적과정을 거치는 시스템에 대한 열전달량은? (단, 운동에너지와 위치에너지의 변화는 무시한다.)

① 0이다.
② 이루어진 일량과 같다.
③ 엔탈피 변화량과 같다.
④ 내부에너지 변화량과 같다.

해설 정적과정에서의 열량변화는 내부에너지 변화량과 같다.

007 초기 압력 100kPa, 초기 체적 0.1m³인 기체를 버너로 가열하여 기체 체적이 정압과정으로 0.5m³이 되었다면 이 과정 동안 시스템이 외부에 한 일(kJ)은?

① 10　　　② 20
③ 30　　　④ 40

해설 $W = P(V_2 - V_1) = 100 \times (0.5 - 0.1) = 40 \text{kJ}$

답 004. ④　005. ②　006. ④　007. ④

008 열역학 제2법칙에 대한 설명으로 틀린 것은?
① 효율이 100%인 열기관은 얻을 수 없다.
② 제2종의 영구기관은 작동 물질의 종류에 따라 가능하다.
③ 열은 스스로 저온의 물질에서 고온의 물질로 이동하지 않는다.
④ 열기관에서 작동 물질이 일을 하게 하려면 그 보다 더 저온인 물질이 필요하다.

해설 제2종의 영구기관은 존재하지 않는다.

참고 열역학 제2법칙(가역과 비가역을 증명하는 방향성을 나타냄.)
① 열은 그 자신으로는 저온에서 고온으로 이동 될 수 없다.
② 열은 고온에서 저온으로 이동한다.
③ 열을 일로 100% 교환이 불가능하다.
④ 비가역 과정($\Delta S > 0$, 증가)을 한다.

009 공기 10kg이 압력 200kPa, 체적 5m³인 상태에서 압력 400kPa, 온도 300℃인 상태로 변한 경우 최종 체적(m³)은 얼마인가? (단, 공기의 기체상수는 0.287kJ/kg·K이다.)

① 10.7 ② 8.3
③ 6.8   ④ 4.1

해설 $P_2 V_2 = mRT_2$
$$V_2 = \frac{mRT_2}{P_2} = \frac{10 \times 0.287 \times (300+273)}{400} = 4.1 \text{m}^3$$

010 그림과 같은 공기표준 브레이튼(Brayton) 사이클에서 작동유체 1kg당 터빈 일(kJ/kg)은? (단, $T_1 = 300$K, $T_2 = 475.1$K, $T_3 = 1100$K, $T_4 = 694.5$K이고, 공기의 정압비열과 정적비열은 각각 1.0035kJ/(kg·K), 0.7165kJ/(kg·K)이다.)

① 290
② 407
③ 448
④ 627

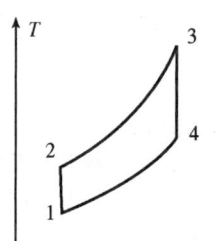

해설 $w_T = h_3 - h_4 = C_p(T_3 - T_4) = 1.0035 \times (1,100 - 694.5) = 407$kJ/kg

답 008. ② 009. ④ 010. ②

참고 브레이톤 사이클에서의 일
① 터빈일 $w_T = h_3 - h_4 = C_p(T_3 - T_4)$
② 압축일 $w_c = h_2 - h_1 = C_p(T_2 - T_1)$
③ 유효일 $w = w_T - w_C$

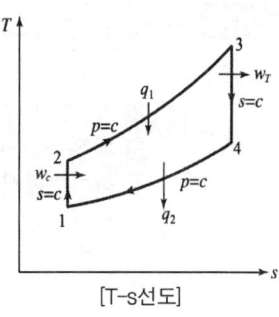

[T-s선도]

011 보일러에 온도 40℃, 엔탈피 167kJ/kg인 물이 공급되어 온도 350℃, 엔탈피 3115kJ/kg인 수증기가 발생한다. 입구와 출구에서의 유속은 각각 5m/s, 50m/s이고, 공급되는 물의 양이 2000kg/h일 때, 보일러에 공급해야 할 열량(kW)은? (단, 위치에너지 변화는 무시한다.)

① 631　　② 832
③ 1237　　④ 1638

해설 $Q = G_a(h_2 - h_1) = 2,000 \times (3,115 - 167) = 5,896,000 \text{kJ/h} = 1,638 \text{kW}$
여기서, 1kW=3,600kJ/h이다.

012 피스톤-실린더 장치에 들어있는 100kPa, 27℃의 공기가 600kPa까지 가역단열과정으로 압축된다. 비열비가 1.4로 일정하다면 이 과정 동안에 공기가 받은 일(kJ/kg)은? (단, 공기의 기체상수는 0.287kJ/(kg·K)이다.)

① 263.6　　② 171.8
③ 143.5　　④ 116.9

해설 가역단열과정에서의 일
$$w = \frac{RT_1}{k-1}\left\{1 - \left(\frac{p_2}{p_1}\right)^{\frac{k-1}{k}}\right\} = \frac{0.287 \times (27+273)}{1.4-1}\left\{1 - \left(\frac{600}{100}\right)^{\frac{1.4-1}{1.4}}\right\} = 144 \text{kJ/kg}$$

013 이상기체 1kg을 300K, 100kPa에서 500K까지 "PV^n=일정"의 과정($n=1.2$)을 따라 변화시켰다. 이 기체의 엔트로피 변화량(kJ/K)은? (단, 기체의 비열비는 1.3, 기체상수는 0.287kJ/(kg·K)이다.)

① -0.244　　② -0.287
③ -0.344　　④ -0.373

답　011. ④　012. ③　013. ①

해설

$\Delta S = GC_n \ln \dfrac{T_2}{T_1} = 1 \times (-0.4783) \times \ln \dfrac{500}{300} = -0.244 \text{kJ/K}$

여기서, $C_n = \dfrac{n-k}{n-1} C_v = \dfrac{n-k}{n-1} \cdot \dfrac{R}{k-1} = \dfrac{(1.2-1.3)}{(1.2-1)} \times \dfrac{0.287}{(1.3-1)} = -0.4783$

참고

① 비열비 $k = C_P/C_v$, $C_p = \dfrac{k}{k-1}R$, $C_v = \dfrac{1}{k-1}R$

② 폴리트로픽 변화 시 엔트로피 변화

$$\Delta S = \int_1^2 \dfrac{dq}{T} = GC_n \ln \dfrac{T_2}{T_1} = GC_v \dfrac{n-k}{n-1} \ln \dfrac{T_2}{T_1}$$

---

014 300L 체적의 진공인 탱크가 25℃, 6MPa의 공기를 공급하는 관에 연결된다. 밸브를 열어 탱크 안의 공기 압력이 5MPa이 될 때까지 공기를 채우고 밸브를 닫았다. 이 과정이 단열이고 운동에너지와 위치에너지의 변화를 무시한다면 탱크 안의 공기의 온도(℃)는 얼마가 되는가? (단, 공기의 비열비는 1.4이다.)

① 1.5 ② 25.0
③ 84.4 ④ 144.2

해설

$C_p \cdot T_1 = C_v \cdot T_2$ 에서

$T_2 = \left(\dfrac{C_p \cdot T_1}{C_v} \right) = kT_1 = 1.4 \times (25 + 273)$
$= 417.2\text{K} - 273 = 144.2$℃

---

015 1kW의 전기히터를 이용하여 101kPa, 15℃의 공기로 차 있는 100m³의 공간을 난방하려고 한다. 이 공간은 견고하고 밀폐되어 있으며 단열되어 있다. 히터를 10분 동안 작동시킨 경우, 이 공간의 최종온도(℃)는? (단, 공기의 정적비열은 0.718kJ/kg·K이고, 기체상수는 0.287kJ/kg·K이다.)

① 18.1 ② 21.8
③ 25.3 ④ 29.4

해설

$Q = G \cdot C_v \cdot (T_2 - T_1)$ 에서

$T_2 = T_1 + \dfrac{Q}{GC_v} = 288 + \dfrac{1 \times 1,000 \times 3.6 \times \dfrac{10}{60}}{122.2 \times 0.718} = 294.8 - 273 = 21.8$℃

여기서, $G = \dfrac{PV}{RT} = \dfrac{101 \times 100}{0.287 \times (15+273)} = 122.2$kg

답 014. ④ 015. ②

016 다음은 시스템(계)과 경계에 대한 설명이다. 옳은 내용을 모두 고른 것은?

> 가. 검사하기 위하여 선택한 물질의 양이나 공간 내의 영역을 시스템(계)이라 한다.
> 나. 밀폐계는 일정한 양의 체적으로 구성된다.
> 다. 고립계의 경계를 통한 에너지 출입은 불가능하다.
> 라. 경계는 두께가 없으므로 체적을 차지하지 않는다.

① 가, 다
② 나, 라
③ 가, 다, 라
④ 가, 나, 다, 라

해설 밀폐계(폐쇄계)
　동작물질은 경계를 통과할 수 없으나 열과 일은 경계를 통과할 수 있는 계

017 단열된 가스터빈의 입구 측에서 압력 2MPa, 온도 1200K인 가스가 유입되어 출구 측에서 압력 100kPa, 온도 600K로 유출된다. 5MW의 출력을 얻기 위해 가스의 질량유량(kg/s)은 얼마이어야 하는가? (단, 터빈의 효율은 100%이고, 가스의 정압비열은 1.12kJ/(kg·K)이다.)

① 6.44　　② 7.44　　③ 8.44　　④ 9.44

해설 $W = m \cdot C_p \cdot dT$에서

$$m = \frac{W}{C_p \cdot dT} = \frac{5 \times 10^3}{1.12 \times (1,200 - 600)} = 7.44 \text{kg/s}$$

018 펌프를 사용하여 150kPa, 26℃의 물을 가역단열과정으로 650kPa까지 변화시킨 경우 펌프의 일(kJ/kg)은? (단, 26℃의 포화액의 비체적은 0.001m³/kg이다.)

① 0.4　　② 0.5　　③ 0.6　　④ 0.7

해설 $W_P = V \cdot dP = V(P_2 - P_1) = 0.001 \times (650 - 150) = 0.5 \text{kJ/kg}$

019 압력 1000kPa, 온도 300℃ 상태의 수증기(엔탈피 3051.15kJ/kg, 엔트로피 7.1228kJ/kg·K)가 증기터빈으로 들어가서 100kPa 상태로 나온다. 터빈의 출력 일이 370kJ/kg일 때 터빈의 효율(%)은?

수증기의 포화 상태표 (압력 100kPa / 온도 99.62℃)			
엔탈피(kJ/kg)		엔트로피(kJ/kg·℃)	
포화액체	포화증기	포화액체	포화증기
417.44	2675.46	1.3025	7.3593

① 15.6　　② 33.2　　③ 66.8　　④ 79.8

답 016. ③　017. ②　018. ②　019. ④

해설 ① 터빈의 효율
$$\eta = \frac{w_T}{(h_2-h_1)} = \frac{370}{3051.15-2587.4} = 0.798 = 79.8\%$$

② 터빈출구의 엔탈피(h_1)
$$h_1 = h' + x(h''-h') = 417.44 + \{0.961 \times (2675.46 - 417.44)\} = 2587.4 kJ/kg$$

여기서, 터빈 출구의 건도 $x = \frac{7.1228-1.3025}{7.3593-1.3025} = 0.961$

020
이상적인 냉동사이클에서 응축기 온도가 30℃, 증발기 온도가 -10℃일 때 성적계수는?

① 4.6 ② 5.2 ③ 6.6 ④ 7.5

해설 $COP_R = \frac{T_2}{T_1-T_2} = \frac{(-10+273)}{(30+273)-(-10+273)} ≒ 6.6$

제2과목 냉동공학

021
스크류 압축기의 운전 중 로터에 오일을 분사 시켜주는 목적으로 가장 거리가 먼 것은?

① 높은 압축비를 허용하면서 토출온도 유지
② 압축효율 증대로 전력소비 증가
③ 로터의 마모를 줄여 장기간 성능유지
④ 높은 압축비에서도 체적효율 유지

해설 로터에 오일을 분사하면 압축효율 증대로 전력소비는 감소한다.

022
그림은 냉동사이클을 압력-엔탈피선도에 나타낸 것이다. 이 그림에 대한 설명으로 옳은 것은?

① 팽창밸브 출구의 냉매 건조도는 $[(h_5-h_7)/(h_6-h_7)]$로 계산한다.
② 증발기 출구에서의 냉매 과열도는 엔탈피차 (h_1-h_6)로 계산한다.
③ 응축기 출구에서의 냉매 과냉각도는 엔탈피차 (h_3-h_5)로 계산한다.
④ 냉매 순환량은 [냉동능력/(h_6-h_5)]로 계산한다.

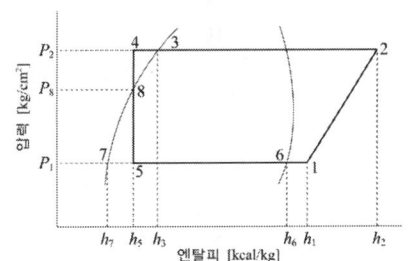

답 020. ③ 021. ② 022. ①

해설 ② 증발기 출구에서의 냉매 과열도 $= h_2 - h_1$
③ 응축기 출구에서의 냉매 과냉각도 $= h_3 - h_4$
④ 냉매 순환량 = 냉동능력 / $(h_1 - h_4)$

023 최근 에너지를 효율적으로 사용하자는 측면에서 빙축열시스템이 보급되고 있다. 빙축열시스템의 분류에 대한 조합으로 적절하지 않은 것은?

① 정적 제빙형 - 관외착빙형
② 정적 제빙형 - 빙박리형
③ 동적 제빙형 - 리키드아이스형
④ 동적 제빙형 - 과냉각아이스형

해설 빙축열 방식
① 동적제빙방식 : 축열조의 외부에서 제빙하고 그 얼음을 축열조에 옮겨 축열하는 방식 (빙박리형, 액체(유동)식 빙생성형)
② 정적제빙방식 : 축열조 내 제빙파이프를 설치하여 파이프 외측 또는 내측에 얼음을 생성시키는 방식(관외 착빙형(코일형), 관내 착빙형, 완전 동결형, 캡슐형)

024 냉동장치의 운전에 관한 설명으로 옳은 것은?

① 압축기에 액백(liquid back)현상이 일어나면 토출가스 온도가 내려가고 구동 전동기의 전류계 지시 값이 변동한다.
② 수액기내에 냉매액을 충만시키면 증발기에서 열부하 감소에 대응하기 쉽다.
③ 냉매 충전량이 부족하면 증발압력이 높게 되어 냉동능력이 저하한다.
④ 냉동부하에 비해 과대한 용량의 압축기를 사용하면 저압이 높게 되고, 장치의 성적계수는 상승한다.

해설 압축기에 액백(liquid back)현상이 일어나면 토출가스 온도가 내려가고 구동 전동기의 전류계 지시 값이 변동한다.

025 다음의 역카르노 사이클에서 등온팽창과정을 나타내는 것은?

① A
② B
③ C
④ D

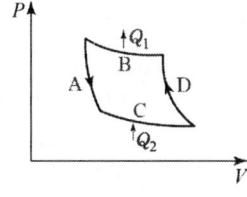

해설 ① A : 단열팽창   ② B : 등온압축
③ C : 등온팽창   ④ D : 단열압축

답 023. ② 024. ① 025. ③

026

증기압축 냉동사이클에서 압축기의 압축일은 5HP이고, 응축기의 용량은 12.86kW 이다. 이때 냉동사이클의 냉동능력(RT)은?

① 1.8
② 2.6
③ 3.1
④ 3.5

해설 냉동기의 냉동능력
$Q_e = Q_c - AW = (12.86 \times 860) - (5 \times 632) = 7,900 \text{kcal/h} = 2.61 \text{(US)RT}$
여기서, 1USRT=3024kcal/h이다.

027

다음과 같은 카르노사이클에 대한 설명으로 옳은 것은?

① 면적 1-2-3′-4′는 흡열 Q_1을 나타낸다.
② 면적 4-3-3′-4′는 유효열량을 나타낸다.
③ 면적 1-2-3-4는 방열 Q_2를 나타낸다.
④ Q_1, Q_2는 면적과는 무관하다.

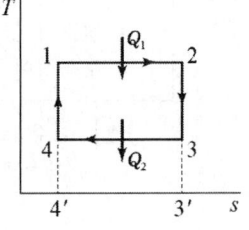

해설
① 면적 1-2-3′-4′=흡열 Q_1
② 면적 4-3-3′-4′=방열 Q_2
③ 면적 1-2-3-4=유효열량(일량)
④ Q_1, Q_2는 면적과는 관계한다.

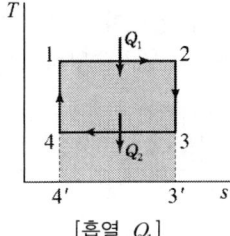
[흡열 Q_1]

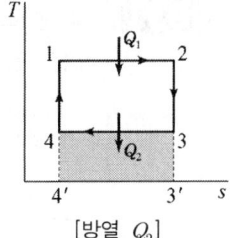
[유효열량(일량)]   [방열 Q_2]

028

비열이 3.86kJ/kg·K인 액 920kg을 1시간 동안 25℃에서 5℃로 냉각시키는데 소요되는 냉각열량은 몇 냉동톤(RT)인가? (단, 1RT는 3.5kW이다.)

① 3.2
② 5.6
③ 7.8
④ 8.3

해설 $q_s = G \cdot C \cdot \Delta t = 920 \times 3.86 \times (25-5) = 71,024 \text{kJ/h}$ (여기서, 1kW=3,600kJ/h이다.)

$RT = \dfrac{\left(\dfrac{71,024}{3,600}\right)}{3.5} = 5.6 \text{kW}$

답 026. ② 027. ① 028. ②

029 1분간에 25℃의 물 100L를 0℃의 물로 냉각시키기 위하여 최소 몇 냉동톤의 냉동기가 필요한가?
① 45.2RT
② 4.52RT
③ 452RT
④ 42.5RT

$$RT = \frac{Q_e}{3,320} = \frac{G \cdot C \cdot \Delta t}{3,320} = \frac{100 \times 1 \times (25-0) \times 60}{3,320} = 45.18RT$$

030 흡수식 냉동기에 사용하는 흡수제의 구비조건으로 틀린 것은?
① 농도 변화에 의한 증기압의 변화가 클 것
② 용액의 증기압이 낮을 것
③ 점도가 높지 않을 것
④ 부식성이 없을 것

흡수제의 구비조건
① 용액의 증기압이 낮을 것
② 농도 변화에 따른 증기압의 변화가 작을 것
③ 동일압력에서 냉매의 증발온도와 차이가 클 것
④ 재생기와 흡수기에서의 용해도 차가 클 것
⑤ 재생에 많은 열량을 필요로 하지 않을 것
⑥ 점성이 작고 결정이 잘 되지 않을 것
⑦ 부식성이 없을 것

031 쉘 앤 튜브 응축기에서 냉각수 입구 및 출구 온도가 각각 16℃와 22℃, 냉매의 응축온도를 25℃라 할 때, 이 응축기의 냉매와 냉각수와의 대수평균온도차(℃)는?
① 3.5
② 5.5
③ 6.8
④ 9.2

대수평균온도차
$$MTD = \frac{\Delta t_1 - \Delta t_2}{\ln \frac{\Delta t_1}{\Delta t_2}} = \frac{(25-16)-(25-22)}{\ln \frac{(25-16)}{(25-22)}} = 5.46℃$$

참고 산술평균온도차
$$\Delta t_m = t_c - \frac{(t_{w2} + t_{w1})}{2} = 25 - \frac{22+16}{2} = 6℃$$

답 029. ① 030. ① 031. ②

032 실제 냉동사이클에서 압축과정 동안 냉매 변환 중 스크류 냉동기는 어떤 압축과정에 가장 가까운가?
① 단열 압축
② 등온 압축
③ 등적 압축
④ 과열 압축

해설
① 이론 압축과정 : 단열 압축
② 실제 압축과정 : 폴리트로픽 압축

033 암모니아 냉동기의 배관재료로서 적절하지 않은 것은?
① 배관용 탄소강 강관
② 동합금관
③ 압력배관용 탄소강 강관
④ 스테인리스 강관

해설 암모니아 냉매의 배관재료로는 동 및 62% 이상의 동합금관을 사용할 수 없다.

참고 암모니아 냉매의 배관재료 : 배관용 탄소강 강관(철, 강)

034 냉동기유의 구비조건으로 틀린 것은?
① 응고점이 높아 저온에서도 유동성이 있을 것
② 냉매나 수분, 공기 등이 쉽게 용해되지 않을 것
③ 쉽게 산화하거나 열화하지 않을 것
④ 적당한 점도를 가질 것

해설 냉동기유는 응고점이 낮아 저온에서도 유동성이 있어야 한다.

035 그림과 같은 냉동 사이클로 작동하는 압축기가 있다. 이 압축기의 체적효율이 0.65, 압축효율이 0.8, 기계효율이 0.9라고 한다면 실제 성적계수는?
① 3.89
② 2.81
③ 1.82
④ 1.42

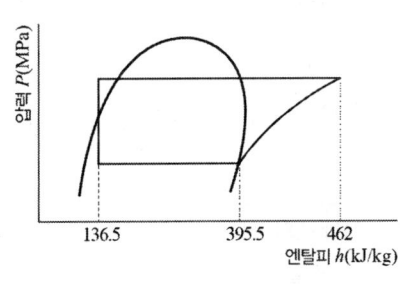

해설 실제 성적계수
$$\varepsilon = \frac{q_e}{Aw} \times \eta_c \times \eta_m = \frac{395.5-136.5}{462-395.5} \times 0.8 \times 0.9 = 2.8$$

답 032. ① 033. ② 034. ① 035. ②

036 증발기의 종류에 대한 설명으로 옳은 것은?
① 대형 냉동기에서는 주로 직접 팽창식 증발기를 사용한다.
② 직접 팽창식 증발기는 2차 냉매를 냉각시켜 물체를 냉동, 냉각시키는 방식이다.
③ 만액식 증발기는 팽창밸브에서 교축팽창 된 냉매를 직접 증발기로 공급하는 방식이다.
④ 간접 팽창식 증발기는 제빙, 양조 등의 산업용 냉동기에 주로 사용된다.

해설 ① 대형 냉동기에서는 주로 간접 팽창식 증발기를 사용한다.
② 간접 팽창식 증발기는 2차 냉매를 냉각시켜 물체를 냉동, 냉각시키는 방식이다.
③ 직접 팽창식 증발기는 팽창밸브에서 교축팽창 된 냉매를 직접 증발기로 공급하는 방식이다.

037 2단 압축 1단 팽창식과 2단 압축 2단 팽창식의 비교 설명으로 옳은 것은?
(단, 동일운전 조건으로 가정한다.)
① 2단 팽창식의 경우에는 두 가지의 냉매를 사용한다.
② 2단 팽창식의 경우가 성적계수가 약간 높다.
③ 2단 팽창식은 중간냉각기를 필요로 하지 않는다.
④ 1단 팽창식의 팽창밸브는 1개가 좋다.

해설 ① 2단 팽창식의 경우에는 한 가지의 냉매를 사용한다.
③ 1단 및 2단 팽창식은 중간냉각기를 필요로 한다.
④ 1단 팽창식의 팽창밸브는 2개이다.

038 운전 중인 냉동장치의 저압측 진공게이지가 50cmHg을 나타내고 있다. 이때의 진공도는?
① 65.8%　　② 40.8%
③ 26.5%　　④ 3.4%

해설 진공도 $= \dfrac{\text{진공 압력}}{\text{대기압}} = \dfrac{50}{76} \times 100 = 65.79\%$

039 안전밸브의 시험방법에서 약간의 기포가 발생할 때의 압력을 무엇이라고 하는가?
① 분출 전개압력　　② 분출 개시압력
③ 분출 정지압력　　④ 분출 종료압력

해설 분출 개시압력 : 안전밸브의 시험방법에서 약간의 기포가 발생할 때의 압력

답 036. ④　037. ②　038. ①　039. ②

> **참고**
> ① 분출 개시압력 : 입구 쪽의 압력이 증가하여 출구 측에서 미량의 유출이 지속적으로 검지될 때의 입구 쪽의 압력
> ② 분출 정지압력 : 입구 쪽의 압력이 감소하여 밸브몸체가 밸브시트와 재 접촉할 때, 즉 리프트가 제로가 되었을 때의 입구 쪽의 압력

040 응축압력의 이상 고압에 대한 원인으로 가장 거리가 먼 것은?
① 응축기의 냉각관 오염   ② 불응축가스 혼입
③ 응축부하 증대   ④ 냉매 부족

> **해설** 냉매가 부족하면 압력은 내려간다.
> **참고** 응축압력의 상승원인
> ① 공냉식일 경우 송풍량 부족 및 외기온도 상승 시
> ② 수냉식일 경우 냉각수량 부족 및 냉각수 온도 상승 시
> ③ 응축기 냉각관에 스케일 등의 부착 시
> ④ 냉매의 과충전이나 응축부하 과대 시
> ⑤ 공기 또는 불응축가스 혼입

제3과목 공기조화

041 단일덕트 방식에 대한 설명으로 틀린 것은?
① 중앙기계실에 설치한 공기조화기에서 조화한 공기를 주덕트를 통해 각 실로 분배한다.
② 단일덕트 일정 풍량 방식은 개별제어에 적합하다.
③ 단일덕트 방식에서는 큰 덕트 스페이스를 필요로 한다.
④ 단일덕트 일정 풍량 방식에서는 재열을 필요로 할 때도 있다.

> **해설** 단일덕트 일정 풍량 방식(단일 덕트 정풍량 방식)은 개별제어가 어렵다.
> **참고** 단일덕트 정풍량방식 : 실내 취출구를 통하여 일정한 풍량으로 송풍온도 및 습도를 변화시켜 부하에 대응하는 방식으로 각 실의 개별제어가 어렵다.

042 내벽 열전달율 4.7W/m²·K, 외벽 열전달율 5.8W/m²·K, 열전도율 2.9W/m·K, 벽두께 25cm, 외기온도 −10℃, 실내온도 20℃일 때 열관류율(W/m²·K)은?
① 1.8   ② 2.1
③ 3.6   ④ 5.2

> **해설** 열관류율, $K = \dfrac{1}{\dfrac{1}{\alpha_1} + \dfrac{l_n}{\lambda_n} + \dfrac{1}{\alpha_2}} = \dfrac{1}{\dfrac{1}{4.7} + \dfrac{0.25}{2.9} + \dfrac{1}{5.8}} = 2.12 \text{W/m}^2 \cdot \text{K}$

 040. ④ 041. ② 042. ②

043 변풍량 유닛의 종류별 특징에 대한 설명으로 틀린 것은?
① 바이패스형 덕트 내의 정압변동이 거의 없고 발생 소음이 작다.
② 유인형은 실내 발생열을 온열원으로 이용 가능하다.
③ 교축형은 압력손실이 작고 동력절감이 가능하다.
④ 바이패스형은 압력손실이 작지만 송풍기 동력 절감이 어렵다.

해설 교축형(슬롯형)은 교축기구에 의해 풍량을 조절하는 형식으로 압력손실이 크나 송풍기를 제어하므로 동력은 절감된다.

044 냉방부하의 종류에 따라 연관되는 열의 종류로 틀린 것은?
① 인체의 발생열 – 현열, 잠열
② 극간풍에 의한 열량 – 현열, 잠열
③ 조명부하 – 현열, 잠열
④ 외기 도입량 – 현열, 잠열

해설 조명부하로는 현열부하만 존재한다.

045 습공기의 습도에 대한 설명으로 틀린 것은?
① 절대습도는 건공기 중에 포함된 수증기량을 나타낸다.
② 수증기 분압은 절대습도에 반비례 관계가 있다.
③ 상대습도는 습공기의 수증기 분압과 포화공기의 수증기 분압과의 비로 나타낸다.
④ 비교습도는 습공기의 절대습도와 포화공기의 절대습도와의 비로 나타낸다.

해설 수증기분압(P_w)이 증가하면 절대습도(x)도 증가하는 비례 관계이다.

참고 절대습도
$$x = 0.622 \frac{P_w}{P - P_w}$$

046 공기의 온도에 따른 밀도 특성을 이용한 방식으로 실내보다 낮은 온도의 신선공기를 해당구역에 공급함으로써 오염물질을 대류효과에 의해 실내 상부에 설치된 배기구를 통해 배출시켜 환기 목적을 달성하는 방식은?
① 기계식 환기법 ② 전반 환기법
③ 치환 환기법 ④ 국소 환기법

해설 치환 환기법 : 실내보다 낮은 온도의 신선공기를 해당구역의 하부에 공급하여 오염물질의 대류효과에 의해 상부에 설치된 배기구를 통해 배기시키는 방식

답 043. ③ 044. ③ 045. ② 046. ③

047 아래 그림에 나타낸 장치를 표의 조건으로 냉방운전을 할 때 A실에 필요한 송풍량(m^3/h)은? (단, A실의 냉방부하는 현열부하 8.8kW, 잠열부하 2.8kW이고, 공기의 정압비열은 $1.01 kJ/kg \cdot K$, 밀도는 $1.2 kg/m^3$이며, 덕트에서의 열손실은 무시한다.)

지점	온도(DB), ℃	습도(RH), %
A	26	50
B	17	-
C	16	85

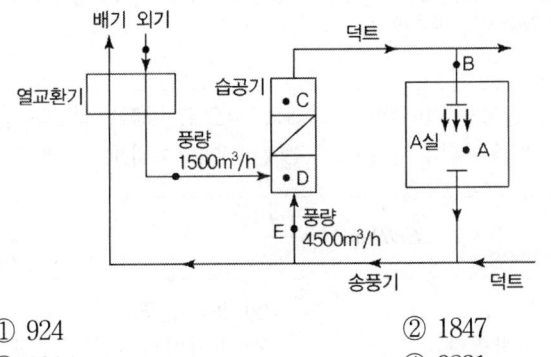

① 924 ② 1847
③ 2904 ④ 3831

해설
$$Q_A = \frac{q_s}{\rho C(t_r - t_d)} = \frac{8.8 \times 3,600}{1.2 \times 1.01 \times (26-17)} = 2,904 m^3/h$$
여기서, 1kW=3,600kJ/h이다.

048 다음 중 증기난방 장치의 구성으로 가장 거리가 먼 것은?
① 트랩 ② 감압밸브
③ 응축수탱크 ④ 팽창탱크

해설 팽창탱크 : 온수의 팽창에 따른 배관의 파손을 방지하는 것으로 온수난방설비에 사용된다.

049 환기에 따른 공기조화부하의 절감 대책으로 틀린 것은?
① 예냉, 예열 시 외기도입을 차단한다.
② 열 발생원이 집중되어 있는 경우 국소배기를 채용한다.
③ 전열교환기를 채용한다.
④ 실내 정화를 위해 환기횟수를 증가시킨다.

해설 환기횟수를 증가시키면 외기도입량이 많아져 외기부하 증가에 따라 공기조화부하도 증가한다.

답 047. ③ 048. ④ 049. ④

050 온수난방에 대한 설명으로 틀린 것은?

① 저온수 난방에서 공급수의 온도는 100℃ 이하이다.
② 사람이 상주하는 주택에서는 복사난방을 주로 한다.
③ 고온수 난방의 경우 밀폐식 팽창탱크를 사용한다.
④ 2관식 역환수 방식에서는 펌프에 가까운 방열기일수록 온수 순환량이 많아진다.

해설 역환수 방식에서는 모든 방열기에서 온수 순환량이 일정하도록 한다.

참고 역환수(리버스리턴) 방식 : 온수 공급관과 환수관의 마찰저항을 같게 하여 유량을 균등하게 공급하는 배관방식

051 방열기에서 상당방열면적(EDR)은 아래의 식으로 나타낸다. 이 중 Q_o는 무엇을 뜻하는가? (단, 사용단위로 Q는 W, Q_o는 W/m²이다.)

$$EDR(m^2) = \frac{Q}{Q_o}$$

① 증발량
② 응축수량
③ 방열기의 전방열량
④ 방열기의 표준방열량

해설 상당방열면적(EDR)

$$EDR = \frac{난방부하(방열기 전방열량)}{방열기 (표준)방열량}$$

052 공조기 냉수코일 설계 기준으로 틀린 것은?

① 공기류와 수류의 방향은 역류가 되도록 한다.
② 대수평균온도차는 가능한 한 작게 한다.
③ 코일을 통과하는 공기의 전면풍속은 2~3m/s로 한다.
④ 코일의 설치는 관이 수평으로 놓이게 한다.

해설 대수평균온도차는 가능한 한 크게 한다.

053 공기세정기의 구성품인 엘리미네이터의 주된 기능은?

① 미립화 된 물과 공기와의 접촉 촉진
② 균일한 공기 흐름 유도
③ 공기 내부의 먼지 제거
④ 공기 중의 물방울 제거

해설 엘리미네이터 : 공기세정기에서 물방울이나 냉각코일에서의 결로수가 기류에 함께 비산되는 것을 방지한다.

답 050. ④ 051. ④ 052. ② 053. ④

054 다음 중 열수분비(μ)와 현열비(SHF)와의 관계식으로 옳은 것은? (단, q_s는 현열량, q_L는 잠열량, L은 가습량이다.)

① $\mu = SHF \times \dfrac{q_s}{L}$ ② $\mu = \dfrac{1}{SHF} \times \dfrac{q_L}{L}$

③ $\mu = SHF \times \dfrac{q_L}{L}$ ④ $\mu = \dfrac{1}{SHF} \times \dfrac{q_s}{L}$

해설

열수분비, $\mu = \dfrac{\Delta h}{\Delta x} = \dfrac{\frac{q_s}{SHF}}{L} = \dfrac{q_s}{SHF \cdot L} = \dfrac{1}{SHF} \times \dfrac{q_s}{L}$

여기서, 현열비 $SHF = \dfrac{q_s}{q_T} = \dfrac{q_s}{\Delta h}$에서 $\Delta h = \dfrac{q_s}{SHF}$

055 대류 및 복사에 의한 열전달률에 의해 기온과 평균복사온도를 가중평균한 값으로 복사난방 공간의 열환경을 평가하기 위한 지표를 나타내는 것은?

① 작용온도(Operative Temperature)
② 건구온도(Dry bulb Temperature)
③ 카타냉각력(Kata Cooling Power)
④ 불쾌지수(Discomfort Index)

해설 작용온도(OT) : 대류 및 복사에 의한 열전달률에 기온과 평균복사온도를 가중평균한 값으로 복사난방 간의 열환경을 평가하기 위한 지표

056 A, B 두 방의 열손실은 각각 4kW이다. 높이 600mm인 주철제 5세주 방열기를 사용하여 실내온도를 모두 18.5℃로 유지시키고자 한다. A실은 102℃의 증기를 사용하며, B실은 평균 80℃의 온수를 사용할 때 두 방 전체에 필요한 총 방열기의 절수는? (단, 표준방열량을 적용하며, 방열기 1절(節)의 상당 방열 면적은 $0.23m^2$이다.)

① 23개 ② 34개
③ 42개 ④ 56개

해설 방열기 절수(쪽수)

A실 = $\dfrac{\text{난방부하}}{\text{쪽당 면적} \times \text{방열기 방열량}} = \dfrac{4}{0.23 \times 0.756} = 23$개

B실 = $\dfrac{\text{난방부하}}{\text{쪽당 면적} \times \text{방열기 방열량}} = \dfrac{4}{0.23 \times 0.523} = 33$개

따라서, A실 23개 + B실 33 = 총 66개 필요

참고 방열기 표준방열량
① 온수 : $450 kcal/m^2 h (0.756 kW/m^2)$
② 증기 : $650 kcal/m^2 h (0.523 kW/m^2)$

답 054. ④ 055. ① 056. ④

057 실내를 항상 급기용 송풍기를 이용하여 정압(+)상태로 유지할 수 있어서 오염된 공기의 침입을 방지하고, 연소용 공기가 필요한 보일러실, 반도체 무균실, 소규모 변전실, 창고 등에 적용하기에 적합한 환기법은?

① 제1종 환기
② 제2종 환기
③ 제3종 환기
④ 제4종 환기

해설 제2종 환기 : 기계급기+자연배기(보일러실, 반도체, 무균실, 클린룸, 수술실 등)

058 전공기방식에 대한 설명으로 틀린 것은?

① 송풍량이 충분하여 실내오염이 적다.
② 환기용 팬을 설치하면 외기냉방이 가능하다.
③ 실내에 노출되는 기기가 없어 마감이 깨끗하다.
④ 천장의 여유 공간이 작을 때 적합하다.

해설 전공기방식은 덕트크기가 커 천장의 여유 공간이 클 때 적합하다.

059 건구온도 30℃, 습구온도 27℃일 때 불쾌지수(DI)는 얼마인가?

① 57
② 62
③ 77
④ 82

해설 불쾌지수(DI)=0.72(건구온도+습구온도)+40.6
= {0.72×(30+27)}+40.6=82

참고 불쾌지수 : 건구온도(기온)와 습구온도(습도)만을 고려하여 불쾌감을 표시

060 송풍기의 법칙에 따라 송풍기 날개 직경이 D_1일 때, 소요동력이 L_1인 송풍기를 직경 D_2로 크게 했을 때 소요동력 L_2를 구하는 공식으로 옳은 것은? (단, 회전속도는 일정하다.)

① $L_2 = L_1 \left(\dfrac{D_1}{D_2}\right)^5$
② $L_2 = L_1 \left(\dfrac{D_1}{D_2}\right)^4$
③ $L_2 = L_1 \left(\dfrac{D_2}{D_1}\right)^4$
④ $L_2 = L_1 \left(\dfrac{D_2}{D_1}\right)^5$

해설 송풍기 소요동력은 임펠러 지름(D) 변경비의 5승에 비례한다.
$L_2 = L_1 \left(\dfrac{D_2}{D_1}\right)^5$

답 057. ② 058. ④ 059. ④ 060. ④

제4과목 전기제어공학

061 다음 신호흐름도에서 $\dfrac{C(s)}{R(s)}$는?

① $\dfrac{abcd}{1+ce+bcf}$
② $\dfrac{abcd}{1-ce+bcf}$
③ $\dfrac{abcd}{1+ce-bcf}$
④ $\dfrac{abcd}{1-ce-bcf}$

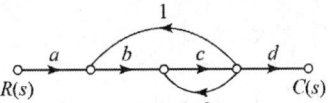

해설 신호흐름도의 전달함수를 구하는 다음의 이득공식이라는 것이 있다. 이 제어계는 전향경로가 1개로 그 곱은 $abcd$이다. 따라서 $k=1$이다.

$$M(s)=\sum_{k=1}^{N}\dfrac{M_k\Delta_k}{\Delta}=\dfrac{M_1\Delta_1}{\Delta}=\dfrac{(abcd)\times 1}{1-(bcf-ce)}=\dfrac{abcd}{1+ce-bcf}$$

여기서, N : 전향경로의 총 수
M_k : k번째 전향경로
$\Delta = 1 - $ (모든 각각 루프의 합) + (2개의 비접촉 루프의 가능한 모든 조합의 이득의 곱의 합) - (3개의 ~) +

062 코일에 흐르고 있는 전류가 5배로 되면 축적되는 에너지는 몇 배가 되는가?

① 10
② 15
③ 20
④ 25

해설 코일은 인덕턴스를 의미하므로 인덕턴스에 저장된 에너지식에 따라 전류가 5배 증가하면 제곱으로 증가하므로 25배가 증가한다.

참고 $E=\dfrac{1}{2}LI^2$

063 역률 0.85, 선전류 50A, 유효전력 28kW인 평형 3상 △부하의 전압(V)은 약 얼마인가?

① 300
② 380
③ 476
④ 660

해설 $P=\sqrt{3}\,V_s I_s \cos\theta$ 에서
$28,000 = \sqrt{3}\times V_s \times 50 \times 0.85$
$V_s = 380.37\text{V}$

061. ③ 062. ④ 063. ②

> **참고** 3상의 전력 공식
> $P = \sqrt{3} V_s I_s \cos\theta$
> 여기서, V_s, I_s : 전압과 전류의 실효치, $\cos\theta$: 역률

합격 064 탄성식 압력계에 해당되는 것은?
① 경사관식
② 압전기식
③ 환상평형식
④ 벨로스식

> **해설** 탄성식 압력계 : 부르돈관 압력계, 벨로스형 압력계, 다이어프램 압력계 등

합격 065 맥동률이 가장 큰 정류회로는?
① 3상 전파
② 3상 반파
③ 단상 전파
④ 단상 반파

> **해설** 맥동률은 정류된 직류에 포함된 교류성분을 평가하는 값으로 작을수록 좋으며, 가장 좋은 경우는 3상 전파정류이고, 가장 나쁜 경우는 단상 반파정류이다.

합격 066 다음 블록선도의 전달함수는?
① $G_1(s)G_2(s) + G_2(s) + 1$
② $G_1(s)G_2(s) + 1$
③ $G_1(s)G_2(s) + G_2$
④ $G_1(s)G_2(s) + G_1 + 1$

> **해설** $(R + G_1 R)G_2 + R = C$에서 $R(1 + G_2 + G_1 G_2) = C$
> 따라서, 전달함수는 $(1 + G_2 + G_1 G_2)$가 된다.

합격 067 다음 중 간략화한 논리식이 다른 것은?
① $(A+B) \cdot (A+\overline{B})$
② $A \cdot (A+B)$
③ $A + (\overline{A} \cdot B)$
④ $(A \cdot B) + (A \cdot \overline{B})$

> **해설**
> ① $(A+B)(A+\overline{B}) = A(A+\overline{B}) + B(A+\overline{B}) = AA + A\overline{B} + AB + B\overline{B} = A + A\overline{B} + AB$
> $= A(1 + B + \overline{B}) = A$
> ② $A(A+B) = AA + AB = A + AB = A(1+B) = A$
> ③ $A + (\overline{A}B) = A + B$
> ④ $AB + A\overline{B} = A(B + \overline{B}) = A$
>
> **참고** $A \cdot 0 = 0$, $A \cdot 1 = A$, $A \cdot A = A$, $A \cdot \overline{A} = 0$, $A + 0 = A$, $A + 1 = 1$,
> $A + A = A$, $A + \overline{A} = 1$
> $\overline{AB} = \overline{A} + \overline{B}$ $\overline{A+B} = \overline{AB}$ $A + \overline{A}B = A + B$

답 064. ④ 065. ④ 066. ① 067. ③

068 논리식 $L = \overline{x} \cdot \overline{y} + \overline{x} \cdot y$ $L = \overline{x}$ $L = \overline{y}$ 를 간단히 한 식은?

① $L = x$
② $L = \overline{x}$
③ $L = y$
④ $L = \overline{y}$

해설 조건이 여러 개 있기 때문에 카르노맵을 이용한다.
$L = \overline{x}\overline{y} + \overline{x}y = \overline{x}(\overline{y} + y) = \overline{x}$, $L = \overline{x}$, $L = \overline{y}$

구 분	$y = 0$	$\overline{y} = 1$
$x = 0$		1
$\overline{x} = 1$	1	1

위의 카르노맵을 간단히 하면 두 개씩 묶어서 불변인 항을 산택해서 논리합을 만들면 되므로 $L = \overline{x} + \overline{y}$이 된다.

069 물체의 위치, 방향 및 자세 등의 기계적 변위를 제어량으로 해석 목표값의 임의의 변화에 추종하도록 구성된 제어계는?

① 프로그램제어
② 프로세스제어
③ 서보 기구
④ 자동 조정

해설 서보 제어(기구) : 물체의 위치, 방위, 자세 등의 기계적 변위를 제어량으로 해서 목표값의 임의의 변화에 추종하는 제어

참고 ① 프로그램제어 : 목표치가 정해진 대로 변화하는 제어로 무인열차 나 엘리베이터, 전기로의 온도 제어 등에 사용
② 프로세스(공정)제어 : 온도, 압력, 유량 등을 제어량으로 하는 제어로, 주로 화학플랜트에서 외란을 억제하는 데 사용
③ 자동조정 : 정전압 장치나 조속기 제어와 같이 전압, 전류, 주파수, 회전속도 등 전기적, 기계적 양을 주로 제어하는 것으로 응답속도가 빠르다.

070 단자전압 V_{ab}는 몇 V인가?

① 3
② 7
③ 10
④ 13

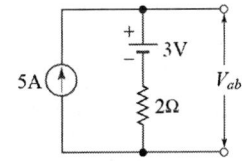

해설 회로에는 전원이 있어서 언제나 5A를 공급한다. 따라서 저항에 걸리는 전압은 $V_R = 5R = 10V$이다. 전류의 흐르는 방향이 아래쪽이므로 3V 전원의 방향과 동일하므로 다음과 같이 계산할 수 있다.
$V_{ab} = 3 + V_R = 3 + 10 = 13V$

답 068. 정답없음(공단답 ②) 069. ③ 070. ④

071. 전자석의 흡인력은 자속밀도 $B[\text{Wb/m}^2]$와 어떤 관계에 있는가?

① B에 비례
② $B^{1.5}$에 비례
③ B^2에 비례
④ B^3에 비례

해설 자석에 가해지는 힘은 자극의 곱에 비례하는데 자극의 세기는 자속밀도에 비례하므로 결국 자속밀도의 제곱에 비례한다.

072. 피드백 제어의 특징에 대한 설명으로 틀린 것은?

① 외란에 대한 영향을 줄일 수 있다.
② 목표값과 출력을 비교한다.
③ 조절부와 조작부로 구성된 제어요소를 가지고 있다.
④ 입력과 출력의 비를 나타내는 전체 이득이 증가한다.

해설 피드백 제어의 특징
① 피드백제어의 가장 중요한 특징은 입력(목표치)과 출력(결과치)을 비교하여 두 개의 오차인 제어편차가 0이 되도록 조작량을 제어한다.
② 입력치와 출력치의 오차가 0이 되도록 제어를 할 수 있으므로 정확성이 증가한다.
③ 대역대 폭이 증가한다.
④ 제어편차에 따른 조작을 가하므로 계의 특성이 변화하면 출력치가 변화하나 그에 상응하는 조작량이 제어대상에 적용되므로 출력치/입력치인 출력비의 감도는 감소한다.

073. 다음 회로와 같이 외전압계법을 통해 측정한 전력(W)은? (단, R_i : 전류계의 내부저항, R_e : 전압계의 내부저항이다.)

① $P = VI - \dfrac{V^2}{R_e}$
② $P = VI - \dfrac{V^2}{R_i}$
③ $P = VI - 2R_e I$
④ $P = VI - 2R_i I$

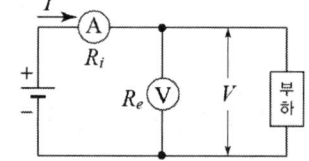

해설 회로에서 전류 I와 전압 V의 곱으로 계산한 전력은 전체의 전력 $P_a = VI$인데, 실제 전류 I의 일부는 전압계를 지나간다. 따라서, 전압계가 소모하는 전력 $P_e = \dfrac{V^2}{R_e}$을 전체 전력에서 빼주면 된다.

$$P = P_a - P_e = VI - \dfrac{V^2}{R_e}$$

참고 전력

$$P = VI = \dfrac{V^2}{R} = I^2 R$$

답 071. ③ 072. ④ 073. ①

074 목표값 이외의 외부 입력으로 제어량을 변화시키며 인위적으로 제어할 수 없는 요소는?

① 제어동작신호　② 조작량
③ 외란　④ 오차

> 외란 : 외부에서 불가항력적으로 제어계에 입력되는 값으로 인위적으로 제어가 불가능한 신호이다.

075 2전력계법으로 3상 전력을 측정할 때 전력계의 지시가 $W_1 = 200W$, $W_2 = 200W$ 이다. 부하전력(W)은?

① 200　② 400
③ $200\sqrt{3}$　④ $400\sqrt{3}$

> 2전력계법을 사용하는 경우는 그림처럼 전력계를 설치한다. 이때 3상의 전력은 각 전력계의 지시량을 더하면 된다.
> $W = W_1 + W_2 = 200 + 200 = 400W$

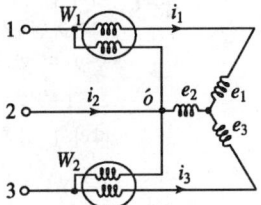

076 $R = 10\Omega$, $L = 10mH$에 가변콘덴서 C를 직렬로 구성시킨 회로에 교류주파수 $1000Hz$를 가하여 직렬공진을 시켰다면 가변콘덴서는 약 몇 μF인가?

① 2.533　② 12.675
③ 25.35　④ 126.75

> 직렬 RLC회로에서 공진주파수
> $f = \dfrac{1}{2\pi}\sqrt{\dfrac{1}{LC}}$ 에서 $1{,}000 = \dfrac{1}{2\pi}\sqrt{\dfrac{1}{10\times 10^{-3}\times C}}$
> $(1000\times 2\pi)^2 = \dfrac{1}{10\times 10^{-3}\times C}$
> $C = 2.533\mu F$

077 스위치 S의 개폐에 관계없이 전류 I가 항상 30A라면 R_3와 R_4는 각각 몇 Ω인가?

① $R_3 = 1$, $R_4 = 3$
② $R_3 = 2$, $R_4 = 1$
③ $R_3 = 3$, $R_4 = 2$
④ $R_3 = 4$, $R_4 = 4$

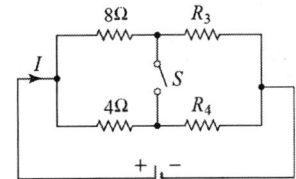

답　074. ③　075. ②　076. ①　077. ②

해설 스위치의 개폐와 관계없이 전류가 일정하다면 스위치가 연결된 전선에는 전류가 흐르지 않는 것을 의미하므로 이 회로는 휘스톤브릿지가 된다. 따라서, $8R_4 = 4R_3$가 성립하므로 두 저항의 비는 $\dfrac{R_3}{R_4} = 2$가 되므로 비가 성립하는 항을 찾으면 된다.

① $\dfrac{R_3}{R_4} = \dfrac{1}{3}$ ② $\dfrac{R_3}{R_4} = \dfrac{2}{1} = 2$ ③ $\dfrac{R_3}{R_4} = \dfrac{3}{2}$ ④ $\dfrac{R_3}{R_4} = \dfrac{4}{4} = 1$

078. 아래 R-L-C 직렬회로의 합성 임피던스(Ω)는?

① 1
② 5
③ 7
④ 15

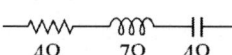
4Ω 7Ω 4Ω

해설 페이저 이론을 적용하면 저항($R=4$)과 리액턴스($X_L = 7$, $X_C = 4$)를 알려준 것이다. 직렬회로에서 인덕턴스는 $j7$, 콘덴서는 $-j4$가 되어 복소 임피던스는 다음 식으로 구할 수 있다.

$z = 4 + j(7-4) = 4 + j3$

따라서, 임피던스는 다음 식으로 구할 수 있다.

$Z = \sqrt{4^2 + 3^2} = \sqrt{25} = 5\,\Omega$

079. 변압기의 효율이 가장 좋을 때의 조건은?

① 철손 = $\dfrac{2}{3} \times$ 동손
② 철손 = $2 \times$ 동손
③ 철손 = $\dfrac{1}{2} \times$ 동손
④ 철손 = 동손

해설 변압기는 철손과 동손이 일치할 때 효율이 가장 좋다.

참고 ① 동손 : 변압기는 인덕턴스로 이루어졌는데 그 코일의 저항에 의한 손실
② 철손 : 자속의 히스테리시스의 특성에 의한 히스테리시스손과 전자기유도에 의한 와류에 의한 손실인 와류손

080. 입력 신호가 모두 "1"일 때만 출력이 생성되는 논리회로는?

① AND 회로
② OR 회로
③ NOR 회로
④ NOT 회로

해설 AND회로 : 입력 중에 하나라도 0이면 0이 되므로 모든 입력이 1이어야만 1이 출력된다.

답 078. ② 079. ④ 080. ①

참고 ① OR회로 : 입력 중에 하나라도 1이면 1이 되므로 모든 입력이 0이어야만 0이 출력된다.
② NOT회로 : 입력이 1이면 0, 입력이 0이면 1이 출력된다.

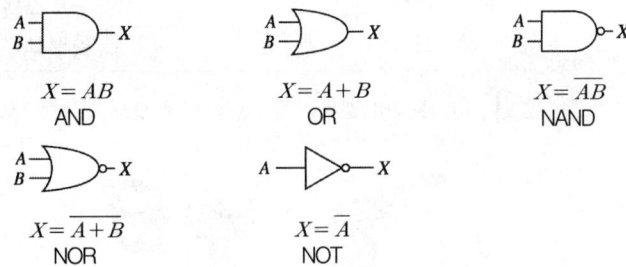

제5과목 배관일반

081 펌프 흡입측 수평배관에서 관경을 바꿀 때 편심 레듀셔를 사용하는 목적은?
① 유속을 빠르게 하기 위하여
② 펌프 압력을 높이기 위하여
③ 역류 발생을 방지하기 위하여
④ 공기가 고이는 것을 방지하기 위하여

해설 흡입관의 수평배관은 펌프를 향하여 상향구배로 배관하고, 수평관의 관경이 변경될 때에는 편심 레듀셔를 사용하여 관내로 공기가 유입되지 않도록 한다.

082 다음 중 배관의 중심이동이나 구부러짐 등의 변위를 흡수하기 위한 이음이 아닌 것은?
① 슬리브형 이음
② 플렉시블 이음
③ 루프형 이음
④ 플라스턴 이음

해설 플라스턴 이음은 연관의 이음방법이다.

083 온수배관 시공 시 유의사항으로 틀린 것은?
① 일반적으로 팽창관에는 밸브를 설치하지 않는다.
② 배관의 최저부에는 배수 밸브를 설치한다.
③ 공기밸브는 순환펌프의 흡입측에 부착한다.
④ 수평관은 팽창탱크를 향하여 올림구배로 배관한다.

해설 공기밸브는 수직관 상부에 부착한다.

081. ④ 082. ④ 083. ③

084 다음 중 밸브몸통 내에 밸브대를 축으로 하여 원판형태의 디스크가 회전함에 따라 개폐하는 밸브는 무엇인가?

① 버터플라이 밸브 ② 슬루스밸브
③ 앵글밸브 ④ 볼밸브

해설) 버터플라이 밸브 : 밸브몸통 내에 밸브대를 축으로 하여 원판형태의 디스크가 회전함에 따라 개폐하는 밸브

085 강관의 나사이음 시 관을 절단한 후 관 단면의 안쪽에 생기는 거스러미를 제거할 때 사용하는 공구는?

① 파이프 바이스 ② 파이프 리머
③ 파이프 렌치 ④ 파이프 커터

해설) 관 안쪽에 생기는 거스러미를 제거하는 공구 : 파이프 리머

086 옥상탱크에서 오버플로관을 설치하는 가장 적합한 위치는?

① 배수관보다 하위에 설치한다.
② 양수관보다 상위에 설치한다.
③ 급수관과 수평위치에 설치한다.
④ 양수관과 동일 수평위치에 설치한다.

해설) 오버플로관은 넘침방지관으로 양수관보다 상위에 설치한다.

087 하트포드(Hart ford) 배관법에 관한 설명으로 틀린 것은?

① 보일러 내의 안전 저수면 보다 높은 위치에 환수관을 접속한다.
② 저압증기 난방에서 보일러 주변의 배관에 사용한다.
③ 하트포드 배관법은 보일러 내의 수면이 안전수위 이하로 유지하기 위해 사용된다.
④ 하트포드 배관 접속 시 환수주관에 침적된 찌꺼기의 보일러 유입을 방지할 수 있다.

답 084. ① 085. ② 086. ② 087. ③

해설 하트포드이음 : 저압 증기난방의 습식 환수방식에 있어 보일러 수위가 환수관의 접속부 등의 누설로 인해 저수위 사고를 방지하기 위해 증기관과 환수관 사이의 표준수면에서 50mm 아래에 균형관을 설치하는 이음

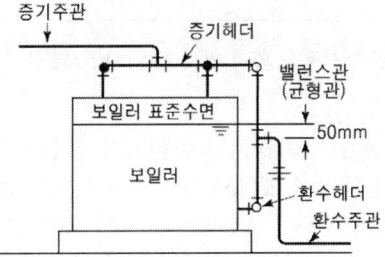

088. 급수급탕설비에서 탱크류에 대한 누수의 유무를 조사하기 위한 시험방법으로 가장 적절한 것은?

① 수압시험 ② 만수시험
③ 통수시험 ④ 잔류염소의 측정

해설 급수 탱크류에 대한 누수유무를 조사하기 위한 시험방법 : 만수시험

089. 중앙식 급탕법에 대한 설명으로 틀린 것은?

① 탱크 속에 직접 증기를 분사하여 물을 가열하는 기수 혼합식의 경우 소음이 많아 증기관에 소음기(silencer)를 설치한다.
② 열원으로 비교적 가격이 저렴한 석탄, 중유 등을 사용하므로 연료비가 적게 든다.
③ 급탕설비를 다른 설비 기계류와 동일한 장소에 설치하므로 관리가 용이하다.
④ 저탕 탱크속에 가열코일을 설치하고, 여기에 증기보일러를 통해 증기를 공급하여 탱크 안의 물을 직접 가열하는 방식을 직접 가열식 중앙 급탕법이라 한다.

해설 저탕 탱크속에 가열코일을 설치하고, 여기에 증기보일러를 통해 증기를 공급하여 탱크 안의 물을 가열하는 방식을 간접 가열식 중앙 급탕법이라 한다.

090. 공기조화 설비에서 에어워셔의 플러딩 노즐이 하는 역할은?

① 공기 중에 포함된 수분을 제거한다.
② 입구공기의 난류를 정류로 만든다.
③ 엘리미네이터에 부착된 먼지를 제거한다.
④ 출구에 섞여 나가는 비산수를 제거한다.

해설 플러딩 노즐 : 엘리미네이터에 부착된 먼지를 제거

답 088. ② 089. ④ 090. ③

091 다음 공조용 배관 중 배관 샤프트 내에서 단열시공을 하지 않는 배관은?
① 온수관 ② 냉수관
③ 증기관 ④ 냉각수관

> 해설) 냉각수관은 겨울철에 사용을 하지 않는 경우 단열시공을 하지 않는다.

092 급수온도 5℃, 급탕온도 60℃, 가열전 급탕설비의 전수량은 2m³, 급수와 급탕의 압력차는 50kPa일 때, 절대압력 300kPa의 정수두가 걸리는 위치에 설치하는 밀폐식 팽창탱크의 용량(m³)은? (단, 팽창탱크의 초기 봉입 절대압력은 300kPa이고, 5℃일 때 밀도는 1000kg/m³, 60℃일 때 밀도는 983.1kg/m³이다.)
① 0.83 ② 0.57
③ 0.24 ④ 0.17

> 해설) 밀폐식 팽창탱크의 용량
> $$V = \frac{P_1 P_2}{(P_2 - P_1)P_0} = \frac{\Delta V}{\frac{P_0}{P_2} - \frac{P_0}{P_1}} = \frac{34.4}{\frac{300}{300} - \frac{300}{300+50}} = 240L = 0.24 m^3$$
> 여기서, 팽창량은
> $$\Delta V = \left(\frac{\rho_1}{\rho_2} - 1\right)v = \left(\frac{1,000}{983.1} - 1\right) \times 2 \times 1,000 = 34,381L = 34.4 m^3$$

093 배관재료에 대한 설명으로 틀린 것은?
① 배관용 탄소강 강관은 1MPa 이상, 10MPa 이하 증기관에 적합하다.
② 주철관은 용도에 따라 수도용, 배수용, 가스용, 광산용으로 구분한다.
③ 연관은 화학 공업용으로 사용되는 1종관과 일반용으로 쓰이는 2종관, 가스용으로 사용되는 3종관이 있다.
④ 동관은 관 두께에 따라 K형, L형, M형으로 구분한다.

> 해설) 배관용 탄소강 강관(SPP)은 사용압력 1MPa 이하에 사용한다.

094 다음 중 증기난방용 방열기를 열손실이 가장 많은 창문 쪽의 벽면에 설치할 때 벽면과의 거리로 가장 적절한 것은?
① 5~6cm ② 10~11cm
③ 19~20cm ④ 25~26cm

> 해설) 방열기는 벽면에서 5cm 정도, 바닥에서는 10~15cm 정도 거리를 둔다.

답 091. ④ 092. ③ 093. ① 094. ①

095 저·중압의 공기 가열기, 열교환기 등 다량의 응축수를 처리하는데 사용되며, 작동원리에 따라 다량트랩, 부자형 트랩으로 구분하는 트랩은?

① 바이메탈 트랩 ② 벨로즈 트랩
③ 플로트 트랩 ④ 벨 트랩

해설 플로트 트랩 : 응축수의 부력을 이용하여 플로트가 상하로 움직여 밸브를 개폐하며 저·중압의 공기 가열기, 열교환기 등 다량의 응축수를 처리하는데 사용된다.

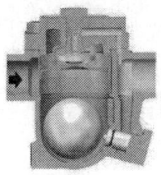 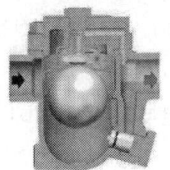 

096 냉동장치에서 압축기의 표시방법으로 틀린 것은?

① : 밀폐형 일반 ② ◯ : 로터리형
③ ⌂ : 원심형 ④ ◯ : 왕복동형

해설 원심형
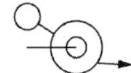

097 공조배관설비에서 수격작용의 방지방법으로 틀린 것은?

① 관 내의 유속을 낮게 한다.
② 밸브는 펌프 흡입구 가까이 설치하고 제어한다.
③ 펌프에 플라이휠(fly wheel)을 설치한다.
④ 서지탱크를 설치한다.

해설 수격작용 방지대책
① 공기실(air chamber)이나 수격방지기(WHC)를 설치한다.
② 관경을 크게 하고 유속은 낮춘다.
③ 펌프에 플라이휠(fly wheel)을 설치하여 펌프의 급속한 속도변화를 방지한다.
④ 조압 수조(surge tank)를 설치한다.
⑤ 밸브는 송출구 가까이 설치하고 개폐를 천천히 한다.
⑥ 배관을 가능한 직선으로 시공한다.

답 095. ③ 096. ③ 097. ②

합격 098 압축공기 배관설비에 대한 설명으로 틀린 것은?
① 분리기는 윤활유를 공기나 가스에서 분리시켜 제거하는 장치로서 보통 중간냉각기와 후부냉각기 사이에 설치한다.
② 위험성 가스가 체류되어 있는 압축기실은 밀폐시킨다.
③ 맥동을 완화하기 위하여 공기탱크를 장치한다.
④ 가스관, 냉각수관 및 공기탱크 등에 안전밸브를 설치한다.

해설 위험성 가스가 체류되어 있는 압축기실은 밀폐시키지 않는다.

합격 099 프레온 냉동기에서 압축기로부터 응축기에 이르는 배관의 설치 시 유의사항으로 틀린 것은?
① 배관이 합류할 때는 T자형보다 Y자형으로 하는 것이 좋다.
② 압축기로부터 올라온 토출관이 응축기에 연결되는 수평부분은 응축기 쪽으로 하향구배로 배관한다.
③ 2대의 압축기가 아래쪽에 있고 1대의 응축기가 위쪽에 있는 경우 토출가스 헤더는 압축기 위에 배관하여 토출가스관에 연결한다.
④ 압축기와 응축기가 각각 2대이고 압축기가 응축기의 하부에 설치된 경우 압축기의 크랭크 케이스 균압관은 수평으로 배관한다.

해설 2대의 압축기가 아래쪽에 있고 1대의 응축기가 위쪽에 있는 경우 토출가스 헤더는 압축기 아래에 배관하여 토출가스관에 연결한다.

합격 100 수도 직결식 급수방식에서 건물 내에 급수를 할 경우 수도 본관에서의 최저 필요 압력을 구하기 위한 필요 요소가 아닌 것은?
① 수도 본관에서 최고 높이에 해당하는 수전까지의 관 재질에 따른 저항
② 수도 본관에서 최고 높이에 해당하는 수전이나 기구별 소요압력
③ 수도 본관에서 최고 높이에 해당하는 수전까지의 관내 마찰손실수두
④ 수도 본관에서 최고 높이에 해당하는 수전까지의 상당압력

해설 수도본관에서의 최저 필요압력
= ④ 수전까지의 정수두압력 + ③ 관내 마찰손실수두 + ② 수전기구 최저 소요압력

답 098. ② 099. ③ 100. ①

2020년 8월 22일 — 제3회 공조냉동기계기사

제1과목 기계열역학

001 어떤 습증기의 엔트로피가 6.78kJ/(kg·K)라고 할 때 이 습증기의 엔탈피는 약 몇 kJ/kg인가? (단, 이 기체의 포화액 및 포화증기의 엔탈피와 엔트로피는 다음과 같다.)

	포화액	포화증기
엔탈피(kJ/kg)	384	2666
엔트로피(kJ/(kg·K))	1.25	7.62

① 2365 ② 2402 ③ 2473 ④ 2511

해설 습증기의 엔탈피
$h_x = h_1 + rx = h_1 + (h_2 - h_1)x = 384 + (2,666 - 384) \times 0.868 = 2,365 \text{kJ/kg}$
여기서, 건조도는 $s_x = s_1 + (s_2 - s_1)x$
$x = \dfrac{s_x - s_1}{s_2 - s_1} = \dfrac{6.78 - 1.25}{7.62 - 1.25} = 0.868$

002 압력(P)-부피(V) 선도에서 이상기체가 그림과 같은 사이클로 작동한다고 할 때 한 사이클 동안 행한 일은 어떻게 나타나는가?

① $\dfrac{(P_2 + P_1)(V_2 + V_1)}{2}$

② $\dfrac{(P_2 - P_1)(V_2 + V_1)}{2}$

③ $\dfrac{(P_2 + P_1)(V_2 - V_1)}{2}$

④ $\dfrac{(P_2 - P_1)(V_2 - V_1)}{2}$

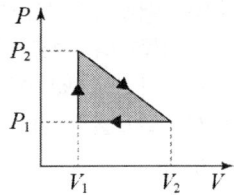

해설 $P-V$선도에서 행한 일(삼각형의 면적)
$W = \dfrac{(P_2 - P_1)(V_2 - V_1)}{2}$

003 다음 중 스테판-볼츠만의 법칙과 관련이 있는 열전달은?
① 대류 ② 복사 ③ 전도 ④ 응축

001. ① 002. ④ 003. ②

해설: 복사 : 전자파 형태로 전달 매체 없는 열의 이동(스테판-볼쯔만의 법칙)

004 이상기체 2kg이 압력 98kPa, 온도 25℃ 상태에서 체적이 0.5m³였다면 이 이상기체의 기체상수는 약 몇 J/(kg·K)인가?

① 79　② 82　③ 97　④ 102

해설: $PV = mRT$에서
$$R = \frac{PV}{mT} = \frac{98 \times 0.5}{2 \times (25+273)} = 0.0822 \text{kJ/kg·K} = 82 \text{J/kg·K}$$

005 냉매가 갖추어야 할 요건으로 틀린 것은?

① 증발온도에서 높은 잠열을 가져야 한다.
② 열전도율이 커야 한다.
③ 표면장력이 커야 한다.
④ 불활성이고 안전하며 비가연성이어야 한다.

해설: 냉매는 표면장력이 작아 접촉면적이 커 열전달이 잘 되어야 한다.

006 어떤 유체의 밀도가 741kg/m³이다. 이 유체의 비체적은 약 몇 m³/kg인가?

① 0.78×10^{-3}　② 1.35×10^{-3}
③ 2.35×10^{-3}　④ 2.98×10^{-3}

해설: $v = \dfrac{1}{\rho} = \dfrac{1}{741} = 0.00135 = 1.35 \times 10^{-3} \text{m}^3/\text{kg}$

007 이상적인 랭킨사이클에서 터빈 입구 온도가 350℃이고, 75kPa과 3MPa의 압력범위에서 작동한다. 펌프 입구와 출구, 터빈 입구와 출구, 터빈 입구와 출구에서 엔탈피는 각각 384.4kJ/kg, 387.5kJ/kg, 3116kJ/kg, 2403kJ/kg이다. 펌프 일을 고려한 사이클의 열효율과 펌프일을 무시한 사이클의 열효율 차이는 몇 %인가?

① 0.0011　② 0.092　③ 0.11　④ 0.18

해설: 랭킨사이클의 열효율
① 터빈 일(w_T) = 3,116 − 2,403 = 713
② 보일러 가열(q_B) = 3,116 − 387.5 = 2728.5
③ 펌프 일(w_P) = 387.5 − 384.4 = 3.1

$$\eta_1 = \frac{w_T}{q_B} = \frac{713}{2,728.5} = 0.2613$$

$$\eta_2 = \frac{w_T - w_P}{q_B} = \frac{713 - 3.1}{2,728.5} = 0.26018$$

$\eta_1 - \eta_2 = 0.2613 - 0.26018 = 0.0011 = 0.11\%$

답　004. ②　005. ③　006. ②　007. ③

008 전류 25A, 전압 13V를 가하여 축전지를 충전하고 있다. 충전하는 동안 축전지로부터 15W의 열손실이 있다. 축전지의 내부에너지 변화율은 약 몇 W인가?

① 310 ② 340
③ 370 ④ 420

해설 $P = VI = 25 \times 13 = 325W - 15 = 310W$

009 고온열원(T_1)과 저온열원(T_2) 사이에서 작동하는 역카르노 사이클에 대한 열펌프(heat pump)의 성능계수는?

① $\dfrac{T_1 - T_2}{T_1}$ ② $\dfrac{T_2}{T_1 - T_2}$

③ $\dfrac{T_1}{T_1 - T_2}$ ④ $\dfrac{T_1 - T_2}{T_2}$

해설 히트펌프의 성적계수

$$COP_H = \frac{Q_1}{AW} = \frac{Q_1}{Q_1 - Q_2} = \frac{T_1}{T_1 - T_2} = COP_R + 1$$

참고 냉동기의 성적계수

$$COP_R = \frac{Q_2}{W} = \frac{Q_2}{Q_1 - Q_2} = \frac{T_2}{T_1 - T_2}$$

여기서, Q_1 : 응축열량
Q_2 : 증발열량(냉동능력)
AW : 압축일량(압축열량)
T_1 : 고온 절대온도
T_2 : 저온 절대온도

 010 압력이 0.2MPa, 온도가 20℃의 공기를 압력이 2MPa로 될 때까지 가역단열 압축했을 때 온도는 몇 ℃인가? (단, 공기는 비열비가 1.4인 이상기체로 간주한다.)

① 225.7 ② 273.7
③ 292.7 ④ 358.7

해설 $\dfrac{T_2}{T_1} = \left(\dfrac{P_2}{P_1}\right)^{\frac{k-1}{k}}$ 에서

$T_2 = T_1 \left(\dfrac{P_2}{P_1}\right)^{\frac{k-1}{k}} = (20 + 273) \times \left(\dfrac{2}{0.2}\right)^{\frac{1.4-1}{1.4}} = 565.7K - 273 = 292.7℃$

008. ① 009. ③ 010. ③

011

어떤 물질에서 기체상수(R)가 0.189kJ/(kg·K), 임계온도가 305K, 임계압력이 7380kPa이다. 이 기체의 압축성 인자(compressibility factor, Z)가 다음과 같은 관계식을 나타낸다고 할 때 이 물질의 20℃, 1000kPa 상태에서의 비체적(v)은 약 몇 m³/kg인가? (단, P는 압력, T는 절대온도, P_r은 환산압력, T_r은 환산온도를 나타낸다.)

$$Z = \frac{Pv}{RT} = 1 - 0.8 \frac{P_r}{T_r}$$

① 0.011　　② 0.0303　　③ 0.0491　　④ 0.0554

해설

환산온도, $T_r = \dfrac{T}{T_c} = \dfrac{20+273}{305} = 0.961$

환산압력, $P_r = \dfrac{P}{P_c} = \dfrac{1,000}{7,380} = 0.136$

보정계수, $Z = 1 - 0.8 \times \dfrac{0.136}{0.961} = 0.887$

비체적, $v = \dfrac{zRT}{P} = \dfrac{0.887 \times 0.189 \times (20+273)}{1,000} = 0.04912 \text{m}^3/\text{kg}$

012

단열된 노즐에 유체가 10m/s의 속도로 들어와서 200m/s의 속도로 가속되어 나간다. 출구에서의 엔탈피가 2770kJ/kg일 때 입구에서의 엔탈피는 약 몇 kJ/kg인가?

① 4370　　② 4210
③ 2850　　④ 2790

해설

정상단열 분류에 의한 단열 낙하차(열강하)

$h_1 - h_2 = \dfrac{V_2^2 - V_1^2}{2}$ 에서

$h_1 = \dfrac{V_2^2 - V_1^2}{2} + h_2 = \dfrac{200^2 - 10^2}{2} + (2,770 \times 10^3) = 2,790 \times 10^3 \text{J} = 2,790 \text{kJ}$

013

100℃의 구리 10kg을 20℃의 물 2kg이 들어있는 단열 용기에 넣었다. 물과 구리 사이의 열전달을 통한 평형 온도는 약 몇 ℃인가? (단, 구리 비열은 0.45kJ/(kg·K), 물 비열은 4.2kJ/(kg·K)이다.)

① 48　　② 54
③ 60　　④ 68

해설

구리의 방출열＝물의 흡수열

$10 \times 0.45 \times (100-t) = 20 \times 4.2 \times (t-20)$ 에서 $t = 48$℃

답 011. ③　012. ④　013. ①

014 이상적인 교축과정(throttling process)을 해석하는데 있어서 다음 설명 중 옳지 않은 것은?
① 엔트로피는 증가한다.
② 엔탈피의 변화가 없다고 본다.
③ 정압과정으로 간주한다.
④ 냉동기의 팽창밸브의 이론적인 해석에 적용될 수 있다.

해설 교축과정(throttling process)
팽창밸브의 이론적인 해석에 적용하며 교축작용에 따라 압력 및 온도는 떨어지고, 엔탈피가 일정하며 엔트로피는 증가한다.

015 이상기체로 작동하는 어떤 기관의 압축비가 17이다. 압축 전의 압력 및 온도는 112kPa, 25℃이고 압축 후의 압력은 4350kPa이었다. 압축 후의 온도는 약 몇 ℃인가?
① 53.7
② 180.2
③ 236.4
④ 407.8

해설
$$\frac{P_1 V_1}{T_1} = \frac{P_2 V_2}{T_2}$$
$$T_2 = \frac{T_1 P_2 V_2}{P_1 V_1} = \frac{(25+273) \times 4,350 \times V_2}{112 \times 17 V_2} = 680.83K - 273 = 407.8℃$$
여기서, $\frac{V_2}{V_1} = \frac{1}{17}$, $17 V_2 = V_1$

016 다음은 오토(Otto) 사이클의 온도-엔트로피(T-S) 선도이다. 이 사이클의 열효율을 온도를 이용하여 나타낼 때 옳은 것은? (단, 공기의 비열은 일정한 것으로 본다.)

① $1 - \frac{T_c - T_d}{T_b - T_a}$
② $1 - \frac{T_b - T_a}{T_c - T_d}$
③ $1 - \frac{T_a - T_d}{T_b - T_c}$
④ $1 - \frac{T_b - T_c}{T_a - T_d}$

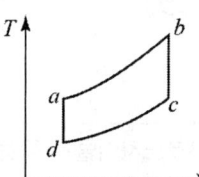

해설 오토사이클의 열효율
$$\eta_o = 1 - \frac{q_2}{q_1} = 1 - \frac{C_v(T_c - T_d)}{C_v(T_b - T_a)} = 1 - \frac{T_c - T_d}{T_b - T_a} = 1 - \left(\frac{1}{\varepsilon}\right)^{k-1}$$

014. ③ 015. ④ 016. ①

2020년 8월 22일 시행

017
클라우지우스(Clausius)의 부등식을 옳게 나타낸 것은? (단, T는 절대온도, Q는 시스템으로 공급된 전체열량을 나타낸다.)

① $\oint T\delta Q \leq 0$ ② $\oint T\delta Q \geq 0$
③ $\oint \dfrac{\delta Q}{T} \leq 0$ ④ $\oint \dfrac{\delta Q}{T} \geq 0$

 클라우지우스(Clausius)의 부등식
① 가역과정 : $\oint \dfrac{dQ}{T} = 0$
② 비가역과정 : $\oint \dfrac{dQ}{T} < 0$
③ 가역, 비가역과정 : $\oint \dfrac{dQ}{T} \leq 0$

018
다음 중 강도성 상태량(intensive property)이 아닌 것은?
① 온도 ② 내부에너지
③ 밀도 ④ 압력

 강도성 상태량
압력, 비체적, 온도, 비엔탈피, 밀도 등

참고 종량성(용량성) 상태량
질량, 체적, 내부에너지, 엔탈피, 엔트로피, 전기저항 등

019
기체가 0.3MPa로 일정한 압력 하에 8m³에서 4m³까지 마찰 없이 압축되면서 동시에 500kJ의 열을 외부로 방출하였다면, 내부에너지의 변화는 몇 kJ인가?
① 700 ② 1700 ③ 1200 ④ 1400

 내부에너지 증가량
$\delta Q = dU + \delta W$
$dU = \delta Q - \delta PV = -500 - \{0.3 \times 1,000 \times (4-8)\} = 700\,kJ$

020
카르노사이클로 작동하는 열기관이 1000℃의 열원과 300K의 대기 사이에서 작동한다. 이 열기관이 사이클 당 100kJ의 일을 할 경우 사이클 당 1000℃의 열원으로부터 받은 열량은 약 몇 kJ인가?
① 70.0 ② 76.4 ③ 130.8 ④ 142.9

$\eta = \dfrac{Q_1 - Q_2}{Q_1} = \dfrac{T_1 - T_2}{T_1}$

$Q_1 = \dfrac{(Q_1 - Q_2)T_1}{T_1 - T_2} = \dfrac{100 \times 1,273}{(1,000+273)-300} = 130.8\,kJ$

답 017. ③ 018. ② 019. ① 020. ③

제2과목 냉동공학

021 냉동능력이 15RT인 냉동장치가 있다. 흡입증기 포화온도가 −10℃이며, 건조 포화증기 흡입압축으로 운전된다. 이때 응축온도가 45℃이라면 이 냉동장치의 응축부하(kW)는 얼마인가? (단, 1RT는 3.8kW이다.)

① 74.1
② 58.7
③ 49.8
④ 36.2

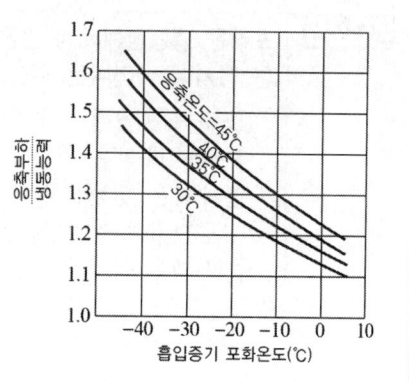

해설 응축온도 45℃, 흡입증기 포화온도가 −10℃의 교점에서 좌측값을 읽으면 방열계수(응축부하/냉동능력)가 1.3이다.
$\frac{응축부하}{냉동능력} = 1.3$이므로 $15RT \times 3.8 \times 1.3 = 74.1\,kW$

022 다음 중 터보 압축기의 용량(능력)제어 방법이 아닌 것은?

① 회전속도에 의한 제어
② 흡입 댐퍼에 의한 제어
③ 부스터에 의한 제어
④ 흡입 가이드 베인에 의한 제어

해설 원심식(터보) 압축기의 용량제어방법
① 회전속도 조절법
② 흡입 가이드 베인의 각도 조절법
③ 바이패스법
④ 흡입, 토출 댐퍼 조절법
⑤ 냉각수량 조절법(응축압력 조절법)

023 냉매의 구비조건으로 옳은 것은?

① 표면장력이 작을 것
② 임계온도가 낮을 것
③ 증발잠열이 작을 것
④ 비체적이 클 것

해설 냉매는 임계온도가 높아 상온에서 쉽게 액화할 것

024 증기 압축식 열펌프에 관한 설명으로 틀린 것은?

① 하나의 장치로 난방 및 냉방으로 사용할 수 있다.
② 일반적으로 성적계수가 1보다 작다.
③ 난방을 위한 별도의 보일러 설치가 필요 없어 대기오염이 적다.
④ 증발온도가 높고 응축온도가 낮을수록 성적계수가 커진다.

답 021. ① 022. ③ 023. ① 024. ②

해설 냉동기나 열펌프의 성적계수는 1보다 크다. 또한, 열펌프의 성적계수는 냉동기의 성적계수보다 1이 더 크다.

025 프레온 냉동장치의 배관공사 중에 수분이 장치내에 잔류했을 경우 이 수분에 의한 장치에 나타나는 현상으로 틀린 것은?

① 프레온 냉매는 수분의 용해도가 적으므로 냉동장치 내의 온도가 0℃ 이하이면 수분은 빙결한다.
② 수분은 냉동장치 내에서 철재 재료 등을 부식시킨다.
③ 증발기의 전열기능을 저하시키고, 흡입관 내 냉매흐름을 방해한다.
④ 프레온 냉매와 수분이 서로 화합반응하여 알칼리를 생성시킨다.

해설 프레온 냉매와 수분이 서로 화합반응하여 산을 생성시켜 재료를 부식시킨다.

026 0℃와 100℃ 사이에서 작용하는 카르노 사이클 기관(㉮)과 400℃와 500℃ 사이에서 작용하는 카르노 사이클 기관(㉯)이 있다. ㉮기관 열효율은 ㉯기관 열효율의 약 몇 배가 되는가?

① 1.2배 ② 2배
③ 2.5배 ④ 4배

해설
$$\eta_{㉮} = \frac{T_1 - T_2}{T_1} = \frac{(100+273)-(0+273)}{(100+273)} = 0.27$$

$$\eta_{㉯} = \frac{T_1 - T_2}{T_1} = \frac{(500+273)-(400+273)}{(500+273)} = 0.13$$

$$\frac{\eta_{㉮}}{\eta_{㉯}} = \frac{0.27}{0.13} = 2배$$

참고 열기관에서의 열효율
$$\eta = \frac{W}{Q_1} = \frac{Q_1 - Q_2}{Q_1} = \frac{T_1 - T_2}{T_1}$$

027 팽창밸브 중 과열도를 검출하여 냉매유량을 제어하는 것은?

① 정압식 자동팽창밸브 ② 수동팽창밸브
③ 온도식 자동팽창밸브 ④ 모세관

해설 온도식 자동 팽창밸브(TEV)
증발기 출구 냉매가스의 과열도를 검출하여 냉매유량을 제어하는 팽창밸브

답 025. ④ 026. ② 027. ③

028 다음 중 가연성이 있어 조건이 나쁘면 인화, 폭발위험이 가장 큰 냉매는?
① R-717
② R-744
③ R-718
④ R-502

> 가연성으로 인화, 폭발위험이 크며 독성인 냉매 : 암모니아(R-717)

029 흡수식 냉동사이클 선도에 대한 설명으로 틀린 것은?
① 듀링선도는 수용액의 농도, 온도, 압력 관계를 나타낸다.
② 증발잠열 등 흡수식 냉동기 설계상 필요한 열량은 엔탈피-농도 선도를 통해 구할 수 있다.
③ 듀링선도에서는 각 열교환기내의 열교환량을 표현할 수 없다.
④ 엔탈피-농도 선도는 수평축에 비엔탈피, 수직축에 농도를 잡고 포화용액의 등온, 등압선과 발생증기의 등압선을 그은 것이다.

> 흡수식 냉동사이클 선도
> ① P-T선도(듀링선도) : 수용액의 일정 농도에서 압력, 온도에 따른 비등점을 연결한 선으로 구성된다.
> ② 엔탈피-농도선도($h-\xi$선도) : 수평축에 수직축에 비엔탈피, 수평축에 농도를 잡고 포화용액의 등온, 등압선과 발생증기의 등압선을 그은 것이다.

030 저온용 단열재의 조건으로 틀린 것은?
① 내구성이 있을 것
② 흡습성이 클 것
③ 팽창계수가 작을 것
④ 열전도율이 작을 것

> 단열재는 흡습성이 작아야 한다.

031 다음 안전장치에 대한 설명으로 틀린 것은?
① 가용전은 응축기, 수액기 등의 압력용기에 안전장치로 설치된다.
② 파열판은 얇은 금속판으로 용기의 구멍을 막고 있는 구조이며 안전밸브로 사용된다.
③ 안전밸브는 고압측의 각 부분에 설치하여 일정 이상 고압이 되면 밸브가 열려 저압부로 보내거나 외부로 방출하도록 한다.
④ 고압차단스위치는 조정설정압력보다 벨로즈에 가해진 압력이 낮아졌을 때 압축기를 정지시키는 안전장치이다.

> 고압차단스위치(HPS)는 조정설정압력보다 벨로즈에 가해진 압력이 높아졌을 때 압축기를 정지시키는 안전장치이다.

답 028. ① 029. ④ 030. ② 031. ④

032 흡수식 냉동기의 특징에 대한 설명으로 틀린 것은?
① 부분 부하에 대한 대응성이 좋다.
② 압축식, 터보식 냉동기에 비해 소음과 진동이 적다.
③ 초기 운전시 정격 성능을 발휘할 때까지의 도달속도가 느리다.
④ 용량 제어 범위가 비교적 작아 큰 용량장치가 요구되는 장소에 설치 시 보조기기 설비가 요구된다.

해설 흡수식 냉동기는 용량 제어 범위가 커 큰 용량장치가 요구되는 장소에 설치한다.

참고 흡수식 냉동기의 특징
① 압축기 대신 증기, 온수 등의 열을 이용하여 소음, 진동이 작다.
② 전력 사용량이 적고, 용량제어 범위가 넓다.
③ 부분 부하에 대한 대응성이 좋다.
④ 압축식에 비해 효율이 나쁘며 중량 및 높이가 크므로 설치면적이 크다.
⑤ 냉각수소비량의 커 냉각탑의 용량의 커지며 설비비가 많이 든다.
⑥ 용액의 부식성이 크고, 온도저하에 따른 용액의 결정(結晶)사고가 발생한다.
⑦ 예냉시간이 길어 냉수가 나올 때까지 시간이 걸린다.
⑧ 냉매로 물을 사용할 경우 일반적으로 5℃ 이하의 냉수를 얻기 어렵다.

033 다음의 p-h선도상에서 냉동능력이 1냉동톤인 소형 냉장고의 실제 소요동력(kW)은? (단, 1냉동톤은 3.8kW이며, 압축효율은 0.75, 기계효율은 0.9이다.)
① 1.47
② 1.81
③ 2.73
④ 3.27

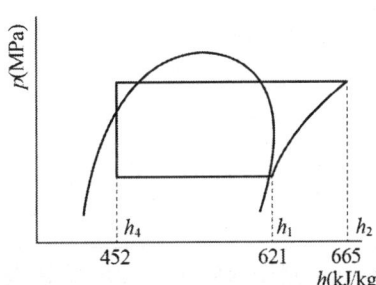

해설 압축기 실제 소요동력
$$kW = \frac{G \times Aw}{\eta_c \times \eta_m} = \frac{80.95 \times (665 - 621)}{0.75 \times 0.9 \times 3,600} = 1.47 \, kW$$

여기서, 냉매 순환량 $G = \dfrac{Q_e}{q_e} = \dfrac{1 \times 3.8 \times 3,600}{(621 - 452)} = 80.95 \, kg/h$

참고 $1 \, kW = 3,600 \, kJ/h$

034 냉동장치의 윤활 목적으로 틀린 것은?
① 마모방지 ② 부식방지
③ 냉매 누설방지 ④ 동력손실 증대

답 032. ④ 033. ① 034. ④

해설 윤활유를 사용하면 동력손실은 감소한다.

참고 압축기 윤활유(냉동기유)의 역할
① 윤활작용(마모방지)   ② 기밀작용(누설방지)
③ 냉각작용   ④ 패킹보호
⑤ 청정 및 방청 등

035 2단압축 1단팽창 냉동장치에서 고단 압축기의 냉매순환량을 G_2, 저단 압축기의 냉매순환량을 G_1이라고 할 때 G_2/G_1은 얼마인가?

저단 압축기 흡입증기 엔탈피(h_1)	610.4kJ/kg
저단 압축기 토출증기 엔탈피(h_2)	652.3kJ/kg
고단 압축기 흡입증기 엔탈피(h_3)	622.2kJ/kg
중간 냉각기용 팽창밸브 직전 냉매 엔탈피(h_4)	462.6kJ/kg
증발기용 팽창밸브 직전 냉매 엔탈피(h_5)	427.1kJ/kg

① 0.8   ② 1.4   ③ 2.5   ④ 3.1

해설 고단측 냉매 순환량

$$G_2 = G_1 \times G_m = G_1 \times \frac{i_2 - i_7}{i_3 - i_5} = G_1 \times \frac{652.3 - 427.1}{610.4 - 462.6} = 1.52 G_1$$

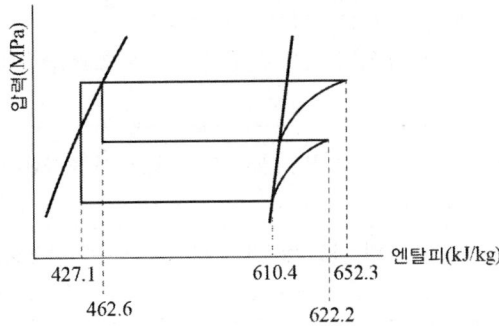

036 공기열원 수가열 열펌프 장치를 가열운전(시운전)할 때 압축기 토출밸브 부근에서 토출가스 온도를 측정하였더니 일반적인 온도보다 지나치게 높게 나타났다. 이러한 현상의 원인으로 가장 거리가 먼 것은?

① 냉매 분해가 일어났다.
② 팽창밸브가 지나치게 교축 되었다.
③ 공기측 열교환기(증발기)에서 눈에 띄게 착상이 일어났다.
④ 가열측 순환 온수의 유량이 설계 값 보다 많다.

해설 가열측 순환 온수의 유량이 설계 값 보다 많으면 토출가스의 온도는 상승하지 않는다.

답 035. ② 036. ④

037 두께 30cm의 벽돌로 된 벽이 있다. 내면온도 21℃, 외면온도가 35℃일 때 이 벽을 통해 흐르는 열량(W/m²)은? (단, 벽돌의 열전도율은 0.793W/m·K이다.)
① 32 ② 37
③ 40 ④ 43

해설) 벽체의 열전도 열량
$$Q = \frac{\lambda \cdot A \cdot \Delta t}{l} = \frac{0.793 \times 1 \times (35-21)}{0.3} = 37 \text{W/m}^2$$

038 온도식 팽창밸브는 어떤 요인에 의해 작동되는가?
① 증발온도 ② 과냉각도
③ 과열도   ④ 액화온도

해설) 온도식 팽창밸브(TEV)
증발기 출구의 냉매가스의 과열도에 따라 냉매량을 조절하는 팽창밸브

039 프레온 냉매를 사용하는 냉동장치에 공기가 침입하면 어떤 현상이 일어나는가?
① 고압 압력이 높아지므로 냉매 순환량이 많아지고 냉동능력도 증가한다.
② 냉동톤당 소요동력이 증가한다.
③ 고압 압력은 공기의 분압만큼 낮아진다.
④ 배출가스의 온도가 상승하므로 응축기의 열통과율이 높아지고 냉동능력도 증가한다.

해설) 냉동장치에 공기가 침입하면 냉동톤당 소요동력이 증가한다.

040 냉동부하가 25RT인 브라인 쿨러가 있다. 열전달 계수가 1.53kW/m²·K이고, 브라인 입구온도가 −5℃, 출구온도가 −10℃, 냉매의 증발온도가 −15℃일 때 전열면적(m²)은 얼마인가? (단, 1RT는 3.8kW이고, 산술평균 온도차를 이용한다.)
① 16.7 ② 12.1
③ 8.3   ④ 6.5

해설) $$F = \frac{Q_e}{K \cdot \Delta tm} = \frac{25 \times 3.8}{1.53 \times \left(\frac{-5-10}{2} + 15\right)} = 8.3 \text{m}^2$$

답) 037. ② 038. ③ 039. ② 040. ③

제 3 과목　공기조화

041 인체의 발열에 관한 설명으로 틀린 것은?
① 증발 : 인체 피부에서의 수분이 증발하며 그 증발열로 체내 열을 방출한다.
② 대류 : 인체 표면과 주위공기와의 사이에 열의 이동으로 인위적으로 조절이 가능하며 주위공기의 온도와 기류에 영향을 받는다.
③ 복사 : 실내온도와 관계없이 유리창과 벽면 등의 표면온도와 인체 표면과의 온도차에 따라 실제 느끼지 못하는 사이 방출되는 열이다.
④ 전도 : 겨울철 유리창 근처에서 추위를 느끼는 것은 전도에 의한 열 방출이다.

해설 겨울철 유리창 근처에서 추위를 느끼는 것은 복사에 의한 열 방출이다.

042 냉방시 실내부하에 속하지 않는 것은?
① 외기의 도입으로 인한 취득열량
② 극간풍에 의한 취득열량
③ 벽체로부터의 취득열량
④ 유리로부터의 취득열량

해설 외기의 도입으로 인한 취득열량은 외기부하에 해당한다.

참고 공기조화 냉방부하

구 분		부하의 발생요인	열의 구분
실내 취득 부하	외부 침입 열량	① 벽체를 통한 취득열량(외벽, 지붕, 내벽, 바닥, 문)	현열
		② 유리창을 통한 취득열량(복사열, 전도열)	현열
		③ 극간풍(틈새바람)에 의한 취득열량	현열, 잠열
	실내 발생 부하	④ 인체의 발생열량	현열, 잠열
		⑤ 조명의 발생열량	현열
		⑥ 실내기구의 발생열량	현열, 잠열
장치(기기) 취득부하		⑦ 송풍기에 의한 취득열량	현열
		⑧ 덕트로부터의 취득열량	현열
재열부하		⑨ 재열에 따른 취득열량	현열
외기부하		⑩ 외기의 도입에 의한 취득열량	현열, 잠열

043 송풍기의 크기는 송풍기의 번호(No, #)로 표시하는데, 원심송풍기의 송풍기 번호를 구하는 식으로 옳은 것은?

① $No(\#) = \dfrac{회전날개의\ 지름(mm)}{100mm}$
② $No(\#) = \dfrac{회전날개의\ 지름(mm)}{150mm}$
③ $No(\#) = \dfrac{회전날개의\ 지름(mm)}{200mm}$
④ $No(\#) = \dfrac{회전날개의\ 지름(mm)}{250mm}$

답　041. ④　042. ①　043. ②

해설 송풍기 번호
① 원심형 송풍기, $No(\#) = \dfrac{임펠러\ 지름(mm)}{150}$
② 축류형 송풍기, $No(\#) = \dfrac{임펠러\ 지름(mm)}{100}$

044 아래 습공기 선도에 나타낸 과정과 일치하는 장치도는?

해설 ① → ③(예냉) ➡ ③ → ④ ← ②(혼합) ➡ ④ → ⑤(냉각 감습) ➡ ⑤ → ②(실내 취출)

045 인위적으로 실내 또는 일정한 공간의 공기를 사용 목적에 적합하도록 공기조화 하는데 있어서 고려하지 않아도 되는 것은?
① 온도   ② 습도   ③ 색도   ④ 기류

해설 공기조화 4요소 : 온도, 습도, 기류속도, 청정도

046 크기 1000×500mm의 직관 덕트에 35℃의 온풍 18000m³/h이 흐르고 있다. 이 덕트가 −10℃의 실외부분을 지날 때 길이 20m당 덕트 표면으로부터의 열손실(kW)은? (단, 덕트는 암면 25mm로 보온되어 있고, 이때 1000m당 온도차 1℃에 대한 온도강하는 0.9℃이다. 공기의 밀도는 1.2kg/m³, 정압비열은 1.01kJ/kg·K이다.)
① 3.0   ② 3.8   ③ 4.9   ④ 6.0

정답 044. ② 045. ③ 046. ③

해설 덕트 표면으로부터의 열손실

① 온도강하, $\Delta t = 20 \times \dfrac{0.9}{1,000} \times (35+10) = 0.81℃$

② 손실열량, $q = \rho \cdot Q \cdot C \cdot \Delta t = 1.2 \times 18,000 \times 1.01 \times 0.81 = 17,671 kJ/h = 4.9kW$

합격 047 동일한 덕트 장치에서 송풍기의 날개의 직경이 d_1, 전동기 출력이 L_1인 송풍기를 직경 d_2로 교환했을 때 동력의 변화로 옳은 것은? (단, 회전수는 일정하다.)

① $L_2 = (\dfrac{d_2}{d_1})^2 L_1$ ② $L_2 = (\dfrac{d_2}{d_1})^3 L_1$

③ $L_2 = (\dfrac{d_2}{d_1})^4 L_1$ ④ $L_2 = (\dfrac{d_2}{d_1})^5 L_1$

해설 송풍기의 상사법칙

구분	공식	설명
풍량	$Q_2 = Q_1 \left(\dfrac{N_2}{N_1}\right)\left(\dfrac{d_2}{d_1}\right)^3$	풍량은 회전수에 정비례, 임펠러 지름의 3승에 비례
풍압	$P_2 = P_1 \left(\dfrac{N_2}{N_1}\right)^2\left(\dfrac{d_2}{d_1}\right)^2$	풍압은 회전수의 2승에 비례, 임펠러 지름의 2승에 비례
동력	$L_2 = L_1 \left(\dfrac{N_2}{N_1}\right)^3\left(\dfrac{d_2}{d_1}\right)^5$	동력은 회전수의 3승에 비례, 임펠러 지름의 5승에 비례

합격 048 다음의 취출과 관련한 용어 설명 중 틀린 것은?

① 그릴(grill)은 취출구의 전면에 설치하는 면격자이다.
② 아스펙트(aspect)비는 짧은 변을 긴 변으로 나눈 값이다.
③ 셔터(shutter)는 취출구의 후부에 설치하는 풍량조절용 또는 개폐용의 기구이다.
④ 드래프트(draft)는 인체에 닿아 불쾌감을 주는 기류이다.

해설 아스펙트(aspect)비는 긴 변을 짧은 변으로 나눈 값이다.

참고 장방형 덕트의 아스펙트비(종횡비)
장변을 단변으로 나눈 값으로 4 : 1 이내로 한다.

합격 049 온수난방에 대한 설명으로 틀린 것은?

① 온수의 체적팽창을 고려하여 팽창탱크를 설치한다.
② 보일러가 정지하여도 실내온도의 급격한 강하가 적다.
③ 밀폐식일 경우 배관의 부식이 많아 수명이 짧다.
④ 방열기에 공급되는 온수 온도와 유량 조절이 용이하다.

해설 개방식이 밀폐식 보다 배관의 부식이 많아 수명이 짧다.

답 047. ④ 048. ② 049. ③

050 증기 난방배관에서 증기트랩을 사용하는 이유로 옳은 것은?
① 관내의 공기를 배출하기 위하여
② 배관의 신축을 흡수하기 위하여
③ 관내의 압력을 조절하기 위하여
④ 증기관에 발생된 응축수를 제거하기 위하여

해설 증기트랩 : 증기관에 발생된 응축수를 제거하여 배관의 부식 및 수격작용 방지를 위하여

051 보일러에서 화염이 없어지면 화염검출기가 이를 감지하여 연료공급을 즉시 정지시키는 형태의 제어는?
① 시퀀스 제어   ② 피드백 제어
③ 인터록 제어   ④ 수면제어

해설 불착화 인터록 : 보일러에서 화염이 없어지면 화염검출기가 이를 감지하여 연료공급을 즉시 정지시키는 형태의 제어

052 중앙식 난방법의 하나로서 각 건물마다 보일러 시설 없이 일정 장소에서 여러 건물에 증기 또는 고온수 등을 보내서 난방하는 방식은?
① 복사난방   ② 지역난방
③ 개별난방   ④ 온풍난방

해설 지역난방 : 일정지역의 밀집된 곳에 열원을 공급하여 난방하는 방식으로 각 건물마다 보일러 시설 없이 일정 장소에서 여러 건물에 증기 또는 고온수 등을 보내어 난방하는 방식

053 보일러의 출력에는 상용출력과 정격출력이 있다. 다음 중 이들의 관계가 적당한 것은?
① 상용출력 = 난방부하 + 급탕부하 + 배관부하
② 정격출력 = 난방부하 + 배관 열손실부하
③ 상용출력 = 배관 열손실부하 + 보일러 예열부하
④ 정격출력 = 난방부하 + 급탕부하 + 배관부하 + 예열부하 + 온수부하

해설 보일러의 출력
① 정미출력 = 난방부하 + 급탕부하
② 상용출력 = 난방부하 + 급탕부하 + 배관부하
③ 정격출력 = 난방부하 + 급탕부하 + 배관부하 + 예열부하
④ 과부하출력 = 정격출력 × 1.1~1.2

답 050. ④ 051. ③ 052. ② 053. ①

054 수관식 보일러의 특징에 관한 설명으로 틀린 것은?

① 관(드럼)의 직경이 적어서 고온·고압용에 적당하다.
② 전열면적이 커서 증기발생시간이 빠르다.
③ 구조가 단순하여 청소나 검사 수리가 용이하다.
④ 보유수량이 적어 부하 변동시 압력변화가 크다.

해설 수관식 보일러는 산업용으로 주로 사용하며, 구조가 복잡하여 내부청소나 검사 수리가 어렵다.

055 6인용 입원실이 100실인 병원의 입원실 전체 환기를 위한 최소 신선 공기량(m^3/h)은? (단, 외기 중 CO_2함유량은 0.0003m^3/m^3이고 실내 CO_2의 허용농도는 0.1%, 재실자의 CO_2발생량은 개인당 0.015m^3/h이다.)

① 6857   ② 8857   ③ 10857   ④ 12857

해설 환기 신선 공기량

$$Q = \frac{M}{C_r - C_o} = \frac{6 \times 100 \times 0.015}{0.001 - 0.0003} = 12,857 m^3/h$$

여기서, Q : 환기량(m^3/h)
M : 오염 발생량(m^3/h)
C_r : 실내 CO_2 허용농도
C_o : 외기의 CO_2 함유량

056 다음 공기조화 방식 중 냉매방식인 것은?

① 유인유닛 방식   ② 멀티 존 방식
③ 팬코일 유닛방식   ④ 패키지유닛 방식

해설 ① 공기-수방식   ② 전공기방식
③ 수방식   ④ 냉매방식

참고 공조방식의 분류

구 분	열매체에 의한 분류	방 식
중앙식	전공기 방식	단일덕트 방식(정풍량, 변풍량)
		2중덕트 방식(멀티존 방식)
		각층유닛 방식
	수-공기 방식 (공기-수방식)	팬코일유닛 방식(덕트 병용)
		유인(인덕션) 유닛 방식
		복사 냉난방 방식
	수 방 식	팬코일유닛 방식
개별식	냉매방식	룸 쿨러(룸 에어콘) 방식
		패키지유닛 방식
		멀티유닛 방식 등

답 054. ③ 055. ④ 056. ④

합격 057. 전열교환기에 관한 설명으로 틀린 것은?

① 공기조화기기의 용량설계에 영향을 주지 않음
② 열교환기 설치로 설비비와 요구 공간 증가
③ 회전식과 고정식이 있음
④ 배기와 환기의 열교환으로 현열과 잠열을 교환

해설 전열교환기는 외기부하를 감소시켜 공기조화기기의 용량을 줄일 수 있다.

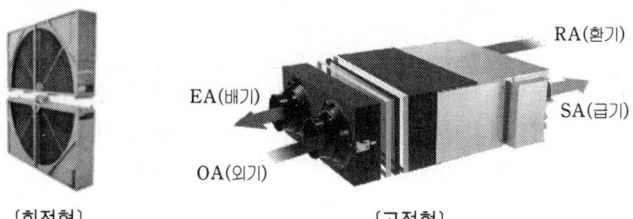

[회전형] [고정형]

참고 전열교환기
① 실내의 배기와 환기용 외기를 열교환하는 장치로 공대공 열교환기라고도 한다.
② 회전식과 고정식 전열교환기가 있다.
③ 배기와 환기의 열교환으로 온도 및 습도(현열, 잠열)를 교환한다.
④ 열교환기 설치로 설비비와 기계실 스페이스가 많이 든다.
⑤ 외기부하를 감소시켜 기기의 용량이 작게 설계되어 운전경비가 절약된다.

합격 058. 복사 난방방식의 특징에 대한 설명으로 틀린 것은?

① 외기 온도의 갑작스러운 변화에 대응이 용이함
② 실내 상하 온도분포가 균일하며 난방효과가 이상적임
③ 실내 공기온도가 낮아도 되므로 열손실이 적음
④ 바닥에 난방기기가 필요 없어 바닥면의 이용도가 높음

해설 복사 난방은 외기 온도의 갑작스러운 변화에 대응이 어렵다.

참고 복사 난방

장 점	단 점
① 상하 온도차가 적고, 온도분포가 균등하다. ② 인체에 대한 쾌감도가 좋다. ③ 천장이 높은 실의 난방효과가 있다. ④ 바닥의 이용도가 좋다. ⑤ 실내온도가 낮아도 난방효과가 있으며 손실열량이 적다.	① 외기온도 변화에 따른 방열량 조절이 어렵다. ② 매립배관으로 보수, 점검이 어렵다. ③ 방수층 및 단열층 시공으로 시설비가 비싸다.

답 057. ① 058. ①

059 송풍기의 풍량조절법이 아닌 것은?
① 토출댐퍼에 의한 제어
② 흡입댐퍼에 의한 제어
③ 토출베인에 의한 제어
④ 흡입베인에 의한 제어

해설 송풍기의 풍량제어 방법
① 회전수 조절법
② 흡입댐퍼 제어
③ 토출댐퍼 제어
④ 흡입베인의 제어
⑤ 가변피치에 의한 각도 조절법

060 유효 온도차(상당 외기온도차)에 대한 설명으로 틀린 것은?
① 태양 일사량을 고려한 온도차이다.
② 계절, 시각 및 방위에 따라 변화한다.
③ 실내온도와는 무관하다.
④ 냉방부하 시에 적용된다.

해설 상당 외기 온도차(유효 온도차) : 상당 외기온도와 실내 온도와의 차

제4과목 전기제어공학

061 그림과 같은 회로에서 전달함수 $G(s) = \dfrac{I(s)}{V(s)}$ 를 구하면?

① $R + Ls + Cs$
② $\dfrac{1}{R + Ls + Cs}$
③ $R + Ls + \dfrac{1}{Cs}$
④ $\dfrac{1}{R + Ls + \dfrac{1}{Cs}}$

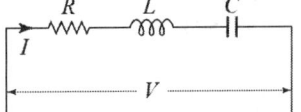

해설 RLC의 직렬회로의 전압방정식을 세워서 라플라스변환을 하면 다음과 같다.
$$v = Ri + L\dfrac{di}{dt} + \dfrac{1}{C}\int i\,dt \Rightarrow V(s) = RI(s) + LI(s) + \dfrac{1}{sC}I$$
라플라스변환을 전류와 전압에 대하여 정리하면 다음과 같은 전달함수가 얻어진다.
$$V(s) = RI(s) + sLI(s) + \dfrac{1}{sC}I(s) \Rightarrow V(s) = \left(R + sL + \dfrac{1}{sC}\right)I(s)$$
$$\Rightarrow \dfrac{I(s)}{V(s)} = G(s) = \dfrac{1}{R + sL + \dfrac{1}{sC}}$$

답 059. ③ 060. ③ 061. ④

참고 ① RLC회로의 라플라스변환의 전압방정식을 세우기 위해서는 다음과 같이 RLC을 변환해야 한다.

$$R \Rightarrow R \quad L \Rightarrow sL \quad C \Rightarrow \frac{1}{sC}$$

② s는 미분의 $\frac{d}{dt}$를 의미하고, $\frac{1}{s}$은 적분 $\int dt$를 의미한다.

062 논리식 $A+BC$와 등가인 논리식은?

① $AB+AC$
② $(A+B)(A+C)$
③ $(A+B)C$
④ $(A+C)B$

해설 ① $AB+AC = A(B+C)$
② $(A+B)(A+C) = AA+AC+AB+BC = A+AC+AB+BC = A(1+C)+AB+BC$
   $= A+AB+BC = A(1+B)+BC = A+BC$
③ $(A+B)C = AC+BC$
④ $(A+C)B = AB+BC$

참고 ① 부울식 정리
$A \cdot A = A, \ A \cdot \overline{A} = 0, \ A \cdot 0 = 0, \ A \cdot 1 = A, \ A+A = A, \ A+\overline{A} = 1,$
$A+0 = A, \ A+1 = 1, \ A+\overline{A}B = A+B$

② 드모르강의 법칙
$\overline{A \cdot B} = \overline{A} + \overline{B} \qquad \overline{A+B} = \overline{A} \cdot \overline{B}$

063 입력 A, B, C에 따라 Y를 출력하는 다음의 회로는 무접점 논리회로 중 어떤 회로인가?

① OR 회로
② NOR 회로
③ AND 회로
④ NAND 회로

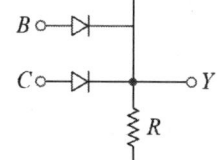

해설 문제의 회로는 입력이 3개의 OR회로이다.

참고

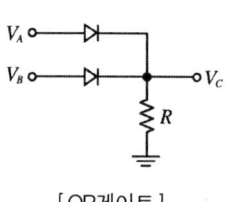

[OR게이트]

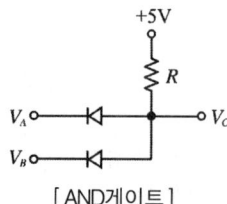

[AND게이트]

답 062. ② 063. ①

064 승강기나 에스컬레이터 등의 옥내 전선의 절연저항을 측정하는데 가장 적당한 측정기기는?

① 메거
② 휘트스톤 브리지
③ 켈빈 더블 브리지
④ 코올라우시 브리지

해설 절연저항측정기(메거) : 승강기나 에스컬레이터 등의 전기기기 및 전로의 누전여부를 알아보기 위해 옥내 전선의 절연저항을 측정하는 계측기

065 $e(t) = 200\sin\omega t[V]$, $i(t) = 4\sin(\omega t - \frac{\pi}{3})[A]$일 때 유효전력(W)은?

① 100
② 200
③ 300
④ 400

해설 유효전력, $P = V_{rms} I_{rms} \cos\theta$
여기서, V_{rms} : 전압 실효치, I_{rms} : 전류 실효치, θ : 전압과 전류의 위상차
$$P = \frac{200}{\sqrt{2}} \times \frac{4}{\sqrt{2}} \times \cos\left(-\frac{\pi}{3}\right) = 200W$$
여기서, 실효치와 최대값은 max = $\sqrt{2}$ 이다.

참고 ① 피상전력 : 전원에서 공급하는 전력
$P_a[VA] = V_{rms} I_{rms}$
② 무효전력 : 콘덴서나 인덕턴스에 저장되는 전력
$P_r[var] = V_{rms} I_{rms} \sin\theta$

066 전력(W)에 관한 설명으로 틀린 것은?

① 단위는 J/s이다.
② 열량을 적분하면 전력이다.
③ 단위 시간에 대한 전기 에너지이다.
④ 공률(일률)과 같은 단위를 갖는다.

해설 전력은 일/시간(J/s=Watt)으로 단위 시간당 일(에너지)로 일률이라고도 한다. 이를 열량으로 환산할 경우는 전력량을 계산하여야 하므로 전력에 시간을 곱하여 환산할 수 있다. 즉, 열량은 전력을 적분해야 한다.

067 환상 솔레노이드 철심에 200회의 코일을 감고 2A의 전류를 흘릴 때 발생하는 기자력은 몇 AT인가?

① 50
② 100
③ 200
④ 400

해설 $F = N \cdot I = 200 \times 2 = 400A$

참고 기자력 : 자기회로에 자속을 생성시킬 수 있는 능력

답 064. ① 065. ② 066. ② 067. ④

제어편차가 검출될 때 편차가 변화하는 속도에 비례하여 조작량을 가감하도록 하는 제어로써 오차가 커지는 것을 미연에 방지하는 제어동작은?
① ON/OFF 제어 동작
② 미분 제어 동작
③ 적분 제어 동작
④ 비례 제어 동작

해설 미분(D) 제어 동작
제어대상의 목표값과 현재값의 오차의 시간 미분치(변화량)에 비례하여 조작량을 결정하므로 오차의 변화의 속도에 대응하는 제어가 가능하다. 따라서, 동작오차가 커지는 것을 미연에 방지하고 진동이 제어되어 빨리 안정된다. 단독으로 사용되는 경우는 없으며, 비례미분동작, 비례적분미분동작으로 사용된다.

 $10\mu F$의 콘덴서에 200V의 전압을 인가하였을 때 콘덴서에 축적되는 전하량은 몇 C인가?
① 2×10^{-3}
② 2×10^{-4}
③ 2×10^{-5}
④ 2×10^{-6}

해설 콘덴서에 축적되는 정전용량(전하량)
$Q = C \cdot V = 10\times10^{-6}\times200 = 2\times10^{-3}C$

 3상 유도전동기의 출력이 10kW, 슬립이 4.8%일 때의 2차 동손은 약 몇 kW인가?
① 0.24
② 0.36
③ 0.5
④ 0.8

해설 $P_{2C} = sP_2 = 0.048\times10 = 0.48 \simeq 0.5kW$

 유도전동기에 인가되는 전압과 주파수의 비를 일정하게 제어하여 유도전동기의 속도를 정격속도 이하로 제어하는 방식은?
① CVCF 제어방식
② VVVF 제어방식
③ 교류 궤환 제어방식
④ 교류 2단 속도 제어방식

해설 VVVF(Variable Voltage Variable Frequency) 구동법
인버터를 이용한 유도전동기를 구동하는 방법으로 전압과 주파수의 비율을 일정하게 하는 구동법

072 회전각을 전압으로 변환시키는데 사용되는 위치 변환기는?
① 속도계
② 증폭기
③ 변조기
④ 전위차계

정답 068. ② 069. ① 070. ③ 071. ② 072. ④

해설 전위차계(포텐셔미터)
일종의 가변저항으로 두 개의 직렬 연결된 저항은 전압을 분압한다는 원리를 이용하여 기계적인 변위에 의하여 저항을 가변시켜 변화된 전압을 측정하는 것에 의하여 변위의 크기를 알 수 있는 장치, 즉 변위를 전압으로 변환하기는 위치 변환기

합격 073 그림의 신호흐름선도에서 전달함수 $\dfrac{C(s)}{R(s)}$ 는?

① $-\dfrac{8}{9}$
② $-\dfrac{13}{19}$
③ $-\dfrac{48}{53}$
④ $-\dfrac{105}{77}$

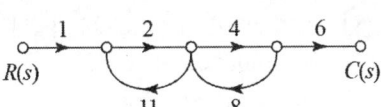

해설 신호흐름선도의 전달함수를 구하는 이득공식에 따라 이 제어계는 전향경로가 1개이며 전향경로와 접촉하지 않은 루프는 없으므로 $k=1$이다.

$$M(s) = \sum_{k=1}^{N} \dfrac{M_k \Delta_k}{\Delta} = \dfrac{M_1 \Delta_1}{\Delta} = \dfrac{(1 \times 2 \times 4 \times 6) \times 1}{1-(2 \times 11 + 4 \times 8)} = \dfrac{48}{-53}$$

여기서, N : 전향경로의 총 수
M_k : k번째 전향경로의 이득
$\Delta = 1-($모든 각각 루프이득의 합$)+(2$개의 비접촉 루프의 가능한 모든 조합의 이득의 곱의 합$)-(3$개의 … $)+$
$\Delta_k = k$번째 전향경로와 접촉하지 않는 신호흐름선도 부분에 대한 Δ값

합격 074 폐루프 제어시스템의 구성에서 조절부와 조작부를 합쳐서 무엇이라고 하는가?
① 보상요소
② 제어요소
③ 기준입력요소
④ 귀환요소

해설 제어요소
조절부와 조작부를 합친 부분을 제어요소라 하며 동작신호(오차신호)를 받아서 조작신호를 출력한다.

 참고

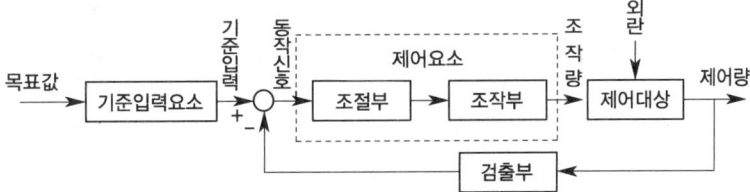

답 073. ③ 074. ②

075

그림과 같은 회로에 흐르는 전류 I(A)는?

① 0.3
② 0.6
③ 0.9
④ 1.2

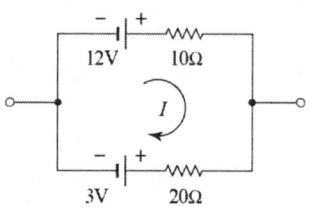

해설 회로 전체에 키르히호프의 전압법칙을 적용하면
$-12+10I+20I+3=0$
$30I=9, \ I=\dfrac{9}{30}=0.3$A

076

그림과 같은 단위 피드백 제어시스템의 전달함수 $\dfrac{C(s)}{R(s)}$는?

① $\dfrac{1}{1+G(s)}$
② $\dfrac{G(s)}{1+G(s)}$
③ $\dfrac{1}{1-G(s)}$
④ $\dfrac{G(s)}{1-G(s)}$

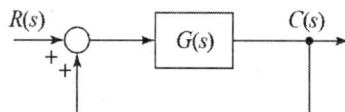

해설 $(R+C)G=C$
$RG=C(1-G)$
$C=\dfrac{G}{1-G}R$

077

선간전압 220V의 3상 교류전원에 화물용 승강기를 접속하고 전력과 전류를 측정하였더니 2.77kW, 10A이었다. 이 화물용 승강기 모터의 역률은 약 얼마인가?

① 0.6 ② 0.7
③ 0.8 ④ 0.9

해설 3상전원의 전력 계산
$P=\sqrt{3}\,V_L I_L \cos\theta$
$2{,}770=\sqrt{3}\times 200\times 10\cos\theta$
$\cos\theta=\dfrac{2770}{3464.1}=0.799\simeq 0.8$
여기서, V_L : 선간전압, I_L : 선전류, $\cos\theta$: 역률이다.

답 075. ① 076. ④ 077. ③

078 그림의 논리회로에서 A, B, C, D를 입력, Y를 출력이라고 할 때 출력 식은?

① $A+B+C+D$
② $(A+B)(C+D)$
③ $AB+CD$
④ $ABCD$

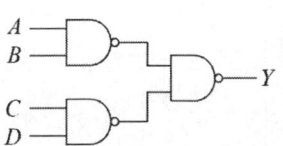

 이 회로의 논리게이트는 NAND로 AND에 NOT이 직렬 연결된 게이트로
$\overline{\overline{AB}\,\overline{CD}} = \overline{\overline{(A+B)}\,\overline{(C+D)}} = \overline{\overline{(A+B)}} + \overline{\overline{(C+D)}} = \overline{\overline{A}} + \overline{\overline{B}} + \overline{\overline{C}} + \overline{\overline{D}} = A+B+C+D$

079 그림과 같은 RL 직렬회로에서 공급전압의 크기가 10V일 때 $|V_R| = 8$V이면 V_L의 크기는 몇 V인가?

① 2
② 4
③ 6
④ 8

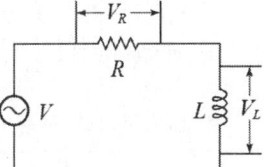

 RL직렬회로의 전압
$V = \sqrt{V_R^2 + V_L^2} = 10 = \sqrt{8^2 + V_L^2}$
$100 = 64 + V_L^2, \quad V_L = 6V$

080 전기자 철심을 규소 강판으로 성층하는 주된 이유는?

① 정류자면의 손상이 적다.
② 가동하기 쉽다.
③ 철손을 적게 할 수 있다.
④ 기계손을 적게 할 수 있다.

 발전기뿐만 아니라 전동기도 회전자에 규소강판으로 성층하여 사용하는데 이유는 와전류손과 히스테리시스손인 철손을 감소시키기 위해서다. 와전류손과 히스테리시스손은 회전자에서 열로 에너지를 소모하는 요소가 되므로 전동기나 발전기의 효율을 저하시키는 문제를 발생시킨다.

참고 ① 히스테리시스손 : 철심에 가해지는 자계에 의한 자속밀도가 히스테리시스루프를 형성하므로 발생하는 손실로 규소강판을 이용하여 억제가 가능
② 와전류(맴돌이 전류)손 : 철심에 지나가는 자속의 변화로 철심에 기전력이 발생하여 철심에 흐르는 단락전류를 와류라 하는데 이 와류에 의하여 발생하는 손실을 와류손이라고 한다. 이 와류손은 철심의 두께의 제곱에 비례하므로 성층을 하여 철심의 두께를 작게 하여 손실을 작게 할 수 있다.

답 078. ③ 079. ③ 080. ③

제5과목　배관일반

081 팬코일 유닛방식의 배관방식 중 공급관이 2개이고 환수관이 1개인 방식은?
① 1관식
② 2관식
③ 3관식
④ 4관식

해설 3관식 : 팬코일 유닛방식의 배관방식에서 공급관이 2개, 환수관이 1개인 방식
참고 2관식 : 팬코일 유닛방식의 배관방식에서 공급관이 1개, 환수관이 1개인 방식으로 결로에 따른 응축수드레인관이 추가로 필요하다.

082 냉매 액관 중에 플래시 가스 발생의 방지대책으로 틀린 것은?
① 온도가 높은 곳을 통과하는 액관은 방열시공을 한다.
② 액관, 드라이어 등의 구경을 충분히 선정하여 통과저항을 적게 한다.
③ 액펌프를 사용하여 압력강하를 보상할 수 있는 충분한 압력을 준다.
④ 열교환기를 사용하여 액관에 들어가는 냉매의 과냉각도를 없앤다.

해설 액-가스 열교환기를 사용하여 액관에 들어가는 냉매의 과냉각도를 크게 한다.
참고 플래시 가스의 발생 원인
① 액관이 현저하게 입상되었거나 길 때
② 스트레이너, 드라이어 등이 막힌 경우
③ 액관 구경이 현저하게 가늘 경우
④ 전자밸브, 스톱밸브, 드라이어, 스트레이너 등의 구경이 적은 경우
⑤ 수액기나 액관이 직사광선에 노출된 경우
⑥ 액관을 보온없이 고온 장소에 통과시킨 경우
⑦ 과도하게 응축온도가 낮아진 경우

083 공랭식 응축기 배관 시 유의사항으로 틀린 것은?
① 소형 냉동기에 사용하며 핀이 있는 파이프 속에 냉매를 통하여 바람 이송 냉각설계로 되어 있다.
② 냉방기가 응축기 아래 설치되는 경우 배관 높이가 10m 이상일 때는 5m마다 오일 트랩을 설치해야 한다.
③ 냉방기가 응축기 위에 위치하고, 압축기가 냉방기에 내장되었을 경우에는 오일 트랩이 필요 없다.
④ 수랭식에 비해 능력은 낮지만, 냉각수를 사용하지 않아 동결의 염려가 없다.

해설 압축기가 응축기 아래 설치되는 경우 배관 높이가 10m 이상일 때는 10m 마다 오일 트랩을 설치해야 한다.

답 081. ③　082. ④　083. ②

084 배수 배관 시공 시 청소구의 설치위치로 가장 적절하지 않은 곳은?
① 배수 수평주관과 배수수평 분기관의 분지점
② 길이가 긴 수평 배수관 중간
③ 배수 수직관의 제일 윗부분 또는 근처
④ 배수관이 45° 이상의 각도로 방향을 전환하는 곳

해설 배수 수직관의 제일 아랫부분에 청소구를 설치한다.

참고 청소구(소제구)의 설치
① 가옥 배수관과 대지 하수관 접속 부분
② 배수 수직관의 최하단부
③ 수평지관의 기점부
④ 배관이 45° 이상 구부러지는 곳
⑤ 수평관경이 100mm 이하는 15m마다, 100mm 이상은 30m마다

085 급탕배관에 관한 설명으로 틀린 것은?
① 단관식의 경우 급수관경보다 큰 관을 사용해야 한다.
② 하향식 공급 방식에서는 급탕관 및 복귀관은 모두 선하향 구배로 한다.
③ 보통 급탕관은 수명이 짧으므로 장래에 수리, 교체가 용이하도록 노출 배관하는 것이 좋다.
④ 연관은 열에 강하고 부식도 잘되지 않으므로 급탕배관에 적합하다.

해설 연관은 열에 약하고 납중독의 우려가 있어 급탕배관에는 부적합하다.

086 냉매 배관 시 유의사항으로 틀린 것은?
① 냉동장치내의 배관은 절대기밀을 유지할 것
② 배관도중에 고저의 변화를 될수록 피할 것
③ 기기간의 배관은 가능한 한 짧게 할 것
④ 만곡부는 될 수 있는 한 적고 또한 곡률반경은 작게 할 것

해설 만곡부는 될 수 있는 한 크고 또한 곡률반경도 되도록 크게 할 것

087 염화비닐관의 설명으로 틀린 것은?
① 열팽창률이 크다.
② 관내 마찰손실이 적다.
③ 산, 알칼리 등에 대해 내식성이 적다.
④ 고온 또는 저온의 장소에 부적당하다.

해설 경질염화비닐관(PVC관)은 내식성이 크고 산·알카리, 해수(염류) 등의 부식에도 강하다.

답 084. ③ 085. ④ 086. ④ 087. ③

참고 경질 염화 비닐관(PVC관)
① 전기 절연성이 크고, 내면이 매끈하여 마찰저항이 적다.
② 열 및 저온에 약하고, 열팽창이 크다.
③ 내식성이 크고, 산·알카리, 해수(염류)에 강하다.
④ 가볍고, 운반 및 취급이 용이하다.
⑤ 가격이 싸고, 가공 및 시공이 용이하다.

088. 급수펌프에서 발생하는 캐비테이션 현상의 방지법으로 틀린 것은?
① 펌프설치 위치를 낮춘다.
② 입형펌프를 사용한다.
③ 흡입손실수두를 줄인다.
④ 회전수를 올려 흡입속도를 증가시킨다.

해설 회전수를 낮춰 흡입속도를 감소시킨다.

참고 캐비테이션(공동)현상 발생 원인
① 흡입양정이 클 경우
② 액체의 온도가 높을 경우
③ 날개차의 원주속도가 클 경우
④ 날개차의 모양이 적당하지 않을 경우

089. 가스배관의 설치 시 유의사항으로 틀린 것은?
① 특별한 경우를 제외한 배관의 최고사용압력은 중압이하일 것
② 배관은 하천(하천을 횡단하는 경우는 제외) 또는 하수구 등 암거내에 설치할 것
③ 지반이 약한 곳에 설치되는 배관은 지반침하에 의해 배관이 손상되지 않도록 필요한 조치 후 배관을 설치할 것
④ 본관 및 공급관은 건축물의 내부 또는 기초 밑에 설치하지 아니할 것

해설 배관은 하천(하천을 횡단하는 경우는 제외) 또는 하수구 등 암거내에 설치를 피하여야 한다.

090. 밀폐식 온수난방 배관에 대한 설명으로 틀린 것은?
① 팽창탱크를 사용한다.
② 배관의 부식이 비교적 적어 수명이 길다.
③ 배관경이 적어지고 방열기도 적게 할 수 있다.
④ 배관 내의 온수 온도는 70℃ 이하이다.

해설 밀폐식 온수난방 배관의 온수온도는 100℃ 이상이다.

답 088. ④ 089. ② 090. ④

091 동관 이음 중 경납땜 이음에 사용되는 것으로 가장 거리가 먼 것은?
① 황동납   ② 은납
③ 양은납   ④ 규소납

> **해설** 경납땜 이음
> ① 은납 ② 황동납 ③ 양은납 ④ 인동납 ⑤ 알루미늄납
>
> **참고** 경납은 연납땜보다 큰 강도가 요구 시 사용된다.

092 온수난방 배관에서 리버스 리턴(reverse return)방식을 채택하는 주된 이유는?
① 온수의 유량 분배를 균일하게 하기 위하여
② 배관의 길이를 짧게 하기 위하여
③ 배관의 신축을 흡수하기 위하여
④ 온수가 식지 않도록 하기 위하여

> **해설** 역환수(리버스리턴)방식 : 온수공급관과 환수관의 길이를 같게하여 유량을 균일하게 공급한다.

093 하향급수 배관방식에서 수평주관의 설치위치로 가장 적절한 것은?
① 지하층의 천장 또는 1층의 바닥
② 중간층의 바닥 또는 천장
③ 최상층의 바닥 또는 천장
④ 최상층의 천장 또는 옥상

> **해설** 하향급수 배관방식에서 수평주관의 설치위치는 최상층의 바닥 또는 천장에 설치한다.

094 냉매 배관에서 압축기 흡입관의 시공 시 유의사항으로 틀린 것은?
① 압축기가 증발기보다 밑에 있는 경우 흡입관은 작은 트랩을 통과한 후 증발기 상부보다 높은 위치까지 올려 압축기로 가게 한다.
② 흡입관의 수직상승 입상부가 매우 길 때는 냉동기유의 회수를 쉽게 하기 위하여 약 20m마다 중간에 트랩을 설치한다.
③ 각각의 증발기에서 흡입 주관으로 들어가는 관은 주관 상부로부터 들어가도록 접속한다.
④ 2대 이상의 증발기가 있어도 부하의 변동이 그다지 크지 않은 경우는 1개의 입상관으로 충분하다.

> **해설** 압축기 흡입관의 입상관이 매우 길 때는 냉동기유의 회수를 위하여 약 10m 마다 중간트랩을 설치한다.

답 091. ④ 092. ① 093. ④ 094. ②

095 난방 배관 시공을 위해 벽, 바닥 등에 관통 배관 시공을 할 때, 슬리브(sleeve)를 사용하는 이유로 가장 거리가 먼 것은?

① 열팽창에 따른 배관 신축에 적응하기 위해
② 관 교체 시 편리하게 하기 위해
③ 고장 시 수리를 편리하게 하기 위해
④ 유체의 압력을 증가시키기 위해

해설 슬리브(sleeve) : 관의 신축에 대비하고 배관 수리 및 교체를 용이하게 하기 위하여 배관이 바닥이나 벽을 관통하는 경우에 콘크리트 타설 전에 설치한다.

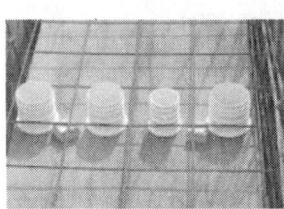

096 급수방식 중 압력탱크 방식에 대한 설명으로 틀린 것은?

① 국부적으로 고압을 필요로 하는데 적합하다.
② 탱크의 설치위치에 제한을 받지 않는다.
③ 항상 일정한 수압으로 급수할 수 있다.
④ 높은 곳에 탱크를 설치할 필요가 없으므로 건축물의 구조를 강화할 필요가 없다.

해설 압력탱크 방식은 조작상 최고·최저 압력차가 커 급수압이 일정치 않다.

097 냉동설비 배관에서 액분리기와 압축기 사이에 냉매배관을 할 때 구배로 옳은 것은?

① 1/100 정도의 압축기 측 상향 구배로 한다.
② 1/100 정도의 압축기 측 하향 구배로 한다.
③ 1/200 정도의 압축기 측 상향 구배로 한다.
④ 1/200 정도의 압축기 측 하향 구배로 한다.

해설 액분리기와 압축기 사이의 흡입관은 윤활유의 회수를 위하여 1/200정도로 압축기측으로 하향구배로 한다.

답 095. ④ 096. ③ 097. ④

098 길이 30m의 강관의 온도변화가 120℃일 때 강관에 대한 열팽창량은? (단, 강관의 열팽창계수는 11.9×10^{-6} mm/mm · ℃이다.)

① 42.8mm ② 42.8cm
③ 42.8m   ④ 4.28mm

해설) 배관의 열팽창량(선팽창량)
$\Delta l = \alpha \cdot l \cdot \Delta t = (11.9 \times 10^{-6}) \times 30 \times 120 = 0.04284\text{m} = 45.84\text{mm}$

099 증기나 응축수가 트랩이나 감압밸브 등의 기기에 들어가기 전 고형물을 제거하여 고장을 방지하기 위해 설치하는 장치는?

① 스트레이너 ② 레듀서
③ 신축이음   ④ 유니언

해설) 여과기(strainer) : 유체 속에 섞여 있는 이물질을 제거하여 증기트랩이나 제어밸브 등의 파손을 방지

참고) 스트레이너의 종류 : Y형, U형, V형

100 부하변동에 따라 밸브의 개도를 조절함으로써 만액식 증발기의 액면을 일정하게 유지하는 역할을 하는 것은?

① 에어벤트   ② 온도식 자동팽창밸브
③ 감압밸브   ④ 플로트밸브

해설) 플로트밸브 : 부하변동에 따라 밸브의 개도를 조절하여 만액식 증발기의 액면을 일정하게 유지하는 밸브

답) 098. ① 099. ① 100. ④

2020년 9월 26일 · 제4회 공조냉동기계기사

제1과목 기계열역학

001 이상적인 디젤기관의 압축비가 16일 때 압축 전의 공기 온도가 90℃라면 압축 후의 공기 온도(℃)는 얼마인가? (단, 공기의 비열비는 1.4이다.)

① 1101.9   ② 718.7   ③ 808.2   ④ 827.4

해설 $\eta_d = T_1 \cdot \varepsilon^{k-1} = (90+273) \times 16^{1.4-1} = 1,100.4K = 827.4℃$

002 풍선에 공기 2kg이 들어 있다. 일정 압력 500kPa하에서 가열 팽창하여 체적이 1.2배가 되었다. 공기의 초기온도가 20℃일 때 최종온도(℃)는 얼마인가?

① 32.4   ② 53.7   ③ 78.6   ④ 92.3

해설 $\dfrac{V_1}{T_1} = \dfrac{V_2}{T_2}\;(P=\text{일정})$

$T_2 = \dfrac{T_1 V_2}{V_1} = \dfrac{(20+273) \times 1.2 V_1}{V_1} = 351.6K - 273 = 78.6℃$

003 자동차 엔진을 수리한 후 실린더 블록과 헤드 사이에 수리 전과 비교하여 더 두꺼운 개스킷을 넣었다면 압축비와 열효율은 어떻게 되겠는가?

① 압축비는 감소하고, 열효율도 감소한다.
② 압축비는 감소하고, 열효율은 증가한다.
③ 압축비는 증가하고, 열효율은 감소한다.
④ 압축비는 증가하고, 열효율도 증가한다.

해설 더 두꺼운 개스킷을 넣으면 틈새가 증가하므로 압축비는 감소하고 열효율도 감소한다.

004 밀폐계에서 기체의 압력이 100kPa으로 일정하게 유지되면서 체적이 $1m^3$에서 $2m^3$으로 증가되었을 때 옳은 설명은?

① 밀폐계의 에너지 변화는 없다.
② 외부로 행한 일은 100kJ이다.
③ 기체가 이상기체라면 온도가 일정하다.
④ 기체가 받은 열은 100kJ이다.

답 001. ④ 002. ③ 003. ① 004. ②

해설 $W = P(V_2 - V_1) = 100 \times (2-1) = 100 \text{kJ}$
외부로 기체가 팽창하면서 행한 일은 100kJ이다.

005 엔트로피(s) 변화 등과 같은 직접 측정할 수 없는 양들을 압력(P), 비체적(v), 온도(T)와 같은 측정 가능한 상태량으로 나타내는 Maxwell 관계식과 관련하여 다음 중 틀린 것은?

① $\left(\frac{\partial T}{\partial P}\right)_s = \left(\frac{\partial v}{\partial s}\right)_P$ ② $\left(\frac{\partial T}{\partial v}\right)_s = -\left(\frac{\partial P}{\partial s}\right)_v$

③ $\left(\frac{\partial v}{\partial T}\right)_P = \left(\frac{\partial s}{\partial P}\right)_T$ ④ $\left(\frac{\partial P}{\partial v}\right)_T = \left(\frac{\partial s}{\partial T}\right)_v$

해설 맥스웰(Maxwell) 관계식
엔트로피 변화 등과 같은 직접 측정할 수 없는 양들을 P, v, T 등과 같은 측정 가능한 상태량으로 나타내는 데 이용한다.

① $\left(\frac{\partial T}{\partial P}\right)_s = \left(\frac{\partial v}{\partial s}\right)_P$ ② $\left(\frac{\partial T}{\partial v}\right)_s = -\left(\frac{\partial P}{\partial s}\right)_v$

③ $\left(\frac{\partial v}{\partial T}\right)_P = -\left(\frac{\partial s}{\partial P}\right)_T$ ④ $\left(\frac{\partial P}{\partial T}\right)_v = \left(\frac{\partial s}{\partial v}\right)_T$

006 어떤 가스의 비내부에너지 u(kJ/kg), 온도 t(℃), 압력(kPa), 비체적 v(m³/kg) 사이에는 아래의 관계식이 성립한다면, 이 가스의 정압비열(kJ/kg·℃)은 얼마인가?

$$u = 0.28t + 532$$
$$Pv = 0.560(t + 380)$$

① 0.84 ② 0.68
③ 0.50 ④ 0.28

해설 $h = u + Pv = (0.28t + 532) + 0.560(t + 380)$
$dh = C_p \cdot dt = (0.28 + 0.56)dt$
∴ $C_p = 0.84$

007 최고온도 1300K와 최저온도 300K 사이에서 작동하는 공기표준 Brayton 사이클의 열효율(%)은? (단, 압력비는 9, 공기의 비열비는 1.4이다.)

① 30.4 ② 36.5
③ 42.1 ④ 46.6

해설 브레이톤 사이클의 열효율
$$\eta = 1 - \left(\frac{1}{\phi}\right)^{\frac{k-1}{k}} = 1 - \left(\frac{1}{9}\right)^{\frac{1.4-1}{1.4}} = 0.466 = 46.6\%$$

답 005. ④ 006. ① 007. ④

008 그림과 같이 A, B 두 종류의 기체가 한 용기 안에서 박막으로 분리되어 있다. A의 체적은 $0.1m^3$, 질량은 2kg이고, B의 체적은 $0.4m^3$, 밀도는 $1kg/m^3$이다. 박막이 파열되고 난 후에 평형에 도달하였을 때 기체 혼합물의 밀도(kg/m^3)는 얼마인가?

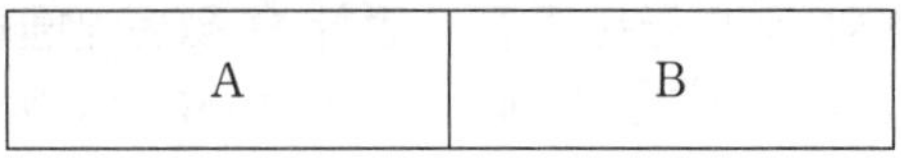

A	B

① 4.8 ② 6.0 ③ 7.2 ④ 8.4

해설 혼합물의 밀도

$$\rho = \frac{\rho_1 V_1 + \rho_2 V_2}{V_1 + V_2} = \frac{\left\{\left(\frac{2}{0.1}\right) \times 0.1\right\} + (1 \times 0.4)}{0.1 + 0.4} = 4.8 kg/m^3$$

009 냉매로서 갖추어야 될 요구 조건으로 적합하지 않은 것은?
① 불활성이고 안정하며 비가연성이어야 한다.
② 비체적이 커야 한다.
③ 증발온도에서 높은 잠열을 가져야 한다.
④ 열전도율이 커야 한다.

해설 냉매는 비체적이 작아야 좋다.

010 내부에너지가 30kJ인 물체에 열을 가하여 내부에너지가 50kJ이 되는 동안에 외부에 대하여 10kJ의 일을 하였다. 이 물체에 가해진 열량(kJ)은?
① 10 ② 20 ③ 30 ④ 60

해설 $Q = U + W = (50 - 30) + 10 = 30 kJ$

011 비가역 단열변화에 있어서 엔트로피 변화량은 어떻게 되는가?
① 증가한다. ② 감소한다.
③ 변화량은 없다. ④ 증가할 수도 감소할 수도 있다.

해설 비가역 변화에서의 엔트로피는 항상 증가한다.

012 고온 열원의 온도가 700℃이고, 저온 열원의 온도가 50℃인 카르노 열기관의 열효율(%)은?
① 33.4 ② 50.1 ③ 66.8 ④ 78.9

해설 $\eta_B = 1 - \frac{T_2}{T_1} = 1 - \frac{50 + 273}{700 + 273} = 0.668 = 66.8\%$

답 008. ① 009. ② 010. ③ 011. ① 012. ③

참고 카르노사이클의 열효율

$$\eta = \frac{W}{Q_1} = \frac{Q_1 - Q_2}{Q_1} = 1 - \frac{Q_2}{Q_1} = 1 - \frac{T_2}{T_1}$$

013 원형 실린더를 마찰 없는 피스톤이 덮고 있다. 피스톤에 비선형 스프링이 연결되고 실린더 내의 기체가 팽창하면서 스프링이 압축된다. 스프링의 압축 길이가 Xm일 때 피스톤에는 $kX^{1.5}$N의 힘이 걸린다. 스프링의 압축 길이가 0m에서 0.1m로 변하는 동안에 피스톤이 하는 일이 W_a이고, 0.1m에서 0.2m로 변하는 동안에 하는 일이 W_b라면 W_a/W_b는 얼마인가?

① 0.083 ② 0.158 ③ 0.214 ④ 0.333

해설 ① 0~0.1m에서 피스톤 일

$$W_a = F \cdot dX = kX^{1.5} \cdot dX = \int_0^{0.1} kX^{1.5} \cdot dX = \left[\frac{1}{2.5}kX^{1.5}\right]_0^{0.1}$$

$$= \frac{1}{2.5} \times k \times 0.1^{2.5} = 0.001265k$$

② 0.1~0.2m에서 피스톤 일

$$W_b = F \cdot dX = kX^{1.5} \cdot dX = \int_{0.1}^{0.2} kX^{1.5} \cdot dX = \left[\frac{1}{2.5}kX^{1.5}\right]_{0.1}^{0.2}$$

$$= \frac{1}{2.5} \times k \times (0.2^{2.5} - 0.1^{2.5}) = 0.00589k$$

③ W_a/W_b

$$\frac{W_a}{W_b} = \frac{0.001265k}{0.00589k} = 0.214$$

014 어떤 이상기체 1kg이 압력 100kPa, 온도 30℃의 상태에서 체적 0.8m³을 점유한다면 기체상수(kJ/kg·K)는 얼마인가?

① 0.251 ② 0.264 ③ 0.275 ④ 0.293

해설 이상기체상태방정식 $PV = mRT$에서

$$R = \frac{PV}{mT} = \frac{100 \times 0.8}{1 \times (30 + 273)} = 0.264 \text{kJ/kg} \cdot \text{K}$$

015 처음 압력이 500kPa이고, 체적이 2m³인 기체가 "$PV=$일정"인 과정으로 압력이 100kPa까지 팽창할 때 밀폐계가 하는 일(kJ)을 나타내는 계산식으로 옳은 것은?

① $1000 \ln \frac{2}{5}$ ② $1000 \ln \frac{5}{2}$

③ $1000 \ln 5$ ④ $1000 \ln \frac{1}{5}$

답 013. ③ 014. ② 015. ③

해설 등온과정에서의 밀폐계가 하는 일

$$W_a = P_1 V_1 \ln \frac{P_1}{P_2} = 500 \times 2 \times \ln \frac{500}{100} = 1000 \ln 5$$

016 다음 중 경로함수(path function)는?
① 엔탈피 ② 엔트로피
③ 내부에너지 ④ 일

해설 경로함수 : 일, 열

017 이상적인 가역과정에서 열량 $\triangle Q$가 전달될 때, 온도 T가 일정하면 엔트로피 변화 $\triangle S$를 구하는 계산식으로 옳은 것은?

① $\triangle S = 1 - \frac{\triangle Q}{T}$ ② $\triangle S = 1 - \frac{T}{\triangle Q}$

③ $\triangle S = \frac{\triangle Q}{T}$ ④ $\triangle S = 1 - \frac{T}{\triangle Q}$

해설 엔트로피 변화, $\triangle S = \frac{\triangle Q}{T}$

018 성능계수가 3.2인 냉동기가 시간당 20MJ의 열을 흡수한다면 이 냉동기의 소비동력(kW)은?
① 2.25 ② 1.74
③ 2.85 ④ 1.45

해설 $COP = \frac{Q_2}{W}$에서 $3.2 = \frac{\left(\frac{20 \times 10^3}{3,600}\right)}{W}$, $W = 1.74\text{kW}$

여기서, 1kW = 3,600kJ/h 이다.

019 랭킨사이클에서 25℃, 0.01MPa 압력의 물 1kg을 5MPa 압력의 보일러로 공급한다. 이때 펌프가 가역단열과정으로 작용한다고 가정할 경우 펌프가 한 일(kJ)은? (단, 물의 비체적은 0.001m³/kg이다.)
① 2.58 ② 4.99
③ 20.12 ④ 40.24

해설 $W = V(P_2 - P_1) = 0.001 \times (5 - 0.01) \times 10^3 = 4.99\text{kJ}$

답 016. ④ 017. ③ 018. ② 019. ②

020 랭킨사이클의 각 점에서의 엔탈피가 아래와 같을 때 사이클의 이론 열효율(%)은?

- 보일러 입구 : 58.6kJ/kg
- 보일러 출구 : 810.3kJ/kg
- 응축기 입구 : 614.2kJ/kg
- 응축기 출구 : 57.4kJ/kg

① 32 ② 30
③ 28 ④ 26

해설 랭킨 사이클의 열효율

$$\eta_R = \frac{w_T - w_P}{q_B} = \frac{(보일러\ 출구 - 응축기\ 입구) - (보일러\ 입구 - 응축기출구)}{보일러\ 출구 - 보일러\ 입구}$$

$$= \frac{(810.3 - 614.2) - (58.6 - 57.4)}{810.3 - 58.6} \times 100 = 25.93\%$$

제2과목 냉동공학

021 열의 종류에 대한 설명으로 옳은 것은?

① 고체에서 기체가 될 때에 필요한 열을 증발열이라 한다.
② 온도의 변화를 일으켜 온도계에 나타나는 열을 잠열이라 한다.
③ 기체에서 액체로 될 때 제거해야 하는 열은 응축열 또는 감열이라 한다.
④ 고체에서 액체로 될 때 필요한 열은 융해열이며 이를 잠열이라 한다.

해설 ① 고체에서 기체가 될 때에 필요한 열을 승화열이라 한다.
② 온도의 변화를 일으켜 온도계에 나타나는 열을 현열이라 한다.
③ 기체에서 액체로 될 때 제거해야 하는 열은 응축열 또는 잠열이라 한다.

022 응축압력 및 증발압력이 일정할 때 압축기의 흡입증기 과열도가 크게 된 경우 나타나는 현상으로 옳은 것은?

① 냉매순환량이 증대한다.
② 증발기의 냉동능력은 증대한다.
③ 압축기의 토출가스 온도가 상승한다.
④ 압축기의 체적효율은 변하지 않는다.

해설 압축기의 흡입증기 과열도가 크게 되면 압축기가 과열되어 압축기 토출가스온도는 상승한다.

020. ④ 021. ④ 022. ③

023

중간냉각이 완전한 2단압축 1단팽창 사이클로 운전되는 R134a 냉동기가 있다. 냉동능력은 10kW이며, 사이클의 중간압, 저압부의 압력은 각각 350kPa, 120kPa이다. 전체 냉매순환량을 $\dot{m}$, 증발기에서 증발하는 냉매의 양을 $\dot{m_e}$라 할 때, 중간냉각시키기 위해 바이패스되는 냉매의 양 $\dot{m}-\dot{m_e}$(kg/h)은 얼마인가? (단, 제1압축기의 입구 과열도는 0이며, 각 엔탈피는 아래 표를 참고한다.)

압력 (kPa)	포화액체 엔탈피 (kJ/kg)	포화증기 엔탈피 (kJ/kg)
120	160.42	379.11
350	195.12	395.04

지점별 엔탈피(kJ/kg)	
h_2	227.23
h_4	401.08
h_7	482.41
h_8	234.29

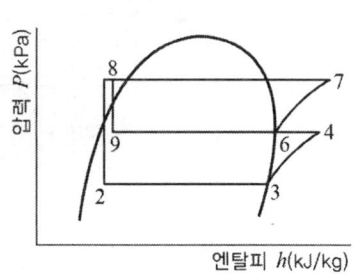

① 5.8 ② 11.1
③ 15.7 ④ 19.3

해설

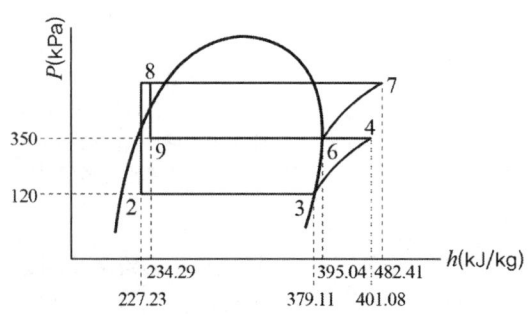

① 증발기에서 증발하는 냉매의 양을

$$\dot{m_e} = \frac{Q_e}{h_3-h_2} = \frac{10 \times 3{,}600}{379.11 - 227.23} = 237.03 \text{kg/h}$$

② 중간냉각시키기 위해 바이패스되는 냉매의 양

$$\dot{m} - \dot{m_e} = \dot{m_e} \frac{\{(h_4-h_6)-(h_8-h_2)\}}{(h_6-h_8)}$$

$$= 237.03 \times \frac{\{(401.08-395.04)-(234.29-227.23)\}}{(395.04-234.29)}$$

$$= 19.3 \text{kg/h}$$

답 023. ④

024 진공압력이 60mmHg일 경우 절대압력(kPa)은? (단, 대기압은 101.3kPa이고 수은의 비중은 13.6이다.)
① 53.8　　　② 93.2
③ 106.6　　　④ 196.4

해설 $P = 101.3 \times \left(1 - \dfrac{h}{760}\right) = 101.3 \times \left(1 - \dfrac{60}{760}\right) = 93.3 \text{kPa}$

025 다음 중 대기 중의 오존층을 가장 많이 파괴시키는 물질은?
① 질소　　　② 수소
③ 염소　　　④ 산소

해설 성층권 내부에 있는 지상 12~350km에 있는 오존층을 태양의 자외선에 의해 프레온 냉매중의 염소(Cl)원자가 방출되어 오존과 반응하여 산소로 변화시켜 파괴시킨다.
(Cl+O₃ → ClO+O₂, ClO+O → Cl+O₂)

026 물(H₂O)-리튬브로마이드(LiBr) 흡수식 냉동기에 대한 설명으로 틀린 것은?
① 특수 처리한 순수한 물을 냉매로 사용한다.
② 4~15℃ 정도의 냉수를 얻는 기기로 일반적으로 냉수온도는 출구온도 7℃ 정도를 얻도록 설계한다.
③ LiBr 수용액은 성질이 소금물과 유사하여 농도가 진하고 온도가 낮을수록 냉매증기를 잘 흡수한다.
④ LiBr의 농도가 진할수록 점도가 높아져 열전도율이 높아진다.

해설 LiBr의 농도가 진할수록 점도가 높아져 열전도율이 낮아지고 결정이 발생할 수 있다.

027 흡수식 냉동기에서 냉동시스템을 구성하는 기기들 중 냉각수가 필요한 기기의 구성으로 옳은 것은?
① 재생기와 증발기　　　② 흡수기와 응축기
③ 재생기와 응축기　　　④ 증발기와 흡수식

해설 흡수식 냉동기의 흡수기와 응축기에는 냉각수가 공급되므로 냉각수 소비량이 크다.

028 2중 효용 흡수식 냉동기에 대한 설명으로 틀린 것은?
① 단중 효용 흡수식 냉동기에 비해 증기 소비량이 적다.
② 2개의 재생기를 갖고 있다.
③ 2개의 증발기를 갖고 있다.
④ 증기 대신 가스연소를 사용하기도 한다.

답 024. ② 025. ③ 026. ④ 027. ② 028. ③

해설: 재생기(발생기)의 개수에 따라 단효용 또는 다중효용 흡수식 냉동기로 구분되며 재생기(고온재생기, 저온재생기)가 2대이면 2중 효용 흡수식 냉동기이다.

029 다음 그림과 같이 수냉식과 공냉식 응축기의 작용을 혼합한 형태의 응축기는?

① 증발식 응축기
② 셀코일 응축기
③ 공냉식 응축기
④ 7통로식 응축기

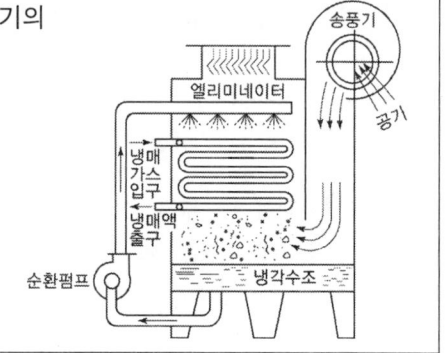

해설: 증발식 응축기 : 수냉식 응축기와 공랭식 응축기의 작용을 혼합한 응축기로서 별도의 냉각탑이 필요하지 않다.

030 다음 중 흡수식 냉동기의 구성요소가 아닌 것은?

① 증발기
② 응축기
③ 재생기
④ 압축기

해설: 흡수식 냉동기의 구성요소
흡수기-용액펌프-(열교환기)-발생기(재생기)-응축기-증발기

031 축열장치의 종류로 가장 거리가 먼 것은?

① 수축열 방식
② 빙축열 방식
③ 잠열축열 방식
④ 공기축열 방식

해설: 축열장치의 종류 : ① 수축열, ② 빙축열, ③ 잠열축열 방식

032 어떤 냉동사이클에서 냉동효과를 γ(kJ/kg), 흡입건조 포화증기의 비체적을 v(m³/kg)로 표시하면 NH₃와 R-22에 대한 값은 다음과 같다. 사용 압축기의 피스톤 압출량은 NH₃와 R-22의 경우 동일하며, 체적효율도 75%로 동일하다. 이 경우 NH₃와 R-22 압축기의 냉동능력을 각각 R_N, R_F(RT)로 표시한다면 R_N/R_F는?

	NH₃	R-22
γ(kJ/kg)	1126.37	168.90
v(m³/kg)	0.509	0.077

① 0.6 ② 0.7 ③ 1.0 ④ 1.5

답: 029. ① 030. ④ 031. ④ 032. ③

해설 냉동능력

$R = \dfrac{V_a \cdot q_e}{3{,}320 \cdot v} \times \eta_v$ 에서 피스톤 압출량(V_a), 체적효율(η_v)은 동일하므로

$\dfrac{R_N}{R_F} = \dfrac{\dfrac{q_e(\gamma)}{v}}{\dfrac{q_e(\gamma)}{v}} = \dfrac{\dfrac{1126.37}{0.509}}{\dfrac{168.9}{0.077}} = 1.0$

033 두께가 0.1cm인 관으로 구성된 응축기에서 냉각수 입구온도 15℃, 출구온도 21℃, 응축온도를 24℃라고 할 때, 이 응축기의 냉매와 냉각수의 대수평균온도차(℃)는?

① 9.5 ② 6.5
③ 5.5 ④ 3.5

해설 대수평균온도차

$\text{MTD} = \dfrac{\Delta t_1 - \Delta t_2}{\ln \dfrac{\Delta t_1}{\Delta t_2}} = \dfrac{(24-15)-(24-21)}{\ln \dfrac{(24-15)}{(24-21)}} = 5.5℃$

참고 산술평균온도차

$\Delta_{tm} = t_c - \dfrac{(t_{w1} + t_{w2})}{2} = 24 - \dfrac{15+21}{2} = 6℃$

034 냉각수 입구온도 25℃, 냉각수량 900kg/min인 응축기의 냉각 면적이 80m², 그 열통과율이 1.6kW/m²·K이고, 응축온도와 냉각 수온의 평균 온도차가 6.5℃이면 냉각수 출구온도(℃)는? (단, 냉각수의 비열은 4.2kJ/kg·K이다.)

① 28.4 ② 32.6 ③ 29.6 ④ 38.2

해설 냉각수 출구온도
$K \cdot F \cdot \Delta tm = w \cdot c \cdot (tw_2 - tw_1)$
$tw_2 = \dfrac{K \cdot F \cdot \Delta tm}{w \cdot c} + tw_1 = \dfrac{(1.6 \times 3{,}600) \times 80 \times 6.5}{900 \times 4.2 \times 60} + 25 = 38.2℃$

035 응축기에 관한 설명으로 틀린 것은?
① 응축기의 역할은 저온, 저압의 냉매증기를 냉각하여 액화시키는 것이다.
② 응축기의 용량은 응축기에서 방출하는 열량에 의해 결정된다.
③ 응축기의 열부하는 냉동기의 냉동능력과 압축기 소요일의 열당량을 합한 값과 같다.
④ 응축기내에서의 냉매상태는 과열영역, 포화영역, 액체영역 등으로 구분할 수 있다.

해설 응축기 : 압축기에서 나온 고온, 고압의 냉매증기를 냉각하여 액화시킨다.

답 033. ③ 034. ④ 035. ①

036 이원 냉동사이클에 대한 설명으로 옳은 것은?

① -100℃ 정도의 저온을 얻고자 할 때 사용되며, 보통 저온측에는 임계점이 높은 냉매, 고온측에는 임계점이 낮은 냉매를 사용한다.
② 저온부 냉동사이클의 응축기 방열량을 고온부 냉동사이클의 증발기가 흡열하도록 되어 있다.
③ 일반적으로 저온측에 사용하는 냉매로는 R-12, R-22, 프로판이 적절하다.
④ 일반적으로 고온측에 사용하는 냉매로는 R-13, R-14가 적절하다.

해설 이원 냉동사이클 : 비등점이 각각 다른 2개의 냉동사이클을 병렬로 형성시켜 -70℃ 이하의 초저온을 얻기 위하여 독립적으로 작동하는 고·저온측 냉동사이클로 구성되며 저온측 응축열량을 고온측의 증발기에 의해 제거하는 초저온 냉동 사이클

037 실린더 지름 200mm, 행정 200mm, 회전수 400rpm, 기통수 3기통인 냉동기의 냉동능력이 5.72RT이다. 이때 냉동효과(kJ/kg)는? (단, 체적효율은 0.75, 압축기 흡입시의 비체적은 $0.5 m^3/kg$이고, 1RT는 3.8kW이다.)

① 115.3 ② 110.8
③ 89.4   ④ 68.8

해설 냉동능력, $Q_e = G \cdot q_e$에서

$$q_e = \frac{Q_e}{G} = \frac{Q_e}{\frac{V_a \times \eta_v}{v}} = \frac{5.72 \times 3.8 \times 3{,}600}{\frac{452.16 \times 0.75}{0.5}} = 115.37 kJ/kg$$

여기서, 압축기의 피스톤 압출량은

$$V_a = \frac{\pi}{4} D^2 \cdot l \cdot N \cdot R \times 60 = 0.785 \times 0.2^2 \times 0.2 \times 3 \times 400 \times 60 = 452.16 m^3/h$$

038 증기압축식 냉동장치 내에 순환하는 냉매의 부족으로 인해 나타나는 현상이 아닌 것은?

① 증발압력 감소   ② 토출온도 증가
③ 과냉도 감소   ④ 과열도 증가

해설 냉매 부족하면 증발압력은 감소, 토출가스온도는 증가, 과열도는 증가한다.

039 두께가 200mm인 두꺼운 평판의 한 면(T_0)은 600K, 다른 면(T_1)은 300K로 유지될 때 단위 면적당 평판을 통한 열전달량(W/m^2)은? (단, 열전도율은 온도에 따라 $\lambda(T) = \lambda_o(1+\beta t_m)$로 주어지며, λ_o는 0.029W/m·K, β는 3.6×10^{-3}K-1이고, t_m은 양 면간의 평균온도이다.)

① 114 ② 105
③ 97   ④ 83

답 036. ② 037. ① 038. ③ 039. ①

해설 $Q = \dfrac{\lambda \cdot A \cdot \Delta t}{l} = \dfrac{0.07598 \times 1 \times (600-300)}{0.2} = 114\text{W/m}^2$

여기서, 열전도율은

$\lambda(T) = \lambda_o(1 + \beta t_m) = 0.029 \times \left(1 + 3.6 \times 10^{-3} \times \dfrac{600+300}{2}\right) = 0.07598$

합격 040

냉동장치에서 증발온도를 일정하게 하고 응축온도를 높일 때 나타나는 현상으로 옳은 것은?

① 성적계수 증가
② 압축일량 감소
③ 토출가스온도 감소
④ 체적효율 감소

해설 증발온도를 일정하게 하고 응축온도를 높이면 압축기가 과열되어 체적효율은 감소한다.

참고 응축온도 변화에 따른 영향

구분	응축온도 상승	응축온도 저하
압축비	증가	감소
냉동효과	감소	증가
압축일량	증가	감소
토출가스온도	상승	저하
플래쉬가스량	증가	감소
성적계수	감소	증가

제3과목 공기조화

합격 041

겨울철 창면을 따라 발생하는 콜드 드래프트(cold draft)의 원인으로 틀린 것은?

① 인체 주위의 기류속도가 클 때
② 주위 공기의 습도가 높을 때
③ 주위 벽면의 온도가 낮을 때
④ 창문의 틈새를 통한 극간풍이 많을 때

해설 콜드 드래프트(cold draft)의 발생 원인
① 인체 주위의 공기온도가 너무 낮을 때
② 인체 주위의 기류속도가 클 때
③ 인체 주위의 습도가 낮을 때
④ 주위 벽면의 온도가 낮을 때
⑤ 겨울철 창문의 틈새를 통한 극간풍이 많을 때

답 040. ④ 041. ②

042 냉각탑에 관한 설명으로 틀린 것은?
① 어프로치는 냉각탑 출구수온과 입구공기 건구온도 차
② 레인지는 냉각수의 입구와 출구의 온도차
③ 어프로치를 적게 할수록 설비비 증가
④ 어프로치는 일반 공조용에서 5℃ 정도로 설정

해설 쿨링 레인지와 어프로치
① 쿨링 레인지 : 냉각수 입구수온 − 냉각수 출구수온
② 쿨링 어프로치 : 냉각수 출구수온 − 입구공기의 습구온도
③ 쿨링 레인지는 클수록, 쿨링 어프로치는 작을수록 냉각탑의 성능은 좋아진다.

043 공기조화기에 관한 설명으로 옳은 것은?
① 유닛 히터는 가열코일과 팬, 케이싱으로 구성된다.
② 유인 유닛은 팬만을 내장하고 있다.
③ 공기 세정기를 사용하는 경우에는 엘리미네이터를 사용하지 않아도 좋다.
④ 팬 코일 유닛은 팬과 코일, 냉동기로 구성된다.

해설 유닛 히터(unit heater) : 가열코일과 팬을 케이싱에 내장 한 대류형 방열기

044 증기난방 방식에서 환수주관을 보일러 수면보다 높은 위치에 배관하는 환수배관 방식은?
① 습식 환수방식 ② 강제 환수방식
③ 건식 환수방식 ④ 중력 환수방식

해설 증기난방의 환수방식
① 건식 : 응축수 환수주관이 보일러 수면보다 위에 위치
② 습식 : 응축수 환수주관이 보일러 수면보다 아래에 위치

045 덕트 내의 풍속이 8m/s이고 정압이 200Pa일 때, 전압(Pa)은 얼마인가? (단, 공기 밀도는 1.2kg/m³이다.)
① 197.3Pa ② 218.4Pa
③ 238.4Pa ④ 255.3Pa

해설 전압 = 정압 + 동압
$$P_T = P_s + P_v = P_s + \frac{V^2}{2}\rho = 200 + \left(\frac{8^2}{2} \times 1.2\right) = 238.4 \text{Pa}$$

답 042. ① 043. ① 044. ③ 045. ③

046 덕트의 굴곡부 등에서 덕트 내에 흐르는 기류를 안정시키기 위한 목적으로 사용하는 기구는?
① 스플릿 댐퍼
② 가이드 베인
③ 릴리프 댐퍼
④ 버터플라이 댐퍼

해설 가이드 베인(guide vane, turning vane)
굴곡부 등에 내면에 설치하여 덕트 내를 흐르는 기류를 안정시키는 기구

047 공조기의 풍량이 45000kg/h, 코일 통과 풍속을 2.4m/s로 할 때 냉수코일의 전면적(m²)은? (단, 공기의 밀도는 1.2kg/m³이다.)
① 3.2
② 4.3
③ 5.2
④ 10.4

해설 냉수코일의 전면적

$Q = AV$에서 $A = \dfrac{Q}{V} = \dfrac{\frac{G}{\rho}}{V} = \dfrac{\frac{45,000}{1.2}}{2.4 \times 3,600} = 4.34 \text{m}^2$

048 장방형 덕트(장변 a, 단변 b)를 원형덕트로 바꿀 때 사용하는 계산식은 아래와 같다. 이 식으로 환산된 장방형 덕트와 원형덕트의 관계는?

$$D_e = 1.3 \left[\dfrac{(a \times b)^5}{(a+b)^2} \right]^{1/8}$$

① 두 덕트의 풍량과 단위 길이당 마찰손실이 같다.
② 두 덕트의 풍량과 풍속이 같다.
③ 두 덕트의 풍속과 단위 길이당 마찰손실이 같다.
④ 두 덕트의 풍량과 풍속 및 단위 길이당 마찰손실이 모두 같다.

해설 장방형 덕트의 원형덕트로의 환산

$d = 1.3 \left[\dfrac{(a \times b)^5}{(a+b)^2} \right]^{1/8}$

참고 원형덕트로의 상당직경 환산

$d = 1.3 \left\{ \dfrac{(a \times b)^5}{(a+b)^2} \right\}^{\frac{1}{8}}$ 　　　　$D_e = \dfrac{1.55 A^{0.625}}{P^{0.25}}$

〔장방형 덕트 환산〕　　　　〔타원형 덕트 환산〕

답 046. ② 047. ② 048. ①

049 9m×6m×3m의 강의실에 10명의 학생이 있다. 1인당 CO_2 토출량이 15L/h이면, 실내 CO_2 양을 0.1%로 유지시키는데 필요한 환기량(m^3/h)은? (단, 외기의 CO_2 양은 0.04%로 한다.)

① 80 ② 120
③ 180 ④ 250

해설 환기량

$$Q = \frac{M}{C_r - C_o} = \frac{\frac{10 \times 15}{1,000}}{\frac{0.1 - 0.04}{100}} = 250 m^3/h$$

여기서, Q : 환기량(m^3/h)
M : 오염 발생량(m^3/h)
C_r : 실내 CO_2 허용농도
C_o : 외기의 CO_2 농도

050 난방용 보일러의 요구조건이 아닌 것은?

① 일상취급 및 보수관리가 용이할 것
② 건물로의 반출입이 용이할 것
③ 높이 및 설치면적이 적을 것
④ 전열효율이 낮을 것

해설 보일러는 연소효율 및 전열효율이 높아야 한다.

051 온수난방에 대한 설명으로 틀린 것은?

① 증기난방에 비하여 연료소비량이 적다.
② 난방부하에 따라 온도 조절을 용이하게 할 수 있다.
③ 축열용량이 크므로 운전을 정지해도 금방 식지 않는다.
④ 예열시간이 짧아 예열부하가 작다.

해설 온수난방은 열용량이 커 예열시간이 길어져 예열부하가 크다.

052 온풍난방에 관한 설명으로 틀린 것은?

① 송풍 동력이 크며, 설계가 나쁘면 실내로 소음이 전달되기 쉽다.
② 실온과 함께 실내습도, 실내기류를 제어할 수 있다.
③ 실내 층고가 높을 경우에는 상하의 온도차가 크다.
④ 예열부하가 크므로 예열시간이 길다.

해설 온풍난방은 열용량이 작아 예열부하가 작으므로 예열시간이 짧다.

답 049. ④ 050. ④ 051. ④ 052. ④

053 일사를 받는 외벽으로부터의 침입열량(q)을 구하는 계산식으로 옳은 것은? (단, K는 열관류율, A는 면적, Δt는 상당외기 온도차이다.)

① $q = K \times A \times \Delta t$
② $q = \dfrac{0.86 \times A}{\Delta t}$
③ $q = 0.24 \times A \times \dfrac{\Delta t}{K}$
④ $q = \dfrac{0.29 \times K}{(A \times \Delta t)}$

해설 벽체부하
① 일사를 받는 외벽 또는 지붕(상당외기온도차 Δte 이용)

$$q = K \cdot A \cdot \Delta te$$

② 일사의 영향이 없는 내벽, 천장, 바닥, 문(실내·외 온도차 Δt 이용)

$$q = K \cdot A \cdot \Delta t$$

054 건구온도(t_1) 5℃, 상대습도 80%인 습공기를 공기 가열기를 사용하여 건구온도(t_2) 43℃가 되는 가열공기 950m³/h을 얻으려고 한다. 이때 가열에 필요한 열량(kW)은?

① 2.14
② 4.65
③ 8.97
④ 11.02

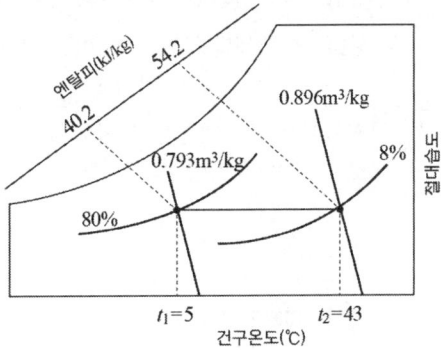

해설 가열에 필요한 열량

$$q_s = G \cdot \Delta h = \rho \cdot Q \cdot \Delta h = \dfrac{Q \cdot \Delta h}{v} = \dfrac{950 \times (54.2 - 40.2)}{0.793} = 16,772 \text{kJ/h} = 4.659 \text{kW}$$

여기서, 1kW=3,600kJ/h이다.

055 공기조화설비 중 수분이 공기에 포함되어 실내로 급기되는 것을 방지하기 위해 설치하는 것은?

① 에어와셔
② 에어필터
③ 엘리미네이터
④ 벤틸레이터

해설 엘리미네이터 : 공기세정기에서 물방울이나 냉각코일에서의 결로수가 공기에 포함되어 실내로 급기되는 것을 방지하기 위해

답 053. ① 054. ② 055. ③

056 팬 코일 유닛방식에 대한 설명으로 틀린 것은?
① 일반적으로 사무실, 호텔, 병원 및 점포 등에 사용한다.
② 배관방식에 따라 2관식, 4관식으로 분류한다.
③ 중앙기계실에서 냉수 또는 온수를 공급하여 각 실에 설치한 팬 코일 유닛에 의해 공조하는 방식이다.
④ 팬 코일 유닛방식에서의 열부하 분담은 내부 존 팬 코일 유닛방식과 외부 존 터미널방식이 있다.

해설 덕트병용 팬 코일 유닛방식인 경우 열부하 분담은 외부 존에서 발생하는 일사, 벽체부하는 팬 코일 유닛이 담당하며, 내부 존에서 발생하는 인체, 조명, 외기부하 는 내주부 계통인 공조기에서 처리한다.

057 다음 중 직접 난방방식이 아닌 것은?
① 온풍 난방
② 고온수 난방
③ 저압증기 난방
④ 복사 난방

해설 직접 난방방식 : 증기난방, 온수난방, 복사난방 등
참고 간접 난방방식 : 온풍난방, 공기조화, 히트펌프난방 등

058 공조기에서 냉·온풍을 혼합댐퍼에 의해 일정한 비율로 혼합한 후 각 존 또는 각 실로 보내는 공조방식은?
① 단일덕트 재열 방식
② 멀티존 유닛 방식
③ 단일덕트 방식
④ 유인 유닛 방식

해설 멀티존 유닛 방식
공조기에서 냉·온풍을 혼합댐퍼에 의해 일정한 비율로 혼합한 후 각 존 또는 각 실로 보내는 공조방식

059 다음 원심송풍기의 풍량제어 방법 중 동일한 송풍량 기준 소요동력이 가장 적은 것은?
① 흡입구 베인 제어
② 스크롤 댐퍼 제어
③ 토출측 댐퍼 제어
④ 회전수 제어

해설 풍량제어에 따른 소요동력이 적은 순서
회전수제어 < 가변피치제어 < 베인제어 < 스크롤댐퍼제어 < 댐퍼제어

답 056. ④ 057. ① 058. ② 059. ④

060 동일한 송풍기에서 회전수를 2배로 했을 경우 풍량, 정압, 소요동력의 변화에 대한 설명으로 옳은 것은?

① 풍량 1배, 정압 2배, 소요동력 2배
② 풍량 1배, 정압 2배, 소요동력 4배
③ 풍량 2배, 정압 4배, 소요동력 4배
④ 풍량 2배, 정압 4배, 소요동력 8배

해설 송풍기에서 회전수를 2배로 했을 경우 풍량 2배, 정압 4배, 소요동력은 8배가 된다.

참고 송풍기의 상사법칙

구분	공 식	설 명
풍량	$Q_2 = Q_1 \left(\dfrac{N_2}{N_1}\right)\left(\dfrac{d_2}{d_1}\right)^3$	풍량은 회전수에 정비례, 임펠러 지름의 3승에 비례
풍압	$P_2 = P_1 \left(\dfrac{N_2}{N_1}\right)^2\left(\dfrac{d_2}{d_1}\right)^2$	풍압은 회전수의 2승에 비례, 임펠러 지름의 2승에 비례
동력	$L_2 = L_1 \left(\dfrac{N_2}{N_1}\right)^3\left(\dfrac{d_2}{d_1}\right)^5$	동력은 회전수의 3승에 비례, 임펠러 지름의 5승에 비례

제4과목 전기제어공학

061 아래 접점회로의 논리식으로 옳은 것은?

① $X \cdot Y \cdot Z$
② $(X+Y) \cdot Z$
③ $(X \cdot Z)+Y$
④ $X+Y+Z$

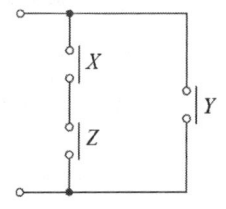

해설 접점을 직렬로 연결하면 AND, 병렬로 연결하면 OR가 되므로 논리식은 다음과 같다.
$(X \cdot Z)+Y$

062 두 대 이상의 변압기를 병렬 운전하고자 할 때 이상적인 조건으로 틀린 것은?

① 각 변압기의 극성이 같을 것
② 각 변압기의 손실비가 같을 것
③ 정격용량에 비례해서 전류를 분담할 것
④ 변압기 상호간 순환전류가 흐르지 않을 것

답 060. ④ 061. ③ 062. ②

해설 두 대 이상의 변압기 병렬 운전 조건
① 각 변압기의 극성이 같을 것
극성이 반대로 되면 2차 권선의 순환회로에 2차 기전력의 합이 가해지고 권선의 임피던스가 작으므로 큰 순환전류가 흘러 권선을 소손시키게 된다.
② 권수비 및 2차 정격 전압이 같을 것
권수비가 다른 경우에는 2차 기전력의 크기가 다르므로 1차 권선에 의한 순환전류가 흘러서 권선이 과열되고 온도가 상승되어 사용 할 수가 없다.
③ %Z 강하가 같으며 저항과 리액턴스비가 같을 것
%Z 강하가 같지 않을 경우 부하의 분담이 용량의 비율대로 되지 않아 변압기의 용량 합 만큼 부하전력을 공급할 수 없게 되며 저항과 리액턴스 비율이 같지 않을 경우에는 각 변압기의 전류간에 위상차가 발생되어 동손이 급격히 증가하게 된다.

063 다음의 신호흐름선도에서 전달함수 $\dfrac{C(s)}{R(s)}$ 는?

① $-\dfrac{6}{41}$ ② $\dfrac{6}{41}$

③ $-\dfrac{6}{43}$ ④ $\dfrac{6}{43}$

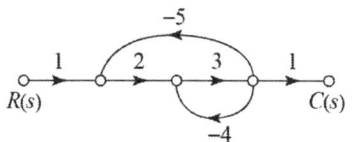

해설 메이슨 공식은 $M = \sum\limits_{k=1}^{n} \dfrac{M_k \Delta_k}{\Delta}$ 이다. 이때 k는 입력으로부터 출력으로 가는 전향경로의 갯수로 결정되는 데 이 신호선도에는 전향경로는 1개이므로 전달함수는 다음과 같다.
$M_1 = 1 \times 2 \times 3 \times 1 = 6$
$\Delta_1 = 1$은 전향경로를 포함하지 않는 루프는 없음
$\Delta = 1 - (-5 \times 2 \times 3 - 3 \times 4) = 43$
$M = \dfrac{M_1 \Delta_1}{\Delta} = \dfrac{6 \times 1}{43} = \dfrac{6}{43}$

참고 메이슨 공식

$$M = \sum_{k=1}^{n} \dfrac{M_k \Delta_k}{\Delta}$$

Δ : 1-(모든 개별 루프 이득의 합), +(공동 마디가 없는 떨어져 있는 루프 중 두 개씩 조합하여 이득을 곱한 값의 합), -(공동 마디가 없이 떨어져 있는 루프 중 세 개씩 조합하여 이득을 곱한 값의 합) + …
M_k : 입력으로부터 출력까지 가는 하나의 경로의 게인을 전부 곱한 값
Δ_k : k번째 전향경로의 마디를 포함하고 있지 않은 루프의 Δ값

064 입력에 대한 출력의 오차가 발생하는 제어시스템에서 오차가 변화하는 속도에 비례하여 조작량을 가변하는 제어방식은?
① 미분 제어
② 정치 제어
③ on-off 제어
④ 시퀀스 제어

답 063. ④   064. ①

미분 제어(D제어) : 제어대상의 목표값과 현재값의 오차의 시간 미분치(변화량)에 비례하여 조작량을 결정하므로 오차의 변화의 속도에 대응하는 제어가 가능하다. 따라서, 동작오차가 커지는 것을 미연에 방지하고 진동이 제어되어 빨리 안정된다.

② 정치 제어 : 제어량을 일정한 목표값으로 유지하는 것을 목적으로 주파수, 전압, 장력, 속도 제어, 전기로 등을 제어한다.
③ 2위치 제어(on-off 제어) : 불연속제어로 간단히 실현 가능하나 입력이 변화하더라도 어느 범위까지는 출력이 on이나 off 중 하나가 출력되어 변화하지 않다가 임계값을 초과하면 다른 상태가 출력되는 상태가 반복되므로 사이클링이 생겨 잔류편차가 남는 문제가 있다.
④ 시퀀스 제어 : 미리 정해진 순서에 따라 제어의 각 단계를 순차적으로 진행해 나가는 제어로, 회로는 간단하고 복잡하지 않은 장점이 있으나 제어동작이 출력과 관계없이 시간적인 순서에 따라 진행되므로 오차가 발생하여도 정정할 수 없는 단점이 있다.

065. 시퀀스 제어에 관한 설명으로 틀린 것은?
① 조합논리회로가 사용된다.
② 시간지연요소가 사용된다.
③ 제어용 계전기가 사용된다.
④ 폐회로 제어계로 사용된다.

시퀀스 제어 : 미리 정해진 순서에 따라 제어의 각 단계를 점차로 진행하는 제어로 유접점(릴레이, 계전기, 타이머 등)회로와 무접점(디지털 논리회로, PLC)회로가 있으며 카운터나 타이머를 사용하여 시간지연회로 등도 구성할 수 있다. 하지만 대부분 개루프 제어에 사용된다.

피드백(되먹임 폐회로) 제어 : 피드백 제어의 가장 중요한 특징은 입력(목표치)과 출력(결과치)을 비교하여 두 개의 오차인 제어편차가 0이 되도록 자동적으로 조작량을 제어하므로 고정도의 제어가 가능하나 비용이 많이 든다.

066. 피드백 제어에 관한 설명으로 틀린 것은?
① 정확성이 증가한다.
② 대역폭이 증가한다.
③ 입력과 출력의 비를 나타내는 전체이득이 증가한다.
④ 개루프 제어에 비해 구조가 비교적 복잡하고 설치비가 많이 든다.

피드백 제어의 특징
① 입력(목표치)과 출력(결과치)을 비교하여 두 개의 오차인 제어편차가 0이 되도록 조작량을 제어한다.
② 입력치와 출력치의 오차가 0이 되도록 제어를 할 수 있어 정확성이 증가한다.
③ 대역대 폭이 증가한다.
④ 제어편차에 따른 조작을 가하므로 계의 특성이 변화하면 출력치가 변화하나 그에 상응하는 조작량이 제어대상에 적용되므로 출력치/입력치인 출력비의 감도는 감소한다.

답 065. ④ 066. ③

067 어떤 코일에 흐르는 전류가 0.01초 사이에 20A에서 10A로 변할 때 20V의 기전력이 발생한다고 하면 자기 인덕턴스(mH)는?

① 10   ② 20
③ 30   ④ 50

해설 자기 인덕턴스
$e = L \cdot \dfrac{di}{dt}$ 에서 $20 = L \times \dfrac{20-10}{0.01} = 0.02H = 20mH$

068 절연의 종류를 최고 허용온도가 낮은 것부터 높은 순서로 나열한 것은?

① A종 < Y종 < E종 < B종   ② Y종 < A종 < E종 < B종
③ E종 < Y종 < B종 < A종   ④ B종 < A종 < E종 < Y종

해설 절연의 종류
① Y종(90℃) : 바니스류에 함침 또는 기름에 침투 시키지 않은 것(목면, 견, 종이 등의 재료)
② A종(105℃) : 바니스류에 함침 또는 기름에 침투 시킨 것(목면, 견, 종이 등의 재료)으로 단상모터절연의 표준으로 사용됨
③ E종(120℃) : 에나멜, 폴리우레탄 수지, 에폭시 수지, 면적층품, 종이 적층품으로 3상 전동기 절연의 표준으로 사용됨
④ B종(130℃) : 마이카, 석면, 그라스 섬유 등의 접착재료를 사용함

069 다음 중 전류계에 대한 설명으로 틀린 것은?

① 전류계의 내부저항이 전압계의 내부저항보다 작다.
② 전류계를 회로에 병렬접속하면 계기가 손상될 수 있다.
③ 직류용 계기에는 (＋), (－)의 단자가 구별되어 있다.
④ 전류계의 측정 범위를 확장하기 위해 직렬로 접속한 저항을 분류기라고 한다.

해설 분류기 : 전류의 측정범위를 확대하기 위해 전류계와 병렬로 접속하는 저항

참고 전류계
① 전류를 측정하려는 곳에 직렬로 연결한다.
② 전류계의 내부저항이 전압계의 내부저항보다 작다.
③ 측정범위 확대를 위한 분류기는 병렬로 연결한다.

070 100V에서 500W를 소비하는 저항이 있다. 저항에 100V의 전원을 200V로 바꾸어 접속하면 소비되는 전력(W)은?

① 250   ② 500
③ 1000   ④ 2000

답 067. ② 068. ② 069. ④ 070. ④

해설

$P = VI = I^2 R = \dfrac{V^2}{R}$ 에서

$P_1 = 500 = \dfrac{V_1^2}{R} = \dfrac{100^2}{R}, \quad R = 20\Omega$

$P_2 = \dfrac{V_2^2}{R} = \dfrac{200^2}{20} = 2{,}000\text{W}$

합격 071

코일에 단상 200V의 전압을 가하면 10A의 전류가 흐르고 1.6kW의 전력을 소비한다. 코일과 병렬로 콘덴서를 접속하여 회로의 합성역률을 100%로 하기 위한 용량 리액턴스(Ω)은 약 얼마인가?

① 11.1　　　② 22.2
③ 33.3　　　④ 44.4

해설

기존의 회로의 무효전력을 계산하여 무효율을 계산한다.

$P[\text{W}] = VI\cos\theta_1$

$1{,}600 = 200 \times 10 \times \cos\theta_1, \quad \cos\theta_1 = \dfrac{1{,}600}{2{,}000} = 0.8$

$P_a \cos\theta_1 = P, \quad P_a = \dfrac{P}{\cos\theta_1}$

$P_{r1} = P_a \sin\theta_1 = P\dfrac{\sin\theta_1}{\cos\theta_1} = P\tan\theta_1$ (현재 무효전력)

역률의 개선은 유효전력은 불변인 상태에서 무효전력만 줄여야 한다. 다음의 그림을 이용해 설명하면 무효전력 P_{r1}을 P_{r2}까지 줄이는 것인데, 줄이는 양은 $\Delta P = P_{r1} - P_{r2}$이다. ΔP가 역률개선용 콘덴서가 흡수하는 양으로 문제에서는 무효전력이 0이 되도록 하려면 θ_2는 0이 되어야 한다.

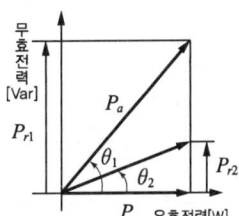

$P_a \sin\theta = P_r = P\dfrac{\sin\theta_1}{\cos\theta_1} = P\tan\theta_1$

$\Delta P_r = P(\tan\theta_1 - \tan\theta_2) = P\left(\dfrac{\sqrt{1-\cos^2\theta_1}}{\cos\theta_1} - \dfrac{\sqrt{1-\cos^2\theta_2}}{\cos\theta_2}\right)\bigg|_{\theta_2 = 0}$

$= P\left(\dfrac{\sqrt{1-\cos^2\theta_1}}{\cos\theta_1}\right) = 1{,}600 \times \left(\dfrac{0.6}{0.8}\right) = 1{,}200\text{VA}$

역률개선용 콘덴서의 용량은 1.2kVA이지만, 문제에서는 리액턴스로 연산한다.

$C = \dfrac{kVA \times 10^9}{2\pi f \times E^2} = \dfrac{1.2 \times 10^9}{2\pi f \times 200^2} = 79.57\,\mu\text{F}$

$X_C = -j\dfrac{1}{\omega C} = \dfrac{1}{79.57 \times 10^{-6} \times 60 \times 2\pi} = 33.33\Omega$

역률을 개선하고자 하는 경우 일반적으로 콘덴서를 병렬로 연결한다. 일반적인 공장은 전동기가 대부분의 부하이므로 R, L회로로 전류의 지연이 발생한다. 이런 역률을 보상하기 위하여 콘덴서를 병렬로 연결한다. 이를 역률 개선용 콘덴서라 한다.

답 071. ③

참고
① 피상전력 : 전원에서 공급되는 전력, $P_a = VI$[VA]
② 유효전력 : 유효하게 이용되는 전력, $P = VI\cos\theta$[W]
③ 무효전력 : 실제로 아무런 일도 할 수 없는 전력, $P_r = VI\sin\theta$[Var]
④ 역률 : 피상전력 중에서 유효전력으로 사용되는 비율, $\cos\theta = VI\cos\theta / VI = P/P_a$
⑤ 역률개선용 콘덴서 용량의 산정식
$$Q = P(\tan\theta - \tan\theta_o) = P\left(\frac{\sin\theta}{\cos\theta} - \frac{\sin\theta_o}{\cos\theta_o}\right)[VA]$$

072 기계적 제어의 요소로서 변위를 공기압으로 변환하는 요소는?
① 벨로즈　　② 트랜지스터
③ 다이아프램　　④ 노즐 플래퍼

해설　노즐 플래퍼 : 제어량을 벨로즈나 다이어프램으로 통과시켜 플래퍼에 전달하고 그것의 변위에 맞추어 공기 출구부의 압력변화를 신호로 노즐에서 분출하는 공기의 양을 조절하여 조작부 공기모터에 보내주는 기구로 공기식 자동제어에 사용한다.(변위 → 압력)

073 다음 회로에서 E=100V, R=4Ω, X_L=5Ω, X_C=2Ω일 때 이 회로에 흐르는 전류(A)는?
① 10
② 15
③ 20
④ 25

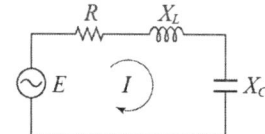

해설　RLC 직렬회로에서 임피던스
$Z = \sqrt{R^2 + (X_L - X_C)^2} = \sqrt{16 + 9} = 5\Omega$
$I = \dfrac{V}{Z} = \dfrac{100}{5} = 20A$

074 다음 블록선도의 전달함수 $\dfrac{C(s)}{R(s)}$는?

① $\dfrac{G(s)}{1 - G(s)H(s)}$
② $\dfrac{G(s)}{1 + G(s)H(s)}$
③ $\dfrac{H(s)}{1 - G(s)H(s)}$
④ $\dfrac{H(s)}{1 + G(s)H(s)}$

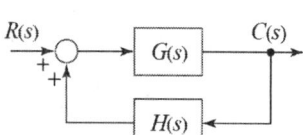

072. ④　073. ③　074. ①

해설
$(R(s)+H(s)C(s))G(s)=C(s)$
$R(s)G(s)=C(s)(1-G(s)H(s))$
$\dfrac{C(s)}{R(s)}=\dfrac{G(s)}{1-G(s)H(s)}$

075
전압을 V, 전류를 I, 저항을 R 그리고 도체의 비저항을 ρ라 할 때 옴의 법칙을 나타낸 식은?

① $V=\dfrac{R}{I}$ ② $V=\dfrac{I}{R}$
③ $V=IR$ ④ $V=IR\rho$

해설 오옴의 법칙 : 저항에 전류가 흐를 때 저항에 흐르는 전류와 전압 그리고 저항의 관계를 보여주는 법칙($V=IR$)

076
전동기를 전원에 접속한 상태에서 중력부하를 하강시킬 때 속도가 빨라지는 경우 전동기의 유기기전력이 전원전압보다 높아져서 발전기로 동작하고 발생전력을 전원으로 되돌려 줌과 동시에 속도를 감속하는 제동법은?

① 회생제동 ② 역전제동
③ 발전제동 ④ 유도제동

해설 회생제동 : 유도전동기를 세우기 위해 관성을 이용하여 발전을 하여 발생된 에너지를 전원 쪽으로 넘겨주는 제동

참고 유도전동기를 세우기 위해 관성을 이용하여 발전을 하여 발생된 에너지를 전원 쪽으로 넘겨주는 제동법으로 전동기가 발전기로 작동하면 플레밍의 왼손법칙에 의하여 역회전력이 발생하여 제동이 빨리된다.

077
전기기기 및 전로의 누전여부를 알아보기 위해 사용되는 계측기는?

① 메거 ② 전압계
③ 전류계 ④ 검전기

해설 절연저항측정기(메거) : 승강기나 에스컬레이터 등의 전기기기 및 전로의 누전여부를 알아보기 위해 옥내 전선의 절연저항을 측정하는 계측기

078
평형 3상 전원에서 각 상간 전압의 위상차(rad)는?

① $\dfrac{\pi}{2}$ ② $\dfrac{\pi}{3}$
③ $\dfrac{\pi}{6}$ ④ $\dfrac{2\pi}{3}$

답 075. ③ 076. ① 077. ① 078. ④

해설 3상 전원에서는 상간 전압의 위상차
$120°\left(\dfrac{2\pi}{3}\right)$

참고 3상 전압식
$v_U = V_{\max}\sin\omega t,\ v_V = V_{\max}\sin\left(\omega t - \dfrac{2\pi}{3}\right),\ v_W = V_{\max}\sin\left(\omega t + \dfrac{2\pi}{3}\right)$

079. 영구자석의 재료로 요구되는 사항은?
① 잔류자기 및 보자력이 큰 것
② 잔류자기가 크고 보자력이 작은 것
③ 잔류자기는 작고 보자력이 큰 것
④ 잔류자기 및 보자력이 작은 것

해설 영구자석의 재료로 적당한 것은 보자력과 잔류자기가 큰 물질이다.
① 잔류자기 : 히스테리시스 곡선 종축과 만나는 점으로 외부자기가 소멸해도 자기유도에 의해 자체에 남은 자속의 크기
② 보자력 : 히스테리시스 곡선의 횡축과 만나는 점으로 감자를 위해 필요한 역방향의 자속의 크기

080. 다음 회로도를 보고 진리표를 채우고자 한다. 빈칸에 알맞은 값은?

A	B	X_1	X_2	X_3
1	1	1	0	(ⓐ)
1	0	0	1	(ⓑ)
0	1	0	0	(ⓒ)
0	0	0	0	(ⓓ)

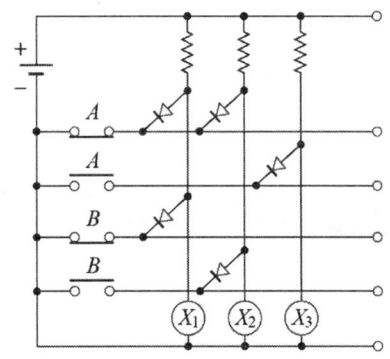

① ⓐ 1, ⓑ 1, ⓒ 0, ⓓ 0
② ⓐ 0, ⓑ 0, ⓒ 1, ⓓ 1
③ ⓐ 0, ⓑ 1, ⓒ 0, ⓓ 1
④ ⓐ 1, ⓑ 0, ⓒ 1, ⓓ 0

해설 그림은 PLA(Program Logic Array)의 내부구조로 식은 각 X_1, X_2 그리고 X_3에 연결된 A와 B를 쓰면 된다. A의 b접점과 연결되면 A, a접점과 연결되면 A'로 표시하며 각 X_1, X_2, X_3의 부울식은 다음과 같다.
$X_1 = AB,\ X_2 = AB',\ X_3 = A'$

답 079. ① 080. ②

위 식을 이용해 진리표를 그리면 다음과 같다.

A	B	$X_1 = AB$	$X_2 = AB'$	$X_3 = A'$
1	1	1	0	0
1	0	0	1	0
0	1	0	0	1
0	0	0	0	1

제5과목 배관일반

081 급수배관의 수격현상 방지방법으로 가장 거리가 먼 것은?
① 펌프에 플라이휠을 설치한다.
② 관경을 작게 하고 유속을 매우 빠르게 한다.
③ 에어챔버를 설치한다.
④ 완폐형 체크밸브를 설치한다.

해설 관경을 작게 하고 유속을 매우 빠르게 하면 수격작용의 발생우려가 커진다.

참고 급수배관에서의 수격작용 방지대책
① 공기실(air chamber)이나 수격 방지기(WHC)를 설치한다.
② 관경을 크게 하고 유속은 낮춘다.
③ 펌프에 플라이휠(fly wheel)을 설치하여 펌프의 급속한 속도변화를 방지한다.
④ 조압 수조(surge tank)를 설치한다.
⑤ 밸브는 송출구 가까이 설치하고 개폐를 천천히 한다.
⑥ 배관을 가능한 직선으로 시공한다.
⑦ 완폐형 체크밸브를 설치한다.

082 경질염화비닐관의 TS식 이음에서 작용하는 3가지 접착효과로 가장 거리가 먼 것은?
① 유동삽입   ② 일출접착
③ 소성삽입   ④ 변형삽입

해설 경질염화비닐관의 냉간이음(TS이음)
① 유동삽입 : 관에 접착제를 바르면 관은 축소하고 이음쇠는 팽창하여 접착제를 바르지 않고 삽입할 때 보다 더 깊이 들어간다.
② 변형삽입 : 더욱더 삽입하면 염화비닐수지의 탄성에 의해 관은 다소 줄어들고 이음관은 다소 넓혀지므로 더욱 깊이 삽입된다.
③ 일출삽입 : 이음관 입구부는 관과 이음관의 틈새 0.2mm까지 넘쳐 나온 접착제에 의해 접착효과를 더욱 발휘하며 이러한 접속 효과에 의해 이음강도가 유지된다.

답 081. ② 082. ③

083 펌프 주위 배관시공에 관한 사항으로 틀린 것은?
① 풋 밸브 등 모든 관의 이음은 수밀, 기밀을 유지할 수 있도록 한다.
② 흡입관의 길이는 가능한 한 짧게 배관하여 저항이 적도록 한다.
③ 흡입관의 수평배관은 펌프를 향하여 하향구배로 한다.
④ 양정이 높을 경우 펌프 토출구와 게이트밸브 사이에 체크밸브를 설치한다.

> 해설] 흡입관의 수평배관은 펌프를 향하여 상향구배로 배관하고, 수평관의 관경이 변경될 때에는 편심레듀셔를 사용하여 관 내로 공기가 유입되지 않도록 한다.

084 무기질 단열재에 관한 설명으로 틀린 것은?
① 암면은 단열성이 우수하고 아스팔트 가공된 보냉용의 경우 흡수성이 양호하다.
② 유리섬유는 가볍고 유연하여 작업성이 매우 좋으며 칼이나 가위 등으로 쉽게 절단된다.
③ 탄산마그네슘 보온재는 열전도율이 낮으며 300~320℃에서 열분해한다.
④ 규조토 보온재는 비교적 단열효과가 낮으므로 어느 정도 두껍게 시공하는 것이 좋다.

> 해설] 암면은 아스팔트로 가공된 보냉용의 경우 방습성이 양호하다.

085 다음 중 기수혼합식(증기분류식) 급탕설비에서 소음을 방지하는 기구는?
① 가열코일   ② 사일렌서
③ 순환펌프   ④ 서머스탯

> 해설] 증기 사일렌서 : 기수 혼합식 급탕설비에서 소음을 줄이기 위한 장치

086 증기난방법에 관한 설명으로 틀린 것은?
① 저압식은 증기의 사용압력이 0.1MPa 미만인 경우이며 주로 10~35kPa인 증기를 사용한다.
② 단관 중력 환수식의 경우 증기와 응축수가 역류하지 않도록 선단 하향 구배로 한다.
③ 환수주관을 보일러 수면보다 높은 위치에 배관한 것은 습식환수관식이다.
④ 증기의 순환이 가장 빠르며 방열기, 보일러 등의 설치위치에 제한을 받지 않고 대규모 난방용으로 주로 채택되는 방식은 진공환수식이다.

> 해설] 증기난방의 환수방식
> ① 건식 : 응축수 환수관이 보일러 수면보다 위에 위치
> ② 습식 : 응축수 환수관이 보일러 수면보다 아래에 위치

답 083. ③ 084. ① 085. ② 086. ③

087 같은 지름의 관을 직선으로 연결할 때 사용하는 배관 이음쇠가 아닌 것은?
① 소켓　　　　　② 유니언
③ 벤드　　　　　④ 플랜지

> **[해설]** 동일 지름의 관을 직선 연결할 때 : 소켓, 니플, 유니온, 플랜지
> **[참고]** 관의 방향을 바꿀 때 : 엘보, 벤드 등

088 기계 수송 설비에서 압축공기 배관의 부속장치가 아닌 것은?
① 후부냉각기　　　② 공기여과기
③ 안전밸브　　　　④ 공기빼기밸브

> **[해설]** 압축공기 배관에는 공기빼기밸브를 설치하지 않는다.

089 가스수요의 시간적 변화에 따라 일정한 가스량을 안정하게 공급하고 저장을 할 수 있는 가스홀더의 종류가 아닌 것은?
① 무수(無水)식　　② 유수(有水)식
③ 주수(柱水)식　　④ 구(球)형

> **[해설]** 가스홀더의 종류 : 유수식, 무수식, 고압(구형)홀더
> **[참고]** 가스홀더(gas holder) : 공장에서 제조 정제된 가스를 저장하여 가스 품질을 균일하게 유지하면서 제조량과 수요량을 조절하는 장치

090 제조소 및 공급소 밖의 도시가스 배관을 시가지 외의 도로 노면 밑에 매설하는 경우에는 노면으로부터 배관의 외면까지 최소 몇 m 이상을 유지해야 하는가?
① 1.0　　　　　② 1.2
③ 1.5　　　　　④ 2.0

> **[해설]** 가스배관의 매설깊이
> ① 도시가스 배관을 시가지 외의 도로 노면 밑에 매설하는 경우에는 노면으로부터 배관의 외면까지 깊이를 1.2m 이상으로 할 것
> ② 도시가스 배관을 철도부지에 매설하는 경우에는 배관의 외면으로부터 궤도 중심까지 4m 이상, 그 철도부지 경계까지는 1m 이상의 거리를 유지하고, 지표면으로부터 배관의 외면까지의 깊이를 1.2m 이상으로 한다.

답 087. ③　088. ④　089. ③　090. ②

091 다음 도시기호의 이음은?
① 나사식 이음
② 용접식 이음
③ 소켓식 이음
④ 플랜지식 이음

해설 소켓식 이음 또는 턱걸이 이음이다.

092 패킹재의 선정 시 고려사항으로 관내 유체의 화학적 성질이 아닌 것은?
① 점도
② 부식성
③ 휘발성
④ 용해능력

해설 점도는 물리적 성질에 해당된다.

참고 패킹재료의 선택 시 고려사항
① 관내 유체의 물리적 성질 : 온도, 압력. 밀도, 점도 등
② 관내 유체의 화학적 성질 : 화학성분과 안정도, 부식성, 용해능력, 휘발성, 인화성, 폭발성 등
③ 기계적인 조건 : 교체의 난이도, 진동의 유무, 내압과 외압

093 도시가스 배관 시 배관이 움직이지 않도록 관 지름 13mm 이상 33mm 미만의 경우 몇 m 마다 고정장치를 설치해야 하는가?
① 1m
② 2m
③ 3m
④ 4m

해설 도시가스 배관의 고정
① 13mm 미만 : 1m 마다
② 13~33mm 미만 : 2m 마다
③ 33mm 이상 : 3m 마다

094 급수관의 평균유속이 2m/s이고 유량이 100L/s로 흐르고 있다. 관 내의 마찰손실을 무시할 때 안지름(mm)은 얼마인가?
① 173
② 227
③ 247
④ 252

해설 관 내경(안지름)
$$d = \sqrt{\frac{4Q}{\pi V}} = \sqrt{\frac{4 \times (100/1{,}000)}{3.14 \times 2}} = 0.252\text{m} = 252\text{mm}$$

정답 091. ③ 092. ① 093. ② 094. ④

095 밸브의 역할로 가장 거리가 먼 것은?
① 유체의 밀도 조절
② 유체의 방향 전환
③ 유체의 유량 조절
④ 유체의 흐름 단속

> **해설** 밸브의 기능
> ① 개폐 기능(흐름 단속) ② 유량 조절 ③ 흐름방향 전환

096 온수배관 시공 시 유의사항으로 틀린 것은?
① 배관재료는 내열성을 고려한다.
② 온수배관에는 공기가 고이지 않도록 구배를 준다.
③ 온수 보일러의 릴리프 관에는 게이트밸브를 설치한다.
④ 배관의 신축을 고려한다.

> **해설** 온수 보일러의 릴리프 관에는 원활한 배출을 위해 밸브를 설치하지 않는다.

097 배관용 패킹재료 선정 시 고려해야 할 사항으로 가장 거리가 먼 것은?
① 유체의 압력
② 재료의 부식성
③ 진동의 유무
④ 시트면의 형상

> **해설** 패킹재료의 선택 시 고려사항
> ① 관 내 유체의 물리적 성질 : 온도, 압력, 밀도, 점도 등
> ② 관 내 유체의 화학적 성질 : 화학성분과 안정도, 부식성, 용해능력, 휘발성, 인화성, 폭발성 등
> ③ 기계적인 조건 : 교체의 난이도, 진동의 유무, 내압과 외압

098 냉동배관 시 플렉시블 조인트의 설치에 관한 설명으로 틀린 것은?
① 가급적 압축기 가까이에 설치한다.
② 압축기의 진동방향에 대하여 직각으로 설치한다.
③ 압축기가 가동할 때 무리한 힘이 가해지지 않도록 설치한다.
④ 기계·구조물 등에 접촉되도록 견고하게 설치한다.

> **해설** 플렉시블 조인트는 기계·구조물 등에 접촉되지 않도록 견고하게 설치한다.

099 온수난방 배관에서 역귀환방식을 채택하는 주된 목적으로 가장 적합한 것은?
① 배관의 신축을 흡수하기 위하여
② 온수가 식지 않게 하기 위하여
③ 온수의 유량분배를 균일하게 하기 위하여
④ 배관길이를 짧게 하기 위하여

답 095. ① 096. ③ 097. ④ 098. ④ 099. ③

해설 역귀환(reverse return)방식
공급관과 환수관의 길이(마찰저항)를 같게 하여 유량이 균등하게 공급되어 각 방열기의 방열량이 일정하게 하도록 함

100 급탕배관 시공에 관한 설명으로 틀린 것은?
① 배관의 굽힘 부분에는 벨로즈 이음을 한다.
② 하향식 급탕주관의 최상부에는 공기빼기장치를 설치한다.
③ 팽창관의 관경은 겨울철 동결을 고려하여 25A 이상으로 한다.
④ 단관식 급탕배관 방식에는 상향배관, 하향배관 방식이 있다.

해설 배관의 굽힘 부분에는 신축이음인 벨로즈 이음을 하지 않는다.

답 100. ①

핵심요약+기출문제

공조냉동기계기사 과년도   정가 25,000원

- 저　자　이정근, 이주석
- 발행인　차　승　녀

- 2011년　1월 25일　제1판　제1인쇄발행
- 2012년　1월 30일　제2판　제1인쇄발행
- 2013년　1월 10일　제3판　제1인쇄발행
- 2014년　3월 15일　제4판　제1인쇄발행
- 2015년　1월 15일　제5판　제1인쇄발행
- 2016년　2월 25일　제6판　제1인쇄발행
- 2017년　1월 10일　제7판　제1인쇄발행
- 2017년　8월 10일　제8판　제1인쇄발행
- 2018년　1월 10일　제8판　제2인쇄발행
- 2019년　1월 31일　제9판　제1인쇄발행
- 2020년　2월 10일　제10판　제1인쇄발행
- 2021년　1월 25일　제11판　제1인쇄발행

도서출판 건기원

(등록 : 제11-162호, 1998. 11. 24)

경기도 파주시 연다산길 244(연다산동 186-16)
TEL : (02)2662-1874~5　　FAX : (02)2665-8281

★ 건기원은 여러분을 책의 주인공으로 만들어 드리며 출판 윤리 강령을 준수합니다.
★ 본 수험서를 복제·변형하여 판매·배포·전송하는 일체의 행위를 금하며, 이를 위반할 경우 저작권법 등에 따라 처벌받을 수 있습니다.

ISBN 979-11-5767-572-2　　13550